W0310457

FOKUS
PHYSIK 7/8

BADEN-WÜRTTEMBERG

Dieses Lehrwerk ist auch als E-Book auf *www.cornelsen.de/e-books* verfügbar.

Als E-Book auf www.cornelsen.de/e-books

Cornelsen

FOKUS PHYSIK

Herausgeber:	Dr. Jochim Lichtenberger
Autoren:	Stefan Burzin, Michael Kahnt, Dr. Jochim Lichtenberger, Prof. Wieland Müller, Adel Moussa, Dr. Dennis Nawrath, Christian Rutscher
Berater:	Veit Botsch, Schwäbisch Gmünd Fabian Bühler, Herbertingen
Redaktion:	Henry Dölitzsch
Illustration:	Rainer Götze
Layoutkonzept:	EYES-OPEN, Berlin
Layout und technische Umsetzung:	Wladimir Perlin (MeGA14), Berlin

Soweit in diesem Lehrwerk Personen fotografisch abgebildet sind und ihnen von der Redaktion fiktive Namen, Berufe, Dialoge und Ähnliches zugeordnet oder diese Personen in bestimmte Kontexte gesetzt werden, dienen diese Zuordnungen und Darstellungen ausschließlich der Veranschaulichung und dem besseren Verständnis des Inhalts.

Begleitmaterialien zum Lehrwerk für Lehrerinnen und Lehrer

Lösungen zum Schülerbuch	978-3-06-010872-5
Kopiervorlagen Teil 1	978-3-06-010886-2

E-Book Dieses Lehrwerk ist auch als E-Book auf *www.cornelsen.de/e-books* verfügbar.

www.cornelsen.de

1. Auflage, 1. Druck 2016

Alle Drucke dieser Auflage sind inhaltlich unverändert und können im Unterricht nebeneinander verwendet werden.

© 2016 Cornelsen Verlag GmbH, Berlin

Das Werk und seine Teile sind urheberrechtlich geschützt.
Jede Nutzung in anderen als den gesetzlich zugelassenen Fällen bedarf der vorherigen schriftlichen Einwilligung des Verlages.
Hinweis zu den §§ 46, 52 a UrhG: Weder das Werk noch seine Teile dürfen ohne eine solche Einwilligung eingescannt und in ein Netzwerk eingestellt oder sonst öffentlich zugänglich gemacht werden.
Dies gilt auch für Intranets von Schulen und sonstigen Bildungseinrichtungen.

Druck: Firmengruppe APPL, aprinta Druck, Wemding

ISBN 978-3-06-010874-9

PEFC
PEFC/04-32-0928

PEFC zertifiziert
Dieses Produkt stammt aus nachhaltig bewirtschafteten Wäldern und kontrollierten Quellen.

www.pefc.de

Inhalt

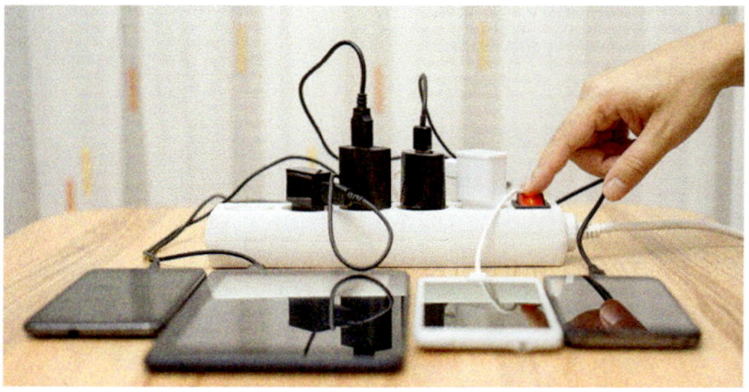

Hören und Sehen

Reflexe der Sonne in einem Teich, Lichtstrahlen im Nebel …
Licht kann wunderbare Erscheinungen hervorrufen. Es zeichnet Regenbögen in den Himmel, lässt Seifenblasen schillern und ermöglicht es uns, die Welt mit unseren Augen wahrzunehmen.
Obwohl Eulen auch bei schlechten Lichtverhältnissen noch ausgesprochen gut sehen können, sind ihre Ohren unter den Wirbeltieren einmalig. Sie können ihre Beute noch an den leisesten Geräuschen erkennen. Die Ohrfedern des Uhus sehen zwar schön aus, haben aber mit dem Gehör nichts zu tun.
Mit den Kenntnissen über Licht und Schall kannst du herausfinden, wie optische und akustische Erscheinungen zustande kommen und wie Augen und Ohren die Welt abbilden.

Deine Ohren sind ein wertvolles Sinnesorgan. Mit ihnen nimmst du wichtige Informationen auf.

Akustik

Wenn die Stimme oder das Gehör versagt, haben wir ein echtes Problem. Denn wir verständigen uns in erster Linie mithilfe des Schalls. Der Schall setzt sich aus vielen unterschiedlichen, zum Teil ständig wechselnden Tönen zusammen.
Hier erfährst du, wie Töne entstehen und sich in Luft und in anderen Materialien ausbreiten. In vielen Experimenten kannst du am eigenen Körper beobachten, wie wir Menschen mit und ohne Hilfsmittel Töne erzeugen und wahrnehmen.
In Form von Musik spielt der Schall für viele Menschen eine ganz besondere Rolle. Musik kann uns in ganz verschiedene Stimmungen versetzen. Und all dies durch ein geschicktes Zusammenspiel geeigneter Töne.

3 E-Gitarre

4 Violine

Töne sind Schwingungen

5

Das Saxophon hat einen ganz besonderen Klang.
Schall kannst du nicht sehen. Wie stellst du dir seine Entstehung im Saxophon und die Ausbreitung bis zu deinem Ohr vor?

Experiment

1 Wie kann man Schall erzeugen?
Erzeugt mit unterschiedlichen Gegenständen Schall. Dafür stehen euch folgende Gegenstände zur Verfügung: Luftballon, Wasserflasche, Gummiband, Stricknadel oder Kunststofflineal, Glasscheibe und Styropor, Grashalm oder dünner Kunststoffstreifen, Blatt Papier. ▸ 6
Beschreibt, wie ihr den Schall erzeugt. Vergleicht die unterschiedlichen Schallerzeugungen und findet die Gemeinsamkeiten.

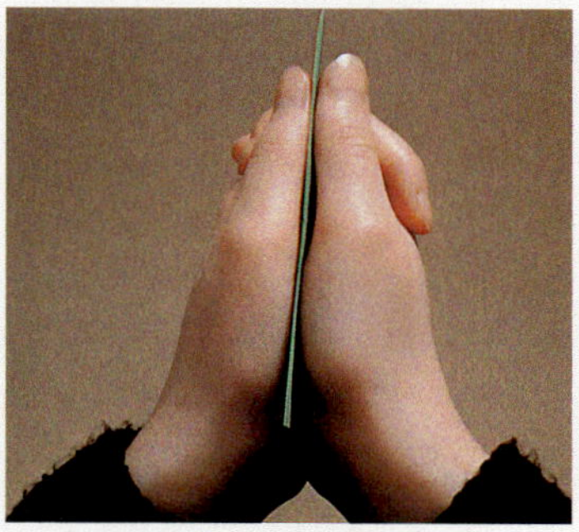

6 Schall mit einem Grashalm erzeugen

2 Was passiert bei der Schallerzeugung?
Untersuche die folgenden Schallquellen. Beobachtet genau, welches Teil schwingt und somit den Schall erzeugt. ▸ 7–9
a feuchter Finger an einem halbgefüllten Weinglas
b angeschlagene Stimmgabel an Wasseroberfläche
c feiner Sand oder Reis auf Tamburin (Trommelfell)

7 Schall und Weinglas

8 Stimmgabel

9 Reis auf Trommel

3 Verschiedene Töne
Untersucht die Schallerzeugung an einer Spieluhr. ▸ 10
Beschreibt, wie sie …
a hohe und tiefe
b laute und leise
Töne erzeugt.

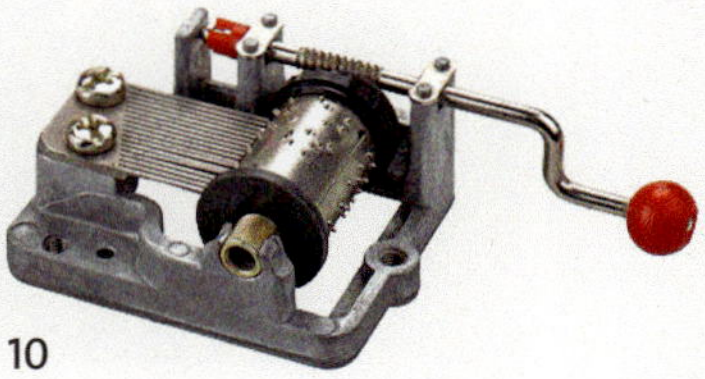

10

Grundlagen Wie Töne entstehen

Von Amselgezwitscher, Bratschentönen und Chorgesang bis zu Xylophonklängen und Zebrawiehern – Schall bestimmt unsere Welt. Doch wie entsteht Schall. Was haben alle Schallquellen gemeinsam?

Auf den ersten Blick unterscheiden sich eine klingende und eine stille Stimmgabel nicht. Erst wenn du genauer hinschaust, erkennst du eine schnelle Hin- und Herbewegung. ▸ 1

So eine Vibration findest du auch in allen anderen Schallquellen. Sie ist so schnell, dass man sie mit dem bloßen Auge kaum sehen kann, oft fühlt man sie aber.

Schall entsteht durch schnelles Schwingen (Vibrieren) eines Gegenstands.

Mit einem Lineal an der Tischkante kannst du die Schwingungen sichtbar machen. Auch bei der Gitarre und anderen Saiteninstrumenten kannst du das schnelle Schwingen der Saite direkt beobachten. ▸ 2

Bei Blasinstrumenten oder beim einfachen Pfeifen sieht man die Schwingung nicht direkt, sie entsteht durch eine schwingende Luftsäule im Instrument bzw. Mund.

1 Stimmgabel

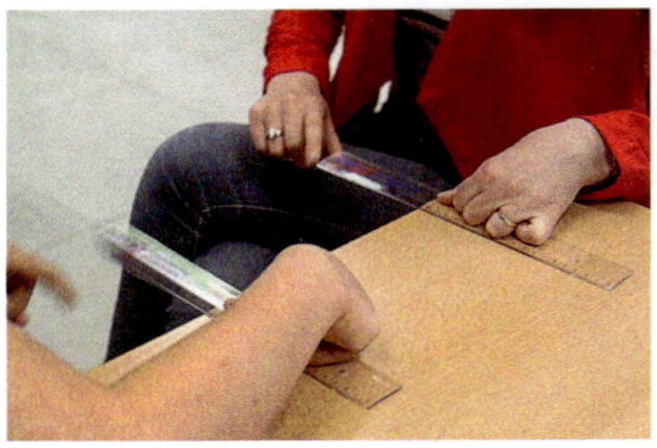

2 Schwingungen am Lineal

Aufgaben

1 Schallquellen von A bis Z. Finde zu jedem Buchstaben eine Schallquelle.

2 Untersuche verschiedene Schallquellen. Bestimme durch Beobachtungen die Teile, die sich hin- und herbewegen. ▸ 3–6

3 Stelle eine Vermutung auf, wie Heuschrecken, Hummeln und Fliegen ihre typischen Geräusche erzeugen und warum Schmetterlinge so leise sind?

3

4

5

6

Grundlagen Lautstärke und Tonhöhe

7

Zwei Noten in einem Musikstück können sich in der Tonlänge (z. B. Viertel oder Achtel), in der Tonhöhe (z. B. a oder c") oder der Lautstärke (z. B. piano oder forte) unterscheiden. Wenn Schall immer durch Schwingungen entsteht, wie werden dann unterschiedliche Töne erzeugt?
Zupft man eine Gitarrensaite an, so schwingt sie sehr schnell hin und her. Mit der Zeit wird die Schwingung immer kleiner und der erzeugte Ton wird leiser. Die größte Auslenkung eines schwingenden Gegenstands aus seiner Ruhelage nennt man Amplitude. Die Amplitude der Schwingung bestimmt somit die Lautstärke des Tons. ▸ 10, 12

Je größer die Amplitude der Schwingung (heftiger die Vibration), desto lauter ist der Ton.

Die Tonhöhe wird durch die Anzahl der Hin- und Herbewegungen pro Sekunde bestimmt. Diese Anzahl nennt man Frequenz. Sie wird in Hertz (Hz) gemessen. Eine Gitarrensaite, die den Ton a spielt, schwingt 440-mal in der Sekunde hin und her. Das sind 440 Hz. Kurze oder straffe Saiten schwingen schneller hin und her, sie erzeugen einen hohen Ton. ▸ 10, 11

Je größer die Frequenz der Schwingung (schneller die Vibration), desto höher der Ton.

8 Verschiedene Flöten

9 Verschiedene Geigen

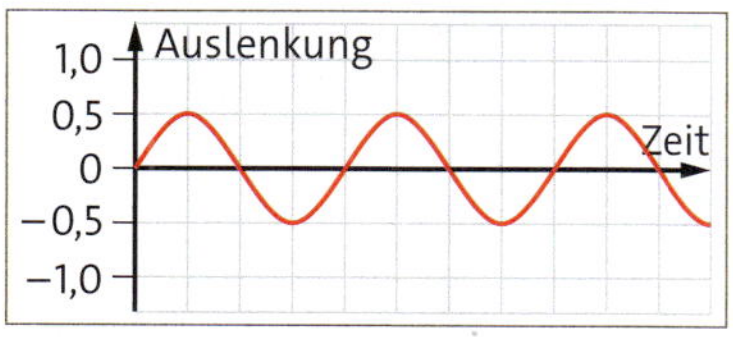

10 Kammerton a

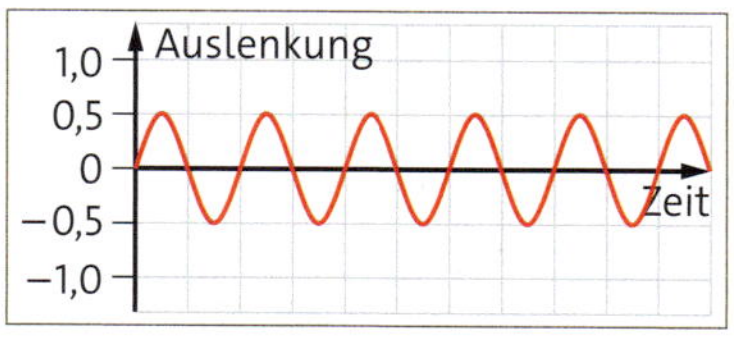

11 a um eine Oktave erhöht

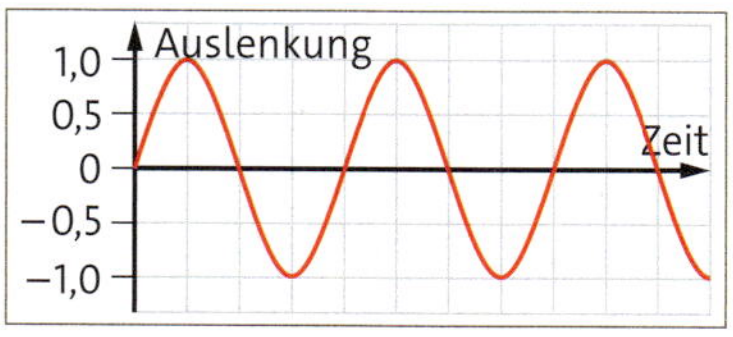

12 a mit erhöhter Lautstärke

Nicht nur kurze straffe Saiten erzeugen hohe Töne. Überhaupt sind es die kleinen Musikinstrumente, die hohe Töne erzeugen. Große Instrumente erzeugen eher tiefe Töne. ▸ 8, 9

Aufgaben

1 Beschreibe ein leises, hohes Piepen mit den Begriffen Amplitude und Frequenz.

2 Versuche mit einem schwingenden Lineal Töne verschiedener Frequenz und Amplitude zu erzeugen.

3 Recherchiere, in welchem Frequenzbereich verschiedene Musikinstrumente erklingen können.

Aus der Natur: Die menschliche Stimme

Beim Sprechen, Singen oder Schreien verwandeln wir uns selbst in eine Schallquelle. Aber welcher Körperteil ist es genau, der bei der Schallerzeugung am stärksten vibriert? Beim tiefen Brummen kannst du deine eigene Schallquelle, die Stimmbänder, mit deiner Hand in Aktion fühlen. Durch die Stimmbänder strömt Luft so hindurch, dass sie zu schwingen beginnen. Bei hohen Tönen sind sie stärker gespannt als bei tiefen Tönen. Verändert sich dabei die Mundstellung und damit auch der Rachenraum, entstehen unterschiedliche Vokale. Die Konsonanten werden erst durch ein kompliziertes Zusammenspiel von Lippen, Zunge und Zähnen möglich. ►1

1 Beobachte bei deinem Partner oder vor einem Spiegel sehr genau, wie sich Mund, Lippen und Unterkiefer bei verschiedenen Vokalen und Konsonanten bewegen.

2 Stelle ein Stimmbändermodell aus einem Luftballon her. Spanne dafür zwei auseinandergeschnittene Luftballonhälften so über eine Pappröhre, dass in der Mitte ein schmaler Spalt bleibt. Befestige die Gummihaut mit einem Gummiband und blase von außen gegen den Spalt. ►2

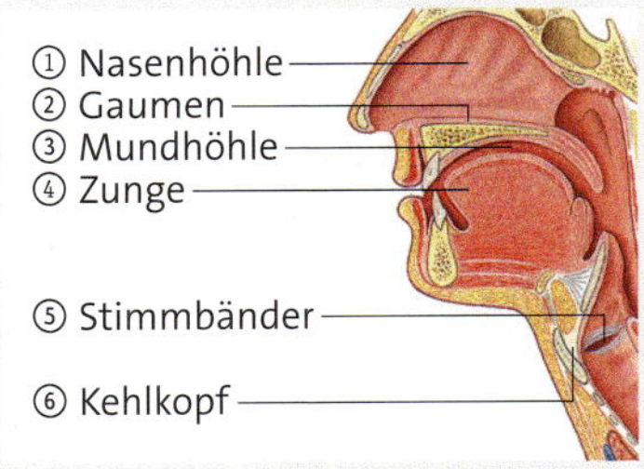

1 Lage der Stimmbänder

2 Modell Stimmbänder

Aus der Technik: Sichtbare Schwingungen

An einem Lineal konntest du die Schwingungen noch gut erkennen. Aber schon bei der Stimmgabel ist das nicht mehr möglich. Die Vibration ist einfach zu schnell. Mit einfachen Tricks ist es aber fast immer möglich, auch sehr schnelle Schwingungen sichtbar zu machen:

- Ziehe eine Schreibstimmgabel über eine berußte Glasplatte. ►3
- Lege einen Tischtennisball auf den Lautsprecher. ►4
- Mit einer App zur Tonanalyse kann man mit Smartphone oder Tablet praktisch jedes Geräusch sichtbar machen.
- Eine besonders eindrucksvolle Möglichkeit, schnelle Schwingungen sichtbar zu machen, besteht darin, eine eingespannte Metallplatte mit dem Bogen eines Cellos anzustreichen. Bestreut man die Platte mit feinem Sand, so ergeben sich wunderschöne Muster. ►5

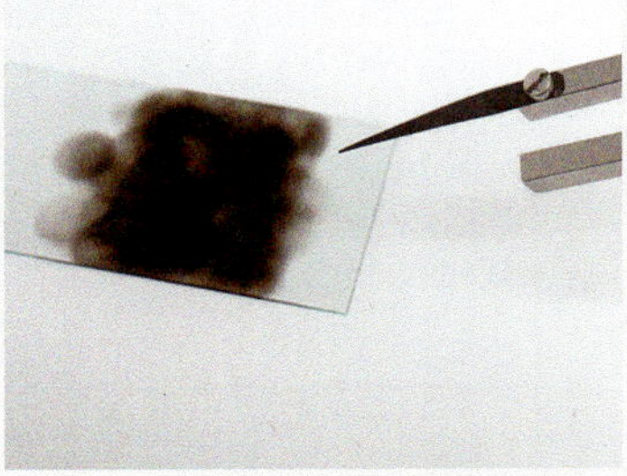

3 Berußte Glasplatte und Stimmgabel

4 Tischtennisball auf Lautsprecher

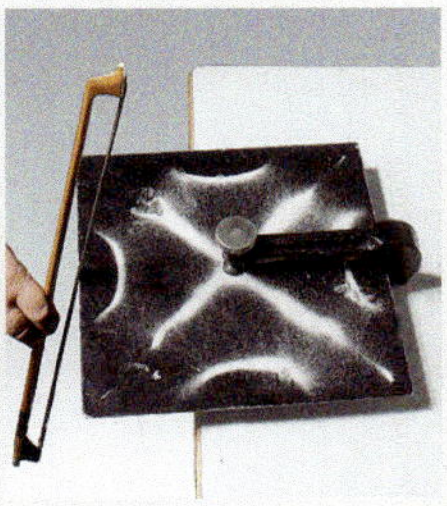

5 Zu jedem Ton gehört bei jeder Plattenform ein typisches Muster.

1 Schwingungen

a Führe eines der beschriebenen Experimente selbst durch und dokumentiere es durch Fotos oder ein Video.

b Untersuche, wie sich leise und laute Töne unterscheiden.

Schall auf dem Weg ins Ohr

6

Teile die Sekundenzahl zwischen Blitz und Donner durch drei und du erhältst die Entfernung des Blitzeinschlags in Kilometern.

Experiment

1 Wasserringe
Lass in die Mitte einer möglichst großen flachen, wassergefüllten Schale einen Wassertropfen fallen. ▸ 7
Beobachte die sich ausbreitende Welle. Bestimme die Zeit, die sie braucht, um den Rand zu erreichen.

2 Schall im Vakuum
Unter der Glocke steht ein klingelnder Wecker. Beschreibe, was passiert, wenn die Luft aus der Glocke gepumpt wird? ▸ 8

7 Wellen im Wasser

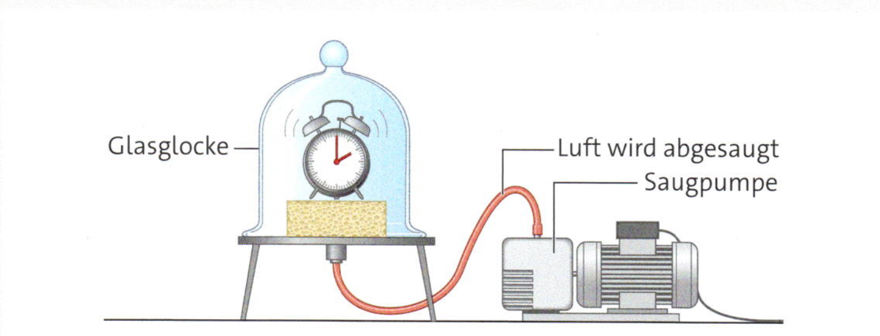

8 Schallausbreitung

3 Schallgeschwindigkeit
Teilt euch in Gruppen auf und versucht, mit unterschiedlichen Methoden, die Schallgeschwindigkeit zu bestimmen.
- Beobachtet eine Startklappe aus mindestens 250 m Entfernung. Bestimmt die Schallgeschwindigkeit mithilfe einer Stoppuhr. ▸ 9
- Nutzt zwei Mikrofone, die mit einer elektronischen Stoppuhr verbunden sind. ▸ 10
- Verwendet zwei schnell schlagende Metronome (gibt es als App). Entfernt nun eines davon solange, bis sie wieder gleich schlagen. Verstärkt das entfernte Metronom mit einem Lautsprecher.

9 Bestimmung der Schallgeschwindigkeit

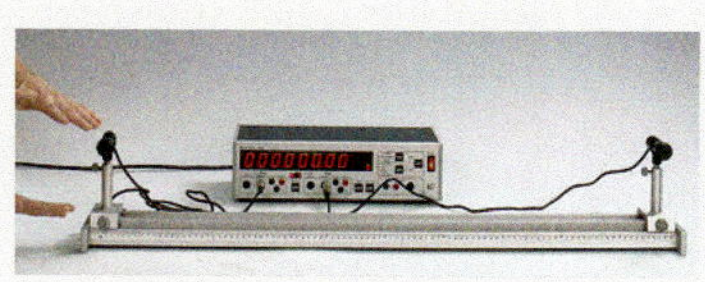

10 Messen der Schallgeschwindigkeit

Grundlagen Schallausbreitung

Bei einem Feuerwerk hast du es bestimmt schon mal gemerkt: Zuerst sieht man die Explosion und erst danach hört man den Knall. Das kann eigentlich nur eines bedeuten. Das Schallsignal braucht länger als das Licht. ▸ 1
Genaue Messungen ergeben:

Die Schallgeschwindigkeit in Luft beträgt etwa 340 m pro Sekunde. Der genaue Wert hängt mit der Lufttemperatur zusammen.

Licht ist fast eine Million Mal schneller. Damit können wir die Zeit für das Licht bei fast allen Messungen vernachlässigen.
Um zu verstehen, wie sich ein Schallsignal in Luft ausbreitet, betrachten wir zunächst einen Lautsprecher. Der Lautsprecher schiebt seine Membran z. B. 440-mal in der Sekunde nach vorne und erzeugt so den Ton a mit einer Frequenz von 440 Hz. Die Luft vor dem Lautsprecher wird nun im gleichen Rhythmus zusammengepresst. Diese Schwingung wird auf die umliegende Luft übertragen und läuft weg. Es entsteht eine Schallwelle. ▸ 2

1 Feuerwerk

2 Entstehung einer Schallwelle

Die Wanderung einer Schwingung oder Störung durch einen Stoff wird Schallwelle genannt.

Die Luft vor dem Lautsprecher schwingt dabei nur hin und her. Sie entfernt sich nicht weiter vom Lautsprecher.
Schall kann sich auch in anderen Stoffen ausbreiten. So singen sich z. B. Buckelwale unter Wasser Lieder vor. Erdbeben erzeugen Schallwellen in der Erdkruste, die man auch in großer Entfernung zum eigentlichen Beben nachweisen kann. Dabei bewegt sich die Schallwelle in unterschiedlichen Medien mit einer unterschiedlichen Geschwindigkeit.

Stoff	Schallgeschwindigkeit in Metern pro Sekunde
Gummi	150
Luft, 20 °C	343
Luft, 0 °C	331
Meerwasser	1500
Eis	3300
Stein	3600
Knochen	4080
Eisen	5170
Glas	5300

Aufgaben

1 Im Sommer hört Paula in den Bergen ihren eigenen Schrei nach einer Sekunde als Echo. Bestimme ihren Abstand von der Felsenwand.

2 In Science-Fiction-Filmen explodieren Raumschiffe im Weltall immer mit einem lauten Knall. Erkläre, warum dies nicht immer ganz richtig sein kann.

3 Der berühmte Komponist Ludwig van Beethoven (1770–1827) wurde mit zunehmendem Alter völlig taub. ▸ 3
Beim Klavierspielen biss er auf seinen am Klavier befestigten Taktstab. Beschreibe, wie er so – auch ohne normale Funktion der Ohren – Töne unterscheiden konnte.

3 Ludwig van Beethoven

Aus der Natur: Schall unter Wasser

Wer sich die Zeit nimmt, unter Wasser die Augen zu schließen und die Ohren zu spitzen, taucht in eine völlig neue und fremde Welt ein. Es blubbert und gluckert, klickt, braust und dröhnt. Auch unter Wasser gibt es Schallwellen. Dass wir unter Wasser nicht mit den Ohren hören, merkst du, wenn du die Ohren einfach mal verschließt – kein Unterschied zu hören. Wir nehmen die Schallwellen mit dem ganzen Schädel war. Ähnliches kannst du beobachten, wenn du dir eine Stimmgabel auf den Kopf setzt.

4 Musizieren unter Wasser?

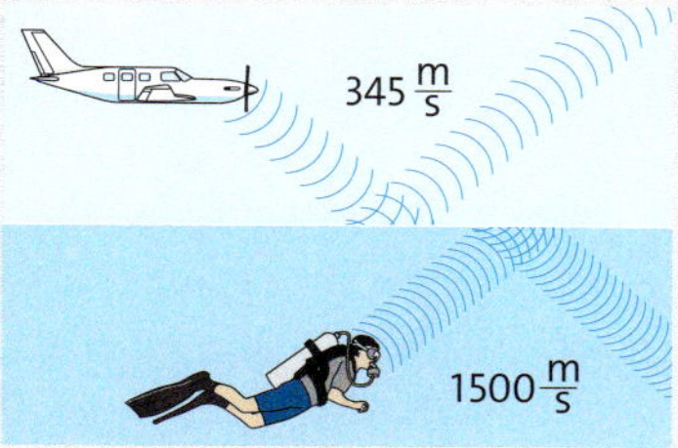

5 Reflexion von Schallwellen

6 Wale kommunizieren auch.

Geräusche aus der Überwasserwelt gelangen nur schwer ins Wasser. Die Wasseroberfläche wirkt wie ein zweiseitiger Spiegel. Sie reflektiert die meisten Schallwellen, die von oben und auch von unten kommen. ▸5
Viele Wassertiere kommunizieren mithilfe von Schall. Wale, Seehunde und einige Fischarten haben für diesen Zweck speziell angepasste Sinnesorgane. ▸6

1 Halte den Kopf im Schwimmbad, Meer oder notfalls auch in der Badewannne unter Wasser und beobachte die Geräusche. Du kannst auch mit einem Stethoskop oder Trichter von außen in ein Aquarium oder ein Glas Sprudelwasser hineinhorchen. Versuche alle Geräusche zuzuordnen.

2 Untersuche die Schallausbreitung im Nichtschwimmerbereich des Schwimmbads. Plane deine Experimente vor dem Schwimmbadbesuch. Mögliche Fragestellungen sind z. B.:
- Gibt es einen Unterschied zwischen offenen und mit den Fingern verschlossenen Ohren?
- Kann man so unter Wasser rufen, dass man es oberhalb der Wasseroberfläche hört? ▸7
- Hörst du unter Wasser Geräusche, die oberhalb der Wasseroberfläche entstehen?
- Gibt es einfache Musikinstrumente aus Plastik (z. B. Blockflöte oder Triangel), die unter Wasser funktionieren?
- Aus welcher Entfernung kann man sein Gegenüber unter Wasser noch hören?

3 Menschen erzeugen viel Lärm unter der Meeresoberfläche. Recherchiere den möglichen Zusammenhang zwischen Lärmquellen und den Strandungen von Walen.

7

Aus der Natur: Ohren und Gehör

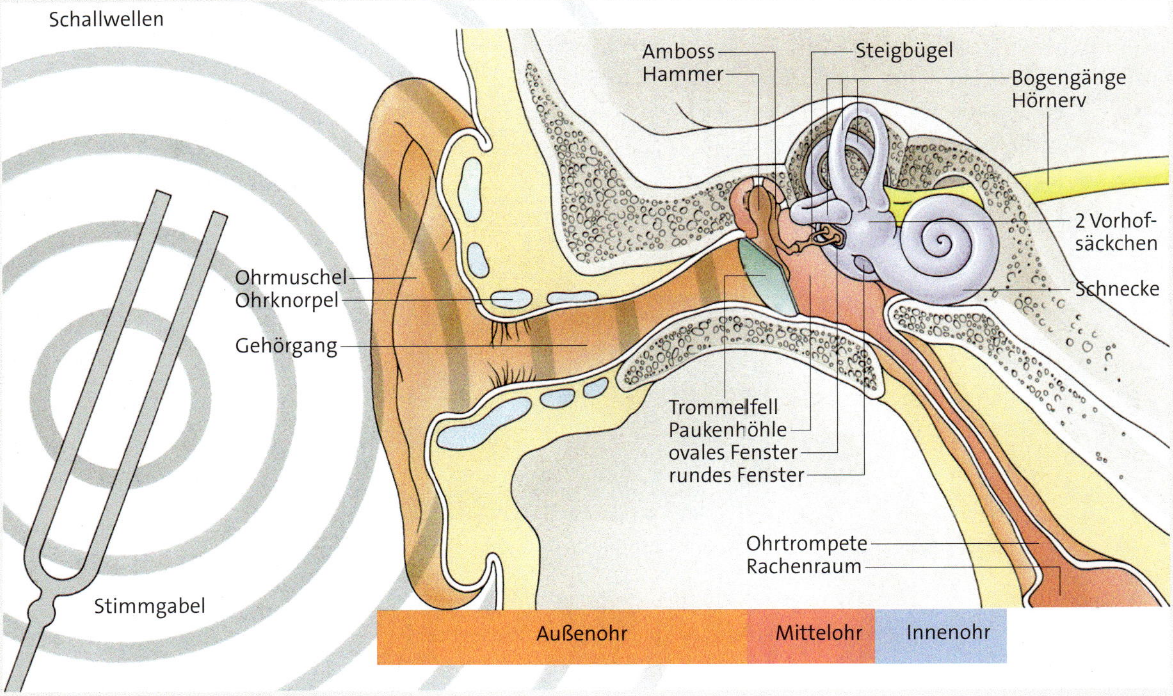

1 Aufbau des menschlichen Ohrs

Unsere Ohren bestehen nicht nur aus den von außen sichtbaren Ohrmuscheln. Sie haben auch einen komplizierten inneren Aufbau. Das Ohr besteht aus drei Bereichen: Außen-, Mittel- und Innenohr. ▸1
Der Schall wird zunächst wie mit einem Trichter von der Ohrmuschel aufgefangen und durch den Gehörgang zum Trommelfell weitergeleitet. Hier beginnen nun auch die Gehörknöchelchen zu schwingen. Dadurch überträgt sich die Schwingung auf das flüssigkeitsgefüllte Innenohr. In diesem wandert eine Welle die mit Sinneshärchen bedeckte Schnecke entlang. Je nach Tonhöhe stranden diese Wellen an ganz bestimmten Stellen im Innenohr. Die Sinneszellen geben ihre elektrischen Signale über den Hörnerv an das Gehirn weiter.

Schon gewusst?

Das Ohr ist das empfindlichste und schnellste Sinnesorgan des Menschen.
Es kann bis zu 1000-mal in der Sekunde immer wieder neue Signale verarbeiten und misst dabei Auslenkungen der Sinneshärchen von weniger als 0,000 000 0001 m. ▸2

2 Sinneszellen im Ohr

1 Beschreibe anhand der Abbildung mit eigenen Worten den Weg des Schallsignals von der Erzeugung in der Stimmgabel bis zum elektrischen Signal im Hörnerv.
2 Bestimme mit einem Tongenerator aus der Physiksammlung oder einer entsprechenden App auf einem Smartphone deinen Hörbereich.

Lebewesen	Hörbereich	Lebewesen	Hörbereich	Lebewesen	Hörbereich
Kind	16–20 000 Hz	Hund	15–50 000 Hz	Motte	20 000– 70 000 Hz
35-jähriger	16–15 000 Hz	Buchfink	240–30 000 Hz	Fledermaus	2000–150 000 Hz
85-jähriger	16– 5 000 Hz	Heuschrecke	100–100 000 Hz	Delfin	150–280 000 Hz

Aus der Technik: Schutz vor Lärm

Schall kann auch richtig nerven. Dann nennt man ihn oft einfach nur Lärm. Zu viel Lärm schädigt nicht nur die Ohren, er kann auf Dauer den ganzen Körper krank machen. Deshalb gibt es inzwischen viele Möglichkeiten, sich vor Lärm zu schützen. Wer mit lauten Maschinen arbeitet, muss einen Ohrenschutz tragen. ▸ 3
Autobahnen werden mit Schallschutzwänden umgeben. In Klassenräumen werden für die Decken und die Fußböden oft schallschluckende Materialien verwendet. In Wohngebieten gelten strenge Regeln: Zu verschiedenen Tageszeiten sind nur unterschiedliche Lautstärken erlaubt. ▸ 4
Um Lautstärken vergleichen zu können, misst man sie mit einem Schallpegelmessgerät. Es besitzt ein Mikrofon und eine Skala, die Werte in Dezibel A anzeigt. Doppelte Lautstärke bedeutet eine Zunahme um 10 dB(A). ▸ 5
Die besten Verordnungen helfen nichts, wenn man sich bewusst großen Lautstärken aussetzt, z. B. beim Musikhören mit dem Kopfhörer oder in der Disko. In der Nähe von Lautsprechern bei musikalischen Großveranstaltungen wurden schon Schallpegel von mehr als 135 dB(A) gemessen. Ein Viertel aller jungen Erwachsenen haben deshalb bleibende Hörschäden. ▸ 6

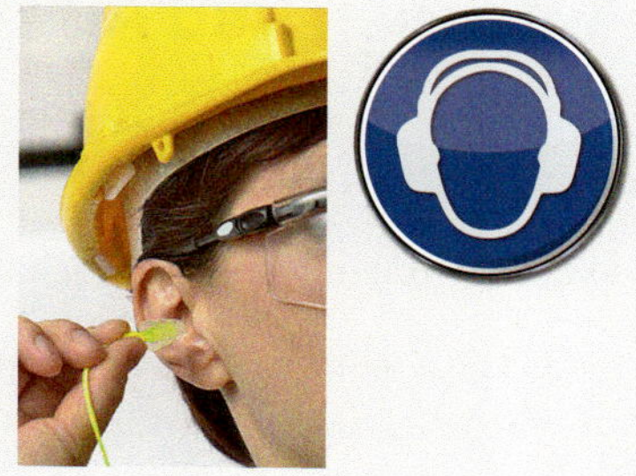
3 Gehörschutz tragen!

4 Geschwindigkeitsbegrenzung für den Lärmschutz

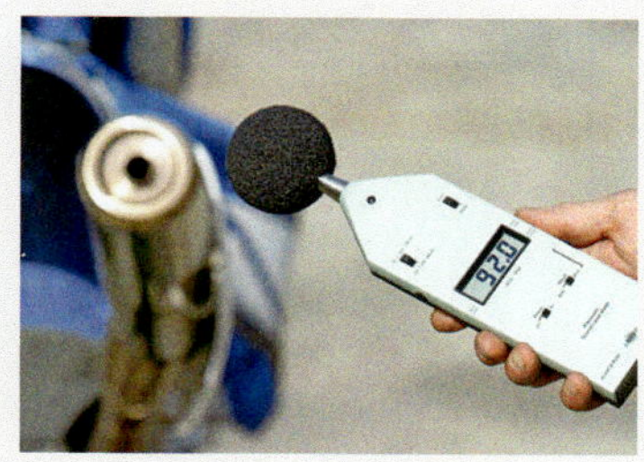
5 Schallpegelmessung

6 Lautstärken wie ein startendes Flugzeug

1 Neben Ohrenstöpseln und Lärmschutzwänden gibt es noch viele andere Möglichkeiten, um sich vor zu viel Lärm zu schützen. Nenne möglichst viele Möglichkeiten.
2 Es gibt für das Smartphone Apps, mit denen man die Lautstärke direkt messen kann. Miss die Lautstärke von möglichst vielen Geräuschen. Ordne die Geräusche nach ihrer Lautstärke in einer Tabelle oder einer Grafik.

Gebiet/Bereich	**Grenzwerte in dB(A)**	
	tags	**nachts**
Industriegebiet	70	70
vorwiegendes Gewerbegebiet	65	50
Mischgebiet	60	45
vorwiegendes Wohngebiet	55	40
reines Wohngebiet	50	35
Kurgebiete, Krankenhäuser, Pflegeanstalten	45	35

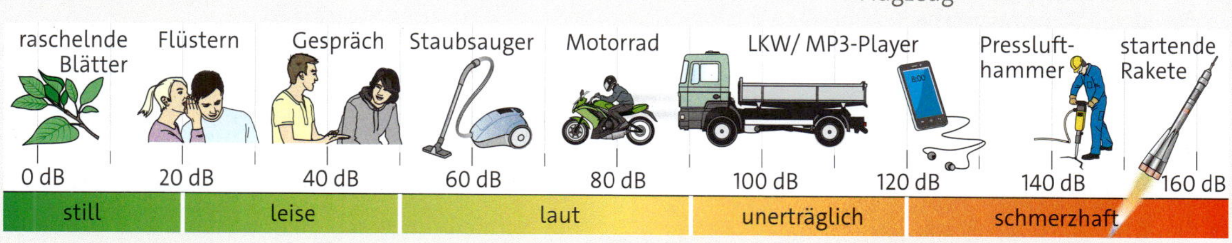

7

Aufgaben und Aufträge

Töne sind Schwingungen

1 Wann wird ein Körper zur Schallquelle?

2 Was kann man bei allen Schallquellen als Ursache der Schallerzeugung entdecken?

3 Nach der Erzeugung des Schalls unterscheidet man Schlag-, Blas-, Streich- und Zupfinstrumente. Nenne jeweils einige Beispiele.

4 Erkläre jeweils die Begriffe Amplitude und Frequenz.

5 Die Frequenz eines hohen Tons ist größer als die Frequenz eines tiefen Tons.

a Welches Bild zeigt die höhere Frequenz? ▸ 1

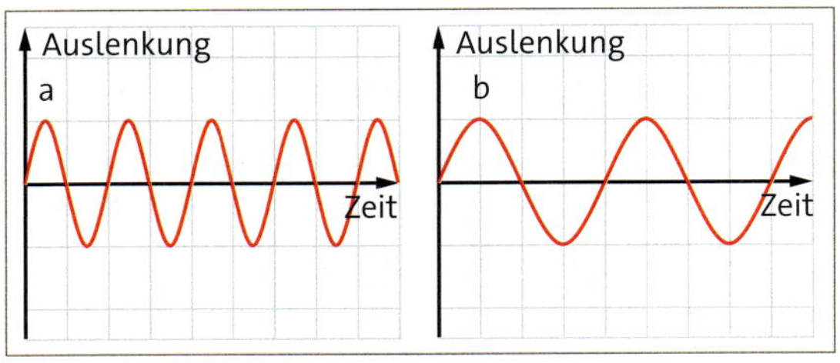

1

b Welches Bild zeigt den lauteren Ton? ▸ 2

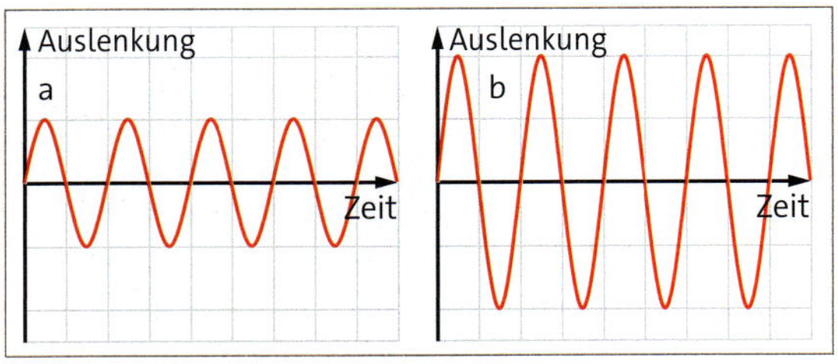

2

6 Die Nadelspitze der Stimmgabel zeichnet im Experiment in einer Zehntelsekunde 20 Wellen auf die berußte Platte. Mit welcher Frequenz vibriert die Stimmgabel? ▸ 3

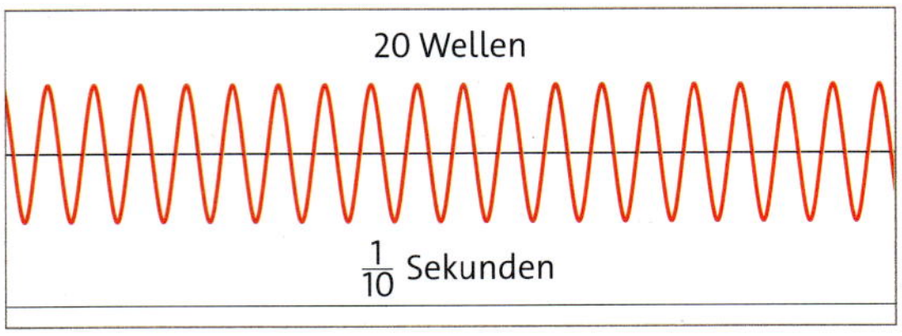

3

7 Es gibt Hundepfeifen, die wir nicht hören. Erkläre.

8 Welche Stimmgabel erzeugt den höheren Ton? Begründe deine Antwort. ▸ 4

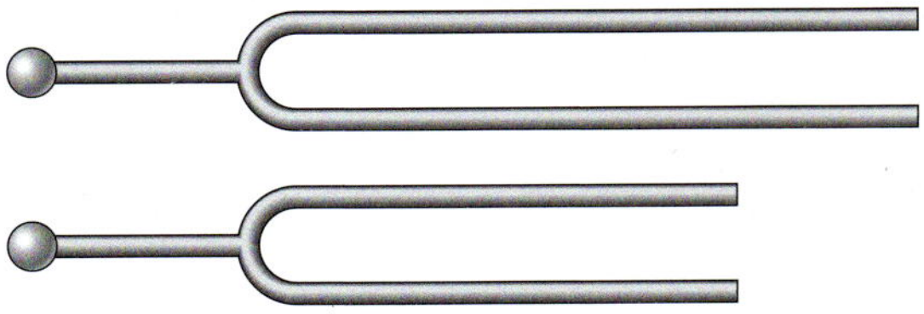

4

9 Eine Orgel besteht aus verschieden langen Pfeifen. Manche sind nur wenige Zentimeter, die größten sind mehrere Meter lang. Welche Pfeifen machen die tiefen Töne?

10 Eine Schreibstimmgabel kann Schwingungen direkt sichtbar machen.

a Erkläre, wie das Bild entsteht. ▸ 5

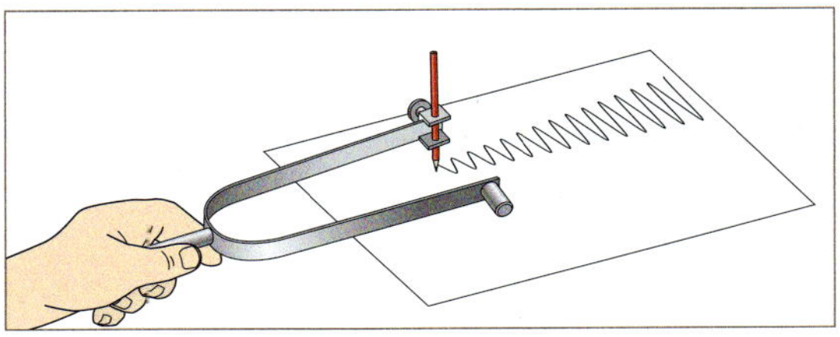

5

b Begründe die Abnahme der Amplitude.

Schall auf dem Weg ins Ohr

11 Schlag das linke Tamburin an und notiert eure Beobachtungen. Erklärt, wie es zur Bewegung des Tischtennisballs kommt. ▸ 6

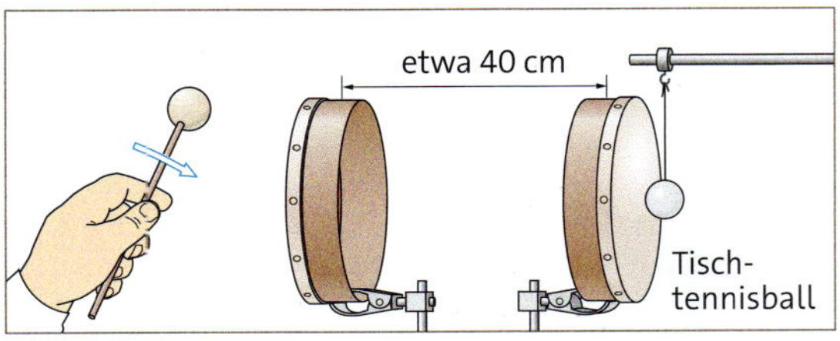

6

12 Schall breitet sich nicht nur in Luft aus, sondern wird auch durch Flüssigkeiten und sogar durch feste Stoffe weitergeleitet.

a Ist die Schallgeschwindigkeit in Wasser größer als in Luft?
b Warum breitet sich der Schall in Metall noch schneller aus als in Wasser?

13 Warum ist auf dem Mond kein Lärm zu hören? ▸ 7

14 Warum kann man ein schnell fliegendes Flugzeug nicht dort sehen, wo man es hört?

7

15 Ein 100-m-Läufer benötigt für 100 m etwa 10 Sekunden. Wie lange braucht der Schall für diese Strecke?

16 Wie kann man mithilfe des Echos die Schallgeschwindigkeit messen?

17 Paula hört das Echo, das eine hohe Felswand ermöglicht. Wie weit ist die Felswand entfernt, wenn das Echo zwei Sekunden nach dem Klatschen bei Paula ankommt?

18 Welche Aufgabe für das Hören hat das Trommelfell im Ohr?

19 „Der Rotorenlärm der Hubschrauber zerstört Fensterscheiben."
a Bewerte diese Zeitungsmeldung.
b Erkläre, wie es möglich sein könnte.
c Gelingt es dir, ein Haus aus Spielkarten mit einer Schallquelle zum Einstürzen zu bringen? Beschreibe dein Vorgehen.
d Bereite eine Präsentation vor, in der du die Schallausbreitung erklärst. Plane dazu einen Versuch, der zeigt, wie sich Schall in der Luft ausbreitet.

Überblick

Schall und Schallquelle Alle hörbaren Geräusche nennt der Physiker Schall. Gegenstände, die Schall abgeben, heißen Schallquellen. An jeder Schallquelle kann man Teile entdecken, die vibrieren bzw. schwingen oder sich sehr plötzlich bewegen. ▸ 8

Schwingungen und Schallquelle Die vibrierenden oder schwingenden Teile versetzen die Umgebung, z. B. die Luft, in Schwingung. Diese Schwingung breitet sich als Schallwelle in alle Richtungen aus.
Auch in Flüssigkeiten und in festen Stoffen können sich Schallwellen ausbreiten.

Amplitude und Lautstärke Je weiter das schwingende Teil hin- und herschwingt, je größer also die Amplitude ist, desto lauter klingt das Geräusch oder der Ton. ▸ 9

Frequenz und Tonhöhe Die Anzahl der Schwingungen, die das vibrierende Teil der Schallquelle pro Sekunde macht, wird Frequenz genannt und in Hz (Hertz) gemessen. Je größer die Frequenz, desto höher klingt der Ton.

Schallgeschwindigkeit Die Geschwindigkeit der Ausbreitung einer Schallwelle, die Schallgeschwindigkeit, hängt von der Festigkeit des Stoffs ab, in dem sich die Welle ausbreitet. Eine plötzliche Bewegung – ein Knall – verursacht eine Störung in seiner Umgebung, die sich ebenfalls mit Schallgeschwindigkeit ausbreitet.

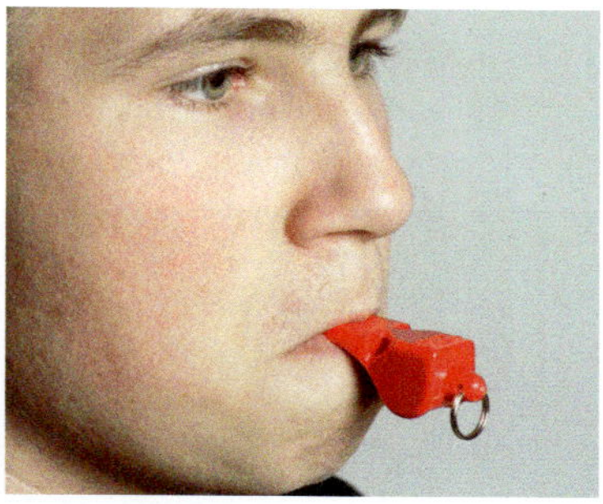
8 Schallquelle

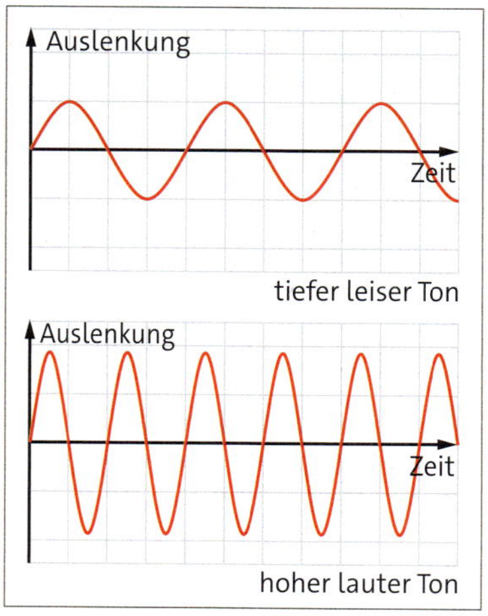

9 Amplitude und Frequenz

Licht steckt voller Wunder.
In Bruchteilen von Sekunden kann es riesige Räume mit bunten Strahlen und Fächern füllen.
Aber sehen können wir das Licht nur im Nebel.

Die Ausbreitung des Lichts

Manche Dinge sehen wir auch erst in der Dunkelheit: die Sterne, einen Blitz, die Lichter eines entfernten Dorfes, eine Kerzenflamme ... Das alles sind Lichtquellen. Lichtquellen sehen wir, wenn unsere Augen ihr Licht empfangen. Aber wie kommt es dazu, dass wir auch Dinge sehen, die keine Lichtquellen sind?

Im Schwarzen Theater schweben Personen und Gegenstände auf der Bühne – Magie oder Physik? ▸ 3

3 Das Schwarze Theater in Prag

Kann ein Schatten blau sein? ▸ 2

Und wie kann der Schatten eine ganz normale Hand in die Klaue eines Ungeheuers verwandeln? ▸ 4

Bei einer Sonnenfinsternis fehlt ein Stück der Sonne. Ist wirklich der Mond dran schuld? Warum sieht man ihn dann nicht? ▸ 5

Mit Beobachtungen und Experimenten wirst du die Wunder des Lichts erforschen: Wie es sich ausbreitet, wie es sich im Raum verteilt, warum wir es zum Sehen brauchen und was es uns über Sonne, Mond und Erde erzählt.

2 Blauer Schatten

4 Seltsame Schatten

5 Beginn einer Sonnenfinsternis

Die Ausbreitung des Lichts

6

Was sagt uns dieses Bild über die Ausbreitung des Lichts?

Experimente

1 Lichtausbreitung sichtbar gemacht
Untersuche, unter welchen Bedingungen Lichtstrahlen zu sehen sind. Du brauchst eine Lampe mit elektrischer Energiequelle, einen Pappkarton mit vielen geldstückgroßen Löchern, der über die Lampe passt, und eine Nebelmaschine. (Ersatzweise kannst du auch einen Lappen mit Kreidestaub verwenden.)

2 Wie viel Licht werfen Gegenstände zurück?
Weißer Karton wird auf eine Experimentierlampe gesteckt. So wird er nicht direkt beleuchtet. Untersuche, wie sich sein Aussehen verändert, wenn Gegenstände vor die Leuchte gehalten werden. ▸ 7

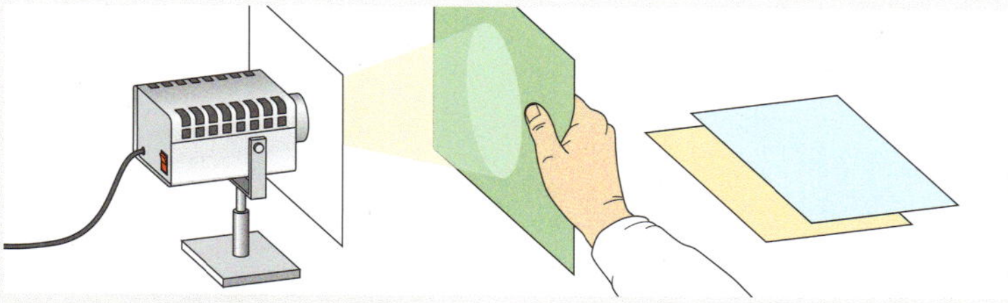

7 Licht wird zurückgeworfen.

a Verwende verschiedene farbige Gegenstände. Welche Veränderungen beobachtest du auf dem weißen Karton?
b Was geschieht, wenn du statt der undurchsichtigen Körper eine Glasplatte und dann eine Milchglasscheibe vor die Lampe hältst?

3 Lichtbündel
Versuche ein möglichst schmales Lichtbündel herzustellen. Überlege selbst, welche Geräte du dazu brauchst.

4 Licht durch den Gartenschlauch
Schaue durch ein Stück Gartenschlauch auf eine Kerzenflamme. Unter welchen Bedingungen kannst du die Kerze sehen? ▸ 8

8 Lichtausbreitung

Grundlagen Wie sich Licht ausbreitet

Die Ränder von Lichtstreifen sind immer gerade. ▸ 6, S. 23 Wie mit einem riesigen Lineal gezogen, zeichnen sie sich ab. Verlängern wir die geraden Linien, so befindet sich in ihrem Schnittpunkt der Ort der Sonne, auch wenn diese gar nicht zu sehen ist.

Von einer Lichtquelle aus breitet sich Licht nach allen Seiten hin geradlinig aus.

Eine Blende verändert die Ausbreitung: Hinter einer Blende entsteht ein Lichtbündel. Zum Zeichnen von Lichtbündeln verwenden wir die Randstrahlen und den Mittelstrahl. ▸ 1

Lichtstrahlen sind gezeichnete Pfeile. Sie zeigen, in welche Richtungen sich das Licht ausbreitet. (Lichtstrahlmodell)

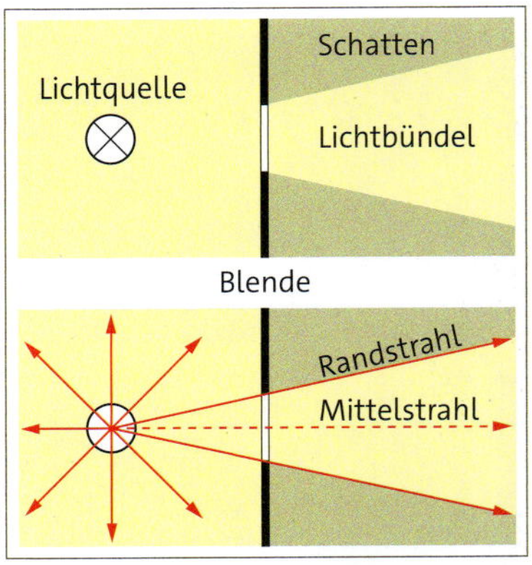

1 Lichtbündel und Lichtstrahlen

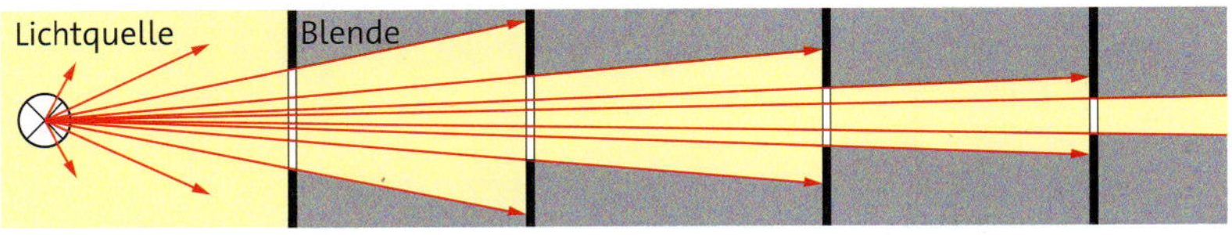

2 Das Lichtbündel wird immer schmaler – aber es bleibt ein Lichtbündel.

Aus der Technik: Laserstrahl als Lineal

Beim Fliesenlegen ist dieser Speziallaser sehr nützlich. ▸ 3 Er enthält zwei Laser, deren Lichtstrahlen rechtwinklig zueinander verlaufen. Mit zwei Wasserwaagen lassen sich die Laserstrahlen genau horizontal oder vertikal auszurichten.
Auch beim Hausbau ist ein Laser praktisch. Fundamente müssen exakt ebene Flächen bilden. Dazu verwenden Bauspezialisten einen Rotationslaser. ▸ 4 Auch er wird mit zwei eingebauten Wasserwaagen exakt ausgerichtet. Das Gerät erzeugt einen schnell rotierenden Laserstrahl.
Beim Drehen überstreicht dieser Strahl eine horizontale ebene Fläche.
Ein kleiner Empfänger gibt einen Signalton aus, wenn er von dem Laserstrahl getroffen wird. So kann der Bauarbeiter jederzeit genau prüfen, ob das Fundament exakt verlegt ist oder ob er noch nachbessern muss.

1 Nenne die Eigenschaft des Lichts, die bei Speziallasern genutzt wird.

3 Winkellaser

4 Rotationslaser

Aufgaben

1 Lichtbündel
a Beschreibe, wie man mit einer Taschenlampe und einem Stück Papier mit einem Loch ein Lichtbündel erzeugen kann.
b Erkläre an einer Skizze die Begriffe Randstrahl und Mittelstrahl.
c Wie kann man das Lichtbündel schmaler machen? Nenne verschiedene Möglichkeiten.

2 Oft wird das Licht eines Lasers „Laserstrahl" genannt. Warum wohl? Und warum ist das eigentlich nicht ganz richtig?

Grundlagen Licht wird gestreut, absorbiert oder durchgelassen

Wird eine Stelle an einer weißen Wand mit einer Taschenlampe beleuchtet, dann wird nicht nur die Stelle an der Wand heller, auch die gegenüberliegende Wand wird heller. ▸5
Die beleuchtete Stelle an der Wand hat die Wirkung einer Lichtquelle. Sie verteilt das von der Taschenlampe empfangene Licht in alle möglichen Richtungen. Dieser Vorgang heißt *Streuung* des Lichts. ▸6–10

Nicht nur Lichtquellen senden Licht aus. Jeder beleuchtete Gegenstand verteilt Licht in alle möglichen Richtungen. Diesen Vorgang nennt man Lichtstreuung. Das gestreute Licht nimmt die Farbe des Gegenstands an.

Schwarze Gegenstände streuen nur einen geringen Teil des auftreffenden Lichts. Der größte Teil wird absorbiert. Dadurch erwärmt sich der Gegenstand.

5 Streuung des Lichts

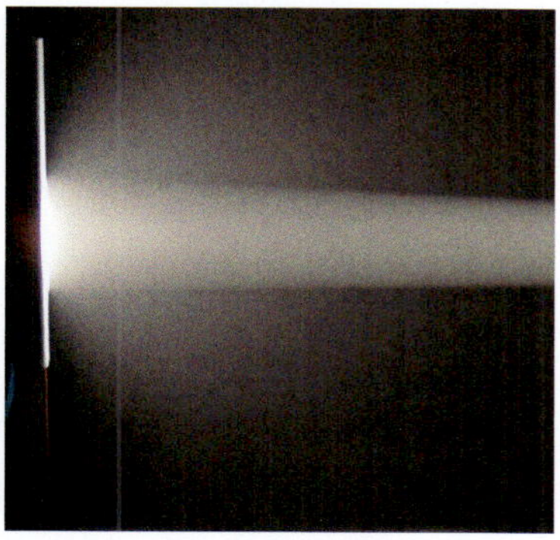

6 Weiße Gegenstände streuen Licht unverändert zurück.

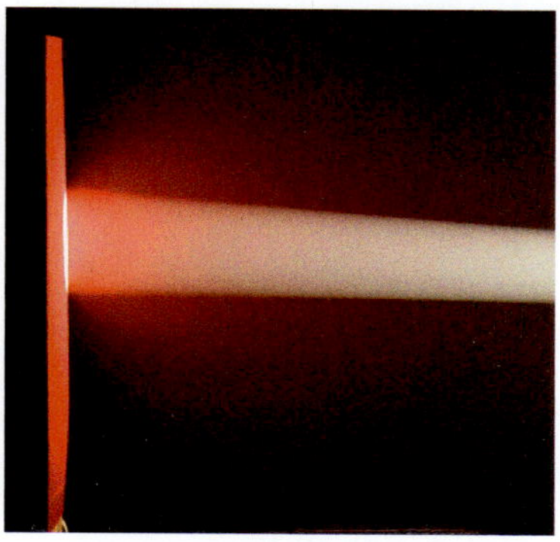

7 Rote Gegenstände streuen rotes Licht zurück.

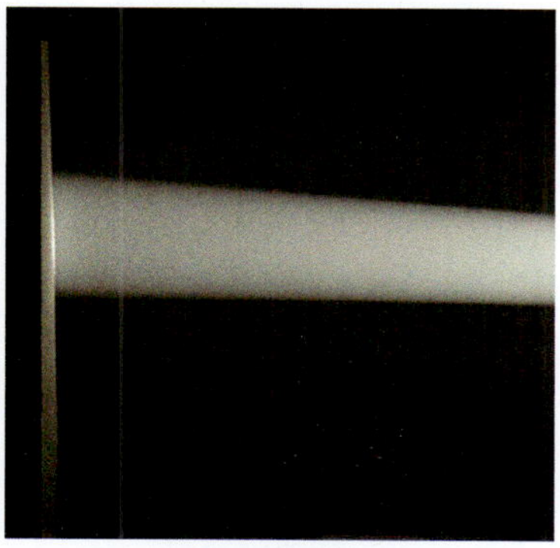

8 Dunkle Gegenstände verschlucken (absorbieren) viel Licht.

9 Glas lässt Licht fast ungehindert durch.

10 Butterbrotpapier streut Licht in alle Richtungen.

Aufgaben

1 Jana läuft nachts nach Hause. Wie sollten die Farben ihrer Kleidung sein? Begründe deine Antwort.

2 Im Hochsommer tragen viele Menschen weiße Kleidung. Erkläre.

Aus der Technik: Sicher landen ist lebenswichtig!

Der Pilot darf die Landebahn nicht zu steil und nicht zu flach anfliegen. Er darf nicht zu früh und auch nicht zu spät aufsetzen. Neben dem Autopiloten hilft dabei ein optisches Leitsystem aus zwei speziellen Scheinwerfern. Sie stehen einige Meter hintereinander neben der Landebahn. Jeder dieser Scheinwerfer erzeugt einen roten und darüber einen weißen Lichtkegel. Im roten Lichtkegel sieht der Pilot den Scheinwerfer rot. ▸ 2
In Position A sieht er beide Scheinwerfer rot. Er kommt zu flach an. Unter den Piloten sagt man: „Rot über Rot und bald bist du tot."

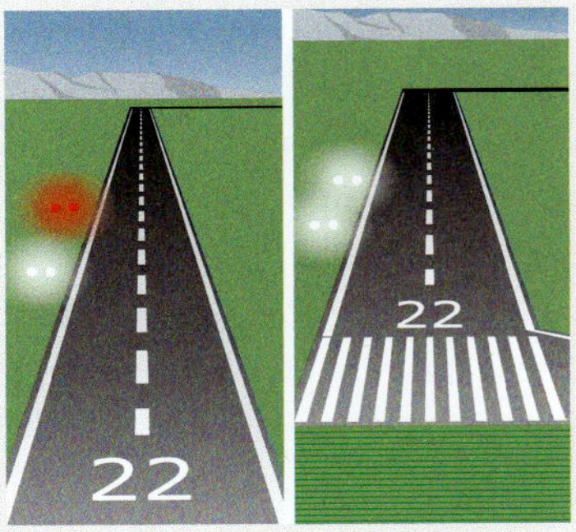

1

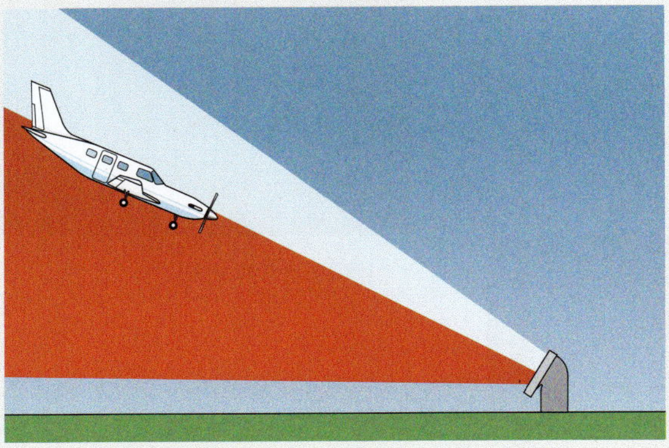
2 Optische Anflughilfe

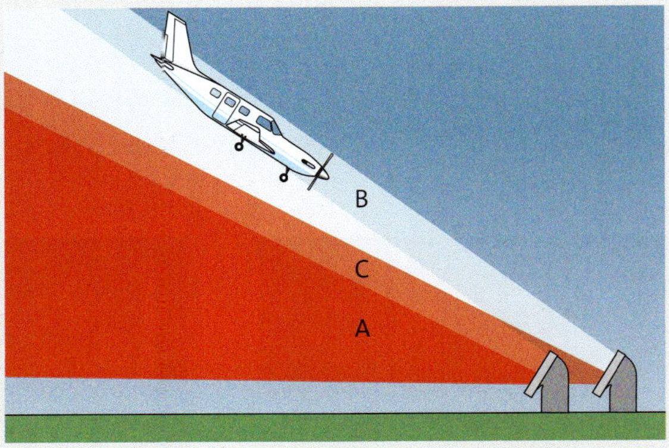

3

1 Landeregeln

a Begründe, warum es für Position B heißt: „Weiß über Weiß und du landest im Mais."

b Warum heißt es für Position C: „Rot über Weiß, erster Preis."

Aus der Technik: Lichtstreuung rettet Leben

Im Schlaf riechst du nichts – auch keinen Rauch! Jedes Jahr sterben in Deutschland rund 500 Menschen bei Zimmerbränden. Meist ist nicht das Feuer die Todesursache, sondern eine Rauchvergiftung. Rauchmelder sollen davor schützen. Deshalb sind sie in vielen Bundesländern Pflicht.
Ein Rauchmelder ▸ 4 funktioniert so: Ein kleines Lämpchen blitzt alle 30 Sekunden in der Rauchkammer auf. Schräg gegenüber sitzt ein lichtempfindlicher Schalter. Eine kleine Wand in der Rauchkammer verhindert, dass das Licht auf geradem Weg zu ihm gelangt.
Befindet sich Rauch in der Kammer, wird das Licht gestreut. Ein Teil des Lichts fällt dann auf den Schalter. Dieser schließt den Stromkreis und löst einen schrillen Alarmton aus.

4 Geöffneter Rauchmelder

1 Erkläre, warum die Rauchkammer schwarz gefärbt ist.

2 Beschreibe, wie der Rauchmelder funktioniert.

Grundlagen Streulicht ist wichtig fürs Sehen

Durch die Pupillen kann Licht in die Augen eindringen. Kerzen und andere Lichtquellen sehen wir, wenn ihr Licht in unsere Augen hineingelangt.

Unsere Augen sind Lichtempfänger.

Alle Dinge außer Lichtquellen sehen wir nur, wenn sie von einer Lichtquelle beleuchtet werden. Dann streuen sie Licht in alle Richtungen. Ein Teil des Streulichts fällt in unsere Augen – wir sehen die Dinge. ▸5
Das Lichtbündel einer Taschenlampe oder eines Laserpointers sehen wir nur, wenn Nebel, Staub oder Dunst in der Luft ist. Durch Streuung an den Wasser- oder Staubteilchen wird ein Teil des Lichts in unsere Augen gelenkt.

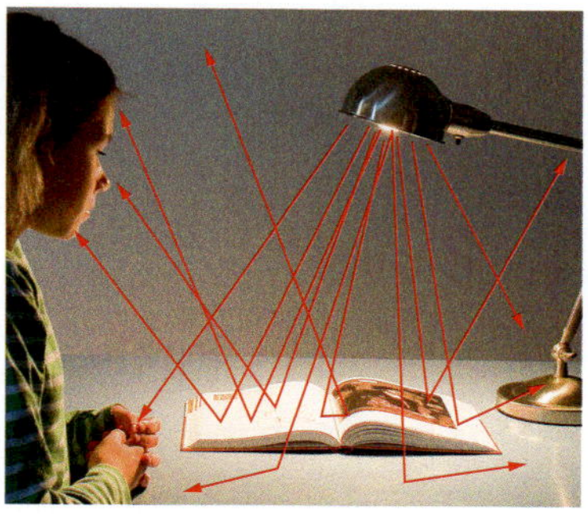

5 Streulicht fällt ins Auge – wir sehen das Buch.

Aus der Natur: Lebendige Lichtquellen

Auch unter den Tieren und Pflanzen gibt es Lichtquellen – lebendige Lichtquellen. Das Leuchten ist oft für das Überleben der Lebewesen wichtig: Entweder wird damit ein Partner angelockt oder ein Beutetier. Glühwürmchen oder Johanniskäfer sind bei uns heimisch. ▸6 Sie bilden in besonderen Körperzellen einen Stoff, den sie zum Leuchten bringen können. Mit diesem Licht locken sich Männchen und Weibchen gegenseitig an. Tintenfische können sogar in unterschiedlichen Farben leuchten: einige weiß, andere hellblau und andere wiederum rot. ▸7

6 Leuchtkäfer

7 Tintenfisch

8 Leuchtquallen

9 Anglerfisch

Im Pazifik leben leuchtende Quallen. ▸8 Der Anglerfisch lebt in der dunklen Tiefsee. Er kann seine Beute nicht sehen. Mit seinem Leuchtorgan lockt er sie jedoch vor sein aufgerissenes Maul. ▸9

1 Beschreibe, welche Aufgaben die Lichtquellen bei Tieren erfüllen?

Aufgaben

1 Was ist wichtiger: die Sonne oder der Mond? Paul meint: „Der Mond! Die Sonne scheint immer nur, wenn es sowieso schon hell ist, der Mond scheint aber bei Nacht.“ Was meinst du zu Pauls Begründung?

2 Beim Sehen und beim Hören gibt es einen Sender und einen Empfänger. Wer oder was ist jeweils der Sender und wer oder was der Empfänger?

Aus Umwelt und Technik: Sehen und gesehen werden

Lichtquellen im Straßenverkehr Beim Fahrrad musst du schon in der Dämmerung und sogar auf beleuchteten Straßen die Beleuchtung einschalten. Das Licht ist wichtig, auch wenn du ohne Scheinwerfer noch gut siehst. Scheinwerfer sind nämlich nicht nur dazu da, die Straße zu beleuchten. Es geht nicht nur darum, zu sehen, sondern auch darum, von anderen Verkehrsteilnehmern gesehen zu werden!
Ein beleuchtetes Fahrzeug ist früher zu erkennen als ein unbeleuchtetes. Seine Lichter geben an, ob es bremsen oder abbiegen wird. ▸ 1
Auf der Straße dienen viele Lichtquellen der Information anderer Verkehrsteilnehmer. Auch die leuchtenden Signale an Straßenrändern dienen diesem Zweck. ▸ 2–4

1 Achtung! Hier wird gebremst.

2 Lichtquellen informieren

3 Bei einem Fahrzeug mit Blaulicht heißt es schnell Platz machen.

4 Baustellen werden durch blinkende Lichtsignale gesichert.

Streulicht im Straßenverkehr Im Straßenverkehr müssen Personen und Gegenstände auch dann gut zu sehen sein, wenn sie nicht selbst eine Lichtquelle haben: Dann ist zurückgeworfenes Licht wichtig. Fußgänger sollten nachts helle Kleidung tragen. Helle Kleidung streut nämlich mehr Licht als dunkle. Autofahrer können sie von weitem erkennen. ▸ 5

5 Mit heller Kleidung bist du besser sichtbar.

1 „Das Rücklicht am Fahrrad schützt dein Leben." Erkläre diesen Satz.

2 Blinkende Lichter fallen stärker auf als gleichmäßig leuchtende. Wo wird davon im Straßenverkehr Gebrauch gemacht? Nenne Beispiele.

Aus der Technik: Lampentypen

Alle Lichtquellen auf der Erde benötigen Energie – und die gibt es nicht umsonst. Nur das Sonnenlicht kostet nichts. Elektrische Lampen gibt es erst seit gut hundert Jahren. Vorher benutzten die Menschen im Dunkeln Öllampen und Kerzen. Heute bekommen fast alle Lichtquellen ihre Energie mit elektrischem Strom. Der Verkauf von Glühlampen ist jedoch verboten worden, weil sie für die gleiche Helligkeit 5-mal so viel Energie benötigen wie Energiesparlampen. Spezielle Glühlampen (Halogenlampen) benötigen etwas weniger Energie als die herkömmlichen Glühlampen. Sie dürfen noch ein paar Jahre länger verkauft werden. Energiesparlampen sind zwar teurer als Glühlampen, halten aber auch viel länger. Nur sehr häufiges An- und Ausschalten vertragen sie nicht. Energiesparlampen enthalten aber Quecksilber, ein sehr giftiges Metall. Sie müssen als Sondermüll entsorgt werden. Umweltfreundlich und sparsam sind die modernsten, aber auch teuersten Lampen, die LED-Lampen. ▸ 6 Langfristig macht sich auch jetzt schon der hohe Preis bezahlt, da sie am längsten halten und am wenigsten Energie benötigen.

6 Glühlampe – Energiesparlampe – LED-Lampe

1 Wie viele Glühlampen und Energiesparlampen habt ihr noch in eurem Zuhause? Benutzt ihr auch schon LED-Lampen? Zählt nach und notiert.

2 Halte deine Hand dicht über eine leuchtende Glühlampe (Vorsicht!) und an eine Energiespar- oder LED-Lampe. Vergleiche. Erkläre deine Beobachtung. (*Hinweis:* Die Energie, die in die Lampe hineinströmt, muss auch wieder hinausströmen. ▸ 7

7 Wärmebilder

3 Wie viel Energie eine Lampe benötigt, erkennst du an der aufgedruckten Watt-Zahl (z. B. 11 W bei einer Energiesparlampe oder 60 W bei einer Glühlampe). Wie hell eine Lampe ist, gibt die Lumen-Zahl an. Daneben gibt es bei LED- und Energiesparlampen noch die Angaben „kaltweiß“, „warmweiß“ oder „warm“. ▸ 8

8 LED-Lampen mit unterschiedlichen Farben

Die mit warm bezeichneten Lampen geben ein eher gelbliches, in Räumen gemütlich wirkendes Licht ab, die kaltweißen Lampen ein kaltes Licht, wie z. B. in Büroräumen.
In Bau- und Supermärkten gibt es viele Lampentypen. Notiert Watt-Zahlen, Lumen-Zahlen, Lebensdauer und Preis. Vergleicht die Lampen miteinander. Oft kann man Lampen dort auch testen. Vergleicht die Helligkeit von Lampen mit verschiedenen Lumen-Zahlen und das Licht einer warmen und einer weißen Energiesparlampe.

Schatten

1

Lucky Luke schießt schneller als sein Schatten. In Wirklichkeit ist das nicht möglich. Warum eigentlich nicht?

Experiment

1 Schattenbilder zeichnen

a Sucht euch einen Partner oder eine Partnerin. Zeichnet eure Schattenbilder. *Tipp:* Kleine, helle Lampe verwenden. ▸ 2

b Hängt alle Schattenbilder in der Klasse auf und verseht sie mit Nummern. Welches wird von den meisten erkannt?

2 Große und kleine Schatten

Erzeugt einen lustigen Schatten. ▸ 3

a Wie kann man ihn größer oder kleiner machen?

b Kann er kleiner werden als die Figur selbst?

3 Wo liegt das Schattenbild?

Ein Brett wird 2 m vor der Wandtafel an einem Stativ befestigt. Davor wird in einigem Abstand eine Glühlampe gestellt. ▸ 4
Die Lage des Schattenbilds soll vorhergesagt und auf die Tafel gezeichnet werden. Wie kannst du vorgehen? (*Tipp:* Lange Schnüre können helfen.) Was setzt du dabei über die Lichtausbreitung voraus?

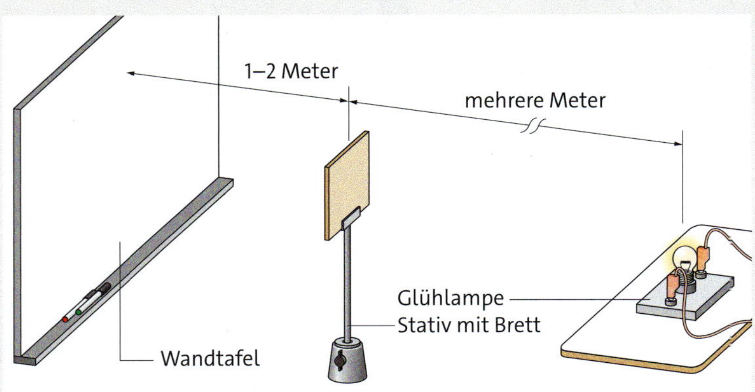

4 Lage des Schattenbilds

2 Silhouette

3 Schattenbilder

Experiment

4 Schattenbild und Schattenraum

Du brauchst: 2 Lichtquellen (Kerzen oder Taschenlampen ohne Reflektor), 2 Gegenstände (Klebestifte oder andere längliche Gegenstände) und mehrere Blätter weißes Papier.
Stelle Lichtquelle und Gegenstand auf weißes Papier.

- **a** Verkleinere und vergrößere den Abstand. Beschreibe jeweils deine Beobachtung.
- **b** Halte ein zweites Blatt Papier (den „Schirm") senkrecht in den Schattenraum und bewege es vor und zurück. Was kannst du beobachten?
- **c** Welcher Zusammenhang besteht zwischen dem Schattenbild auf dem „Boden" und dem Schattenbild auf dem Schirm?
- **d** Wie verändert sich das Schattenbild auf dem Schirm, wenn du diesen schräg hältst? ▸5 Formuliere zunächst eine Vermutung. Überprüfe diese Vermutung im Experiment.

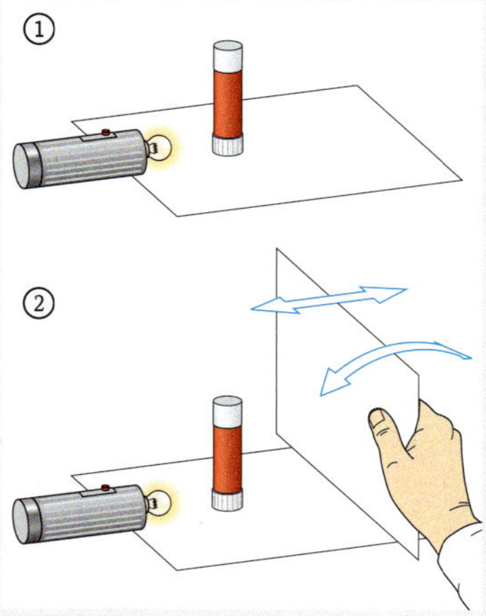

5 Schattenbild und -raum

5 Leben Schatten?

Mit dem Thema *Schatten* haben sich auch Zeichner und Fotografen beschäftigt. ▸6–8

6

7

- **a** Gib an, was bei diesen Bildern nicht stimmt.
- **b** Schreibe die lustige Geschichte in wenigen Sätzen auf. ▸8
- **c** Wie kann man den Schatten auf der Wand wirklich verschwinden lassen? ▸6

8

Grundlagen Wie Schatten entstehen

Schatten sehen wir nur, wenn Gegenstände beleuchtet werden. Wo das Licht hinscheint, ist es hell. Wo es nicht hinscheint, ist es dunkler. Der Bereich, in dem Licht fehlt, ist der Schatten.

Licht breitet sich geradlinig aus. Wenn ihm ein Gegenstand im Weg steht, gelangt auf direktem Weg kein Licht in den Raum hinter dem Gegenstand. Dieser Raum heißt Schattenraum. Auf einer Wand oder dem Fußboden hinter dem Gegenstand entsteht ein Schattenbild. ▸ 1

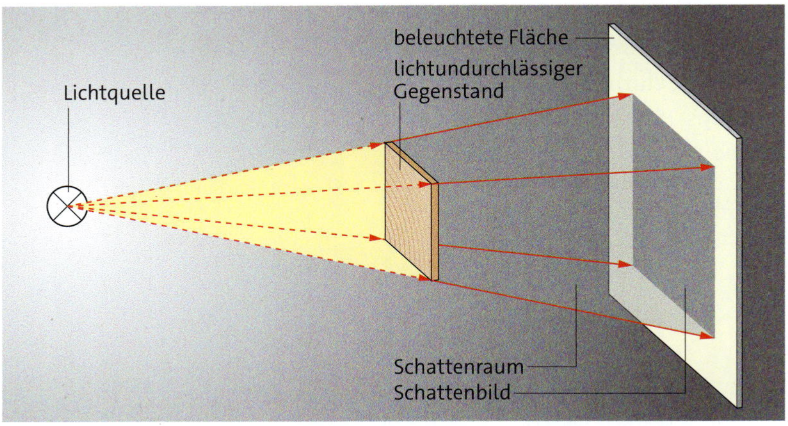

1 Schatten, Schattenraum und Schattenbild

Wenn wir von Schatten sprechen, kann der Schattenraum oder das Schattenbild gemeint sein. Das Streulicht aus der Umgebung kann den Schattenraum erhellen. Der Schattenraum wird durch die Lichtstrahlen begrenzt, die von der Lichtquelle durch den Rand des Gegenstands gehen. Wo das Schattenbild liegt, lässt sich mit einer Zeichnung herausfinden

Aufgaben

1 Drei Dinge sind erforderlich, damit Schattenbilder entstehen können. Nenne sie.

2 Erkläre die Begriffe „Schattenraum“ und „Schattenbild“ an einem Sonnenschirm. ▸ 2

2 Schattenbild und Schattenraum

3 Begründe, warum dein Schatten kürzer wird, wenn du dich einer leuchtenden Straßenlaterne näherst?

4 Erkläre die Beobachtung auf Bild ▸ 3. Verwende den Begriff „Schattenraum“.

3 Mohnkapsel

5 Am Mittag sieht dein Schatten im Sonnenlicht anders aus als am Abend.
Erkläre den Zusammenhang zwischen Sonnenstand und Schattenlänge mit zwei Zeichnungen.

Vielfältige Schatten

4

Farbige Schatten: Wo gibt's denn so was?

Experiment

1 Schatten von zwei Lichtquellen
Stelle die beiden Lichtquellen nebeneinander vor den Gegenstand (Vorsicht Brandgefahr!). ▸ 5

a Beschreibe und zeichne die Schatten. Achte auch auf die unterschiedliche Helligkeit der Schatten.

b Beobachte die Schattenbilder auch auf einem senkrecht in den Schattenraum gehaltenen Schirm in verschiedenen Abständen. Beschreibe deine Beobachtungen.

c Verschiebe die Kerzen so, dass der dunkle Schatten länger wird. Gibt es verschiedene Möglichkeiten?

2 8 Kerzen – 8 Schatten
Ein Brett wie in Bild ▸ 6 befindet sich ca. 1 m vor einer weißen Wand. Als Lichtquellen verwendest du 8 Kerzen, die im Abstand von jeweils 6 cm nebeneinander stehen. (Abstand Kerzen–Brett ca. 1 m) Zünde zunächst nur eine Kerze an, dann zwei, dann drei … (Vorsicht!)
Welche Veränderungen zeigt der Schatten an der Wand beim Anzünden weiterer Kerzen?
Verschiebe das Brett nach vorn oder hinten. Wie verändert sich der Schatten?

3 Lange und kurze Lichtquelle
Eine lange Leuchtstoffröhre oder LED-Leiste ist mit zwei Tüchern so abgedeckt, dass nur ein kurzes Stück unverdeckt bleibt. Zwischen Röhre und Wand steht eine Schülerin. Auf der Wand erscheint ihr Schatten.
Beobachtet, wie der Schatten sich ändert, wenn die Tücher so zur Seite geschoben werden, dass ein immer größeres Stück der Lampe sichtbar wird.

5 Zwei Lichtquellen

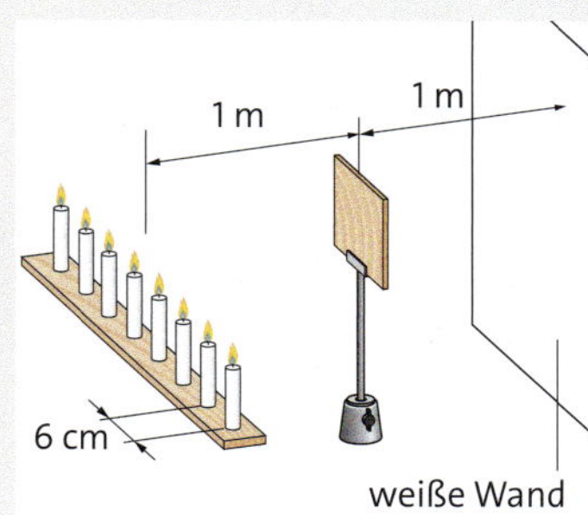

6 Viele Lichtquellen

Grundlagen Mehr als nur ein Schatten

Mit zwei Lampen kannst du zwei Schatten von dir erzeugen. ▸ 1
Werden die Lampen enger zusammengeschoben, dann rücken die Schatten auch enger zusammen. ▸ 2 Wo sie übereinanderliegen, ist es besonders dunkel. Man spricht vom Kernschatten. Die etwas helleren Schatten daneben nennt man Halbschatten.

Kernschatten heißt der Bereich hinter einem Gegenstand, in den kein Licht fällt. Halbschatten nennt man die Bereiche, in die Licht von nur einer Lichtquelle fällt.

Mit farbigen Lampen bekommt man farbige Halbschatten. ▸ 3, 4
In den roten Halbschatten fällt nur Licht der roten Lampe. Das Licht der grünen Lampe ist abgeschirmt. In den grünen Halbschatten fällt nur Licht der grünen Lampe. Das Licht der roten Lampe ist abgeschirmt. Der Kernschatten bleibt dunkel. Wo kein Licht hinfällt, ist auch keine Farbe zu sehen.

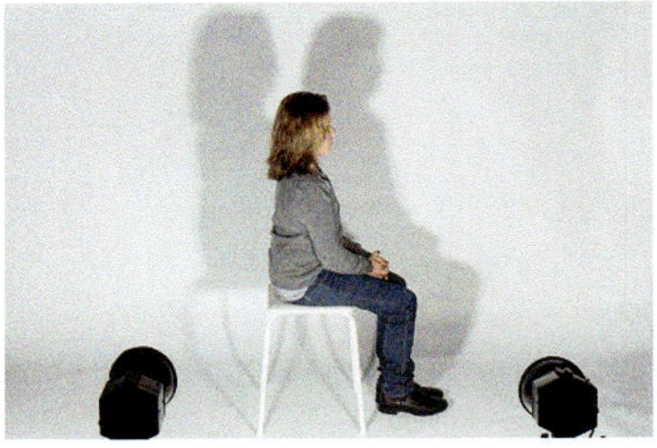

1 Zwei Lampen – zwei Schatten

2 Dunkle und helle Schatten

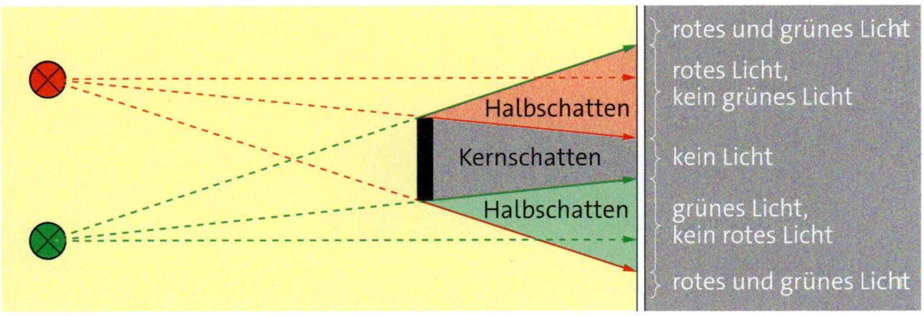

3 Kern- und Halbschatten

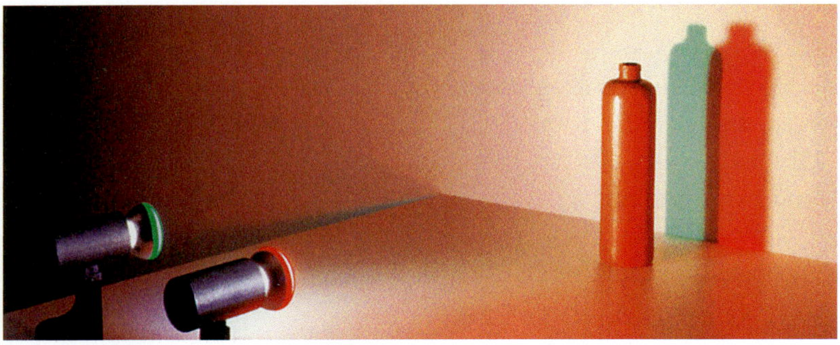

4 Farbige Schatten

Aufgaben

1 Kern- und Halbschatten
a Beschreibe und erkläre die Schatten. ▸ 5
b Wo müssen die Kerzen stehen, damit der Kernschatten möglichst lang (kurz) wird?
c Wie verändern sich die Schatten, wenn du die Kerzen weiter auseinanderziehst? Experimentiere oder zeichne.

5 Schatten

Grundlagen Unscharfe Schatten

Manche Schatten haben einen scharfen Umriss, man erkennt viele Einzelheiten. Andere sind verschwommen wie ein verwackeltes Foto. Die Schärfe des Schattens hängt von der Lichtquelle und von ihrem Abstand ab. Eine kleine Halogenlampe erzeugt einen sehr scharfen Schatten, eine matte Glühlampe erzeugt bei gleichem Abstand einen unscharfen Schatten. ▸6
Blickt man vom Schirm in Richtung der ausgedehnten Lichtquelle, sieht man von Punkt A aus die ganze Lampe. Diese Stelle ist hell, weil das Licht der ganzen Lampe sie erreicht. Von Punkt B aus wird ein kleiner Teil der Lampe verdeckt. Dort kommt weniger Licht hin. Von Punkt C aus wird gerade die ganze Lampe verdeckt. Dort ist es ebenso dunkel wie im Kernschatten. Zwischen den Punkten A und C liegt der Bereich des unscharfen Randes, des so genannten Teilschattens. Wenn die Lichtquelle kleiner ist, ist dieser Bereich schmaler, der Schatten erscheint scharf begrenzt. ▸7
Auch wenn die Lampe weiter vom Gegenstand entfernt wird, wird der Bereich des Teilschattens schmaler – der Schatten wird scharfrandiger.

6 Lichtquelle und Schatten

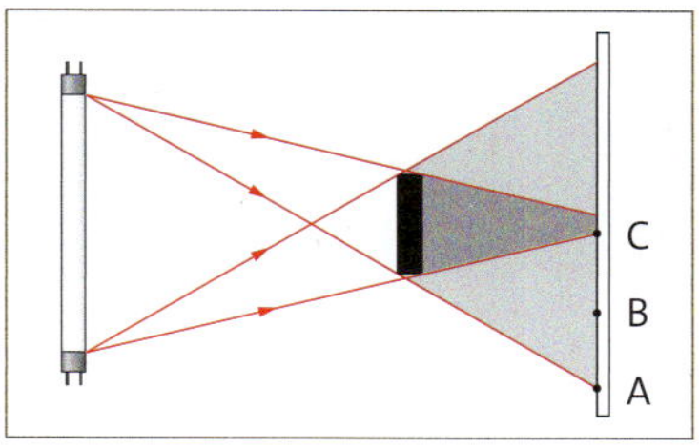

7 Ausgedehnte Lichtquelle

Aus der Umwelt: Schatten können stören

Beim Arbeiten stören scharfe Schatten oft. Im Wohnzimmer erzeugt ein Deckenfluter weiches, gemütliches Licht ohne scharfe Licht-Schatten-Kontraste. Fotografen vermeiden oft scharfe Schatten. ▸8–10

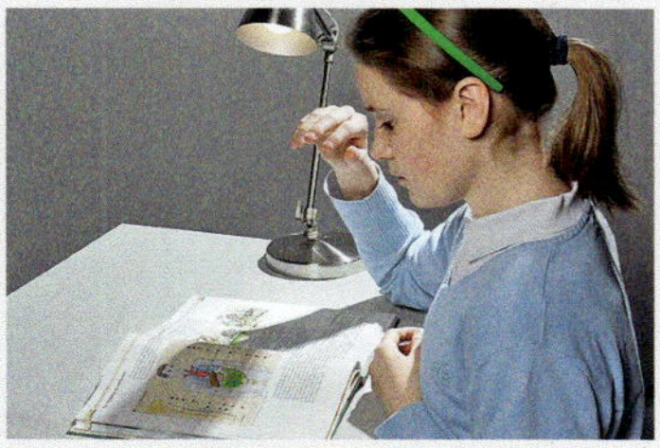

8 Der scharfe Schatten stört beim Lesen.

9 Der Deckenfluter zeichnet die Schatten weich.

10 Der Schirm verhindert scharfe Schatten.

1 Du brauchst verschiedene Lichtquellen (Sonne, Kerze, Leuchtstoffröhre, Schreibtischlampe ...
a Untersuche, mit welchen Lichtquellen du scharfe oder unscharfe Schatten erzeugen kannst.
b Es kommt nicht nur auf die Lichtquelle an, sondern ...

Aufgaben

1 Du brauchst eine Leuchtstoffröhre oder LED-Leiste und ein Kreuz aus 2 Stangen, z. B. Stativstangen. Drehe das Kreuz langsam und beobachte. Beschreibe und erkläre deine Beobachtung.

2 Erkläre mit einer Skizze, …
a warum sind Schatten im Sonnenlicht unscharf.
b warum erzeugen manche Blätter scharfe, andere unscharfe Schatten.

Licht und Schatten im Weltraum

1

Der Mond ändert von Tag zu Tag seine Form. Manchmal erscheint er uns groß und rund wie die Sonne, dann als schmale Sichel und manchmal ist er gar nicht zu sehen.
Zweimal im Jahr verfinstert sich der Vollmond und leuchtet dunkelrot.
Und manchmal verfinstert sich auch die Sonne.

Experiment

1 Beobachtung des Monds

a Schaut einen Monat lang täglich am Nacht- oder Taghimmel nach, ob der Mond zu sehen ist. Protokolliert seine Form und das Datum.

b Manchmal sind Mond und Sonne gleichzeitig zu sehen. Zeigt mit einem Arm zum Mond, mit dem anderen zur Sonne und schätzt den Winkel. Fertige jeweils eine Zeichnung an. ▸ 2

c Gestaltet aus allen Bildern ein Plakat.

2 Wie die Mondphasen entstehen

Eine Schülergruppe stellt sich eng zusammen. Sie stellt die Beobachter auf der Erde dar.
Eine Styroporkugel oder ein weißer Ball stellt den Mond dar. Er wird von einer weit entfernten, starken Lampe beleuchtet. Ein Schüler trägt den Ball um die Beobachter herum. ▸ 3

a Zeichnet die beleuchtete Kugel in verschiedenen Stellungen, so wie ihr sie seht.

b Skizziert an der Tafel die Sonne und die Bahn des Monds um die Erde. Klebt die von euch gezeichneten „Mondphasen“ so an die Tafel, wie sie von der Erde aus zu sehen sind.

3 Mond- und Sonnenfinsternis darstellen

a Wie stehen Sonne, Mond und Erde bei einer Mond- oder Sonnenfinsternis? Die Experimentierleuchte stellt die Sonne dar, ein Globus die Erde und der Ball den Mond. ▸ 4

b Halte einen Tennisball so vor das Auge, dass eine große, mattierte kugelförmige Lampe gerade vollständig bedeckt wird. Bewege den Kopf hin und her und beobachte.
In welchem Teil des Schattens befand sich dein Auge, als du die Lampe hinter dem Ball nicht mehr gesehen hast? Wo befand es sich, als die Lampe teilweise verdeckt war?

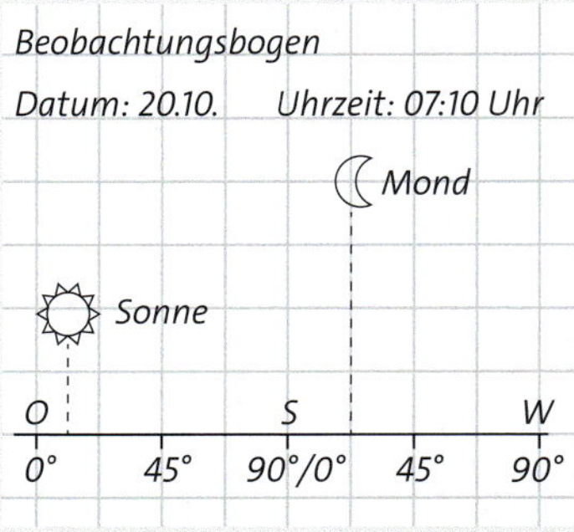

2 Mondbeobachtung

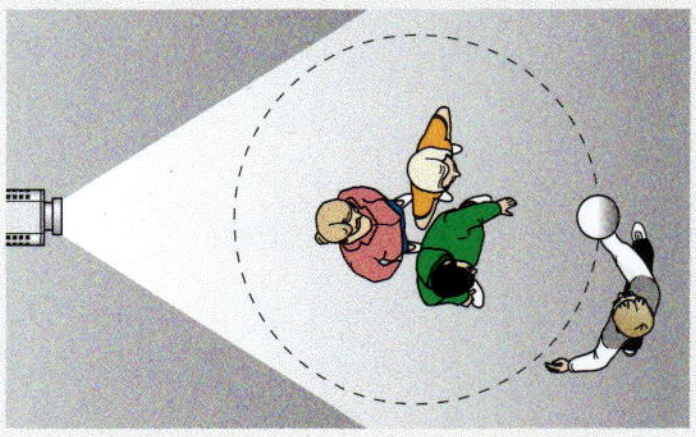

3 Mondbeobachtung

4 Finsternis im Modell

Grundlagen Die wechselnde Gestalt des Mondes

Der Mond ist eine Kugel. Sein Durchmesser beträgt etwa ein Viertel des Erddurchmessers. Er erzeugt kein Licht, sondern wird von der Sonne beleuchtet. Immer ist eine Hälfte des Monds hell, die andere dunkel. ▸5
In etwa einem Monat umkreist der Mond einmal die Erde. Die Gestalt des Monds, die wir sehen, ändert sich von Tag zu Tag: zunehmende Sichel, zunehmender Halbmond, Vollmond, abnehmender Halbmond und abnehmende Sichel. ▸6 Bei Neumond wirst du ihn nicht sehen.
Man bezeichnet die wechselnden Gestalten als Mondphasen.

Der Mond ist stets zur Hälfte von der Sonne beleuchtet. Wir sehen unterschiedlich viel von dieser beleuchteten Hälfte – je nachdem, wie Mond, Erde und Sonne gerade zueinander stehen.

Das Bild zeigt den zur Hälfte beleuchteten Mond auf seiner Bahn um die Erde. ▸7
Position 1: Der Mond ist nur halb zu sehen (abnehmender Halbmond). Die unbeleuchtete Hälfte sehen wir nicht.
Position 2: Wir sehen einen kleinen Teil des beleuchteten Monds. Der größere Teil der unbeleuchteten Hälfte ist uns zugewandt.
Position 3: Bei Neumond sehen wir den Mond nicht, weil wir auf die unbeleuchtete Hälfte sehen.
Position 7: Wir blicken auf die beleuchtete Halbkugel. Es ist Vollmond.

5 Beleuchteter Mond

6 Mondphasen

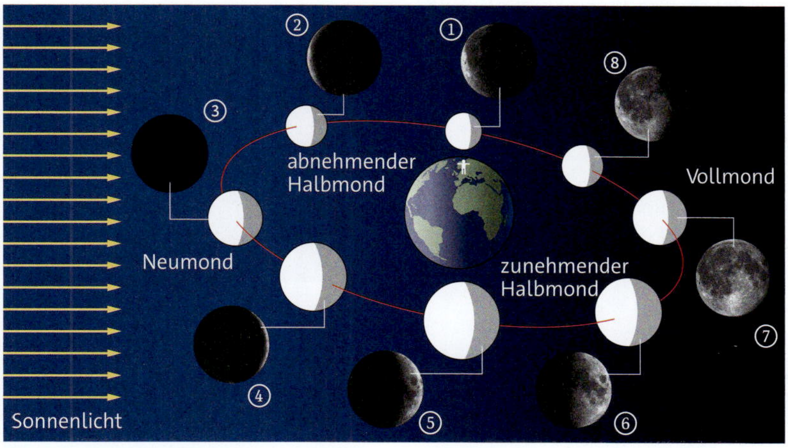

7 Sonne – Erde – Mond

Aufgaben

1 Erkläre die Entstehung der Mondphasen anhand einer Zeichnung.

2 In Phase 5 ist die linke Mondseite hell gezeichnet, im zugehörigen Foto ist aber die rechte Seite hell. Erkläre. ▸7

3 Erläutere mithilfe von Bild ▸7 die folgenden Aussagen:

a Die zunehmende Mondsichel kannst du nur abends sehen, die abnehmende nur morgens.

b Der Vollmond geht am Abend auf und am Morgen unter.
Tipp: Die Erde dreht sich einmal täglich entgegen dem Urzeigersinn. Überlege, wo du als Beobachter stehst, wenn die Nacht / der Tag beginnt.

Grundlagen Mondfinsternis und Sonnenfinsternis

Mondfinsternis Die Erdkugel wird ständig von der Sonne beschienen. Hinter der Erde ist stets ein Schattenraum vorhanden, der weit in den Weltraum reicht. Da die Sonne eine ausgedehnte Lichtquelle ist, entstehen hinter der Erde Kern- und Teilschatten. ▸ 1

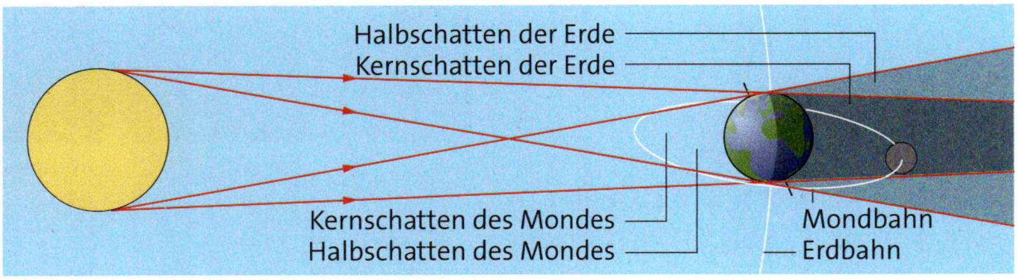

1 Entstehung einer Mondfinsternis

Der Mond umkreist einmal im Monat die Erde – auf einer schief liegenden Bahn. Meist verläuft seine Bahn oberhalb oder unterhalb des Schattenraums der Erde. Bei einer Mondfinsternis streift oder durchquert der Mond den Kernschatten der Erde. Man sieht den Erdschatten auf dem Mond. Sonne, Erde und Mond liegen dann auf einer Geraden. Mondfinsternisse treten nur bei Vollmond auf. Im Mittel gibt es zweimal im Jahr eine Mondfinsternis. Der Schatten auf dem Mond ist unscharf, da die Sonne eine ausgedehnte Lichtquelle ist. ▸ 2

2 Mondfinsternis

Sonnenfinsternis Hinter dem Mond gibt es stets einen Schattenraum. Meist geht der Schatten des Mondes an der Erde vorbei. ▸ 4 Bei einer Sonnenfinsternis steht der Mond zwischen Sonne und Erde. Sein Schatten fällt auf einen kleinen Teil der Erde. Von dort aus sieht man, dass sich der Mond als schwarze Scheibe vor die Sonne schiebt. Wenn man sich im Kernschatten des Monds aufhält, sieht man die Sonne ganz verdeckt. ▸ 3
Im Bereich des Halbschattens sieht man die Sonne teilweise verdeckt. Sonnenfinsternisse sind selten zu beobachten, weil der Kernschatten auf der Erde nur einen Durchmesser von 200 km hat. Wo er entlangläuft, wird es mitten am Tag dunkel und die Temperatur sinkt. ▸ 5

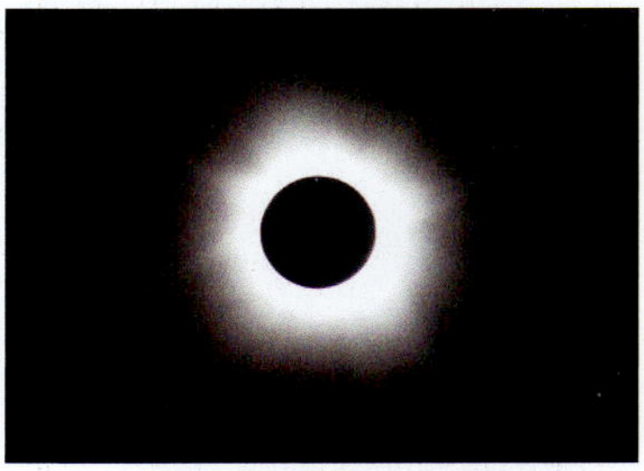

3 Totale Sonnenfinsternis

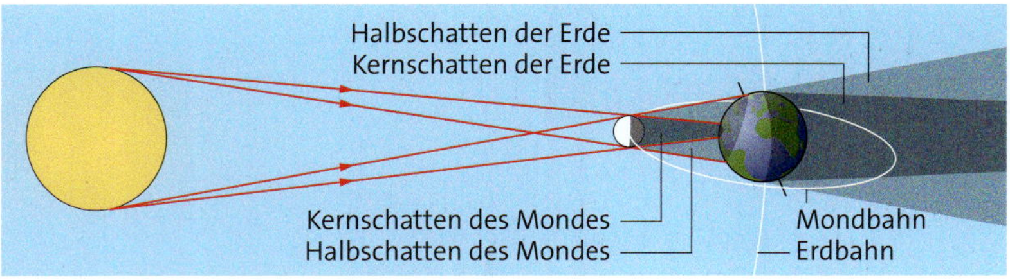

4 Entstehung einer Sonnenfinsternis

5 Mondschatten auf der Erde

Aufgaben

1 Wann kommt es zur Entstehung einer Sonnenfinsternis? Nenne die Bedingungen, die erfüllt sein müssen, damit eine Mondfinsternis entsteht?

2 Bei einer Sonnenfinsternis wurde die Erde von einem Satelliten aus fotografiert. Beschreibe und erkläre, was auf Bild ▸ 5 zu sehen ist.

Aus der Geschichte: Die Erde – ein leuchtender Stern

Bis ins Mittelalter hinein glaubten alle Menschen, die Erde sei der Mittelpunkt der Welt. Mit ihren Unwettern, Überschwemmungen und all den anderen Plagen war sie der düstere und feuchte Ort, an dem die Menschen in Not, Elend und Sünde leben mussten. Der Himmel dagegen, in dem die Sterne ihre Kreisbahnen zogen, umhüllte die Erde wie eine Schale aus Kristallglas. Doch im 16. Jh. entwickelte der Astronom KOPERNIKUS eine ganz andere Vorstellung: Auch die Erde bewegt sich. Wie die anderen Planeten fliegt sie in einer riesigen Kreisbahn um die Sonne. Ein Jahr, so sagte KOPERNIKUS, braucht die Erde für ihren Umlauf um die Sonne.

KOPERNIKUS' Theorie fand zunächst viele Gegner. Aber einige Wissenschaftler versuchten sie mit Argumenten zu unterstützen. Unter ihnen war der italienische Naturwissenschaftler GALILEO GALILEI. Er sagte: „Schaut doch zum Himmel! Dann seht ihr, dass die Erde kein düsteres Loch, sondern ein strahlender Stern ist, ebenso schön wie unser Abend- und Morgenstern Venus!" Wie kam er darauf? Er wies die Menschen auf eine Beobachtung hin, die du vielleicht auch schon gemacht hast. Steht der Mond als schmale Sichel am klaren Nachthimmel, kann man oft auch den dunklen Teil des Mondes erkennen. ▸ 6

6 Das Erdlicht des Mondes

7 Vollerde von der Mondoberfläche beobachtet

Wo kommt das schwache Licht her, das den Mond erhellt? Es kann nur von der Erde kommen, die das Licht der Sonne in den Weltraum zurückstreut. Tatsächlich ist, wenn wir eine schmale Mondsichel sehen, für einen Mondbewohner die Erde am Himmel fast voll. Und diese „Vollerde" ist für ihn 12-mal so groß und 60-mal so hell wie für uns der Vollmond. All das hat GALILEI durch Nachdenken herausgefunden – 400 Jahre bevor die ersten Menschen die Erde vom Mond aus sehen konnten. Er sagte: „So ist das, was wir mit unseren Augen sehen, so gut wie nichts im Vergleich zu den Wundern, die wir mit unserem Verstand am Himmel entdecken." ▸ 7

1 Das Erdlicht des Mondes
a Skizziere die Positionen von Sonne, Erde und Mond, wenn der Mond als schmale Sichel zu sehen ist.
b Zeichne mit Pfeilen den Verlauf des Lichts, der dann den dunklen Teil des Mondes beleuchtet.

2 Ist die Erde ein Stern?
a Sammelt Argumente für GALILEIS Ansicht, dass die Erde kein „düsteres Loch" ist.
b Führt ein Streitgespräch auf, in dem GALILEI mit seinen Gegnern diskutiert.

Aufgaben

1 Begründe, warum es nicht jeden Monat eine Mondfinsternis gibt?

2 Informiere dich, wann bei uns die nächsten Mondfinsternisse und die partiellen Sonnenfinsternisse zu sehen sind.

3 Eine totale Sonnenfinsternis gibt es in Deutschland nur sehr selten zu sehen. Woran liegt das?

4 Eine totale Mondfinsternis dauert bis zu zwei Stunden, eine totale Sonnenfinsternis nur wenige Minuten. Erkläre.

Aus der Natur: Die Erde – Eine Kugel im Weltraum

Jeden Morgen geht die Sonne im Osten auf. Dein Schatten ist sehr lang und wird bis Mittag kürzer. Wenn die Sonne dann den höchsten Punkt am Himmel erreicht hat, ist es Mittag. Mittags steht die Sonne im Süden. Gegen Abend geht die Sonne im Westen unter. Dein Schatten wird bis zum Sonnenuntergang immer länger. ▸ 1

So erlebst du den Tageslauf. Aber was sieht ein Astronaut, der sehr weit von der Erde entfernt ist? Eine winzige blaue Kugel, die sich langsam um ihre eigene Achse dreht. ▸ 2

1 Schattenlänge

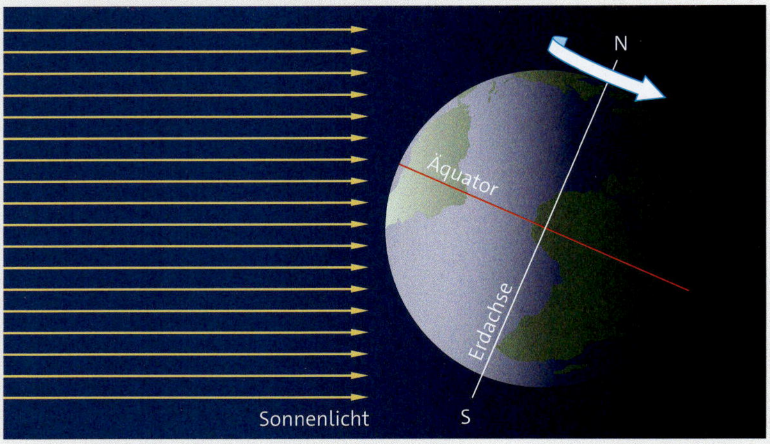

2 Die Erde im Weltall

Es ist nicht einfach, die Sichtweisen von der Erde und vom Weltall aus zusammenzufügen. Aus dem Weltall gesehen geht die Sonne am Morgen nicht auf, sondern wir bewegen uns durch die Drehung der Erde in das Sonnenlicht hinein.

Schon dass die Erde eine Kugel ist, ist kaum zu glauben. Warum fallen die Menschen „unten" in der Antarktis nicht hinunter? Du kannst dir das so vorstellen: Unten ist für uns immer da, wohin ein Stein fällt. Alle Steine fallen auf den Erdboden. Oben ist da, wo der Himmel ist. Auch in der Antarktis ist unten da, wo der Erdboden ist. Oben sind Sonne, Mond und Sterne zu sehen. ▸ 3

3

1 Du brauchst einen Globus und eine Lampe. Stelle die Lampe so auf, dass eine Hälfte des Globus beleuchtet wird. ▸ 4

a Wie rum dreht sich die Erde? Denke daran, dass die Sonne im Osten aufgeht.

b Befestige eine Heftzwecke mit dem Stift nach außen (z. B. mit doppelseitigem Klebeband) dort auf dem Globus, wo Deutschland ist. Der Schatten der Heftzwecke zeigt dir an, wie hoch die Sonne gerade steht. Wann steht die Sonne am höchsten?

c Suche mit einer zweiten Heftzwecke Orte, an der die Sonne mittags genau im Zenit (senkrecht über den Köpfen) steht.

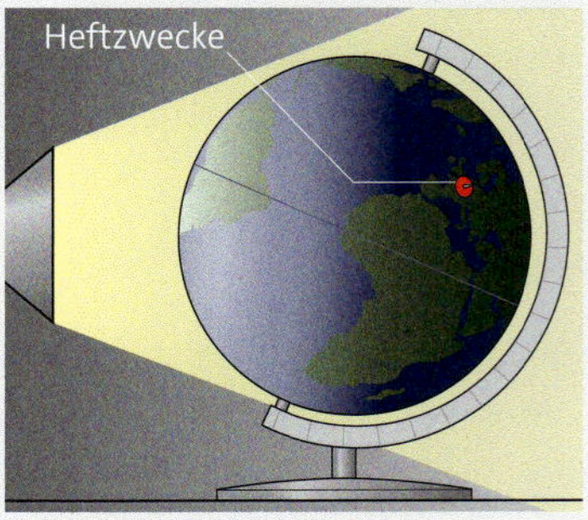

4 Versuchsanordnung

Aus der Natur: Wie die Jahreszeiten entstehen

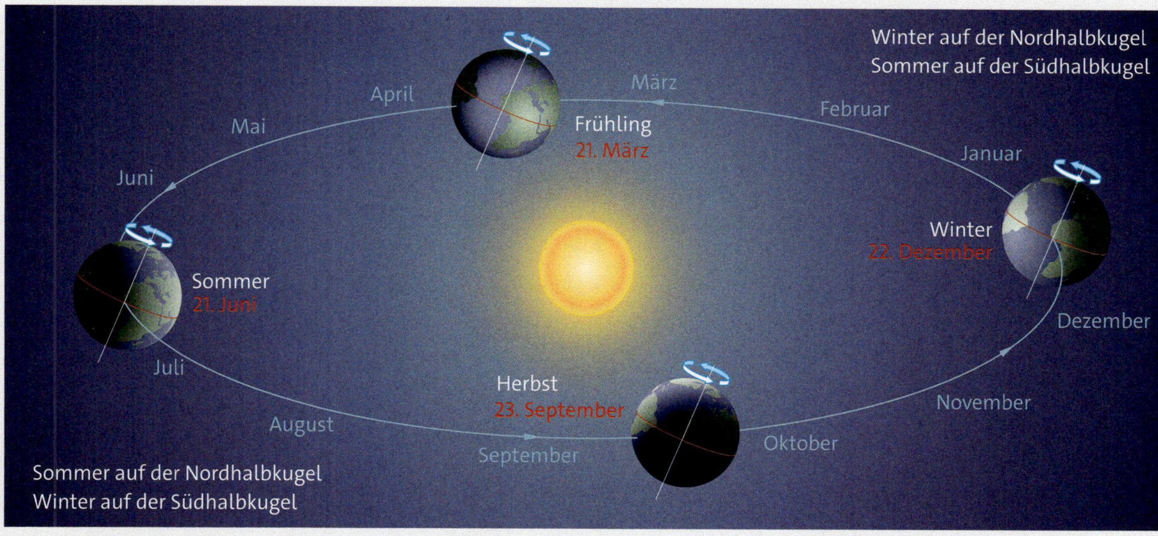

5 Entstehung der Jahreszeiten

Warum sind die Nächte im Winter länger als im Sommer? Und warum steht die Sonne im Winter mittags nicht so hoch am Himmel wie im Sommer?
Um die Jahreszeiten zu verstehen, musst du folgendes wissen:
- Die Erde zieht einmal im Jahr eine Kreisbahn um die Sonne.
- Die Achse der täglichen Erddrehung steht etwas schräg auf der Ebene der jährlichen Erdbahn. ▸ 5

Im Dezember ist der nördliche Teil der Erde von der Sonne weggeneigt. Die Gegend um den Nordpol liegt dann ständig im Schatten. Es herrscht Polarnacht.
In Deutschland bewegen wir uns dann täglich auf einer Bahn, die 16 Stunden lang im Dunkeln liegt. Die helle Tageszeit dauert nur 8 Stunden – es ist bei uns Winter. Der Südpol liegt im Dezember ständig im Licht. Die Sonne geht dort nicht mehr unter. Auf der Südhalbkugel ist Sommer.
Am 21. März sind überall auf der Erde Tag und Nacht gleich lang. Auf der Nordhalbkugel beginnt der Frühling, auf der Südhalbkugel der Herbst.
Am 21. Juni wird es bei uns Sommer. Die nördliche Erdhälfte ist jetzt zur Sonne hingeneigt. Bei uns sind die Tage nun am längsten. Am Südpol herrscht Polarnacht.
Am 23. September sind Tag und Nacht wieder gleich lang. Der Herbst beginnt auf der Nordhalbkugel.

Nach 365 Tagen und sechs Stunden ist die Erde einmal um die Sonne gekreist. Ein Jahr ist vergangen.

1 Die Erde macht zwei Bewegungen gleichzeitig. Beschreibe sie und gib die Umdrehungszeiten an.

2 Erkläre, warum die Tage im Sommer länger dauern als im Winter.

3 Sebastian meint: „Die Erde ist im Sommer etwas näher an der Sonne als im Winter. Dadurch kommen die Jahreszeiten zustande." Finde ein Argument gegen Sebastians Vorstellung.

4 Verwende die Versuchsanordnung aus ▸ Aufgabe 1, S. 40. Ersetze den Strahler durch eine Lampe, die in alle Richtungen scheint.

a Bewege den Globus in einem großen Kreis um die Lampe. Achte darauf, dass die Achse immer in die gleiche Richtung zeigt. Lasse ihn stehen, wenn der Nordpol im Licht liegt. Welche Jahreszeit ist jetzt in Deutschland?

b Befestige statt der Heftzwecke ein Handy so auf dem Globus, dass seine Linse nach außen zeigt, stelle auf „filmen" und drehe den Globus langsam. Was zeigt der Film, wenn das Handy über Deutschland (dem Äquator, dem Nordpol) befestigt wird.

Aufgaben und Aufträge

Die Ausbreitung des Lichts

1 Beschreibe, unter welchen Umständen man Sonnenstrahlen sehen kann?

2 Wie kannst du ohne Lineal feststellen, ob eine lange Leiste genau gerade ist? Welche Eigenschaft des Lichts hast du dazu ausgenutzt?

3 Lichtbündel und Lichtstrahl

a Wie kann man ein Lichtbündel herstellen?

b Erkläre mit einer Skizze den Unterschied zwischen einem Lichtbündel und einem Lichtstrahl.

c Ist ein Laserstrahl ein Lichtstrahl?

4 Wie weit strahlt das Abblendlicht des Fahrzeugs? Finde es mit zwei Linealen heraus. ▸ 1

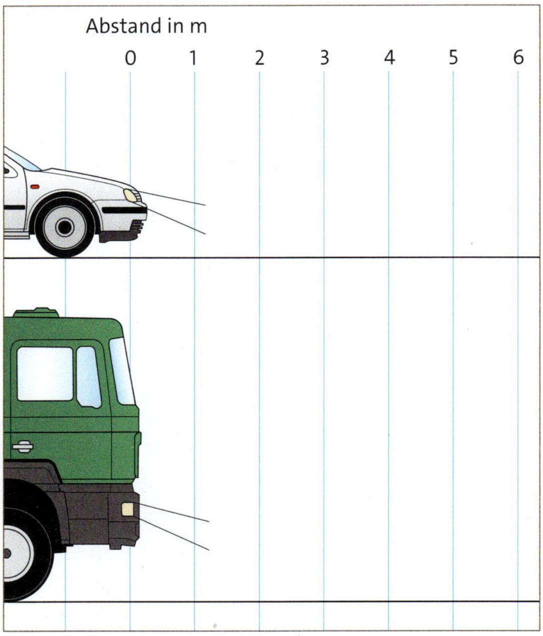

1 Wie weit reicht das Abblendlicht?

5 Lichtempfänger sind Geräte (oder Teile von Lebewesen), die dazu da sind, Licht zu empfangen. Solarzellen sind Lichtempfänger. Nenne weitere technische und natürliche Lichtempfänger.

6 Sehen – Sender und Empfänger

a Beschreibe den Sehvorgang mit den Begriffen „Sender" und „Empfänger".

b Welche Rolle spielt die Streuung des Lichts beim Sehen?

7 Früher dachte man, dass die Augen Sehstrahlen aussenden und dass diese die Gegenstände beim Ansehen abtasten. Diese Vorstellung findet sich heute noch in Redewendungen wie „Er hat einen stechenden Blick" oder „Sie wirft einen Blick auf die Uhr." Was spricht gegen diese Vorstellung? ▸ 2

2 Eine alte Vorstellung vom Sehen

8 Kai behauptet: „Nebel verschlechtert die Sicht". Ulla entgegnet ihm: „... und manches macht er erst sichtbar." Was meint sie damit?

9 Das Lichtbündel des Diaprojektors ist nicht zu sehen. Nur durch den schnell bewegten Zeigestock wird das Bild sichtbar – ganz ohne Leinwand. Erkläre den Trick. ▸ 3

3 Ein einfacher Trick

10 Im Bild ▸ 4 siehst du Astronauten im Sonnenlicht. Auch die Lufthülle der Erde ist hell. Der Weltraum dagegen ist tiefschwarz. Erkläre.

4 Astronauten im Weltraum

Schatten

11 Erkläre anhand einer Skizze, was man unter Schattenraum und Schattenbild versteht.

12 Betrachte Bild ▸ 5. Erkläre die Entstehung des Lampenschattens.

5 Wie entsteht der Schatten?

13 Mia geht nachts an zwei Laternen vorbei. Auf dem Boden sieht sie zwei Schatten von sich selbst. Sie fragt sich, wie sich der Winkel zwischen den beiden Schatten beim Vorbeigehen an den Laternen verändert.

a Finde die Antwort mit einem Experiment. Überlege selbst, welche Geräte du dazu brauchst und wie du vorgehen musst.

b Finde die Antwort mit einer Zeichnung.

14 Merit schaut durch die kleinen Löcher im Schirm (A, B, C, D und E) von hinten in Richtung der beiden Kerzen. Beschreibe, was sie jeweils sieht. ▸ 6

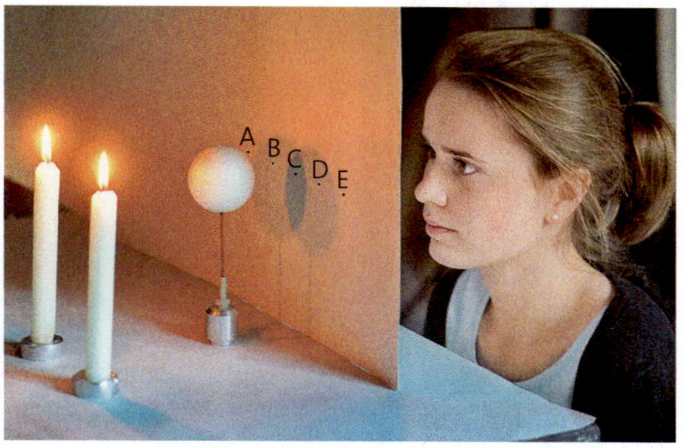

6 Was sieht Merit?

15 Jannes kleiner Bruder meint: „Schatten hängen von der Kleidung ab. Helle Kleidung macht helle Schatten und dunkle Kleidung dunkle.“ Nimm Stellung dazu.

16 Schatten gibt's nur, wo Licht ist. „In finsterer Nacht gibt es keine Schatten.“ „Im Gegenteil, nachts gibt es nur Schatten!“ Erläutere beide Meinungen.

17 Ali sagt: „Schatten sind Löcher im Licht.“ Vergleiche ein Loch in einem Bogen Papier mit einem Schatten. Was könnte Ali gemeint haben? (*Tipp:* Ein Loch ist da, wo das Papier fehlt; ein Schatten …)

18 Auf dem Mond sind alle Schatten tiefschwarz. Erkläre. ▸ 7

7 Astronaut auf dem Mond

Licht und Schatten im Weltraum

19 Erkläre die Entstehung der Mondphasen anhand einer Zeichnung.

20 Wie kommt es zur Entstehung einer Sonnenfinsternis? Zeichne und erkläre. ▸ 1

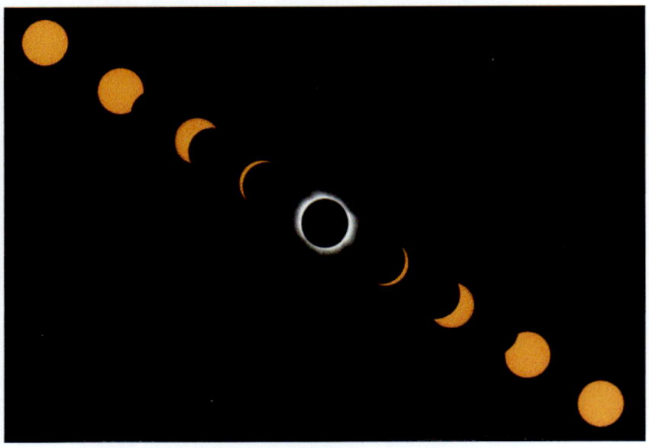

1 Verlauf einer Sonnenfinsternis

21 Wie kommt eine Mondfinsternis zustande? Zeichne und erkläre.

22 Wann ist dein Schatten im Sonnenlicht am kürzesten?

23 Wieso gibt es auf der Erde Tag und Nacht?

24 Eine Mondfinsternis kann man von allen Orten einer Erdhälfte aus sehen, eine Sonnenfinsternis nur von einem ca. 200 km breiten Streifen der Erde aus. Erkläre.

25 Bei einer Mondfinsternis kann man ein Stück des Schattens der Erde sehen. Schon vor 2000 Jahren hat der griechische Philosoph ARISTOTELES bemerkt, dass dieser Schatten immer gekrümmt ist.
Was konnte er daraus über die Form der Erde ablesen? ▸ 2

2 Erdschatten auf dem Mond

26 Linus sagt: „Heute dauert der Tag 16 Stunden und die Nacht 8 Stunden.“ Leyla erwidert:“ Unsinn, jeder Tag dauert 24 Stunden.“ Wer hat recht?

27 Deine Klasse will eine Nachtwanderung unternehmen. Es ist zunehmender Halbmond. Entscheide, ob der Mond die ganze Nacht zu sehen sein wird. Begründe deine Entscheidung.
Tipp: ▸ Bild 7, S. 37 kann dir helfen. Denke daran, dass die Erde sich in 24 Stunden einmal um sich selbst dreht.

28 Morgens um 8:00 Uhr sieht Hanna den Mond am Himmel stehen. Um welche Mondphase handelt es sich, wenn der Mond …

a im Osten steht?

b im Westen steht?

29 Die USA planen auf dem Mond eine ständig besetzte Forschungsstation.

a Manchmal sieht man von der Forschungsstation eine „Vollerde“, manchmal eine zu- oder abnehmende Erdsichel. Erkläre mit einer Skizze. ▸ 3

3 Erdphasen

b Was sieht man von der Forschungsstation aus, wenn man von der Erde aus eine Mondfinsternis sieht?

c Was sieht man von der Forschungsstation aus beim Blick zur Erde, wenn man von einem Teil der Erde aus eine Sonnenfinsternis sehen kann?

30 Bei seiner Wanderung um die Erde wendet der Mond der Erde immer dieselbe Seite zu. (Deshalb sieht das „Gesicht“ im Mond immer gleich aus. Wie lange dauert auf dem Mond ein Tag, wie lange eine Nacht?

31 Marc sagt: „Der Sichelmond kommt dadurch zustande, dass der Schatten der Erde den Mond teilweise bedeckt.“
Mit welchen Argumenten kannst du zeigen, dass Marc nicht recht hat?

Überblick

Lichtquellen Licht geht von Lichtquellen aus. Als Lichtquellen bezeichnen wir alle Gegenstände, die ihr Licht selbst erzeugen.

Lichtausbreitung Licht breitet sich geradlinig und nach allen Seiten hin aus. Lichtstrahlen gibt es nur in der gedanklichen Vorstellung. Sie dienen zur Beschreibung und zeichnerischen Darstellung der Lichtausbreitung. ▸ 4

Lichtstreuung Fällt Licht auf einen Gegenstand, so *wirkt er* auf das Licht *ein:* Ein mehr oder weniger großer Anteil des Lichts wird *verschluckt (absorbiert).* Das übrige Licht wird in alle möglichen Richtungen zurückgeworfen. Es wird *gestreut.* Von beleuchteten Gegenständen geht Licht aus. ▸ 4

Der Sehvorgang Lichtquellen senden Licht aus. Das Auge ist ein Lichtempfänger. Wenn Licht in unsere Augen fällt, sehen wir den Gegenstand, von dem das Licht kommt. Kommt das Licht direkt von der Lichtquelle, so sehen wir die Lichtquelle. Beleuchtete Gegenstände sehen wir, wenn das von ihnen gestreute Licht ins Auge gelangt. ▸ 5

Schattenraum – Schattenbild – Halbschatten Schatten entstehen dadurch, dass Körper das Licht an seiner Ausbreitung hindern. Wir unterscheiden Schattenraum und Schattenbild. Das Schattenbild entsteht, wenn man einen Schirm hinter den Körper in den Schattenraum hält. Die Schattenbilder können unterschiedlich groß sein – je nach den Abständen zwischen Lichtquelle, Körper und Schirm. Punktförmige Lampen erzeugen scharf begrenzte Schatten.
Wird ein Körper von zwei punktförmigen Lichtquellen beleuchtet, können sich die Schatten überlagern. Es entstehen Kern- und Halbschatten.
Bei einer ausgedehnten Lichtquelle entstehen durch Teilschatten unscharfe Ränder. ▸ 6

Mondphasen Der Mond ist ständig zur Hälfte beleuchtet. Von der Erde aus sehen wir unterschiedlich viel von der beleuchteten Mondhälfte.

Finsternisse Wenn sich der Mond zwischen Erde und Sonne schiebt, entsteht auf der Erde ein Schattenbild des Mondes. Dort sieht man, wie der Mond die Sonne verdeckt (Sonnenfinsternis). Liegt die Erde zwischen Sonne und Mond, fällt der Schatten der Erde auf den Mond (Mondfinsternis).

Jahreszeiten Die Erde zieht einmal im Jahr eine Kreisbahn um die Sonne. Die Achse der täglichen Erddrehung steht etwas schräg. Deshalb wird im Winter die nördliche Erdhälfte weniger beleuchtet als die südliche. Im Norden ist Winter, im Süden Sommer.

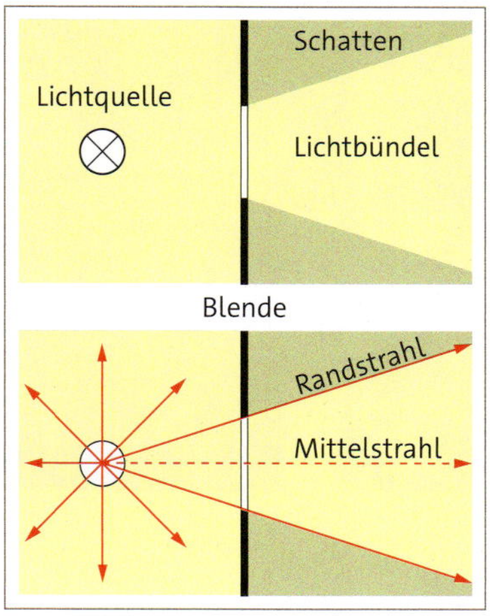

4 Lichtausbreitung

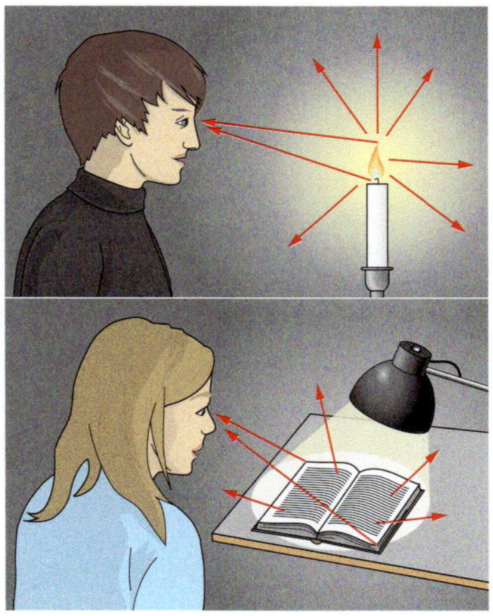

5 Sehvorgang

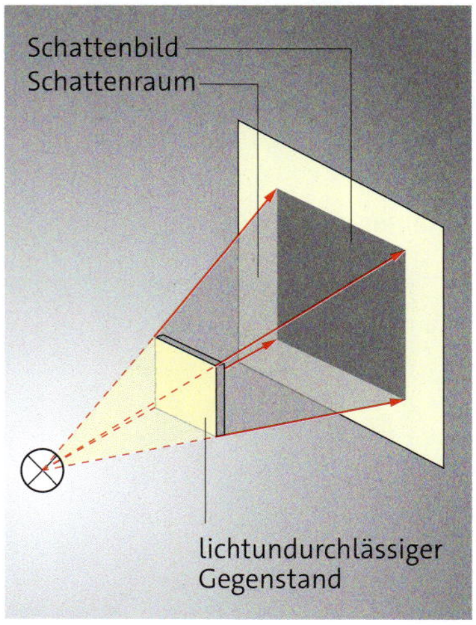

6 Schatten

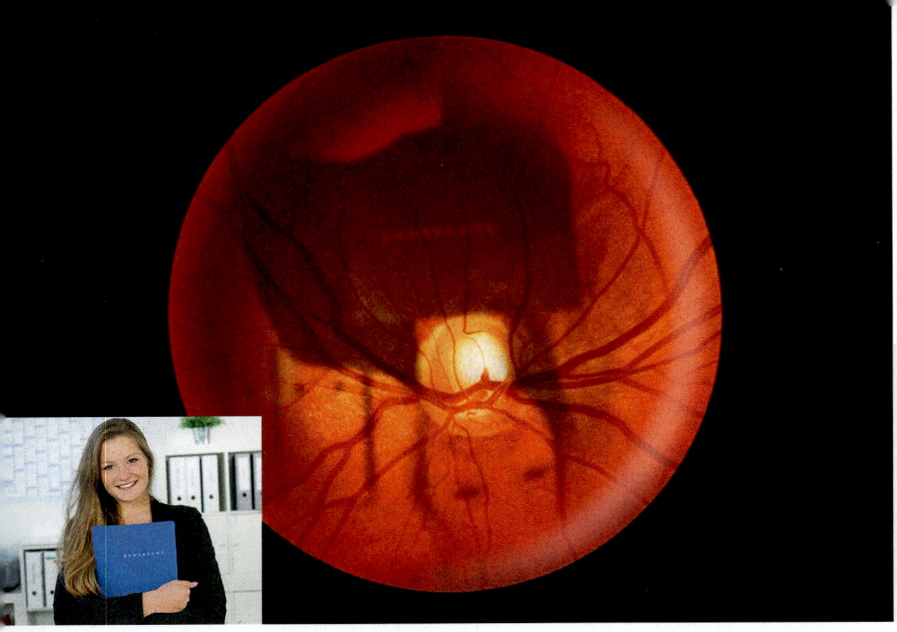

Fotoapparate sind dazu da, Bilder zu erzeugen. Auch auf der Netzhaut unserer Augen entstehen Bilder.

Bilder erzeugen mit Löchern und Sammellinsen

Jeder Fotoapparat, selbst der in deinem Handy, hat eine Linse, genau wie deine Augen. Damit werden die Bilder gezeichnet. Aber lange bevor es Linsenkameras gab, wussten die Menschen schon, wie man Bilder auf einer weißen Fläche „automatisch“ erzeugen kann. Maler benutzten einen dunklen Kasten mit einem kleinen Loch. ▸2 Auf dem durchsichtigen Papier entstand ein umgekehrtes Bild der Landschaft, die der Maler nachzeichnen konnte. Die ersten Fotoapparate sahen noch aus wie Lochkameras mit einer Linse. Anstelle des Schirms befand sich lichtempfindliches Papier, der *Film*. Wie kann man verstehen, dass Löcher und Linsen Bilder zeichnen können?

2 Maler in einer Lochkamera

3 Kameras um 1830

4 Fotoapparat um 1900

5 Fotografieren mit dem Handy

6 Selfie mit dem Smartphone

Licht zeichnet Bilder – Die Lochkamera

7

In der Lochkamera sieht Björn ein Bild der Kerze

Experiment

1 Lochkamera mit verschiebbarer Mattscheibe

Du brauchst: 1 Kaffeedose, 2 Bogen schwarzen Karton (23 cm · 40 cm), 1 Stück Transparentpapier, Schere, Klebstoff, Lineal, schwarzes Klebeband. ▸ 8

a Rolle einen Bogen Karton eng um die Dose. Klebe ihn zu einer Röhre zusammen. Lege mehrere Gummibänder als Abstandshalter darum. Rolle den zweiten Bogen um die Röhre und klebe auch ihn zu einer Röhre.

b Für die innere Röhre stellst du aus Transparentpapier eine Mattscheibe her. Klebe sie möglichst glatt auf die innere Röhre. Lass dabei die Dose noch in der inneren Röhre stecken, um die Form zu sichern.

c Für die äußere Röhre fertigst du aus Karton einen Deckel an. Schneide in die Mitte des Deckels ein Loch mit 20 mm Durchmesser.

d Für die Lochblende brauchst du einen Papierstreifen. Schneide drei unterschiedlich große dreieckige Löcher hinein. Bringe die Lochblende so auf dem Deckel an, dass du sie verschieben kannst.

e Zieh die Kaffeedose heraus und entferne die Gummibänder.

2 Beobachtungen mit der Lochkamera

Betrachte mit der Lochkamera helle Gegenstände. Z. B.:

- Personen oder farbige Gegenstände im hellen Sonnenlicht
- eine Person in einer Leuchtweste, die mit einem starken Scheinwerfer beleuchtet wird
- eine große, mattierte Lampe, auf die ihr einen Smiley gemalt habt
- ein Fensterkreuz vor dem hellen Himmel.

Wie verändert sich das Bild, …

a wenn ihr den Abstand zum Gegenstand verändert?

b wenn ihr die innere Röhre mit der Mattscheibe verschiebt?

c wenn ihr ein größeres oder kleineres Blendenloch einstellt?

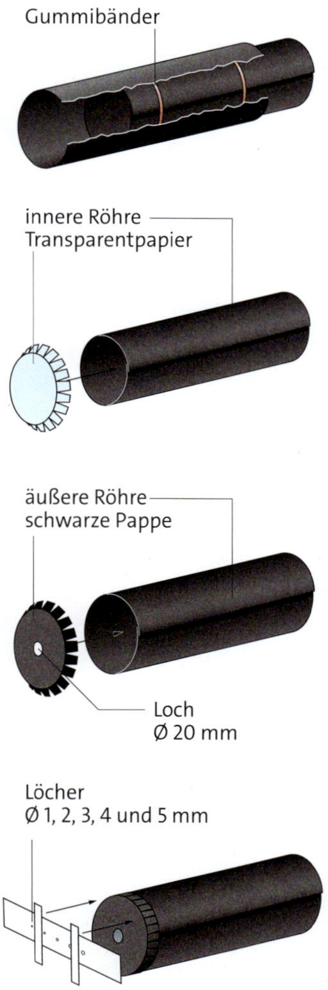

Experiment

3 Wie entsteht das Bild bei der Lochkamera?

Eine Kerze brennt im dunklen Raum. Sie soll wie bei der Lochkamera abgebildet werden.

a Schneidet in ein Stück Pappe ein Loch (Durchmesser ca. 2 cm). Haltet diese Lochblende vor das Blatt Transparentpapier. ▸ 1 Beschreibt eure Beobachtung. Erklärt die Entstehung des Lichtflecks auf dem Schirm. Zur Erklärung könnt ihr auch eine Zeichnung nutzen.

b Verwendet nun eine Lochblende mit einem 2 mm großen Loch. Beschreibt wieder, was ihr auf dem Blatt Papier seht.

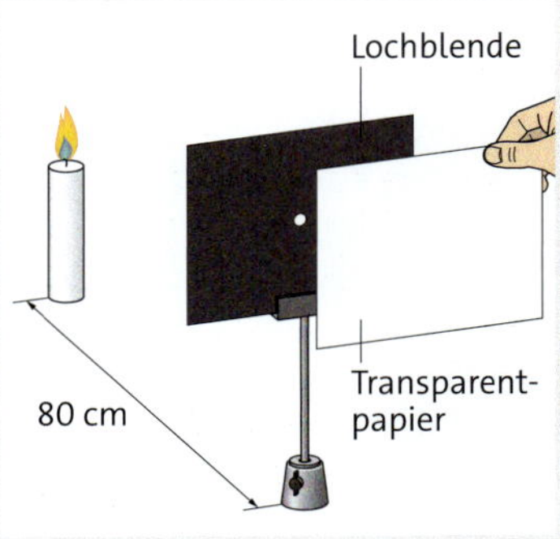

1 Lochkamera

4 Wo entsteht der Lichtfleck der Lampe?

Drei farbige Spotlampen (Rot, Grün und Blau) werden in Form eines Dreiecks aufgebaut. Mit einer Lochblende (Loch: ca. 4 mm) wird schrittweise ein Bild dieses Dreiecks erzeugt. ▸ 2

a Zunächst wird nur die rote Lampe eingeschaltet. Auf dem Transparentpapier erscheint ein roter Lichtfleck. Welche Form hat er? Dann wird zusätzlich die grüne Lampe eingeschaltet. Vergleicht die Lage der Lichtflecke mit der Anordnung der Lampen.

b Erklärt eure Beobachtung.

c Es bleibt noch die blaue Lampe. Wo wird wohl der blaue Fleck auf dem Transparentpapier erscheinen? Probiert es aus.

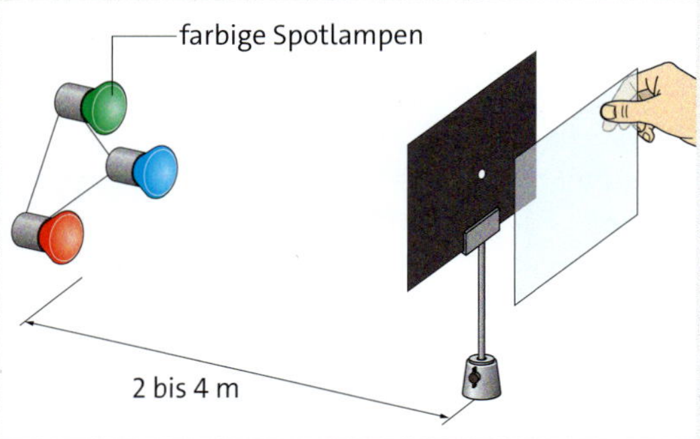

2 Wo entsteht der Lichtfleck?

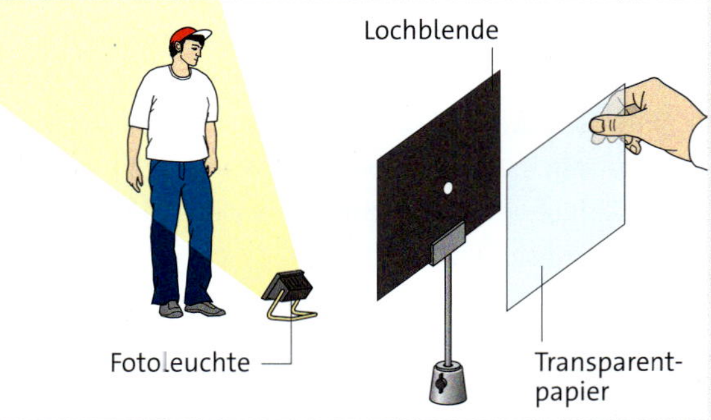

3 Bild einer Person

5 Bild einer Person

Eine Person mit hellem T-Shirt wird mit einem Projektor oder einer Fotolampe beleuchtet.

a Erzeugt mit einer Lochblende das Bild der Person auf einem Blatt Transparentpapier. ▸ 3

b Beschreibt, wie das Bild aussieht.

c Überprüft, ob ihr Einzelheiten im Bild erkennt.

d In welche Richtung bewegt sich das Bild, wenn sich die Person seitlich hin und her bewegt?

e Nehmt nun eine Blende mit kleinerem Loch. Wie ändert sich das Bild?

f Welcher Zusammenhang besteht zwischen der Helligkeit des Bilds und der Größe des Lochs?

Grundlagen Die Bilder der Lochkamera

Von einer Lichtquelle breitet sich das Licht nach allen Seiten hin geradlinig aus. Ein Teil des Lichts fällt durch die Lochblende. Es erzeugt auf dem Schirm einen Lichtfleck. ▸ 4

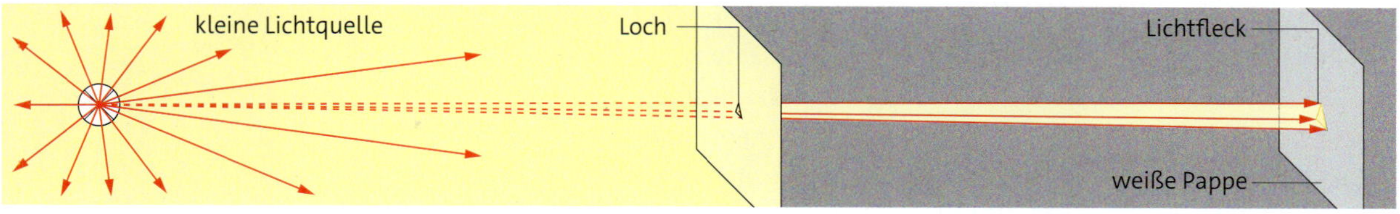

4 Eine Lichtquelle – ein Lichtfleck

Mehrere Lichtquellen erzeugen mehrere Lichtflecken. Die Flecken sind aber anders angeordnet als die Lichtquellen. Was bei den Lichtquellen oben ist, ist bei den Lichtflecken unten. Was dort rechts ist, ist auf dem Schirm links. ▸ 5

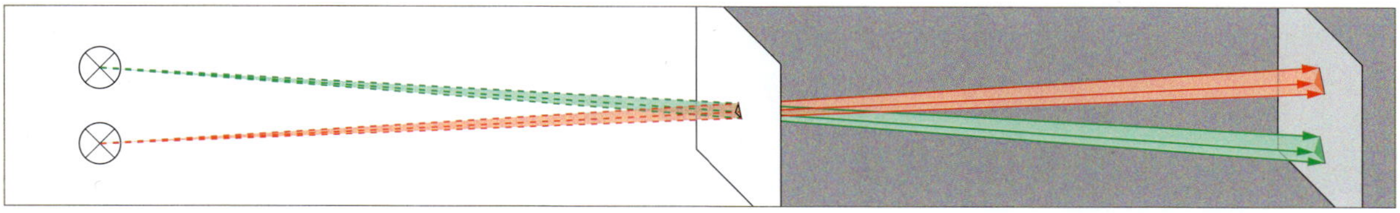

5 Mehrere Lichtquellen – mehrere Lichtflecken

Wir stellen uns vor, dass z. B. eine Flamme aus vielen leuchtenden Punkten besteht. Auch ein Gegenstand besteht aus vielen Punkten, die Licht streuen.

> **Von jedem Punkt geht ein Teil des Lichts durch das Blendenloch hindurch und erzeugt auf dem Schirm einen kleinen Lichtfleck. Alle Lichtflecken überlappen sich und ergeben ein auf dem Kopf stehendes, unscharfes Bild der Flamme. ▸ 6**

Je kleiner man das Loch macht, desto schärfer wird das Bild. Es wird dabei aber auch dunkler.

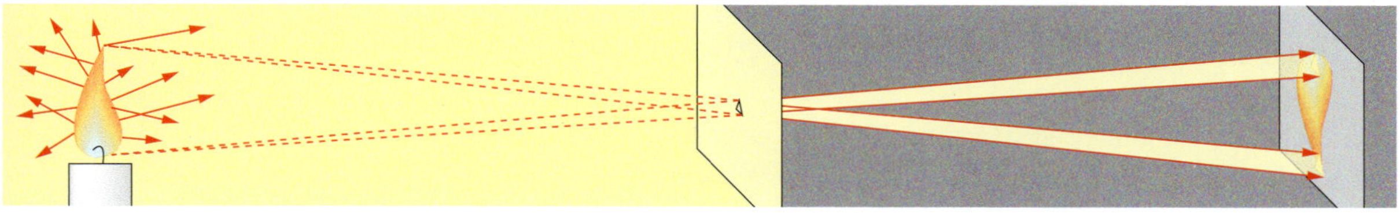

6 Bild als Überlagerung von Lichtflecken

Aufgaben

1 Lochkamera

a Erklären anhand einer Skizze, wie eine Lochkamera funktioniert.

b Wie verändert sich das Bild, wenn man das Loch vergrößert. Was passiert, wenn man den Abstand zwischen Loch und Bildschirm vergrößert?

c Wie verändert sich das Bild, wenn der abgebildete Gegenstand weiter von der Kamera entfernt wird?

Aus der Geschichte: Camera obscura

Giovanni Battista della Porta (1538–1615) galt als einer der größten Magier seiner Zeit. Man sagt, dass er auf dem Marktplatz von Neapel ein großes Zimmer aus Holz bauen ließ. Im Innern war es dunkel. Das Zimmer hatte keine Fenster, sondern nur ein einziges Loch von der Größe einer Münze. Die Wand gegenüber war weiß. Porta lud Gäste zu einer magischen Show in seine Lochkamera ein. Diese riesige Lochkamera hieß *Camera obscura* (dunkles Zimmer). Draußen im Sonnenlicht führten Schauspieler ein Stück auf. Die Zuschauer sahen sie auf der weißen Wand. Die Köpfe der Schauspieler hingen nach unten, die Füße zeigten nach oben. ▸1

Es wirkte wie Zauberei! Im 17. Jahrhundert benutzten viele Maler eine Lochkamera, um das Bild einer Landschaft oder einer Person zu malen. Durch ein kleines Loch in der Wand fiel das Licht. Auf der gegenüberliegenden Leinwand entstand ein Bild. ▸2

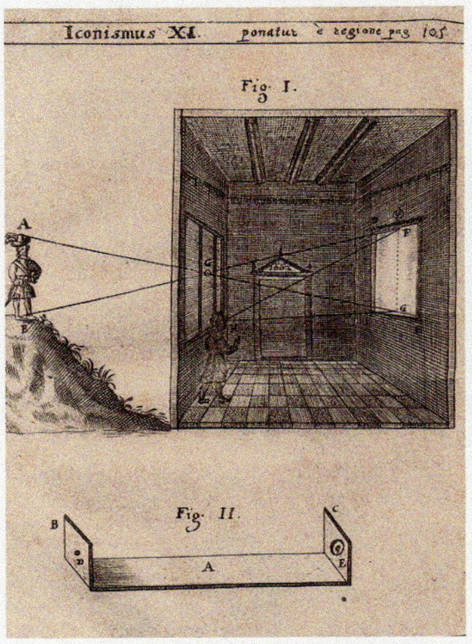

1 Camera obscura

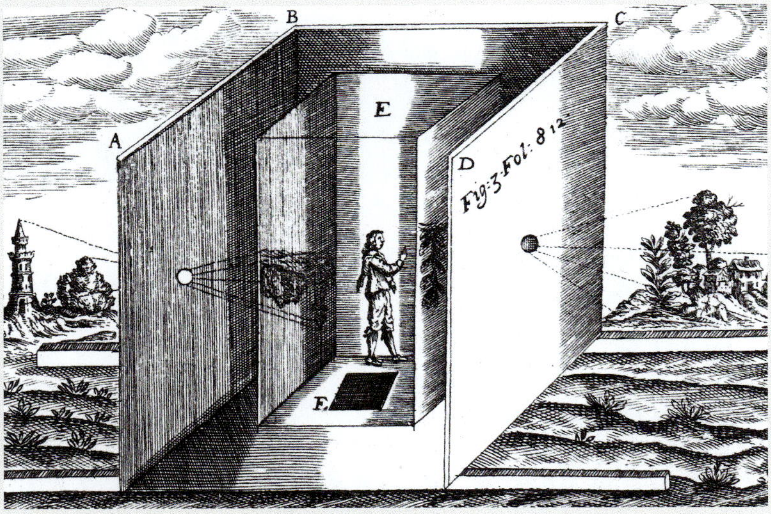

2 Landschaftsmaler mit Camera obscura

1 Im Internet findest du viele Beispiele für begehbare Lochkameras. Was ist damit gemeint? Gibt es in der Nähe eures Wohnorts eine begehbare Lochkamera?

2 Baut euch eine große begehbare Lochkamera. Geeignet dafür wären die Verpackungskartons von Kühlschränken oder Waschmaschinen.

Aufgaben

1 Bei einer Lochkamera steht das Bild „auf dem Kopf".

a Warum sind oben und unten vertauscht? Erkläre es mit einer Skizze.

b Sind auch rechts und links vertauscht? Begründe deine Antwort.

2 Warum kann man mit der Lochkamera nicht nur Bilder von Lichtquellen, sondern auch Bilder von hellen Gegenständen sehen? (*Tipp:* Streuung)

3 Wie kann man die Qualität des Bildes bei einer Lochkamera verbessern?

Aus der Natur: Sonnentaler

Das Sonnenlicht zeichnet oft runde Lichtflecke (Sonnentaler) auf den Waldboden. ▸ 3 Wenn der Wind die Äste des Baums bewegt, schwingen die Sonnentaler hin und her. Hier und da blinkt kurz ein neuer Sonnentaler auf. Die Lichtflecke bleiben dabei immer rund, obwohl die Lücken zwischen den Blättern nie rund sind. Das lässt sich so erklären: Die Sonnentaler sind Bilder der Sonne. Sie entstehen genauso wie die Bilder in der Lochkamera. Das Licht der runden Sonne fällt durch eine winzige Lücke zwischen den Blättern. Auf dem Boden zeichnet sich ein Bild der Sonne ab. Unter einer hohen Buche erreichen die Sonnentaler die Größe eines Kopfs. Unter Buschwerk sind sie klein wie Münzen.

3 Sonnentaler

1 Lukas sagt: „Im Wald gibt es viele riesige Lochkameras." Erkläre, was er damit meint.

2 Zeige mit einem Experiment, wie Sonnentaler entstehen.
Tipp: Als „Sonne" kannst du eine mit Butterbrotpapier abgedeckte runde Taschenlampe verwenden.

3 Manche Sonnentaler sind groß, andere klein. Erkläre, wovon ihre Größe abhängt.

4 Manche Sonnentaler sind hell, andere dunkel. Welche haben die schärferen Ränder? *Tipp:* Denke an die Erfahrungen mit der Lochkamera.

5 Fertigt ein Poster über Sonnentaler und ihre Entstehung an – mit eigenen Fotos, Zeichnungen und Erklärungen.

6 Linus und Laura halten ihre gekreuzten Hände in das Licht, das vom Dia ausgeht. Im Schatten der Hände auf der Wand ist zu sehen, was zwischen den beiden läuft. ▸ 4 Erkläre, wie die „Herztaler" entstehen.

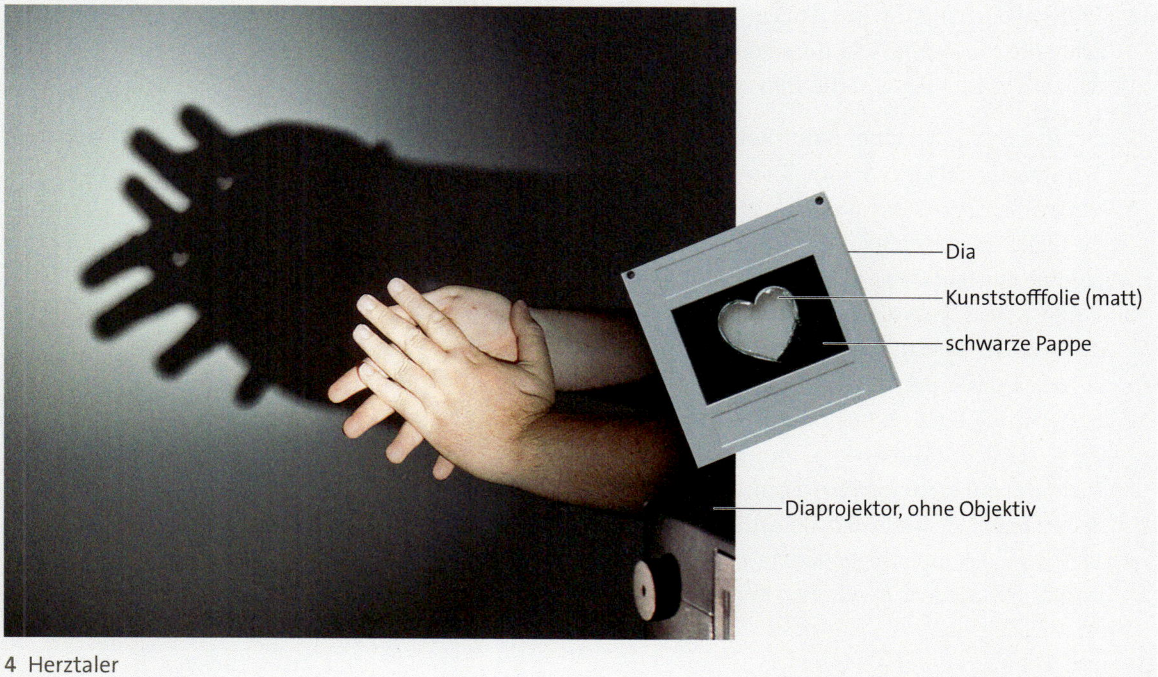

4 Herztaler

Sammellinsen zeichnen scharfe Bilder

1

Wenn du bei einer selbst gebauten Lochkamera den Blendenstreifen entfernst und eine Sammellinse vor der Öffnung befestigst, wird sie zur Linsenkamera. Die Linsenkamera zeichnet viel schärfere und hellere Bilder als die Lochkamera.

Experiment

1 Sammellinsen als Brenngläser
Versucht mit verschiedenen Sammellinsen im Sonnenlicht Papier „anzukokeln". Welche Sammellinse eignet sich dazu am besten?

2 Die Lochkamera wird verbessert
Ihr braucht eine Lochkamera mit verschiebbarer Mattscheibe. Das Loch darf einen großen Durchmesser haben. Klebt eine Sammellinse mit Klebestreifen vor die Lochblende. ▸ 1
Fertig ist eure Kamera!

a Betrachtet eine Kerze durch die Kamera. Verschiebt die Mattscheibe, bis das Bild scharf erscheint.

b Entfernt euch mit der Kamera ein wenig von der Kerze. Was beobachtet ihr? In welche Richtung müsst ihr die Mattscheibe verschieben, um wieder ein scharfes Bild zu bekommen?

3 Ort des Bildes an einer Sammellinse
Wo entsteht bei einer Sammellinse das Bild?

a Stelle eine Kerze 1 m vor der Linse auf. ▸ 2 Suche mit einem Schirm die Stelle, an der hinter der Sammellinse das scharfe Bild der Kerzenflamme entsteht. Miss nun den Abstand Bild–Linse.

b Vergrößere den Abstand der Kerze von der Linse. Wie ändert sich dadurch der Abstand Bild–Linse? Beschreibe deine Beobachtung mit einem Je-desto-Satz.

c Entferne die Kerze allmählich immer weiter von der Linse. Bewege die Kerze Schritt für Schritt immer näher auf die Linse zu. In welche Richtung musst du dich bewegen, um ein scharfes Bild auf die Wand zu zeichnen? Ermittle den kleinstmöglichen Abstand Bild–Linse.

d Welcher Zusammenhang besteht zwischen dem Abstand Bild–Linse und der Bildgröße? Beschreibe in einem Je-desto-Satz.

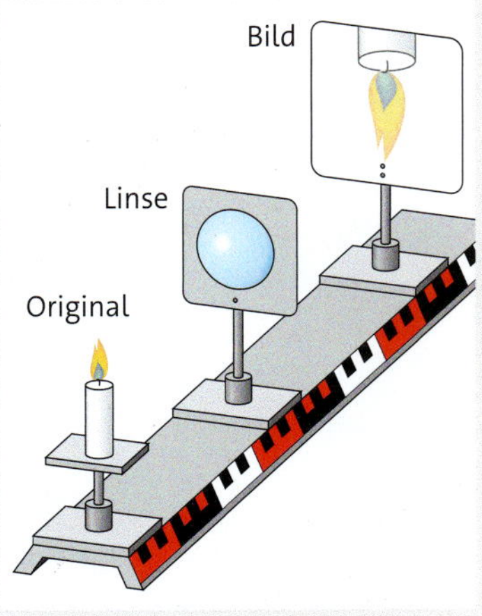

2 Lochkamera mit Linse

Experiment

4 Tautropfen als Linse

Im Tautropfen seht ihr ein umgedrehtes Bild von Blumen. ▸ 3
Zur Untersuchung solcher Bilder braucht ihr eine Kerze, eine Glasmurmel und ein Stück Transparentpapier mit einem Loch (5 mm, mit einem Locher erzeugen).

a Betrachtet die Kerze durch die Murmel. Wo ist das Bild: auf, in oder hinter der Glasmurmel?

b Fangt das Bild mit dem Papier auf. Verschiebt dann das Papier seitlich, so dass das Bild ins Loch fällt. Seht ihr es noch? Wo ist es ohne Schirm?

3 Bild am Tautropfen

Grundlagen Sammellinsen führen Licht zusammen

Sammellinsen verändern die Richtung des Lichts. ▸ 4
Das Licht von einem Punkt wird wieder in einem Punkt hinter der Linse zusammengeführt.
Rund um diesen hellen Punkt entsteht ein dunkler Bereich.

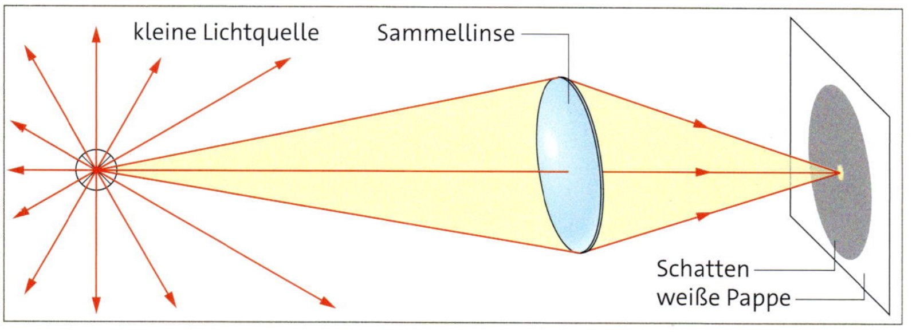

4 Sammellinsen verändern die Richtung des Lichts.

Ein paralleles Lichtbündel wird in der Brennebene zusammengeführt. Der Abstand Linse–Brennebene heißt Brennweite. ▸ 5

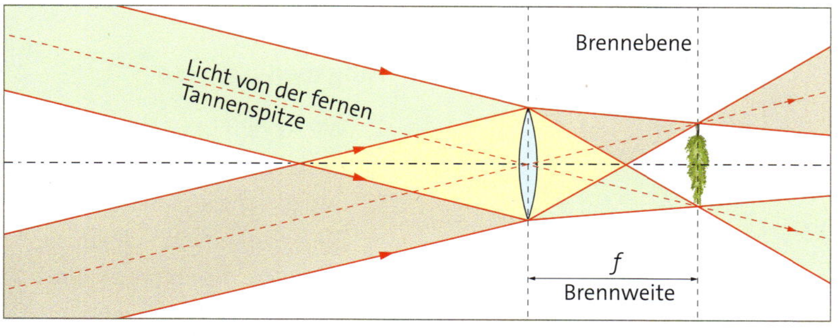

5 Brennebene und Brennweite

Aufgaben

1 Im Sonnenlicht könnt ihr mit einem Blatt Papier und einem Lineal die Brennweite einer Sammellinse bestimmen.

a Probiert es mit verschiedenen Linsen aus.

b Beschreibt eure Vorgehensweise.

Grundlagen Bilder der Sammellinse

Punkt für Punkt Von einer punktförmigen Lichtquelle geht Licht in alle Richtungen aus. Eine *Lochblende* bildet punktförmige Lichtquellen als Bildflecken ab. Ein großes Loch erzeugt ein helles Bild. Je größer das Loch ist, desto größer sind die Bildflecken und desto unschärfer ist das Bild. ▸ 1

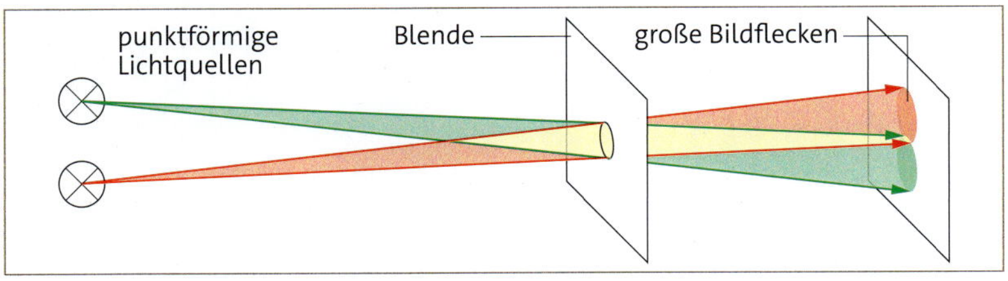

1 Abbildung durch ein Loch

Bei der *Sammellinse* ist es anders: Das Licht von einem Punkt läuft hinter der Linse wieder in einem Punkt zusammen. Man erhält helle und zugleich scharfe Bilder. ▸ 2

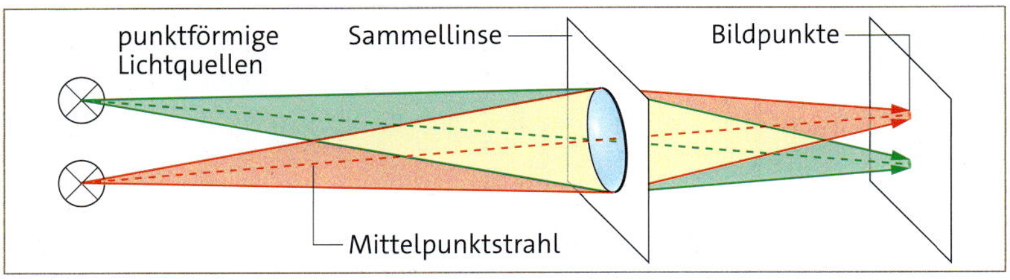

2 Abbildung durch eine Sammellinse

Wir stellen uns vor, dass beleuchtete Gegenstände aus sehr vielen winzigen Punkten zusammengesetzt sind. Jeder dieser Punkte streut Licht zur Linse hin. Punkt für Punkt entsteht das Bild. ▸ 3
Der Bildpunkt liegt immer auf dem Strahl, der vom Gegenstandspunkt durch den Linsenmittelpunkt verläuft. Er heißt *Mittelpunktstrahl.*

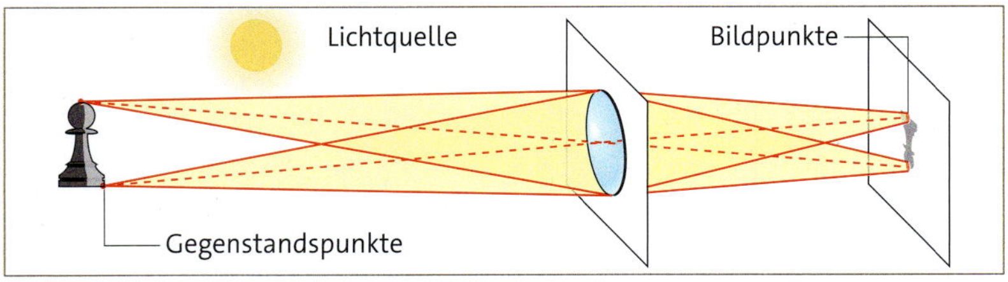

3 Abbildung eines beleuchteten Gegenstands

Sammellinsen führen das Licht von einem Gegenstandspunkt wieder zusammen. Von jedem Gegenstandspunkt entsteht dadurch ein Bildpunkt. Alle Bildpunkte zusammen ergeben ein helles und scharfes Bild.

Die Bildweite Ein scharfes Bild entsteht nur in einem ganz bestimmten Abstand hinter der Linse. Dieser Abstand ist die Bildweite. Die Bildweite ist am kleinsten, wenn der Gegenstand sehr weit entfernt ist.

Aufgaben

1 Wieso gelingt es mit einer Lochkamera nicht, scharfe und gleichzeitig helle Bilder auf einem Schirm zu erzeugen? Erläutere an einer Skizze.

2 In welcher Hinsicht sind die Bilder der Linsenkamera besser als die der Lochkamera? Zeige anhand einer Skizze, wie die Bilder bei einer Linsenkamera entstehen.

Grundlagen Scharfe und unscharfe Bilder bei der Sammellinse

Durch die große Sammellinse fällt viel Licht. Das Bild wird hell, aber meistens unscharf. Nur wenn der Schirm genau an die richtige Stelle geschoben wird, erscheint es scharf. ▸ 4, 5

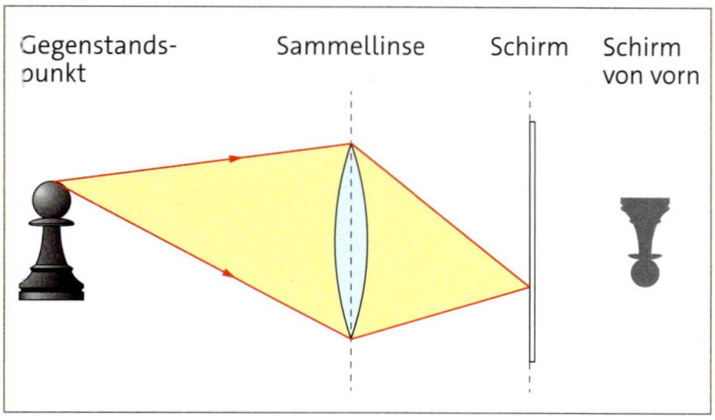

4 Der Schirm steht richtig. Das Licht eines Gegenstandspunkts läuft auf der Mattscheibe in einem Punkt zusammen.

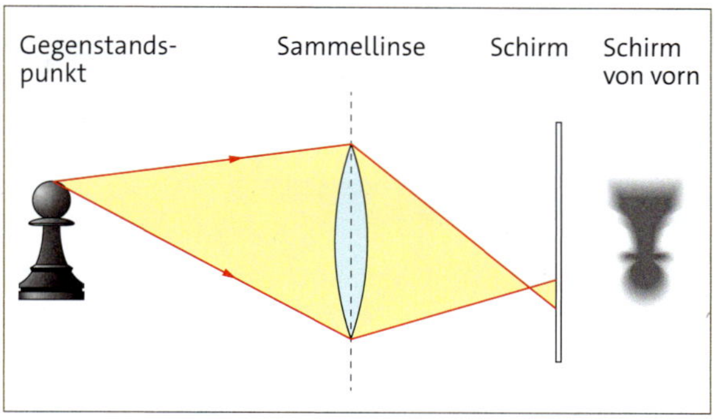

5 Der Schirm steht an der falschen Stelle. Aus jedem Gegenstandspunkt wird ein Lichtfleck. Alle Lichtflecken überlagern sich zu einem unscharfen Bild.

Aus der Technik: Von der Glaskugel zur Linse

Glaskugeln erzeugen etwas verzerrte Bilder. Von der Kugel kommt man zu einer Sammellinse, wenn man oben und unten einen Teil der Kugel weglässt. Die Bilder sind dadurch weniger verzerrt. Der Teil zwischen der linken und der rechten Kugelkappe stellt eine dicke Glasplatte dar. Er kann ebenfalls entfallen, weil ebene Platten das Licht nicht sammeln.
Neben dieser Grundform gibt es für Sammellinsen auch andere Formen. Allen ist gemeinsam, dass sie in der Mitte dicker sind als am Rand. ▸ 6
Viele Linsen sind in der Mitte dünner als am Rand, z. B. Brillengläser für Kurzsichtige. Sie heißen Zerstreuungslinsen. Im Gegensatz zu Sammellinsen zerstreuen sie Licht.

1 Skizziere, wie sich eine Sammellinse (eine Zerstreuungslinse) auf ein Lichtbündel mit parallelen Randstrahlen auswirkt.
2 Welches gemeinsame Merkmal hat die Form alle Sammellinsen, welches die Form aller Zerstreuungslinsen?

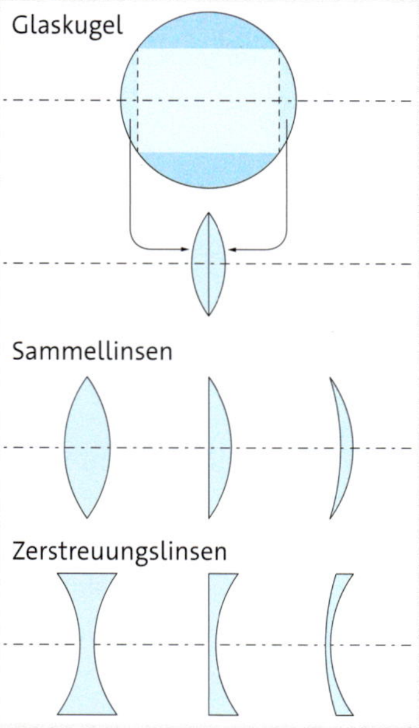

Aufgaben

1 Lochkameras kann man nur mit einer Linse verbessern, wenn ihr Schirm verschiebbar ist. Erkläre.

2 Bei vielen Fotoapparaten kann man den Abstand zwischen Objektiv (Linse) und Chip verändern. Welchen Sinn hat das?

3 Zeige an einer geeigneten Skizze, dass das Bild in ▸ 5 schärfer wird, wenn zusätzlich eine Blende dicht hinter der Linse eingebaut wird.

Große Bilder – kleine Bilder

1

Die Sammellinse in einem Beamer erzeugt ein sehr großes Bild an der Wand. Auf dem Chip der Digitalkamera erzeugt die Linse dagegen ein stark verkleinertes Bild.
Wie können wir mit Sammellinsen große und kleine Bilder erzeugen?

Experiment

1 Große und kleine Bilder mit einer Sammellinse

a Erzeugt mit ein und derselben Linse verschiedene Bilder einer Kerzenflamme an einer weißen Wand. Erzeugt ein …
- möglichst großes Bild.
- möglichst kleines Bild.
- Bild, das genauso groß wie die Flamme ist.

b Protokolliert euer Vorgehen möglichst genau.

Größe	Beispiel
Gegenstandsgröße	Größe (Höhe) der Flamme
Bildgröße	Größe (Höhe) des Bilds
Gegenstandsweite	Abstand Flamme–Linse
Bildweite	Abstand Linse–Bild

c Beschreibt den Zusammenhang zwischen Bildweite und Bildgröße:
Je größer die Bildweite ist, desto…
Je kleiner die Bildweite ist, desto….

d Wie hängt die Gegenstandsweite mit der Bildweite zusammen?

e Messt die kleinstmögliche Bildweite.

f Gibt es eine kleinstmögliche Gegenstandsweite?

2 Kerze – Sammellinse – Bild

2 Die Brennweite von Sammellinsen

Erzeugt mit verschiedenen Sammellinsen scharfe Bilder eines sehr weit entfernten Gegenstands auf einem Stück Papier. Messt den Abstand Linse–Papier. Er heißt Brennweite der Linse.

3 Verschiedene Brennweiten – verschiedene Bilder

Erzeugt das Bild eines Fensters auf der gegenüberliegenden Wand. Verwendet Sammellinsen mit unterschiedlicher Brennweite. Beschreibt, wie sich die Bilder unterscheiden.

Grundlagen Größe und Lage des Bildes

„Geh ein Stück zurück, damit du ganz auf das Foto kommst." Je weiter die Person von der Kamera entfernt ist, desto kleiner ist ihr Bild. Je näher sie an die Kamera herangeht, desto größer ist das Bild. Dieser Zusammenhang gilt für alle Linsenabbildungen.

Je größer die Gegenstandsweite, desto kleiner ist das Bild. Das kleinste Bild erhält man von sehr weit entfernten Gegenständen. ▸ 3
Es liegt dann im Abstand der Brennweite hinter der Linse. Nähert sich der Gegenstand der Linse, so verschiebt sich das Bild von der Linse weg und wird immer größer. ▸ 4

Von Gegenständen, die in der Brennweite oder näher vor der Linse sind, entsteht kein scharfes Bild.

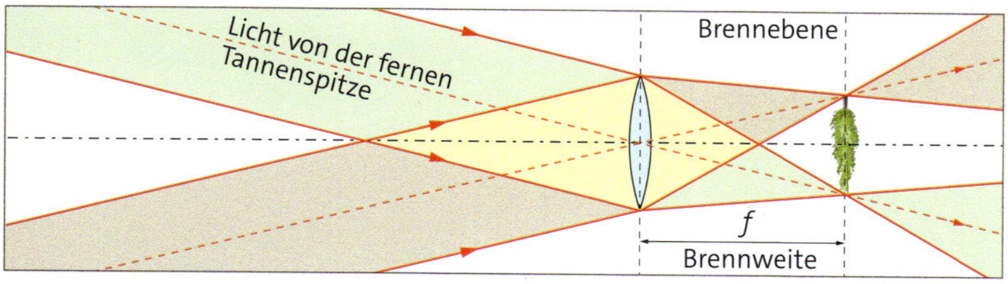

3 Das Bild des weit entfernten Gegenstands entsteht in der Brennebene.

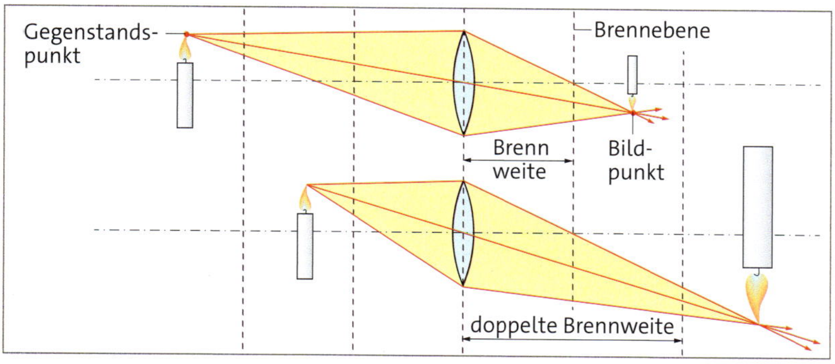

4 Verkleinertes Bild – vergrößertes Bild

Aufgaben

1 Du schaust eine Kerze durch deine Lochkamera an. Wie kannst du dafür sorgen, dass das Bild der Kerze größer wird?

2 Beschreibe die Größe und die Lage der Kerzenbilder. ▸ 4

3 Manuel steht mit einer Lupe und einem Blatt Papier in der Nähe eines Fensters. Durch das Fenster ist ein Haus zu sehen. Manuel bildet das Haus scharf auf dem Blatt Papier ab.
Wie muss Manuel das Papier verschieben, damit der Fensterrahmen scharf abgebildet wird?

4 Bei vielen Fotoapparaten kann man die Entfernung zwischen Objektiv und Chip verändern. Welche Größe wird damit verändert?

5 Bei einer bestimmten Gegenstandsweite ist das Bild immer genauso groß wie der Gegenstand (▸ Experiment 1 a). Welcher Zusammenhang besteht in diesem Fall zwischen der Gegenstandsweite und der Brennweite der Linse?

Grundlagen Verschiedene Sammellinsen – verschieden große Bilder

Bei der Lochkamera gilt: Je weiter der Beobachtungsschirm vom Loch entfernt ist, desto größer ist das Bild. ▸ 1
Kurz gesagt: Große Bildweite – großes Bild; kleine Bildweite – kleines Bild.

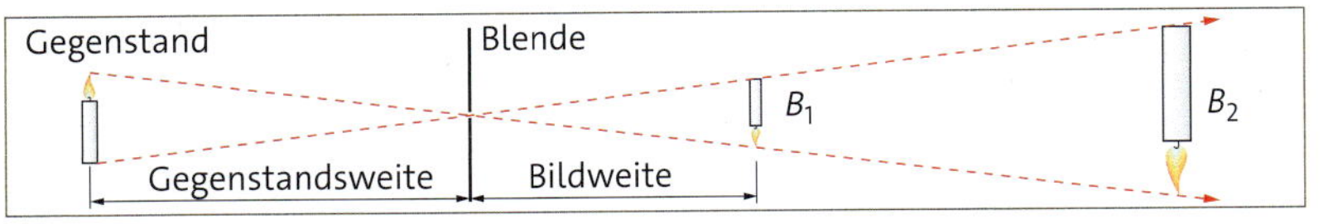

1 Lochkamera und Bild

Für Sammellinsen gilt der gleiche Zusammenhang. ▸ 2

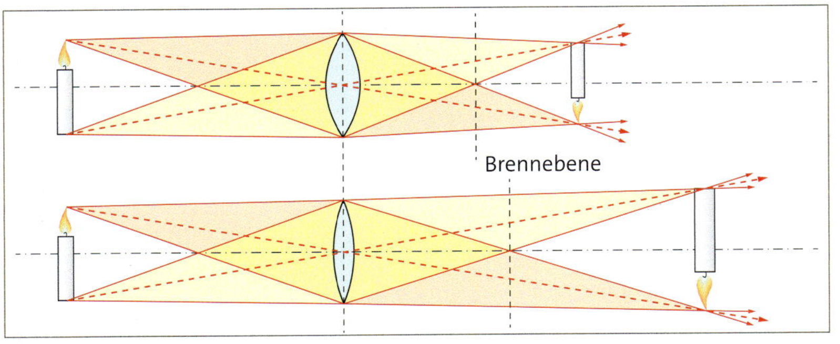

2 Sammellinse und Bild

Aufgaben

1 Fiona und Lea haben ihre Lochkameras zu Linsenkameras umgebaut. Fiona hat eine Linse mit 5 cm Brennweite, Lea eine mit 10 cm Brennweite verwendet.

a Wer von beiden merkt, dass sie von nahen Gegenständen kein scharfes Bild bekommt?

b Wer sieht von weit entfernten Bäumen ein größeres Bild?

2 Manchmal ist es nicht günstig, nah heranzugehen, um ein großes Bild zu erhalten. Dann muss man den *Zoom* der Kamera auf „fern“ stellen oder ein langes Teleobjektiv benutzen. ▸ 3

3 Hier sollte man ein Teleobjektiv benutzen.

a Beobachte, was beim *Zoomen* mit dem Objektiv geschieht.

b Begründe deine Beobachtung. Bild ▸ 4 kann dir dabei helfen.

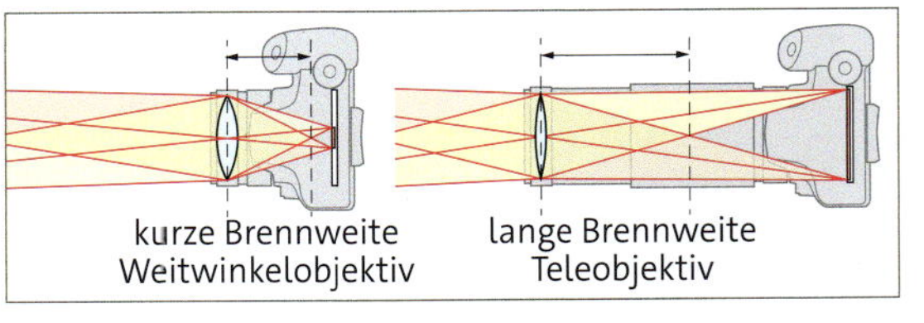

4 Zoomen

3 Zwei Sammellinsen mit gleichem Durchmesser haben Brennweiten von 5 cm und 20 cm.

a Der helle Fleck, den du beim „Kokeln“ mit einem Brennglas auf einem Stück Papier erzeugst, ist ein Bild der Sonne. Bei welcher Sammellinse ist der Fleck größer?

b Welche der beiden Linsen eignet sich besser als Brennglas? Denke daran, dass die mit dem Sonnenlicht auf die Linse gebrachte Energie in dem Fleck konzentriert wird.

Methode Linsenbilder konstruieren

Wo entsteht der Bildpunkt eines Gegenstandspunkts? An welcher Stelle muss sich der Schirm befinden, damit ein scharfes Bild entsteht?
Solche Fragen kann man durch Experimente beantworten. Aber auch durch eine geometrische Konstruktion kann man die Antwort finden.

1 Fertige eine maßstabgetreue Zeichnung an.
Die Zeichnung soll den Gegenstand, die Linse mit ihrer Mittelebene und die Brennebene enthalten.
Es ist zweckmäßig, den Gegenstand auf die optische Achse (die horizontale Gerade durch die Linsenmitte) zu stellen. ▸ 5a
Der Bildpunkt liegt sicherlich immer auf dem Mittelpunktstrahl.

2 Zeichne zunächst den Mittelpunktstrahl vom Gegenstandspunkt durch die Linsenmitte nach rechts.
Alle anderen Strahlen des Lichtbündels schneiden den Mittelpunktstrahl im gesuchten Bildpunkt. Um diesen Schnittpunkt zu finden, müssen wir den Verlauf eines weiteren Strahls kennen.
Um den Verlauf des oberen Randstrahls herauszufinden, tun wir so, als ob er zu einem Bündel mit parallelen Randstrahlen gehört. ▸ 5b
Von einem solchen Parallelbündel wissen wir, dass es in der Brennebene zusammenläuft.

3 Zeichne nun als Hilfslinie eine Gerade durch die Linsenmitte, die parallel zum Randstrahl verläuft.
Diese Hilfslinie ist der Mittelpunktstrahl des angenommenen Parallelbündels (schraffiert). ▸ 5c
Die parallele Hilfslinie (durch die Linsenmitte) schneidet die Brennebene im Punkt P. Durch P muss auch der Randstrahl verlaufen. ▸ 5d

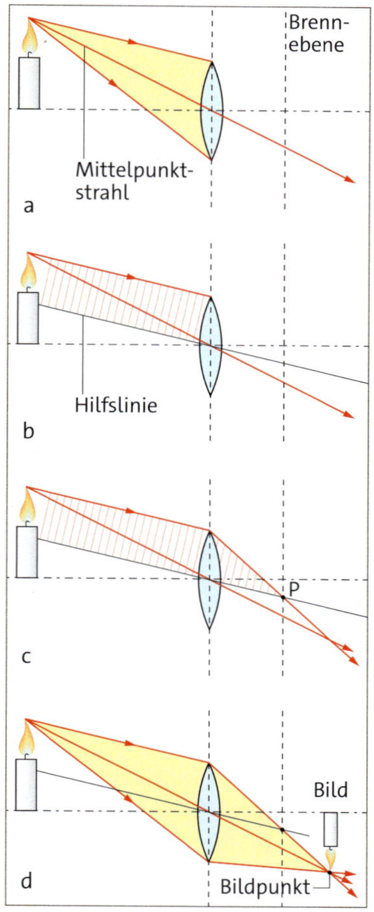

5

Aufgaben

1 Eine 4 cm hohe Kerzenflamme steht 9 cm (6 cm, 4 cm) vor einer Sammellinse (Brennweite: 3 cm, Durchmesser: 5 cm).
Konstruiere in drei Zeichnungen das Linsenbild. Miss, wie groß das Bild jeweils ist. Bestimme die Entfernung, in der man den Schirm hinter der Linse aufstellen muss, damit man das Bild scharf sehen kann?

2 Torben möchte die abgebildete Briefmarke fotografieren. ▸ 6
Das Objektiv seiner Kamera hat eine Brennweite von 50 mm. Die kleinste Gegenstandsweite, bei der das Bild noch scharf wird, beträgt 20 cm. Bestimme durch zwei Zeichnungen (je eine für die Höhe und eine für die Breite) die Größe des Bildes auf dem Kamerachip.

6

3 Konstruiere das von einer Sammellinse erzeugte Bild eines Gegenstandspunkts, der 5 cm von der Linse entfernt ist und 2 cm über der optischen Achse liegt. Die Brennweite f beträgt 3 cm.

4 Ermittle durch eine Konstruktion die Größe des Netzhautbilds von einer 3 cm großen Raupe.
Der Augapfel hat einen Durchmesser von 24 mm. Kleinere Gegenstände betrachten wir aus 25 cm Entfernung. Verwende für die Konstruktion Mittelpunktstrahlen. Zeichne im Maßstab 1:1.

Aus der Natur: Unser Auge erzeugt Bilder

Bildentstehung Auch in unserem Auge befindet sich eine Sammellinse. Sie ist aber nicht alleine dafür verantwortlich, dass wir etwas sehen. ▸1
Stell dir vor, dass du auf eine Kerzenflamme schaust. Von ihr geht Licht in alle Richtungen aus. Ein kleiner Teil davon trifft auf die lichtdurchlässige Hornhaut. Sie bündelt das Licht ein erstes Mal.
Dann gelangt das Licht zur Pupille. Das ist ein Loch, das von der Iris umgeben ist. Iris und Pupille bilden zusammen eine Lochblende. Die Iris bestimmt auch deine Augenfarbe: Blau, Braun oder Grün.
Hinter der Pupille trifft das Licht auf die Augenlinse. Sie und die Hornhaut führen das Licht von jedem Punkt der Flamme in jeweils einem Punkt auf der Netzhaut zusammen. Auf der Netzhaut entsteht so ein umgekehrtes Bild der Kerzenflamme.
In der Netzhaut werden Millionen von lichtempfindlichen Sinneszellen durch das Licht gereizt. Sie leiten Informationen über Helligkeit und Farbe des Lichts über den Sehnerv an das Gehirn. Dort entsteht der Seheindruck: Du siehst die Flamme.

Entfernungseinstellung Bei einer Sammellinse aus Glas wird das Bild unscharf, wenn sich der abgebildete Gegenstand entfernt oder annähert. Du musst den Schirm verschieben, um wieder ein scharfes Bild zu erhalten. Im Auge dient die Netzhaut als Schirm. Sie ist immer gleich weit von der Linse entfernt.
Damit scharfe Bilder entstehen, wird die Form der Augenlinse verändert.
- Weit entfernter Gegenstand: Das Licht von einem Gegenstandspunkt, das ins Auge einfällt, läuft nur wenig auseinander. Die Augenlinse muss das Licht nur schwach brechen, damit es auf der Netzhaut zusammenläuft. Dafür reicht eine schwach gekrümmte Augenlinse. ▸2a, 3
- Naher Gegenstand: Das von einem Gegenstandspunkt einfallende Licht läuft stärker auseinander. Die Augenlinse muss das Licht stärker brechen. Der Ringmuskel zieht sich zusammen. Die Augenlinse krümmt sich stärker. ▸2b, 4

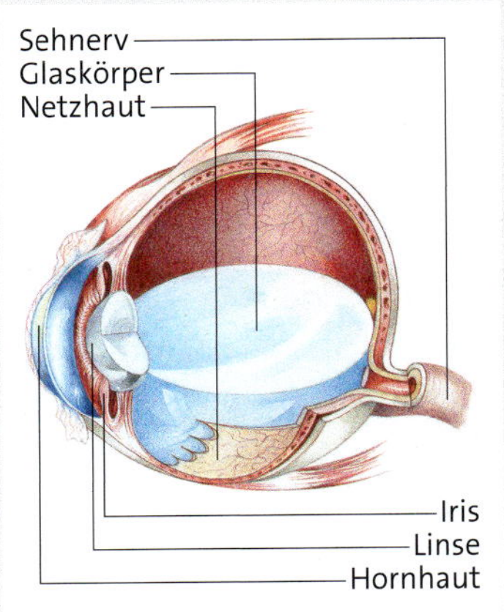

1 Das menschliche Auge

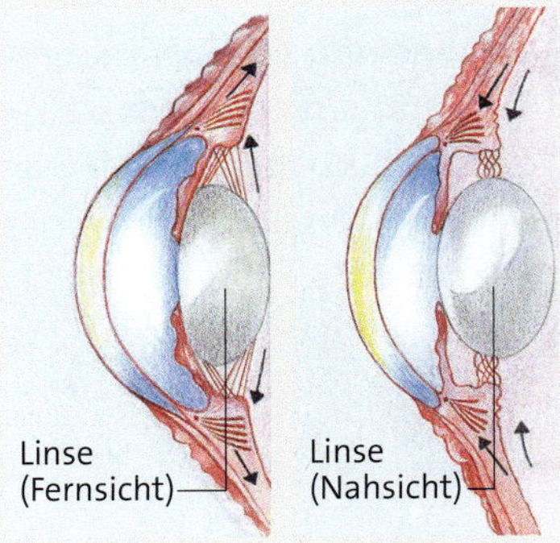

2 Änderung der Linsenkrümmung

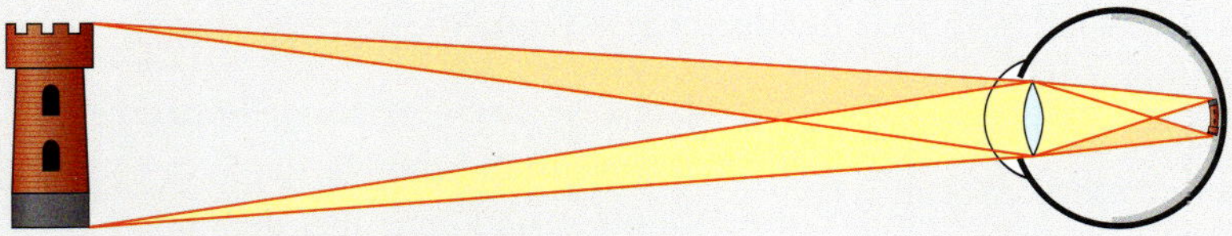
3 Entfernter Gegenstand

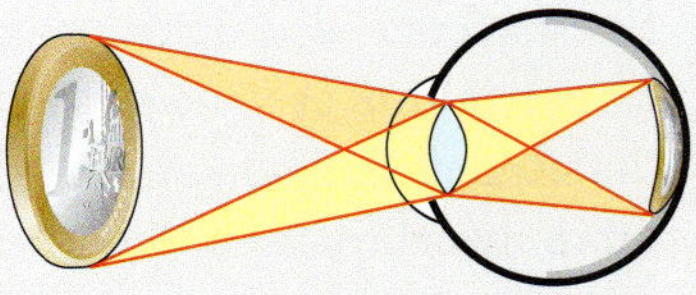
4 Naher Gegenstand

1 Nenne die Teile des Auges, die das Bild auf der Netzhaut erzeugen.
2 Aus einer Beschreibung: „Das Auge ist sehr vielseitig. Es kann einen Golfball in 300 m Entfernung erkennen und gleich danach einen Text in nächster Nähe lesen. Es kann sich auch an rasch wechselnde Helligkeit anpassen.“ Nenne die Teile des Auges, die das leisten.
3 Informiere dich, wie Kurz- und Weitsichtigkeit entstehen und wie sie korrigiert werden.

Aus der Technik: Bilder gestalten mit Motivprogrammen

Die Blüte steht im Mittelpunkt des Bilds. ▸ 5 Sie soll sich von der Umgebung deutlich hervorheben. Deshalb hat der Fotograf dafür gesorgt, dass die Blüte scharf und der Hintergrund verschwommen ist.
Bei der Landschaftsaufnahme dagegen ist es wichtig, dass nah und fern scharf erscheinen. ▸ 6

5 Motivprogramm „Blume“

6 Motivprogramm „Landschaft“

Die Bildschärfe lässt sich nicht bei jeder Kamera als Gestaltungselement einsetzen. Mit einer Handykamera wirst du es kaum schaffen. Aber bei einer Kamera mit Motivprogrammen ist es kein Problem. Dabei spielt die Blende hinter der Linse eine wichtige Rolle.

Motivprogramm „Blume“ Bei einer festen Bildweite sollten eigentlich nur Gegenstände in einer bestimmten Entfernung scharf abgebildet werden. Bei großer Blendenöffnung ist das auch so: Nur von der Kerze 1 entsteht ein scharfes Bild. ▸ 7

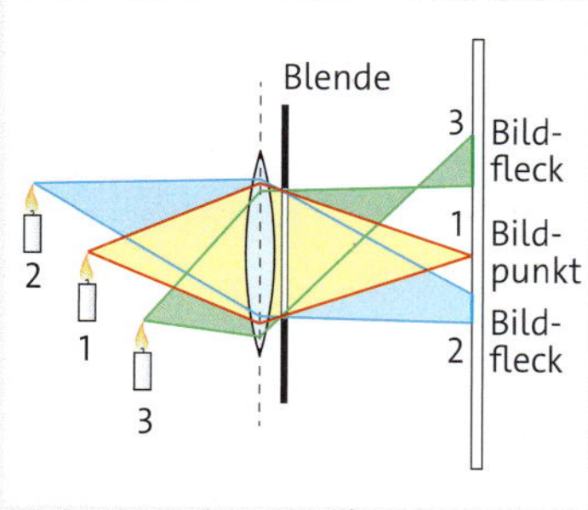

7

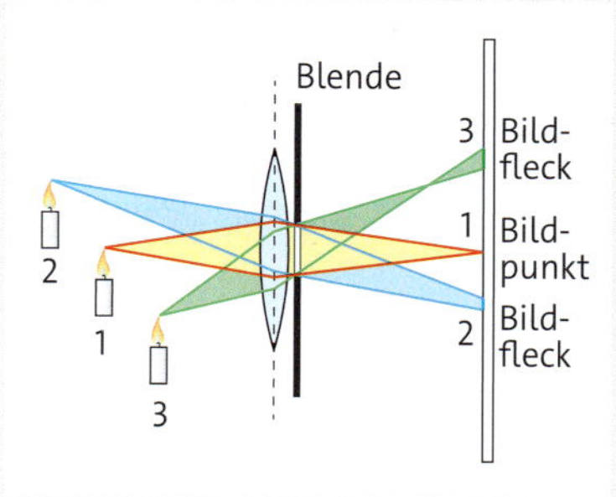

8

9

Motivprogramm „Landschaft“ Bei kleiner Blendenöffnung entstehen kleinere Bildflecke, weil die Lichtbündel schmaler sind. ▸ 8 Wenn die Bildflecke kleiner als die Pixel des Chips sind, erscheinen auch Dinge in anderen Entfernungen noch scharf.

1 Bei welchem Bild war die Blendenöffnung größer? Begründe deine Antwort. ▸ 9, 10
2 Beim Motivprogramm „Porträt“ soll der ganze Kopf scharf abgebildet werden. Der Hintergrund soll dagegen verschwommen sein. Was kannst du über die Blendenöffnung aussagen?

10

Wahrnehmung – was wir in Netzhautbildern erkennen

1

Seht ihr alles das Gleiche?

Experiment

1 Größe eines Bleistifts
Lege einen Bleistift quer vor dich auf den Tisch.

a Entferne dich einige Meter vom Tisch, ohne den Bleistift aus den Augen zu lassen. Hast du den Eindruck, dass der Stift kleiner wird?

b Halte nun einen zweiten, gleich großen Stift mit ausgestrecktem Arm so vor dein Auge, dass du die beiden Stifte gleichzeitig siehst. Entferne dich wieder von dem ersten Stift. Was fällt dir auf?

2 Räumliches Sehen
Stelle einen Stift senkrecht auf den Tisch. Versuche ihn dann mit der Fingerspitze zu treffen, während du ein Auge geschlossen hältst. Überprüfe nun mit beiden Augen, warum es nicht gelingt.

3 Räumliche Figur
Stelle eine Postkarte auf die Strichlinie von Bild ▸ 2. Blicke mit entspannten Augen von der Oberkante der Postkarte auf die Figur.

4 Zwei Netzhautbilder
Rolle ein Blatt Papier zu einer Röhre und halte es vor ein Auge. Mit dem anderen Auge blickst du auf die Hand, die sich direkt neben der Röhre befindet. Beschreibe deine Beobachtungen. ▸ 3

5 Daumensprung

a Was siehst du, wenn du versuchst, mit beiden Augen zugleich am Daumen vorbei auf einen fernen Gegenstand zu schauen?

b Was sieht das linke, was das rechte Auge allein? ▸ 8, S. 63

6 Seltsame Fingerspitzen
Stelle dich ans Fenster. Halte beide Arme gestreckt vor dich hin – dabei die Hände so, dass sich die Zeigefinger an der Spitze berühren. Blicke nicht auf die Finger, sondern über sie hinweg zum Himmel. Ziehe die Fingerspitzen jetzt etwas auseinander. ▸ 4

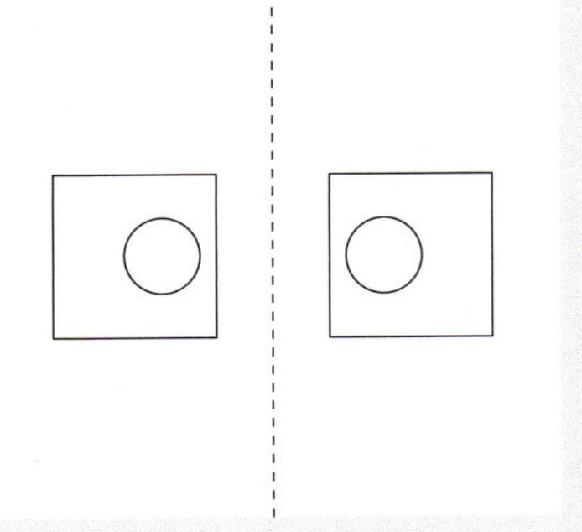

2 Räumliches Sehen

3 Zwei Netzhautbilder

4 Seltsame Fingerspitzen

Grundlagen Sehen und Erkennen – Auge und Gehirn

Ein Bild – zwei Seheindrücke Bei jedem, der Bild ▸ 1 anblickt, wird auf der Netzhaut des Auges das gleiche Netzhautbild erscheinen. Aber manche sehen darin eine Vase oder zwei Gesichter. Mit einiger Übung kannst du die beiden Deutungen sogar „umkippen" lassen.
Der Seheindruck wird nicht nur vom Netzhautbild festgelegt – er entsteht erst im Gehirn. Für das Gehirn haben Erfahrung und Wissen bei der Wahrnehmung eine große Bedeutung. Wer noch nie ein Motorrad gesehen hat, wird in Bild ▸ 5 nur eine Ansammlung schwarzer Flecken erkennen.

5 Bild und Seheindruck

Das umgedrehte Netzhautbild Das Netzhautbild der Blume steht auf dem Kopf. Wir sehen sie aber richtig herum. Das Gehirn betrachtet nicht das Netzhautbild. Es macht aus den elektrischen Impulsen der Netzhautzellen eine optische Wahrnehmung. Was im Netzhautbild unten ist, wird als oben gedeutet. ▸ 6
Prismenbrillen drehen das Netzhautbild um. Wer eine solche Brille trägt, sieht die Welt erst kopfstehend, aber nach einiger Zeit wieder richtig herum. Nach Absetzen der Brille steht dann alles nur kurze Zeit kopf. ▸ 7

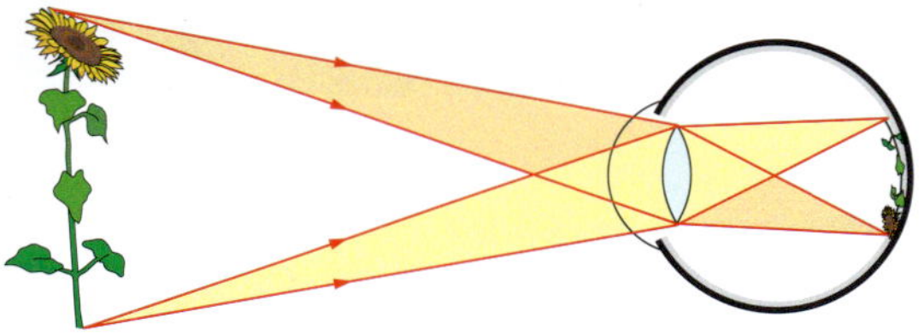
6 Blume und Netzhautbild

7 Prismenbrille

Zwei Netzhautbilder – ein Seheindruck Warum sehen wir eigentlich nicht alles doppelt? Wir haben doch zwei Augen und zwei Netzhautbilder. Die beiden Netzhautbilder unterscheiden sich etwas. Unser Gehirn nutzt den Unterschied zwischen den Netzhautbildern für die Erzeugung eines räumlichen Eindrucks. Meistens funktioniert dieses Zusammenfügen der beiden Netzhautbilder problemlos. Wir erhalten daraus wichtige Informationen. Vor allem Gegenstände, die sich in der Nähe befinden, liegen bei den beiden Netzhautbildern vor verschiedenen Stellen des Hintergrunds. ▸ 8
In ▸ Experiment 4 scheint es, als blicke man durch ein Loch in seiner Hand. Die Bilder, die jedes Auge einzeln sieht, werden im Gehirn zu einem gemeinsamen Eindruck verarbeitet. Nur in besonderen Fällen, wenn das Gehirn „in die Irre geführt wird", führt das Zusammenfügen der beiden Netzhautbilder zu einer optischen Täuschung.

8 Daumensprung

Aufgaben

1 Wir sehen Dinge aufrecht, obwohl ihr Netzhautbild auf dem Kopf steht. Erkläre dies.

2 Wir sehen mit zwei Augen. Erläutere, warum wir nicht alles doppelt sehen.

3 Mit der Daumensprung-Methode kann man Entfernungen abschätzen. Ergänze den Satz:
Je weiter der Gegenstand entfernt ist, um so … ist der Daumensprung.

Aufgaben und Aufträge

Mit Löchern Bilder erzeugen

1 Bei der Lochkamera haben Lichtflecke von punktförmigen Lichtquellen die Form des Lochs. Erkläre diese Beobachtung.

2 Vergleiche die Form der Löcher und die der Lichtflecken. Erkläre die Beobachtung. ▸ 1

1

3 Die beiden Fotos wurden mit unterschiedlichen Lochkameras aufgenommen. Erkläre, worin sich die Lochkameras unterscheiden. ▸ 2

2

4 Du siehst das Bild einer Kerze in deiner Lochkamera. Beschreibe, was du verändern musst, damit das Bild größer oder kleiner wird.

Sammellinsen machen scharfe Bilder

5 Beschreibe, was man unter der Brennweite einer Sammellinse versteht.

6 Du sollst die Brennweite einer Sammellinse bestimmen. Beschreibe einem Mitschüler, wie du vorgehst.

7 Bei welchen Gegenstandsweiten erzeugt die Sammellinse kein Bild?

8 Sportfotografen benutzen oft lange Objektive. Begründe.

9 „Der Mond ist in meiner Lochkamera als helles Scheibchen zu sehen. Mit einer Sammellinse vor dem Loch wird das Scheibchen zum Punkt."

a Zeige mit einer Skizze, dass das Mondscheibchen bei gleicher Bildweite gleich groß bleibt.

b Wie verändert sich das Bild des Monds durch die Sammellinse tatsächlich?

10 Beschreibe ausführlich, welche physikalischen Sachverhalte in dem Foto zu erkennen sind. ▸3

3

Große Bilder – kleine Bilder

11 Begründe, warum Jan einen Selfiestick zum Fotografieren benutzt. ▸ 4

4

5

12 Bei guten Kameras kann man die Objektive wechseln. Für welche Fotos sind lange Objektive geeignet, für welche kurze? ▸ 5

13 Vergleiche das menschliche Auge mit einer Linsenkamera. Beschreibe Gemeinsamkeiten und Unterschiede.

Sehen mit Auge und Gehirn

14 „Nur ein geschultes Auge kann kranke Bäume von gesunden unterscheiden", sagt ein Förster. „Man sieht nur, was man weiß", heißt es in einem Sprichwort. Erläutere, was damit jeweils gemeint ist.

15 Die Liste mit den Farbnamen hat es in sich. ▸ 6

Grün	Gelb	Rot	Blau	Rot	Blau	Rot
Gelb	Grün	Blau	Rot	Grün	Gelb	
Gelb	Grün	Blau	Rot	Gelb	Rot	Blau

6

a Lies nicht die Wörter vor, sondern sage laut und möglichst schnell nur die Farben, in denen sie gedruckt sind.

b Fünfjährige haben keine Schwierigkeiten mit dieser Aufgabe. Erkläre dies.

16 Schau dir die Zeichnung genau an. ▸ 7
Was stimmt daran nicht? Decke abwechselnd die linke und rechte Hälfte ab. Klappe schließlich das Buch zu. Versuche die Zeichnung „auswendig“ auf ein Papier mit Rechenkästchen zu übertragen. Beginne mit der linken Bildhälfte. Das ist noch einfach … Notiere, wie oft du im Buch kurz nachschauen musst, um auch die rechte Bildhälfte richtig zu zeichnen.

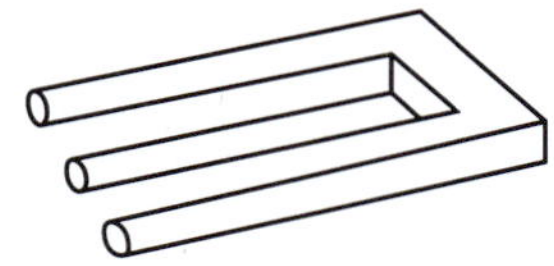

7

17 Suche im Internet nach „optischen Täuschungen“ und „Kippbildern“. Druckt besonders beeindruckende Zeichnungen aus. Vielleicht organisiert ihr eine Ausstellung in der Schule? *Tipp:* Bewegte optische Täuschungen findet ihr mit den Suchworten „optische Täuschungen Bach“.

Überblick

Lochblenden erzeugen Bilder Fällt Licht von punktförmigen Lichtquellen durch eine Blendenöffnung, entstehen auf dem Schirm Lichtflecken in Form der Blendenöffnung. Die Lichtbündel kreuzen sich im Loch – die Ampellichter stehen auf dem Kopf. ▸ 8

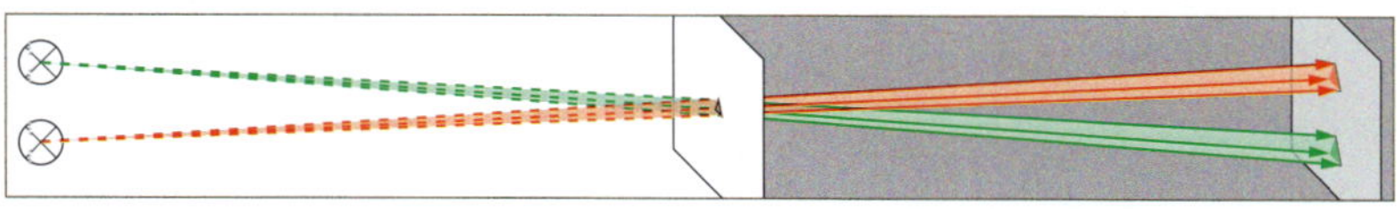

8 Bilder an Lochblenden

Einen beleuchteten Gegenstand denken wir uns aus lauter leuchtenden Punkten zusammengesetzt. Jeder Punkt erzeugt hinter der Blendenöffnung einen Lichtfleck. Alle Lichtflecken überlagern sich zu einem unscharfen Bild.

Brennweite von Sammellinsen Trifft ein paralleles Lichtbündel senkrecht auf eine Linse, dann wird es im Brennpunkt gebündelt. Als Brennweite bezeichnet man den Abstand zwischen Linsenmitte und Brennpunkt. Je stärker eine Sammellinse gekrümmt ist, desto stärker bündelt sie das Licht und desto kleiner ist ihre Brennweite. ▸ 9

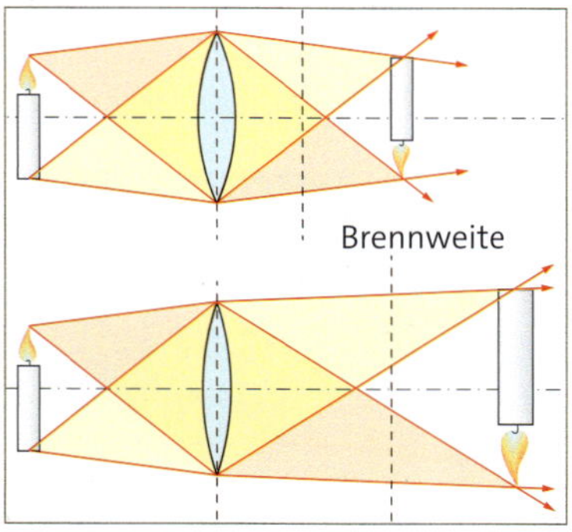

9 Bilder an Sammellinsen

Linsenabbildung Befindet sich in der Blendenöffnung eine Sammellinse, so läuft das Lichtbündel jedes Leuchtpunkts hinter der Linse zusammen. Jeder Leuchtpunkt erzeugt im geeigneten Abstand einen Bildpunkt. Das Bild wird scharf.
Ein weit entfernter Gegenstand wird verkleinert abgebildet. Rückt er näher an die Linse heran, so rückt das scharfe Bild weiter von der Linse weg und wird größer. ▸ 10

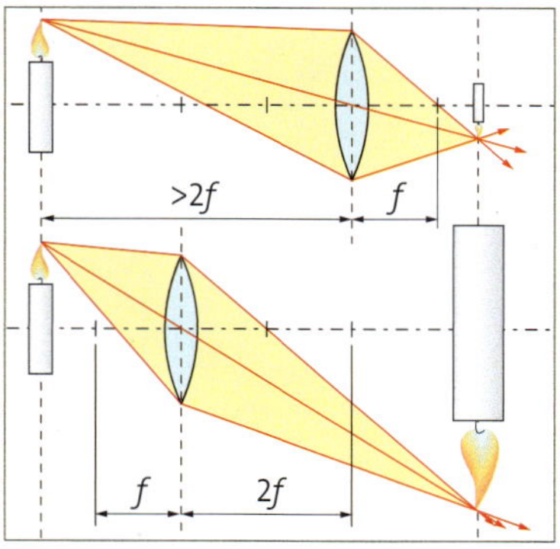

10 Abbildungen an Sammellinsen

Durch Spiegelungen entstehen Bilder, die wie Zauberei erscheinen: Eine Kerze brennt im Wasser, und im Spiegellabyrinth siehst du dich unzählig oft. Auch einen Jungenkopf kann man problemlos auf einem Mädchenkörper platzieren.

Reflexion und Brechung des Lichts

Auch der Blick ins Wasser zeigt Erstaunliches: Plötzlich sind die Beine geschrumpft!
Und wenn du deinen Kopf vor einem Aquarium bewegst, scheinen die Pflanzen darin sich auch zu bewegen.
Schaue deine Freunde durch ein mit Wasser gefülltes Glas an. Du wirst die komischsten Dinge erleben: Monstergesichter, dicke, dünne oder auf dem Kopf stehende Menschen.
Wie kommen all diese merkwürdigen Erscheinungen zustande?

2 Eine Kerze brennt im Wasser.

3 Blick durch das Wasserglas

4 Junge oder Mädchen?

5 Kurze Beine im Schwimmbecken

Spiegelbilder und Reflexion

6

Tausende kleine Spiegel lenken das Licht in alle Richtungen. Und für alle Lichtstrahlen gilt eine Regel …

Experiment

1 Entfernung der Spiegelbilder
Ein Spiegel steht senkrecht auf dem Tisch. Ein Teller schaut hinter dem Spiegel hervor. Stelle einen gleichen Teller so vor den Spiegel, dass sein Bild in den Teller hinter dem Spiegel übergeht. ▸ 1, S. 68
Miss den Abstand der beiden Teller vom Spiegel. Was stellst du fest?

2 Spiegelflirt
Wo muss Paul stehen, damit er Sarah in die Augen blicken kann? ▸ 7
Probiert es selbst aus. Kann Sarah dann auch in Pauls Augen blicken? Was passiert, wenn sie sich nach links bewegt?

3 Die Richtung des reflektierten Strahls
Stelle einen Taschenspiegel senkrecht auf ein Blatt Papier. Zeichne Pfeile auf das Papier. In welchen Fällen haben Pfeil und Spiegelbild die gleiche Richtung? In welchen Fällen haben sie entgegengesetzte Richtungen?

4 Das Reflexionsgesetz
Dein Partner leuchtet mit der Taschenlampe durch die Pappröhre auf den Spiegel. Verschiebe und drehe deine Pappröhre so, dass das Lichtbündel in dein Auge fällt. Verändere die Stellung der Taschenlampenröhre und suche wieder das umgelenkte Lichtbündel. ▸ 8
Formuliert Regeln bezüglich der Richtungen.

5 Ein Jungenkopf auf einem Mädchenkörper – wie geht denn das?
Bild ▸ 9 zeigt den Aufbau. Die Vorführung muss sehr sorgfältig geplant und durchgeführt werden, denn es gibt nur eine Position, in der der Kopf des Jungen auf dem Hals des Mädchens erscheint. Die Zuschauer schauen von rechts. Was spiegelt sich in der Glasscheibe, was ist durch die Glasscheibe zu sehen? Wo müssen die beiden stehen, damit der Effekt gut funktioniert? Probiert es aus.

7 Spiegelflirt

8 Reflexionsgesetz

9 Spiegeltrick

Grundlagen Spiegelbilder

Eigenschaften von Spiegelbildern Im Spiegel sehen wir Gegenstände an Orten, wo sie gar nicht sein können. Sie liegen hinter der Spiegelfläche und dort befindet sich meist eine Wand. Von dort kann kein Licht in unser Auge gelangen. Spiegelbilder sind Scheinbilder (virtuelle Bilder). ▸ 1
Hinter einer Sammellinse entstehen dagegen wirkliche Bilder (reelle Bilder). In ihren Bildpunkten läuft das Licht vom Gegenstand zusammen.

Ein Spiegelbild ist genauso weit hinter dem Spiegel zu sehen, wie der Gegenstand vor dem Spiegel steht.

Für einen senkrecht stehenden Spiegel gilt: Die rechte Seite des Gegenstands zeigt auch im Spiegelbild nach rechts, die linke nach links. Auch oben und unten bleiben erhalten. Aber die vordere Seite des Gegenstands liegt beim Spiegelbild hinten. ▸ 2

Der Spiegel kehrt immer die Richtung um, die senkrecht zur Spiegelebene verläuft.

Wieso wir Spiegelbilder sehen Eine Kerze sehen wir, wenn ihr Licht direkt in unsere Augen fällt. Beim Spiegel macht das Licht einen Umweg. Es fällt auf den Spiegel, wird reflektiert und gelangt dann ins Auge. Dabei entsteht das gleiche Netzhautbild wie von einer Kerze im gleichen Abstand hinter dem Spiegel. Das Gehirn meldet daher: Es steht eine Kerze hinter dem Spiegel. ▸ 3

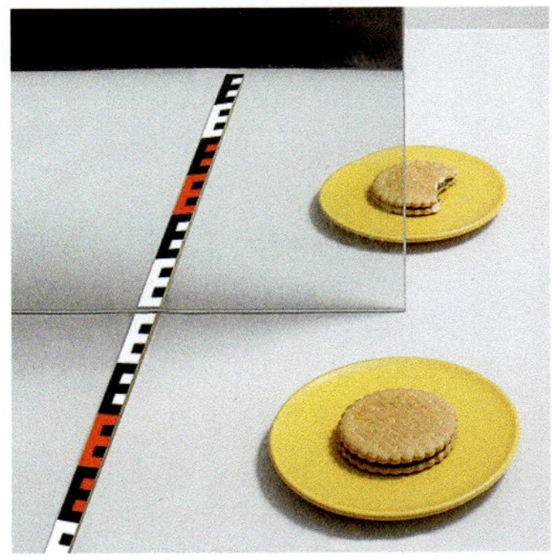
1 Ort des Spiegelbilds

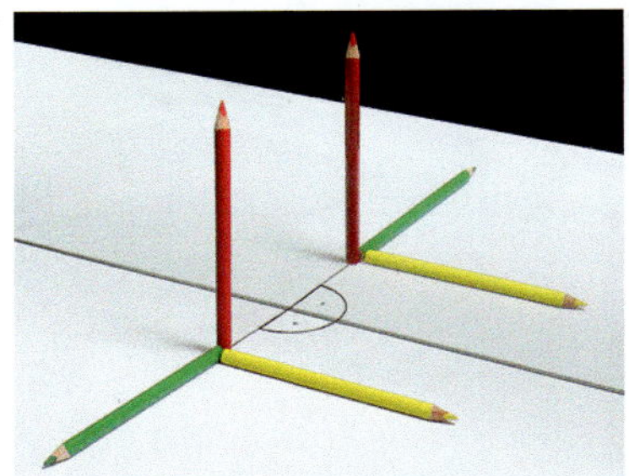
2 Richtungen am Spiegelbild

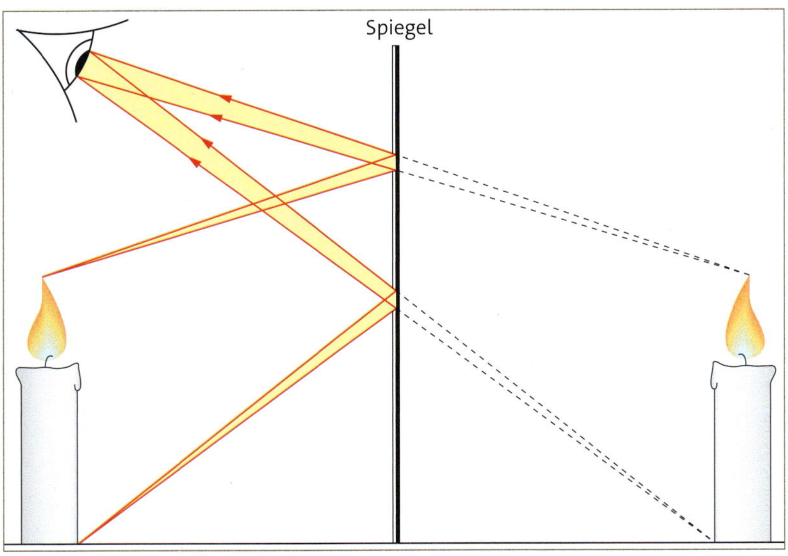

3 Bildentstehung am Spiegel

Aufgabe

1 Lege unter einer Lampe einen Spiegel auf den Boden. Halte deine Hand dicht über den Spiegel. Was siehst du? Erkläre.

2 Am ausgestreckten Arm kannst du in einem Handspiegel einen Teil deines Gesichts – von den Augen bis zum Mund – sehen. Nun willst du das ganze Gesicht sehen. Geht das?

Das Reflexionsgesetz Spiegel lenken das Licht um. Man sagt, das Licht wird reflektiert. Reflexion von Licht tritt an glatten Oberflächen auf, z. B. bei Metallen, Glas oder Flüssigkeiten. In welche Richtung das Licht vom Spiegel umgelenkt wird, kannst du mit dem Reflexionsgesetz vorhersagen: Der Einfallswinkel ist genauso groß wie der Reflexionswinkel. ▸4

Einfallswinkel = Reflexionswinkel. Der einfallende und der reflektierte Lichtstrahl liegen in einer Ebene mit dem Einfallslot.

Einfallswinkel und Reflexionswinkel misst man zwischen dem Licht und dem Einfallslot. Das Lot steht immer senkrecht auf der Spiegelebene.

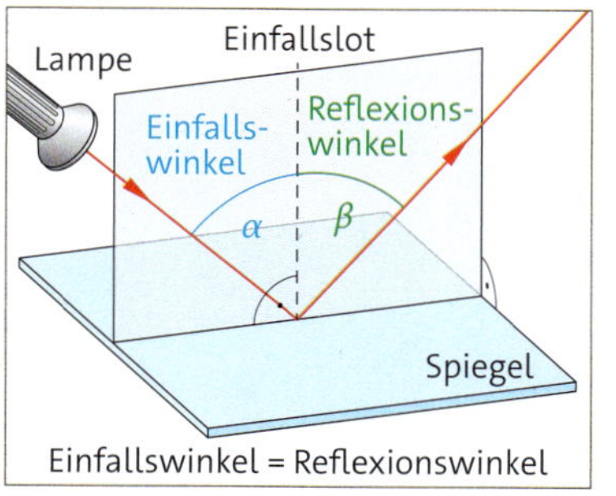

4 Reflexionsgesetz

Aus der Technik: Ein Spiegel auf dem Mond

In der Spiegelecke stehen drei Spiegel senkrecht aufeinander. Das einfallende Licht wird dreimal reflektiert. Danach läuft es in die Richtung zurück, aus der es gekommen ist. ▸5
Die Besatzung des Raumschiffs Apollo 11 stellte im Jahr 1969 einen besonderen Spiegel auf dem Mond auf. Er ist rund 25 cm · 25 cm groß und besteht aus 100 einzelnen Spiegelecken. ▸6
Mit ihm lässt sich die Entfernung zwischen Erde und Mond auf 20 cm genau bestimmen. Der Spiegel wird dazu mit einem Laserstrahl angeblitzt. Vom Spiegel wird das Licht wieder zur Erde zurückgeworfen. Aus der Laufzeit des Lichts berechnet man die Entfernung.
Aber du musst nicht bis zum Mond schauen, um Spiegelecken zu finden. Fahrräder müssen mit Rückstrahlern und Speichenreflektoren ausgestattet sein. Jeder Reflektor besteht aus vielen kleinen Spiegelecken. Diese werfen das Licht zurück – und zwar vor allem in die Richtung, aus der es gekommen ist. Autofahrer können deshalb im Licht ihres Scheinwerfers den Reflektor eines Fahrrads gut erkennen. Ein Reflektor, der von einem Autoscheinwerfer beleuchtet wird, ist heller als das Rücklicht.

5

6

1 Übertrage die Zeichnung Winkelspiegel ins Heft. ▸7
Setze die Lichtwege fort. Was fällt dir auf?

2 Berechne den Abstand Mond–Erde. Verwende dafür folgende Daten:
- Licht legt in einer Sekunde 299 792 km zurück.
- Der Laserblitz braucht zum Mond und wieder zurück 2,56 s.

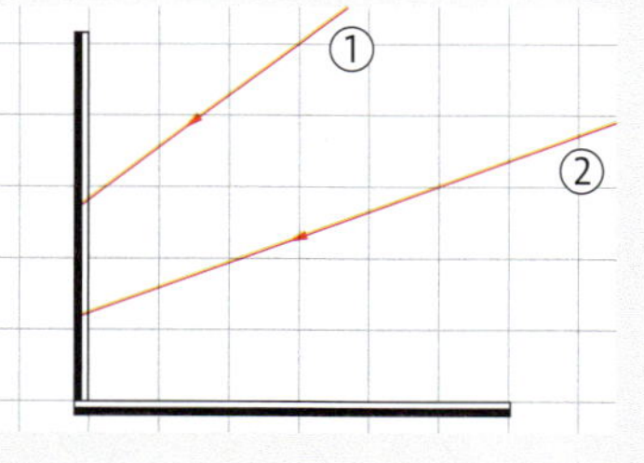

7

Aufgabe

1 Spiegelbild und Reflexionsgesetz

a Ein Gegenstand wird aus drei Positionen im Spiegel betrachtet. Konstruiere mithilfe des Spiegelbilds den Lichtverlauf. ▸8

b Überprüfe an deiner Zeichnung das Reflexionsgesetz.

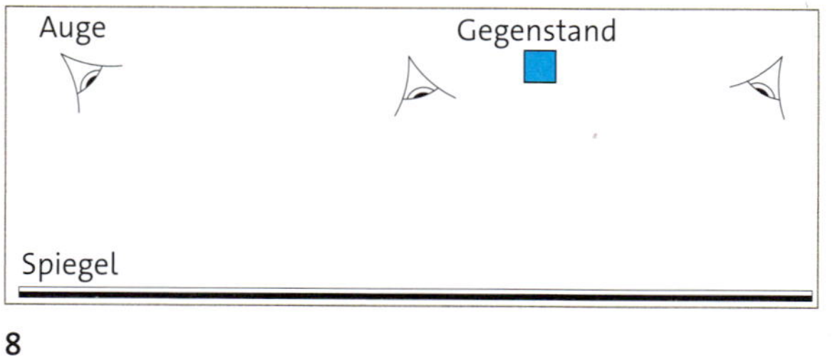

8

Brechung und Totalreflexion

1

Die Wassernomaden in Myanmar erlegen Fische vom Boot aus mit einem Speer.
Durch spezielles Training und Weitergabe ihrer Erfahrungen haben sie ihre Jagdmethoden so perfektioniert, dass wir Mitteleuropäer nur staunen können.

Experiment

1 Die Münze treffen
Den Aufbau zeigt Bild ▸ 2. Du sollst das Glasrohr so ausrichten, dass es genau auf die Münze (den „Fisch") zielt.
Dabei darfst du nur von der Seite aus blicken, auf der das Stativ steht. Hast du das Glasrohr gut ausgerichtet, dann wird zur Überprüfung ein dünner Stab (der „Speer") durch das Rohr geschoben. Trifft der Stab die Münze, dann hast du den „Fisch" erlegt.

2 Die unsichtbare Münze
Lege eine Münze in eine Tasse. Blicke so über den Rand, dass du sie nicht siehst. Behalte die Position bei, während du Wasser hineingießt. Beschreibe deine Beobachtungen.

3 Lineal im Wasser
Fülle eine kleine Schale mit Wasser. Stelle ein Lineal senkrecht hinein. Schaue darauf – zuerst schräg, dann fast parallel zur Wasseroberfläche. Was fällt dir an der Skala des Lineals auf?

4 Brechung und Reflexion
Die Lampe leuchtet unter Wasser. Beschreibe genau, wie sich die Richtung des Lichts ändert. ▸ 3

5 Gesetze der Richtungsänderung
Untersuche mit der Experimentieranordnung auf den Bildern ▸ 4 und ▸ 5 die Gesetzmäßigkeiten der Richtungsänderung.
Der Winkel im ersten Stoff (aus dem das Licht kommt) heißt Einfallswinkel α, der Winkel im zweiten Stoff (in den das Licht eindringt) heißt Brechungswinkel β.

a Das Licht fällt aus der Luft auf die ebene Fläche des gläsernen Halbzylinders. Miss die Brechungswinkel β zu verschiedenen Einfallswinkeln α. Stelle die Messwerte in einer Tabelle zusammen und werte deine Messreihe grafisch aus.

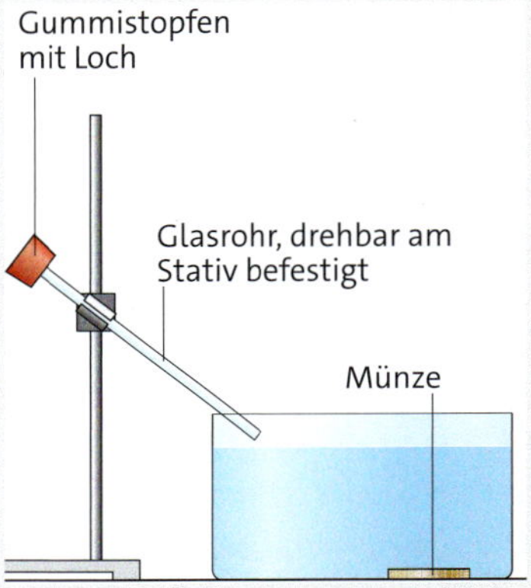

2 Versuch zur Fischjagd

3 Verlauf des Lichts

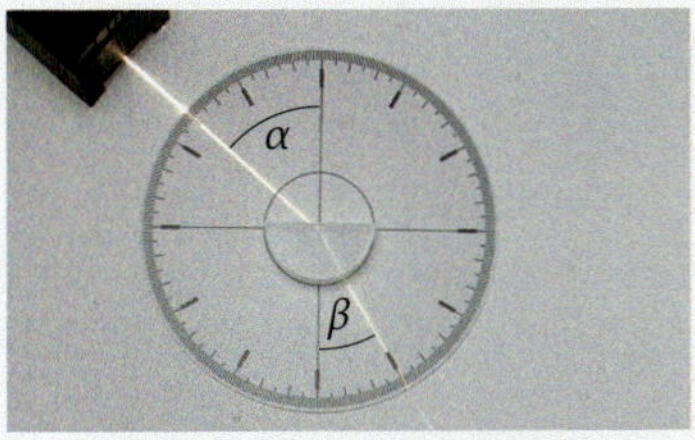

4 Luft – Glas

Experiment

b Verändere den Lichtweg nun so, dass das Licht den umgekehrten Weg nimmt. Stelle für die Einfallswinkel α die Werte ein, die du im Aufgabenteil a für den Winkel β gemessen hast. Welche Werte ergeben sich für den Brechungswinkel β? Vergleiche mit den Werten aus Aufgabe a.

5 Glas – Luft

Grundlagen

Geknickt und angehoben – Scheinbilder im Wasser

6 Optische Hebung

7 Scheinbar verkürzte Beine

Beim Blick ins Wasser kannst du seltsame Dinge sehen: Die Beine eines Menschen schrumpfen, Schilfrohre haben einen Knick. In einer Tasse siehst du eine Münze, die durch den Tassenrand verdeckt ist. Beim Vergleich dieser Beobachtungen fällt eine Gemeinsamkeit auf: Die Dinge unter Wasser scheinen angehoben zu sein. ▸ 6–7

Die Münze ist in der Tasse nicht dort, wo sie unseren Augen erscheint. Wir sehen ein Scheinbild (virtuelles Bild) an einer anderen Stelle. Das Lineal scheint unter Wasser gestaucht zu sein.

Alle Punkte unter Wasser werden scheinbar angehoben – tief im Wasser liegende Punkte mehr, dicht unter der Wasseroberfläche liegende weniger. Dieser Effekt wird als optische Hebung bezeichnet.

Auch der Knick in einem Schilfrohr ist so zu erklären. ▸ 8–9

Die Tiefe eines Schwimmbeckens ist kaum einzuschätzen. Es sieht flacher aus, als es wirklich ist. Je schräger du ins Wasser blickst, desto stärker scheint der Boden angehoben zu sein.

8 Geknickte Schilfrohre

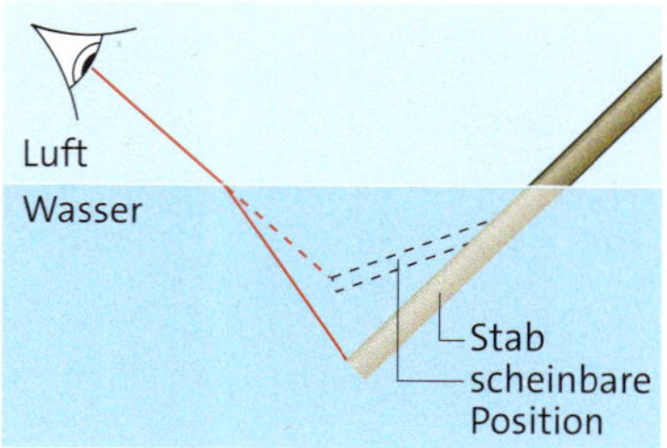

9 Brechung und optische Hebung

Aufgaben

1 Erkläre die Bilder (kurze Beine, geknickte Schilfrohre, sichtbare Münze) mit der optischen Hebung.

2 Wohin müssen die Fischer zielen: Unter oder über die Stelle, an der sie den Fisch sehen? Begründe deine Antwort mit der optischen Hebung.

3 Wo sieht das Wasser im Schwimmbecken flacher aus: direkt vor dir oder auf der gegenüberliegenden Seite? Begründe deine Antwort.

Grundlagen Der Knick im Licht – Brechung

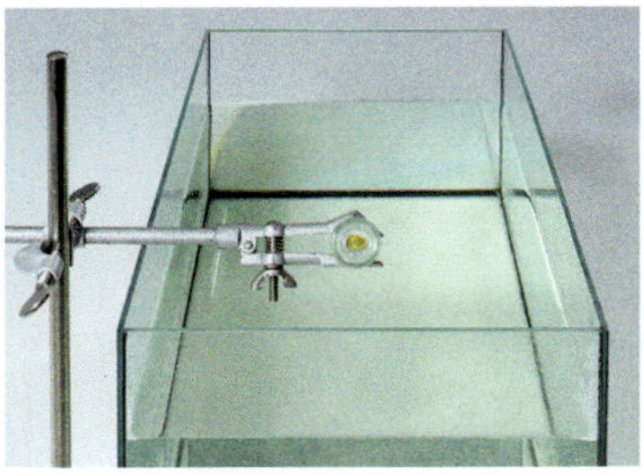
1 Blick zur Münze

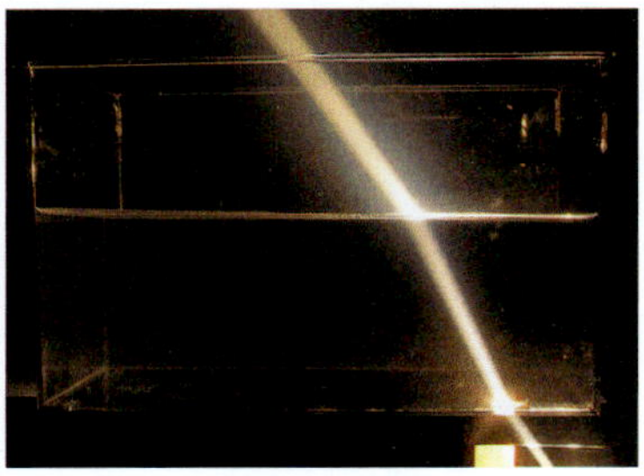
2 Weg des Lichts

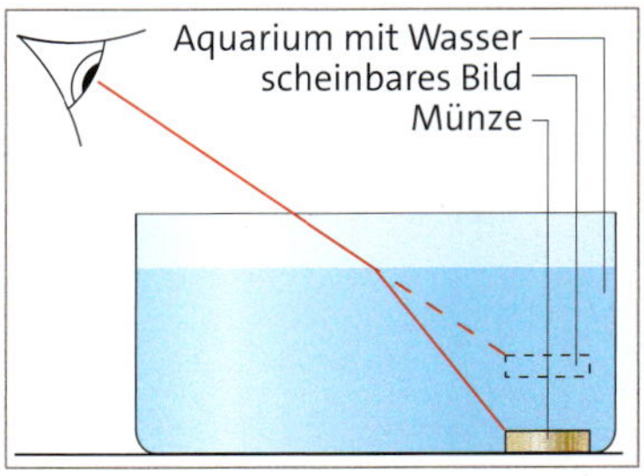

3 Wo wir die Münze sehen.

Warum siehst du die Münze durch das Glasrohr, obwohl ein durchgeschobener Stab sie nicht trifft? Zielst du mit einem Laserpointer durch das Rohr, so trifft er die Münze. ▸ 1, 2

Das Licht verläuft nicht gerade wie ein Stab. Es wird an der Wasseroberfläche abgelenkt und hat einen Knick.

Wir sehen die Münze, weil sie Licht streut. Auf seinem Weg von der Münze zum Auge wird das Licht an der Wasseroberfläche geknickt. ▸ 3

Durch diesen Knick wird das Netzhautbild der Münze verschoben. Wir sehen die Münze ein Stück höher. Die Richtungsänderung des Lichts an der Oberfläche von Wasser oder anderen durchsichtigen Stoffen wie Glas heißt Brechung. Licht wird immer dann gebrochen, wenn es von einem durchsichtigen Stoff in einen anderen gelangt, z. B. von Wasser in Luft.

Durchquert das Licht eine Grenzfläche zwischen Luft und Wasser oder Luft und Glas, so wird es aus seiner Richtung abgelenkt. Diesen Vorgang nennt man Brechung. Dabei ist der Winkel zum Lot in Glas/Wasser immer kleiner als in Luft.

Das bedeutet: Beim Übergang aus Luft in Glas oder Wasser wird das Licht zum Einfallslot hin gebrochen, beim Übergang aus Glas/Wasser in Luft wird es vom Lot weg gebrochen. ▸ 4–6

Senkrecht auf die Grenzfläche fallendes Licht wird nicht aus seiner Richtung abgelenkt. Normales Glas bricht das Licht stärker als Wasser, Diamant bricht Licht stärker als alle anderen Stoffe.

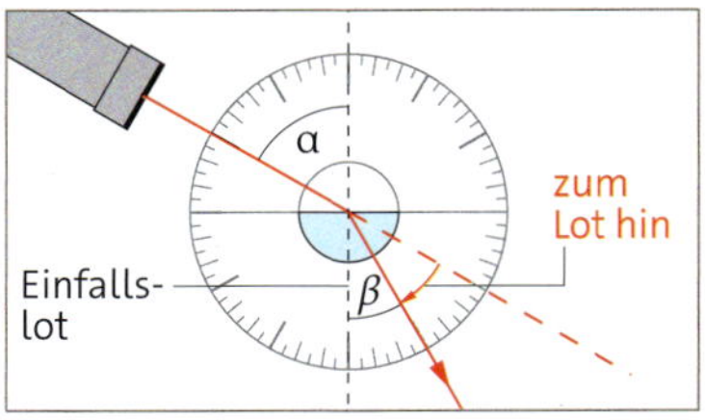

4 Übergang von Luft in Glas

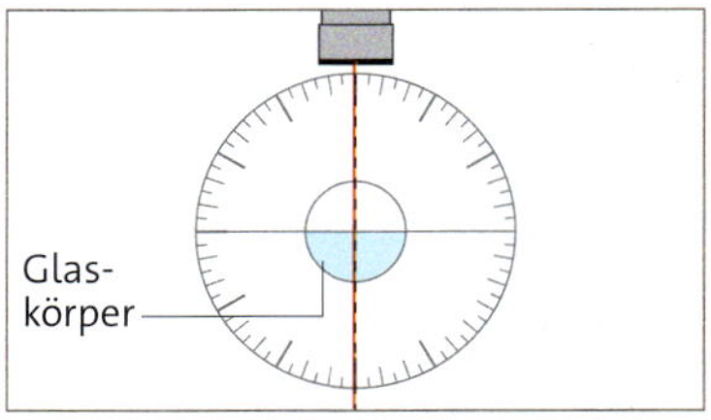

5 Senkrechter Einfall des Lichts

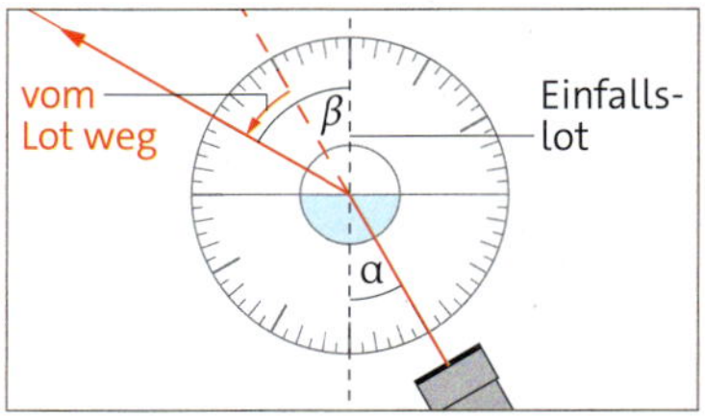

6 Übergang von Glas in Luft

Aufgaben

1 Von den drei gebrochenen Lichtstrahlen ist jeweils nur einer richtig eingezeichnet. ▸ 7

a Welche beiden Lichtstrahlen sind richtig? Begründe deine Antwort jeweils.

b Übertrage die Zeichnungen in dein Heft. Zeichne aber nur die richtigen Lichtstrahlen ein. Trage außerdem jeweils den Einfalls- und den Brechungswinkel ein.

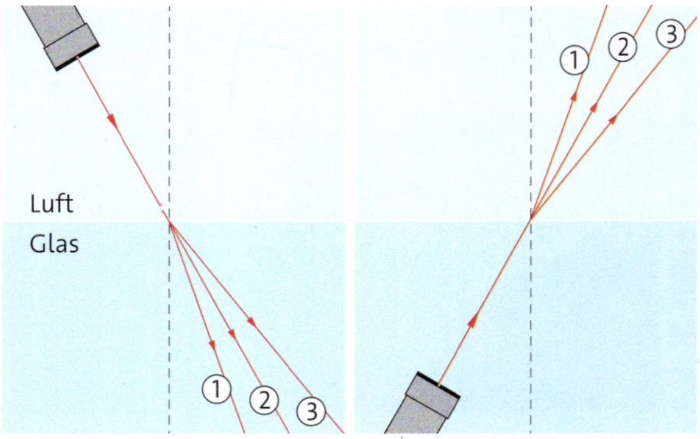

7

Grundlagen Die Brechung genauer untersucht

Licht wird an einer Grenzfläche nicht nur gebrochen. Ein Teil des Lichts wird auch reflektiert. Je flacher das Licht einfällt (je größerer der Einfallswinkel), desto mehr Licht wird reflektiert. ▸ 8
Beim Übergang des Lichts von Wasser oder Glas in Luft kann man etwas Besonderes beobachten:

Wenn Licht aus Wasser oder Glas kommt und sehr flach auf die Grenzfläche zu Luft trifft, wird es vollständig reflektiert. Man spricht von Totalreflexion.

Totalreflexion tritt auf, wenn der Einfallswinkel einen bestimmten Wert überschreitet. Dieser Winkel heißt Grenzwinkel der Totalreflexion. ▸ 10
Durch Totalreflexion kann eine Wasser- oder Glasfläche wie ein Spiegel wirken. ▸ 9

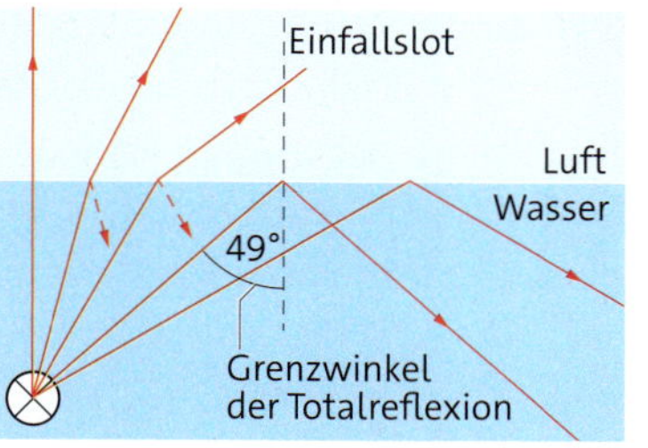

8 Brechung und Totalreflexion

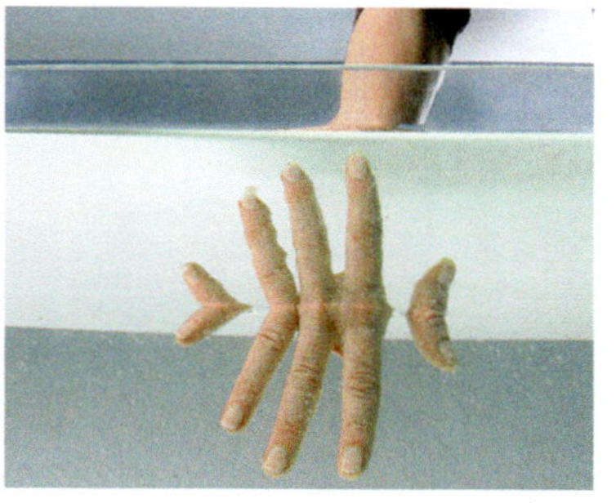

9 Gespiegelte Finger

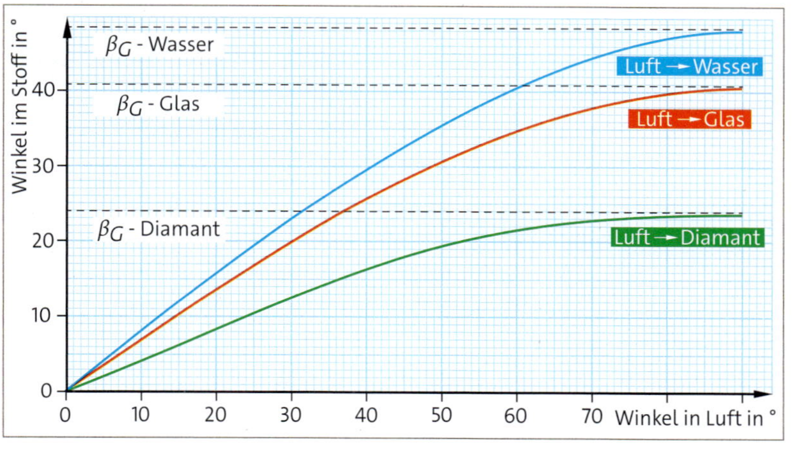

10 Brechung von Licht beim Übergang zwischen zwei Stoffen

Aufgaben

1 Im Bild ▸ 11 trifft Licht auf eine 1 cm dicke Glasplatte. Übertrage die Abbildung in dein Heft und zeichne den weiteren Lichtweg. Berücksichtige dabei die Brechung an beiden Grenzflächen.

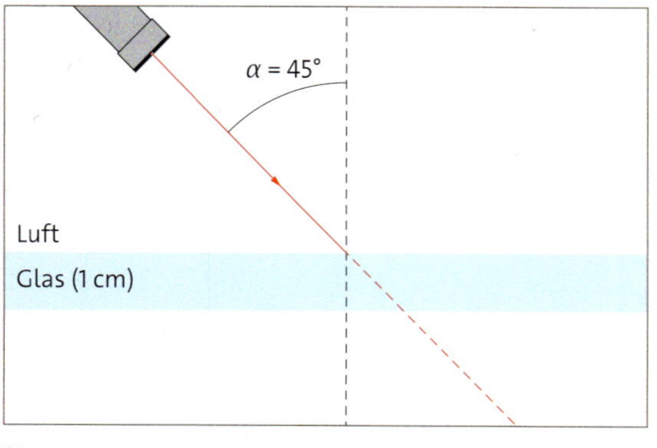

11

2 Bild ▸ 12 zeigt ein Prisma aus Glas. Wie verläuft der eingezeichnete Strahl im Prisma und wie nach dem Prisma? Übertrage die Abbildung vergrößert in dein Heft und konstruiere den Lichtweg.

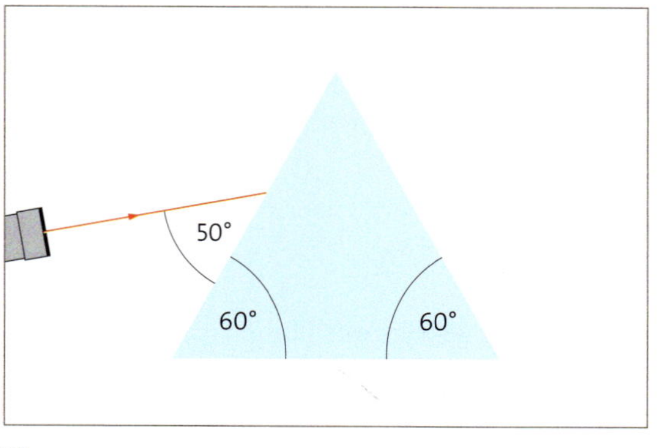

12

Grundlagen Warum Sammellinsen das Licht bündeln

Stell dir die Sammellinse aus lauter kleinen Glaskörpern zusammengesetzt vor. Jeder Strahl des einfallenden Lichts wird zweimal gebrochen. Die Einfallslote haben aber an jeder Stelle der Linse eine andere Richtung. Dadurch wird jeder Strahl anders gebrochen. So, dass die Strahlen hinter der Linse in einem Punkt zusammenlaufen. ▸ 1

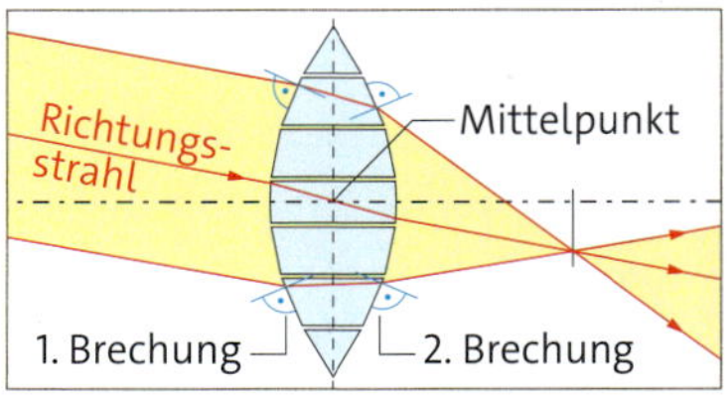

1 Lichtbrechung an der Sammellinse

Aus der Natur: Die Abendsonne ist nicht rund

Beim Sonnenuntergang erscheint uns die Sonne platt gedrückt. ▸ 2
Das hat folgenden Grund: Wir sehen ein Scheinbild der Sonne. Es entsteht, weil das Sonnenlicht in der Lufthülle der Erde gebrochen wird. Die Lufthülle wird zur Erdoberfläche hin immer dichter. Wenn das Licht in die Lufthülle eindringt, wird es nach und nach immer mehr gebrochen. Dadurch macht es eine Kurve. Unsere Augen bekommen diese Kurve nicht mit. Sie sehen die Sonne in der Richtung, aus der das Licht ins Auge fällt. Die Sonne wird scheinbar angehoben. Das Licht von ihrem unteren Rand wird stärker gebrochen als das vom oberen. Der untere Rand wird somit stärker angehoben als der obere. So kommt es zur Abplattung. ▸ 3

2 Sonnenuntergang am Meer

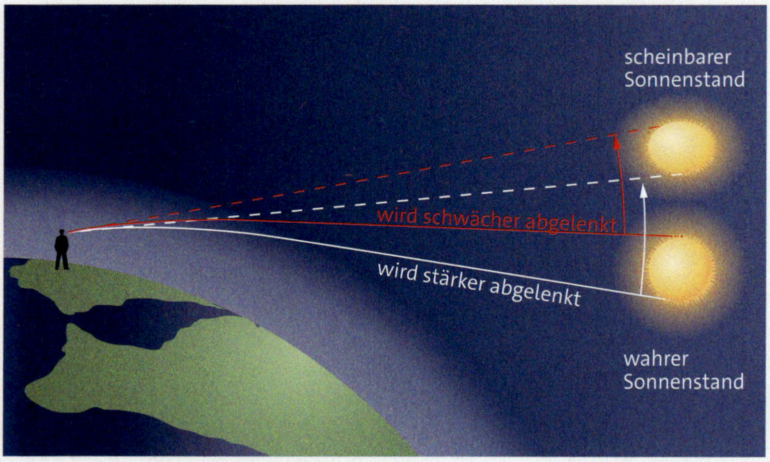

3 Scheinbare Abplattung der Sonne am Horizont

1 Die Sonne sieht beim Untergang oval aus. Erkläre diese Beobachtung einem Mitschüler mithilfe von Bild ▸ 3.
2 Ein Astronom sagt: „Wenn die Sonne den Horizont berührt, ist sie eigentlich schon untergegangen." Erkläre, was er damit meint.

Aufgaben

1 Eine stark gekrümmte Linse hat eine kürzere Brennweite als eine schwach gekrümmte.
Erkläre mit einer Skizze und den Regeln der Lichtbrechung.

2 In der Laserchirurgie nutzt man Linsen aus Diamant. Hat eine Diamantlinse bei gleicher Form eine kleinere oder eine größere Brennweite als eine Glaslinse? Begründe deine Antwort.

Aus der Natur: Benvenuto Cellini und der Heiligenschein

Benvenuto Cellini war der berühmteste Goldschmied des 17. Jahrhunderts. Aber er war auch ein Abenteurer, streitsüchtig und jähzornig. Immer wieder geriet er in Kerkerhaft. Eines Nachts, als er halb verdurstet im Kerker lag, hatte er einen Traum: Er sah sich selbst als Engel zwischen anderen Engeln zu Füßen Gottes. Als er dann später durch die Fürsprache des Papstes die Freiheit erlangte, sah er etwas, was ihn an diesen Traum erinnerte.

Er schrieb: „Dann muss ich noch eine Sache nicht zurücklassen, die größer ist, als dass sie einem anderen Menschen begegnet wäre, ein Zeichen, dass Gott mich losgesprochen und mir seine Geheimnisse selbst offenbaret hat. Denn seit der Zeit, dass ich jene himmlischen Gegenstände gesehen, ist mir ein Schein ums Haupt geblieben, den jedermann sehen konnte, ob ich ihn gleich nur wenigen gezeigt habe.

Diesen Schein sieht man des Morgens über meinem Schatten, wenn die Sonne aufgeht, und etwa zwei Stunden danach. Am besten sieht man ihn, wenn leichter Tau auf dem Grase liegt."

Diesen himmlischen Heiligenschein kann man auch um den Schatten des eigenen Kopfes sehen, am besten frühmorgens im Herbst auf Wiesen, Raps- oder Kleefeldern. ▸4

Die Ursache dieses Scheins findet sich in den Tautropfen. Jeder Tropfen bricht das Sonnenlicht wie eine kleine Sammellinse, deren Brennpunkt dicht hinter dem Tropfen liegt. So bildet sich auf dem Blatt hinter jedem Tropfen ein winziger heller Fleck. ▸5

Die Anordnung aus hellem Fleck und Sammellinse wirkt – wegen der Umkehrbarkeit des Lichtwegs – wie ein kleiner Scheinwerfer, der das Licht in die Gegenrichtung wirft. Blickt man zum Schatten seines Kopfs, so verläuft die Blickrichtung parallel zum Sonnenlicht. Nur die Tautropfen dicht neben dem Schatten des eigenen Kopfs werfen das Licht der Sonne zurück in die Augen und erzeugen so den hellen Schein. ▸6

Den Schein um Cellinis Kopf konnte also niemand anderes sehen als er selbst.

1 Nimm anstelle des Tautropfens eine Glasmurmel, anstelle der Sonne einen Diaprojektor (ohne Dia). Stelle dich in einer Armlänge Abstand so vor eine weiße Wand, dass dein Schatten zu sehen ist. Halte die Murmel so, dass sie die Wand berührt – zunächst in den Kopfschatten. Bewege sie nun nach außen in den Lichtbereich und beobachte die Veränderungen der Helligkeit in der Murmel.

a Beschreibe deine Beobachtung.

b Erläutere, was sie mit dem Heiligenschein zu tun hat.

2 Projektionsleinwände und Verkehrsschilder haben an der Oberfläche oft eine Schicht winziger Glaskugeln. Warum?

4 Der „Heiligenschein"

5 Tautropfen als Sammellinse

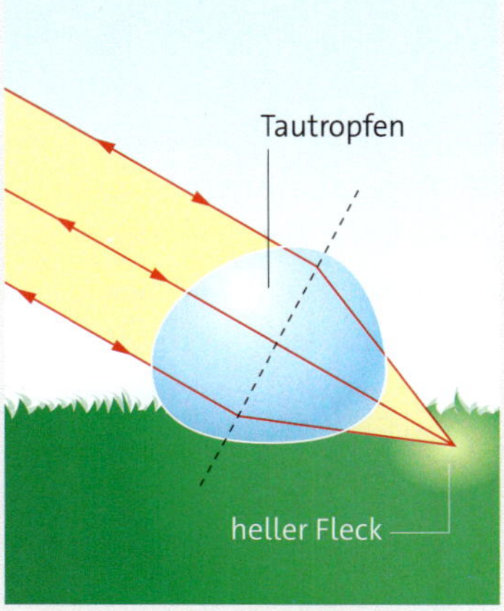

6 Brechung am Tautropfen

Aus der Technik: Glasfasern als Lichtleiter

Wird Glas zu feinen Fasern gezogen, dann kann man es biegen. Wenn Licht an einem Ende in die Glasfaser eintritt, bleibt es im Innern und folgt jeder Biegung. Denn in der Glasfaser wird das Licht ständig total reflektiert und breitet sich in Richtung der Faser aus. ▸1

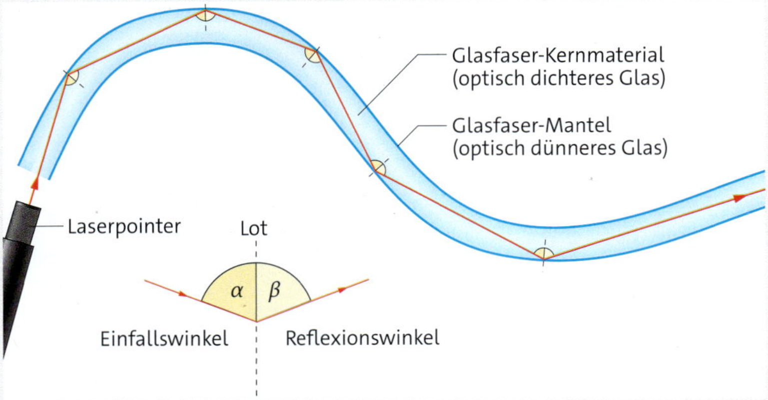

1 Totalreflexion in einem Lichtleiter

Solche Glasfasern nennt man *Lichtleiter*. Viele sehr dünne Glasfasern bündelt man zu Glasfaserkabeln. ▸2, 3

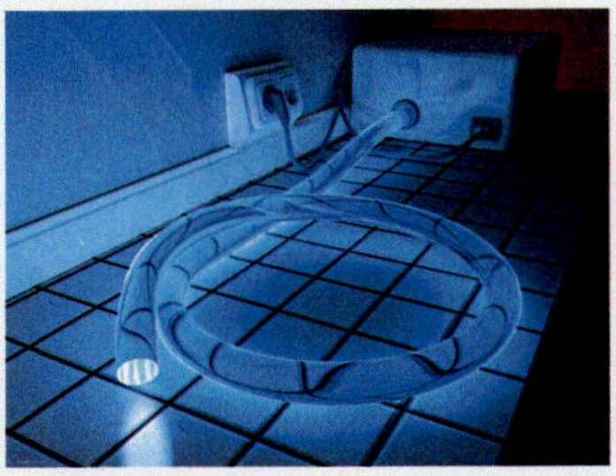

2 Lichtleiter

3 Glasfasern

4 Glasfaserkabel in einem Seekabel

Glasfaserkabel übertragen Telefongespräche, Fernsehsignale und Daten für das Internet. Sprache oder Zeichen werden dazu in elektrische Signale und dann in Lichtblitze umgewandelt. Beim Empfänger werden die Informationen wieder rückverwandelt. In modernen Glasfasernetzen können bis zu 30 Billionen Lichtblitze pro Sekunde übertragen werden.
Bei größeren Entfernungen werden sie unterwegs von weiteren Lichtquellen erneuert und verstärkt.
Mit einer einzigen Glasfaser lassen sich Zehntausende von Telefongesprächen gleichzeitig führen. Im selben Leitungsnetz kann man auch Computerdateien, Fernseh- und Rundfunkprogramme übertragen. ▸4

1 Erkläre, warum dünne Glasfasern Lichtleiter genannt werden.
2 Beim Verlegen von Glasfaserkabeln müssen die Arbeiter darauf achten, dass die Glasfasern nicht stark gekrümmt werden. Begründe mit den Regeln der Totalreflexion.

Aufgaben und Aufträge

Spiegelbilder und Reflexion

1 Beim Blick in den Rückspiegel sieht der Fahrer ein Auto. In welche Richtung wird es abbiegen? ▸ 5

5

2 Zur Projektion sind weiße raue Flächen gut geeignet. Warum sind Spiegel ungeeignet, obwohl sie das Licht besser reflektieren?

3 Tina sieht Martins Spiegelbild. Wie gelangt das Licht von Martin zu ihr? So kannst du es herausfinden: Übertrage die Skizze ins Heft. Ermittle Martins Standort. Zeichne den Lichtweg von seiner Nase in Tinas Auge. ▸ 6

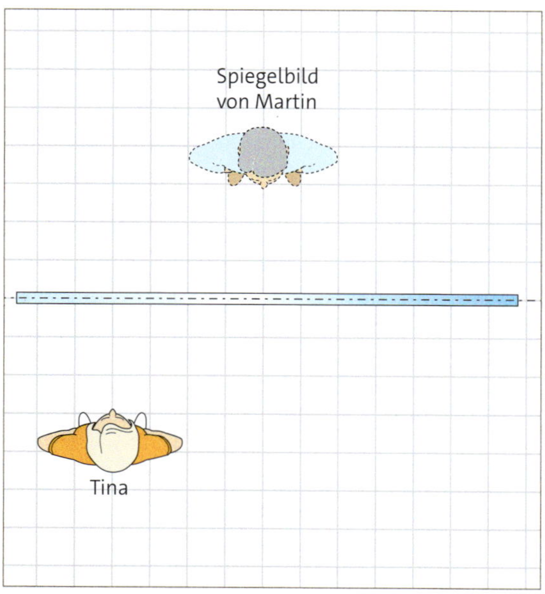

6

4 Übertrage die Zeichnungen in dein Heft (Seitenlängen der Kästen 5 cm). In den Kästen sind Spiegel angebracht. Zeichne sie ein. ▸ 7

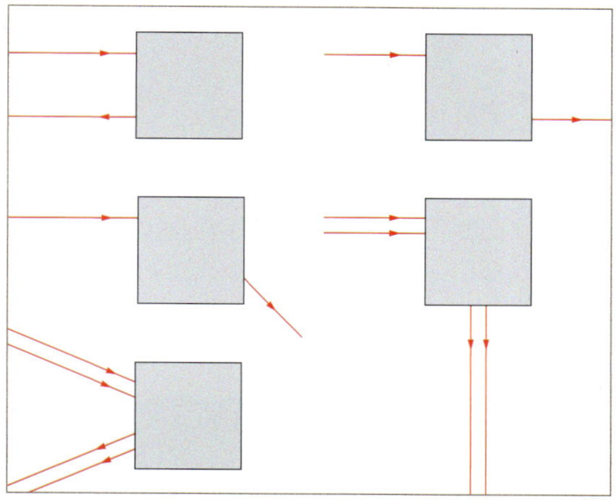

7

5 Lege unter einer Deckenlampe einen großen Spiegel auf den Tisch. Halte deine Hand über den Spiegel.

a Beschreibe, was du an der Decke beobachtest.

b Erkläre deine Beobachtung.

Brechung und Totalreflexion

6 Beschreibe und erkläre, was hier zu sehen ist. ▸ 8

8

7 Wohin muss der Jäger mit seinem Speer zielen? Begründe deine Antwort. ▸ 1

1

8 Der Schützenfisch spuckt Wasser auf eine Fliege, damit sie herunter fällt. Muss er über oder unter die Fliege zielen, um sie zu treffen? Erkläre mit einer Zeichnung. ▸ 2

2

9 Ein Taucher wird beobachtet. Der Beobachter sieht die Lampe des Tauchers. ▸ 3

a Skizziere in deinem Heft den Weg des Lichts.

b An welcher Stelle sieht der Beobachter die Lampe?

c An welcher Stelle sieht der Taucher den Kopf des Mannes auf dem Boot?

3

10 Durch eine Glasplatte wird schräg einfallendes Licht parallel versetzt. Erkläre anhand einer Skizze, warum die Schrift im Bild angehoben erscheint. ▸ 4

4

11 Spiritus bricht das Licht stärker als Wasser. Überlege dir ein Experiment, mit dem du das zeigen kannst. Beschreibe oder zeichne es. *Vorsicht! Spiritus ist leicht entzündlich!*

12 Licht trifft unter einem Einfallswinkel von 35° auf Wasser, Glas bzw. Diamant. Ermittle aus dem Diagramm 10 ▸ S. 73 die Brechungswinkel.

13 Der Rücken vieler Fische ist so gefärbt wie der Meeresboden. Seine Unterseite sieht aus wie ein Spiegel. Welchen Vorteil hat das für die Fische?

14 An heißen Tagen sehen Straßen in der Ferne nass aus. *Tipp:* ▸ S. 92 kann dir helfen.

a Erkläre diese Beobachtung.

b Nähert man sich der „nassen“ Stelle, so verschwindet der Effekt. Erkläre.

Überblick

Eigenschaften von Spiegelbildern Spiegelbilder sind Scheinbilder (virtuelle Bilder). Sie liegen hinter der Spiegelebene, also an einem Ort, von dem kein Licht in unser Auge gelangen kann. Beim Spiegelbild wird die Richtung senkrecht zur Spiegelebene umgekehrt. Daher sind vorne und hinten vertauscht. ▸ 5

5

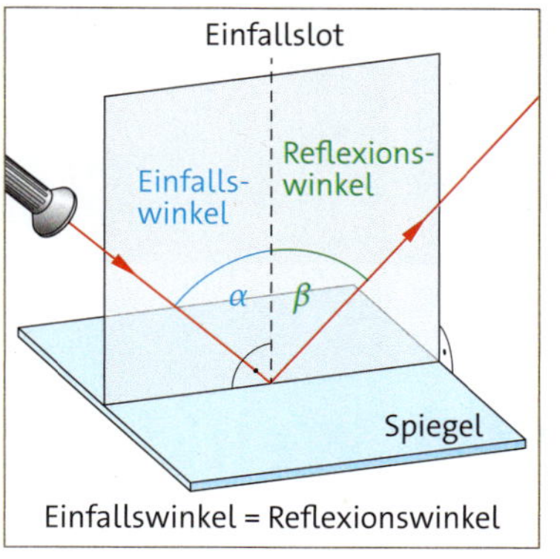

6

Reflexion von Licht Einfalls- und Reflexionswinkel sind gleich groß. Beide Strahlen und das Einfallslot liegen in einer Ebene.
Licht vom Gegenstand wird am Spiegel umgelenkt und gelangt ins Auge. Wir sehen den Gegenstand in der Richtung, aus der das Licht ins Auge fällt (Scheinbild). ▸ 6

Brechung an Grenzflächen Fällt Licht auf eine Glas- oder Wasserfläche, so bekommt seine Ausbreitungsrichtung einen Knick.
Gegenstände im Wasser erscheinen uns angehoben und geknickt. Das Licht wird an der Wasseroberfläche gebrochen. Unser Gehirn geht aber davon aus, dass es sich geradlinig ausgebreitet hat.
In Wasser oder Glas verläuft der Lichtstrahl näher am Lot als in Luft. ▸ 7

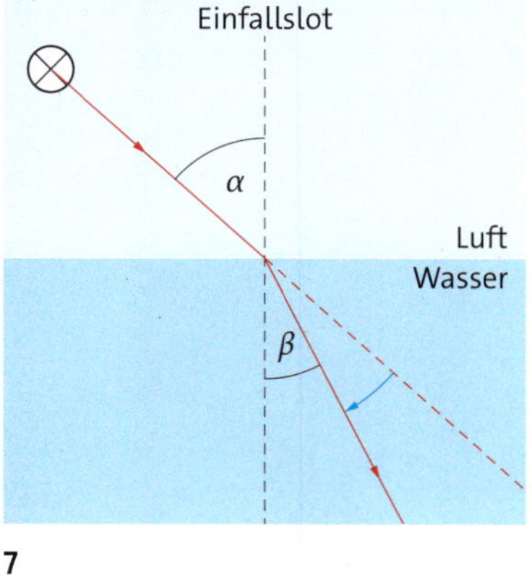

7

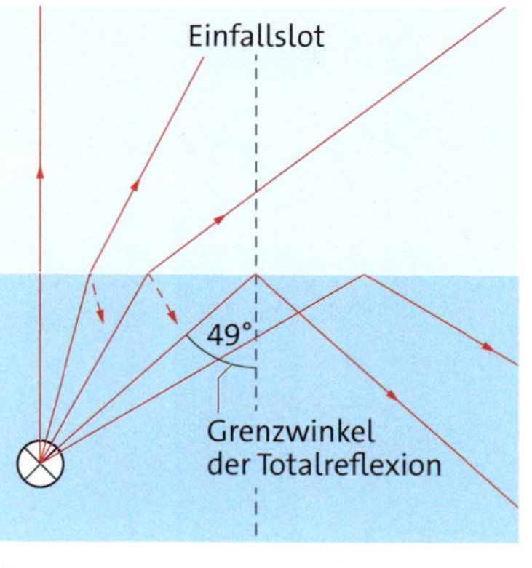

8

Totalreflexion Beim Übergang von Glas oder Wasser in Luft wird ab einem bestimmten Grenzwinkel das gesamte Licht reflektiert. ▸ 8

Regenbogenfarben in einem Spinnennetz? Das kannst du auch selbst sehen – wenn morgens der Tau auf den Wiesen liegt und die Sonne gerade aufgegangen ist. Stell dich so, dass der Schatten deines Kopfs zwei Handbreit neben dem Spinnennetz liegt und bewege dich etwas hin und her. Plötzlich wirst du das Spinnennetz in bunten Farben schillern sehen.

Die Welt der Farben

Wo kommen all die Farben her? Die Wassertropfen sind farblos. Sie reflektieren das Sonnenlicht. Stecken die Farben schon im Sonnenlicht?
Enthält das Licht der Straßenlampe weniger Farben? In ihrem Licht sehen selbst bunte Kleidungsstücke manchmal farblos aus. ▸ 3
Und warum ist der Mohn rot und das Gras grün, obwohl doch beide vom gleichen Sonnenlicht beleuchtet werden? ▸ 2
Wie kann der Fernsehbildschirm Millionen von Farben erzeugen – mehr als unsere Augen überhaupt wahrnehmen können?

2 Das Sonnenlicht erzeugt Rot und Grün.

3 Bunte Fenster verändern das Sonnenlicht.

4 Im gelben Licht der Lampe sehen gewohnte Farben anders aus.

5 Blumen verzaubern durch ihre Farbenpracht.

Weißes Licht steckt voller Farben

6

In dieser Glaskugel wurde das Sonnenlicht vielfach gebrochen – und zaubert dabei unzählige Flecken in Regenbogenfarben an die Wand.

Experiment

1 Farben mit dem Prisma erzeugen
Setzt ein Prisma auf weißes Papier und lasst ein schmales Lichtbündel darauf fallen. Dreht das Prisma so, dass möglichst strahlende Farben erscheinen.

2 Farben mit einem Wasserglas erzeugen
Füllt ein bauchiges Weinglas mit Wasser und stellt es auf eine weiße Unterlage ins Sonnenlicht. Haltet eine Lochblende davor und versucht, farbige Flecken zu erzeugen.

3 Das Spektrum

a Stellt den Tageslichtprojektor so ein, dass ein scharfes Bild der Schlitzblende entsteht. Bringt das Prisma in den Lichtweg. Beobachtet und beschreibt. ▸ 7

b Das farbige Lichtband, das ihr auf dem Schirm seht, heißt Spektrum. Notiert die Spektralfarben in ihrer Reihenfolge. ▸ 8

c „Das Prisma färbt das Licht ein.“ Könnt ihr diese Behauptung widerlegen? *Tipp:* Haltet ein Blatt weißes Papier hinter das Prisma und bewegt es auf den Schirm zu.

d Tauscht den Spalt gegen eine Lochblende aus. Erklärt die Form, die das Spektrum mit Spalt- und mit Lochblende hat

e Lässt sich das Licht des Spektrums weiter auffächern? Haltet 50 cm vor den Schirm ein zweites Prisma in den Lichtweg. Dreht es so, dass eine Farbe aus dem Spektrum herausgelenkt wird.

f Reflektiert das ganze Spektrum mit einer Spiegelfolie. Biegt die Folie nun so, dass die Farben zusammengeführt werden.

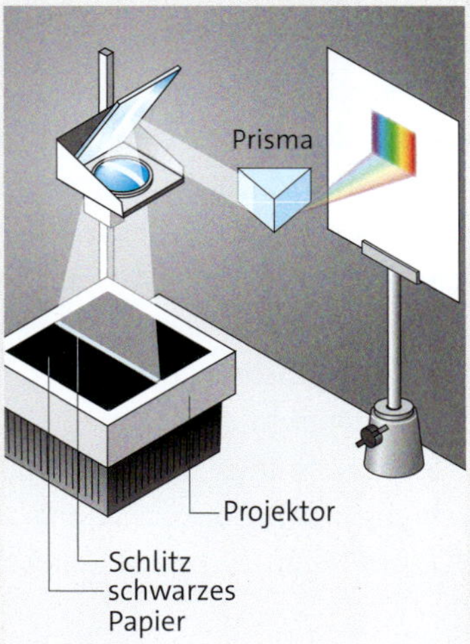

7 Spektrale Zerlegung

8 Spektrum

Experiment

4 Infrarot und Ultraviolett

Überprüft, ob das Spektrum bei Rot oder Violett aufhört.

a Fangt das Spektrum auf ungebleichtem Papier auf. Mit einem fluoreszierenden Marker wird ein Strich durch das Spektrum – über das violette Ende hinaus – gezogen. Was beobachtet ihr?

b Führt eine kleine Solarzelle durch das Spektrum – auch über das rote Ende hinaus. Was schließt ihr aus der Anzeige des Messgeräts?

1

5 Welche Wirkung hat ein Farbfilter auf weißes Licht?

Erzeugt dazu mit einem Prisma ein Spektrum. Haltet verschiedene Filter in den Lichtweg.

a Beschreibe die Veränderungen, die du im Spektrum beobachtest.

b Decke in der Anordnung von ▸ Bild 7, S. 81 den Schlitz durch farbige Folien oder Farbfilter teilweise ab. Beschreibe, wie sich der Filter auf das Spektrum auswirkt.

c Halte zwei verschiedenfarbige Filter so in den Lichtweg, dass das Licht nacheinander hindurchfällt. Was beobachtest du?

Grundlagen Weißes Licht wird zerlegt

Weißes Licht wird am Prisma zweimal gebrochen. Dabei wird es zu einem bunten Streifen aufgefächert. Wir erkennen etwas, was wir sonst nicht oft sehen: Das weiße Licht besteht aus Licht mit ganz verschiedenen Farben.
Die farbigen Bestandteile werden unterschiedlich stark gebrochen. Rotes Licht erfährt den kleinsten Knick, violettes den größten. Hinter dem Prisma sind die farbigen Bestandteile erst noch vermischt, dann laufen sie auseinander und werden deutlich sichtbar. In einiger Entfernung entsteht auf einem Schirm ein farbiges Band, das Spektrum. Die einzelnen farbigen Bestandteile des Spektrums heißen Spektralfarben. ▸ 2
Die einzelnen Lichtsorten (rotes Licht, grünes Licht …) lassen sich mit einem Prisma nicht weiter zerlegen.
Wenn man alle farbigen Bestandteile wieder zusammenführt (z. B. mit einer Sammellinse oder einer gebogenen Spiegelfolie), mischen sie sich wieder zu weißem Licht.
Das Spektrum ist am roten und am violetten Rand nicht zu Ende. Auf der violetten Seite folgt die Ultraviolettstrahlung, auf der roten die Infrarotstrahlung. Ultraviolettstrahlung und Infrarotstrahlung sind unsichtbar. Zu ihrem Nachweis braucht man spezielle Geräte.

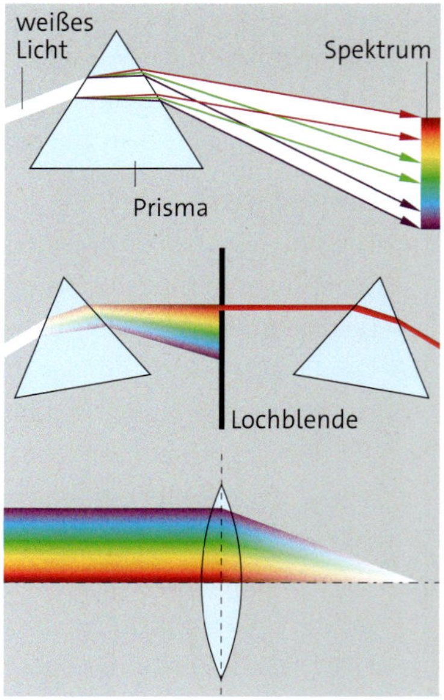

2

Aufgaben

1 Schildere zwei Experimente, die zeigen, dass blaues Licht stärker gebrochen wird als rotes.

2 Wie heißt die unsichtbare Strahlung, die sich im Spektrum an Rot bzw. Violett anschließt?

3 Beschreibe, wie man die nicht sichtbaren Strahlungsarten im Spektrum des Lichts mit einem Experiment nachweisen kann.

Aus der Technik: Infrarot und Ultraviolett

Infrarotstrahlung Jeder Gegenstand sendet IR-Strahlung aus – auch deine Hand. Das spürst du, wenn du sie nah an deine Wange hältst. Obwohl diese Strahlung unsichtbar ist, transportiert sie Energie. Sie erwärmt die Dinge, auf die sie trifft. IR-Strahlung wird von der obersten Hautschicht absorbiert. Die Haut wird erwärmt, die Durchblutung verbessert. Rotlichtlampen werden bei verspannten Muskeln und entzündeten Stirnhöhlen eingesetzt. ▸ 3
Klapperschlangen haben zwischen Auge und Nase „Infrarot-Augen". Das sind Gruben mit empfindlichen Sensoren für IR-Strahlung. Damit nehmen die Schlangen auch in absoluter Dunkelheit Beutetiere wahr. ▸ 4

3

4

Ultraviolettstrahlung Die Sonne, Halogen- und Quecksilberdampflampen senden neben Licht auch UV-Strahlung aus. Sie bräunt die Haut und kann Sonnenbrand hervorrufen. Besonders empfindlich reagieren die Sinneszellen unserer Augen auf UV-Strahlung. Die Lufthülle der Erde absorbiert die UV-Strahlung der Sonne zum größten Teil. Im Gebirge und bei klarem Wetter ist aber noch viel UV-Strahlung vorhanden. Das wirkt sich besonders aus, wenn Schnee- oder Wasserflächen die Strahlung reflektieren. Zum Schutz der Augen sollte man dann eine Sonnenbrille tragen, die UV-Strahlung absorbiert. ▸ 5
UV-Strahlung regt bestimmte Stoffe zum Leuchten an. Sie wandeln die unsichtbare Strahlung in sichtbares Licht um (Fluoreszenz). Geldscheine mit fluoreszierenden Fasern sind fälschungssicherer. In Diskotheken bringen UV-Lampen Kleidungsstücke zum Leuchten. ▸ 6, 7

5

6

7

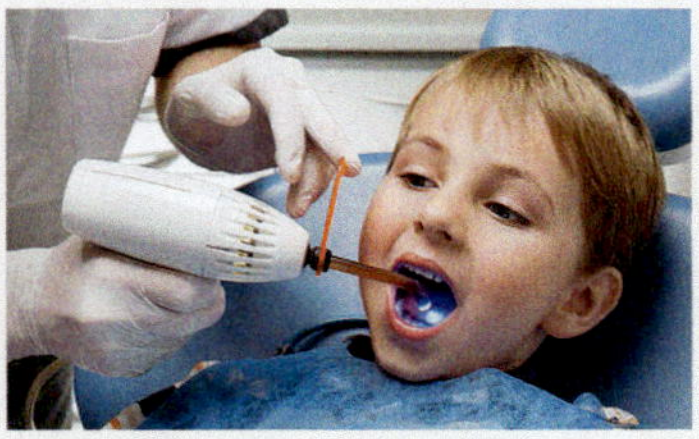
8

Zahnärzte härten Füllungen aus Kunststoff mit UV-Strahlung aus. ▸ 8
Trinkwasser lässt sich mit UV-Strahlung keimfrei machen. Die Strahlung zerstört die Keime in Bruchteilen von Sekunden.

1 Überlege dir, warum Fotos von scheuen Nachttieren oft mit Infrarotfilmen gemacht werden. Welche Eigenschaft müssen diese Filme haben?
2 Mit einer Kamera, die IR-Strahlung sichtbar macht, kann der Seenotrettungsdienst Menschen finden, die über Bord gegangen sind. Erkläre.
3 Beim Schweißen tragen Handwerker Schutzbrillen mit dunklen Gläsern. Erkläre diese Sicherheitsmaßnahme. ▸ 9
4 UV-Strahlung ist manchmal nützlich und manchmal schädlich. Finde Beispiele für beide Wirkungen und erläutere sie.

9

Aus der Natur: Warum wir einen Regenbogen sehen

Regenbogen sehen wir, wenn Sonnenlicht von einer entfernten Regenwand zurückgeworfen wird. In jedem Tropfen wird das Licht gebrochen, zum Teil an der Rückseite reflektiert und noch mal gebrochen. Bei den Brechungen wird das Licht in seine Farben aufgefächert.
Nur das in Bild ▸1 weiß eingezeichnete Lichtbündel führt zur Farberscheinung des Regenbogens. Licht, das weiter außen oder weiter innen auf den Tropfen trifft, wird zu stark oder zu wenig abgelenkt. Weil dabei unterschiedliche Richtungen vorkommen, mischen sich die Farben wieder zu weißem Licht.
Die austretenden Lichtkegel bilden mit dem einfallenden Licht den „Regenbogenwinkel" zwischen 42,5° (für rotes Licht) und 41° (für violettes Licht).
Das Licht trifft den Tropfen nicht nur oben, sondern überall – auch unten, rechts und links. In alle Richtungen, die mit dem einfallenden Licht den Regenbogenwinkel einschließen, wird besonders viel Licht reflektiert. Zusammen bildet das austretende Licht einen Kegel, dessen Rand farbig begrenzt ist: außen rot, innen orange, gelb, grün, blau und violett. ▸2
Beim Fallen trägt jeder Tropfen diesen farbigen Lichtkegel mit sich. Einen winzigen Moment lang streift das Licht des Kegelmantels unser Auge, erst das rote, dann das orange, gelbe, grüne, blaue und violette. Die einzelnen aufblitzenden Tropfen können wir nicht erkennen. Aber alle farbigen Lichtblitze zusammen zeichnen auf unserer Netzhaut den Regenbogen. ▸3

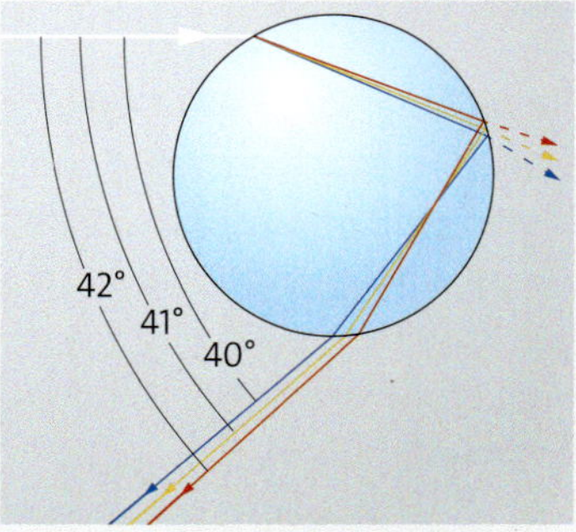

1 Reflexion und Brechung im Tropfen

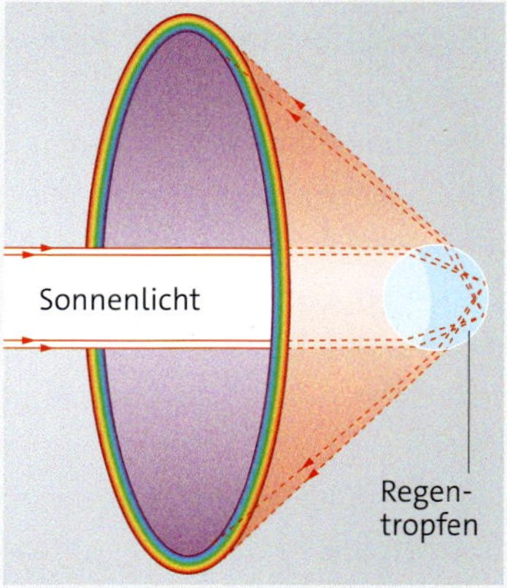

2 Lichtkegel

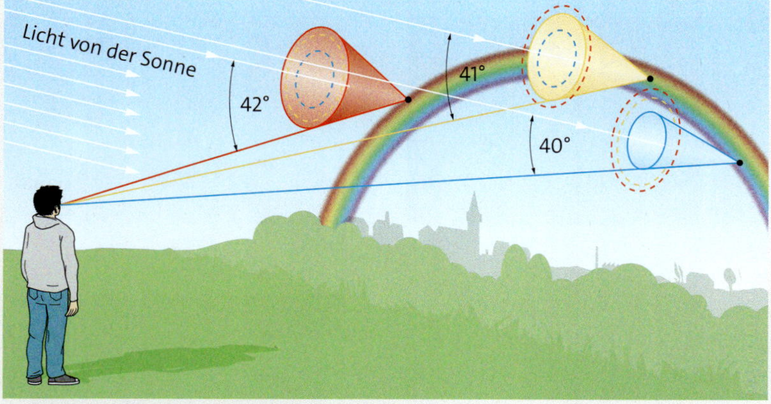

3 Wie man einen Regenbogen sieht.

1 Wie steht die Sonne, wenn man einen nahezu halbkreisförmigen Regenbogen sieht?
2 Warum kann man nicht unter einem Regenbogen hindurchgehen?
3 Siehst du morgens einen Regenbogen, musst du damit rechnen, gleich nass zu werden. Abends ist die Gefahr kleiner. Begründe. (*Tipp:* Meistens weht bei uns der Wind aus Westen).
4 Das rote Licht liegt im reflektierten Lichtkegel außen. Warum sieht man im Regenbogen das rote Licht ganz oben?

Farbige Lichter und farbige Dinge

4

Vor mehr als 60 Jahren trug eine Mannschaft helle Trikots, die andere dunkle. Farben konnte das Fernsehgerät nicht zeigen. Heute gehört Farbfernsehen zum Alltag. Ein Fernsehgerät kann Millionen Farben darstellen.

Experiment

1 Farben auf dem Computerbildschirm
Erzeuge auf dem Bildschirm eines Computers Flächen in unterschiedlichen Farben. Untersuche mit einer Lupe oder einem umgedrehten Fernglas, welche Farben die Leuchtpunkte haben, aus denen die farbigen Flächen zusammengesetzt sind.

2 Farbeindrücke I
Drei farbige Spotlampen (40 W, mattiert) werden in Form eines Dreiecks angeordnet und auf einen weißen Schirm gerichtet. ▸ 5

a Halte eine Lochblende mit ausgestrecktem Arm so, dass das Licht der Lampen durch das Loch auf einen Schirm fällt. Erkläre die Anordnung der farbigen Blendenflecken.

b Nähere die Lochblende so weit dem Schirm, dass sich die farbigen Blendenflecken teilweise überlappen. Welche Farbe ergibt sich aus der Mischung jeweils zweier Farben? Welche Farbe hat die Stelle, auf die das Licht aller Lampen fällt?

c Halte statt der Lochblende deine Finger vor den Schirm. Wie viele verschiedene Farben kannst du in den Schatten erkennen?

d Erkläre, durch welches Lampenlicht die einzelnen Farben zustande kommen.

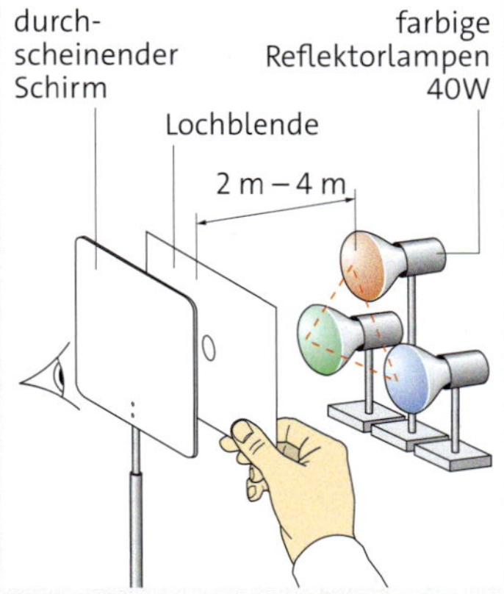

5 Experimentieranordnung

3 Farbeindrücke II
Untersuche mit einem Prisma, welche Wirkung Farbfilter auf weißes Licht haben. Erzeuge dazu ein Spektrum des weißen Lichts.

a Halte verschiedene Filter in den Lichtweg. Welche Veränderungen erkennst du im Spektrum?

b Untersuche, ob es eine Rolle spielt, wenn du den Farbfilter vor oder hinter das Prisma hältst. Welche Schlussfolgerung kannst du daraus ziehen?

c Experimentiere mit mehreren hintereinandergehaltenen Filtern verschiedener Farbe. Spielt die Reihenfolge der Filter eine Rolle?

Experiment

4 Einfarbiges Licht
Erzeugt gelbes Licht im verdunkelten Physikraum. Dazu taucht jede Schülergruppe ein angefeuchtetes Magnesiastäbchen in Kochsalz. Alle Stäbchen werden gleichzeitig in die farblosen Flammen von Gasbrennern gehalten. Wie sehen die farbigen Gegenstände in deiner Umgebung jetzt aus? ▸ 1

5 Mischfarben
Lege je zwei Farbfilter so auf den Overheadprojektor, dass sie sich zum Teil überlappen. Welche Farbe nimmt der Überlappungsbereich an?

1 Gelbe Flamme

Grundlagen Millionen Farben beim Computer

Computer- und Fernsehbildschirme können Millionen verschiedener Farben darstellen. Aber der Blick durch eine Lupe zeigt: Alle Farben, die der Bildschirm zeigen kann, sind aus nur drei verschiedenfarbigen Leuchtpunkten zusammengesetzt: Rot, Grün und Blau. ▸ 2
An den roten Stellen des Bildschirms leuchten nur die roten Punkte, an den grünen nur die grünen Punkte … Aber wenn die roten und die grünen Punkte gleich hell leuchten und die blauen gar nicht, leuchtet der Bildschirm gelb. Weil unsere Augen ohne Lupe die winzigen Punkte nicht einzeln erkennen können, mischt sich ihr Farbeindruck zu der Farbe Gelb. ▸ 3
Auf weißen Flächen leuchten alle Farbpunkte hell, auf grauen Flächen leuchten auch alle Punkte gleich hell, aber schwächer.
Beim Bildschirm entstehen die verschiedenen Farben dadurch, dass die Farbpunkte in ihrer Helligkeit verändert werden. Auch die dunklen Stellen zwischen den Farbpunkten tragen zum Farbeindruck bei.
Mischungen farbiger Lichter gibt es nicht nur beim Fernseher: Auch wenn eine weiße Wand von rotem und grünem Licht beleuchtet wird, leuchtet sie gelb.

Man benutzt die Farben Rot, Grün und Blau als Grundfarben des Lichts. Aus diesen drei farbigen Lichtern lassen sich viele andere Farben durch Überlagerung erzeugen.

Mischungsregeln für farbige Lichter:
Rot + Grün ⟶ Gelb
Rot + Blau ⟶ Magenta
Blau + Grün ⟶ Cyan
Rot + Grün + Blau ⟶ Weiß

2 Bild und Bildpunkte

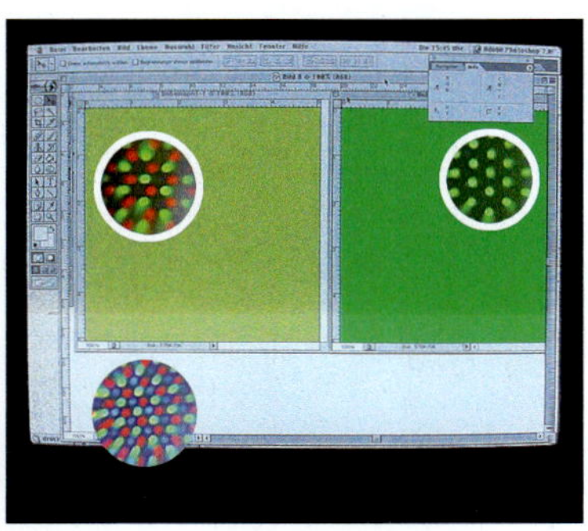
3 Bildpunkte auf dem Computermonitor

Aufgaben

1 Die Grundfarben des Lichts Rot, Grün und Blau können paarweise gemischt werden. Welche Farben entstehen dabei?

2 Welche Farbtöne, die im Spektrum des Lichts nicht vorkommen, kann man aus den Lichtern des Spektrums durch Mischen erzeugen?

Grundlagen Die Farben der Dinge

Farben von Gegenständen Eine Blüte erscheint im Sonnenlicht z. B. rot. Wenn sie das ganze einfallende Licht streuen würde, müsste sie weiß aussehen. Tatsächlich streut die Blüte aber nur den roten Anteil des weißen Lichts, der Rest wird absorbiert. Das rote Streulicht lässt die Blüte rot erscheinen. ▸ 4, 5

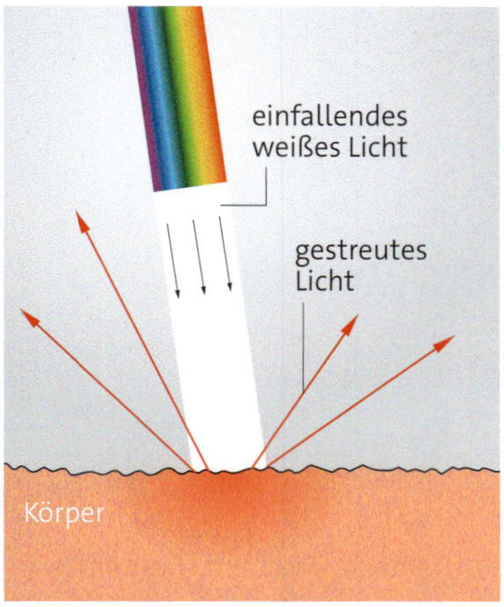

4 Ein Gegenstand, der alle Spektralfarben außer Rot absorbiert, erscheint in weißem Licht rot ...

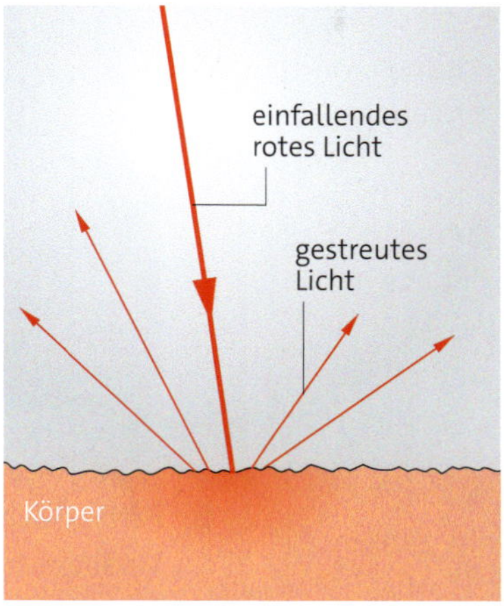

5 ... in rotem Licht rot ...

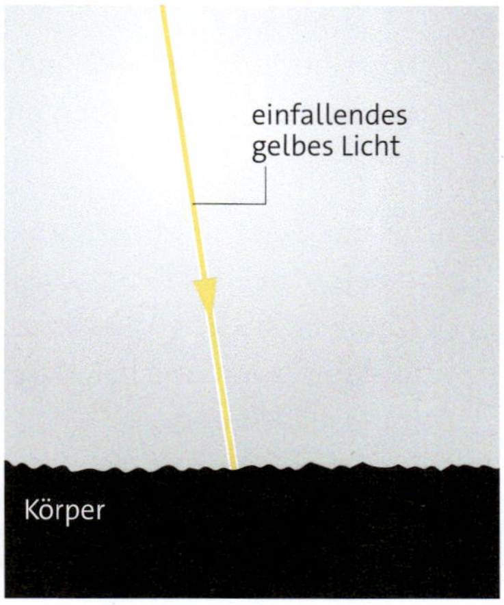

6 ... und in gelbem Licht schwarz.

Dagegen erscheint die gleiche Blüte schwarz, wenn sie gelb beleuchtet wird: Das auftreffende gelbe Licht hat keinen roten Anteil und wird vollständig absorbiert. ▸ 6

Farbige Gegenstände streuen einen Teil des auftreffenden Lichts, der Rest wird absorbiert. Der Farbeindruck entsteht durch die Mischung des gestreuten Lichts.

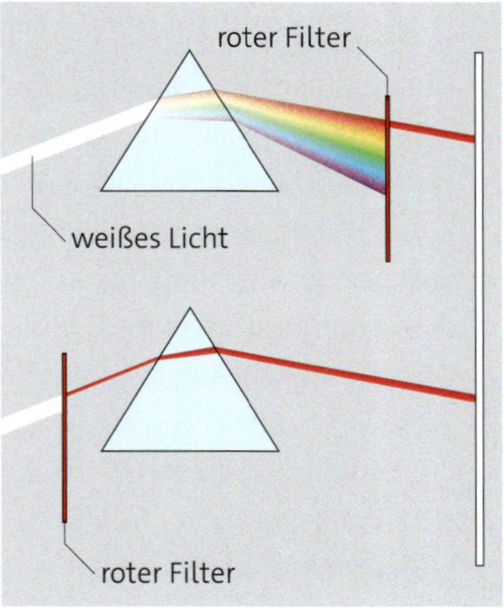

7 Wirkung von Filtern

Farbige Filter Wenn Sonnenlicht durch eine rote Folie geht, verschluckt die Folie einen Teil des Spektrums. Man spricht von Farbsubtraktion. Die Mischung der durchgelassenen Spektralfarben ergibt den Farbeindruck Rot. Die Folie wird von der absorbierten Strahlung ein wenig erwärmt. ▸ 7

Farbige Folien und Gläser lassen nur eine Farbe oder einige Farbanteile des weißen Lichts durch. Der Rest wird absorbiert.

Aufgaben

1 Schreibe die Farben im Spektrum des Sonnenlichts auf. Beginne mit Rot.

2 Im Licht einer Natriumdampflampe kann man keine Farben unterscheiden. Erkläre.

3 Ein bunter Blumenstrauß wird mit gelbem Licht beleuchtet. Warum sehen die roten Blumen in Bild ▸ 8 nicht rot aus?

8

Aufgaben und Aufträge

Weißes Licht steckt voller Farben

1 Erkläre, warum eine Fensterscheibe das Sonnenlicht nicht in seine farbigen Bestandteile zerlegen kann.

2 Beschreibe einen Versuch, mit dem man zeigt, dass sich die Spektralfarben nicht weiter zerlegen lassen.

3 Stelle ein Glas mit Mineralwasser ins Sonnenlicht und betrachte die kleinen Gasperlen, die sich auf der Innenseite des Glases absetzen. Bewege deine Augen etwas hin und her. Beschreibe und erkläre deine Beobachtung.

4 Gelbes Licht kann aus dem gelben Licht des Spektrums oder aus einer Mischung von grünem und rotem Licht bestehen. Wie kannst du die beiden Lichtarten unterscheiden und welches Gerät brauchst du dazu?

Farbige Lichter und farbige Dinge

5 Ein einfaches Experiment zum Farbensehen: Schließe beide Augen. Decke ein Auge zusätzlich mit der Hand ab und richte dein Gesicht 30 Sekunden lang einer hellen Lichtquelle zu. Betrachte anschließend deine Umgebung abwechselnd mit dem einen und dem anderen Auge. Beschreibe deine Beobachtungen und erkläre sie.
Tipp: Das Augenlid wirkt wie ein Rotfilter. Werden die lichtempfindlichen Sehzellen in der Netzhaut eine Weile gereizt, ermüden sie. Die Farbpigmente können dann nicht schnell genug nachgeliefert werden – sie zeigen dann einen schwächeren Reiz an.

6 Bei Farbdrucken druckt man Schichten aus drei Farben neben- oder übereinander auf weißes Papier. Die Schichten filtern das weiße Streulicht. Magenta lässt nur blaues und rotes Licht durch. Die übrigen Anteile des weißen Lichts werden absorbiert. Gelb lässt rotes, gelbes und grünes Licht durch. Cyan lässt grünes und blaues Licht durch. Beschreibe, wie man eine rote (blaue, grüne, schwarze) Farbfläche erzeugen kann.

7 Beschreibe anhand der Abbildung, wie Grün entsteht, wenn man die Farben Hellblau und Gelb aus einem Tuschkasten mischt? ▸ 1

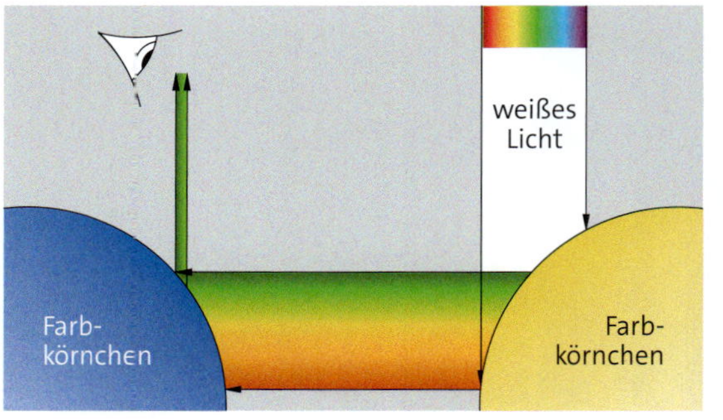

1

8 Farbige Schatten

a Versuche herauszufinden, wie kamen diese Fotos zustande. ▸ 2, 3

2

3

b Welche Farben hatten die Spotlampen?

c In welchen Teilen des Bildes überlagern sich zwei Farben, wo drei?

Überblick

Farbzerlegung des Lichts Mit einem Prisma lässt sich das Licht in die Farben auffächern, aus denen es zusammengesetzt ist. Es entsteht ein Spektrum. Am violetten Ende des sichtbaren Lichts folgt im Spektrum die unsichtbare Ultraviolettstrahlung, am roten Ende die Infrarotstrahlung. Die Überlagerung aller Spektrallichter ergibt wieder weißes Licht. ▸ 4, 5

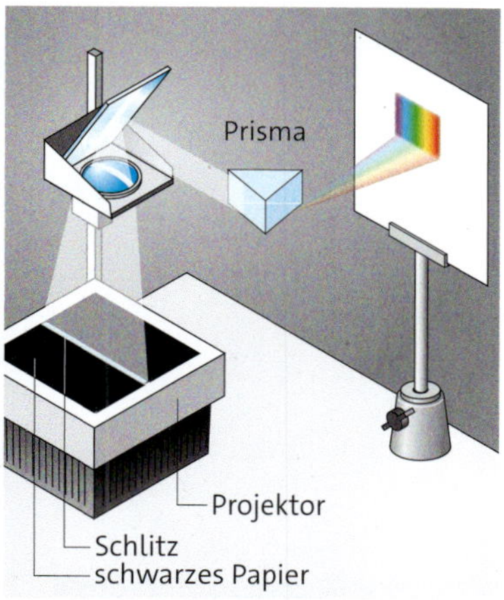

4

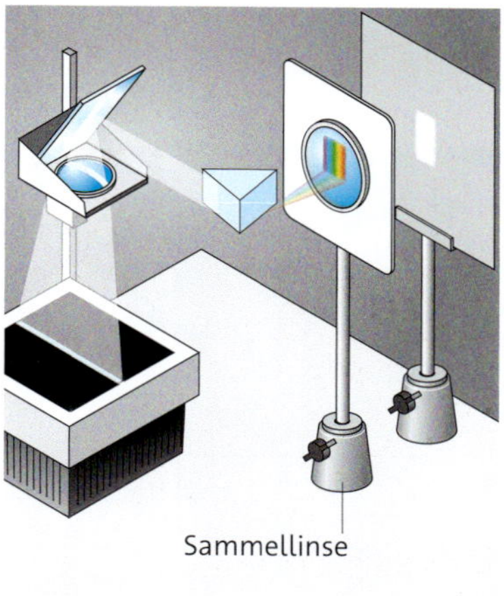

5

Mischung farbiger Lichter Scheint das Licht einer roten und einer grünen Spotlampe auf eine weiße Wand, so erscheint uns der Überlappungsbereich gelb. Die Mischung gleich heller Lichter aus Rot, Grün und Blau ergibt weißes Licht. Mit dem Licht der Grundfarben Rot, Grün und Blau kann man fast unzählige Farben erzeugen. Das wird beim Computermonitor und beim Fernsehbildschirm genutzt. ▸ 6

6

Körperfarben Die Farbigkeit von Körpern kommt dadurch zustande, dass ein Teil der Farben des auftreffenden Lichts absorbiert wird. Das nicht absorbierte farbige Licht mischt sich zum Farbton, in dem uns der Körper erscheint. Farbfilter absorbieren einen Teil des Lichts. ▸ 7, 8

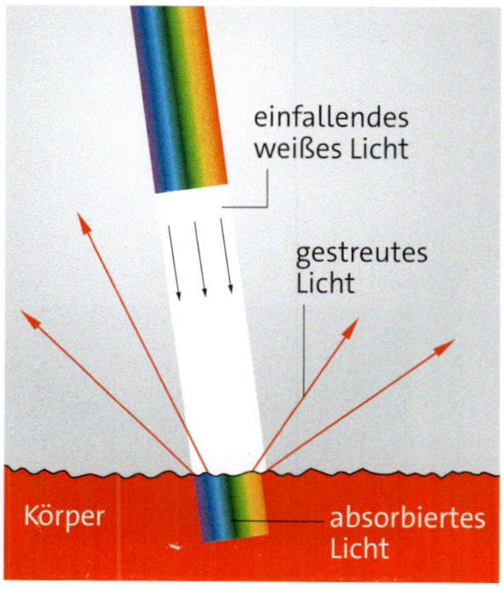

7

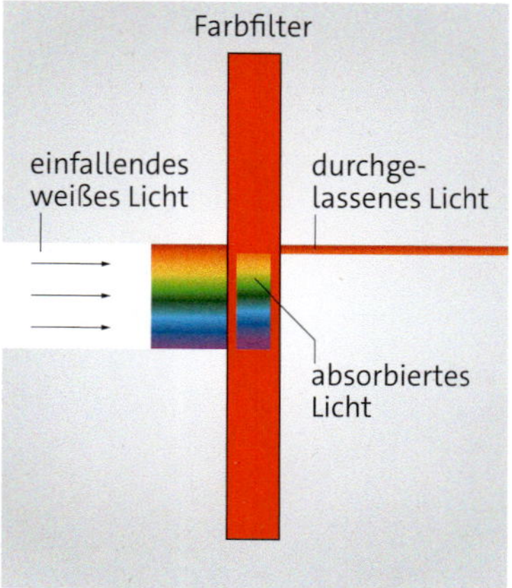

8

Grundlagen Schall und Licht

Hören und Sehen sind zwei unserer Sinne, die viele Ähnlichkeiten aufweisen und sich doch grundlegend in wesentlichen Dingen unterscheiden. So erreicht uns z. B. das Licht von der Sonne, die Töne der Sonne bleiben unseren Ohren jedoch verborgen. Deutlicher wird das, wenn wir Schall und Licht direkt miteinander vergleichen.

Akustik

Hören mit den Ohren
Schallquelle und Empfänger

1

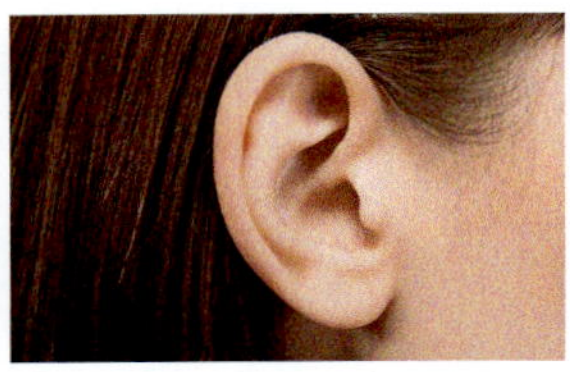

2

Laut und leise

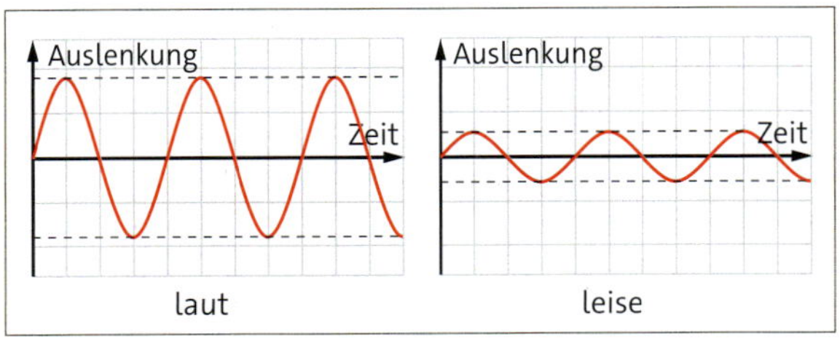

5

Tiefe und hohe Töne

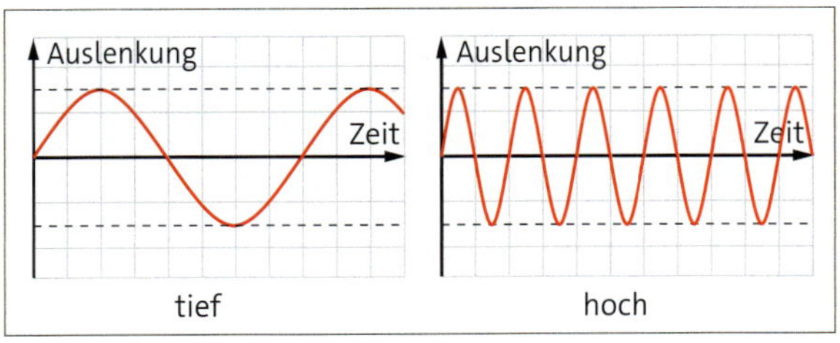

7

Schall, den wir nicht hören:
Infraschall und Ultraschall

9

10

Optik

Sehen mit den Augen
Lichtquelle und Empfänger

3

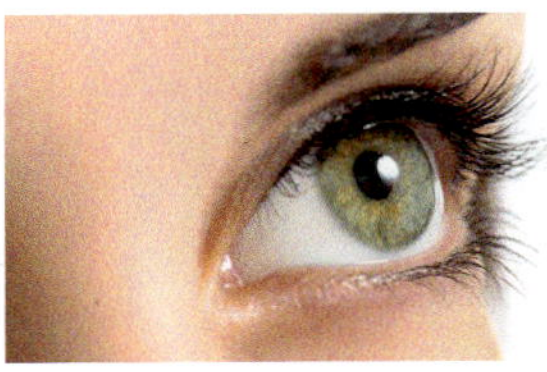

4

Hell und dunkel

6

Farben

8

Licht, das wir nicht sehen:
Infrarot und Ultraviolett

11

12

Akustik	Optik
Schallgeschwindigkeit in Luft 340 m/s ... in einer Sekunde von der Turmspitze bis zum Boden 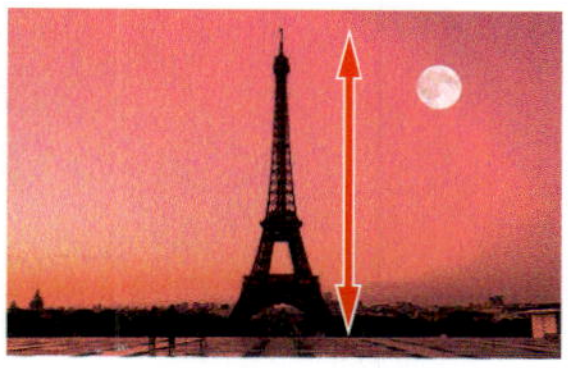 13	Lichtgeschwindigkeit 300 000 km/s ... in einer Sekunde vom Turm bis zum Mond  14
Töne kann man mischen.  15	Farben kann man mischen.  16
Lärm stört. Lärmbelästigung  17	Licht stört. Lichtverschmutzung  18
Töne werden zu Kunst. Musik  19	Farben werden zu Kunst. Malerei  20

Aufgaben

1 Nenne einige Schallquellen und -empfänger bzw. Lichtquellen und -empfänger.

2 Licht wird reflektiert, absorbiert und gestreut. Plane Experimente, mit denen du herausfinden kannst, ob auch Schall diese Eigenschaften besitzt.

3 Lichtverschmutzung ist ein recht neues Wort. Recherchiere im Internet, was gegen eine zunehmende Beleuchtung der Erde spricht. ▸ S. 214

1

Wunder am Horizont

2

3

Da wo Himmel und Meer sich treffen, kannst du manchmal merkwürdige Dinge sehen: Halligen schweben über dem Meer, die Sonne verwandelt sich in einen leuchtenden Pilz, Boote reißen das Maul auf und scheinen sich gegenseitig zu fressen, eine Kette von Containern erscheint aus dem Nebel und ist schwerelos geworden … ▸ 1–3

So merkwürdig diese Erscheinungen sind, gibt es doch eine physikalische Erklärung dafür: Sie treten auf, wenn das Meer wärmer als die Luft darüber ist. Dann erwärmt sich die unterste Luftschicht durch die warme Meeresoberfläche und dehnt sich aus. Trifft Licht von oben her sehr flach aus der kälteren in die wärmere Luftschicht, dann tritt Totalreflexion ein. Das gesamte Licht wird reflektiert. Die Warm-kalt-Grenze wirkt wie ein perfekter Spiegel. Boote, Halligen und alles, was aus diesem Luftspiegel herausragt, wird nach unten gespiegelt. Auch die Teile des Himmels knapp über den Halligen werden gespiegelt.

Luftspiegelungen treten nur in weiter Ferne auf (jenseits von Punkt 1), weil Licht von näheren Teilen der Meeresoberfläche nicht flach genug ins Auge trifft. ▸ 5

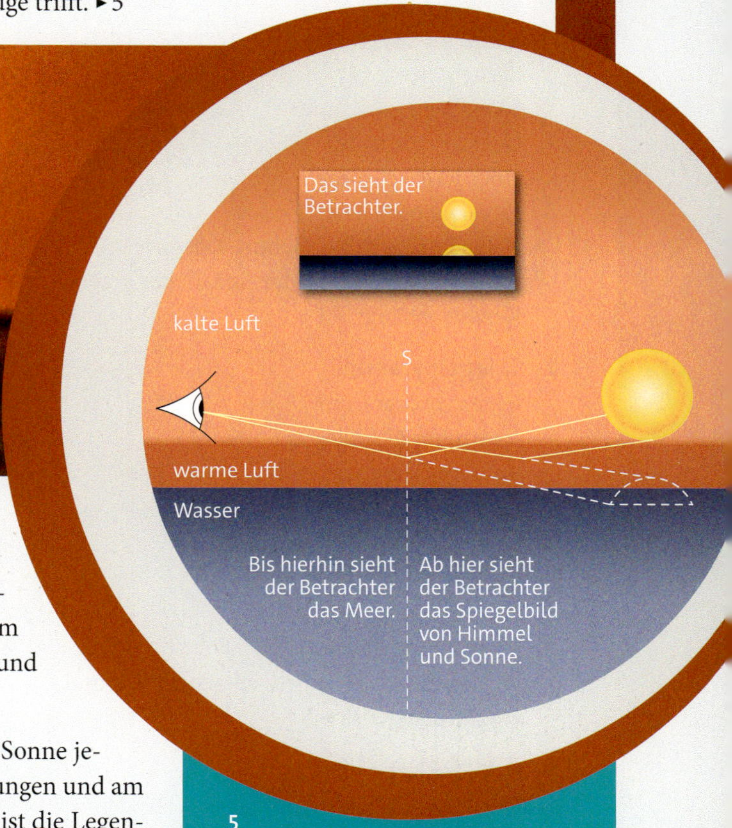

5

An heißen Sommertagen sind auf Teerstraßen „Pfützen“ zu sehen, in denen sich Fahrzeuge spiegeln. Kommt man aber näher, so verschwinden diese Pfützen wie von Zauberhand. Auch hier handelt es sich um Luftspiegelungen an der Grenze zwischen heißer und kühlerer Luft. ▸ 4

In einem indianischen Mythos wird erzählt, dass die Sonne jeden Abend von einem riesigen goldenen Wal verschlungen und am anderen Morgen wieder ausgespuckt wird. Vielleicht ist die Legende aus Beobachtungen wie diesen entstanden: Sobald sich die Sonne am Abend eines warmen, klaren Sommertags dem Meereshorizont nähert, scheint eine zweite Sonne aus dem Meer aufzutauchen und mit der echten Sonne zu verschmelzen. ▸ 6–8

6

7

8

Selbst erforscht

Spiegel – basteln, staunen, forschen

In Spiegeln könnt ihr die wundersamsten Dinge sehen – vor allem wenn ihr mehrere Spiegel benutzt. Eure Aufgabe besteht darin, ein verblüffendes, lustiges oder nützliches Spiegelgerät zu bauen und es dann euren Mitschülerinnen und Mitschülern zu präsentieren.
Als ebene Spiegel eignen sich Spiegelkacheln aus Baumärkten. Spiegelnde Zylinder könnt ihr aus Spiegelfolie herstellen. Weitere Anregungen findet ihr auch im Internet (Stichworte z. B. Kaleidoskop, Tripelspiegel, Anamorphosen, Spiegelzaubereien …).

Aufträge

1 Winkelspiegel

1

Wenn du zwei Spiegelkacheln mit festem Klebeband zusammenklebst, erhältst du einen Winkelspiegel. Er verzaubert eine Kerze in eine ganze Geburtstagstorte. Finde heraus, wovon die Anzahl der gesehenen Kerzen abhängt. ▸ 1

2 Spiegelpyramide

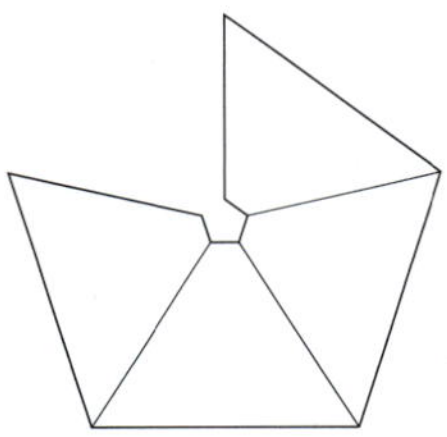

2

Unter „hologramm smartphone" findest du im Netz Filme, die Gegenstände in einer kleinen Pyramide aus Folie schweben lassen. Die Pyramide stellst du am einfachsten aus OH-Folie her, die du nach dem Muster ausschneidest und zusammenklebst. ▸ 2

3 Kaleidoskope

Das Wort „Kaleidoskop" kommt aus dem Griechischen und heißt Schönbildseher.

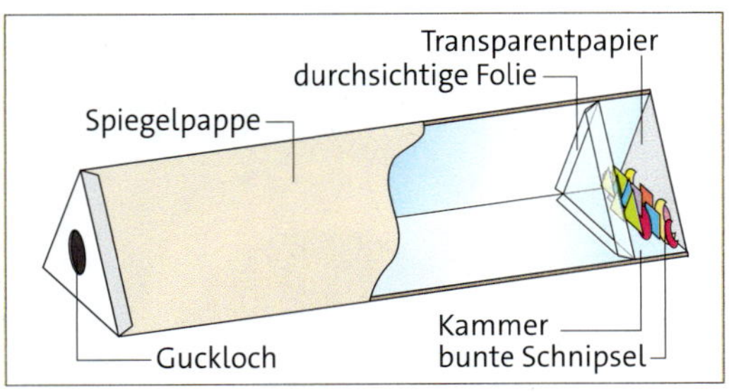

3

Im Kaleidoskop werden die Dinge 1000-fach gespiegelt. Man kann eine fantastische Welt aus Farben und Formen erzeugen. Mithilfe von Bild ▸ 3 könnt ihr ein Kaleidoskop bauen.

4 Tripelspiegel

Klebt mit kräftigem Klebeband aus drei Spiegelkacheln einen Tripelspiegel zusammen. Blickt in die Ecke und zwinkert euch mit einem Auge zu, dann erlebt ihr etwas Seltsames. Aus einem hineingelegten Stift wird ein Würfel – um zu verstehen, warum, müsst ihr ganz schön grübeln und euch mit Spiegelbildern auskennen.

5 Anamorphosen

Seit der Entdeckung der Perspektive haben diese Verzerrungen die Menschen fasziniert. Sie offenbaren dem Betrachter ihren wahren Inhalt nicht sofort. Verzerrte, kaum erkennbare Bilder, die nur mithilfe eines Zylinderspiegels ihre ursprüngliche Form wieder bekommen, könnt ihr aus Zeichnungen oder Fotos mit einem speziellen Computerprogramm erzeugen. Auch mit einem speziellen Raster könnt ihr diese Bilder selbst zeichnen. ▸ 4

4

Testaufgaben zu „Hören und Sehen“

1 Hummeln brummen, Mücken summen

a Beschreibe, wie Insekten beim Fliegen Töne erzeugen. Erkläre den Unterschied in der Tonhöhe.

b Schmetterlinge haben große Flügel und trotzdem kann man ihren Flügelschlag meist nicht hören. Erläutere.

c Der Flügelschlag eines Mückenmännchens erfolgt mit etwa 600 Hz, der einer weiblichen Mücke mit etwa 550 Hz. Erläutere die Bedeutung dieser Angabe in eigenen Worten.

2 Mia behauptet: „Auch in der tiefsten Nacht ist der ganze Himmel voll Licht.“ Hat sie recht? Begründe deine Antwort.

3 Löcher erzeugen Bilder

a Skizziere, wie in einer Lochkamera das Bild einer Tanne entsteht. Beschreibe, wie sich die Bildgröße verändern lässt.

b Mit einer Lochkamera sollen schärfere Bilder erzeugt werden. Beschreibe, wie das gelingt.

4 Bilder mit Sammellinsen erzeugen

a Skizziere den Lichtverlauf eines parallelen Lichtbündels hinter einer dünnen Sammellinse und hinter einer dicken Sammellinse. ▸ 5

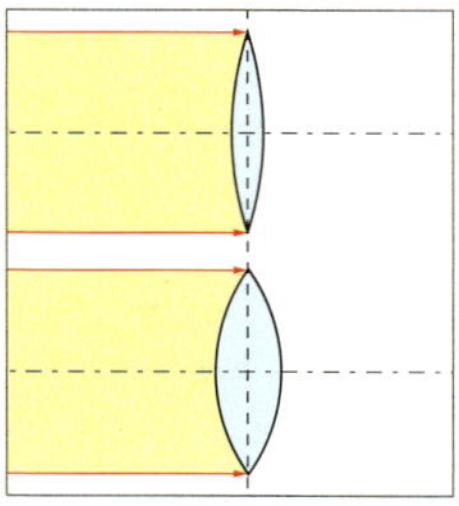

5

b Im Bericht der Feuerwehr stand: „Ursache des Zimmerbrands war eine Vase, die auf der Fensterbank stand.“ Ist das möglich? Begründe deine Meinung.

5 Licht wird gebrochen und reflektiert

a Unter welchen Bedingungen wird Licht gebrochen, unter welchen total reflektiert?

b „Fischestechen“ ist auch für einen Indianer nicht einfach. Dort, wo der Indianer den Fisch sieht, ist der gar nicht. Übertrage die Skizze in dein Heft und ergänze den Lichtweg vom Fisch bis zum Auge des Indianers. ▸ 6

c Weißes Licht trifft auf ein Prisma aus Glas. Übertrage die Zeichnung in dein Heft und skizziere den weiteren Verlauf des Lichts. (Nutze Farbstifte.) ▸ 7

d Betrachtet man Dinge, die sich unter Wasser befinden, von oben, werden diese scheinbar gehoben. Erkläre mit einer Skizze.

e Was könnte sich im Inneren des Kastens verbergen? ▸ 8

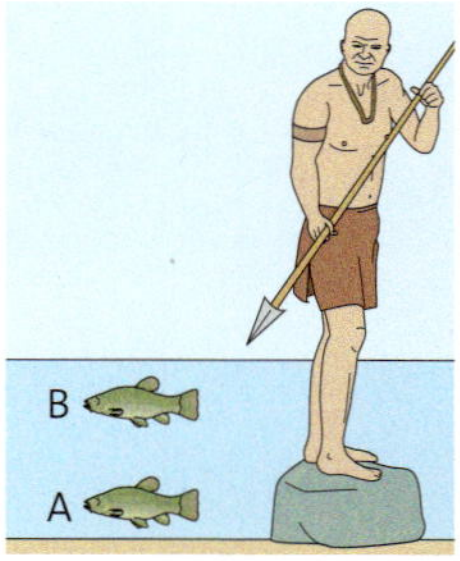

6

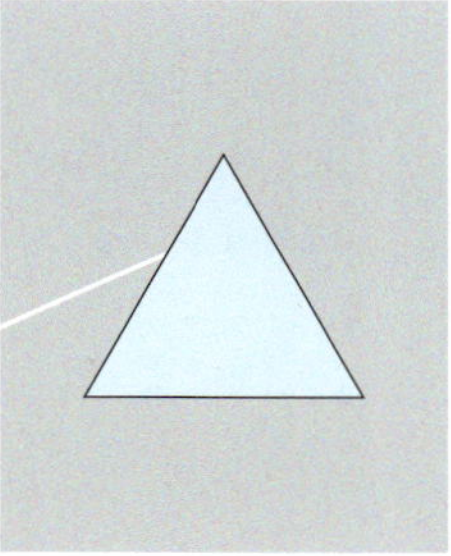

7

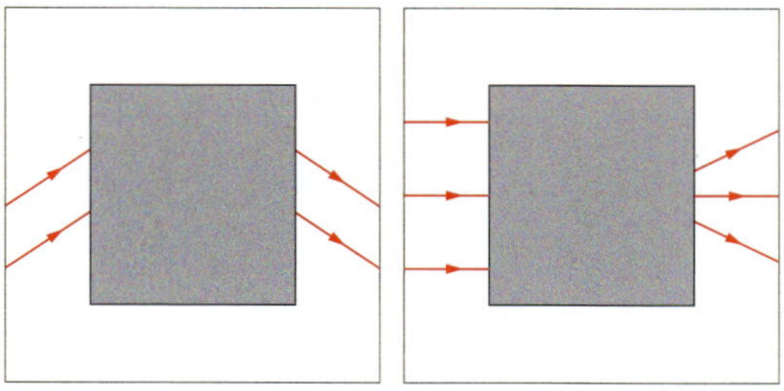

8

Aufgabe	Fähigkeit	Hilfe auf Seite ...
1	Akustische Phänomene beschreiben und erläutern.	12, 13
2, 3, 4, 5	Grundlegende Phänomene der Lichtausbreitung mithilfe eines Modells beschreiben (Bildentstehung an einer Lochkamera, Wirkung einer Sammellinse, Brechung)	25, 27, 49, 72 f.
5	Experimente zur Zerlegung weißen Lichts beschreiben.	82

▸ Die Lösungen findest du auf Seite 298.

Energie

Mit ihrer Strahlung erwärmt die Sonne unsere Erde, treibt Wind und Wolken an und lässt die Pflanzen wachsen. Mit Windenergie- und Fotovoltaikanlagen fangen wir die Energie des Windes und der Sonnenstrahlung auf. Mit elektrischen Leitungen wird sie bis zu uns nach Hause gebracht.

Ohne Energie geht nichts. Dein Körper bekommt die Energie zum Fahrradfahren aus der Nahrung. Dein Smartphone braucht Energie aus dem Akku. Fernseher, Föhn und alle Haushaltsgeräte brauchen Energie aus der Steckdose. Über Energie gibt es viel zu lernen: wo sie herkommt, wie sie transportiert, gespeichert und genutzt wird, wie sie gemessen wird, wie teuer sie ist und wie man sie nutzt, ohne die Umwelt zu gefährden …

Alle reden von Energie. Was ist das eigentlich? Wir brauchen sie, um uns fortzubewegen und Fahrzeuge anzutreiben, um das Zimmer zu erwärmen und zu beleuchten, um Getränkedosen in den Einkaufswagen zu heben …

Ohne Energie geht nichts

Aus Wind und Sonnenlicht können wir Energie in fast unbeschränkter Menge gewinnen. Aber der meiste Wind weht an den norddeutschen Küsten, den höchsten Energiebedarf hat die süddeutsche Industrie.
Wie kommt die Energie quer durch Deutschland? Und wie kann man sie speichern für Zeiten, in denen der Wind nicht weht oder die Sonne nicht scheint? Warum braucht das E-Bike einen Akku, das Mofa aber nicht? ▸ 1–5

2 Energietransport – unterirdisch verlegte Kabel

3 Energieerzeugung und -speicherung

4 E-Bike mit Akku

5 Motorrad mit Tank

- In welchen Formen tritt Energie auf?
- Was ist ein Energiewandler?
- Wie transportiert man Energie dorthin, wo sie gebraucht wird?
- Wie lässt sich Energie speichern, bis sie benötigt wird?
- Wie wird sie möglichst wirkungsvoll genutzt?
- Lässt sich Energie erzeugen?
- Wärme und Energie – ist das das gleiche?
- Was geschieht mit der Energie, wenn man sie nutzt? Wird sie immer weniger?

Die Energie wirft viele Fragen auf – hier wirst du zum Experten, der sie alle beantworten kann.

Energie – Antrieb für alles

6

Wozu wird hier Energie genutzt? Wo kommt sie her?

Grundlagen Was ist Energie

Man kann Fahrzeuge auf unterschiedliche Weise antreiben: mit einem verdrillten Gummiband, einem aufgeblasenen Luftballon, einem Teelicht, mit Batterie und Elektromotor, mit Wind und sogar mit einer gespannten Mausefalle. Die Wirkung ist immer gleich: Das Fahrzeug bewegt sich.
Wenn du kalte Hände hast, kannst du vieles dagegen tun: Du kannst deine Hände gegeneinander reiben, sie in die Sonne legen, einen Taschenwärmer oder eine Wärmflasche benutzen, sie vor einen Kaminofen halten … Die Wirkung ist immer die gleiche: Deine Hände werden warm.
Die Beispiele legen es nahe, sich etwas Gemeinsames vorzustellen, was den Antrieb oder die Erwärmung erzeugt. Es wird immer benötigt, wenn man Dinge bewegen, erwärmen, beleuchten … will. Dieses gedachte „Etwas“ nennen wir Energie.

Um Gegenstände in Bewegung zu setzen, zu erwärmen, zu beleuchten …, braucht man Energie.

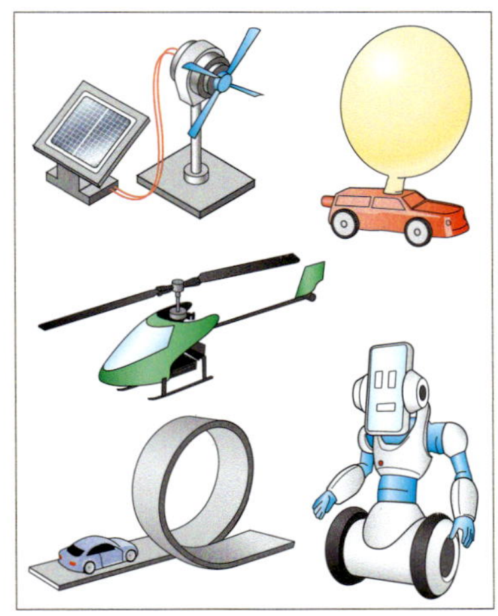

7 Spielzeugantriebe

Wenn man ein Auto beschleunigt, erhöht man seine Energie. Beim Abbremsen gibt es seine Energie wieder ab. Beim Bergauffahren erhöht man seine Energie. Beim Bergabrollen gibt man wieder Energie ab. Beim Erwärmen des Wassers für eine Wärmflasche führt man Energie zu, beim Abkühlen gibt die Flasche sie wieder ab. ▸ 8–10

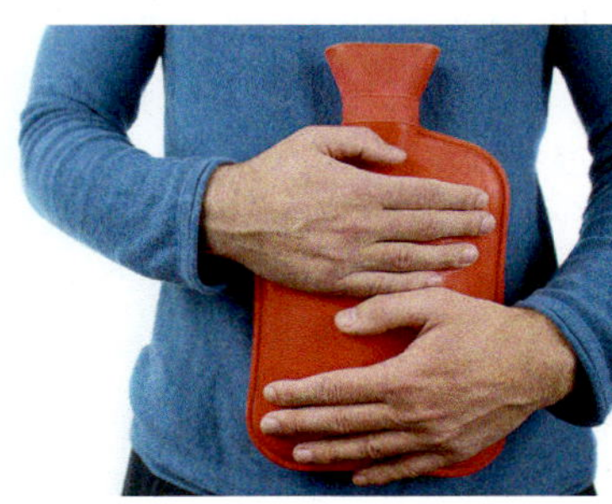

8–10 Die Energie dieser Körper kann man erhöhen und verringern.

Erhöht man die Energie eines Autos, eines Steins oder eines anderen Gegenstands, stellen wir uns vor: Die Energie ist in dem Gegenstand gespeichert.

Man kann Energie auf unterschiedliche Weise speichern: durch schnelle Bewegung (Schwungrad), durch Erwärmung (Wärmflasche), durch Spannen einer Feder … ▸ 1, 2

1 Schwungrad

2 Feder in einem Uhrwerk

Die Energie von der Sonne kommt mit der Sonnenstrahlung zu uns. Viele Geräte im Haushalt erhalten ihre Energie mit elektrischem Strom. Energie kann man auch transportieren mit dem Erdgas, das durch Pipelines strömt, oder mit dem Öl in Tankschiffen.

Energie kann man von einem Ort zum anderen bringen, also transportieren oder übertragen.

Mit Elektromotoren wird Energie genutzt, um z. B. einen Quirl oder die Trommel einer Waschmaschine zu drehen. In elektrischen Lampen wird Energie genutzt, um etwas zu beleuchten. Im Kamin wird die im Holz gespeicherte Energie genutzt, um das Wohnzimmer zu erwärmen.

Viele Geräte dienen dazu, Energie für bestimmte Aufgaben zu nutzen.

Aufgaben

1 Schreibe in Stichworten 10 Beispiele für Vorgänge auf, bei denen Energie benötigt wird.

2 Was haben folgende Vorgänge gemeinsam?
Ein Auto fährt langsamer, eine Tasse Tee kühlt ab, ein Akku entlädt sich. Setze die Reihe mit passenden Beispielen fort.

3 Mit Energie kann man etwas erwärmen, bewegen, zum Leuchten oder zum Tönen bringen.
Nenne jeweils ein Beispiel und gib an, wo die Energie zum Erwärmen, Bewegen … herkommt.

4 Energie kann man transportieren, Wasser auch. Nenne weitere Gemeinsamkeiten von Wasser und Energie.

5 Wiegt Energie etwas? Finde es mit einer Küchenwaage heraus.
a leerer Akku – geladener Akku
b ein Becher mit Wasser vor und nach Erwärmen
c ein Teller auf der Waage mit einem ruhenden/laufenden Kreisel

6 In welcher dieser Aussagen wird der Begriff Energie so benutzt, wie ihn die Physiker benutzen?
a „Mir fehlt jede Energie, diese Hausaufgabe zu machen."
b „Energie wird immer teurer."
c „Chakren sind Energiezentren im Körper."
d „Mit Höchstgeschwindigkeit fahren, kostet viel Energie."

Grundlagen Energieformen

Wenn du in Broschüren von Umweltverbänden oder Energieversorgungsunternehmen oder im Internet etwas über Energie liest, triffst du immer wieder auf Begriffe wie Strahlungsenergie, Bewegungsenergie, Sonnenenergie, thermische Energie … ▸ 3

Gibt es verschiedene Sorten von Energie, so wie es verschiedene Obstsorten gibt?

Nein, Energie ist und bleibt Energie. Die Vorsilben sagen nur, womit die Energie gerade transportiert oder wie sie gespeichert wird. ▸ 4

Strahlungsenergie	wird mit Licht (Sonnenenergie) oder z. B. Handystrahlung transportiert.
Elektrische Energie	wird mit Elektrizität durch elektrische Leitungen transportiert.
Mechanische Energie **Höhen- oder Lageenergie** **Bewegungsenergie** **Spannenergie**	wird übertragen, wenn Kraft aufgewendet wird. Sie wird benötigt, um … einen Gegenstand zu heben … einen Gegenstand zu beschleunigen … z. B. eine Feder zu spannen.
Thermische Energie	ist in erwärmten Gegenständen gespeichert.
Chemische Energie	ist in der Kombination von Treibstoffen, Brennstoffen, Lebensmitteln und Sauerstoff gespeichert.
Schallenergie	ist genau genommen Bewegungsenergie der hin- und herschwingenden Luft.
Kernenergie	stammt aus Atomkernen und wird in Kernkraftwerken genutzt.
Windenergie	ist die Bewegungsenergie des Windes.

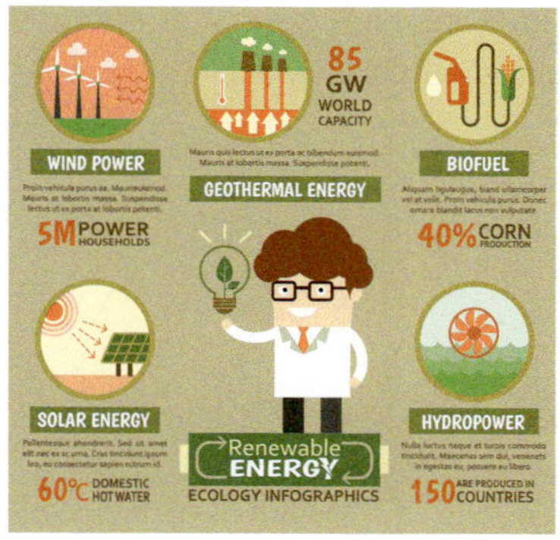

3 Verschiedene Namen – aber alles Energie

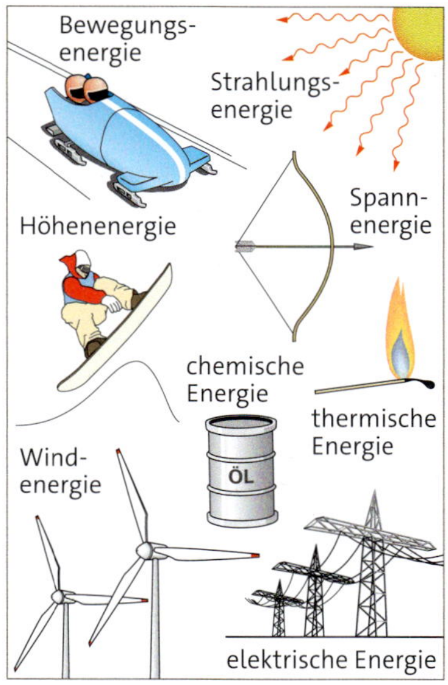

4 Energieformen

Aufgaben

1 Liste alle Energieformen auf und gib jeweils ein Beispiel an.

2 In allen Nahrungsmitteln steckt Energie von der Sonne. Erläutere diese Aussage.

3 Ein Spielzeugauto kann mit verschiedenen Energieformen angetrieben werden.

a Beschreibe, wie es Strahlungsenergie zum Antrieb nutzen kann.

b Beschreibe andere Antriebe und die Energieform, die Spielzeugautos nutzen.

4 Nenne die Energieformen, die beim Stabhochsprung auftreten. ▸ 5

5 Um Licht zu erzeugen, kannst du verschiedene Energieformen nutzen. Gib Beispiele an und nenne jeweils die genutzte Energieform.

5 Stabhochsprung

Grundlagen Energiediagramme

Eine Solarzelle nimmt Strahlungsenergie von der Sonne auf und gibt elektrische Energie ab. Die Solarzelle ist ein Energiewandler. Mit der elektrischen Energie kann z. B. ein Ventilator angetrieben werden.

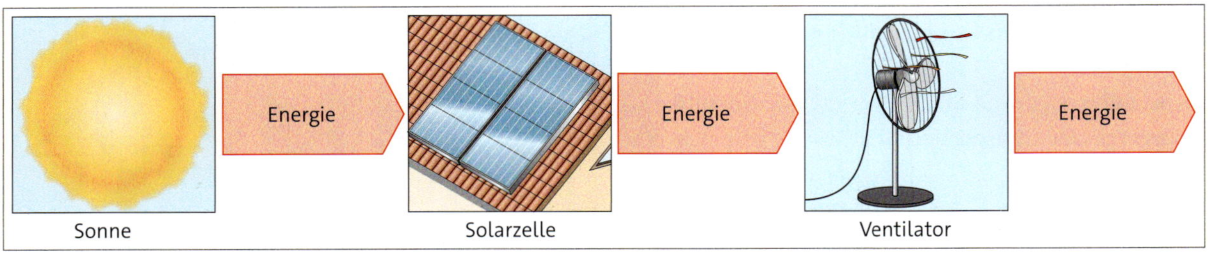

1 Energieübertragungskette (Energiediagramm)

In der Energieübertragungskette (kurz: Energiediagramm) steht das Rechteck für den Energiewandler. Die Pfeile geben die Energieformen an.

Aufgaben

1 Zeichne die Energiediagramme ab und fülle die Lücken aus.

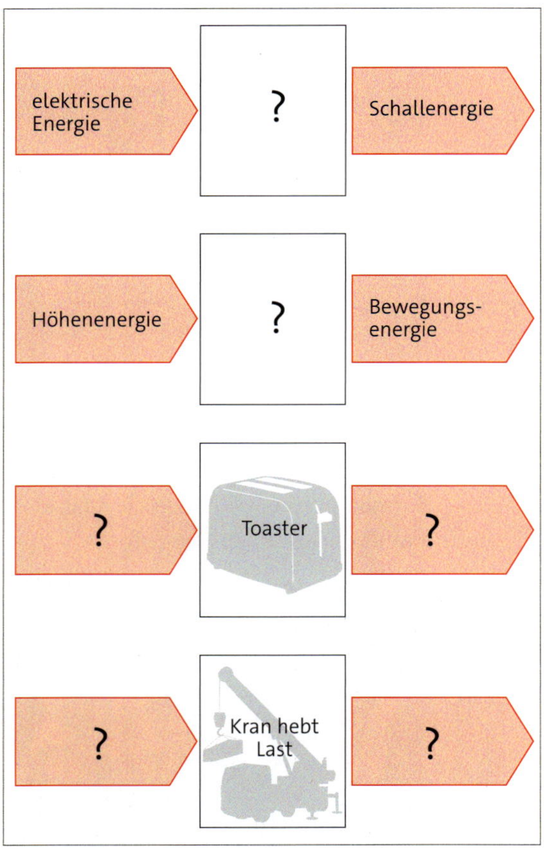

2 Vervollständige die Energiediagramme.

2 Beschreibe oder skizziere Experimente zu folgenden Energiediagrammen.

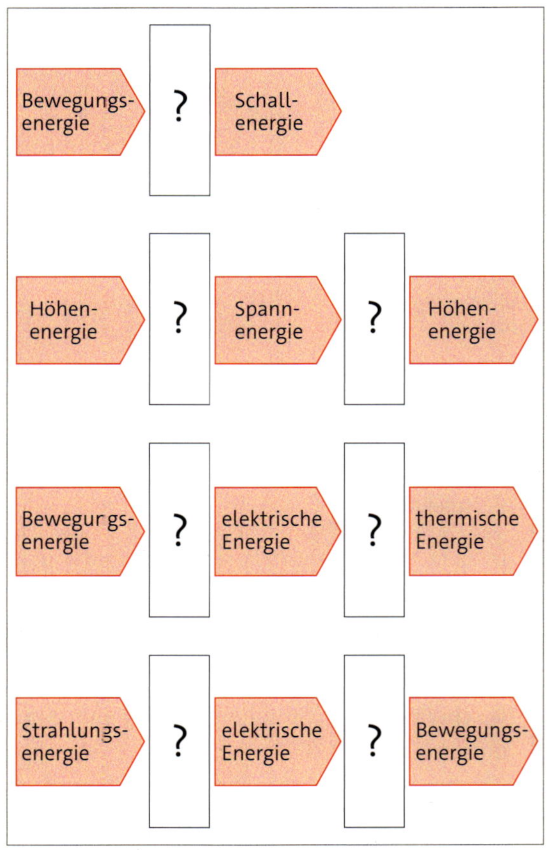

3 Welche Experimente passen zu diesen Energiediagrammen?

Lernen an Stationen Energieformen

Station 1 Aufziehautos

Material: Spielzeugautos mit unterschiedlichen Antrieben (Schwungrad, Feder, Elektromotor …)
Durchführung: Bringt die Autos zum Fahren. Wovon hängt es ab, wie weit sie fahren? Zeichnet Energiediagramme.

Station 2 Elektrische Eisenbahn

Material: Elektrische Eisenbahn mit Schienen, Handgenerator, 2 Kabel
Durchführung: Setzt die Lokomotive auf die Schienen. Schließt den Generator (Dynamomaschine) an den Schienenkreis an und dreht die Kurbel – vorwärts, rückwärts, schnell, langsam. Zeichnet ein Energiediagramm.

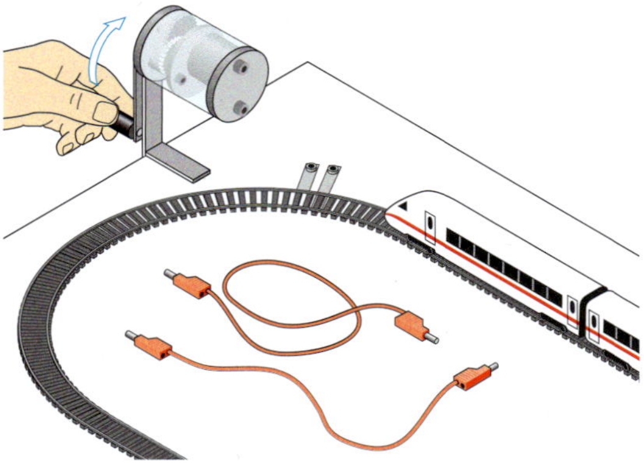

Station 3 Solarmotor, Solarzelle und Taschenlampe

Material: Solarzelle, Solarmotor, 2 Kabel, Taschenlampe
Durchführung: Verbindet den Motor mit der Solarzelle. Beleuchtet die Solarzelle mit der Lampe.
Zeichnet ein Energiediagramm.

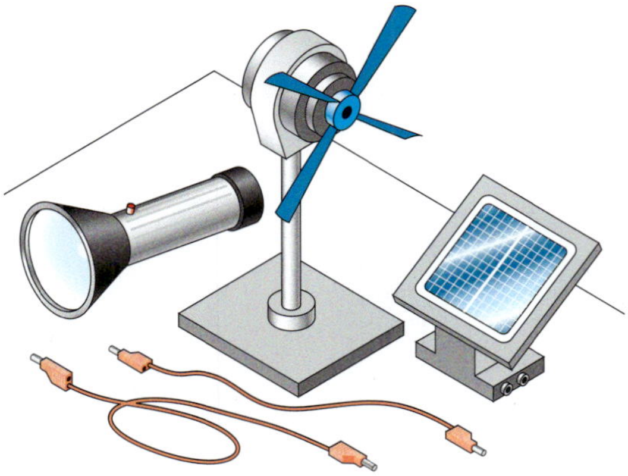

Station 4 Windrad und Propeller

Material: 2 Solarmotoren mit Ventilatorrädern, 2 Kabel
Durchführung: Verbindet die beiden Motoren mit den Kabeln. Einer der Propeller wird durch Pusten in schnelle Drehung versetzt.
Zeichnet ein Energiediagramm.

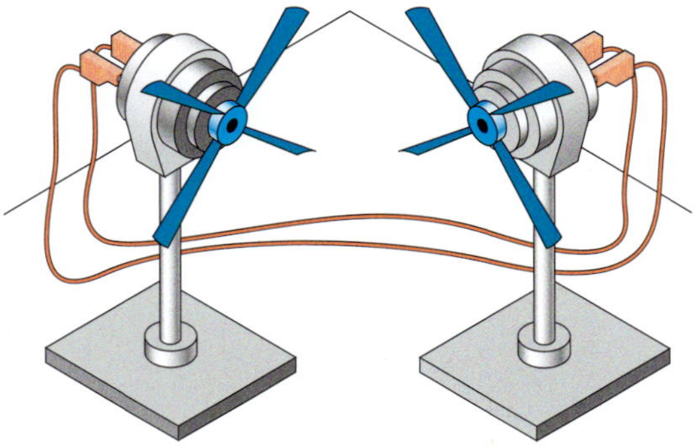

Lernen an Stationen Energieformen

Station 5 Lichtmühle

Material: Lichtmühle, Taschenlampe
Durchführung: Beleuchtet die Lichtmühle mit einer Taschenlampe.
Zeichnet ein Energiediagramm.

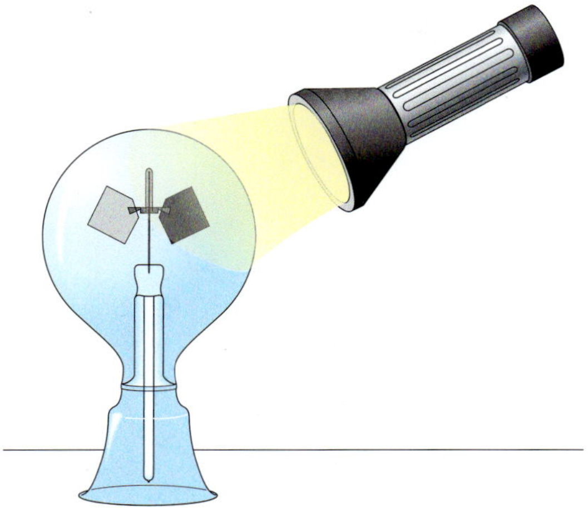

Station 6 Magnetschussanlage

Material: Kugelrinne, 3 Stahlkugeln, 1 Magnetkugel
Durchführung: Eine Magnetkugel und drei Stahlkugeln liegen als Kette in einer Rinne.
Lasst eine Stahlkugel langsam dagegen rollen.
Beschreibt genau, was weiter geschieht.
Woher kommt die Energie für die weggeschossene Kugel?
Tipp: Wie bereitet ihr den nächsten Schuss vor?

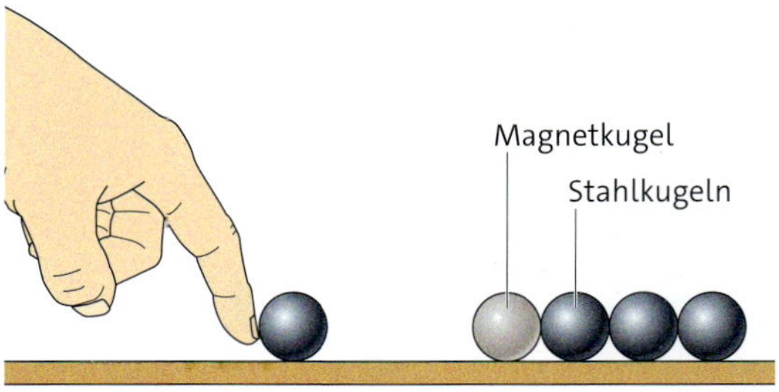

Station 7 Licht aus dem Luftballon

Material: Luftballon, Wolltuch, Leuchtstoffröhre oder Energiesparlampe
Durchführung: Führt diesen Versuch in einem verdunkelten Raum durch. Der Luftballon wird aufgeblasen und kräftig mit dem Wolltuch gerieben. Berührt den Luftballon mit der Leuchtstoffröhre.
Zeichnet ein Energiediagramm.

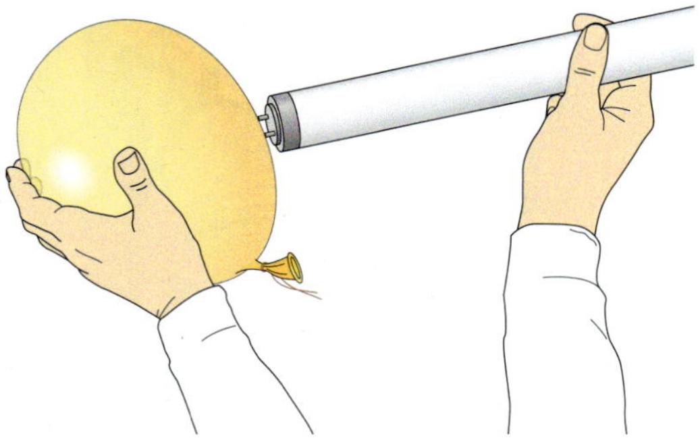

Station 8 Trinkente mit Wasserglas

Material: Trinkente, randvolles Wasserglas, Unterlegklotz
Durchführung: Taucht den Kopf der Ente kurz in das Wasserglas. Beschreibt genau, was weiter geschieht. Woher kommt die Energie für die Bewegung?

Energie wird transportiert und gespeichert

5

An den norddeutschen Küsten weht oft ein starker Wind – doch benötigt wird die meiste Energie in den süddeutschen Industrieanlagen.
Energie muss quer durch Deutschland transportiert werden. Und für Tage mit wenig Wind müssen Energiespeicher geschaffen werden.

Experiment

1 Energietransport durch Licht
Eine Lampe soll die Energie für einen Solarmotor liefern, der an eine Solarzelle angeschlossen ist. Wer schafft den Energietransport über die größte Entfernung? Als Hilfsmittel stehen Sammellinsen zur Verfügung.

2 Energietransport durch Stoffe hindurch?
Metall- und Kunststofflöffel leiten die Energie weiter, die in heißem Tee steckt. Welcher Löffel leitet die Energie am besten? Probiert es aus.

3 Energietransport mit Wellen
Bringt den Korken in Bewegung. Ihr dürft nur den Holzklotz anfassen. ▸6

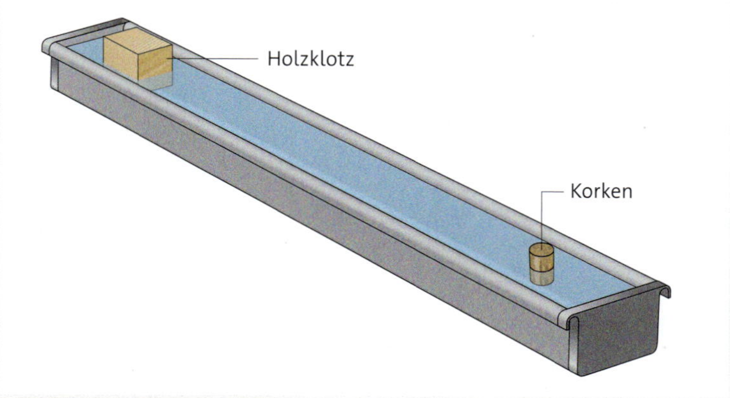

6 Wellen transportieren Energie.

4 Energieübertragung in Luft
Wie könnt ihr mit den beiden Tamburins Energie auf den Tischtennisball übertragen? ▸7

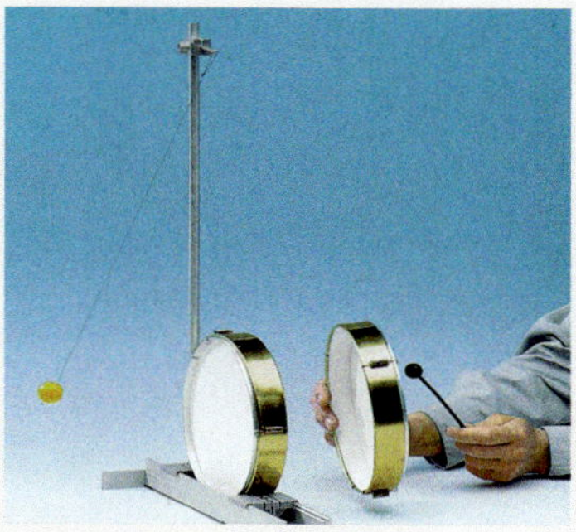

7 Versuchsanordnung

Experiment

5 Elektrischer Energietransport

Leuchtet eine Lampe auch noch, wenn ganz viele Kabel hintereinandergeschaltet werden?

6 Energietransport mit Wasser

Ein Rohr voll Wasser wird unten erhitzt und oben abgekühlt. Wie wird die Energie von unten nach oben transportiert?
Tipp: Ein wenig Farbe macht die Bewegung des Wassers sichtbar. ▸ 1

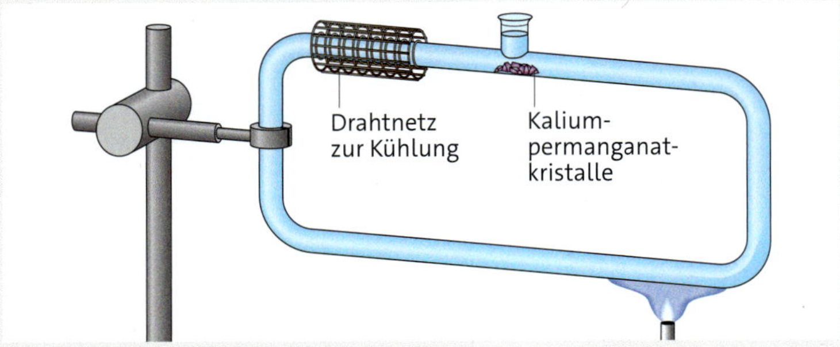

1 Wasserkreislauf

7 Energie speichern

Mit deinen Armen kannst du Energie abgeben. Denke dir verschiedene Möglichkeiten aus, diese Energie zu speichern. Geräte, die du dazu brauchen könntest, findest du im Haushalt oder in der Physiksammlung. ▸ 2

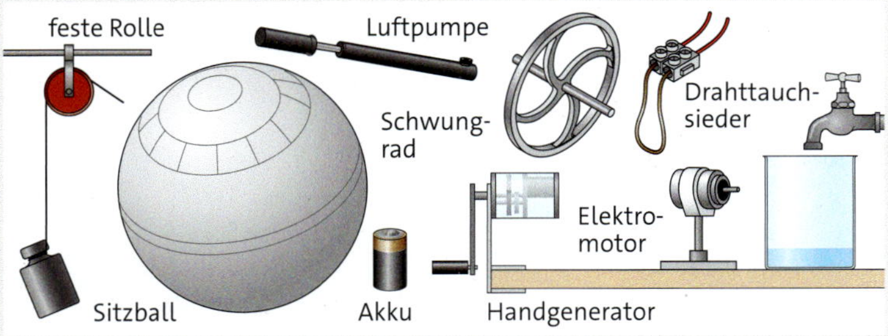

2 Geräte zur Energiespeicherung

8 Ein elektrischer Energiespeicher

Schließe einen GoldCapKondensator (elektrischer Energiespeicher) an eine Batterie an. Achte dabei auf die Polung. Ersetze die Batterie nach einer Minute durch einen Solarmotor.

9 Der Handwärmer mit dem Klick

a Durch Drücken des Metallplättchens wird die Flüssigkeit im Handwärmer fest und warm. Welche Temperatur wird erreicht?

b Lade den leeren Energiespeicher in heißem Wasser erneut auf. Der Inhalt wird dabei wieder flüssig und durchsichtig.

c Lass das Kissen einige Tage liegen und wiederhole den Versuch. Welchen Vorteil hat dieser Energiespeicher gegenüber einer Thermoskanne mit heißem Wasser? ▸ 3

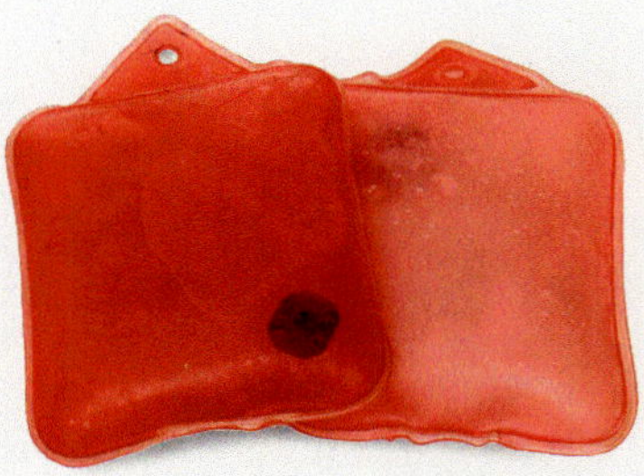

3 Handwärmer

Grundlagen Energietransport auf verschiedene Weise

Die Sonne ist unsere wichtigste Energiequelle. Mit ihrer Strahlung wird die Sonnenenergie 150 Millionen km weit bis zur Erde transportiert. ▸ 4
Mehrere Tausend Kilometer lang sind manche Pipelines. Das Erdöl in einer Pipeline würde zur Energieversorgung von Baden-Württemberg und Bayern ausreichen. ▸ 6
Elektrische Hochspannungsleitungen transportieren die Energie für eine ganze Großstadt. ▸ 5
Bis zu den Steckdosen fließt die elektrische Energie und von dort durch Kabel in die elektrischen Haushaltsgeräte.
Millionen von Heizungen und Fahrzeugen benötigen große Mengen an Energie. Dazu werden Gas und Erdöl genutzt. Man nennt Brennstoffe wie Öl, Gas oder Benzin Energieträger.
„Benzin ist ein Energieträger" klingt so, als stecke die Energie im Benzin. Mondfahrzeuge könnten aber mit Benzin nicht fahren – dort fehlt der Sauerstoff, den man braucht, um durch die Verbrennung von Benzin Energie freizusetzen. Die Energie steckt vielmehr im System „Benzin und Sauerstoff". Das Heizungswasser dagegen transportiert Energie, ohne einen weiteren Stoff zu benötigen.
In vielen Geräten wird Energie über kurze Strecken transportiert: beim Fahrrad mit der Kette, im Auto über die Zahnräder im Getriebe, im Pürierstab über die Achse.

Energie kann auf verschiedene Arten transportiert werden:
- **mit mechanischen Vorrichtungen (Stangen, Seile oder Ketten)**
- **mit elektrischem Strom (vom Elektrizitätswerk über die Steckdose in das elektrische Gerät)**
- **durch Strahlung (Mikrowelle, Licht, Handystrahlung)**
- **durch Wärmeleitung (von der Kochplatte durch den Topfboden zum Inhalt des Topfs)**
- **durch strömende Stoffe (durch heißes Wasser in den Heizungsrohren, mit Wind oder fließendem Wasser)**
- **mit Energieträgern (Erdgas und Öl in Pipelines, in Tanklastern und Tankschiffen)**
- **mit Wellen (Erdbeben-, Wasser-oder Schallwellen)**

4 Sonnenstrahlung transportiert Energie.

5 Elektrische Energie wird durch Leitungen transportiert.

6 In Pipelines strömt Erdöl oder Erdgas.

Aufgaben

1 Nenne je drei Beispiele für die verschiedenen Arten des Energietransports.

2 Mit einem Seil kann man Energie transportieren.
a Überlege, wie du das zeigen kannst.
b In welche Richtung bewegt sich das Seil, in welche die Energie?

3 Die meisten Fahrzeuge speichern und transportieren die Energie, die sie zum Antrieb benötigen. Erläutere diese Aussage an mehreren Beispielen.

4 Dieses Fahrzeug hat keinen Energiespeicher. Erkläre, wieso es trotzdem fahren kann und welchen Nachteil es hat. ▸ 7

7

Grundlagen Gespeicherte Energie – stets verfügbar

Die Sonne liefert der Erde 5000-mal so viel Energie, wie alle Menschen zusammen benötigen. Sie treibt den Wind, die Flüsse und die Wellen an. Aber wir brauchen die Energie am rechten Ort und zur rechten Zeit. Ein Sonnenkollektor liefert an warmen Sommertagen mehr als genug warmes Wasser. Zum Heizen braucht man die Energie eher an dunklen, kalten Wintertagen. Ein Energiespeicher ist nötig.
Ähnlich geht es Tieren. Im Sommer steht ihnen reichlich Nahrung zur Verfügung. Viele Tiere fressen sich Fettreserven für den kalten, nahrungsarmen Winter an. Fett ist ein guter Speicher für Energie.

Energie kann man auf viele Arten speichern. Das geschieht allerdings unterschiedlich wirkungsvoll und verschieden lange. ▸ 1
- Erdgas, Kohle und Erdöl speichern Energie, die vor vielen Millionen Jahren von der Sonne geliefert wurde.
- Wenn man Wasser in ein hochgelegenes Staubecken pumpt, bleibt die Energie gespeichert, solange es nicht versickert oder verdunstet ist.
- Akkus können einige Monate lang Energie speichern. Dabei entladen sie sich allmählich und geben ihre Energie an die Umgebung ab.
- Eine Wärmflasche kühlt von selbst ab. Sie speichert Energie nur für einige Stunden.

Licht kann man ebenso wenig speichern wie jede andere Strahlung. Strahlung existiert immer nur so lange, wie Energie durch sie transportiert wird.

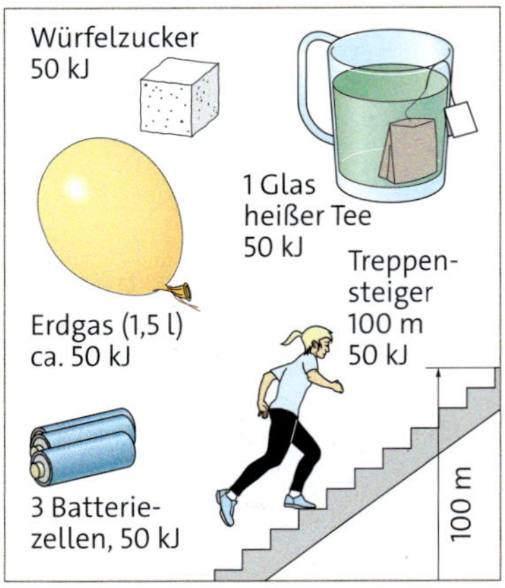

1 Energiespeicher

Regenerative Energiequellen Erdöl und Erdgas stehen nicht unbegrenzt zur Verfügung. Über Millionen von Jahren wurde Energie von der Sonne in Kleinlebewesen im Meer gespeichert. Daraus entstand das Erdöl, aus dem Benzin gewonnen wird. In wenigen Jahrzehnten wird der Energiespeicher Erdöl zur Neige gehen. Daher müssen andere Energiequellen erschlossen werden. Sonne, Wind und Wasser liefern Energie, die immer nachfließt, ebenso die nachwachsenden Energieträger wie Holz und Stroh. Solche Energiequellen heißen regenerativ, weil sie nicht aufgebraucht werden, solange die Sonne mit ihrer Strahlungsenergie für Nachschub sorgt. Eine andere, praktisch unerschöpfliche Energiequelle ist die Wärme im Innern der Erde.

Aufgaben

1 Nenne drei Beispiele für Energiespeicher und ihre jeweiligen Vor- und Nachteile.

2 Große Gewässer speichern viel Energie und prägen damit das Klima. In Bild ▸ 2 ist der jährliche Temperaturverlauf in der Küstenstadt Newcastle und von Nowosibirsk (über 2000 km bis zum Meer) aufgezeichnet.

a Ordne jeder Stadt eine Temperaturkurve zu. Begründe deine Entscheidung.

b Erkläre den Temperaturverlauf in den beiden Städten.

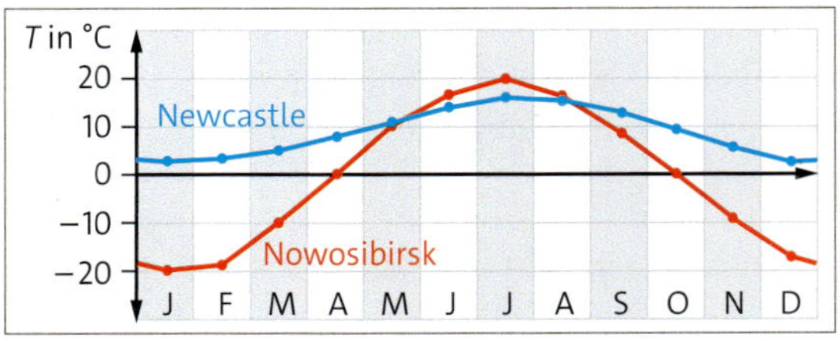

2 Temperaturverläufe

Aus der Natur: Wellen transportieren Energie

Über 200 000 Tote forderten 2004 die Wellen des Tsunami im Indischen Ozean. Tsunamiwellen entstehen durch Erdbeben auf dem Meeresgrund und können sich Tausende von Kilometern weit ausbreiten, bevor sie ihre zerstörerische Wirkung entfalten. ▸ 3
Aber die Energie von weniger gewaltigen Wellen kann genutzt werden. Vor der schottischen Küste winden sich riesige Seeschlangen aus Stahl im Wasser – angetrieben durch die hohen Wellen des Atlantiks. In ihrem Innern wird aus der Bewegung der einzelnen Glieder elektrische Energie erzeugt. Jede Seeschlange liefert so viel Energie wie ein Windgenerator. ▸ 4

1 Informiere dich, wie ein Tsunami entsteht, woran man ihn erkennt und wie man sich im Fall einer Tsunamigefahr verhält.
2 Denke dir selbst ein Gerät aus, mit dem Wellenenergie genutzt werden kann. Fertige eine Skizze an und stelle deine Idee vor.
3 Informiere dich über weitere Arten der Gewinnung von Wellenenergie und bereite ein kurzes Referat vor.
4 Auch die Energie von Ebbe und Flut kann genutzt werden („Gezeitenenergie"). Informiere dich und berichte.

3 Schäden durch einen Tsunami

4 Wellenkraftwerk – Pelamis

Aus der Technik: Pumpspeicherwerke

Das Oberbecken des Pumpspeicherwerks am Schluchsee bei Freiburg (Baden-Württemberg) fasst 100 Millionen Tonnen Wasser. Wenn Energie benötigt wird, lässt man Wasser ins 200 m tiefere Unterbecken stürzen. In jeder Sekunde fallen dann 80 t Wasser vom Ober- ins Unterbecken. ▸ 5
So kann das Speicherkraftwerk die Preisschwankungen an der Strombörse Leipzig ausnutzen. Wenn nachts weniger Energie benötigt wird und die Energie daher billig ist, wird Wasser mit elektrischen Pumpen hochgepumpt. Wenn mittags die Strompreise auf ein Vielfaches steigen, gibt das Kraftwerk Energie mit Gewinn ab. Ein Kohlekraftwerk kann nicht so rasch reagieren. Es braucht zum Starten mehrere Stunden.
Der Bedarf an Speicherkraftwerken wird größer, wenn mehr Energie aus Wind und Sonne genutzt wird. Wenn Wind und Sonne keine Energie liefern, könnte das Kraftwerk Schluchsee für mehrere Tage einige hundert große Windenergieanlagen ersetzen.

1 Zeichne das Energiediagramm für das Pumpspeicherwerk, wenn es ...
a elektrische Energie erzeugt;
b Energie speichert (Pumpbetrieb).
2 Pumpspeicherwerke erzeugen etwas weniger elektrische Energie, als man beim Hochpumpen des Wassers hineinsteckt. Warum kommen diese Kraftwerke trotzdem zum Einsatz?

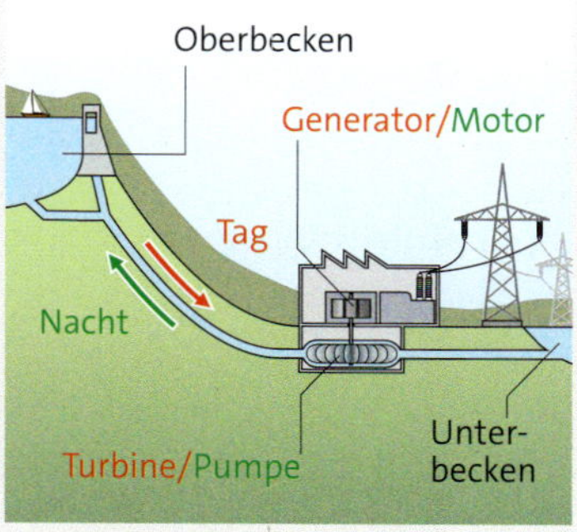

5 Pumpspeicherwerk

6 Speicherbecken eines Wasserkraftwerks

Aus der Technik: Verbrennungskraftwerke

Dieses Kraftwerk kann eine Großstadt mit 750 000 Einwohnern mit elektrischer Energie versorgen. Es erzeugt allerdings mehr thermische Energie als elektrische Energie!
Im Dampferzeuger wird Kohle oder ein anderer Brennstoff verbrannt. Damit erzeugt man Wasserdampf und erhitzt den Dampf auf über 500 °C. Der Dampf treibt die Turbine an. Mithilfe des Generators erzeugt man elektrische Energie. Nur diese wird genutzt, die thermische Energie steigt im warmen Nebel aus dem Kühlturm.

1 Steinkohlekraftwerk in Hamm

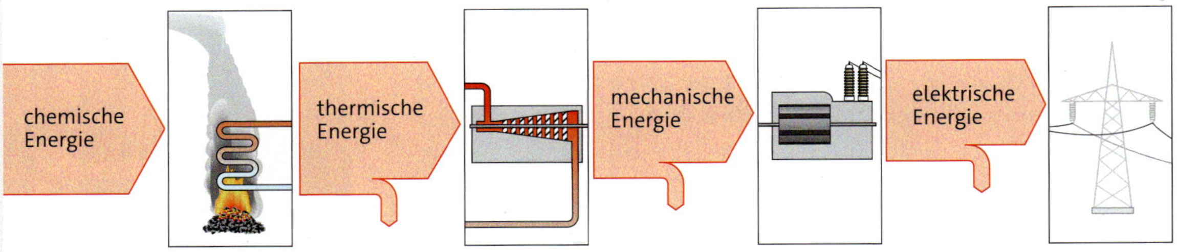

2 Energiediagramm eines Kohlekraftwerks

Beim Verbrennen von Kohle, Erdöl und Erdgas entsteht Kohlenstoffdioxid (CO_2). Dieses Gas verstärkt den Treibhauseffekt, durch den die mittlere Temperatur auf der Erde steigt. Die Kraftwerke stoßen unterschiedlich viel CO_2 aus, um 1 kW · h elektrische Energie zu erzeugen. ▸ Tabelle

Kraftwerk	nutzbare elektrische Energie	CO_2-Ausstoß
Braunkohlekraftwerk	43 %	0,94 g/kW · h
Steinkohlekraftwerk	46 %	0,73 g/kW · h
Gas- und Dampfkraftwerk	58 %	0,35 g/kW · h

Man benötigt rund 1 kW · h elektrische Energie, um z. B. eine Pizza im Backofen zu backen.
In Gas- und Dampfkraftwerken wird Erdgas verbrannt. Die 1600 °C heißen Abgase strömen gegen eine Turbine und treiben diese an. Danach sind die Abgase immer noch 600 °C heiß. Ihre thermische Energie wird genutzt, um Wasser zu verdampfen und eine Dampfturbine anzutreiben. Durch die beiden Turbinen wird die im Erdgas gespeicherte Energie besonders gut genutzt.

1 Erläutere die Funktion der einzelnen Energiewandler in der Energiekette. ▸ 2
2 Nenne zwei Vorteile des Gas- und Dampfkraftwerks im Vergleich zu Steinkohle- und Braunkohlekraftwerken.

Thermische Energie genauer betrachtet

3

Wärmebilder zeichnen die Temperatur von Gegenständen auf.
Warum hat sich die Felge des Fahrrads erwärmt?

Experiment

Bildet Gruppen, die ein oder zwei Versuche auswählen, durchführen und anschließend den anderen Gruppen vorstellen.
Klärt folgende Fragen: Was ist der Energiewandler in eurem Versuch? Welche Form von Energie wird hineingesteckt und welche Energieformen kommen heraus? Zeichnet ein Energiediagramm.

1 Feuer durch Drehen?
Spanne einen Rundholzstab in einen Akkubohrer und drücke ihn gegen ein Holzbrett. Was beobachtest du nach 1 min Drehen? ▸ 4
Warum gießt man beim Bohren harter Materialien oft Wasser oder Öl auf den Bohrer?

4 Bohrer und Holz

2 Wärme durch Schütteln?
Fülle in einen Mixbecher 50 g Wasser und miss die Temperatur auf 0,1 °C genau. Schüttle ihn 1 min lang mehrmals hintereinander kräftig. Miss nach jedem Schütteln die Temperatur.
Tipp: Benutze Papiertaschentücher, um eine Erwärmung des Wassers durch die Hand zu vermeiden.

3 Hitze aus Bewegung?
a Wie fühlt sich ein Nagel an, den du 30 s auf einer Feile oder auf Sandpapier gerieben hast?
b Reibe mit der Metallspitze eines elektronischen Thermometers kräftig über ein Stück Pappe. Erreichst du mehr als 80 °C?

4 Elektrische Energie lässt Funken sprühen?
Halte Stahlwolle mit einer Tiegelzange zwischen die Pole einer 4,5-V-Batterie. Benutze eine feuerfeste Unterlage! Schutzbrille tragen! Was wird geschehen? Vermute und beobachte. ▸ 5

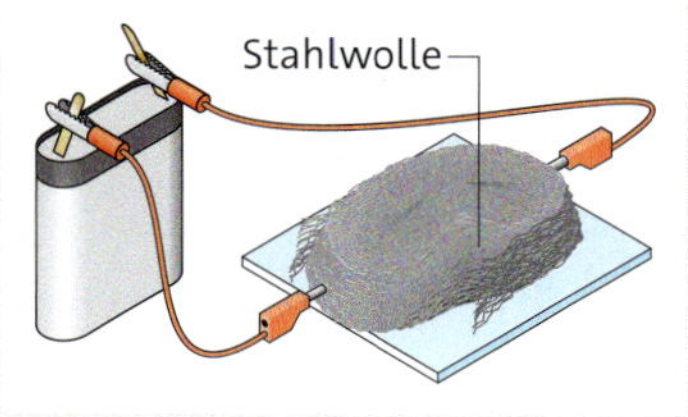

5 Stahlwolle

5 Das Brennglas
Probiere, mit einer großen Lupe und einem Tageslichtprojektor ein Stück Papier zu entflammen.

Grundlagen Das Teilchenmodell hilft, Beobachtungen zu verstehen

Warum kann man Wasser durch Schütteln in einem Mixbecher erwärmen? Warum kann Wasser fest, flüssig und gasförmig sein? Warum sind kleine Kochsalzkristalle immer quadratisch? Ganz unterschiedliche Fragen. Aber eine Idee liefert die Antworten: das Teilchenmodell.
Wir stellen uns vor, jeder Stoff besteht aus winzigen gleichartigen Teilchen.

Im festen Zustand sitzen diese Teilchen regelmäßig und eng zusammen. Wie durch kleine Federn werden sie zusammengehalten. Sie können auf ihrem Platz hin- und herschwingen. In Kristallen sind die Teilchen ganz regelmäßig angeordnet – wie kleine Magnetkugeln. ▸ 1
Im flüssigen Zustand liegen die Teilchen auch eng zusammen. Sie können gegeneinander verschoben werden wie Murmeln in einem Glas.
Im gasförmigen Zustand fliegen die Teilchen frei herum. ▸ 2

1 So stellt man sich den Aufbau fester Stoffe vor.

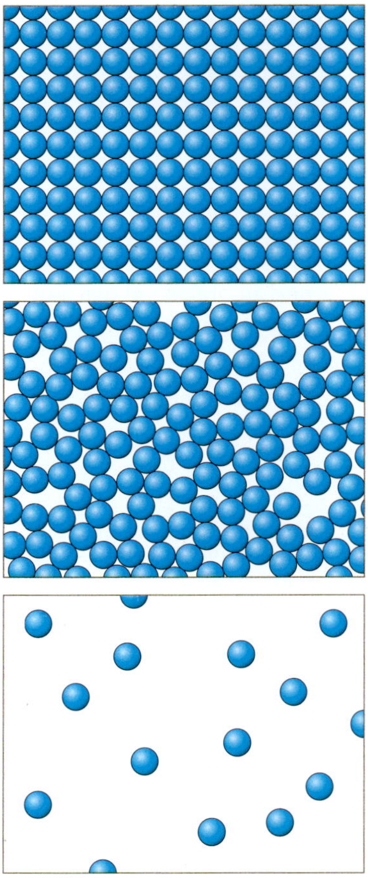

2 Fest, flüssig, gasförmig im Teilchenmodell

Die Temperatur der Stoffe hängt mit der Bewegung der Teilchen zusammen. Bei höherer Temperatur bewegen sich die Teilchen schneller.
Beim Schütteln nimmt die Bewegung der Wasserteilchen zu. Die Temperatur steigt. Beim Reiben der Hände verhaken sich die Teilchen der Haut ineinander. Wenn sie sich losreißen, schwingen sie stärker hin und her und übertragen diese Schwingung auf die umgebenden Teilchen. Die Hände werden wärmer.

Teilchenmodell: Alle Körper bestehen aus winzigen Teilchen. Zwischen den Teilchen ist nichts. Sie können selbst nicht warm oder kalt sein. Die Teilchen sind immer in Bewegung. Je heftiger die Teilchen sich bewegen, umso höher ist die Temperatur. Die Temperatur gibt also an, wie heftig sich die Teilchen bewegen.

Teilchenbewegung und Energie Was geschieht mit der Energie, wenn man einen Körper erwärmt? Man führt ihm dabei Energie zu. Im Teilchenmodell stellen wir uns vor, dass diese Energie sich auf die einzelnen Teilchen verteilt. Sie bewegen sich schneller. Ihre Bewegungsenergie nimmt zu.

Die thermische Energie eines Körpers steckt als Bewegungsenergie in seinen Teilchen.

Aufgaben

1 „Thermische Energie ist eigentlich Bewegungsenergie." Erläutere diese Aussage auf Grundlage des Teilchenmodells.

2 Wasser erwärmt sich beim Schütteln. Erkläre im Teilchenmodell.

3 Warum wird die Fahrradfelge beim Bremsen warm? Erkläre im Teilchenmodell.

4 Tim meint: „ Wenn ich Wasser erwärme, bewegen sich die kleinen Wasserteilchen stärker. Sie reiben sich mehr aneinander und werden heiß". Nimm Stellung zu dieser Aussage.

5 Beschreibe, wie man sich das Verdunsten von Wasser im Teilchenmodell vorstellen kann.

Aus der Geschichte: Das Teilchenmodell – Eine Idee verändert die Welt

Vor mehr als 2000 Jahren lebten in Griechenland einige ganz besondere Lehrer. Sie spazierten mit ihren Schülern umher und diskutierten über die merkwürdigsten Fragen. Mit ihrer Art über die Natur nachzudenken, begründeten sie die Naturwissenschaften. Einer von ihnen – DEMOKRIT – fragte seine Schüler: „Stellt euch vor, ihr halbiert ein Stück Zucker und halbiert eine Hälfte wieder und wieder und wieder ... Könnt ihr euch vorstellen, dass dieses Halbieren unendlich oft ginge?" „Nein" antworteten die Schüler, „irgendwann muss Schluss sein mit Halbieren. Dann ist man bei dem kleinsten unteilbaren Zuckerteilchen angelangt." So entstand die Idee vom Atom. (atomos heißt auf Griechisch „unteilbar".) Danach besteht jeder Stoff aus gleichen Atomen. Sie sind so klein, dass wir sie nicht sehen können. Zwischen den Atomen ist nichts als leerer Raum.
Alle Eisenatome sind gleich, alle Schwefelatome auch. Aber Eisen- und Schwefelatome unterscheiden sich. Die Vielfalt der Stoffe entsteht auch durch die unterschiedlichen Verbindungen der Atome, den Molekülen.
Viele Jahrhunderte lang wurde DEMOKRITS Idee als Spinnerei abgetan. Aber vor etwa 300 Jahren begannen Physiker und Chemiker, Beobachtungen mit der Atomvorstellung – man sagt auch mit dem Teilchenmodell – zu erklären. Seit 100 Jahren sind sich die Naturwissenschaftler darin einig, dass alle Stoffe aus Atomen oder ihren Verbindungen, den Molekülen, bestehen. Zu dieser Überzeugung trug eine Entdeckung des schottischen Biologen ROBERT BROWN aus dem Jahr 1827 bei. Er beobachtete unter einem starken Mikroskop Pollenkörner in einem Tropfen Wasser und wunderte sich sehr darüber, dass diese Pollenkörner kleine Zick-Zack-Bewegungen durchführten. Auch nach Tagen ließ diese Bewegung nicht nach.
Die Erklärung erfolgte mit dem Teilchenmodell: Pollen werden von den unsichtbaren Wassermolekülen hin und her geschubst. ▸ 3, 4
Heute bilden Teilchenmodell und Atomvorstellung eine Grundlage der modernen Wissenschaften. Ohne das Wissen von den Atomen wären z. B. Computer und Handys nicht entwickelt worden.

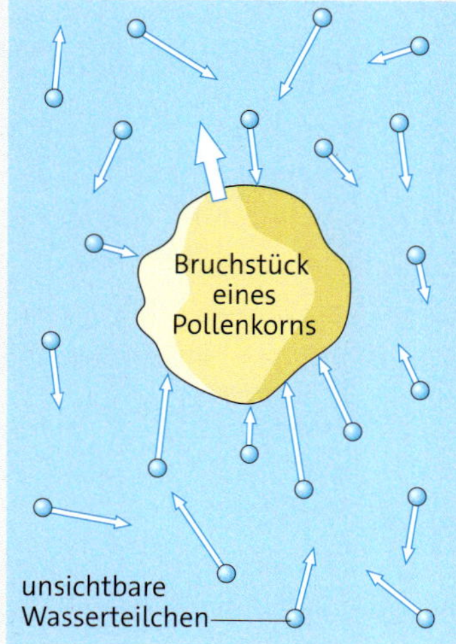

3 Erklärung im Teilchenmodell

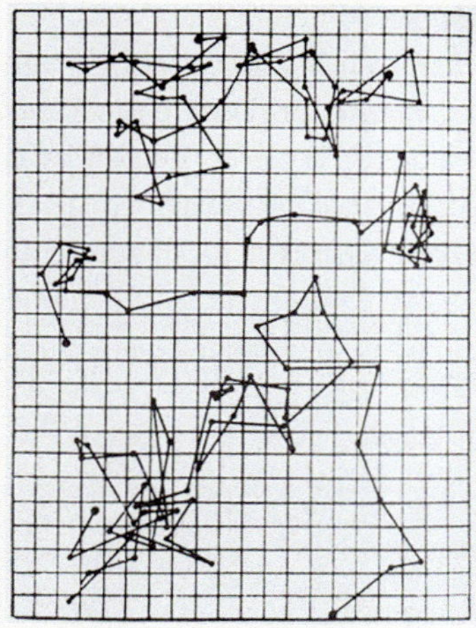
4 Beobachtung von R. BROWN

1 Schau dir im Internet Filme zur brownschen Bewegung an. Beschreibe und erkläre deine Beobachtung.

2 Verdünne Dosenmilch mit der fünffachen Menge Wasser und sieh dir einen Tropfen unter dem Mikroskop in 400-facher Vergrößerung an. Beschreibe und erkläre deine Beobachtung.

3 Werft Tennisbälle aus verschiedenen Richtungen hintereinander gegen einen Fußball. Beschreibt eure Beobachtung. Was hat dieser Versuch mit der brownschen Bewegung zu tun?

4 Im Teilchenmodell stellt man sich vor, dass bei Senkung der Temperatur die Bewegung der Teilchen langsamer wird. Erkläre im Teilchenmodell, warum der absolute Nullpunkt (–273 °C) niemals unterschritten werden kann.

Aus der Geschichte: Die Theorie vom Wärmestoff

Wir reden im Alltag von der Wärme so, als wäre sie ein Stoff: „Mach die Tür zu, die Wärme geht raus." – „Die Heizung gibt Wärme ab." – „Die Wärme verteilt sich im Raum." Die meisten Wissenschaftler glaubten bis zur Mitte des 19. Jahrhunderts an einen „Wärmestoff". Man nahm an, dass heiße Körper viel Wärmestoff besitzen. Durch den zusätzlichen Platz, den der Wärmestoff benötigt, erklärte man die Ausdehnung beim Erwärmen.

Einige Wissenschaftler zweifelten an dieser Theorie. Körper wurden z. B. durch das Erhitzen nicht schwerer. Wärmestoff – ein Stoff, der nichts wiegt?
Es gab noch eine andere Vorstellung von der Wärme. Die Wissenschaftler LAPLACE und LAVOISIER beschrieben beide Theorien vor etwa 200 Jahren so: *„Die Physiker sind sich über die Wärme nicht einig. Mehrere von ihnen betrachten die Wärme als ein Fluidum (Flüssigkeit, Stoff) ... Andere halten die Wärme für das Ergebnis unsichtbarer Bewegungen der Teilchen der Materie. Die leeren Räume zwischen den Teilchen gestatten diesen, nach allen Richtungen zu schwingen. Diese unsichtbare Bewegung ist die Wärme."*
Der Amerikaner GRAF VON RUMFORD war bayerischer Kriegsminister. Oft hatte er beobachtet, wie sich Kanonenrohre beim Ausbohren erhitzten. ▸1
1789 ging er der Frage nach der „Natur der Wärme" auf den Grund. In die riesige Bohrmaschine für Kanonenrohre spannte er einen großen Messingklotz, der sich in einem Wasserbehälter befand. Darauf setzte er einen stumpfen Bohrer. Nachdem zweieinhalb Stunden gebohrt wurde, siedete das Wasser. ▸2
Man konnte bohren, so lange man wollte: Der Wärmestoff schien niemals auszugehen.

1 GRAF VON RUMFORD

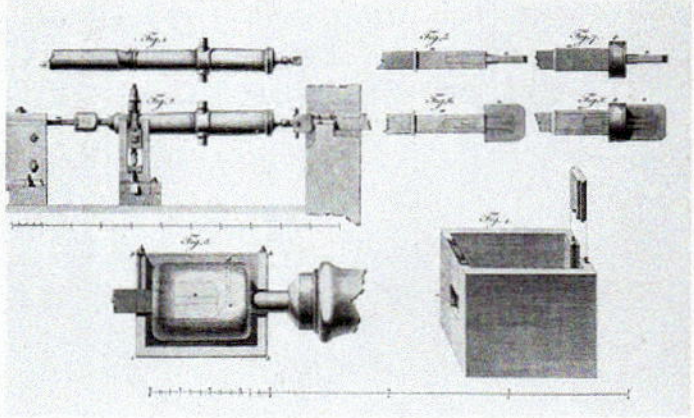

2 Vorrichtung zum Bohren von Kanonenrohren

RUMFORD schloss aus seinen Versuchen: *„Die Wärme kann keine materielle Substanz sein. Es erscheint mir schwierig, wenn nicht ganz unmöglich, mir vorzustellen, dass Wärme irgendetwas anderes sein kann als das, was bei diesem Experiment andauernd zugeführt wurde, während die Wärme in Erscheinung trat, nämlich Bewegung."*
Die Modellvorstellung „Teilchenbewegung" erklärte alle Beobachtungen – auch die, bei denen die Wärmestoffvorstellung scheiterte. Daher wurde das Wärmestoffmodell vom Teilchenmodell abgelöst.

Modelle dienen dazu, Beobachtungen zu erklären. Sie können durch andere Modelle ersetzt werden, die überzeugendere Erklärungen liefern. Sie sind weder richtig noch falsch, sondern zweckmäßig oder unzweckmäßig.

1 Wie hat GRAF RUMFORD nachgewiesen, dass Wärme (heute sagen wir „thermische Energie") kein „Stoff" ist?

2 Nach der Teilchentheorie besteht jeder Gegenstand aus winzigen beweglichen Teilchen, den Atomen. Was ist zwischen diesen Teilchen?

Kann Energie verloren gehen?

3

Oberhalb des Wasserfalls hat das Wasser Höhenenergie. Sie könnte in einem Wasserkraftwerk genutzt werden. Aber wohin verschwindet diese Energie, wenn das Wasser ungenutzt hinunterfällt?

Experiment

1 Starke Nerven

Das Gewicht berührt beim Loslassen Leons Nase. Schafft er es, den Kopf still zu halten, wenn es zurückschwingt? Probiert es aus.

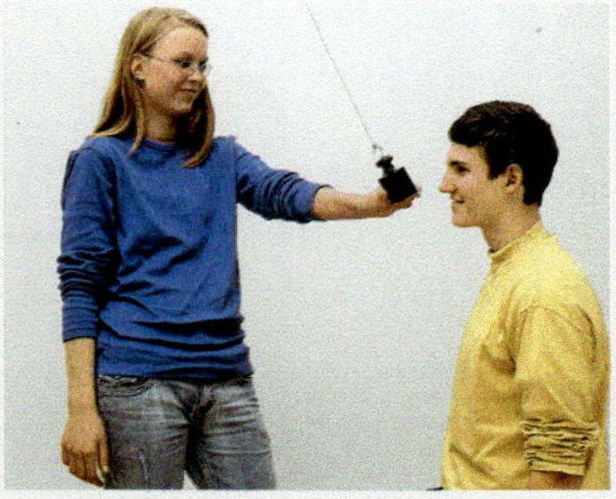

4 Hält Leon still?

2 Energieumwandlung

a Baue dieses Energieumwandlungsgerät. Drehe das Rad, bis das Wägestück oben ist, und lass es los. Warte, bis das Gerät zur Ruhe kommt. Beschreibe und erkläre deine Beobachtungen.

b Bringe eine Blattfeder zum Schwingen. Beobachte längere Zeit und erkläre.

5 Welche Umwandlungen finden statt?

3 Kann Energie verschwinden?

a Lasst einen Flummi aus verschiedenen Höhen fallen. Wie viele Sprünge schafft er? Stellt Vermutungen an, was mit seiner Energie geschieht.

b Ihr braucht: Stativmaterial, Bindfaden (1 m), Wägestück.
Baut ein Pendel auf. Lasst es schwingen. Vergleicht die zwanzigste Schwingung mit der ersten. Beschreibt eure Beobachtung. Verändert das Pendel, sodass die Schwingungen schneller aufhören. Stellt Vermutungen an, was mit der Energie des Pendels geschieht.

Grundlagen Energie – die Menge bleibt immer gleich

Wenn Tina das Pendel zur Seite bis zu Leons Nase zieht, hebt sie es dabei auch einige Zentimeter hoch. Dazu wendet sie Energie auf. Diese Energie ist dann im Pendel gespeichert. Nach dem Loslassen wird die Energie genutzt, um das Pendel in Schwung zu bringen. Im tiefsten Punkt ist es am schnellsten. Anschließend wird die Energie genutzt, das Pendel auf der anderen Seite wieder steigen zu lassen. ▸ Exp. 1, S. 115
Die Erfahrung zeigt: Der Ausschlag des Pendels wird nie größer, als er am Anfang war! Die Energie kann nicht von allein zunehmen.
Ein anderes Beispiel für diese Erfahrung ist der „Flummi". Wenn man ihn einfach fallen lässt, springt er nie höher als bis zu seiner Anfangshöhe. Seine Energie nimmt nicht von allein zu. Im Gegenteil: Mit jedem Auftippen springt er weniger hoch. Seine Energie nimmt von Sprung zu Sprung ab.

Kann Energie sich in nichts auflösen? Die Wärmebildaufnahme zeigt: Bei jedem Aufprall der Kugel wird die Unterlage kurzzeitig um einige Grad Celsius erwärmt. Auch beim Flummi wird ein Teil der Energie beim Aufprall auf die Unterlage übertragen. Noch nie wurde ein Vorgang gefunden, bei dem sich Energie in nichts aufgelöst hat.

Energie kann von einem Ort zum anderen übertragen werden. Die Nutzungsart der Energie kann sich ändern. Die Menge der Energie ändert sich dabei niemals (Satz von der Energieerhaltung).

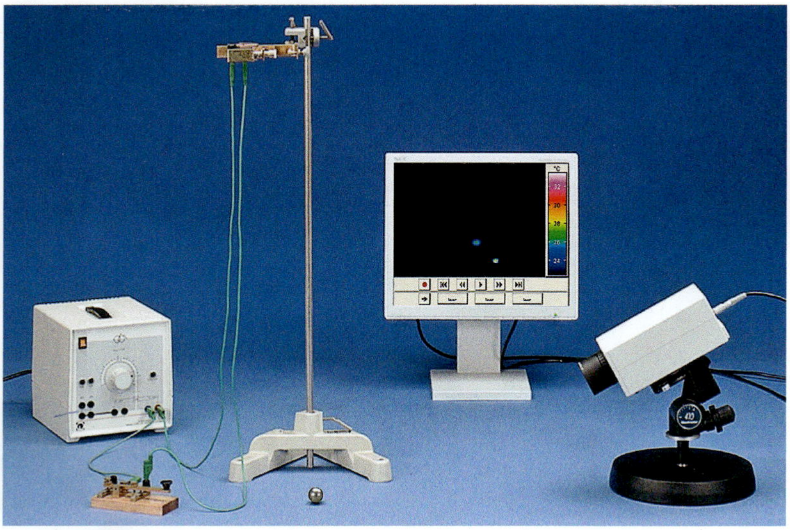

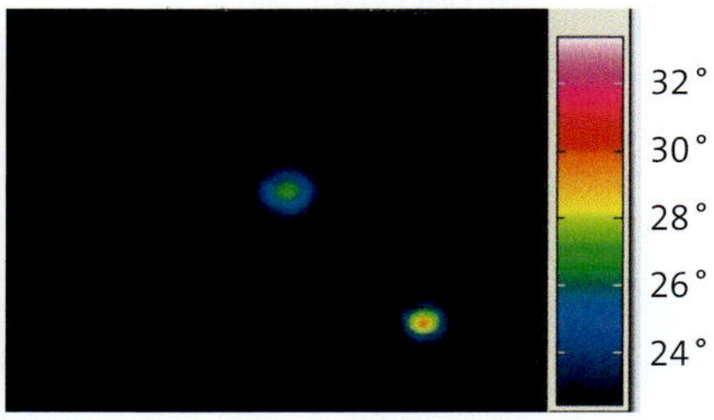

1 Erwärmung der Tischplatte beim Aufprall einer Kugel aus 70 cm Höhe

Aufgaben

1 Ein Pendel wird zur Seite gezogen und dann losgelassen.
a Beschreibe, welche Energieumwandlungen stattfinden.
b Wann ist die Energie in welcher Form gespeichert?
c An welcher Stelle ist das Pendel am schnellsten? Begründe deine Antwort.
d Warum schwingt das Pendel bei jeder Schwingung etwas weniger hoch?

2 Wohin verschwindet die Energie beim Wasserfall?

Aus der Geschichte: Die Suche nach dem Perpetuum mobile

Maschinen, wie wir sie kennen, gab es im Altertum noch nicht. Getreide mahlen, Lasten transportieren oder Felder bewässern – man war auf Muskeln, Wind und Wasser angewiesen. „Energiequellen" waren oft Menschen (Sklaven) oder Tiere. Man ließ Pferde im Kreis herumgehen und hölzerne Zahnräder drehen.
Tüftler suchten immer wieder nach unerschöpflichen Energiequellen. Die von einer Maschine abgegebene Energie wollten sie nutzen, um damit dieselbe Maschine anzutreiben. Seit dem 12. Jahrhundert gab es Versuche, eine solche Maschine zu bauen. Sie sollte von selbst weiterlaufen und dabei fortwährend z. B. einen Schleifstein oder ein Mühlrad antreiben. ▸ 2
Solch ein Perpetuum mobile (lat. *perpetuum:* dauernd; *mobilis:* beweglich) hat aber leider niemals funktioniert. „Von nichts kommt nichts" – Energie kann nicht aus dem Nichts erzeugt werden. Wenn eine Maschine Energie abgibt, muss man ihr die gleiche Menge auch wieder zuführen, sonst kommt sie schnell zum Stillstand.

2 Perpetuum mobile

3 Wie soll das funktionieren?

1 Beschreibe, wie die abgebildeten Maschinen funktionieren sollten. ▸ 3
2 Suche im Internet nach weiteren Entwürfen für ein Perpetuum mobile. Beschreibe, wie die Maschinen ohne Energiezufuhr laufen sollten.
3 Finn hat eine gute Idee. ▸ 4
a Was hat sich Finn gedacht?
b Wird der Wagen ohne Motor auf ebener Strecke fahren? Begründe deine Antwort.
4 Mia meint: Elektrofahrräder haben doch einen Elektromotor für den Antrieb und einen Dynamo für die Beleuchtung. Bei Tag brauche ich ja kein Licht. Dann schließe ich den Dynamo an den Elektromotor. Der Dynamo liefert dann die Energie zum Fahren und ich brauche nicht strampeln.
Hat Mia das Patentrezept für Fahren ohne Energie erfunden?

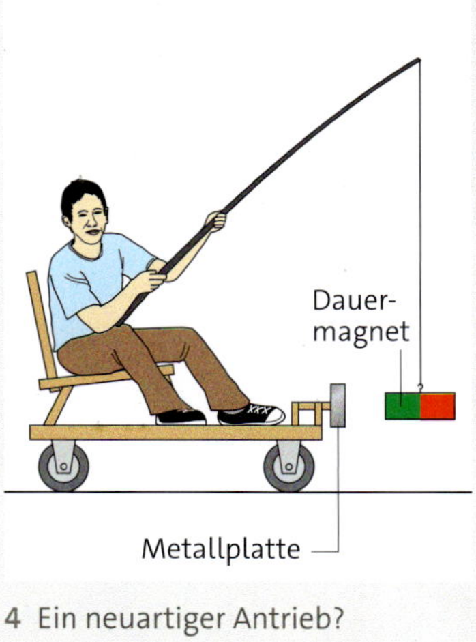

4 Ein neuartiger Antrieb?

Grundlagen Energie wird genutzt und entwertet

Die Waschmaschine braucht Energie zum Erwärmen des Waschwassers. Was geschieht mit dieser Energie nach dem Waschen? Ein Teil erwärmt die Luft an der Waschmaschine. Der Rest fließt mit dem heißen Abwasser zum Klärwerk. Sie erwärmt das Wasser im Klärbecken ein klein wenig. Schließlich hat sich die Energie soweit auf die Umgebung verteilt, dass man von einer Erwärmung nichts mehr spürt. Dann hat die Energie ihren Nutzen für uns verloren.

Wenn die Energie als thermische Energie in der Umwelt verteilt wurde, ist sie für uns wertlos geworden. Sie ist entwertet.

Beispiele:
- Ein Pendel steigt bei jeder Schwingung etwas weniger hoch. Ein kleiner Teil seiner Energie wird benötigt, um die Luft zur Seite zu schieben und die Reibung an der Aufhängung zu überwinden. Dadurch gibt das Pendel Energie ab.
- Halogenlampen werden beim Betrieb heiß. Wir nutzen nur ihr Licht. Die thermische Energie ist „Abfall" und geht ungenutzt verloren.
- Jeder größere Elektromotor hat einen Ventilator. In den Drähten und Lagern des Motors entsteht thermische Energie. Sie wird abgeführt, bevor sie den Motor zerstört. Unerwünschte thermische Energie entsteht oft durch Reibung. ▸ 2, 3

Bei allen Energieumwandlungen wird ein Teil der Energie in thermische Energie umgewandelt und „versickert" in der Umgebung. Diese Energie ist immer noch in der Welt. Sie hat aber für uns ihren Wert verloren, weil wir sie nicht mehr nutzen können.
Statt von „Energieverlust" sprechen die Physiker von Energieentwertung.

Energieverbrauch Beim Duschen verbrauchst du Wasser. Danach fließt es als Abwasser durch die Kanalisation. Beim Verbrauch verschwindet das Wasser nicht. Genauso verhält es sich mit der Energie. Eine Halogenlampe verbraucht elektrische Energie. Dabei verschwindet die Energie nicht. Sie tritt hinterher nur anders in Erscheinung: als Strahlungsenergie und als thermische Energie.

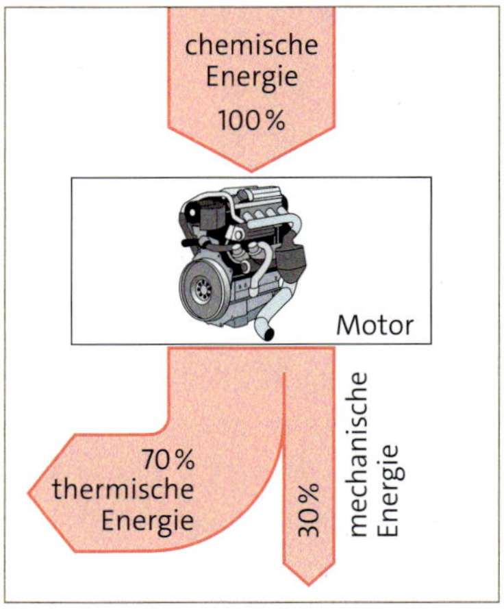

1 Energieentwertung im Energiediagramm

2 Unerwünschte Erwärmung an einem Zahnrad

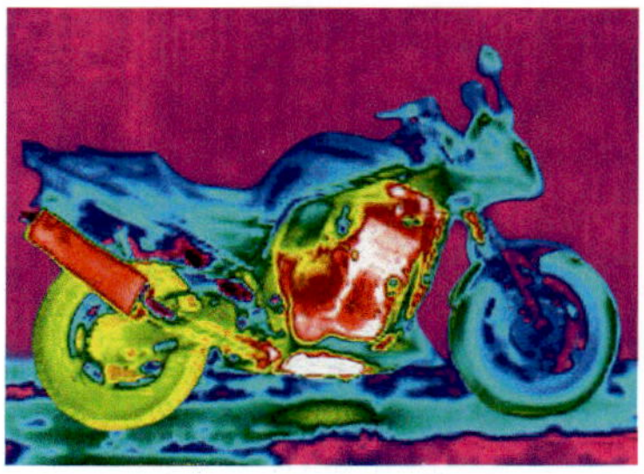

3 Thermische Energie an einem Motorblock

Aufgaben

1 Warum ist der Ausdruck „Energieentwertung" treffender als der Ausdruck „Energieverlust"?

2 Ein Flummi kommt nach etlichen Sprüngen zur Ruhe. Erkläre, was mit seiner Energie geschehen ist.

3 „Wenn Sonnenlicht auf schwarzes Papier fällt, wird Energie entwertet." Erkläre diese Aussage.

4 „Kugellager verringern die Energieentwertung." Erkläre diese Aussage.

5 Wenn du Haushaltsgeräte benutzt, wird Energie entwertet.
a Beschreibe dies an verschiedenen Beispielen.
b „Energie sparen heißt, möglichst wenig Energie zu entwerten." Erläutere diese Aussage an deinen Beispielen.

Aufgaben und Aufträge

Ohne Energie geht nichts

1 Ramon hat sich eine ausgeklügelte Weckvorrichtung ausgedacht. Um 8 Uhr soll die Sonne einen Faden durchbrennen, der die Feder gespannt hält. ▸ 4

4 Weckvorrichtung

a Erzähle die Weckgeschichte zu Ende.
b Welche Energieumwandlungen finden statt? Wie wird die Energie von Ort zu Ort transportiert?
c Wird die Weckmaschine tatsächlich funktionieren? Begründe deine Antwort.

2 Der „Film" zeigt die Abschnitte eines Trampolinsprungs. ▸ 5
Ordne ihnen die folgenden Sätze zu.
A Die Lageenergie ist am größten.
B Die Spannenergie ist am größten.
C Die Bewegungsenergie nimmt zu.
D Die Lageenergie nimmt zu.

3 Lara hat drei Versuche aufgebaut und Zeichnungen dazu angefertigt.
a Zeichne Energiediagramme zu den Versuchen.
b Nenne Vorteile und Nachteile der Energiediagramme im Vergleich mit den Zeichnungen.

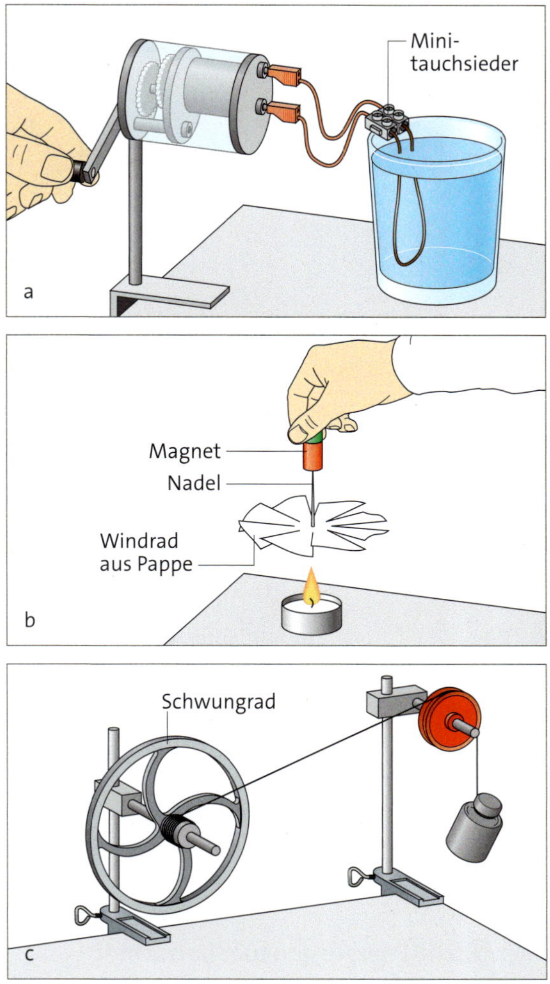

6 Versuchsanordnungen

5 Trampolinsprung

Energie wird transportiert und gespeichert

4 „Eine gespannte Feder besitzt Energie." Zeige und erläutere die Aussage mit Teilen eines Kugelschreibers.

5 Camilla saust auf ihren Inlineskates durch die Halfpipe. Sie fährt die Rampe auf der linken Seite hinunter und auf der rechten Seite bis zur waagerechten Plattform wieder hinauf. ▸ 1

1 Halfpipe – energetisch betrachtet

a Ohne eigenes Zutun würde Camilla die rechte Plattform nicht erreichen. Beschreibe für diesen Fall den Bewegungsablauf aus Sicht der Energie und ihrer Umwandlungen.
b Wie schafft es Camilla wohl, die Plattform doch zu erreichen?

6 Wenn du Treppen hinaufläufst, brauchst du viel Energie.
a Woher nimmt dein Körper die Energie? Mindestens 2 Stoffe sind notwendig.
b Der menschliche Körper ist ein Energiespeicher und Energiewandler. Erkläre diese Aussage am Beispiel des Treppensteigens. Zeichne das Energiediagramm.

Thermische Energie genauer betrachtet

7 Thermische Energie kann auf unterschiedliche Arten erzeugt werden. Nenne 5 Beispiele.

8 Tim behauptet, dass nicht nur in kochendem, sondern auch in 10 °C kaltem Wasser Energie steckt. „Seht, ich lege jetzt einen Eiswürfel in das kalte Wasser …", beginnt er seine Erklärung. Setze sie fort.

9 Ein Kupferstab wird an einem Ende erhitzt. Bald ist auch das andere Ende warm. Erkläre die Wärmeleitung im Teilchenmodell.

10 Am Wärmebild kannst du sehen, wo die Heizenergie verloren geht. Erläutere. ▸ 2

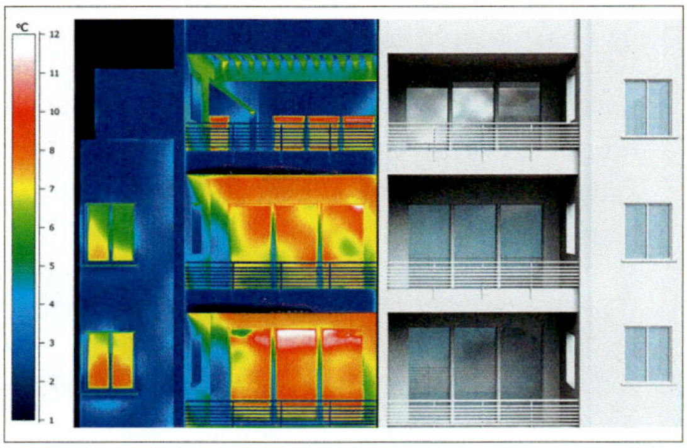

2 Heizenergie geht verloren.

11 Beim Verdunsten geht Wasser vom flüssigen in den gasförmigen Zustand über.
a Erkläre im Teilchenmodell.
b Warum verdunstet Wasser bei höherer Temperatur schneller?

12 „Thermische Energie ist eigentlich immer mechanische Energie". Erkläre diese Aussage im Teilchenmodell.

Kann Energie verloren gehen?

13 Ein Holzklotz rutscht über den Boden. Nach kurzer Zeit bleibt er liegen. Ist seine Bewegungsenergie vernichtet worden oder hat eine Energieumwandlung stattgefunden?

14 In das linke Gefäß wurde Wasser gefüllt. Nun dreht sich das Wasserrad.

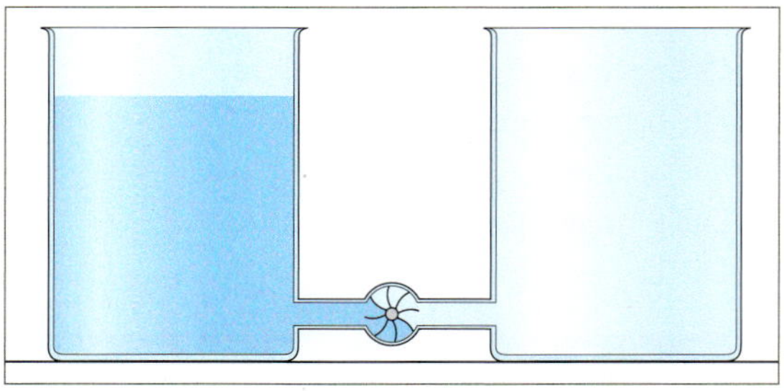

3

a Erkläre, warum das Wasserrad nach einer Weile stehen bleibt.
b Das Wasserrad dreht sich erst schnell, dann immer langsamer. Erläutere an diesem Beispiel die Aussage: „Höhenunterschiede können Energieströme antreiben."

Überblick

Energie ist erforderlich, um etwas in Bewegung zu setzen, hochzuheben, zu erwärmen, zum Leuchten, zum Wachsen zu bringen …

Energietransport und Energiespeicherung Energie kann auf unterschiedliche Arten transportiert werden, z. B. mit Elektrizität, Sonnenstrahlung, heißem Wasser, Treibstoffen in Pipelines oder Tanks.
Sie kann gespeichert werden, z. B. in Akkus, durch Hochpumpen oder Erwärmen von Wasser, aber auch in Nahrungsmitteln und Treibstoffen.

Energieformen und Energiewandler Je nach Art von Speicherung oder Transport unterscheidet man verschiedene Energiearten:
Bewegungsenergie, Höhenenergie und Spannenergie werden als *mechanische Energie* bezeichnet:

- *Bewegungsenergie* ist in allen bewegten Gegenständen gespeichert.
- *Höhenenergie* ist in hoch gehobenen Gegenständen gespeichert.
- *Spannenergie* ist in allen elastischen Gegenständen gespeichert, wenn sie verformt werden.
- *Elektrische Energie* wird durch Kabel transportiert.
- *Strahlungsenergie* wird durch Licht oder Mikrowellenstrahlung transportiert.
- *Thermische Energie* ist in allen erwärmten Gegenständen gespeichert.
- *Chemische Energie* steckt in Brennstoffen, Treibstoffen und Nahrungsmitteln.

Energiewandler wandeln eine Energieform in eine andere um. ▸ 4
Der Elektromotor ist ein Energiewandler. Er wandelt elektrische Energie in mechanische Energie um.

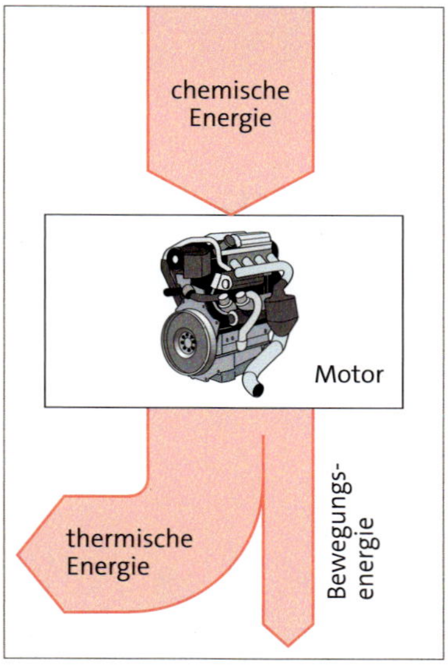

4 Energiediagramm

Teilchenmodell Im Teilchenmodell stellen wir uns vor, dass jeder Stoff aus sehr kleinen Teilchen, den Atomen besteht. Mehrere Atome können sich zu einem Molekül verbinden. In Gasen sind die Atome bzw. Moleküle frei beweglich. In festen Stoffen können sie nur um ihre Ruhelage schwingen. Mit steigender Temperatur bewegen sich die Atome immer heftiger. Die thermische Energie eines Körpers steckt in der Bewegung der Teilchen.

Energieerhaltung und Energieentwertung Genauso viel Energie wie in einen Energiewandler strömt, verlässt ihn auch wieder. Energie wird weder erzeugt noch vernichtet.
Energie kann von einem Ort zum anderen übertragen werden. Die Nutzungsart der Energie kann sich ändern. Die Menge der Energie ändert sich dabei niemals.
Aber von der herausströmenden Energie ist nicht alles nutzbar. Immer entsteht unerwünschte thermische Energie. Sie verteilt sich in der Umwelt und ist für uns wertlos geworden. Der Wert der Energie nimmt bei jeder Umwandlung ab.

So oft ist von Energiesparen die Rede: Du sollst das Licht ausschalten, wenn du es nicht brauchst, besser Rad als Moped fahren, beim Spagettikochen den Deckel auf den Topf legen …

Energie in Zahlen

Nicht nur, um den Geldbeutel zu schonen, sollte man Energie sparen, sondern auch, um die Umwelt zu schützen. Überwiegend stammt unsere Energie immer noch aus Erdöl-, Gas- oder Kohlekraftwerken. Du weißt, dass diese Kraftwerke die Atmosphäre belasten und das Klima beeinflussen.

2

3

4

Aber wie viel Energie spart man eigentlich, wenn man den Deckel auf den Topf legt oder eine Halogenlampe durch eine LED-Lampe ersetzt? Und bringt es überhaupt etwas, den PC im Energiesparmodus zu betreiben?
Um das herauszufinden, muss man die Energie messen oder aus anderen Messgrößen berechnen. Wie das geht, lernst du in diesem Kapitel.
Und auch, was die Wattzahl auf elektrischen Geräten bedeutet und wie man die körperliche Leistung messen kann. Wie viel Energie wir mit der Nahrung aufnehmen und wie viel wir davon durch Reiten oder Fußball wieder „verbrennen“.

5

Wie viel Energie benötigst du?

6

Was besagen diese Zahlen?

Experiment

1 Energie in Schokolade, Spagetti und Speiseöl

Der Nährwert von Lebensmitteln wird durch Verbrennen bestimmt. Berechne aus den Messwerten, wie viel Energie beim Verbrennen von 100 g des Nahrungsmittels umgewandelt wird. Vergleiche deine Ergebnisse mit den Tabellenwerten. Wodurch könnten die Abweichungen begründet sein?

a Ein halbes Stückchen bittere Schokolade (ca. 1,5 g) wird unter einem „Topf" mit 200 g Wasser verbrannt. Um wie viel °C nimmt die Wassertemperatur zu? Rühre das Wasser mit dem Thermometer um. ▸ 7

b Diesmal werden 200 g Wasser 5 min lang mit einer „Öllampe" erwärmt. ▸ 8
Wie kannst du die Masse des verbrannten Öls ermitteln?

c Erwärme Wasser in einem Teelicht-Topf mit einer einzelnen brennenden Spagetti-Nudel. Ermittle die verbrannte Masse und die Temperaturerhöhung.

2 Wie viel Energie liefert Benzin?

a In einer aufgeschnittenen Getränkedose werden 200 g Wasser mit einem Benzinfeuerzeug um etwa 20 °C erwärmt. Die benötigte Benzinmenge wird durch genaues Wiegen des Feuerzeugs bestimmt.

b Berechnet, wie viel Energie das Verbrennen von 1 kg Benzin liefert. *Hinweis:* Zur Erwärmung von 200 g Wasser um 1 °C benötigt man eine Energie von 0,84 kJ.

3 Tägliche Energieaufnahme

a Versuche alles zu wiegen, was du an einem Tag isst und trinkst. Notiere die Werte.

b Suche im Internet nach einem Nährwertrechner. Berechne für alle Einträge in deiner Tabelle die Energie in Kilojoule (kJ).

c Schätze mit deinen Werten deine gesamte Energieaufnahme an einem Tag.

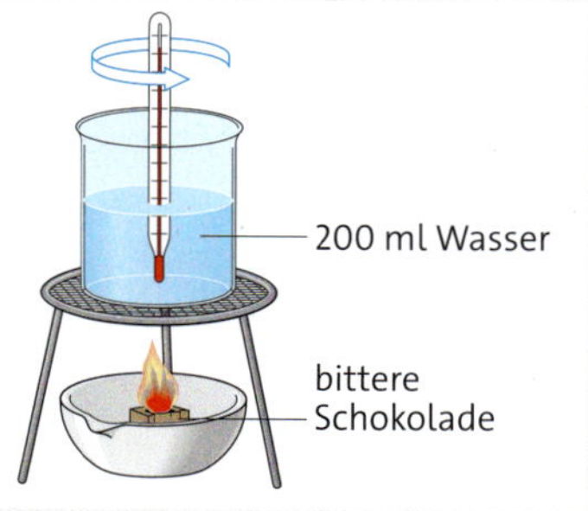

7 Schokolade brennt

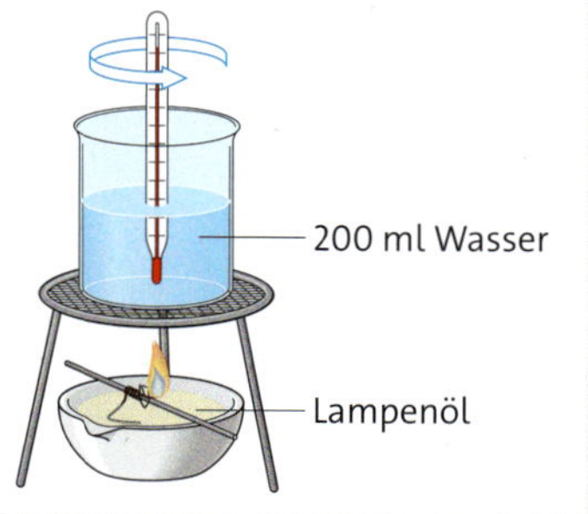

8 Öllampe

Experiment

4 Erwärmen durch Hochheben und Fallenlassen

Wenn du das Papprohr umdrehst, fällt 1 kg Bleischrot 1 m tief. ▸ 1

a Um wie viel °C erwärmt sich das Bleischrot, wenn man das Rohr 25-mal umdreht? Miss die Temperatur mit einem elektronischen Thermometer.

b Zeichne ein Energiediagramm.

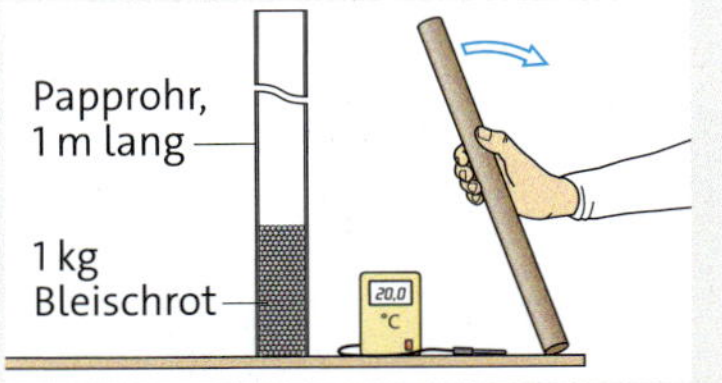

Grundlagen Ein Maß für die Energie

Ohne Energie bewegt sich nichts – kein Fahrzeug und auch dein Körper nicht. Täglich musst du mit der Nahrung neue Energie aufnehmen. Aber besser nicht zu viel: Überschüssige Energie wird als Fett gespeichert. Beim Sport kannst du sie wieder loswerden.

Die Einheit der Energie ist Joule (J). Mit 1 Joule kann man ca. einen Tropfen (¼ g) Wasser um 1 °C erwärmen. Um 1 kg (1 Liter) Wasser um 1 °C zu erwärmen, braucht man 4200 Joule.

1 Joule ist sehr wenig Energie. Wenn du 100 g Schokolade 1 m hochhebst, musst du 1 J aufwenden. Isst du die Schokolade auf, nimmst du 2,2 Millionen Joule (2,2 MJ) zu dir. ▸ 2

Größere Energieeinheiten sind das Kilojoule (kJ) und das Megajoule (MJ).
1 MJ = 1000 kJ = 1 000 000 J

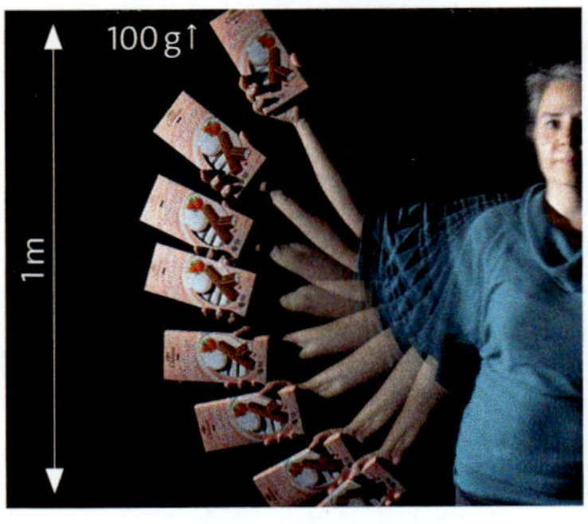

2 1 Joule Lageenergie

Früher wurde die Energie in Kilokalorien (kcal) gemessen. 1 kcal ist die Energie, die man benötigt, um 1 kg Wasser um 1 °C zu erwärmen. Bei der Angabe des Energiegehalts von Nahrungsmitteln ist die Kilokalorie neben der Angabe von Joule noch gebräuchlich. ▸ Tabelle 1

Der Brennwert gibt an, wie viel Energie ein Nahrungsmittel enthält.

Nahrungsmittel	Energie		Nahrungsmittel	Energie	
	in MJ	in kcal		in MJ	in kcal
Cola (0,33 l)	1,2	287	Nudeln mit Soße	2,0	478
Schokolade (Tafel)	2,2	526	Käsekuchen (Stück)	1,6	382
Schokoriegel	1,0	239	Käsebrötchen	1,5	358
Pizza	2,9	670	Bratwurst	0,9	215
Pommes frites (200 g)	1,8	430	Müsli (Portion)	1,0	239

Tabelle 1 Energie in Nahrungsmitteln

Aufgaben

1 Vergleiche

a Was enthält mehr Energie: eine Bratwurst oder eine Dose Cola?

b Suche weitere unerwartete Vergleiche in der Tabelle.

2 Ein Schokoriegel und eine Portion Müsli enthalten gleich viel Energie. Lukas meint: „Gut, dann esse ich ab jetzt immer einen Schokoriegel zum Frühstück". Bewerte diese Idee.

Um den Brennwert eines Nahrungsmittels zu bestimmen, wird eine abgewogene Menge in einem gut isolierten Gefäß (Kalorimeter) unter Zufuhr von Sauerstoff verbrannt. Die thermische Energie wird genutzt, um Wasser zu erwärmen. Aus dem Temperaturanstieg lassen sich die Menge der frei gesetzten Energie und der Brennwert berechnen.

Musteraufgabe

10 g Schokolade werden in einem Kalorimeter verbrannt. Dabei werden 1000 g Wasser um 52 °C erwärmt. Bestimme die frei gesetzte Energie und den Brennwert der Schokolade.

Lösung:

Um 1000 g Wasser um 1 °C zu erwärmen, benötigt man 4200 J.
Um 1000 g Wasser um 52 °C zu erwärmen, benötigt man $52 \cdot 4200\,J = 218\,400\,J$.
10 g Schokolade setzen 218 400 J frei; 100 g das Zehnfache, also 2 184 000 J = 2,18 MJ

Tätigkeit	Energie	
	in MJ	in kcal
Bergsteigen	4,8	1147
Skilanglauf	3,8	908
Fußballspielen	3,0	717
Jogging	2,5	597
Schwimmen	1,8	430
Tanzen	1,8	430
Radfahren (Flachland)	1,2	287
Gymnastik	1,2	287
Spazierengehen	0,4	96
Stehen	0,1	24
Sitzen	0,1	24

Tabelle 2 Energiebedarf für 1 Stunde Bewegung

Bei Treibstoffen und Heizstoffen gibt man oft den Heizwert an. Er ist niedriger als der Brennwert und berücksichtigt, dass beim Verbrennen Wasser verdampft wird. Die dazu benötigte Energie steht zum Heizen oder zum Antrieb nicht zur Verfügung. ▸ Tabelle 3

Brennstoff	Heizwert	Brennstoff	Heizwert	Brennstoff	Heizwert
Braunkohlenbrikett	$2\,\frac{MJ}{kg}$	Erdöl	$42–48\,\frac{MJ}{kg}$ bzw. $36–41\,\frac{MJ}{\ell}$	Benzin	$44\,\frac{MJ}{kg}$ bzw. $33\,\frac{MJ}{\ell}$
Holz, trocken	$15\,\frac{MJ}{kg}$	Heizöl	$43\,\frac{MJ}{kg}$ bzw. $36\,\frac{MJ}{\ell}$	Erdgas	$19–54\,\frac{MJ}{m^3}$
Steinkohle	$30\,\frac{MJ}{kg}$	Dieselkraftstoff	$43\,\frac{MJ}{kg}$ bzw. $36\,\frac{MJ}{\ell}$		

Tabelle 3 Heizwerte

Aufgaben

1 Die Energie von Nahrungsmitteln wird oft in Kilokalorien (kcal) angegeben. Wie viele Kilokalorien ergeben ein Kilojoule? Gib eine Umrechnungsregel an. ▸ 3

3 Angaben auf Lebensmitteln

2 Bei Maiers steht ein Hometrainer im Keller. Auf dem Display wird der „Energieverbrauch" in der Einheit Kilokalorien (kcal) angegeben. Nach 20 Minuten Training zeigt das Display den Wert „186" an. Gib die Energie in Kilojoule (kJ) an.

3 Eine dünne Spagetti (0,5 g) wurde unter einer großen Teelichthülle mit 40 g Wasser verbrannt. Die Temperatur stieg um 42 °C.

a Wie viel Energie wurde für die Erwärmung genutzt?

b Berechne den Brennwert von 100 g Spagetti mit dem Ergebnis von Aufgabe a.

c Vergleiche mit dem Tabellenwert und begründe die Abweichung.

Methode Physikalische Größen

Die Länge und Breite, die Strecke, die Zeit und die Masse sind physikalische Größen. Physikalische Größen sind messbar. Zu jeder physikalischen Größe gehört eine Einheit. Längen und Strecken werden in Metern (m) gemessen, die Zeit in Sekunden (s), die Masse in Kilogramm (kg).
Die Angabe eines Messwerts besteht immer aus zwei Teilen: dem Zahlenwert und der Einheit.

Größe	**Zahlenwert**	**Einheit**
Länge	1,54	m
Zeit	3,5	s

Für jede physikalische Größe gibt es zur Abkürzung ein „Formelzeichen“. Auch die Einheiten werden abgekürzt, das Meter zum Beispiel durch m. Für viele Größen gibt es mehrere Einheiten, für die Länge z. B. neben Meter auch Zentimeter oder die Einheiten Elle, Fuß oder Yard.
Die internationale „Konferenz für Maß und Gewicht“ hat 7 Basiseinheiten festgelegt, aus denen alle anderen Einheiten zusammengesetzt werden. Sie heißen SI-Einheiten (Système Internationale d'Unités). Zum SI-Einheitensystem gehören das Meter, die Sekunde und das Kilogramm.

Größe	Formelzeichen	Einheit
Länge, Strecke	s	Meter (m)
Zeit	t	Sekunde (s)
Masse	m	Kilogramm (kg)

Tabelle 1 Physikalische Größen

Achtung: „s“ und „m“ kommen als Formelzeichen und in einer anderen Bedeutung als Einheit vor!

Vielfache und Teile von Einheiten Um Längen im Haus anzugeben, ist das Meter zwar eine praktische Einheit, aber für die Angabe der Größe von Bakterien (0,000 005 m) oder der Entfernung Erde–Mond (384 000 000 m) ist es unpraktisch. Daher verwendet man auch Vielfache und Teile von Einheiten. ▸ Tabelle 2

Vorsilbe	Abkürzung der Vorsilbe	Vielfaches der Einheit	Faktor, mit dem die Einheit multipliziert wird
Kilo-	k	1 000-faches	10^3
Mega-	M	1 000 000-faches	10^6
Giga-	G	1 000 000 000-faches	10^9
		Teil der Einheit	
Milli-	m	1 000ste Teil	$10^{-3} = 0{,}001$
Mikro-	µ	1 000 000ste Teil	$10^{-6} = 0{,}000\,001$
Nano-	n	1 000 000 000ste Teil	$10^{-9} = 0{,}000\,000\,001$

Tabelle 2 Vielfache und Teile von Einheiten

Aufgaben

1 Umrechnungen
a Ein Haar ist 0,000 050 m dick. Gib die Dicke in mm, µm und km an.
b Der Erdumfang am Äquator beträgt 40 074 000 m. Gib ihn in km und in cm an.
c Erläutere an den Beispielen aus den Aufgaben a und b, welchen Vorteil die Verwendung passender Einheiten hat.

2 Sinnvolle Einheiten
a Hat man mit 234 000 000 mg Übergewicht?
b Kann man einen $14{,}5 \cdot 10^{-2}$ km langen Schulweg bequem zu Fuß gehen?

3 Auf den Menschen wirken 0,05 g Nikotin auf einmal genommen tödlich. In wie vielen Zigaretten ist diese Menge enthalten, wenn eine Zigarette 0,9 mg Nikotin enthält?

4 Geschwindigkeiten werden oft in km/h angegeben. Wie viel m/s sind 50 km/h? *Tipp:* Verwandle die Kilometer in Meter und die Stunde in Sekunden.

Aus der Natur: Unser Energiebedarf

Während in einigen Entwicklungsländern nach wie vor Menschen verhungern, haben wir hierzulande ein ganz anderes Problem: Viele von uns werden immer dicker. Was genau für die Gewichtszunahme verantwortlich ist, ist nach wie vor nicht abschließend geklärt. Die meisten Experten gehen allerdings davon aus, dass letztlich eine zu hohe Energiezufuhr schuld an der Misere ist. Doch nicht nur ein Zuviel an Energie kann uns krank machen. Auch wer dauerhaft hungert, nur um einem gängigen Schönheitsideal zu entsprechen, riskiert krank zu werden.
Doch wie viel Energie brauchen wir eigentlich?
Diese Frage lässt sich auch mit teuren Handy-Apps und Fitness-Trackern nicht exakt beantworten. Wie viel Energie unser Körper benötigt, können wir hingegen nur näherungsweise bestimmen. ▸1
Der Grundumsatz, also die Energie, die unser Körper auch dann benötigt, wenn wir den ganzen Tag im Bett oder auf dem Sofa verbringen, lässt sich wie folgt abschätzen:

$$E_G \approx 4{,}2 \frac{\mathrm{J}}{\mathrm{kg \cdot h}} \cdot m_{\text{Körper}} \cdot 24\,\mathrm{h}$$

Für ein ca. 60 kg schweres Mädchen ergibt sich damit ein Grundumsatz von ca. 6000 kJ pro Tag.
Körperliche oder geistige Aktivität erhöht unseren Energiebedarf weiter. Je nach Intensität der entsprechenden Tätigkeiten ergibt sich damit ein Leistungsbedarf der zwischen 20 % und 70 % über dem Grundbedarf liegt. Studien belegen, dass der Grundumsatz auch vom Alter, der Größe und dem Geschlecht abhängt. ▸ S. 137 Aufgabe 4

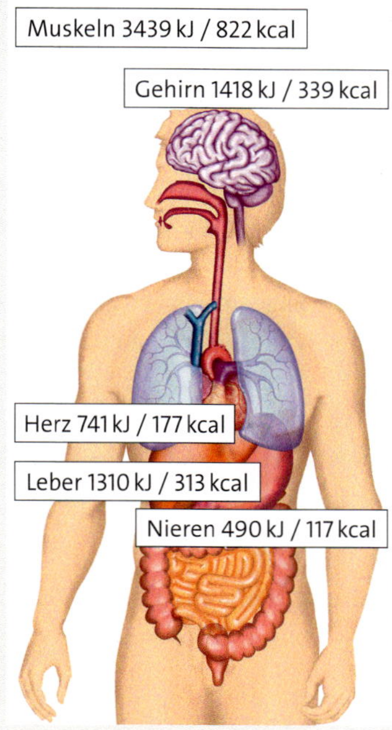

1 Grundumsatz ausgewählter Organe eines erwachsenen Mannes über 24 Stunden

1 Berechne deinen eigenen Grundumsatz mithilfe der oben angegeben Gleichung.

2 Bestimme nun deinen tatsächlichen Energieumsatz über 24 Stunden, indem du deinen Grundumsatz mit dem passenden Aktivitätsfaktor aus ▸ Tabelle 3 multipliziert.

Kategorie	Merkmale	Faktor
Sofasportler	Keine regelmäßigen sportlichen Aktivitäten	1,2
Alibisportler	1- bis 2-mal wenig intensive Aktivitäten pro Woche	1,3
Hobbysportler	3- bis 5-mal sportliche Aktivität mittlerer Intensität pro Woche	1,4
Sportler	6- bis 7-mal anstrengende sportliche Aktivität pro Woche	1,6
Athlet	Täglich hartes Training, oft morgens und abends	1,7

Tabelle 3 Aktivitätsfaktoren zur Ermittlung des Leistungsumsatzes

Grundlagen Thermische Energie und Lageenergie berechnen

Der Physiker JAMES PRESCOTT JOULE (1818–1889) hat mit sorgfältigen Messungen untersucht, wie viel Lageenergie man benötigt, um Wasser zu erwärmen. Seine Untersuchungen führten zu den folgenden Ergebnissen.

Thermische Energie
Um Wasser zu erwärmen, ist Energie erforderlich. Die Energie wird als thermische Energie im Wasser gespeichert.

Wie viel Energie man benötigt, hängt von der *Wassermasse* und der *Temperaturerhöhung* ab.
Um 3 kg Wasser um 1 °C zu erwärmen, braucht man 3-mal so viel Energie wie für 1 kg.
Und um 1 kg um 5 °C zu erwärmen, braucht man 5-mal so viel Energie wie für eine Erwärmung um 1 °C.

Der Energiebedarf ΔE zum Erwärmen ist proportional zur Masse m und zur Temperaturerhöhung ΔT.

Die thermische Energie lässt sich mit der Formel: $\Delta E = c_w \cdot m \cdot \Delta T$ berechnen.

Der Faktor $c_w = 4200 \frac{J}{kg \cdot °C}$ ist charakteristisch für Wasser. Er heißt *spezifische Wärmekapazität* des Wassers. Andere Stoffe haben eine andere spezifische Wärmekapazität.

Lageenergie
Um einen Gegenstand zu heben, ist Energie erforderlich. Die Energie wird als Lageenergie im gehobenen Gegenstand gespeichert.

Wie viel Energie man benötigt, hängt von der *Masse* und vom *Höhenzuwachs* ab.
Um 3 kg um 1 m zu heben, braucht man 3-mal so viel Energie wie für 1 kg.
Und um 1 kg um 5 m zu heben, braucht man 5-mal so viel Energie wie für 1 m.

Der Energiebedarf ΔE zum Heben ist proportional zur Masse m und zum Höhenzuwachs Δh.

Die Lageenergie lässt sich mit der Formel: $\Delta E = g \cdot m \cdot \Delta h$ berechnen.

Der Faktor g heißt *Ortsfaktor*. Er hängt nur vom Ort ab und beträgt auf der Erde $9{,}81 \frac{J}{kg \cdot m} \approx 10 \frac{J}{kg \cdot m}$.

Aufgaben

1 Mit einer Leiter und mehreren Ziegelsteinen könnt ihr die Berechnung der Lageenergie erläutern.

a Leon sagt: „Wenn ich die Höhe eines Steins verdopple, verdoppelt sich seine Lageenergie." Wie kann er seine Behauptung begründen?

b Sara meint: „Wenn ich die 3-fache Anzahl von Steinen hebe, verdreifacht sich die Lageenergie." Erläutert mit Leiter und Steinen.

c Zwei Steine liegen auf der 3. Stufe. Gebt andere Möglichkeiten an, bei denen Steine die gleiche Lageenergie enthalten.

2 Die Gewichtheberin Zhou Lulu hob 2014 eine 192 kg schwere Hantel 1,90 m hoch – Weltrekord. Berechne die Lageenergie der hochgestemmten Hantel.

3 Leons Vater möchte auf der Reise in den Süden lieber über den Gotthard-Pass als durch den Gotthard-Tunnel fahren. Leons Mutter sagt: „So eine Benzin- und Geldverschwendung!"

Leon möchte abschätzen, was der Wunsch seines Vaters an Benzin und Geld kostet.

a Wie viel Energie muss der Motor zur Überwindung des Höhenunterschieds zusätzlich an Lageenergie aufbringen? Der Pass liegt 613 m höher als der Tunnel. Das voll beladene Auto hat eine Masse von 1800 kg.

b Ein Liter Benzin hat einen Heizwert von 33 MJ und kostet 1,60 €. Nur ein Viertel der im Benzin gespeicherten Energie wird für den Antrieb genutzt. Was kostet der Umweg über den Pass mindestens?

Aus der Geschichte: Ein berühmter Versuch zur Energieumwandlung

Bis vor ca. 170 Jahren wussten die Physiker noch nicht, dass Wärme eine Form von Energie ist. Die Wärmemenge hatte eine eigene Einheit und wurde in Kilokalorien (kcal) gemessen: 1 kcal ist die Wärmemenge, die man benötigt, um 1 kg Wasser um 1 °C zu erwärmen.
Der englische Physiker JAMES PRESCOTT JOULE beschäftigte sich seit 1848 mit der Frage, wie viele Kilokalorien braucht man, um eine Masse von 1 kg 1 m hoch zu heben. Oder in heutige Begriffen formuliert: Wie viele Kilokalorien entsprechen einem Kilojoule?
Dazu dachte er sich eine Versuchsanordnung aus:

1 J. P. JOULE

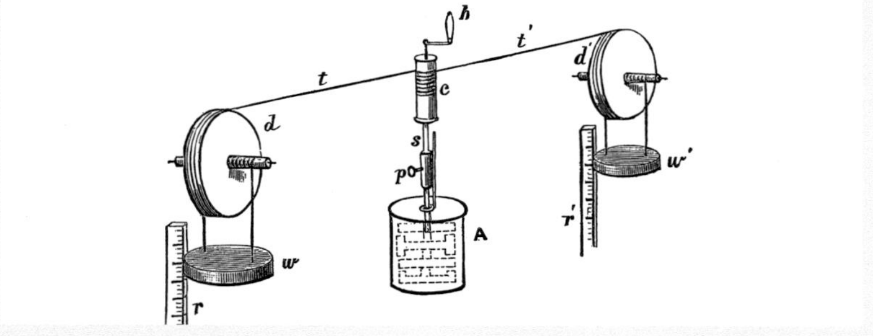

2 Rührversuch von JOULE

Der Rührer wurde durch zwei herabsinkende Bleizylinder angetrieben. Er hatte die Aufgabe, das Wasser durcheinanderzuwirbeln. Dadurch wurden die Temperatur und die thermische Energie des Wassers erhöht. Bei diesem Versuch wird die Lageenergie der Bleizylinder fast vollständig in thermische Energie umgewandelt.
In heutige Einheiten umgerechnet ergaben Joules Messungen: Man benötigt 4200 J, um 1 kg Wasser um 1 °C zu erwärmen. Oder: 1 kcal = 4,2 kJ.

1 Joule verwendete bei seinen Experimenten zwei Bleigewichte mit einer Masse von jeweils 6,58 kg. Wenn sie 20-mal 1,60 m hinabsanken, erwärmten sie 0,842 kg Wasser um 1,2 °C. Berechne mit diesen Messwerten den Ortsfaktor. Gehe dabei davon aus, dass die Energie der Bleigewichte vollständig als thermische Energie ins Wasser fließt.

2 Mit 1 J kann man 0,1 kg um 1 m hochheben und mit 4200 J kann man 1 kg Wasser um 1 °C erwärmen. Mit ▸ Experiment 4 auf S. 124 kann man überprüfen, ob diese beiden Aussagen zusammenpassen.
Dreht man das Papprohr um, fällt 1 kg Bleischrot 1 m tief. Wenn man es 65-mal fallen lässt, hat es sich um 5 °C erwärmt. Mit der thermischen Energie des erwärmten Bleis kann man 0,152 kg Wasser um 1 °C erwärmen.

a Berechne, wie viel Lageenergie beim Aufprall in thermische Energie umgewandelt wurde.

b Berechne aus der Erwärmung des Wassers, wie viel thermische Energie dabei erzeugt wurde.

Methode Rechnen mit Formeln und Einheiten

Beim Rechnen mit physikalischen Formeln musst du einige Regeln beachten.

Aufgabe 1
Eine Getränkekiste mit einer Masse von 18 kg ist 7 m gehoben worden. Wie viel Energie wurde auf sie übertragen?

1 Welche Formel wird verwendet?

Die Lageenergie wird berechnet mit der Formel:

$\Delta E = g \cdot m \cdot \Delta h$ mit $g = 10\,\frac{\text{J}}{\text{kg} \cdot \text{m}}$

2 Welche Größen sind gegeben, welche ist gesucht?

Gegeben sind die Höhe $h = 7$ m und die Masse $m = 18$ kg. Gesucht wird die Energie ΔE.

3 Die Größen werden *mit ihren Einheiten* in die Formel eingesetzt.
Beachte: Die Einheiten müssen zueinander passen.

Da der Ortsfaktor g die Einheit $\frac{\text{J}}{\text{kg} \cdot \text{m}}$ hat, muss die Masse in kg und die Länge in m eingesetzt werden.

$\Delta E = 10\,\frac{\text{J}}{\text{kg} \cdot \text{m}} \cdot 18\,\text{kg} \cdot 7\,\text{m}$

4 Gleiche Einheiten kannst du nach den üblichen Regeln der Bruchrechnung kürzen.

$\Delta E = 10\,\frac{\text{J}}{\cancel{\text{kg}} \cdot \cancel{\text{m}}} \cdot 18\,\cancel{\text{kg}} \cdot 7\,\cancel{\text{m}} = 10 \cdot 18 \cdot 7\,\text{J} = 1260\,\text{J}$

Oft muss man die Formel nach der gesuchten Größe auflösen.

Aufgabe 2
Ein Modellhubschrauber hat eine Masse von 200 g. In seiner Batterie ist eine Energie von 1 kJ gespeichert. Wie hoch kann er höchstens fliegen?

1 Welche Formel wird verwendet?

$\Delta E = g \cdot m \cdot \Delta h$ mit $g = 10\,\frac{\text{J}}{\text{kg} \cdot \text{m}}$

2 Welche Größen sind gegeben, welche ist gesucht?

Gegeben sind die Masse $m = 200$ g und die Energie $\Delta E = 1$ kJ. Gesucht wird die Höhe h.

3 **a** Die Formel wird nach der gesuchten Größe aufgelöst.

a Um nach h aufzulösen, teilt man die Gleichung auf beiden Seiten durch m und g.

$\frac{E}{m \cdot g} = \frac{g \cdot \cancel{m} \cdot h}{\cancel{m} \cdot g} = h$

b Die Größen werden umgewandelt und eingesetzt.

b $m = 0{,}2\,\text{kg}$; $\Delta E = 1000\,\text{J}$

$h = \frac{E}{m \cdot g} = \frac{1000\,\text{J}}{0{,}2\,\cancel{\text{kg}} \cdot 10\,\frac{\text{J}}{\cancel{\text{kg}} \cdot \text{m}}} = \frac{1000\,\cancel{\text{J}} \cdot \text{m}}{2\,\cancel{\text{J}}}$

$h = 500\,\text{m}$

Aufgaben

1 Im Rheinfall von Schaffhausen stürzen pro Sekunde 700 m^3 Wasser 23 m tief. Wie viel Lageenergie wird in jeder Sekunde umgewandelt? ▸ 1

2 Ein Tennisball ($m = 58$ g) hat beim Abflug die Energie 10 J. Wie hoch kann er höchstens fliegen?

1 Rheinfall

Die Leistung und der Wirkungsgrad

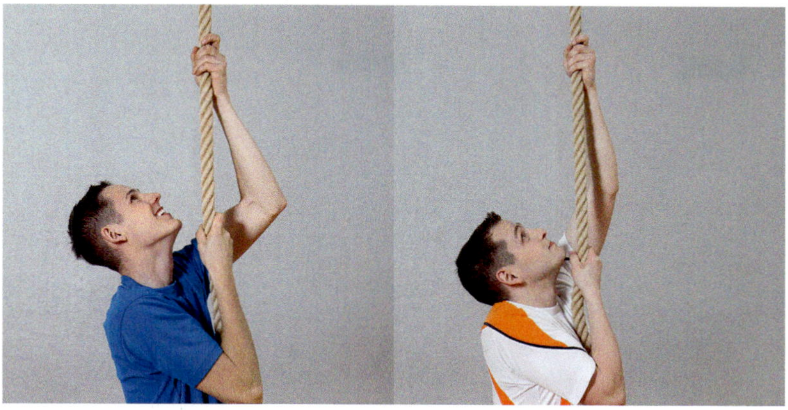

2

Im Sportunterricht wird an Tauen geklettert. Pascal und Simon sind gerade dran: „Auf die Plätze – fertig – los!“ Beide benötigen 7,0 s, um 5,0 m nach oben zu klettern. „Gut gemacht“, sagt der Sportlehrer. Ihr kriegt beide eine Zwei.“
Pascal freut sich. Simon dagegen protestiert: „Das finde ich ungerecht. Meine Leistung war besser als die von Pascal.“ …

Experiment

1 Leistung beim Treppensteigen

a Geht eine lange Treppe hoch und messt die Zeit. Geht in einem Tempo, das ihr eine Stunde lang durchhalten könntet. Berechnet aus Körpermasse m und Höhe h die aufgebrachte Energie $\Delta E = g \cdot m \cdot \Delta h$. Ermittelt aus Energie und Zeit die Dauerleistung $P = \Delta E / \Delta t$.

b Wiederholt die Aufstiege, aber jetzt so schnell wie möglich (*Achtung:* Unfallgefahr!) Berechnet eure maximale Leistung.

3 Treppensteigen

2 Mechanische Leistung eines Elektromotors

a Berechnet die zum Heben eines 2-kg-Wägestücks um 1 m benötigte Energie und bestimmt die Zeit, die ein Elektromotor mit Getriebe dazu braucht. Berechnet die Leistung des Motors.

b Untersucht, ob die Leistung des Motors von seiner Belastung (unterschiedliche Wägestücke) abhängt.

3 Energienutzung beim Staubsauger

Halte deine Hand in die Abluft eines Staubsaugers und beschreibe, was du fühlst.
Zeichne das Energiediagramm ab und trage die Energiearten in den Klammern ein. ▸ 4

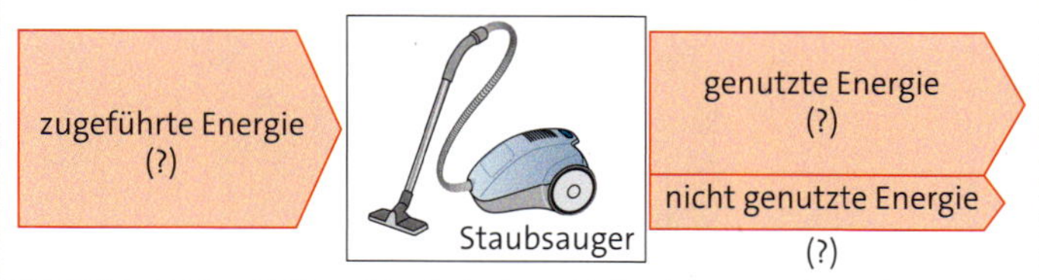

4 Energiediagramm

4 Energienutzung bei Lichtquellen

Halte deine Hand vor eine Halogenlampe und eine gleich helle LED-Lampe. Beschreibe und erkläre den Unterschied.

Experiment

5 Wirkungsgrad eines Teelichts beim Erwärmen von Wasser
Erwärme 100 ml Wasser 3 min lang mit einem Teelicht.

a Miss dabei …
- die Masse des Teelichts vor und nach der Erwärmung auf 0,01 g genau.
- die Temperatur des Wassers vor und nach der Erwärmung.

b Berechne …
- die zugeführte Energie (*Tipp:* Der Heizwert von Paraffin beträgt 45 kJ/g).
- die zur Erwärmung des Wassers genutzte Energie.
- den Wirkungsgrad des Teelichts beim Erwärmen von Wasser (η = genutzte Energie / zugeführte Energie).

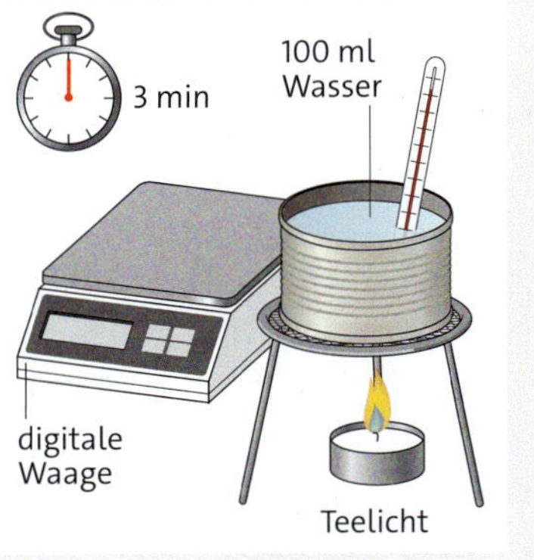

1

Grundlagen Die Leistung und ihre Einheit

Beim Klettern geht es darum, dass man oben ankommt. Physikalisch ausgedrückt: Dein Körper muss genug Energie in Lageenergie umwandeln. Aber manchmal ist es auch wichtig, wie schnell du oben bist. Dann geht es um das Tempo der Energieumwandlung. ▸ 2
In der Physik heißt die entsprechende Größe *Leistung*.
Beim Start eines Rennwagens ist es wichtig, wie schnell er durchstartet und welche Geschwindigkeit er nach 10 Sekunden hat. Der Motor sollte eine hohe Leistung haben. Der Begriff Leistung beschreibt, in welchem Tempo eine beliebige Energieform in eine andere umgewandelt wird.

2 Schnelle Energieumwandlung

3 Große Leistung

Die Leistung eines Lebewesens oder eines Geräts ist der Quotient aus der umgewandelten Energie und der dazu benötigten Zeit. Sie gibt an, wie viel Energie pro Sekunde umgewandelt wird.

$\text{Leistung} = \frac{\text{Energie}}{\text{Zeit}}$ oder $P = \frac{\Delta E}{\Delta t}$

Die Leistung wird in der Einheit Watt (W) gemessen. Es gilt: $1\,\text{W} = 1\,\frac{\text{J}}{\text{s}}$.

Musteraufgabe

Berechne die Leistung von Pascal. Seine Masse beträgt 49 kg. ▸ 2, S. 131

Lösung:

Berechnung der Lageenergie von Pascal

$E = g \cdot m \cdot h$

$E = 10\,\frac{\text{J}}{\text{kg} \cdot \text{m}} \cdot 49\,\text{kg} \cdot 5\,\text{m} = 2450\,\text{J}$

Berechnung der Leistung von Pascal

$P = \frac{\Delta E}{\Delta t}$

$P = \frac{2450\,\text{J}}{7{,}0\,\text{s}} = 350\,\frac{\text{J}}{\text{s}}$

$P = 350\,\text{W}$

Ergänzung: Insgesamt leistete Pascal mehr als 350 W. Der Körper wandelt die Energie aus der Nahrung nur zu einem Viertel in mechanische Energie um. Drei Viertel werden in thermische Energie umgewandelt. Pascals „Heizleistung" betrug also 1050 W.

Lernen an Stationen Leistungsermittlung

Station 1 Leistung beim Treppensteigen

Vorbereitung: Messt die Höhe vom Boden der oberen Etage bis zum Boden der unteren.
Tipp: Stufenzahl mal Stufenhöhe ergibt die Höhe.
Durchführung: Die Versuchsperson rennt die Treppe hoch, die Übrigen stoppen die Zeit. Jedes Gruppenmitglied ist einmal Versuchsperson. Berechnet dann jeweils die von euch aufgebrachte Energie und eure Leistung.

Station 2 Leistung beim Liegestütz

Vorbereitung: Jedes Gruppenmitglied stützt sich (in Liegestützhaltung) mit den Händen auf die Waage; die Arme müssen die angezeigte Masse hochheben. Für jedes Gruppenmitglied wird an der Schulter die Hubhöhe beim Liegestütz gemessen (in Metern!).
Durchführung: Jeder führt möglichst schnell mehrere Liegestütze aus. Die anderen zählen und stoppen die Zeit.
Jedes Gruppenmitglied berechnet die von ihm aufgebrachte Energie und seine Leistung.

Station 3 Leistung beim Gewichtheben

Zusätzliche Materialien: Waage, Hantel
Durchführung: Bestimmt die Gewichtskraft der Hantel und bei jedem Mal die jeweilige Hubhöhe (Arm hängend – Arm gestreckt). Ein Gruppenmitglied stemmt die Hantel so oft wie möglich, die anderen zählen mit und stoppen die Zeit.

Erfasst die Messwerte in einer Tabelle und bestimmt die Leistung beim Gewichtheben.

Station 4 Leistung beim Besteigen eines Stuhls

Zusätzliche Materialien: Stuhl, Hanteln oder Schultaschen
Durchführung: Steige 30 s lang immer wieder auf einen Stuhl. Stelle dich oben jedes Mal aufrecht hin und stelle dich anschließend jedes Mal mit beiden Füßen auf den Boden.

Wie oft schaffst du es, auf den Stuhl zu steigen, wenn du dich so schnell wie möglich bewegst?
Wie oft schaffst du es, auf den Stuhl zu steigen, wenn du zusätzlich eine Hantel oder eine schwere Schultasche in der Hand hältst?
Vergleiche beide Leistungen miteinander und begründe dein Ergebnis.

Aus der Umwelt: Was leistet ein Mensch?

202 cm hoch wird der Körper der Springerin geschleudert. Ihr Schwerpunkt wird um rund 1 m angehoben. Die Energie dafür haben die Muskeln in knapp 0,2 s umgewandelt. Die Leistung beim Absprung beträgt mehr als 2,5 kW. ▸1

Höchstleistungen sind nur für kurze Zeit möglich. Wenn ein Mensch viele Stunden lang körperlich arbeitet, beträgt seine Dauerleistung 75 Watt. ▸2

1 Hochspringerin

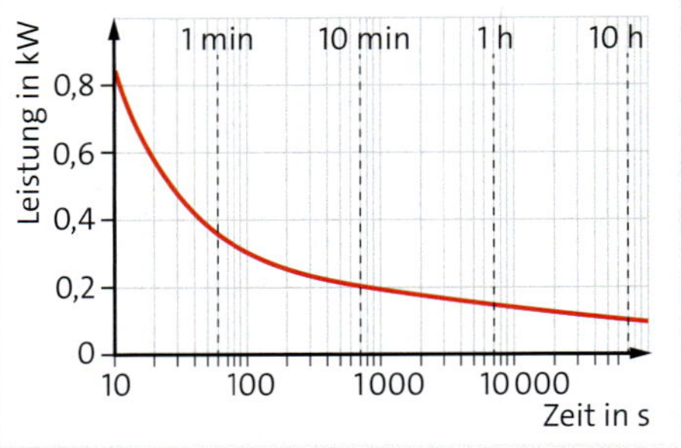

2 Spitzen- und Dauerleistung

3 Fahrradergometer

Ein Fernsehgerät hat ungefähr die gleiche Leistung.

Um mehr leisten zu können, benötigt der Körper mehr Energie pro Sekunde. Wenn du 400 m in 100 s läufst, leisten deine Muskeln ca. 220 W. Dafür ist je Sekunde ca. 1 kJ Energie erforderlich. Nur etwa ein Viertel der aufgewendeten Energie wird von den Muskeln in mechanische Energie umgewandelt. Drei Viertel erwärmen deinen Körper und die Umgebung. Der Körper bezieht die Energie durch „Verbrennung" aus der Nahrung und dem Sauerstoff der Luft. Deshalb musst du bei hoher Leistung schneller atmen und auch dein Herz schlägt schneller.

Die Leistung eines Menschen misst der Arzt mit dem Fahrradergometer. ▸3 Je stärker es gebremst wird und je schneller der Patient tritt, desto mehr muss er leisten. Er fährt dann sozusagen mit dem Rad bergauf. Die Höchstleistung hängt von verschiedenen Umständen ab: Alter und Geschlecht, Körpergewicht, Training und Gesundheitszustand.

Auch wenn du ruhig liegst, leistest du etwas. Blutkreislauf und Atmung werden in Gang gehalten und die Körpertemperatur bleibt auf gleicher Höhe. Dafür wandelt dein Körper ständig chemische Energie um. Dein Herz muss pro Herzschlag 1 bis 2 Joule aufbringen. Bei einem Puls von 60 pro Minute beträgt seine Pumpleistung 1 bis 2 Watt. Die Ruheleistung des Körpers beträgt im Mittel ca. 60 W.

Tätigkeit	**Leistung der Muskeln**
Spazierengehen	30–40 W
Hausarbeit, Radfahren	75–120 W
Fußballspielen, Sprinten	22 W
Skilanglauf, Schwimmen (Kraulen)	250 W

Tabelle 1 Leistung bei unterschiedlichen Tätigkeiten

1 Wovon hängt es ab, welche Höchstleistung ein Mensch erbringen kann? Nenne die im Text genannten Faktoren. Fallen dir weitere ein?

2 Beschreibe, wie körperliche Leistung, Herzschlag und Atmung zusammenhängen.

3 Berechne aus deinem Grundumsatz (▸Aufgabe 1 S. 127) die Ruheleistung deines Körpers.

4 Vor hundert Jahren gab es noch keine Elektrizität in den Haushalten. Damals wurde dieser Staubsauger benutzt. ▸4

a Schätze die Leistung seines „Motors".

b Lies auf dem Typenschild eures Staubsaugers ab, wie groß seine Leistung ist. Vergleiche die Leistungen der Staubsauger früher und heute.

4 Historischer Staubsauger

Grundlagen Der Wirkungsgrad

Hier siehst du, wozu Elektromotoren einen Teil der zugeführten Energie verwenden. ► 5, 6

Motoren, Heizgeräte, Lichtquellen und viele anderen Geräte sind Energiewandler. Damit sie arbeiten, muss ihnen dauernd Energie zugeführt werden. Sie wandeln die zugeführte Energie um und geben sie wieder ab. Aber leider nur einen Teil in der gewünschten und genutzten Form.

Eine Lampe soll Licht erzeugen, aber sie gibt auch Wärme (thermische Energie) ab; eine Elektromotor soll mechanische Energie abgeben, aber er heizt auch die Umwelt.

Ein Teelicht soll Wasser erwärmen, aber es erwärmt immer auch die umgebende Luft.

Immer wird nur ein Teil der zugeführten Energie genutzt. Der Rest geht als thermische Energie ungenutzt verloren.

Der Wirkungsgrad eines Geräts gibt an, welcher Anteil der zugeführten Energie genutzt wird („zur Wirkung kommt“).

$$\text{Wirkungsgrad } \eta = \frac{\text{genutzte Energie}}{\text{zugeführte Energie}}$$

Der Wirkungsgrad hat immer Werte zwischen 0 und 1. Er wird oft in Prozent angegeben. 1 entspricht 100 %.

Dampfmaschine	10 %	Windenergieanlage	40 %
Solarzelle	14 %	Elektromotor klein	50 %
Zweitaktmotor	20%	Nabendynamo	60 %
Ottomotor	25 %	Elektromotor, groß	90 %
Dieselmotor	35 %	Generator	95 %
Dampfturbine	40 %	Wasserkraftwerk	95 %

Tabelle 2 Wirkungsgrad verschiedener Geräte

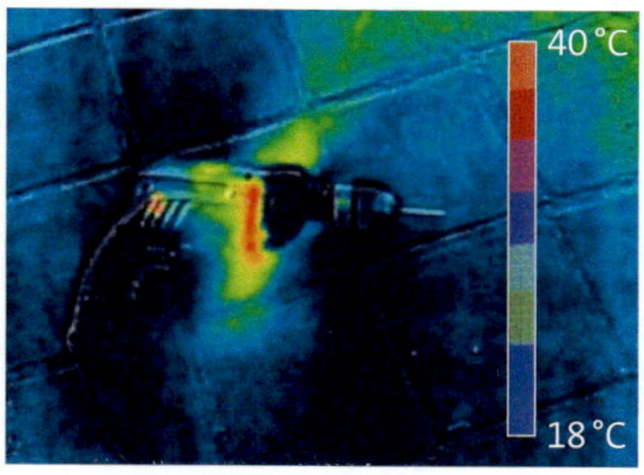

5 Wärmebild einer Bohrmaschine

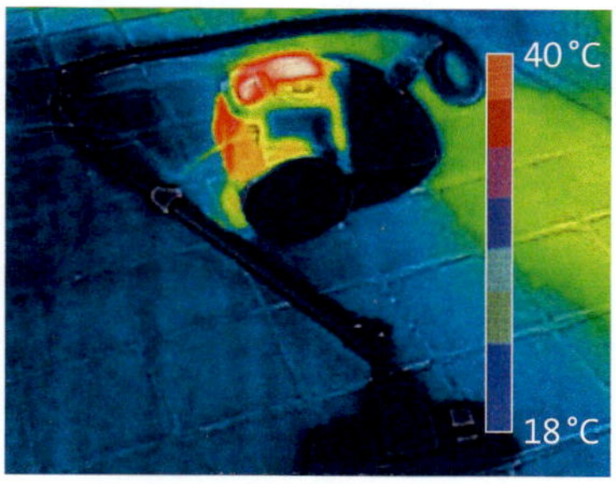

6 Wärmebild eines Staubsaugers

Aufgaben

1 „Die Wärmebilder zeigen lauter wertlose Energie.“ ► 5, 6

a Erläutere diese Aussage.

b Erkläre, weshalb der Satz von der Erhaltung der Energie trotzdem gilt.

2 Ein Moped wandelt die zugeführte Energie in viele Formen um. ► 7

a Welche Anteile gehören zur genutzten Energie? Begründe deine Antwort.

b Berechne den Wirkungsgrad des Mopeds.

3 Ein Dieselmotor leistet 90 kW. Sein Wirkungsgrad beträgt 35 %. Berechne die durch den Treibstoff pro Sekunde gelieferte Energie.

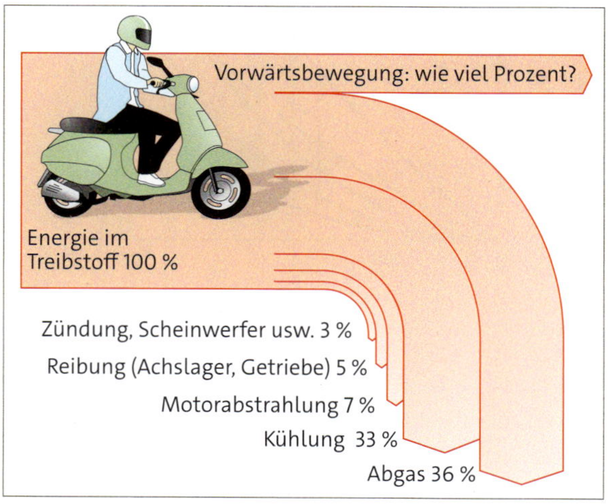

7 Energieumwandlungen am Moped

Aus der Technik: Leistung und Energiebedarf beim Fahrradfahren

Der Motor deines Fahrrads bist du selbst. Deine Nahrung dient als Treibstoff. Etwa 25 % der Energie werden zum Antrieb verwendet. Die restliche Energie erwärmt dich und deine Umgebung und geht ungenutzt verloren. Der Wirkungsgrad des Menschen beim Radfahren liegt bei etwa 25 %. Der Wirkungsgrad ist je nach Tätigkeit unterschiedlich. ▸ Tabelle 1

Tätigkeit	Wirkungsgrad
Radfahren	25 %
Gewicht heben	9 %
Schaufeln	3–6 %
Bergauf gehen bei 5 % Steigung	30 %

Tabelle 1 Wirkungsgrade bei unterschiedlichen Tätigkeiten

Auf ebener Strecke musst du Energie aufwenden, um die Reibung in Achslagern, der Fahrradkette und der Reifen zu überwinden und um Luft zur Seite zu schieben (Luftreibung). Die Luftreibung ist von der Geschwindigkeit abhängig. Deshalb steigt die notwendige Antriebsleistung mit der Geschwindigkeit schnell an. ▸ 1

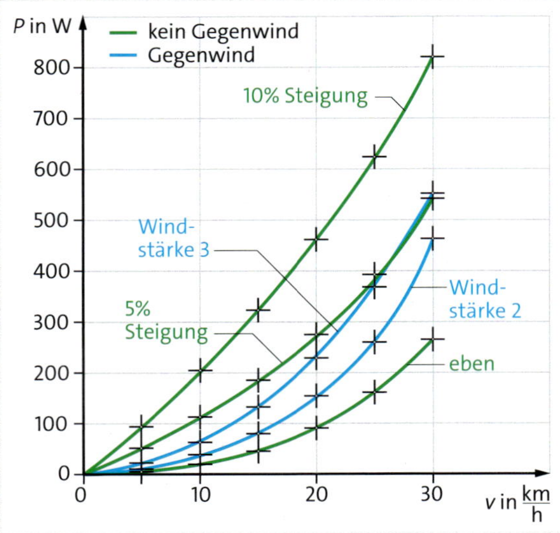

1 Leistung und Geschwindigkeit beim Radfahren

Wenn du bergauf fährst, musst du zusätzlich Lageenergie aufbringen – je schneller du fährst, umso mehr. Auch Gegenwind erfordert eine höhere Leistung.

Ein Radrennfahrer (z. B. Tour de France) muss mit seiner Nahrung bis zu sechs Mal so viel Energie aufnehmen wie die Zuschauer. ▸ 2

2 Tägliche Nahrungsmenge eines Profiradrennfahrers

Wie viel Energie aus der Nahrung gewonnen wird, ist schwer zu ermitteln. Die meisten Nahrungsmittel werden im Körper nicht vollständig verbrannt. Eine bessere Abschätzung als durch die Nahrungsmenge erhält man durch die Messung der eingeatmeten Luft, die für die Verbrennung verbraucht wird. Wenn du dich anstrengst, atmest du schneller, weil mehr Sauerstoff für die Verbrennung benötigt wird. Um 1 kJ zusätzliche Energie für die Muskeln bereitzustellen, muss man etwa 1 Liter mehr Luft einatmen.

1 Löse mithilfe des Diagramms. ▸ 1

a 200 Watt sind für einen „normalen" Menschen kaum länger als 10 min durchzuhalten. Wie schnell kannst du mit dieser Leistung fahren ...
- ohne Gegenwind in der Ebene?
- mit Gegenwind Windstärke 3?
- bei einer Steigung von 5 %?

b Was wäre dir lieber: Gegenwind Windstärke 3 oder eine lange 5-%-Steigung?

2 Die maximale Leistung von Elektromotoren in E-Bykes ist gesetzlich auf 250 W beschränkt.

a Wie schnell kann man ganz mühelos auf ebener Strecke ohne Gegenwind fahren?

b Gegenwind: Windstärke 3. Bei welcher Geschwindigkeit musst du zusätzlich selbst Energie aufbringen?

c 10-%-Steigung. Du möchtest mit 20 km/h hoch fahren. Welche Pedalleistung musst du erbringen?

Aufgaben und Aufträge

Energie in Nahrungsmitteln und Treibstoffen

1 Emily isst eine Pizza. Wie lange müsste sie Radfahren (Joggen), um die aufgenommene Energie wieder „loszuwerden"?
Nutze die Tabellen auf den Seiten 124 und 125.

2 2,0 g Dieselöl werden verbrannt. Dadurch steigt die Temperatur von 1000 g Wasser um 17,1 °C.
a Berechne die Energiezunahme des Wassers.
b Berechne den Heizwert von Diesel.

3 Sara frühstückt ein Käsebrötchen. In der Schule isst sie 2 Schokoriegel, zum Mittag 1 Teller Nudeln mit Soße, am Nachmittag 1 Stück Käsekuchen und am Abend 1 Bratwurst mit Pommes frites. Dazwischen nascht sie noch eine halbe Tafel Schokolade und trinkt 3 kleine Cola.
a Berechne, wie viel Energie Sara an diesem Tag aufnimmt. Nutze die ▸ Tabelle 1 auf S. 124.
b Sara ist 14 Jahre alt und 155 cm groß und wiegt 65 kg. Berechne ihren Grundumsatz mit der ▸ Formel auf S. 127.
c Mit der ▸ Tabelle 1 auf S. 127 würde sie sich selbst als Alibisportlerin einschätzen. Berechne den tatsächlichen Energieumsatz ihres Körpers und vergleiche mit der Energieaufnahme von Aufgabe 2a.
d Sara möchte die überschüssige Energie des Tages wieder loswerden. Mache ihr zwei Vorschläge. Nutze die ▸ Tabelle 2 auf S. 125.

4 Neben der auf ▸ S. 127 eingeführten Methode, gibt es noch weitere Verfahren zur ungefähren Bestimmung des Grundumsatzes. So lässt sich etwa mit unten stehender Gleichung ▸ 4 der individuelle Grundumsatz von Männern und Frauen bestimmen.
a Bestimme deinen eigenen Grundumsatz mit dieser Methode und vergleiche das Resultat mit dem Ergebnis aus ▸ Aufgabe 1 S. 127.
b Erläutere anhand der Gleichungen wie sich Älterwerden und Wachsen auf den Grundumsatz auswirken.

5 Herr Müller fährt an 230 Tagen pro Jahr mit dem Pkw zu seinem 30 km entfernten Arbeitsplatz. Pro 100 km verbraucht er 8 ℓ Benzin. Wie viel Energie wird bei diesen Fahrten im Jahr umgewandelt? Familie Müller verbraucht im Jahr 3000 ℓ Heizöl. Vergleiche die Energie fürs Fahren mit der Heizenergie (umgewandelte Energie beim Verbrennen von 1 ℓ Benzin: 35 000 kJ; von 1 ℓ Heizöl: 36 500 kJ).

6 In der Grafik unten findest du die mittlere Masse ausgewählter Organe des menschlichen Körpers. ▸ 3
a Verwende die Daten von S. 127 und berechne den relativen Grundumsatz. Also den Grundumsatz eines Organs im Verhältnis zu seiner Masse in kg.
b Ordne deine Ergebnisse und bestimme welches Organ relativ zu seiner Masse am meisten Energie umsetzt.

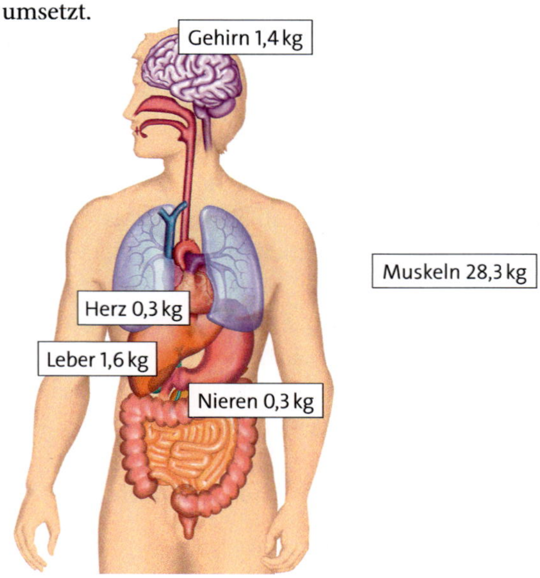

3 Masse ausgewählter Organe eines erwachsenen Mannes

$$\text{Männer: } 66{,}47\,\text{kcal} + 13{,}75\,\frac{\text{kcal}}{\text{kg}} \cdot \text{Masse (kg)} + 5 \cdot \text{Größe (cm)}\,\frac{\text{kcal}}{\text{cm}} - 6{,}78 \cdot \text{Alter in Jahren}\,\frac{\text{kcal}}{\text{a}}$$

$$\text{Frauen: } 65{,}55\,\text{kcal} + 9{,}56\,\frac{\text{kcal}}{\text{kg}} \cdot \text{Masse (kg)} + 1{,}85 \cdot \text{Größe (cm)}\,\frac{\text{kcal}}{\text{cm}} - 4{,}6 \cdot \text{Alter in Jahren}\,\frac{\text{kcal}}{\text{a}}$$

4

Energiebedarf beim Heben

7 Die Gewichte der Pendeluhr mit je 1,5 kg werden einmal pro Woche um 1,5 m hochgehoben und liefern beim Absinken die nötige Energie für Antrieb und Schlagwerk. ▸ 1

1 Mechanische und elektrische Energie

Die Küchenuhr läuft ein Jahr lang mit einer 1,5-V-Mignonbatterie (Energiegehalt 13,5 kJ). Berechne und vergleiche den Energiebedarf der beiden Uhren in einem Jahr.

8 Eine Regenwolke ist etwa 8 km lang, 2 km breit und 8 km hoch. Sie enthält pro 1 m³ etwa 1 g Wasser. Ihre mittlere Höhe über dem Erdboden beträgt 5 km.

a Wie viel Lageenergie ist in ihr gespeichert?

b Ein Kernkraftwerk hat eine Leistung von 1,3 GW. Wie lange müsste es laufen, um ebenso viel Energie zu erzeugen?

Die Leistung von Menschen und Motoren

9 Weltrekord im Treppensteigen ▸ 2
Thomas Dold (70 kg) war sieben Jahre lang Sieger im Empire-State Building-Treppenlauf. 2012 schaffte er die 1576 Stufen (303 m) in 10 min 28 s. Berechne seine Hubleistung.

10 Eine Kaffeemaschine (1000 W) benötigt 6 min, um eine 1-Liter-Kanne voll Kaffee zuzubereiten.

a Berechne die Energie, die für das Kochen von einer Kanne Kaffee erforderlich ist.

b Wie viel Energie wird in einem Jahr für das Kaffeekochen benötigt, wenn an 320 Tagen zweimal pro Tag eine Kanne zubereitet wird?

11 Das Herz pumpt bei jedem Herzschlag etwa 80 ml Blut durch deinen Körper. Dabei muss es sich so anstrengen, als würde das Blut 1 m hochgehoben. Welche Leistung erbringt das Herz?
(*Tipp:* Rechne mit 60 Schlägen pro Minute und 1 g Masse pro ml Blut)

12 Im Prospekt einer Wasserpumpe steht: „Förderleistung 180 Liter pro Minute".

a Welche Angabe fehlt, wenn man die Förderleistung in Watt berechnen möchte?

b Der Elektromotor der Pumpe hat eine elektrische Leistung von 200 W. Wie groß ist die maximale Förderhöhe der Pumpe bei einer Förderleistung von 180 Liter pro Minute, wenn der Elektromotor 80 % der zugeführten Energie zum Pumpen nutzt?

Der Wirkungsgrad

13 Erläutere den Begriff Wirkungsgrad anhand eines geeigneten Energiediagramms.

14 Ein Steinkohlekraftwerk hat einen Wirkungsgrad von 40 %. Es produziert am Tag 65 000 GJ elektrische Energie.

a Wie viel thermische Energie muss ihm täglich zugeführt werden?

b Steinkohle hat einen Brennwert von 30 MJ/kg. Wie viele Tonnen Steinkohle benötigt das Kraftwerk täglich?

c Ein Güterwagen transportiert 60 t. Wie viele Güterwagen voll Kohle benötigt das Kraftwerk täglich?

2 Sieger: Thomas Dold

Überblick

Thermische Energie bestimmen Die Energie, die zum Erwärmen von Wasser erforderlich ist, ist proportional zur Masse des Wassers und zur Temperaturerhöhung. Die Einheit der Energie ist Joule (J). Um 1 kg Wasser um 1 °C zu erwärmen, braucht man rund 4,2 kJ.
Die Energieerhöhung beim Erwärmen berechnet man so: $\Delta E = c \cdot m \cdot \Delta T$. Dabei ist m die Wassermasse, ΔT die Temperaturerhöhung und c die spezifische Wärmekapazität, die vom Stoff abhängt.

Für Wasser gilt: $c_{\text{Wasser}} = 4{,}2 \frac{\text{kJ}}{\text{kg} \cdot {}^\circ\text{C}}$.

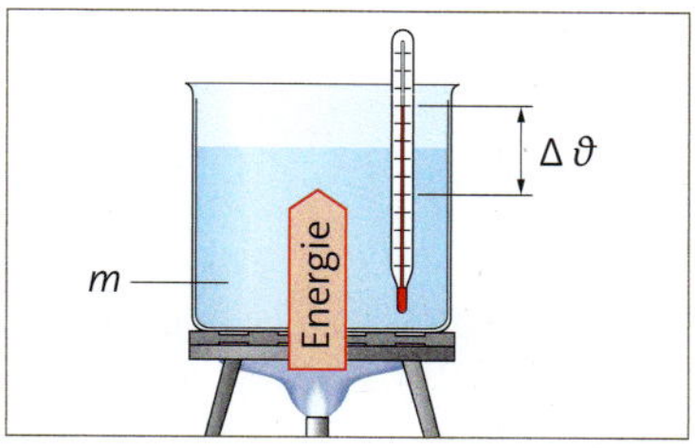

3 Erhöhen der thermischen Energie

Lageenergie bestimmen Beim Hochheben eines Gegenstands muss man diesem Energie zuführen. Diese Energie ist proportional zur Masse und zum Höhenunterschied. Um an der Erdoberfläche eine Tafel Schokolade um 1 m hochzuheben, braucht man 1 Joule: $\Delta E = g \cdot m \cdot \Delta h$.
Dabei ist m die Masse, Δh der Höhenunterschied und g der Ortsfaktor, der nur vom Ort abhängt.

Auf der Erdoberfläche gilt: $g = 9{,}81 \frac{\text{J}}{\text{kg} \cdot \text{m}} \approx 10 \frac{\text{J}}{\text{kg} \cdot \text{m}}$.

4 Erhöhen der Lageenergie

Die Leistung Ein Kran kann die gleiche Energie in kürzerer Zeit umwandeln als ein Mensch. Würde der Kran ebenso lange arbeiten wie der Arbeiter, würde er in dieser Zeit mehr Energie umwandeln als der Arbeiter. Beim Kran ist das „Tempo" der Energieumwandlung größer.
In der Physik wird das Tempo der Energieumwandlung durch die Leistung angegeben: Die Leistung gibt an, wie viel Energie in jeder Sekunde umgewandelt wird: $\text{Leistung} = \frac{\text{Energie}}{\text{Zeit}}$; $P = \frac{\Delta E}{\Delta t}$.
Die Leistung wird in der Einheit Watt (W) angegeben: $1\,\text{Watt} = 1 \frac{\text{Joule}}{\text{Sekunde}}$; $1\,\text{W} = 1 \frac{\text{J}}{\text{s}}$.

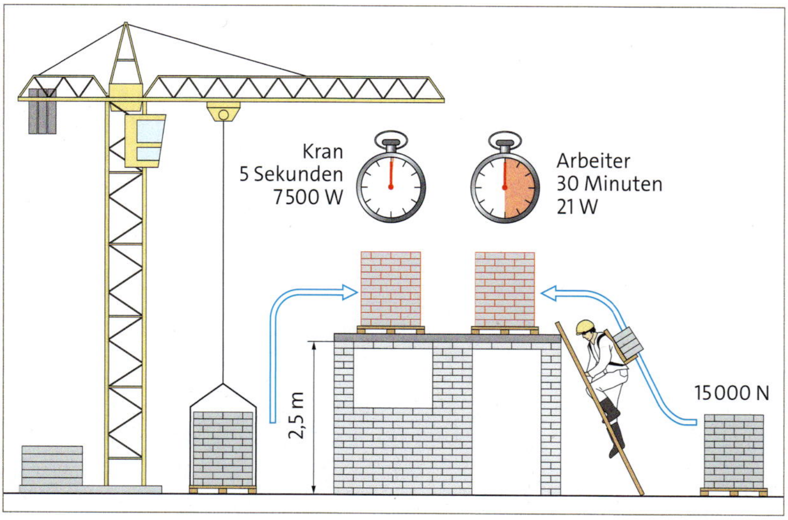

5 „Tempo" der Energieumwandlung

1

Schwarze Löcher setzen Energie frei

2

Wenn sich zwei starke Magnete begegnen, kann es ganz schön krachen. Die Anziehungskraft wird immer größer, bis sie sich schließlich berühren. Die Energie, die dabei frei wird, war vorher im magnetischen Feld gespeichert. ▸ 1

Ähnliches passiert, wenn sich zwei schwarze Löcher in den Weiten des Weltalls treffen – nur dass hier die freiwerdende Energie unvorstellbar groß ist. ▸ 2

Ein schwarzes Loch entsteht am Lebensende eines sehr massereichen Sterns. Es ist trotz seiner kleinen Größe so unvorstellbar schwer, dass selbst Licht nicht von seiner Oberfläche entweichen kann. ▸ 3, 4

3

4

5

6

Im Jahre 2016 haben Forscher eine solche Verschmelzung zweier schwarzer Löcher erstmals nachweisen können. Kurz vor der Verschmelzung umkreisen sich die superschweren kleinen Himmelskörper immer schneller und senden dabei Gravitationswellen aus. Diese machen sich noch in einer großen Entfernung bemerkbar, da sie den Raum selbst ein ganz kleines bisschen stauchen und strecken. ▸ 5, 6

Die Messung ergab, dass die schwarzen Löcher jeweils ca. 30-mal schwerer als unsere Sonne waren und bei der Verschmelzung eine Energie freisetzten, die mehr als dem 1000-fachen dessen entspricht, was die Sonne in ihrer gesamten Lebenszeit aussendet. Insgesamt etwa unvorstellbare 0,5 Oktillionen Joule, ausgeschrieben sind das 500 000 000 000 000 000 000 000 000 000 000 000 000 000 000 000 J $= 5 \cdot 10^{47}$ J. Das machte es möglich, das Signal noch in 1,3 Milliarden Lichtjahren Entfernung zu messen. ▸ 7

7 So sehen Computersimulationen von Gravitationswellen aus.

Sorgsamer Umgang mit Energie

Ohne technische Energienutzung wäre unser Leben undenkbar. Zu Hause nutzen wir Energie zum Heizen, zum Kochen, für die Beleuchtung, zum Autofahren … ▸ 1

In Deutschland braucht jeder Mensch im Durchschnitt 5,5 kJ pro Sekunde Tag und Nacht!

Aber die vielfältige Energienutzung hat auch ihre Schattenseiten. Holz, Kohle, Erdöl und Erdgas decken zur Zeit 80 % des weltweiten Energiebedarfs. Kraftwerke belasten die Umwelt mit Kohlenstoffdioxid, Ruß und anderen schädlichen Verbrennungsprodukten. Die Belastung der Atmosphäre beeinflusst das Klima. Trockenzonen weiten sich aus, der Meeresspiegel steigt und setzt ganze Landesteile unter Wasser, die Häufigkeit von Unwetterkatastrophen nimmt zu …

Um die Umweltbelastung zu verringern, nutzt man zunehmend regenerative Energiequellen wie Wind und Sonnenenergie. Aber auch ihr selbst könnt durch sorgsamen und sparsamen Umgang mit Energie zur Verringerung der Umweltbelastung beitragen.

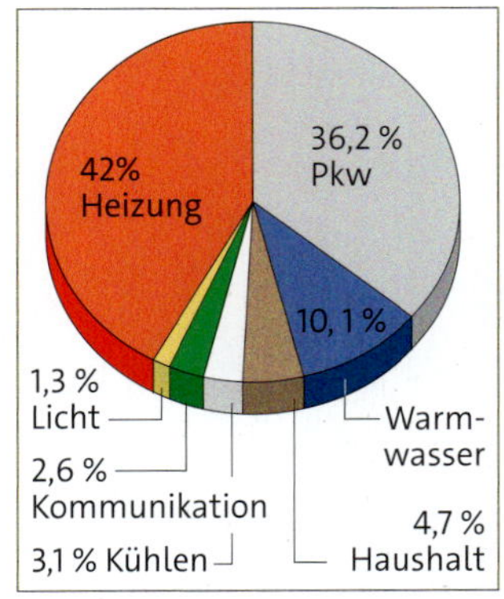

1 Private Energienutzung

2 Schalte das Licht in allen Räumen aus, in denen niemand ist.

3 Ein Absenken der Raumtemperatur um 1 °C spart im Winter 6 % Energie.

4 Du wohnst nahe an der Schule? Dann fahr mit dem Rad oder gehe zu Fuß.

5 Halte Getränke in einer Thermoskanne heiß, nicht auf der Warmhalteplatte.

6 Schalte Fernseher und Computer aus, wenn du sie nicht brauchst. Sie brauchen auch im Stand-by-Betrieb elektrische Energie.

7 Lüften im Winter? Mache die Fenster 5 Minuten lang weit auf. So geht weniger Energie verloren, als wenn die Fenster lange gekippt sind.

8 LED-Lampen und Energiesparlampen leuchten oft genauso hell wie Glühlampen. Sie brauchen aber viel weniger elektrische Energie.

Aufträge

1 Sammelt weitere Möglichkeiten, Energie im Haushalt einzusparen. Fertigt z. B. ein Poster mit den Energiesparmöglichkeiten an. Anregungen findet ihr auch im Internet (Stichwort „Energieeinsparung“).

2 Versucht abzuschätzen, wie viel Energie ihr in einem normalen Haushalt mit den in den ▸ Bildern 2–8 gezeigten Maßnahmen sparen könnt. Besorgt euch die notwendigen Informationen oder führt eigene Messungen durch.

3 Informiert euch über die Folgen des Klimawandels (Stichwort „anthropogener Klimawandel“).

Testaufgaben zu „Energie"

1 Erläutere die dir bekannten Energieformen an jeweils einem Beispiel.

2 Erläutere an je 3 Beispielen, dass Energie transportiert und gespeichert werden kann.

3 Ein Pendel wird gehoben und dann losgelassen. ▸ 9

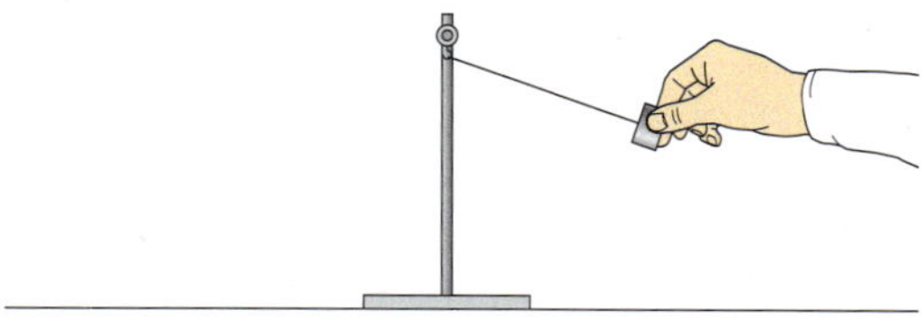

9

a Beschreibe die stattfindenden Energieumwandlungen. Zeichne ein Energiediagramm.
b Erkläre am Beispiel der Schaukel, was man unter „Energieerhaltung" und „Energieentwertung" versteht.

4 Nenne Geräte, mit denen man elektrische Energie in Bewegungsenergie, thermische und chemische Energie umwandeln kann. Nenne weitere, mit denen man Strahlungsenergie in elektrische, thermische und Bewegungsenergie umwandeln kann.

5 Elektrische Energie wird vielseitig verwendet.
a Welche Vorteile und welche Nachteile hat elektrische Energie gegenüber anderen Energiearten?
b Mit welchen Geräten gewinnt man elektrische Energie? Nenne Beispiele.

6 Ein zwischen zwei Isolatoren gespannter Draht wird in der Mitte mit einem Wägestück belastet. Schaltet man den Strom ein, so fängt der Draht an zu glühen und er dehnt sich aus, sodass das Wägestück ein wenig absinkt. Schaltet man den Strom ab, so zieht sich der Draht wieder zusammen und das Wägestück wird wieder angehoben. ▸ 10

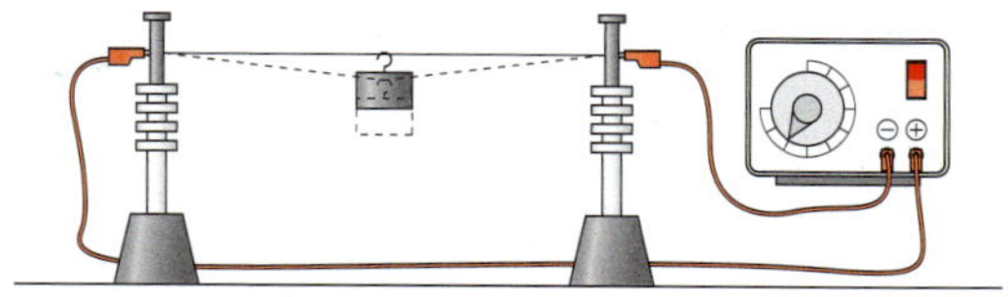

10

a Beschreibe die Vorgänge energetisch.
b Woher kommt die Energie, durch die das Wägestück gehoben wird?

7 Eines der größten Wasserkraftwerke befindet sich in Itaipu an der brasilianisch-paraguayischen Grenze. Aus einem Stausee von der Größe des Bodensees stürzt das Wasser aus einer Höhe von 120 m in 18 Rohren auf die Turbinen. Dabei fließen durch jedes Rohr in der Sekunde 600 m³ Wasser. Wie viel Lageenergie kann pro Sekunde in elektrische Energie (in Kilowattstunden) umgewandelt werden?

8 Heizung eines Einfamilienhauses
Der Gasbrenner einer Heizungsanlage hat eine maximale Leistung von 21 kW.
a Erläutere die Berechnung der thermischen Energie und den Zusammenhang zwischen Energie und Leistung.
b Der Inhalt des Wasserbehälters (200 ℓ) soll von 10 °C auf 40 °C aufgeheizt werden. Wie lange dauert das mindestens?
c Wie hoch müsste man 200 ℓ Wasser heben, um ihnen den gleichen Energiebetrag wie beim Erwärmen um 30 °C als Lageenergie zuzuführen?

Aufgabe	Fähigkeit	Hilfe auf Seite ...
1, 2, 3, 4	Grundlegende Eigenschaften der Energie beschreiben.	99, 101 f.
2, 3, 4, 6	Beispiele für Energieübertragungsketten nennen und beschreiben.	102
5, 7	Möglichkeiten der Energieversorgung beschreiben.	107 ff.
7, 8	Zusammenhang von Energie und Leistung beschreiben.	128, 132

▸ Die Lösungen findest du auf Seite 299.

Mechanik

Silver Star im Europa-Park in Rust bei Freiburg ist derzeit die größte und höchste Achterbahn in Europa. Mit 127 km/h sind die Züge des Hyper Coaster die schnellsten in Deutschland. Großartig ist es, das Gefühl der sogenannten „Schwerelosigkeit" zu erleben. Der Mitfahrende wird dabei mehrfach aus dem Sitz gehoben und schwebt zwischen Bügel und Sitz für 4 bis 5 Sekunden.

Die Mechanik beschäftigt sich mit Bewegungen und Kräften, die auch bei der Achterbahnfahrt eine wichtige Rolle spielen.

Die meisten Pkw verfügen heute über einen Bordcomputer. Für den Fahrer wird es immer einfacher, die zurückgelegte Strecke, die Durchschnittsgeschwindigkeit oder die Ankunftszeit zu ermitteln. Über die Physik, die dahintersteckt, machen sich die wenigsten noch Gedanken.

Bewegungen im Sport und Straßenverkehr

In der Kinematik geht es um die Beschreibung von Bewegungen. Alles dreht sich um die Frage, wie bewegen sich Gegenstände von Ort zu Ort? Ändert sich ihre Geschwindigkeit oder bleibt sie konstant?

Beim Sport heißt beschreiben nicht nur, dass ein Sportler oder eine Sportlerin erfährt, in welcher Zeit sie die Strecke zurückgelegt haben. Beim Wettkampf ist das aber entscheidend, um die Sieger zu ermitteln. Im Training ist es manchmal zweckmäßiger zu erfahren, an welchem Ort oder Abschnitt der Strecke man langsamer geworden ist. Das hilft, die Laufzeiten zu verbessern. Trainerinnen und Trainer sollten wissen, wie man das ermitteln kann.

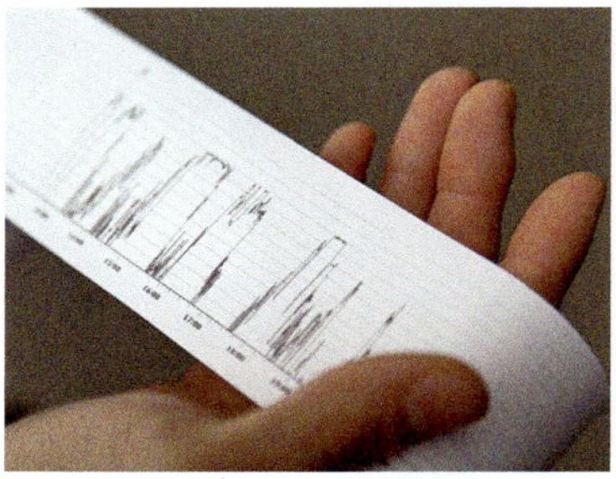

2 Fahrtenschreiber – die Bewegung eines Busses grafisch dargestellt

3 Die Läuferinnen starten zum 800-m-Lauf. Wird die, die am schnellsten beschleunigt, auch gewinnen?

Geschwindigkeit

4

Achtung Blitzer!
Was wird hier eigentlich gemessen und wie funktioniert das?

Experiment

1 Geschwindigkeitsmessung
Überlegt, wie man die Geschwindigkeit von Autos in einer Tempo-30-Zone ermitteln kann. ▸ 5
Probiert es anschließend an mehreren Fahrzeugen aus. Beschreibt euer Vorgehen und erläutert eure Ergebnisse. Beachtet die Sicherheitshinweise eures Lehrers oder eurer Lehrerin! Betretet auf keinen Fall die Fahrbahn.

5 Geschwindigkeitsmessung

2 Wer ist der schnellste Radfahrer?
Ermittelt den schnellsten Radfahrer in eurer Klasse. Organisiert dazu auf dem Sportplatz einen Wettbewerb. Steckt eine Strecke von 100 m ab. Fahrt die Strecke mehrfach in verschiedenen Gängen. Stoppt die Zeit, die ein Radfahrer für das Durchfahren dieser Strecke benötigt und berechnet die Geschwindigkeit.

3 Schnelles Spielzeug
Untersucht die Bewegung verschiedener Fahrzeuge (z. B. Spielzeugautos, langsam fahrende elektrische Eisenbahn, selbstlaufende Figuren). Markiert im Sekundentakt den Ort der Fahrzeuge auf einem Papierstreifen. Vergleicht den Abstand der Markierungen. Was kann man daraus ablesen?

Grundlagen Die Geschwindigkeit – eine physikalische Größe

Geschwindigkeit Beim Sportfest starten Markus und Tim in verschiedenen Altersklassen. Markus läuft 100 m in 16 s und Tim 75 m in 11 s. Wer läuft schneller?
Um das herauszufinden, kann man ausrechnen, wie weit Markus und Tim in jeweils einer Sekunde gekommen sind. Markus lief in 16 s 100 m. Also schaffte er in 1 s eine Strecke von 6,25 m. Tim legte in 1 s 6,81 m zurück. Also war Tim schneller.
Damit haben wir eine Möglichkeit gefunden, die Geschwindigkeit eines Gegenstands zu bestimmen.

1 Tachometer

Die Geschwindigkeit gibt an, wie schnell sich ein Körper bewegt. Um sie zu berechnen, teilt man den zurückgelegten Weg Δs durch die dafür benötigte Zeit Δt.

Geschwindigkeit = $\frac{\text{Weg}}{\text{Zeit}}$ oder $v = \frac{\Delta s}{\Delta t}$

Die Einheit der Geschwindigkeit ist Meter je Sekunde ($\frac{\text{m}}{\text{s}}$) oder Kilometer je Stunde ($\frac{\text{km}}{\text{h}}$).
Das Formelzeichen v kommt aus dem englischen Wort *velocity* für Geschwindigkeit.
Der griechische Buchstabe Δ (sprich: Delta) wird verwendet, um auf Differenzen hinzuweisen. $\Delta s = s_2 - s_1$ gibt eine Wegdifferenz, $\Delta t = t_2 - t_1$ gibt eine Zeitdifferenz an.

Momentan- und Durchschnittsgeschwindigkeit Der Tacho am Fahrrad zeigt in jedem Augenblick die Momentangeschwindigkeit an. Für die Durchschnittsgeschwindigkeit einer Radtour teilt man die Gesamtstrecke durch die Fahrzeit. Mit Geschwindigkeit kann die Momentan- oder die Durchschnittsgeschwindigkeit gemeint sein.

Umrechnungen

Man kann die Einheiten $\frac{\text{m}}{\text{s}}$ und $\frac{\text{km}}{\text{h}}$ ineinander umrechnen:

$\frac{\text{km}}{\text{h}}$ in $\frac{\text{m}}{\text{s}}$

$$1\,\frac{\text{km}}{\text{h}} = \frac{1000\,\text{m}}{3600\,\text{s}} = \frac{1}{3{,}6}\,\frac{\text{m}}{\text{s}}$$

$\frac{\text{m}}{\text{s}}$ in $\frac{\text{km}}{\text{h}}$

$$1\,\frac{\text{m}}{\text{s}} = \frac{\frac{1}{1000}\,\text{km}}{\frac{1}{3600}\,\text{h}} = 3{,}6\,\frac{\text{km}}{\text{h}}$$

Aufgaben

1 Ein Auto legt in 1,5 Stunden eine Strecke von 120 km zurück. Wie groß ist die Geschwindigkeit?

2 Welchen Weg legt ein Auto bei einer Geschwindigkeit von $30\,\frac{\text{km}}{\text{h}}$ bzw. $100\,\frac{\text{km}}{\text{h}}$ in einer Sekunde zurück?

3 Berechne die fehlenden Geschwindigkeitsangaben.

v in m/s	1,5	?	10	?
v in km/h	?	18	?	130

4 Ein Abfahrtsläufer legt 1950 m in 68,35 s zurück. Berechne die Durchschnittsgeschwindigkeit.

5 Ein Auto auf der Autobahn fährt eine Stunde mit einer Geschwindigkeit von $120\,\frac{\text{km}}{\text{h}}$ und im Anschluss auf der Landstraße eine Geschwindigkeit von $80\,\frac{\text{km}}{\text{h}}$ für eine weitere Stunde. Wie hoch ist die Durchschnittsgeschwindigkeit?

6 Ein Fußgänger benötigt für einen 28 km langen Wanderweg 4 Stunden. Wie groß ist die Durchschnittsgeschwindigkeit des Fußgängers?

7 Recherchiere im Internet Geschwindigkeitsrekorde von Lebewesen. Fertige dazu ein Poster an.

Methode Zahlenwerte in der Physik

2 Entfernungsangaben

19 km und 19,0 km bedeutet nicht das Gleiche. Beide Entfernungsangaben sind gerundet.

1 Zahlenwerte in Messungen

19 km heißt: Die wahre Entfernung liegt zwischen 18,5 km und 19,4 km. Man sagt auch: Der Messwert ist auf 1 km genau angegeben worden.

19,0 km heißt: Die wahre Entfernung liegt zwischen 18,95 km und 19,04 km. Der Messwert ist auf 100 m genau.

Wie genau ein Messwert angegeben wird, hängt von der Messmethode und von der Größe selbst ab.

- Mit dem Lineal oder dem Bandmaß lassen sich Strecken auf mm genau messen. Die Angabe 17,3 cm ist sinnvoll, die Angabe 17,37 cm nicht.
- Die Entfernung zwischen zwei Orten wird meist auf km gerundet angegeben, die Größe einer Briefmarke auf mm gerundet.

2 Zahlenwerte in Rechnungen

Ein Spielzeugauto hat 5,0 m in 2,4 s zurückgelegt. Für die berechnete Geschwindigkeit zeigt der Taschenrechner:

$v = 5{,}0\,\text{km}/2{,}4\,\text{s} = 2{,}083\,333\,\text{m/s}$.

Diese Angabe ist unsinnig, weil weder Strecke noch Zeit auf 6 Nachkommastellen genau gemessen wurden.

Zu einer sinnvollen Rundung führt folgende Regel:

Rechenergebnisse rundet man immer auf so viele Ziffern, wie die der ungenauesten Messung.

2,083333 m/s wird gerundet zu 2,1 m/s.

Aufgaben

1 Entfernungsangaben

a Erkläre den Unterschied in den beiden Entfernungsangaben von Bild ▸ 2.

b Begründe, warum es sinnvoller ist, für Fahrradfahrer genauere Entfernungsangaben zu machen als für Autofahrer.

Aus der Technik: Geschwindigkeitskontrollen

1 Blitzer

2 Signalgeber

3 Laserpistole

Bei der Verkehrs- und Geschwindigkeitsüberwachung werden verschiedene Messmethoden eingesetzt. Umgangssprachlich bezeichnet man sie manchmal auch als Radarfalle oder Blitzer.

Signalgeber im Boden Zwei oder drei Kabel werden z. B. im Abstand von 1,50 m im Asphalt quer über die Fahrbahn verlegt. Überfahren die Vorderräder eines Autos das erste Kabel, wird eine Uhr gestartet. Beim Überfahren des zweiten Kabels, wird die Uhr gestoppt. Ein Computer berechnet aus Zeit und Weg die Geschwindigkeit. Wird die zulässige Geschwindigkeit überschritten, löst er die Blitzanlage aus. Eine Kamera macht dann ein Foto als Beweismittel. ▸ 1, 2

Laser-Geschwindigkeitsmessung Moderne Messgeräte zur Geschwindigkeitsmessung verwenden Laser. Sie funktionieren so: Das Messgerät sendet kurz hintereinander mehrere Lichtsignale zum Auto. Dort werden die Signale reflektiert und gelangen zurück zum Messgerät. Aus der Laufzeit jedes Signals berechnet das Messgerät die momentane Entfernung des Fahrzeugs. Es ermittelt die Strecken und die zugehörigen Zeiten und berechnet die Geschwindigkeit. Bei vielen Messgeräten wird die Messung durch ein Foto dokumentiert. ▸ 3, 4

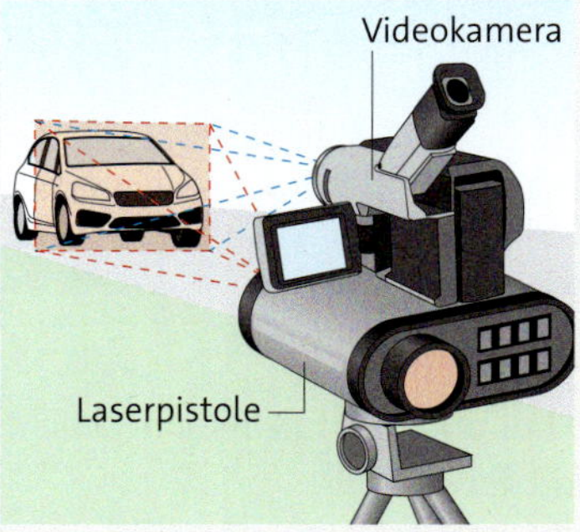

4 Laserpistole

Abschnittskontrolle Will man die Geschwindigkeit nicht an einem bestimmten Punkt überwachen, sondern die Durchschnittsgeschwindigkeit über eine längere Strecke, führt man die sogenannte Abschnittskontrolle (engl. *section control*) durch. Dazu wird das Fahrzeug an zwei über mehrere Kilometer entfernten Kontrollpunkten registriert und mithilfe des Kfz-Kennzeichen identifiziert. Aus der benötigten Zeit und der Wegstrecke zwischen den beiden Kontrollpunkten wird die Durchschnittsgeschwindigkeit bestimmt. ▸ 5, 6

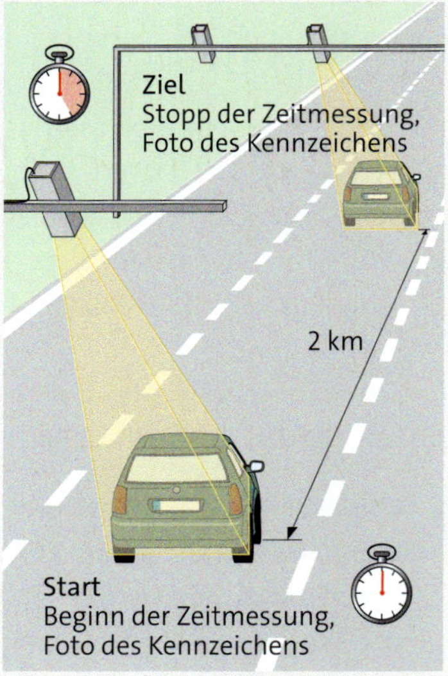

5 Section control

1 Auf einer Messstrecke von 1 m hat ein „Blitzer" folgende Zeiten gemessen: 0,045 s; 0,050 s; 0,060 s; 0,040 s; 0,070 s. Ermittle, welche Autos schneller als die erlaubten 70 km/h gefahren sind.

2 Entwickle ein Modell, an dem du Aufbau und Funktionsweise einer Blitzeranlage demonstrieren kannst. *Tipp:* Verwende Lichtschranken, Bandmaß und Stoppuhr.

3 Viele Autofahrer ärgern sich über die Geschwindigkeitskontrollen der Polizei oder zweifeln an deren Nutzen. Ladet einen Verkehrspolizisten zu dieser Thematik ein.

6

Grundlagen Berechnen von Wegen und Zeiten

1. Berechnung der Weges
Am Wochenende hat Marcus mit seinem Freund einen Ausflug durchgeführt. Sie sind 2 Stunden und 30 Minuten bis zum Ziel gewandert. Durchschnittlich wandert ein Fußgänger mit einer Geschwindigkeit von 4,5 km/h. Welche Entfernung haben sie zurückgelegt?

7 Wanderweg

Gegeben: $v = 4{,}5\,\text{km/h}$ *Gesucht:* s in km
$t = 2\,\text{h}\,30\,\text{min} = 2{,}5\,\text{h}$

Lösung: Die Gleichung $v = \frac{s}{t}$ wird nach s aufgelöst. Dazu multipliziert man beide Seiten der Gleichung mit t.
$v = \frac{s}{t} \quad | \cdot t$
$s = v \cdot t$
$s = 4{,}5\,\text{km/h} \cdot 2{,}5\,\text{h}$
$s = 11{,}3\,\text{km}$

Markus und sein Freund legten bis zum Ziel 11,3 km zurück.

2. Berechnung der Zeit
Beim Elfmeterschuss wurden elektronisch Ballgeschwindigkeiten von 110 km/h gemessen. Wie lange flog der Fußball durch die Luft?

8 Elfmeter – Reaktionszeit des Torwarts: 0,1–0,4 s

Gegeben: $v = 110\,\text{km/h} = 30{,}56\,\text{m/s}$ *Gesucht:* t in s
$s = 11\,\text{m}$

Lösung: Um die Zeit zu berechnen, löst man die Gleichung $s = v \cdot t$ nach t auf.
$s = v \cdot t \quad | : v$
$t = \frac{s}{v}$
$t = \frac{11\,\text{m}}{30{,}56\,\text{m/s}}$
$t = 0{,}36\,\text{s}$

3. Tabellarische Lösung
Ein Reisebus fährt mit einer Durchschnittsgeschwindigkeit von 90 km/h. Welche Strecke legt er in 5,5 Stunden zurück?

1 h	90 km
↓ ·5,5	↓ ·5,5
5,5 h	495 km

Aufgaben

1 In welcher Zeit legt Moritz eine Strecke von 6 km zurück, wenn er mit 22 km/h unterwegs ist.

2 Ein Direktflug von Frankfurt am Main nach Hanoi dauert 10 Stunden. Die Fluggeschwindigkeit beträgt 950 km/h. Berechne die Strecke, die das Flugzeug zurücklegt.

Aus der Technik: Routenplaner

Mit einem Routenplaner im Internet kannst du alle Strecken von A nach B planen – von kleinen Strecken in deinem Heimatort bis zu langen Autotouren. Er berechnet dir die optimale Route zu deinem Wunschziel.
Dazu gibst du einfach deine Startadresse und die Zieladresse in die entsprechenden Felder ein.
Du kannst entscheiden, ob du mit dem Auto, mit dem Fahrrad, zu Fuß oder mit öffentlichen Verkehrsmitteln reisen möchtest. Durch eine exakte Entfernungsangabe und die wahrscheinliche Dauer deiner Reise erfährst du, wie du am schnellsten dein Ziel erreichen kannst. ▸1

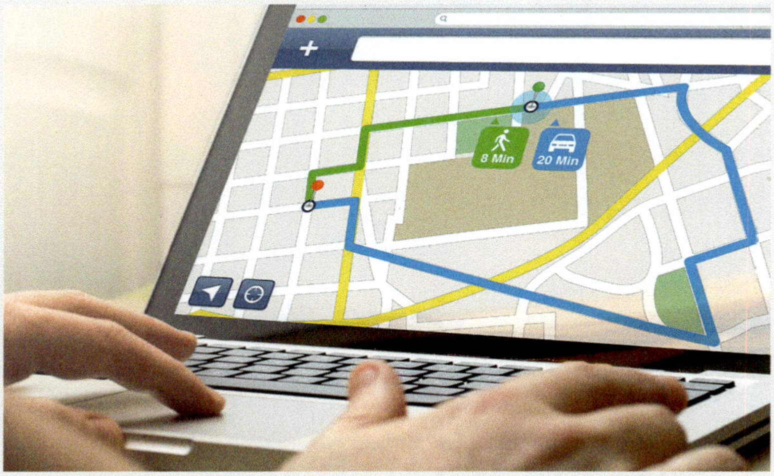

1 Routenplaner

1 Dein Schulweg

a Lass den Routenplaner deinen Schulweg ermitteln. Bestimme, wie lang dein Weg zu Schule ist.

b Vergleiche den angezeigten Schulweg mit dem Schulweg, den du täglich gehst. Suche nach Gründen für mögliche Abweichungen. Untersuche, wie sich kleine Umwege auf die benötigte Zeit auswirken.

c Berechne die Geschwindigkeiten, mit denen der Routenplaner die Zeiten ermittelt.

2 Wege in deinem Heimatort
Ermittle die Entfernungen von deiner Schule zu zentralen Einrichtungen deines Heimatortes (Schwimmbad, Sportstätten, Bibliothek, Bahnhof).

3 Urlaubsplanung
Du planst mit deinen Eltern den nächsten Urlaub. Zur Diskussion stehen ein Urlaubsort auf der Ostseeinsel Rügen oder ein Urlaubsort in den Alpen.

a Wählt für beide Urlaubsorte eine geeignete Fahrtroute aus und bestimmt die Entfernung von deinem Heimatort und die Fahrtzeit.

b Bestimme die Geschwindigkeiten, die den Berechnungen zugrunde liegen.

Aus der Technik: Auto fahren mit dem Navi

Was leistet ein Navigationsgerät?
Nach Eingabe der Zieladresse berechnet das Navi anhand der gespeicherten Kartendaten in wenigen Sekunden den schnellsten Weg zum Ziel. ▸ 2
Gleichzeitig berechnet es die mögliche Ankunftszeit. Es gibt während der Fahrt an jeder Kreuzung an, welchen Weg der Fahrer nehmen soll.
Man kann immer die aktuelle Entfernung zum Zielort und die voraussichtliche Ankunftszeit ablesen. Das Navi weist auf Geschwindigkeitsüberschreitungen hin.

2 Navigationsgerät

Wie funktioniert ein Navi?
Das Navi ist ein kleiner Computer mit vier Bauteilen:
- Eine *Datenspeicherkarte* enthält die Informationen einer guten Straßenkarte: Art und Verlauf der Straße, Geschwindigkeitsbegrenzungen.
- Ein Routenplaner sucht den schnellsten Weg zum Ziel.
- Ein *GPS-Empfänger* empfängt die Signale von mindestens 4 Satelliten des *Global Position Systems* und berechnet daraus die aktuelle Position. Dabei hilft ihm eine exakt gehend Uhr.
- Ein *Rechner* vergleicht im Sekundenabstand die aktuelle Position mit der vorangehenden. Er berechnet aus der Entfernung der beiden Positionen und dem Zeitintervall die Momentangeschwindigkeit. In die Berechnung der Ankunftszeit fließen die aktuelle Geschwindigkeit, Tankaufenthalte, Staus, Pausen usw. ein.
- Eine *Sprachdatei* enthält sehr viele Wörter und Satzelemente, aus denen der Sprechertext zusammengesetzt wird.

1 Nenne die Bauteile eines Navis und ihre Funktion.

2 Du hilfst deinen Eltern bei der Planung der Urlaubsreiseroute. Bestimme mithilfe eines Navigationsgeräts die Zeitdauer und die Entfernung vom Heimatort zum Urlaubsort. Berechne die Durchschnittsgeschwindigkeit, die deine Eltern fahren müssen.

3 Die Momentangeschwindigkeit wird von Navi meist geringer angegeben als vom Tachometer.

a Der Tacho berechnet die Fahrstrecke mit der gemessenen Umdrehungszahl der Räder. Je nach Luftdruck im Reifen haben die Reifen etwas unterschiedliche Größe. Wie wirkt sich der Reifendruck auf die Geschwindigkeitsanzeige des Tachos aus?

b Der Tacho darf bis zu 10 % höhere Geschwindigkeiten als die tatsächliche Geschwindigkeit anzeigen, niemals aber zu kleine Geschwindigkeiten. Welchen Sinn hat diese Regel?

4 Im Navigationsgerät wird aus der Laufzeit des Signals, das mit Lichtgeschwindigkeit unterwegs ist, die Distanz des Empfängers zum Satelliten berechnet. Wie lange ist das Signal unterwegs, wenn sich der Satellit in 22 000 km Höhe über dem Gerät befindet? Die Lichtgeschwindigkeit beträgt 300 000 km/s.

Ungleichförmige und gleichförmige Bewegungen

1

Julia läuft ihre Fitnessrunde. Justin fährt auf der Rolltreppe nach unten. Ihre Bewegungen lassen sich auch durch Diagramme beschreiben.
Welche Diagramme beschreiben das Joggen und welche das Fahren auf der Rolltreppe?

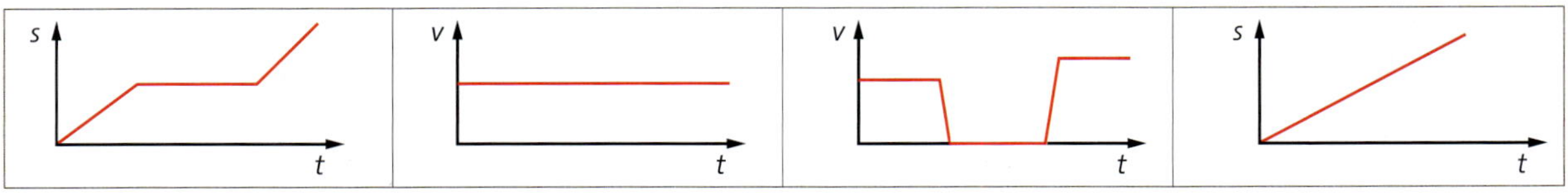

2

Experiment

Untersucht verschiedene Bewegungen. Dazu braucht ihr Stoppuhren und Maßstäbe. Notiert die Messwerte jeweils in einer Tabelle und tragt sie in ein Diagramm ein (Weg nach oben, Zeit nach rechts). Ihr könnt in diesem Zusammenhang auch ein Tabellenkalkulationsprogramm nutzen (siehe Anhang).

1 Umgekehrte Fallschirme
Fertigt Papiertrichter aus Seidenpapier an. ▸ 3, 4
Lasst die Kegel mit der Spitze nach unten fallen. Messt, wie lange sie für 20 cm; 40 cm; 60 cm; 1,00 m; 1,20 m; 1,60 m und 2,0 m brauchen.

2 Stroboskopische Aufnahme
In einem verdunkelten Raum könnt ihr mithilfe stroboskopischer Beleuchtung das Fallen eines Papiertrichters und einer Eisenkugel verfolgen. Mit einem Fotoapparat mit manueller Belichtungseinstellung und Stativ lässt sich der Fall der beiden Gegenstände festhalten. Vergleicht die Bewegungsabläufe.

3 Messungen mit Ultraschall
Mithilfe eines Ultraschallmessgeräts kannst du Bewegungsabläufe erfassen. Z. B. wenn du dich von einer Wand des Klassenzimmers wegbewegst. Das Messgerät misst in regelmäßigen Zeitabschnitten (z. B. alle 0,2 s) den Abstand zur Wand. Mit einem Computer können die Messdaten ausgewertet werden. Interpretiere das Diagramm. Beschreibe die Bewegungsart, die beim Gehen vorliegt.

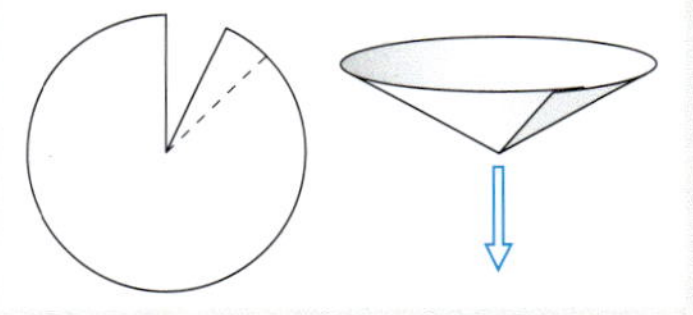

3 Fallschirm

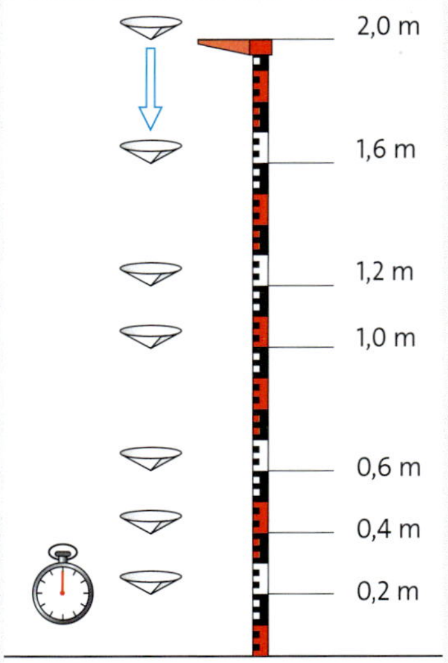

4 Fallschirm

Experiment

4 Modellwagen
Lasst eine Kugel ein leicht geneigtes 2 m langes Brett hinunterrollen. Experimentiert mit zwei unterschiedlichen Neigungen der Bahn. ▸ 5

a Messt, wie lange die Kugel für 20 cm, 40 cm … benötigt.

b Stellt ein Metronom auf einen 1-s-Takt ein. Markiert den Ort der Kugel bei jedem Schlag. Messt die Wege, die die Kugel in 1 s, 2 s … zurücklegt.

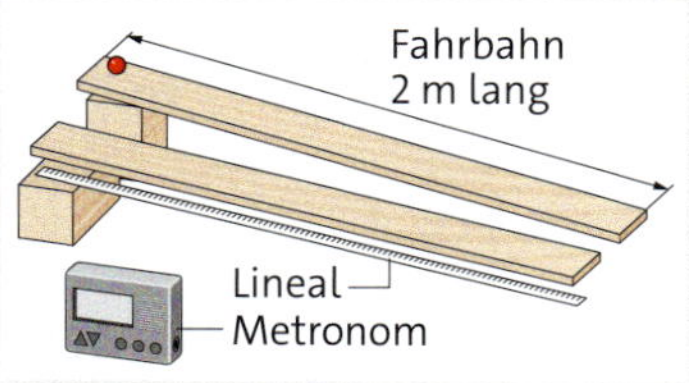

5 Rollende Kugel

5 Füllstandsmessung
Fülle eine PET-Flasche mit gefärbtem Wasser und befestige parallel zur Flasche ein Lineal. Bohre in den unteren Teil der Flasche ein kleines Loch. Überlege, wie du mit Lineal und Stoppuhr die zeitliche Veränderung des Füllstands beim Leeren der Flasche erfassen kannst. Untersuche anschließend das Füllen einer anderen gleich großen Flasche. Vergleiche die Geschwindigkeiten beim Füllen und Leeren der Flaschen. ▸ 6

6 Schleuderball
Führt im Sportunterricht Schleuderballwürfe durch. Beobachtet während der Drehung die Bewegung des Balls. Wodurch unterscheidet sich diese Bewegung von der Bewegung eines Elfmeterballs?

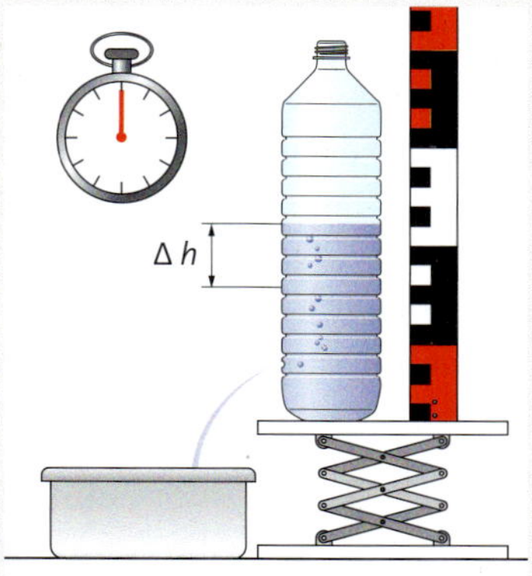

6 Füllstandsmessung

Grundlagen Verschiedene Bewegungen

Bewegungen können sehr unterschiedlich sein. Trotzdem reicht zu ihrer Beschreibung die Angabe von Fahrtrichtung und Geschwindigkeit aus.

Die Bewegung eines Körpers wird durch die Angabe von Richtung und Geschwindigkeit beschrieben.

Geradlinge Bewegung Du kannst mit dem Fahrrad gerade Strecken und Kurven fahren. Änderst du die Fahrtrichtung nicht, geht es immer geradeaus. ▸ 7

Bei einer geradlinigen Bewegung behält der Körper die Richtung seiner Bewegung bei.

Kreisbewegung Wenn du mit deinem Fahrrad im Kreisverkehr oder in einer Kurve fährst, änderst du ständig deine Fahrtrichtung, auch wenn du mit einer konstanten Geschwindigkeit fährst. ▸ 8

Bei einer kreisförmigen Bewegung ändert sich ständig die Richtung der Bewegung.

7 Geradlinge Bewegung

8 Kreisbewegung

Aufgaben

1 Nenne die physikalischen Größen, die eine Bewegung beschreiben.

2 Nenne Bewegungen, die nahezu geradlinig verlaufen, und solche, die im Kreis verlaufen.

Grundlagen Verschiedene Bewegungsarten

Gleichförmige Bewegungen Stehende Menschen auf einer Rolltreppe bewegen sich gleichförmig. In gleichen Zeiten werden gleiche Strecken zurückgelegt.

> **Bei gleichförmigen Bewegungen ist die Geschwindigkeit stets konstant. Wege und Zeiten sind proportional zueinander, d. h.**
> **doppelte Zeit → doppelter Weg**
> **dreifache Zeit → dreifacher Weg**

Du erkennst eine gleichförmige Bewegung im Weg-Zeit-Diagramm (s-t-Diagramm) daran, dass die Messwerte für Weg und Zeit auf einer Geraden liegen, die durch den Nullpunkt geht. ▸ 1

Der langsame Radfahrer legt z. B. vier Meter pro Sekunde zurück, seine Geschwindigkeit beträgt 4 m/s. Der schnelle Radfahrer legt acht Meter pro Sekunde zurück ($v = 8$ m/s). Im Diagramm verläuft die Gerade umso steiler, je größer die Geschwindigkeit ist. ▸ 1

> **Die Steigung im Weg-Zeit-Diagramm ist ein Maß für die Geschwindigkeit. Je steiler die Gerade verläuft, desto größer ist die Geschwindigkeit.**

Mit dem Steigungsdreieck kannst du ermitteln, wie groß die Geschwindigkeit ist. ▸ 2

$$v = \frac{s_2 - s_1}{t_2 - t_1} = \frac{\Delta s}{\Delta t}$$

Ungleichförmige Bewegungen Ein Jogger startet schnell, wird bei einer Steigung langsamer, macht ein paar Minuten Gymnastik, läuft wieder los. Seine Bewegung ist ungleichförmig, die Geschwindigkeit ändert sich.

Im Weg-Zeit-Diagramm ergibt sich keine Gerade. Fast alle Bewegungen im Alltag sind ungleichförmig. ▸ 3

> **Bei einer ungleichförmigen Bewegung ist die Geschwindigkeit nicht konstant.**

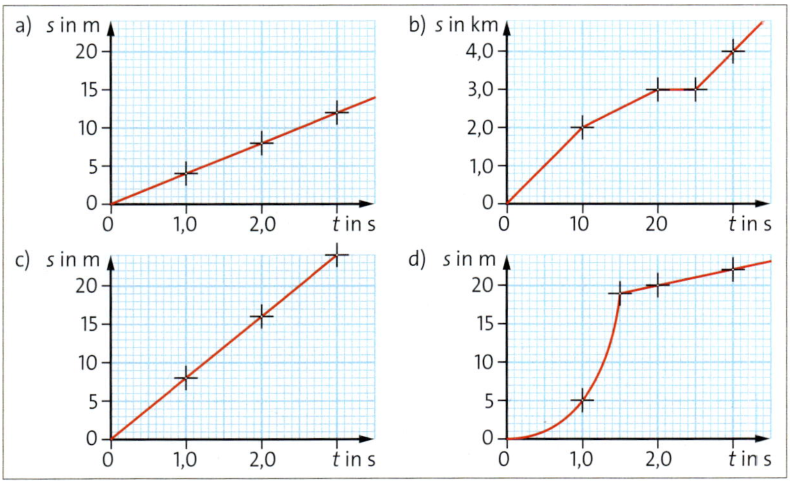

4 s-t-Diagramme

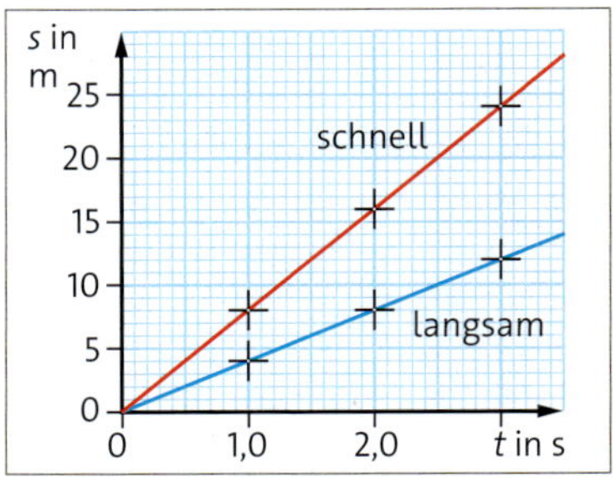

1 Gleichförmige Bewegung

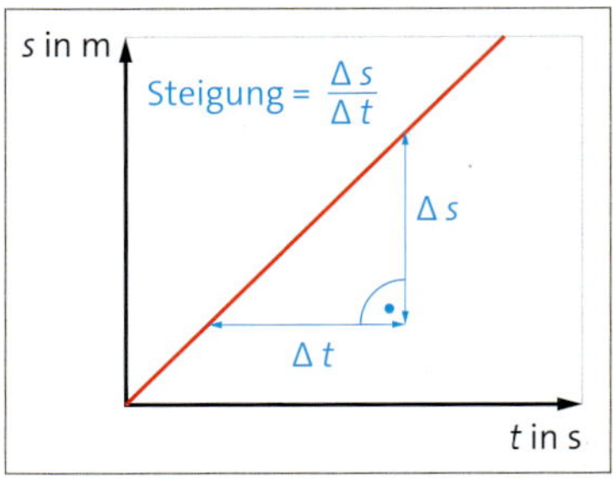

2 s-t-Diagramm

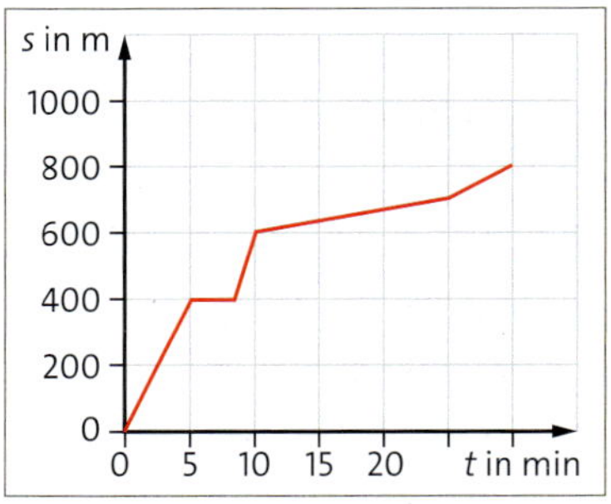

3 Ungleichförmige Bewegung

Aufgaben

1 Ordne in gleichförmige und ungleichförmige Bewegungen: Auto im Straßenverkehr; Radfahrer auf dem Schulweg; Minutenzeiger einer Uhr; Blech auf einem Fließband; Blumentopf fällt aus 3. Etage; Öltanker in ruhiger See; Sportlerin beim 100-m-Lauf. Ergänze weitere Beispiele.

2 Interpretiere die Diagramme. Nenne die Bewegungsarten. ▸ 4

Methode Diagramme

Diagramme zeichnen

Das Weg-Zeit-Diagramm Bewegungen können in einem Weg-Zeit-Diagramm dargestellt, beschrieben und verglichen werden.

1 Achsen zeichnen

Zeichne zwei senkrecht aufeinander stehende Achsen und beschrifte sie mit den dargestellten physikalischen Größen und ihren Einheiten.

Beispiel: Zeit in s *(nach rechts),* Weg in m *(nach oben).* Eine gute Größe für ein Diagramm ist die halbe Heftseite.

2 Achsenmaßstab optimal wählen

Nutze die ganze Fläche des Diagramms. Dazu musst du die Achsen sinnvoll einteilen: Suche in der Meßwertetabelle den größten ganzzahligen Wert, der auf der Zeit- bzw. Weg-Achse eingetragen werden soll. Wähle die Einheiten so, dass der Wert nahe dem Ende der Achse liegt. Dann unterteile die Achse in gleiche Abschnitte. ▸ 5

3 Messwerte eintragen

Trage die Messwerte mit spitzem Bleistift als Kreuze ins Diagramm ein.

Beispiel: $t = 5\,\text{s}$, $s = 8\,\text{m}$. Denke dir eine senkrechte Hilfslinie durch den Wert 5 s und eine waagerechte durch den Wert 8 m. Markiere den Schnittpunkt der beiden Hilfslinien.

4 Messkurve einzeichnen

Die eingetragenen Kreuze der Messkurve liegen ungefähr auf einer Geraden. Zeichne eine *Ausgleichsgerade* zwischen ihnen hindurch. Die Abstände der Kreuze zur Geraden sollen möglichst klein sein. In unserem Beispiel fährt der Wagen zum Zeitpunkt 0 s los. Dazu gehört jeweils auch der Weg 0 m. Die Gerade muss durch den Nullpunkt gehen.

Zeit t in s	0	5	10	15	20	25
Weg s in m	0	8	17,5	30	41	50

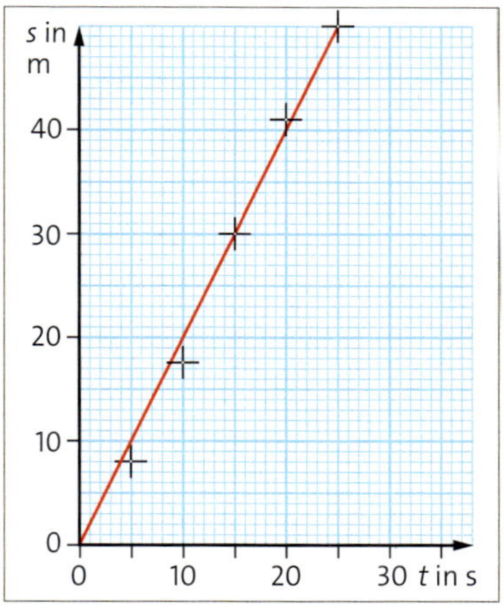

5 Weg-Zeit-Diagramm

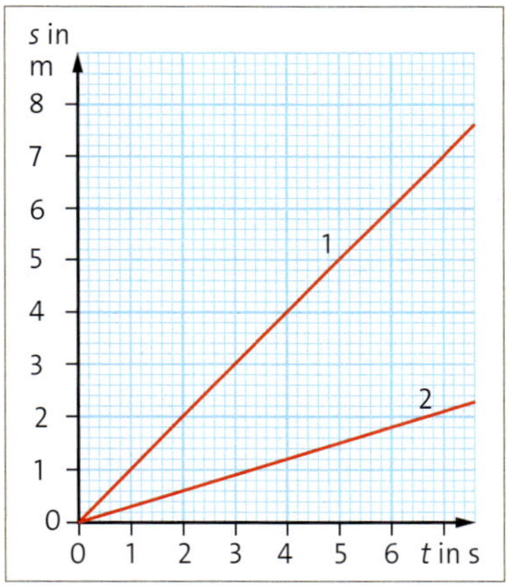

6 *s-t*-Diagramm

Diagramme lesen

Was wird dargestellt und welche Größen werden in Beziehung gesetzt? Das Weg-Zeit-Diagramm in ▸ Bild 6 beschreibt die Bewegung zweier Körper. Es stellt den Zusammenhang zwischen den von Körpern zurückgelegten Wegen und den dazugehörigen Zeiten dar.

Welche Informationen können den Kurven entnommen werden? Der Körper 1 bewegt sich schneller als Körper 2. Das erkennt man daran, dass die Gerade 1 steiler verläuft als die Gerade 2.
Da sich die Wege proportional zu den Zeiten verhalten, handelt es sich um geradlinig gleichförmige Bewegungen der beiden Körper.

Aufgabe

1 Betrachte ▸ Bild 7. Beschreibe die Bewegung des Körpers mithilfe des Diagramms.

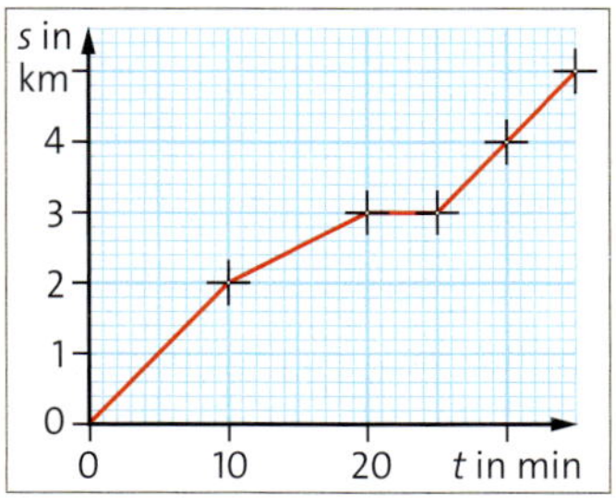

7

Aus der Geschichte: Geschwindigkeitsmessung auf See

Geschwindigkeit war für unsere Vorfahren kein Thema. Zur Fortbewegung dienten Füße, Pferde und Kutschen. Wie weit man damit kam, war bekannt. Man gab Entfernungen in „Wegstunden" oder in „Tagesreisen" an.
Auf See war die Situation anders. Dort hing die Geschwindigkeit vom Wind und von der Strömung des Wassers ab. Man musste die Geschwindigkeit messen, um aus dem Messwert die zurückgelegte Entfernung berechnen zu können. Damit konnte der Ort bestimmt werden, an dem sich das Schiff gerade befand. Dazu dienten seit Ende des 16. Jahrhunderts Handlogs, mit denen Segelschiffe ausgerüstet waren. Ein Handlog bestand aus einem mit Blei beschwerten Brett, an dem die Logleine befestigt war. Dieses Brett wurde vom Schiffsheck aus ins Wasser geworfen. Während sich das Schiff vorwärts bewegte, wurde das Brett vom Wasser zurückgehalten. ▸1
Die Folge war, dass sich die Logleine abrollte – und das umso schneller, je schneller die Bewegung des Schiffs war. An der Logleine befanden sich in bestimmten Abständen Knoten. Sie wurden gezählt, solange die Loguhr (eine Sanduhr für genau 15 s) lief. Die Anzahl der Knoten war ein Maß für die Geschwindigkeit.

In der Seefahrt werden Geschwindigkeiten heute noch in Knoten (kn) angegeben:
1 Knoten bedeutet „1 Seemeile pro Stunde".
1 kn = 1 sm/h = 1,852 km/h.

1 Durch die Messung mit dem Log konnte man berechnen, welche Strecke das Schiff täglich zurücklegte. So konnte auch der Ort ermittelt werden, an dem es sich gerade befand. Wenn das Schiff aber in eine Meeresströmung geriet, konnte es passieren, dass das Schiff an einem ganz anderen Ort war, als der Kapitän vermutete. Erläutere.

1

Aus der Natur: Geschwindigkeiten im Weltall

Alle Planeten bewegen sich auf kreisähnlichen Bahnen um die Sonne. Für einen vollständigen Umlauf benötigt die Erde ein Jahr, das sind 365 ¼ Tage. Sie bewegt sich dabei mit einer mittleren Bahngeschwindigkeit von 29,79 km/s. (Da im Kalenderwesen nur mit ganzen Tagen gerechnet wird, ist jedes vierte Jahr ein Schaltjahr mit 366 Tagen.)
Unser Mond bewegt sich mit einer Geschwindigkeit von etwa 1 km/s um die Erde.

1 Welchen Weg legen Merkur und Jupiter an einem Tag zurück? Vergleiche diese Werte. ▸2

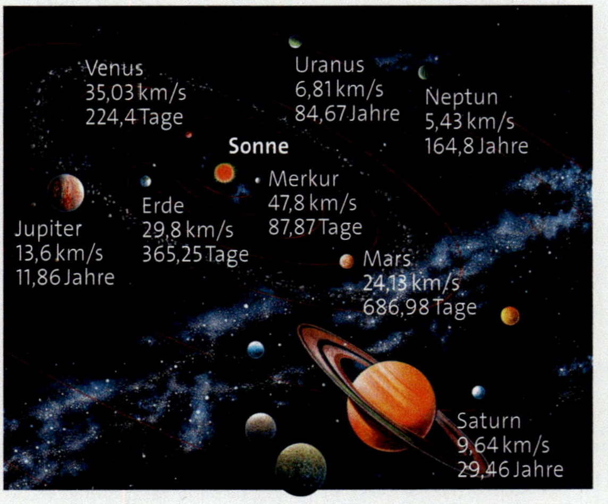

2

Beschleunigen – Gas geben und Bremsen

3

Von 0 auf 100 km/h in 7 s – mit solchen Angaben werben Autohersteller. Was heißt das? Wie schnell beschleunigt ein Radprofi von 0 auf 40 km/h? Beschleunigt ein Gepard schneller als eine Harley-Davidson?

Experiment

1 Mit dem Fahrrad beschleunigen

Nutzt für das folgende Experiment ein Fahrrad mit Tachometer. Erhöht die Geschwindigkeit von 0 auf 4 km/h; 8 km/h und 12 km/h. Wie viel Zeit benötigt ihr jeweils dafür? Messt die Wege, die ihr dabei zurücklegt.

2 Fallende Kugel

Nehmt mit einer elektronischen Stoppuhr die Weg-Zeit-Messreihe für eine fallende Kugel auf. Die Uhr startet, wenn die Eisenkugel die Haltevorrichtung verlässt, und stoppt, wenn sie das Ende der Messstrecke erreicht. ▸ 4

Beginnt die Messung bei einer Fallstrecke von 1,40 m. Verkürzt anschließend den Weg jeweils um 20 cm.

a Tragt die Messwerte in eine Tabelle ein und veranschaulicht sie in einem Weg-Zeit-Diagramm.

b Berechnet die Geschwindigkeit auf den einzelnen Teilstrecken und stellt die Daten in einem Geschwindigkeit-Zeit-Diagramm dar.

c Formuliert eine Aussage über die Geschwindigkeit und die Strecken während des Fallens der Kugel.

3 Wagen auf einer schiefen Ebene

Stellt einen Wagen auf eine leicht geneigte Fahrbahn. Markiert seinen Ort mit einem Stift auf einem Papierstreifen. Lasst den Wagen dann los. ▸ 5

a Markiert seinen Ort nach 1, 2, 3 … Sekunden.

b Berechnet die Geschwindigkeit des Wagens in der 1., 2., 3. … Sekunde.

c Zeichnet ein Geschwindigkeit-Zeit-Diagramm.

d Vergleicht die Längen der zurückgelegten Teilstrecken und die Geschwindigkeit in den Zeitabschnitten.

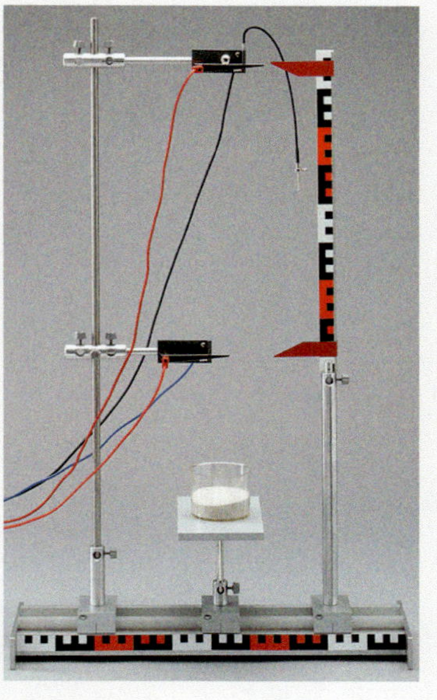

4 Fallversuch

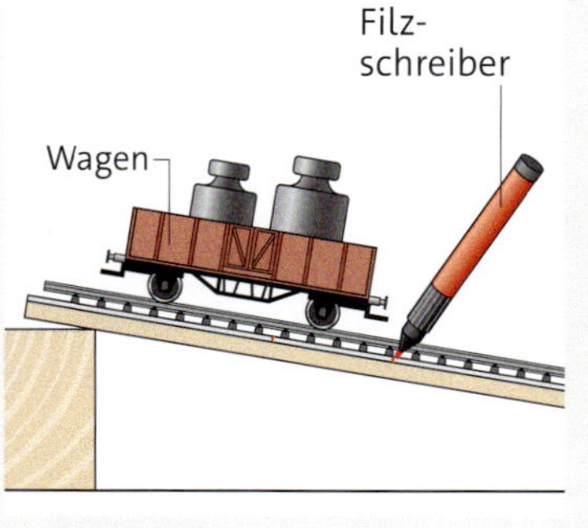

5 Geneigte Fahrbahn

Grundlagen Beschleunigen und Verzögern

Mit dem Fahrrad kannst du ordentlich „Gas geben" oder kräftig bremsen. Beim „Gas geben" wirst du schneller, beim Bremsen langsamer.

Bei einer beschleunigten Bewegung nimmt die Momentangeschwindigkeit eines Gegenstands zu.
Bei einer verzögerten Bewegung (z. B. beim Bremsen) nimmt die Momentangeschwindigkeit ab.
Die *Beschleunigung* gibt an, wie schnell die Geschwindigkeit zunimmt oder abnimmt.

Beschleunigen und Bremsen im Diagramm Im Geschwindigkeits-Zeit-Diagramm siehst du, wie stark die Geschwindigkeit zunimmt. ▸ 1
Beim Ferrari wächst die Geschwindigkeit viel schneller als beim ICE. Der Ferrari beschleunigt stärker.

Die Steigung im Geschwindigkeits-Zeit-Diagramm gibt die Beschleunigung an.

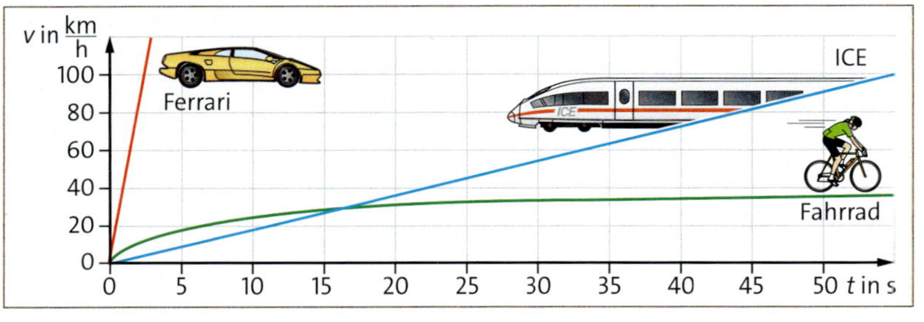

1 *v*-*t*-Diagramm

Aufgaben

1 Informiere dich in Prospekten, Zeitschriften oder dem Internet über Beschleunigungswerte von verschiedenen Fahrzeugen. Vergleiche die Werte miteinander.

2 Beschreibe Verkehrssituationen, in denen eine hohe Beschleunigung wichtig sein kann. Begründe, warum hohe Beschleunigungen im Straßenverkehr auch gefährlich sein können.

3 Ein Rennwagen fährt während einer Runde unterschiedlich schnell. ▸ 2
Ermittle aus den Diagrammen:
a Bei welcher km-Marke wurde die geringste, wo die höchste Geschwindigkeit gefahren?
b Wo war die Geschwindigkeit konstant?
c Zu welcher Rennstrecke passt das Diagramm? Begründe.

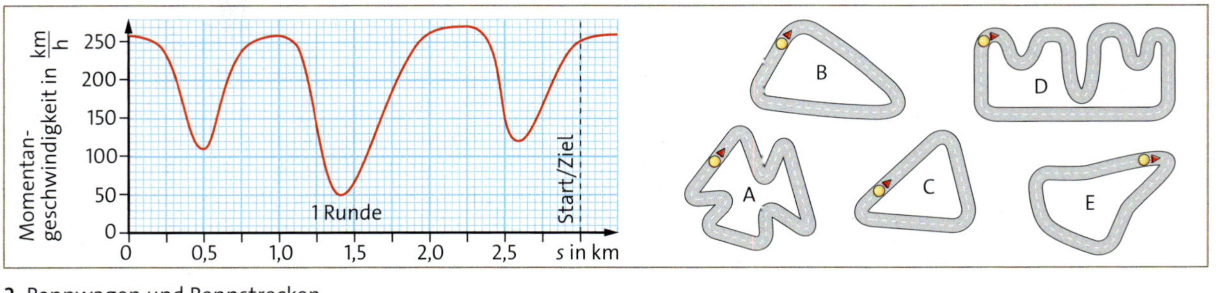

2 Rennwagen und Rennstrecken

Aus der Technik: Stroboskopische Beleuchtung

Ein Stroboskop sendet Lichtblitze in regelmäßigen und sehr kurzen zeitlichen Abständen aus. Bewegt sich ein Gegenstand in dunkler Umgebung und wird stroboskopisch beleuchtet, so erscheinen die Bewegungen abgehackt, wie eine Folge von stehenden Bildern. ▸ 3
Dadurch wird eine kontinuierlich ablaufende Bewegung in einzelne Momentaufnahmen zerlegt. Verwendet man eine Kamera mit langer Belichtungszeit, so kann man diese Momentaufnahmen in einem Foto festhalten und anschließend auswerten bzw. ausmessen. ▸ 4–6

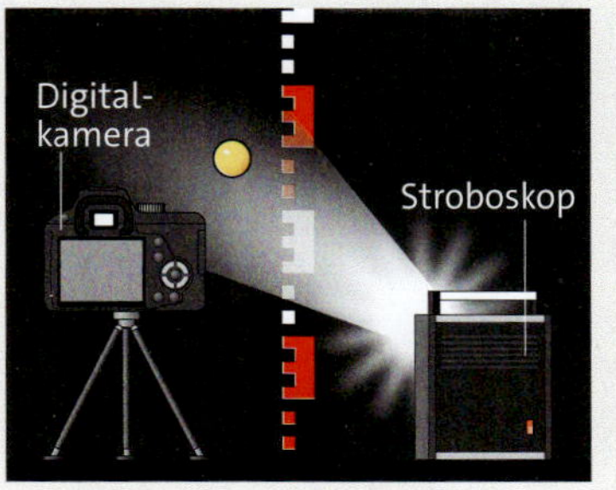

3

4 Springender Ball

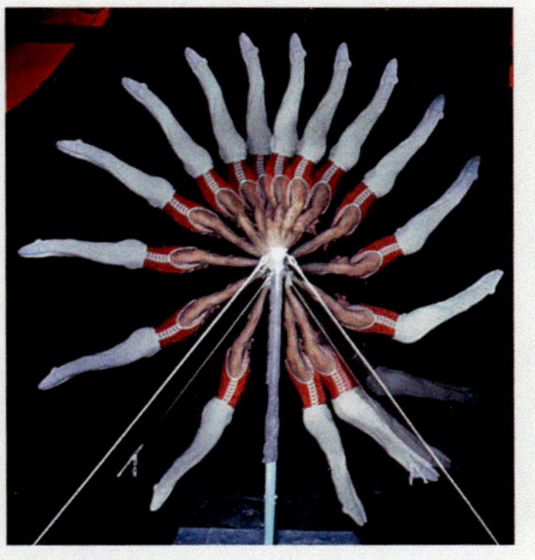
5 Reckturner

Deutlich kann man bei den fallenden Gegenständen erkennen, dass die Wegstrecken in gleichen Zeitabschnitten größer werden. Es liegt also eine beschleunigte Bewegung vor. Stellt man einen Maßstab neben dem fallenden Körper und kennt man die Zeit zwischen zwei aufeinanderfolgenden Lichtblitzen, kann man sogar die Geschwindigkeiten bestimmen. ▸ 6

1 Demonstriere das Fallen eines Balles unter stroboskopischer Beleuchtung.

2 Überlege, wie du mithilfe einer stroboskopischen Beleuchtung die Geschwindigkeit eines fallenden Gegenstandes bestimmen kannst. ▸ 6

3 Führe Geschwindigkeitsmessungen mithilfe stroboskopischer Beleuchtung durch.

4 Bei der Stroboskopaufnahme der fallenden Kugel im ▸ Bild 6 beträgt die Zeit zwischen zwei aufeinanderfolgenden Lichtblitzen 0,025 s.

a Zeichne ein s-t- Diagramm der fallenden Kugel.

b Welche Informationen kannst du diesem Diagramm entnehmen?

5 Berechne die Momentangeschwindigkeit für die verschiedenen Orte der fallenden Kugel im ▸ Bild 6. Zeichne ein v-t-Diagramm (waagerechte Achse – Zeit t in s; senkrechte Achse – Geschwindigkeit v in m/s).

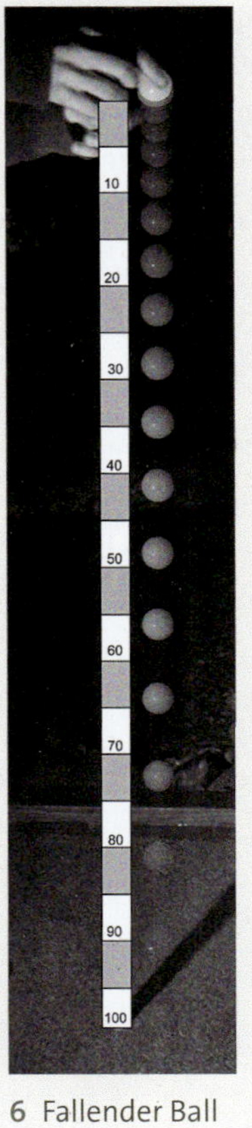

6 Fallender Ball

Aufgaben und Aufträge

Geschwindigkeit

1 Höchstgeschwindigkeiten
a Übertrage die Tabelle in dein Heft und fülle sie aus. Recherchiere fehlende Werte. ▸ Tabelle unten
b Erstelle eine Übersicht über die 10 schnellsten Tiere der Welt.
c Fertige eine Übersicht über die 10 schnellsten Fahrzeuge an.
d Stelle den Weg, den die genannten Personen, Tiere oder Objekte in einer Sekunde zurücklegen, in einem Säulendiagramm dar.

2 Entscheide, welche der folgenden Aussagen richtig sind.
a Um eine bestimmte Strecke zurückzulegen, braucht der langsamere Läufer mehr Zeit als der schnellere.
b Um eine bestimmte Strecke zurückzulegen, braucht der langsamere Läufer weniger Zeit als der schnellere.
c In der gleichen Zeit legt der langsamere Läufer eine geringere Strecke zurück als der schnellere.
d In der gleichen Zeit legt der langsamere Läufer eine größere Strecke zurück als der schnellere.

3 Der ICE 2261 fährt von Stuttgart nach München 2 h und 18 min. Die Entfernung beträgt 220 km. Berechne die Durchschnittsgeschwindigkeit dieses Zuges.

4 Mit dem Fahrrad hat Fine eine Geschwindigkeit von 20 km/h erreicht. Dazu sagte Tim: „Da bin ich ja zu Fuß schneller. Ich bin beim Sportfest 6 m pro Sekunde gelaufen.“ Überlege, was Fine antworten wird.

5 Am 16. August 2009 gewann Usain Bolt (JAM) die 100 Meter mit einer Zeit von 9,58 s. In welchem Bereich erreichte er dabei die höchste Geschwindigkeit? Löse die Aufgabe durch Berechnung und durch ein Diagramm.

Strecke in m	20	40	60	80	100
Zeit in s	2,89	4,64	6,31	7,92	9,58

6 Das menschliche Kopfhaar wächst pro Tag ca. 0,4 mm. Ermittle die Zeit, die ein Mädchen warten müsste, bis ihre Haare eine Länge von 70 cm erreicht haben.

7 Wie schnell die Fingernägel wachsen, ist von Mensch zu Mensch unterschiedlich. Sie wachsen etwa 0,5 bis 1,2 mm pro Woche.
Miss den Nagel deines Mittelfingers aus und berechne, wie lange es dauern würde, bis er vollständig ersetzt ist.

8 Ein Auto fährt mit einer Geschwindigkeit von 120 km/h. Berechne die Strecke, die es in 10 s zurücklegt.

9 Ein Autofahrer fährt mit einer Geschwindigkeit von 90 km/h auf der Autobahn. Er hat für folgende kurze Zeitabschnitte keinen Blickkontakt zur Straße:
– 0,3 s blickt er auf sein Handy
– 3 s liest er eine SMS
a Wie lang ist die Strecke, die das Auto in der jeweiligen Zeit durchfährt?
b Welche Schlussfolgerungen ziehst du aus deinen Berechnungen?

Höchstgeschwindigkeit	Elefant	Mensch	Delfin	Rennpferd	Gepard	Wanderfalke
geschätzter Wert						
gefundener Wert						
	Pkw	ICE	Schall in Luft	Licht	Raumschiffe	Kreuzfahrtschiffe
geschätzter Wert						
gefundener Wert						

Ungleichförmige und gleichförmige Bewegungen

10 Das Diagramm ▸ 1 beschreibt die Bewegung eines Läufers. Entscheide, welche Aussagen richtig sind. Begründe deine Antworten.

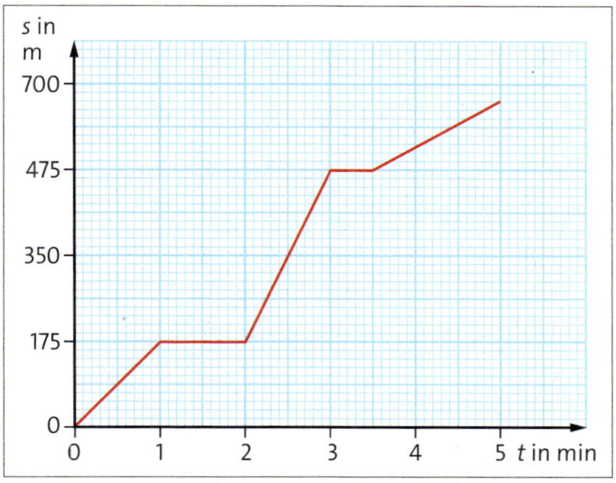

1

a Der Läufer bewegt sich mit konstanter Geschwindigkeit.

b Der Läufer bewegt sich mit sich ändernder Geschwindigkeit.

c Der Läufer hat nach 60 s eine Strecke von 175 m zurückgelegt.

d Der Läufer hat nach 1,5 min eine Strecke von 175 m zurückgelegt.

e Der Läufer hat nach 5 min eine Strecke von 700 m zurückgelegt.

f Im Bereich von 3 bis 3,5 s bleibt der Läufer stehen.

11 Bestimme aus dem Diagramm die Geschwindigkeiten, mit denen sich Anton, Berta und Claus bewegen. ▸ 2

2

12 Die Bewegungen von zwei Wagen sind untersucht worden. ▸ 3

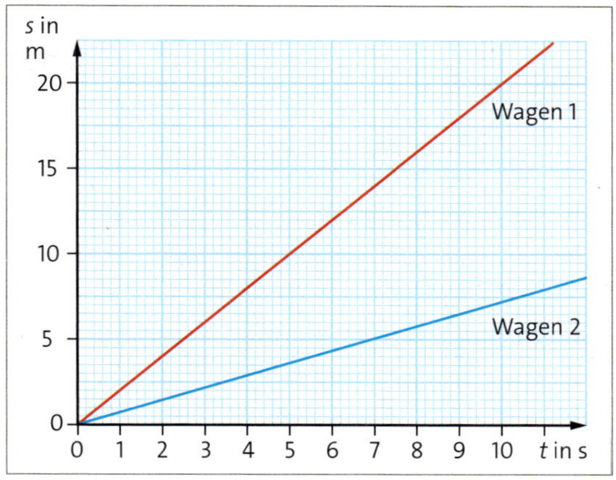

3

Bestimme mithilfe des Diagramms:

a Welcher Wagen war schneller? Begründe.

b Wie weit fuhren die Wagen in 1,5 s; 3,0 s; 4,5 s; 6,0 s?

c Wie viele Sekunden haben sie für 2 m, 5 m, 7 m gebraucht?

d Die Geschwindigkeit beider Wagen mit dem Steigungsdreieck.

13 Ein packendes Rennen

„Auf die Plätze – fertig – los!“ Gregor und Kevin starten zum 1000-m-Lauf. Auf den ersten 400 Metern laufen beide Kopf an Kopf. Doch was ist das? Kevin bleibt stehen und bindet sich die Laufschuhe. Gregor ist schon bei der 600-m-Marke angekommen. Da startet Kevin endlich wieder. Er rast jetzt los. Bei der 900-m-Marke hat er Gregor eingeholt. Doch er kann ihn nicht überholen, weil Gregor zum Schlussspurt ansetzt und schneller wird. Schließlich kommen beide nach 3 Minuten und 20 Sekunden ins Ziel. Schade, schade! Kevin hätte mit gut geschnürten Schuhen antreten sollen.

a Zeichne ein Weg-Zeit-Diagramm, das den Wettlauf beschreibt.

b Berechne die Durchschnittsgeschwindigkeit von Gregor und Kevin.

c Stell dir vor, dass ein anderer Sportler die ganze Strecke mit der berechneten Durchschnittsgeschwindigkeit läuft. Zeichne den Bewegungsablauf in ein Geschwindigkeits-Zeit-Diagramm ein.

14 Bei einem Sportfest sind immer zwei Schüler oder Schülerinnen gegeneinander angetreten. Für ihre Läufe wurden Diagramme gezeichnet. ▸ 1

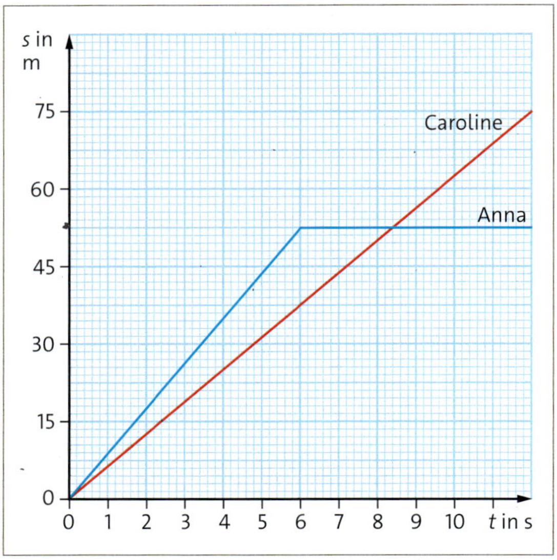

1

Beschreibe den Lauf von Caroline und Anna im Stil eines Sportreporters.

15 Ein Fahrradfahrer fährt auf einer Landstraße mit einer konstanten Geschwindigkeit von 18 km/h. Berechne den zurückgelegten Weg nach 4,5 h.

16 Die Bewegung eines Fahrzeuges beginnt zur Zeit $t = 0$ bei der Position $s = 2$ m mit einer Geschwindigkeit 5 m/s. Zeichne das *s*-*t*- und das *v*-*t*-Diagramm.

17 Für 2 Modellautos wurden folgende Messdaten ermittelt:

Auto 1						
***t* in s**	5	10	15	20	25	30
s in m	0,13	0,27	0,40	0,54	0,68	0,81
Auto 2						
***t* in s**	5	10	15	20	25	30
s in m	0,21	0,43	0,64	0,86	1,09	1,32

a Stelle die Messwerte in einem *s*-*t*-Diagramm dar.
b Entscheide anhand des Diagramms, welches Auto sich schneller bewegt. Begründe deine Entscheidung.

18 Amely hat einen langen Schulweg: Sie fährt in 6,0 min mit dem Fahrrad von zu Hause zur 1,5 km entfernten Haltestelle. Dort wartet sie 5,0 min auf den Bus, der sie dann in 10,0 min zur Schule fährt. Die Schule ist 14 km von der Bushaltestelle entfernt.
a Stelle Amelys Fahrt zur Schule in einem *s*-*t*-Diagramm dar.
Hinweis: Nimm zur Vereinfachung an, dass Amelys Geschwindigkeit beim Fahrradfahren konstant ist.
b Woran erkennst du im Diagramm sofort die Pause an der Bushaltestelle? Begründe deine Antwort.
c Mit dem Bus fährt Amely schneller als mit dem Fahrrad. Wie kannst du das anhand des Diagramms erkennen?
d Berechne die Geschwindigkeit während der drei Abschnitte sowie Amelys Durchschnittsgeschwindigkeit.

Beschleunigen – Gas geben und bremsen

19 Ordne den verschiedenen Fahrzeugen die Bewegungen gleichförmig, beschleunigt und verzögert zu. Begründe deine Antwort. ▸ 2

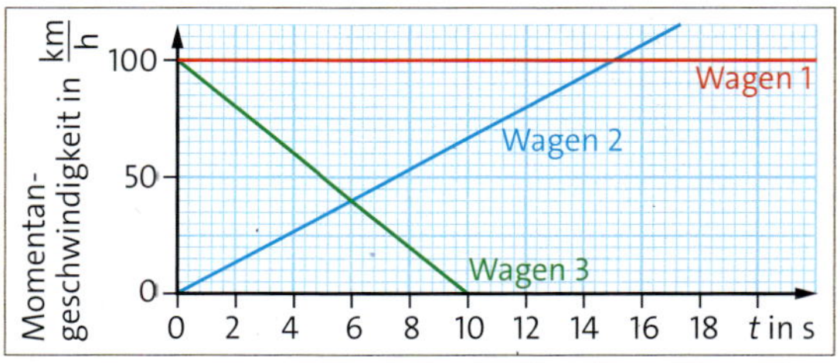

2

20 Ein Lkw fährt auf der Autobahn, ein Pkw ist gerade auf die Autobahn aufgefahren. ▸ 3

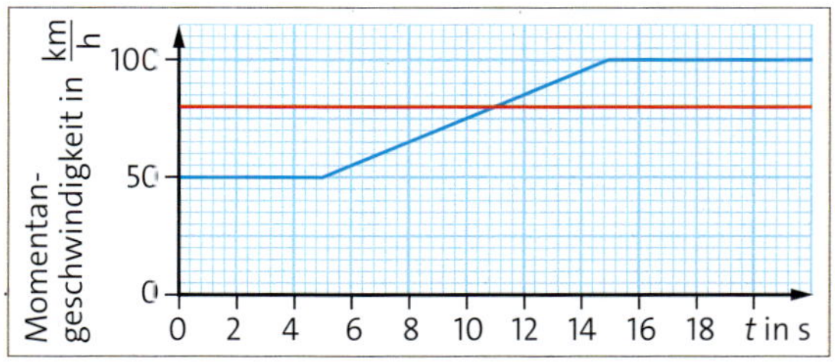

3

Ordne die Linien im Diagramm den Bewegungen der beiden Fahrzeuge zu. Begründe deine Antwort.

Überblick

Geschwindigkeit Will man unterschiedlich schnelle Bewegungen vergleichen, muss man zwei physikalische Größen messen: Weg und Zeit. Aus dem zurückgelegten Weg s und der benötigten Zeit t berechnet man die Geschwindigkeit v:

$$\text{Geschwindigkeit} = \frac{\text{Weg}}{\text{Zeit}};\ v = \frac{\Delta s}{\Delta t}.$$

Die Einheit der Geschwindigkeit ist Meter pro Sekunde ($\frac{\text{m}}{\text{s}}$).

Es gilt: $1\,\frac{\text{m}}{\text{s}} = 3{,}6\,\frac{\text{km}}{\text{h}}$.

Durchschnitts- und Momentangeschwindigkeit Mit dem Tacho kann man messen, wie schnell man gerade fährt. Er zeigt immer die Momentangeschwindigkeit an.
Teilt man den gesamten Weg durch die Zeit, erhält man die Durchschnittsgeschwindigkeit. Sie gibt an, mit welcher konstanten Geschwindigkeit man den gleichen Weg in der gleichen Zeit zurücklegen würde. ▸ 4

Ungleichförmig – gleichförmig Bei den meisten Bewegungen fährt man mal schneller und mal langsamer. Die Geschwindigkeit ändert sich. Man spricht von ungleichförmigen Bewegungen. In gleich langen Zeiten werden verschieden lange Wege zurückgelegt. Die Momentangeschwindigkeit stimmt nicht mit der Durchschnittsgeschwindigkeit überein. ▸ 5
Bei einer gleichförmigen Bewegung ändert sich die Geschwindigkeit nicht. In gleich langen Zeiten werden gleich lange Wege zurückgelegt. Die Momentangeschwindigkeit stimmt bei der gleichförmigen Bewegung mit der Durchschnittsgeschwindigkeit überein.

Beschleunigen – Gas geben und bremsen Auf den ersten Metern des 100-m-Laufs führt der Sprinter eine beschleunigte Bewegung durch. Seine Momentangeschwindigkeit nimmt zu. Je schneller die Geschwindigkeit zunimmt, desto steiler steigt die Kurve im v-t-Diagramm an. Hinter der Ziellinie bremst er dann ab. Jetzt liegt eine verzögerte Bewegung vor. ▸ 6

Diagramme Bewegungen können in Weg-Zeit-Diagrammen dargestellt werden. Bei einer gleichförmigen Bewegung zeigt das Diagramm eine Gerade. Je steiler die Gerade verläuft, desto größer ist die Geschwindigkeit. Wenn die Gerade waagerecht verläuft, heißt das, dass der Gegenstand stillsteht. Fällt die Gerade, bewegt sich der Gegenstand in die entgegengesetzte Richtung.
Bewegungen können in Geschwindigkeits-Zeit-Diagrammen dargestellt werden. Bei einer gleichmäßig beschleunigten Bewegung zeigt das Diagramm eine Gerade. Je steiler die Gerade verläuft, desto größer ist die Geschwindigkeitsänderung. Wenn die Gerade waagerecht verläuft, heißt das, dass der Gegenstand sich mit konstanter Geschwindigkeit bewegt. Fällt die Gerade, wird der Gegenstand gebremst. Er wird langsamer.

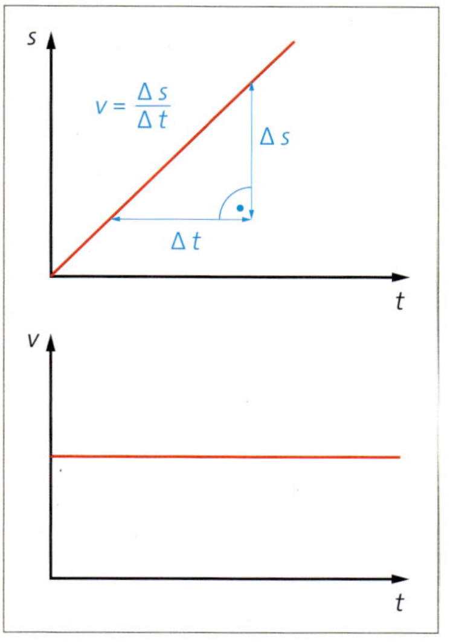

4 Gleichförmige Bewegung

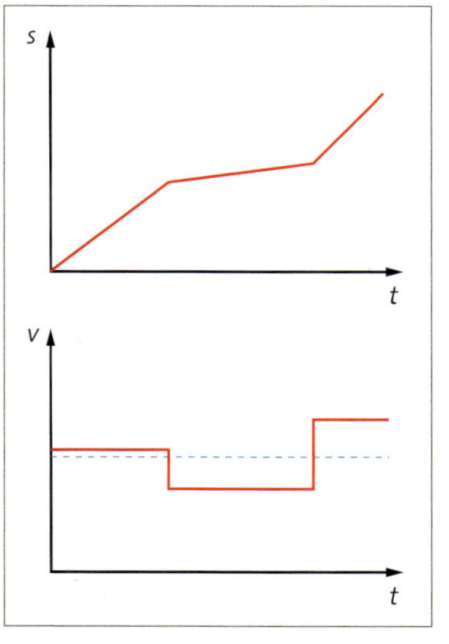

5 Ungleichförmige Bewegung

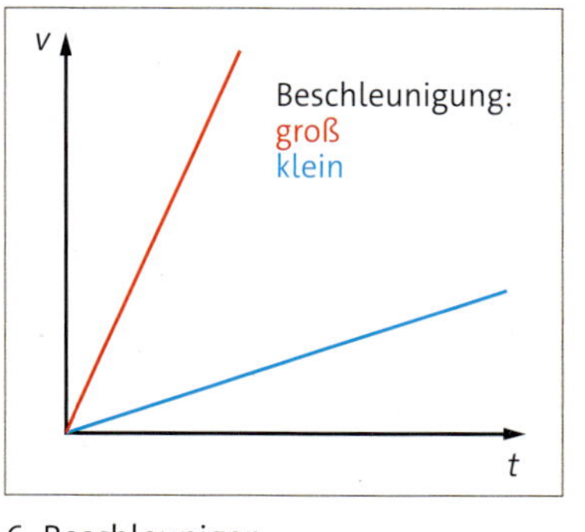

6 Beschleunigen

Festgezurrt erwarten die Astronauten den Start. Beim Start beschleunigt die Trägerrakete das Raumschiff in ungefähr 8 Minuten auf eine Geschwindigkeit von über 27 000 km/h. Dabei werden die Astronauten in ihre Sitze gepresst.

Kräfte

Kräfte spielen nicht nur bei einem Raketenstart eine große Rolle. ▸ 5
Wir haben uns zu sehr daran gewöhnt, dass uns die Erde ständig nach unten zieht. Auch der frei schwebende Astronaut erfährt die Kraft der Erde. Warum er trotzdem nicht auf die Erde fällt, erfährst du in diesem Kapitel. ▸ 2
Auch wenn der Aufenthalt in der Schwerelosigkeit der Erdumlaufbahn dem deutschen Astronauten Alexander Gerst offensichtlich Spaß macht, fällt bei einem längeren Aufenthalt schnell auf, dass wir nicht für das Leben in der Schwerelosigkeit gemacht sind. Nur mit komplizierten Konstruktionen lassen sich z. B. die Muskeln trainieren. Der Muskelschwund durch fehlende Kräfte ist ein ernstes Problem in der Schwerelosigkeit. ▸ 3, 4
Was sind Kräfte, wie misst man sie und wie groß ist die Schwerkraft auf verschiedene Körper an verschiedenen Orten?

2 Aufenthalt in der Schwerelosigkeit

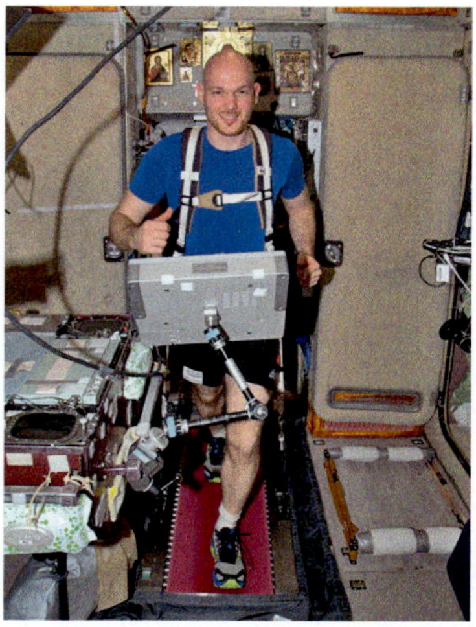

3 Training in der Schwerelosigkeit

4 Schwerleos in der Raumstation

5 Start eine Ariane-Rakete

Überall Kräfte

6

Alle Muskeln sind angespannt, wenn sich der Stabhochspringer an seinem Stab in die Höhe katapultiert.
Der Weltrekord beim Stabhochsprung liegt bei etwas über 6 m. Schafft der Sportler das aus eigener Kraft oder hilft hier der biegsame Stab?

Experiment

1 Bälle

Lass mindestens vier verschiedene Bälle (z. B. Flummi, Golfball, Medizinball, ...) aus der gleichen Höhe fallen. Beschreibe das unterschiedliche Verhalten der Bälle nach dem Aufprall.

2 Die fliegende Mine

Achtung: Unbedingt Augen schützen!
Schraube das Oberteil von einem Kugelschreiber ab. Drücke die Mine mit der Spitze eines Fingernagels in das Unterteil des Kugelschreibers und lass die Mine los. Beschreibe, wie sich die Bewegung der Mine zwischen Start und Aufprall ändert. Wodurch werden die Bewegungsänderungen verursacht?

3 Spielzeugauto und Massenstück

Bringe ein Spielzeugauto, ohne es anzuschubsen, auf einem Tisch in Fahrt. Erlaubt sind nur Bindfaden und Massenstücke. Beobachte die Bewegung des Spielzeugautos genau. Beschreibe, wie sich die Bewegung ändert.

4 Kraft durch Wind oder Magnete

Plant Versuche, die zeigen, dass entweder Wind oder ein Magnet Kräfte ausüben können. ▸ 7
Tipp: Erzeugt Wind mit einem Haartrockner.

5 Luftkissengleiter

Ein Luftkissengleiter gleitet durch das Klassenzimmer. Finde heraus, wie du vorgehen musst, um ihn durch eine Kurve oder in einem Kreis gleiten zu lassen? ▸ 8

6 Fliegender Luftballon

Ein Luftballon wird aufgeblasen und losgelassen. Beobachte das Verhalten des Ballons. Warum setzt er sich in Bewegung?

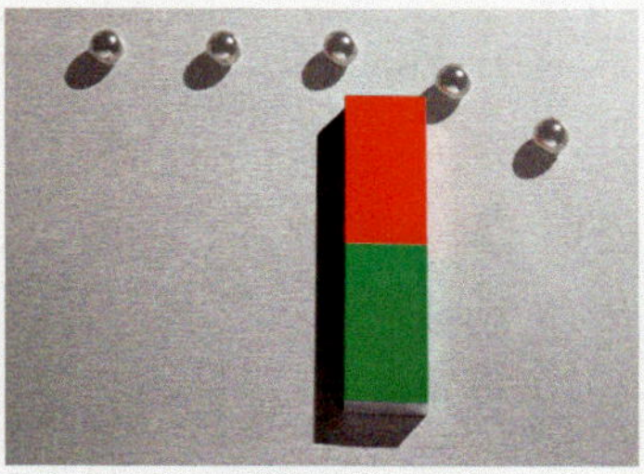

7 Kugel und Magnet

8 Luftkissengleiter

Grundlagen Woran man Kräfte erkennt

„Meine Suppe ist zu kräftig gesalzen." „Die Einigung hat die Minister viel Kraft gekostet." „Joana ist kräftiger als Joel." Wir verwenden den Begriff Kraft in unserer Alltagssprache auf sehr unterschiedliche Weise.
In der Physik hat man sich darauf geeinigt, dass man nur dann von einer Kraft spricht, wenn sich ein Gegenstand verformt oder seine Bewegung ändert.

1 Wechselwirkung zwischen Hand und Ball

Auf einen Gegenstand wird eine Kraft ausgeübt, wenn …
- **er schneller oder langsamer wird.**
- **sich seine Bewegungsrichtung ändert.**
- **sich seine Form ändert.**

Wenn der Volleyball an der Hand der Abwehrspielerin abprallt, übt sie eine Kraft auf den Ball aus, die man durch die starke Verformung und die Geschwindigkeitsänderung des Balls erkennt. Aber auch auf die Hand wird eine Kraft ausgeübt. Diese Kraft verformt die Hand und setzt sie in Bewegung. ▸ 1
Immer wenn eine Kraft wirkt, sind mindestens zwei Körper beteiligt. Wenn du über Kräfte sprichst, musst du deshalb dazu immer den Körper nennen, an welchem die Kraft angreift. Nur so vermeidest du Missverständnisse.

Aufgaben

1 In welchen der folgenden Beispiele wird eine physikalische Kraft ausgeübt? Begründe deine Entscheidungen.
a Im Alter lässt die Sehkraft nach.
b Der Autofahrer gibt Gas und überholt den Lastwagen.
c Das Fahrrad rollt aus und kommt dann zum Stehen.
d Die Farben sind auf diesem Bild viel kräftiger.
e Die Birne fällt vom Baum.
f Die Zahnärztin zieht den Zahn.

2 Die Hand bremst und verformt den Handball. Die Hand übt eine Kraft auf den Handball aus. Finde zu den anderen Bildern auf dieser Seite ähnliche Sätze, die die Wirkung der Kraft auf einen Körper angeben. ▸ 2–9

2

3

4

5

6

7

8

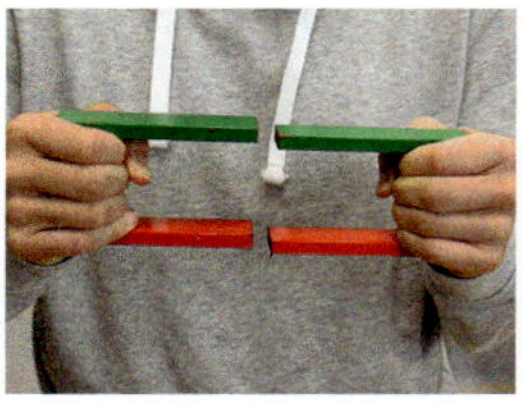
9

Grundlagen Körper im Kräftegleichgewicht

Die Muskeln sind angespannt und trotzdem bewegt sich nichts. Zur Zeit des Fotos sind die beiden Männer beim Fingerhakeln noch gleich stark. Jeder übt eine Kraft auf das Lederband in der Mitte aus, doch diese Kräfte heben sich auf. Sobald eine der beiden Kräfte auf das Lederband nachlässt, bewegt es sich und der Sieger steht schnell fest. ▸ 10

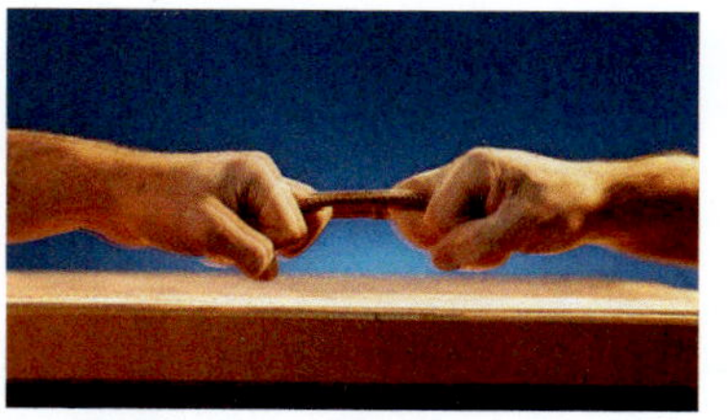

10 Kräftegleichgewicht beim Fingerhakeln

Greifen zwei gleichgroße Kräfte am selben Körper in entgegengesetzter Richtung an, so heben sich ihre Wirkungen gegenseitig auf. Dann bleibt der Körper in Ruhe oder er bewegt sich gleichförmig. Die Kräfte erkennt man nur noch an der Verformung der beteiligten Körper.

Kräftegleichgewichte kann man gut durch zwei gleichgroße und entgegengesetzte Pfeile darstellen. Dabei werden Kräfte als Pfeile gezeichnet. Beide beginnen am Angriffspunkt der Kräfte. Beim Fingerhakeln bietet sich hier der Lederriemen an, bei einem Apfel, der vom Apfelbaum am freien Fall gehindert wird, könnte man den Stiel des Apfels als Angriffspunkt wählen. ▸ 11

11 Kräftegleichgewicht am Apfel

12 Kräftegleichgewicht

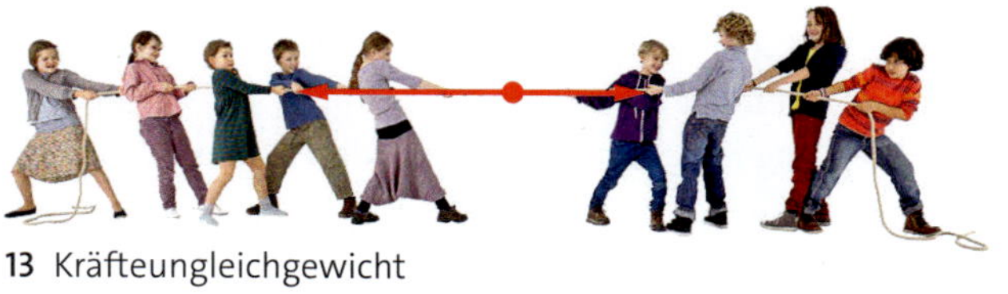

13 Kräfteungleichgewicht

Herrscht beim Tauziehen ein Kräftegleichgewicht, so bleibt das Tau in Ruhe. Erst wenn eine der Kräfte größer ist, bewegt sich das Tau. ▸ 12, 13
Kräftegleichgewichte können auch in voller Fahrt auftreten: Das Motorboot übt über das Seil eine Kraft auf das Schlauchboot aus, doch das Schlauchboot wird nicht schneller. Durch Reibung übt das Wasser eine ebenso große Kraft auf das Schlauchboot aus. Beide Kräfte wirken in entgegengesetzte Richtung. Sie heben sich gegenseitig auf. ▸ 14

14 Kräftegleichgewicht in der Bewegung

Auch in einer gleichförmigen Bewegung befinden sich die Körper im Kräftegleichgewicht, denn sie werden durch die Kräfte nicht mehr beschleunigt.

Je größer eine Kraft ist, desto länger wird der Kraftpfeil. Um aber die Länge eines Kraftpfeils genau anzugeben, müssen wir zunächst eine Einheit für die Kraft festlegen.

Aufgaben

1 Beschreibe das Kräftegleichgewicht beim Skydiving im Windkanal. ▸ 15

2 Finde weitere Beispiele für Kräftegleichgewichte. Stelle diese in einer Skizze dar und zeichne die Kraftpfeile an einem geeigneten Angriffspunkt ein.

15 Skydiving

Kräfte messen

1

Das Laufrad hängt hier nur an einem Magneten. Ob er auch die Kraft aufbringt, um dein Fahrrad zu halten?
Laut Herstellerangaben beträgt die Haftkraft des Magneten über 12 kg – eine Möglichkeit, Kräfte anzugeben.

Experiment

1 Kräfte mit Schraubenfedern und Gummibändern messen

a Hängt an ein aufgeschnittenes Gummiband erst ein Wägestück, dann zwei, drei … Messt jeweils die Verlängerung des Gummibands und tragt die Werte in eine Wertetabelle ein. ▸ 2

b Wiederholt die Messung mit einer Schraubenfeder.

c Erstellt je einen Graphen (senkrechte Achse: Verlängerung in cm; waagerechte Achse: Anzahl der Wägestücke) und überprüft, ob die Verlängerung proportional zur Anzahl der Wägestücke ist.

2 Gewichtskräfte messen

a Hängt verschiedene Gegenstände an den Kraftmesser. Erstellt eine Tabelle, in der ihr Kraft und Masse des Gegenstands notiert.

b Erstellt einen Graphen (senkrechte Achse: Kraft in N; waagerechte Achse: Masse des Gegenstandes in g).

c Löse mithilfe des Graphen: Welche Gewichtskraft übt eine Tafel Schokolade (100 g) aus, welche Kraft eine Katze (3,5 kg)?

3 Bei welcher Belastung reißt ein Haar?

Findet heraus, wie belastbar Haare, dünne Wollfäden oder Nähgarn sind. Entwickelt dazu einen Versuchsaufbau.

4 Kräftevergleich

Vergleicht eure Kräfte mithilfe eines Fitnessbands oder eines Fahrradschlauchs. (*Achtung:* Gummiband oder Fahrradschlauch immer gut befestigen, damit sie nicht abrutschen!)

5 Zugkräfte

a Ein Wagen wird mit konstanter Geschwindigkeit auf einem schräg gestellten Brett hochgezogen. Miss Gewichtskraft und Zugkraft. ▸ 3

b Lege eine Metallscheibe auf den Wagen. Miss wieder Gewichtskraft und Zugkraft.

c Ändere die Steilheit des schrägen Bretts und miss die Zugkraft.

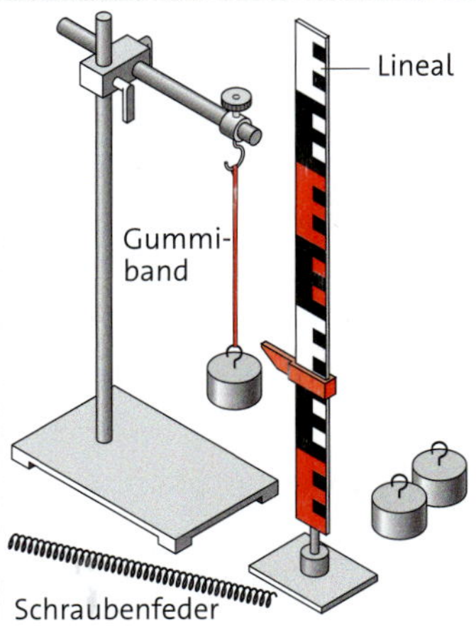

2 Kräfte an Gummibändern und Federn

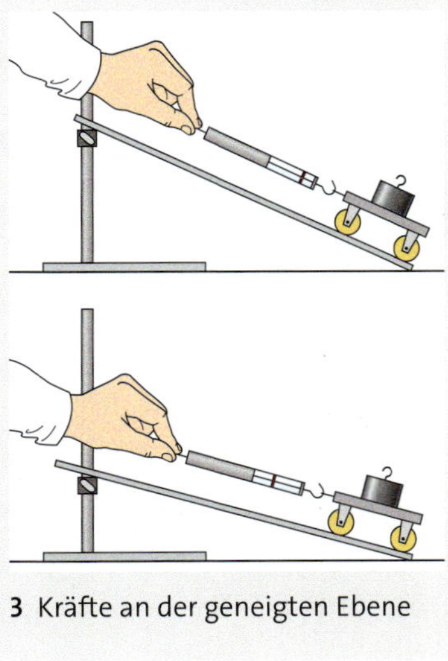

3 Kräfte an der geneigten Ebene

Grundlagen Messen von Kräften

Die bekannteste aller Kräfte ist die Gewichtskraft. Ständig zieht sie dich nach unten. Sie sorgt dafür, dass sich dein Po beim Sitzen auf dem Stuhl verformt, und beschleunigt dich nach unten, sobald der Stuhl kippt. Die Gewichtskraft ist verantwortlich dafür, dass ein auf der Erde ruhender Körper auf seine Unterlage drückt oder an einem Haken zieht. Mit der Gewichtskraft werden wir alle weiteren Kräfte vergleichen.

Die Einheit der Kraft ist Newton (N). Die Erde zieht eine Schokoladentafel (100 g) mit einer Gewichtskraft von ungefähr 1 N an. ▸ 4

Zur Messung der Kraft kann man die Verformung von Gegenständen verwenden. ▸ 5, 6

Kraftmesser enthalten oft Schraubenfedern. Verdoppelt sich die Kraft auf eine Schraubenfeder, so verdoppelt sich ihre Verlängerung. Kraft und Verformung sind zueinander proportional. (Hookesches Gesetz)

Das Hookesche Gesetz gilt bei Schraubenfedern über eine größere Ausdehnung hinweg. Bei vielen anderen elastischen Körpern gilt es zumindest für kleine Verformungen.

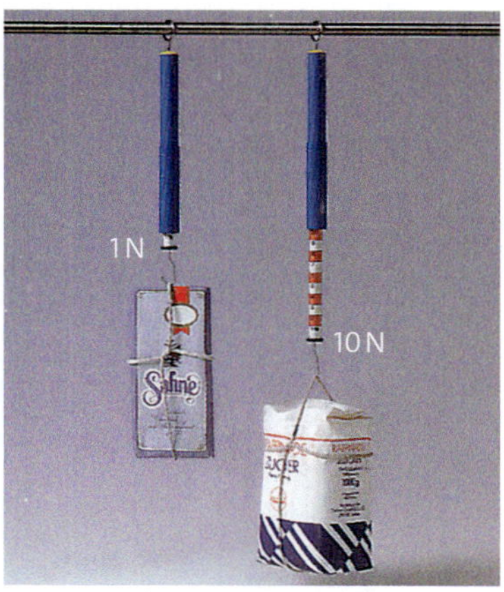

4 Messen der Gewichtskraft

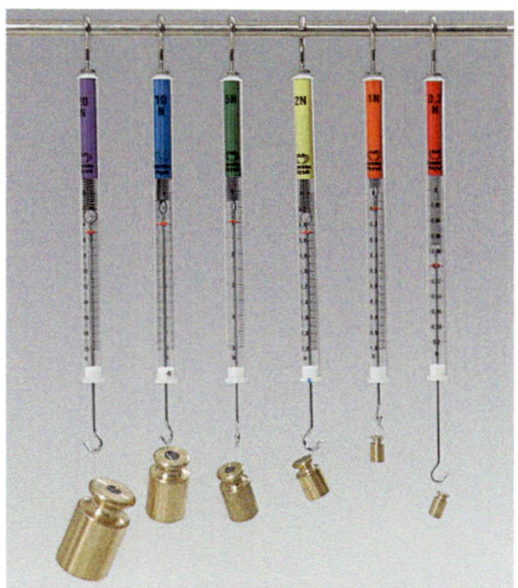

5 Unterschiedliche Kraftmesser

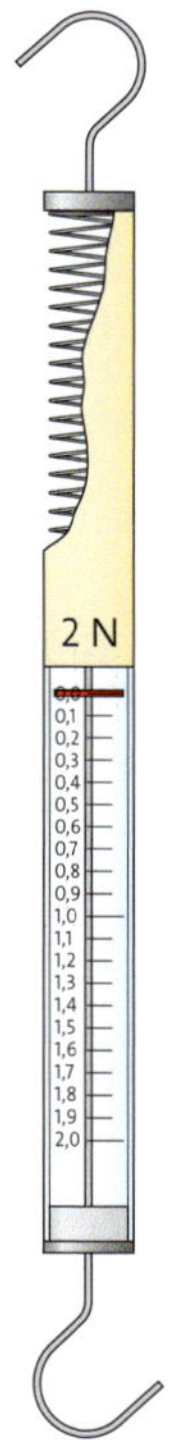

6

Aufgaben

1 Kräfte vergleichen

a Bestimme die Kraft der Weberameise und vergleiche sie mit deiner eigenen Kraft, wenn du z. B. einen Getränkekasten (13 kg) hebst. ▸ 7

b Überlege, wie dieser Vergleich so angepasst werden kann, dass er sinnvoller ist? (*Tipp:* Eine Weberameise wiegt ca. 2 mg).

2 Kräfte werden heute oft mit Sensoren, z. B. einem Dehnungsmessstreifen, gemessen. Diese enthalten einen elektrischen Stromkreis, der seinen elektrischen Widerstand bei einer Krafteinwirkung ändert. Recherchiere nach Anwendungen solcher Sensoren. ▸ 8

7 Weberameise

8 Dehnungsmessstreifen

Methode Proportionalität

Je stärker du an einem Gummiband ziehst, desto länger wird es. Nimm an, bei einer Kraft von 1 N (entspricht etwa der Gewichtskraft von 100 g) dehnt sich das Band um zwei Zentimeter. Kannst du dann vorhersagen, wie sich das Gummiband bei einer Belastung mit 2,5 oder 50 N verhält? ▸ 1
Gerade bei einem Gummiband ist es unmöglich, aus einer einzigen Angabe das Verhalten in allen anderen Situationen abzuleiten. Bei einer Schraubenfeder verhält es sich schon anders. In weiten Bereichen verändert sich die Ausdehnung proportional zur angreifenden Kraft. Das bedeutet dass eine doppelte Kraft immer auch zu einer doppelten Ausdehnung führt.
Proportionale Zuordnungen spielen in der Physik eine sehr große Rolle, da sich viele Größen zumindest näherungsweise proportional zu einer anderen Größe verhalten. Proportionalitäten können auf vielfältige Weise dargestellt werden.

1 Gummibänder

1 Wertetabelle

Anzahl der Katzen *K*	Anzahl der Pfoten *P*
4	16
6	24
9	36

Dehnung der Schraubenfeder um Δs in cm	Kraft *F* in N
2	4
3	6
4	8

x	*y*
1	0,6
2	1,2
3	1,8

2 Graphen

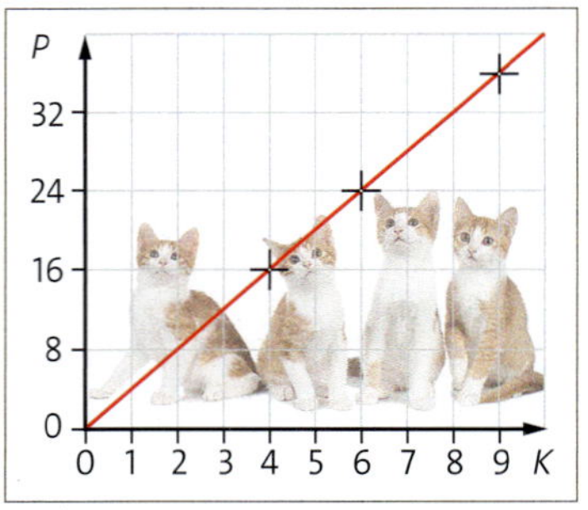

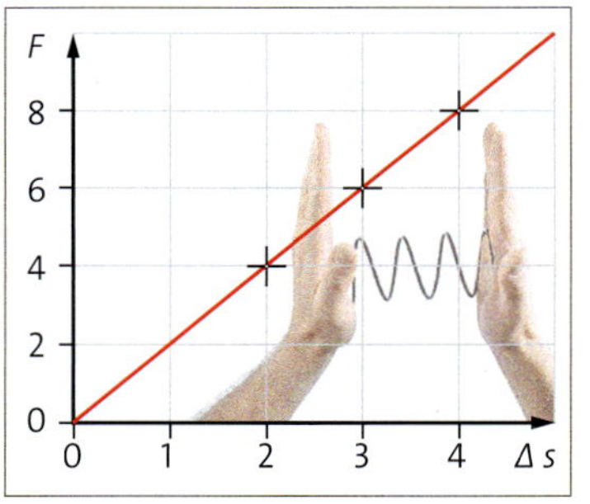

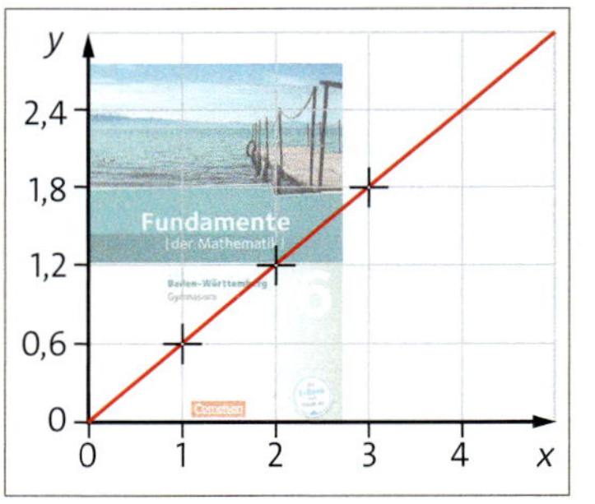

3 Formeln

P ist proportional zu *K*
$P = 4 \cdot K$

F ist proportional zu Δs
$F = 2\,\text{N/cm} \cdot \Delta s$

y ist proportional zu *x*
$y = m \cdot x$; $m = 0{,}6$

4 Proportionalitätskonstante

Die Proportionalitätskonstante hat meist eine besondere Bedeutung und reicht allein aus, um eine Vorhersage über das Verhalten des physikalischen Systems zu machen.

Vier Pfoten pro Katze

Zwei Newton pro cm Ausdehnung

$m = \Delta y / \Delta x$

Methode Die Darstellung gerichteter Größen

Nun können wir Kräfte messen und ihren Betrag in der Einheit Newton angeben. Man stellt Kräfte meist mithilfe von Pfeilen dar. Diese Pfeile können sich in ihrer Länge, ihrer Richtung und ihrem Angriffspunkt unterscheiden. ▸ 8

8 Pfeile können gerichtete Größen darstellen.

1 Angriffspunkt
Entscheide, an welchem Körper die Kraft angreift. Man nennt diesen Punkt den „Angriffspunkt der Kraft".

2 Länge des Pfeils
Wähle dafür zunächst einen geeigneten Maßstab; z. B.: 1 cm für 10 N. Die Länge des Pfeils gibt den Betrag der Kraft an.

3 Richtung des Pfeiles
Die Pfeilspitze zeigt in die Richtung der Kraft.

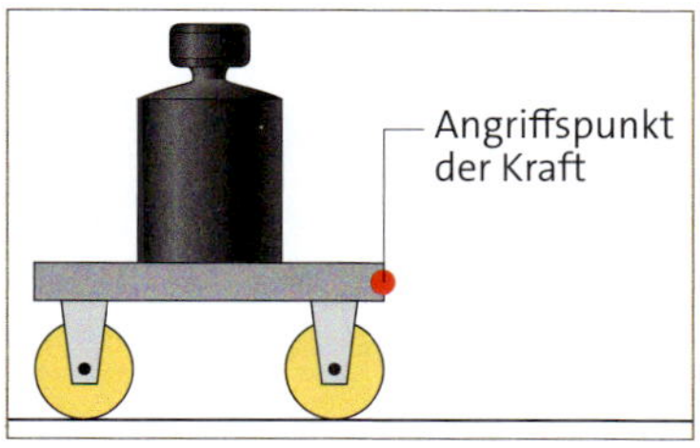

9

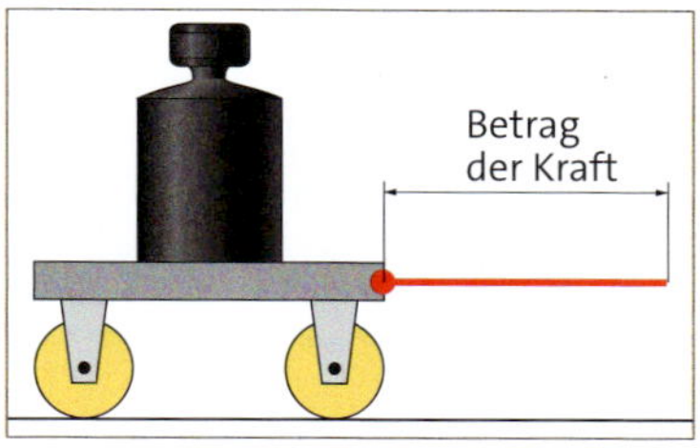

10

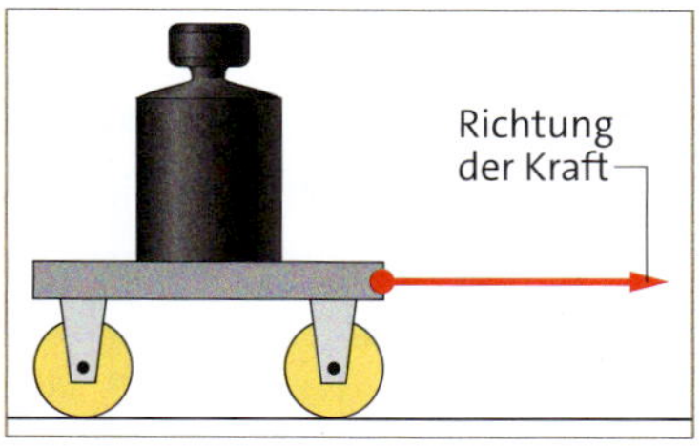

11

Aufgaben

1 Finde heraus, ob es sich um eine proportionale Zuordnung handelt. Wenn ja, stelle sie in einer Wertetabelle, als Graph, als Formel und mit einer Proportionalkonstante dar.
a Paul legt bei seinem Spaziergang 100 Meter in einer Minute zurück.
b Immer wenn sich die Temperatur um 10° erhöht, steigt die Thermometerflüssigkeit um 2,5 mm.
c Nimmt die Dicke der Bleiabschirmung um 1 mm zu, so halbiert sich die Strahlenbelastung.
d Um einen Liter Wasser um 1 Grad zu erwärmen benötigt man 4200 J Energie. Bei 2 Grad sind es 8400 J und bei 3 Grad 12 600 J.

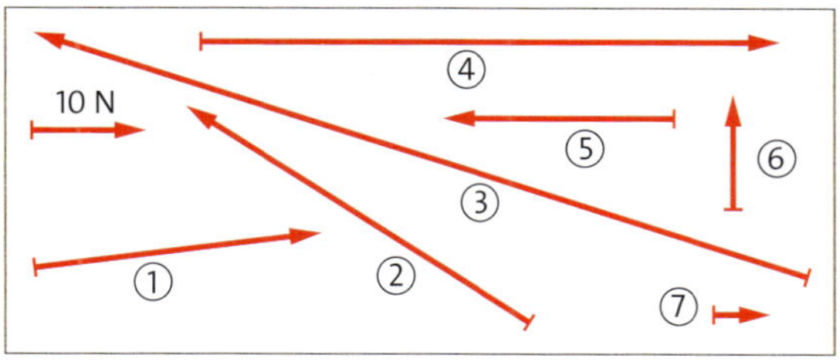

12

2 Kräfte darstellen
a Ermittle wie groß die Kräfte sind. ▸ 12
b Zeichne im gleichen Maßstab Kräfte mit den folgenden Beträgen in dein Heft:
1,5 N; 5 N; 10 N und 11 N.

3 Im Bild unten sind alle Kräfte auf ein fahrendes Auto eingezeichnet. ▸ 13
Übertrage das Bild in dein Heft und nenne die Bedeutung der vier Kräfte. Was würde passieren wenn F_1 (F_2, F_3, F_4) größer werden würde?

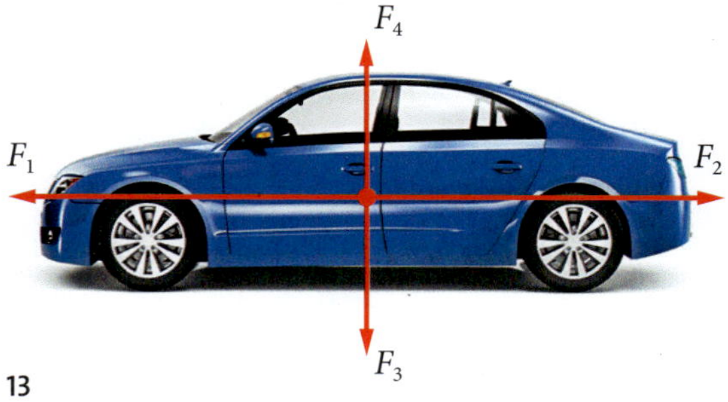

13

Mit vereinten Kräften

1

Während eines Tages können gut trainierte Schlittenhunde einen Schlitten durchaus über 100 km weit ziehen.
Um den schweren Schlitten aber überhaupt in Bewegung zu setzen, reicht die Kraft eines Hundes nicht aus. Hier ist Teamarbeit gefragt.

Experiment

1 Zwei Kräfte in gleicher Richtung

a Auf ein Wägestück wirken zwei Kräfte nach oben. Ermittle die Beträge, die die Kraftmesser anzeigen. ▸ 2

b Jetzt soll das Wägestück nur mit einem Kraftmesser gehoben werden. Lies die Kraft F_R ab. Was fällt dir auf?

c Wiederhole die Messungen in den Aufgaben a und b mit verschiedenen Wägestücken.

d Finde heraus, wie die Kräfte F_1 und F_2 mit der Kraft F_R zusammenhängen. Stelle eine Regel für Betrag und Richtung der Kraft F_R auf.

2 Zwei Kräfte in entgegengesetzter Richtung

Ein Blechstreifen wird gebogen. Dabei wirken zwei Kräfte entgegengesetzt. Welche Regel ergibt sich jetzt für Betrag und Richtung der Kraft F_R? ▸ 3

3 Zwei Waagen und eine Masse

Besorgt euch zwei Personenwaagen. Stellt Vermutungen auf:

a Was zeigen die Waagen an, wenn ihr auf jede Waage nur einen Fuß stellt?

b Was zeigen die Waagen an, wenn ihr sie übereinander stellt und euch oben darauf stellt.

c Überprüft die Vermutungen aus den Aufgaben a und b experimentell.

4 Zwei Kräfte in beliebigen Richtungen

Befestige an der Mitte eines etwa 1 m langen Seils einen schweren Körper, z. B. ein 2-kg-Wägestück. Fasse das Seil an den beiden Enden an und hebe den Körper von seiner Unterlage ab. Ziehe nun die beiden Enden des Seils auseinander und versuche, den Winkel zwischen den Seilstücken möglichst groß zu machen. Schaffst du es bei einem leichteren Körper, das Seil ganz gerade zu spannen?

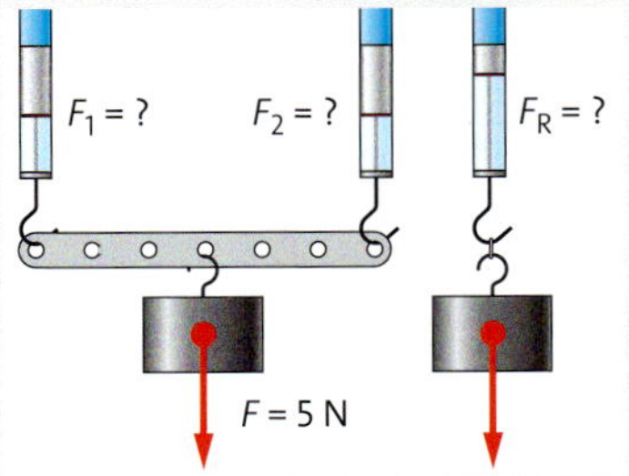

2 Kräfte in gleicher Richtung

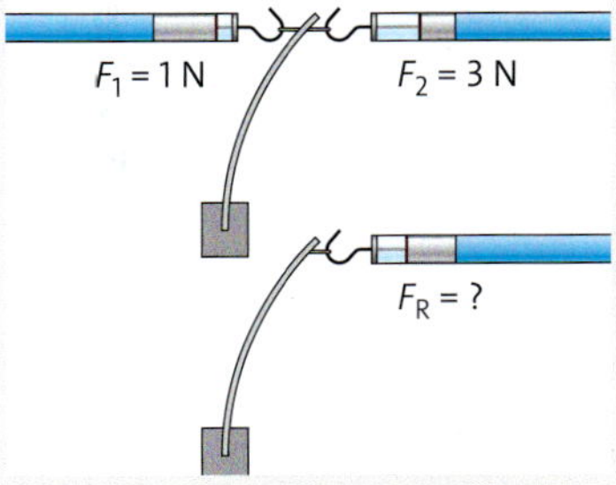

3 Kräfte in entgegengesetzte Richtung

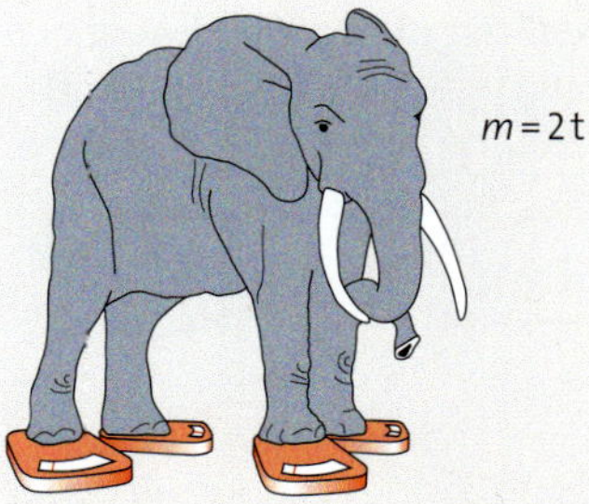

4 Was zeigen die Waagen an?

Grundlagen Kräfteaddition

Statt mit zwölf Schlittenhunden kann der Schlitten bestimmt auch durch einen einzigen Motorschlitten gezogen werden. Doch wie groß muss dessen Kraft sein? Kann man die Einzelkräfte der Hunde einfach addieren?
Es kommt oft vor, dass nicht nur eine Kraft an einem Körper angreift. Schieben zum Beispiel mehrere Menschen ein Auto an, so sollten alle ihre Kräfte besser in dieselbe Richtung zeigen. Das Resultat ihrer Bemühungen hängt somit nicht nur vom Betrag, sondern auch von der Richtung der Kräfte ab. ▸ 5

5 Anschieben eines Autos

Greifen an einem Gegenstand zwei Kräfte in der gleichen Richtung an, addieren sich ihre Wirkungen.
Wenn an einem Gegenstand zwei Kräfte in der entgegengesetzten Richtung angreifen, heben sich ihre Wirkung zum Teil oder ganz auf.

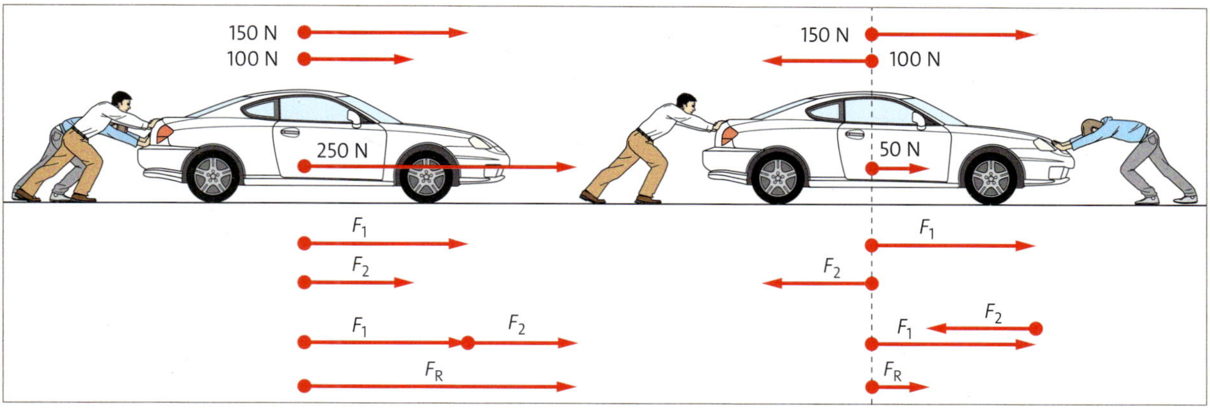

6

Wenn an einem Gegenstand zwei oder mehr Kräfte in unterschiedlichen Richtungen angreifen, kann man sie durch eine resultierende Kraft ersetzen. Diese erhält man durch Aneinanderhängen der Kraftpfeile.

Aufgaben

1 Beim Tauziehen zieht ein Kind mit 120 N, eines mit 210 N. Der Vater hält mit 320 N dagegen.
a Entscheide, wer gewinnen wird. Begründe deine Antwort mit einer Rechnung.
b Bestimme die resultierende Kraft mit einer Zeichnung.

2 Beim Anschieben eines Autos muss eine Kraft von 800 N aufgebracht werden. Wie viele Personen sind dafür etwa nötig? Gehe davon aus, dass jede Person etwa 20 kg halten kann. ▸ 5

3 Ermittle in einem kleinen Experiment die maximale Kraft, die man mit einem Haar ausüben kann. Schätze nun ab, ob zumindest die Haare das Kunststück aushalten. Hinweis: Ein Zopf besteht meist aus ca. 100 000 Haaren. ▸ 7

7 Duo Capillar – Zopfhang-Show im Zirkus Krone

Aus der Mathematik: Das Kräfteparallelogramm

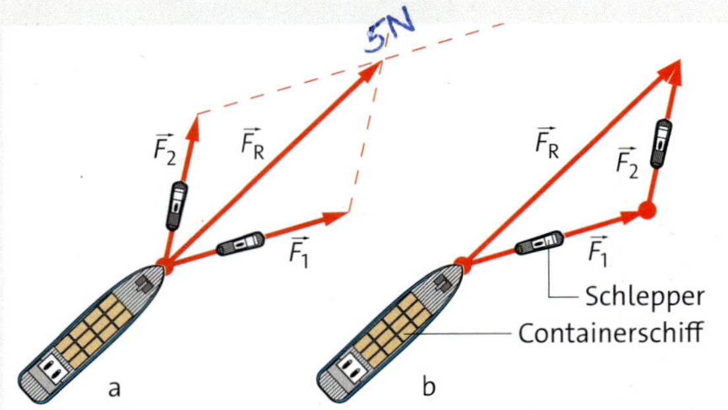

1

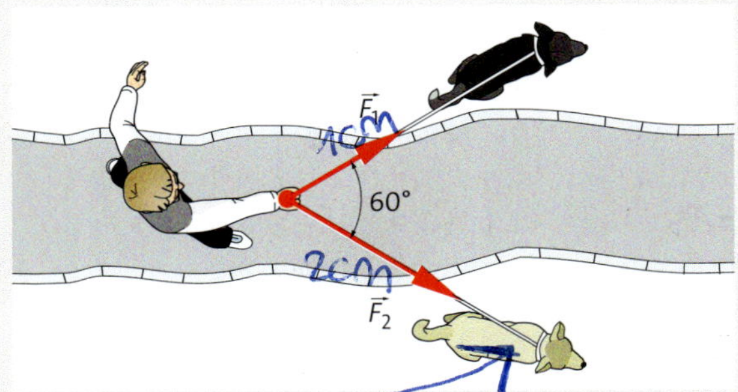

2

Greifen zwei Kräfte, die nicht parallel zueinander sind, an einem Körper an, so erhält man die resultierende Kraft zeichnerisch mit der folgenden Methode: Die Pfeile werden wieder aneinandergehängt. Dies geschieht am einfachsten und genauesten, wenn sie beide parallel verschoben werden. Dabei entsteht ein Kräfteparallelogramm. Die Diagonale zwischen den ursprünglichen Kraftpfeilen gibt Betrag und Richtung der resultierenden Kraft an. ▸ 1

1 Bestimme die resultierende Kraft aus zwei Einzelkräften mit 3 N und 4 N, die senkrecht zu einander an einem Körper angreifen.

2 Felix wird von seinen Hunden gezogen. Wird er auf dem Weg bleiben? Bestimme die resultierende Kraft mit einer Zeichnung. ▸ 2

Aus der Technik: Eine fliegende Sternwarte

Flugzeuge legen weite Strecken zurück, ohne dass sie dabei in irgendeine Richtung beschleunigt werden. Die fliegende Sternwarte SOFIA fliegt mit einem Vortrieb von fast 1000 kN und wird trotzdem nicht schneller. Die umgebende Luft sorgt für eine Reibungskraft, die bei gleichbleibender Geschwindigkeit genauso groß ist, wie der durch die Düsen erzeugt Vortrieb. Das über 200 t schwere Flugzeug fällt trotz einer Gewichtskraft von 2000 kN nicht vom Himmel. Die Form des Flugzeugs erzeugt einen entsprechend großen Auftrieb. An diesem Kräftegleichgewicht ändert sich auch nichts, wenn im hinteren Teil des Flugzeugs eine Tür, doppelt so groß wie ein Garagentor, geöffnet wird. In 13 km Höhe untersuchen Astronomen dann mit ihrem 17 t schweren Teleskop den Sternenhimmel im Infrarot-Bereich. ▸ 3–5

1 Recherchiere zum Thema Auftrieb bei Flugzeugen.

2 Das deutsche SOFIA-Institut befindet sich in Stuttgart. Finde heraus, warum man auf die Idee kam, ein Teleskop in ein wackliges Flugzeug zu bauen.

3 SOFIA-Observatorium

4 Das Teleskop

5 Geöffnete Luke

Auf dem Mond ist alles leichter

Astronaut and lunar module pilot Buzz Aldrin moves toward a position to deploy two components of the Early Apollo Scientific Experiments Package on the surface of the moon during the Apollo 11 extravehicular activity. Auf der Erde würde Aldrin seinen Rucksack und die beiden Instrumente kaum heben können.

6

Experiment

1 Viele Waagen

Bestimme die Masse verschiedener Gegenstände mit verschiedenen Waagen. Worin unterscheiden sich die Waagen?

7 Verschiedene Waagen

2 Dichte eines Quaders

a Bestimme zunächst das Volumen V des Quaders.
b Bestimme die Masse m mit einer Waage.
c Berechne nun die Dichte ($\rho = m/V$) des Quaders.

3 Ortsfaktor bestimmen

Der Ortsfaktor lässt sich auch mit den meisten Smartphones bestimmen.
Es gibt Apps, die den eingebauten Beschleunigungssensor auslesen. Bestimme so den Ortsfaktor an deinem Ort.
Hinweis: Der Ortsfaktor g kann in N/kg aber auch in m/s^2 angegeben werden.

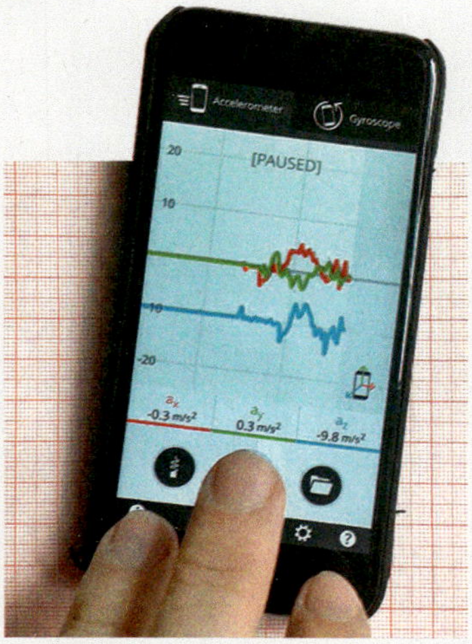

8 Smartphon-App

Grundlagen Masse

Eine Tüte Zucker „wiegt" auf der Erde genau ein Kilogramm. Auf dem Mond zeigt dieselbe Waage jedoch weniger als 200 g an. Dabei hat sich die Menge des Zuckers nicht verändert. Deshalb unterscheiden Physiker zwischen der Masse und dem Gewicht eine Körpers. ▸ 1

Die Masse m eines Gegenstands gibt an, wie viel wir von einer Substanz vor uns haben. Sie ist unabhängig vom Ort, an dem wir uns befinden.

Federwaagen messen nicht die Masse, sondern die Gewichtskraft auf einen Körper. Auf der Erdoberfläche erfährt ein Körper der Masse 1,0 kg eine Gewichtskraft F_G von etwa 10 N, auf dem Mond nur ein Sechstel davon.

Die Masse eines Körpers ist überall gleich. Sie ist unabhängig vom Ort. Die Gewichtskraft hängt vom Ort ab.

Der Begriff Gewicht kann vielerlei bedeuten. Darunter kann man z. B. sowohl die Gewichtskraft als auch die Masse an der Erdoberfläche verstehen. Deshalb vermeiden wir meist den Begriff Gewicht. Verwende das Gewicht nur, wenn eine Verwechslung ausgeschlossen ist.

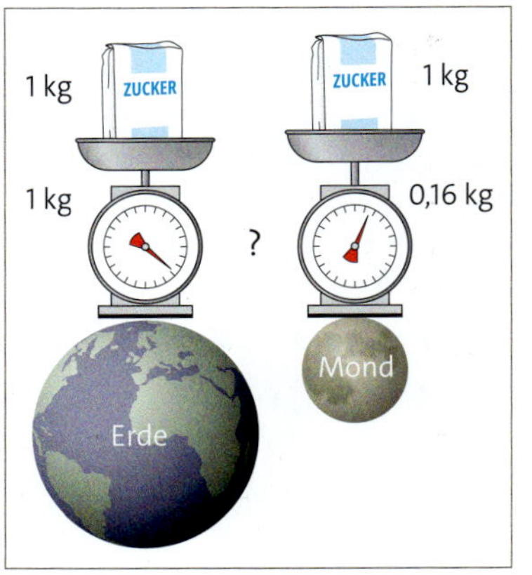

1 Ortsabhängige Gewichtskraft

Grundlagen Der Ortsfaktor

Die Gewichtskraft auf einen Astronauten hängt einerseits von seinem Aufenthaltsort, andererseits von seiner Masse ab. Die doppelte Masse führt immer zu einer doppelten Gewichtskraft, somit ist die Gewichtskraft für einen bestimmten Ort proportional zur Masse.

m in kg	F_G in N
1	9,8
2	19,6
3	29,4
4	39,2
5	49,0

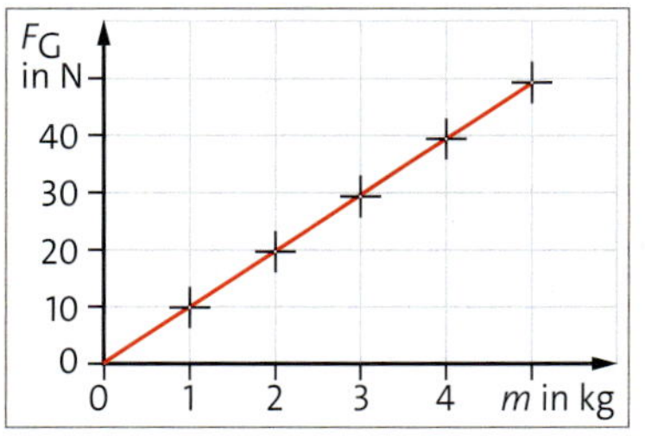

Daraus ergibt sich die Formel: $F_G = g \cdot m$ bzw. $F_G = m \cdot g$

Die Proportionalitätskonstante g nennt man Ortsfaktor. Sie hat die Einheit N/kg und gibt an, wie groß die Gewichtskraft auf einen Körper mit der Masse von 1 Kilogramm ist. Auf der Erde haben unterschiedliche Orte auch leicht unterschiedliche Ortsfaktoren. An den Polen ist der Ortsfaktor größer als am Äquator.

Himmelskörper	Ortsfaktor (m/s²)	Himmelskörper	Ortsfaktor (m/s²)
Mond	1,6	Mars	3,9
Erde	9,8	Jupiter	23,3
– Äquator	9,78	Saturn	9,2
– Pole	9,83	Uranus	9,0
Merkur	3,7	Neptun	11,6
Venus	8,8	Sonne	274

Aufgaben

1 Auf der Erde kannst du wahrscheinlich locker einen Kasten mit Wasserflaschen (ca. 13 kg) heben.
Wie viele Wasserkisten hebst du demnach auf dem Mond?

2 Wie groß sind Volumen und Dichte dieser Körper?
a Stück Butter
b Paket Zucker
c Physikbuch

3 Ein Liter Luft wiegt ungefähr 1,3 g. Berechne die Masse der Luft im Klassenraum.

4 Bestimme dein Gewicht auf vier Himmelskörpern deiner Wahl.

Aus der Technik: Ortsfaktoren in Europa

Ein Gewichtstück, das quer durch Europa reist, hat in Athen ein anderes Gewicht als in London oder Helsinki. Das liegt am Ortfaktor g, der weiter im Süden (wo die Erde etwas dicker ist) ein ganz bisschen kleiner ist. Auf dieser Karte erkennt man, dass dabei auch die Höhe überm Meeresspiegel eine Rolle spielt. Beispielsweise ist die gelbe Zone am Balkan nach Norden ausgebeult. Die unterschiedlichen Ortsfaktoren sind wichtig für die Hersteller von Handelswaagen, wie sie etwa in Supermärkten eingesetzt werden. Damit die Waagen nicht unterschiedliche Gewichte anzeigen, werden mithilfe sogenannter Gravitationszonen die unterschiedlichen Ortsfaktoren „herausgerechnet". Die „kluge" Waage weiß also, wo sie sich befindet.

1 Finde den Ortsfaktor für die folgenden Orte: Kopenhagen, Stuttgart, Madrid und Dublin.

2 Berechne an diesen Orten die Gewichtskraft auf eine Masse von 50 kg.

(Quelle: maßstäbe, Heft 11, Mai 2011, S. 33)

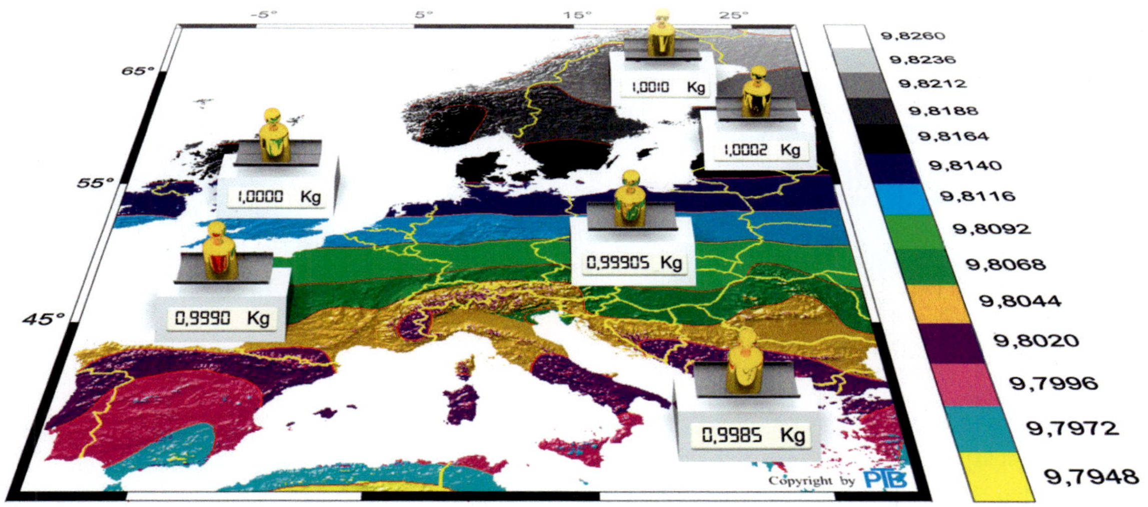

Referenzwerte von g in m/s^2

3

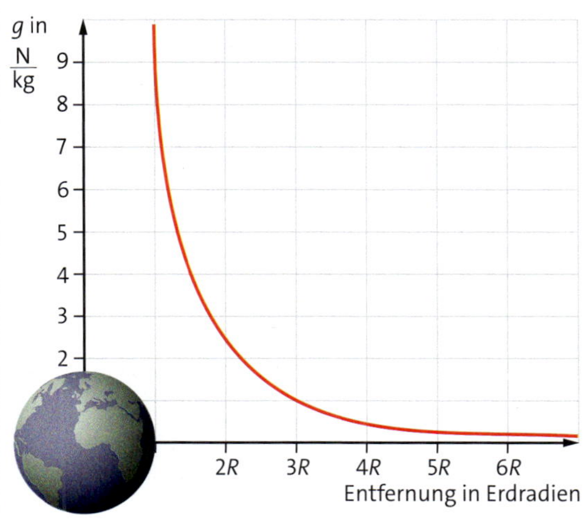

4

3 Sir Isaac Newton erkannte schon im 17. Jahrhundert auf welche Weise sich der Ortsfaktor mit dem Abstand (zum Mittelpunkt eines Planeten) ändert. ▸ 4
Stelle mithilfe der Abbildung eine Vermutung auf, wie sich der Ortsfaktor ändert, wenn man die Entfernung verdoppelt (verdreifacht, ver-n-facht).

4 Eine Mutter hebt hier 9 kg schweres Kind hoch. Welche Kraft muss sie dabei aufbringen, wenn sie sich an den folgenden Orten befindet:

a London
b Paris
c Nairobi

Kraft und Energie

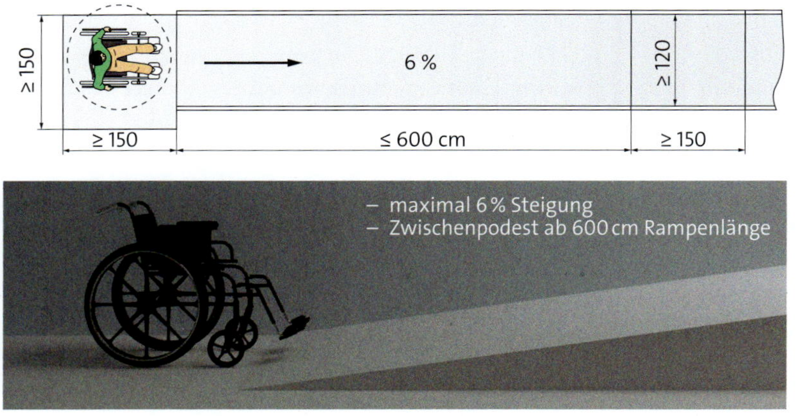

1

Bei der Planung und beim Bau von Rampen im öffentlichen Bereich müssen bestimmte Regeln beachtet werden. Warum gibt es solche Einschränkungen überhaupt?

Experiment

1 Treppe gegen Rampe

Stelle ein Rollbrett an das untere Ende einer Treppe. An der Treppe sollte sich eine Rampe befinden. Wähle eine Person aus, die sich auf das Rollbrett setzt.

a Schaffst du es, das Rollbrett mit der Person darauf anzuheben und die Treppe hochzutragen?

b Probiere anschließend, die Person auf dem Rollbrett mithilfe der Rampe nach oben zu befördern.

2 Kästen, Bänke, Bälle

Benutzt Bänke und Kästen aus dem Sportunterricht, um zwei verschieden lange Rampen zu bauen, die beide auf dem Boden beginnen und auf derselben Höhe enden. ▸ 2

a Geht nacheinander beide Rampen hoch oder zieht euch – auf dem Bauch liegend – nacheinander beide Rampen nach oben. Was stellt ihr fest?

b Rollt einen Medizinball nacheinander beide Rampen hinauf. Diskutiert anschließend, bei welcher Rampe das Hochrollen anstrengender ist.

2 Kraft und Länge der Rampen

3 Kräfte an Rampen messen

a Hänge einen Wagen, der auf der Tischplatte neben einem Klotz steht, an einen Kraftmesser und hebe ihn langsam auf den Klotz. ▸ 3 Notiere die Kraft F sowie den zurückgelegten Weg Δs (also die Klotzhöhe) als erstes Wertepaar in einer Tabelle.

b Ziehe den Wagen nun auf verschieden langen Rampen langsam auf den Klotz hoch. Notiere wieder jeweils die Kraft F sowie den zurückgelegten Weg Δs (jetzt also die Rampenlänge) in der Tabelle.

c Vergleiche die verschiedenen Wertepaare (F, Δs) miteinander. Formuliere einen Je-desto-Satz.

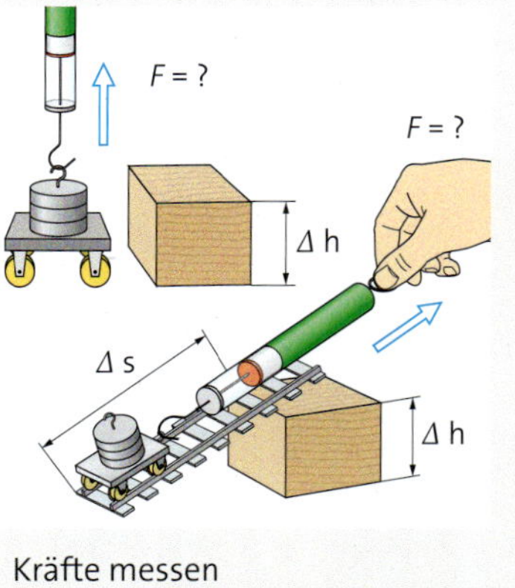

3 Kräfte messen

Grundlagen Doppelter Weg – halbe Kraft

Jemand, der auf einen Rollstuhl angewiesen ist, freut sich, wenn eine Rampe nicht zu steil verläuft. Auf einer flachen Rampe benötigt er nämlich weniger Kraft. Weil bei gleichem Höhenunterschied eine flache Rampe länger sein muss als eine steile, bedeutet das:

Je länger der Weg, umso geringer die Kraft.

Das gilt nicht nur für Rampen.
Markus möchte seinen Geburtstag groß feiern. Für seine Party hat er insgesamt sechs Getränkekisten gekauft, die er nun in seine Wohnung im dritten Stock tragen muss. ▸ 4
Er grübelt:
- Wenn ich jedes Mal nur 1 Kiste trage, muss ich 6-mal hochlaufen.
- Trage ich 2 Kisten auf einmal, so benötige ich zwar doppelt so viel Kraft, muss aber insgesamt nur 3-mal hochlaufen.
- Wenn ich sogar 3 Kisten auf einmal schaffe, muss ich …

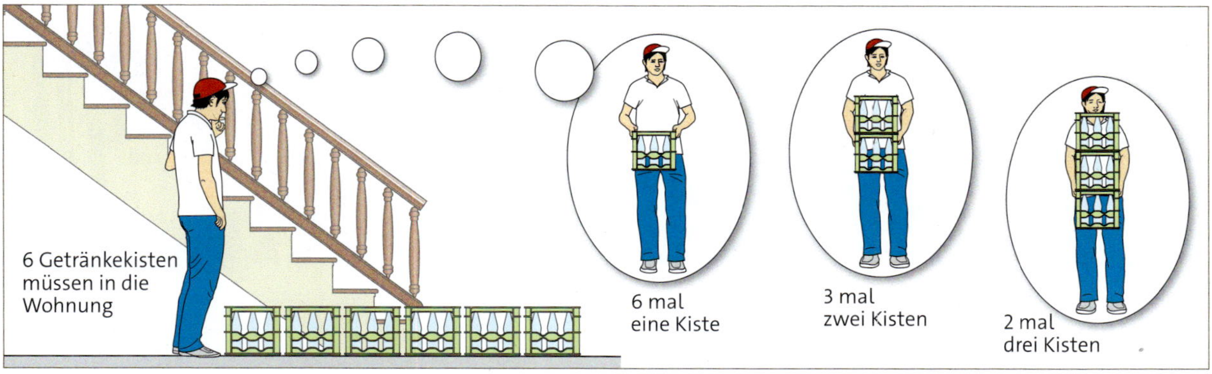

4 Getränkekisten tragen – 3 Varianten

Diese Überlegung zeigt ein wichtiges Prinzip, das immer gilt, wenn du einen Höhenunterschied auf verschiedene Arten überwinden kannst.

Doppelter Weg bedeutet halbe Kraft. Das Produkt aus Kraft und Weg ist stets gleich groß.

Aufgaben

1 Bücher sollen oben ins Regal einsortiert werden. Gib dazu drei verschiedene Möglichkeiten an. Vergleiche die drei Varianten im Hinblick auf die benötigte Kraft und den zurückgelegten Weg.

2 Die Lombard Street in San Francisco hatte ursprünglich eine Steigung von 27 % und verlief geradlinig nach oben. Im Jahr 1922 hat man die Straße zu einer kurvigen Strecke umgebaut. ▸ 5 Erkläre.

5 Lombard Street

Aus der Architektur: Halb Treppe – halb Rampe

Früher war die Sache eigentlich klar: Wenn Menschen draußen einen Höhenunterschied zu bewältigen hatten, baute man eine Treppe. Diese Lösung ist für viele praktisch, für Menschen im Rollstuhl z. B. aber völlig ungeeignet. Daher hat man nach und nach immer mehr Treppen mit Rampen nachgerüstet. ▸1
Heutzutage plant man bei Neubauten im Sinne des barrierefreien Bauens schon gleich am Anfang beides ein: Treppe und Rampe. Kreative Architekten sind außerdem auf die Idee gekommen, beide Bauformen gewissermaßen miteinander zu verschmelzen.
Das Ergebnis sieht in vielen Fällen modern aus und kann von Menschen mit und ohne Gehbehinderung gemeinsam genutzt werden. Dennoch gibt es auch Kritik: Bemängelt werden z. B. der fehlende Handlauf an der Rampe oder Unfallrisiken. Unstrittig ist aber, dass neuartige Treppen-Rampen-Bauten das Stadtbild bereichern.

1 Wie würdest du auf einer Treppen-Rampen-Kombination nach oben gehen? Begründe deine Antwort. ▸2
2 Stelle Vor- und Nachteile eines Treppen-Rampen-Baus in einer Liste gegenüber.
3 Treppe + Rampe = Trampe? Denke dir einen passenden Namen aus.

1 Treppe und Rampe (1)

2 Treppe und Rampe (2)

Aus der Technik: Eine Rampe aus Luft

Der Airbus A380 kann bis zu 850 Passagiere transportieren und ist damit das größte Verkehrsflugzeug der Welt. Beim Starten darf der A380 bis zu 570 t schwer sein. Trotz dieser enormen Masse hebt er scheinbar mühelos von der Startbahn ab. Allerdings können die Triebwerke das Flugzeug nicht senkrecht in die Höhe heben. Der Airbus nutzt eine Rampe, und zwar aus Luft. Wie steil diese Luftrampe ist, hängt von vielen verschiedenen Faktoren ab. Der Steigwinkel beträgt aber meist etwa 10°. Mit einer Startgeschwindigkeit von bis zu 300 km/h begibt sich der A380 in den Steigflug. Die endgültige Reiseflughöhe beträgt schließlich 12 km.

1 Erkläre, warum Flugzeuge in der Startphase eine Rampe aus Luft nutzen.
2 Überlege dir: Wovon könnte die Größe des Steigwinkels abhängen?
3 Wie steil ist die Luftrampe des abgebildeten A380, der gerade startet? Bestimme den Steigwinkel, indem du dein Geodreieck geeignet anlegst und abliest. ▸3

3 Start des A380

Grundlagen Energieübertragung

Lukas möchte einen Sack auf die Ladefläche heben, aber er schafft es nicht. Der Sack ist zu schwer. Mit einer Rampe gelingt ihm der Transport problemlos. Warum eigentlich? ▸ 4

Ist der Sack 60 kg schwer und die Ladefläche 1 m hoch, so muss die Höhenenergie von $\Delta E = m \cdot g \cdot \Delta h = 600\,\text{J}$ auf den Sack übertragen werden. Dies gilt sowohl fürs Heben als auch für den Transport auf der Rampe.

Die Benutzung der Rampe klappt deswegen so gut, weil wegen des längeren Transportwegs die erforderliche Kraft geringer ist. Wenn die Rampe eine Länge von 3 m hat (wenn der Weg also dreimal so lang ist wie beim Heben), beträgt die Kraft nur noch ein Drittel: Pro Rampenmeter müssen jetzt nur noch 200 J auf den Sack übertragen werden.

Die Kraft in Newton gibt an, wieviel Joule pro Meter übertragen werden: $F = \frac{\Delta E}{\Delta s}$. Für die Einheiten gilt: $1\,\text{N} = \frac{1\,\text{J}}{1\,\text{m}}$.

Dieser Zusammenhang gilt nicht nur beim Heben. Stell dir vor, du schiebst ein Auto. Dein Energieaufwand hängt von der Strecke und von der Kraft ab, die du aufbringst:

Je größer die Kraft, umso mehr Energie benötigst du bei gleicher Strecke.

Je länger die Strecke ist, umso mehr Energie benötigst du bei gleicher Kraft.

Es gilt: Die Energie ist proportional zu Kraft und Strecke. Oder als Formel: $\Delta E = F \cdot \Delta s$.

Diese Formel erhältst du auch, wenn du $F = \frac{\Delta E}{\Delta s}$ nach ΔE auflöst.

Das Produkt aus aufgewendeter Kraft und zurückgelegtem Weg entspricht der übertragenen Energie: $\Delta E = F \cdot \Delta s$.

4 Transport und Energie

Übrigens

Immer dann, wenn auf einen Gegenstand Energie übertragen wird, indem man ihn mit einer Kraft entlang eines Weges bewegt, sagt man auch, dass an dem Gegenstand Arbeit verrichtet wird. Die verrichtete Arbeit ist gleich der übertragenen Energie.

So spricht man z. B. von Hubarbeit, wenn die übertragene Energie dazu dient, einen Gegenstand anzuheben.

Aufgaben

1 Frank und Michael steigen auf unterschiedlichen Wegen eine Etage nach oben. Vergleiche bei beiden jeweils Weg, Kraft und Energie. ▸ 5

2 Eine Palette Milch (bestehend aus zwölf 1-Liter-Packungen) steht auf dem Erdboden und soll 1,50 m hoch in ein Regal gestellt werden.

a Berechne die erforderliche Kraft und Energie.

b Du könntest die zwölf Packungen Milch auch jede für sich nacheinander hochstellen. Sparst du dadurch Kraft und/oder Energie? Begründe deine Antwort zunächst ohne, danach auch mit Rechnung.

3 Um auf einer ebenen Strecke bei Windstille 10 km weit mit dem Fahrrad zu fahren, werden 300 kJ an Energie übertragen.

a Berechne die mittlere Antriebskraft.

b Woher kommt die Energie und wo bleibt sie?

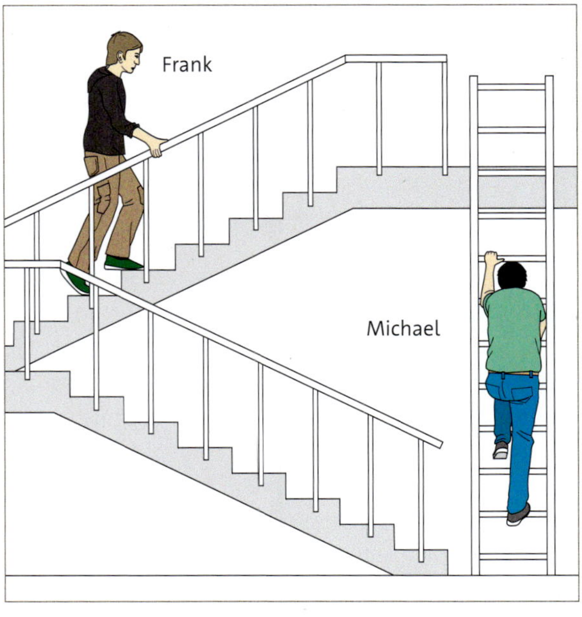

5 Vergleich von Kraft und Energie

Aus der Umwelt: Wenn wir uns anstrengen ...

Die Leistungsgrenze Hier kommen auch Radprofis ins Schwitzen. Die besten Rennfahrer erreichen über längere Zeit Leistungen von über 400 Watt.

Die Leistung gibt an, wie viel Energie wir pro Sekunde übertragen: $P = \frac{\Delta E}{\Delta t}$.

1 Profiradsportler

Der menschlichen Leistung sind Grenzen gesetzt. Unser Körper kann normalerweise nicht mehr als 75 Joule pro Sekunde (75 Watt) über längere Zeit aufbringen.
Die chemischen Prozesse, mit denen wir Energie aus Nahrungsmitteln und körpereigenen Energiespeichern gewinnen, können nicht schneller ablaufen.

1 Marie (45 kg) besteigt einen Berg (600 m) in zwei Stunden. Welche Leistung erbringt sie?

2 Alexander (50 kg) geht 6 m hoch in den 2. Stock. Er leistet dabei 200 W. Wie lange geht er?

Die Kraftgrenze Ohne Wagenheber ist ein Radwechsel nicht zu schaffen. Mehr als 80 kg kann kaum jemand heben. Das entspricht einer Kraft von 800 N.

Die Kraft gibt an, wie viel Energie wir pro Meter auf einen Gegenstand übertragen: $F = \frac{\Delta E}{\Delta s}$.

2 Kraftsportler

Der menschlichen Kraft sind Grenzen gesetzt. Unsere Muskeln können normalerweise nicht mehr als 800 Joule pro Meter (800 N) aufbringen.
Bei noch größeren Kräften würden die Muskeln oder Sehnen reißen und die Knochen brechen. Bevor das geschieht, geben unsere Nerven spürbare Warnsignale in Form von Schmerzen.

3 Durch welche Prozesse in unserem Körper werden die Leistung und die Kraft bei der Energieübertragung begrenzt?

4 Erkläre am Beispiel des Berghochfahrens mit einem Fahrrad, wie Leistung und Kraft mit der Energie zusammenhängen.

Aus der Technik: Rampen für Autos

Die steilste Straße der Welt befindet sich in Dunedin (Neuseeland). Sie hat in ihrem steilsten Abschnitt eine Steigung von 34 %. Damit ist sie so steil, dass sie nicht asphaltiert worden ist. Die Kraft der Autoreifen würde den Asphalt nach unten schieben. Stattdessen hat sie einen Belag aus Beton mit Rillen. ▸ 3
Die Steigung von Straßen wird in Prozent angegeben. 12 % Steigung bedeutet: Wenn man sich 100 m in waagerechter Richtung bewegt, gewinnt man 12 m an Höhe.

3 Straße in Dunedin

Kräfte verstärken mit Hebeln

4

Es ist kinderleicht, ein Blatt Papier mit einer Schere durchzuschneiden. Wenn du aber ein dickes Stück Pappe einschneiden willst, musst du dich viel mehr anstrengen. Worauf solltest du achten, damit das Schneiden auch bei Pappe klappt?

Experiment

1 Hebelwerkzeuge

Für viele Situationen, in denen du mit deinen bloßen Händen nicht weiterkommst, gibt es geeignete Hebelwerkzeuge, z. B. Nussknacker, Schraubenschlüssel, Seitenschneider, … ▸ 5

a Trage möglichst viele (Hebel-)Werkzeuge zusammen und benutze sie. Fasse die Werkzeuge dabei manchmal weiter vorn, manchmal weiter hinten an. Beschreibe deine Beobachtungen.

b Wozu verwendet man die Werkzeuge? Wie funktionieren sie? Notiere dir einige Stichpunkte.

c Untersuche, wie man eine Schere ansetzen sollte, um mit der kleinsten Kraft Pappe durchzuschneiden.

2 Nägel herausziehen

Benutze einen Schusterhammer oder einen Kuhfuß, um Nägel aus einem Stück Holz herauszuziehen. Fasse das Werkzeug dabei in verschiedenen Höhen an. ▸ 6

a Formuliere einen Je-desto-Satz, um zu beschreiben, wann das Heraushebeln am besten funktioniert.

b Erläutere, warum das direkte Herausziehen (senkrecht nach oben, z. B. mit einer Kneifzange) gar nicht oder nur mit sehr großem Kraftaufwand gelingt. Überlege, wie du beim Einsatz einer Kneifzange den Kraftaufwand verringern kannst. Probiere es aus.

3 Nägel durchkneifen

Mit dem dargestellten Versuchsaufbau kannst du die Kraft messen, die du zum Durchkneifen eines Nagels benötigst. ▸ 7

a Überlege, an welchem der drei Punkte A, B und C die benötigte Kraft am geringsten ist.

b Ergänze: „Je länger die Griffe einer Zange (einer Astschere, eines Bolzenschneiders …) sind, desto …“

c Führe das Experiment durch und miss die Kräfte bei A, B und C.

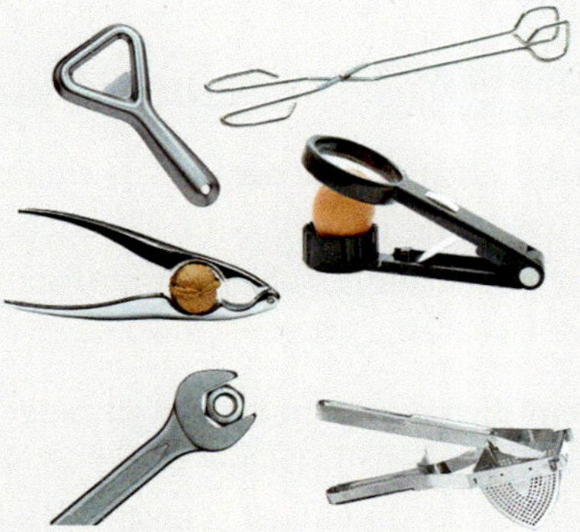

5 Verschiedene Hebel

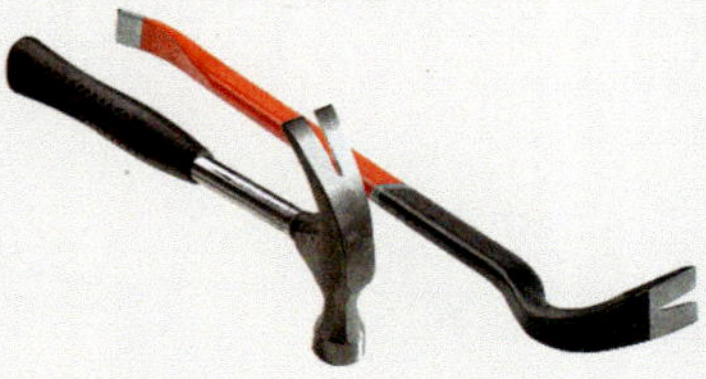

6 Schusterhammer und Kuhfuß

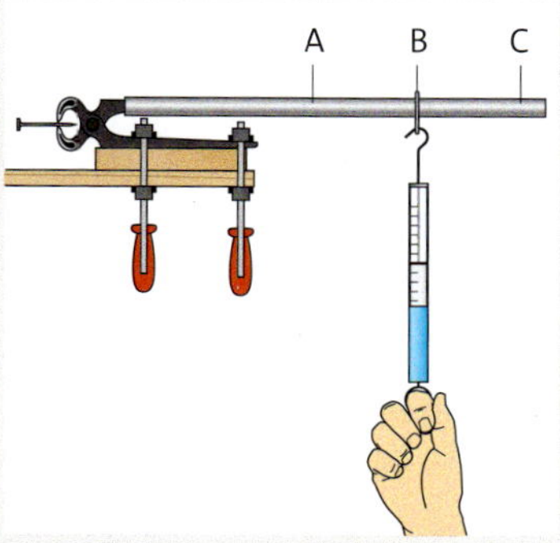

7 Hebel und Kraft

Experiment

4 Zweiseitiger Hebel

Hänge links der Mitte an einer Stelle deiner Wahl einige Massenstücke ein. Entscheide dich dann für eine Stelle rechts der Mitte, hänge dort einen Kraftmesser ein und miss, wie viel Newton erforderlich sind, um die Massenstücke auf der anderen Seite anzuheben. Wiederhole das Experiment, verändere dabei aber die Anzahl der Massenstücke und/oder die Abstände zur Mitte. ▸ 1

a Stelle deine Messergebnisse übersichtlich in einer Tabelle zusammen.

b Kannst du nach ein paar Durchgängen den Wert am Kraftmesser vorhersagen? Versuche es.

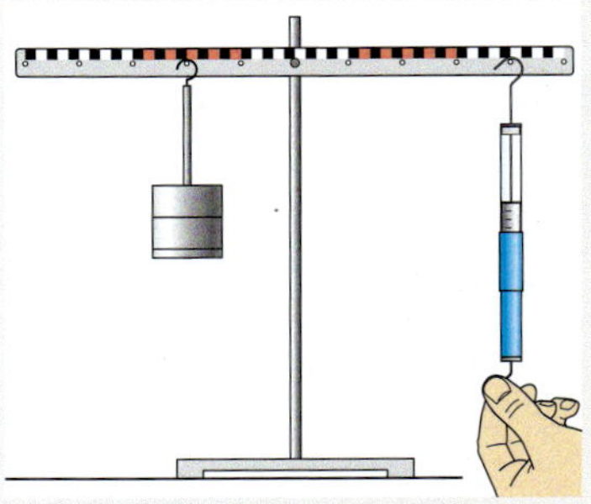

1 Hebelwirkung

Gewichtskraft links in N	Linker Abstand zur Mitte in cm	Rechter Abstand zur Mitte in cm	Kraft rechts in N

Grundlagen Die Hebelwirkung

Hebel erkennt man daran, dass ein Drehpunkt vorhanden ist, um den eine Vorrichtung gedreht wird. Die Hebelarme a_1 und a_2 reichen vom Drehpunkt bis zum jeweiligen Angriffspunkt der Kraft. Im einfachsten Fall ist der Hebel eine gerade Stange. ▸ 2

Beim Benutzen von Hebelwerkzeugen merkst du, dass sie die eingesetzte Kraft verstärken. Dieser Effekt ist umso größer, je weiter entfernt vom Drehpunkt du anfasst. Entscheidend ist das Größenverhältnis $a_2 : a_1$ der beiden Hebelarme: Ist der Hebelarm a_2, an dem du anfasst, z. B. 5-mal so lang wie der andere Hebelarm a_1, so wird die Kraft um den Faktor 5 verstärkt.

Übrigens

Die Regel für die Kraftverstärkung schreibt man oft auch in der Form:
$F_1 \cdot a_1 = F_2 \cdot a_2$.
Man spricht dann vom *Hebelgesetz*. Die identischen Größen $F_1 \cdot a_1$ und $F_2 \cdot a_2$ bezeichnet man jeweils als *Drehmoment*.

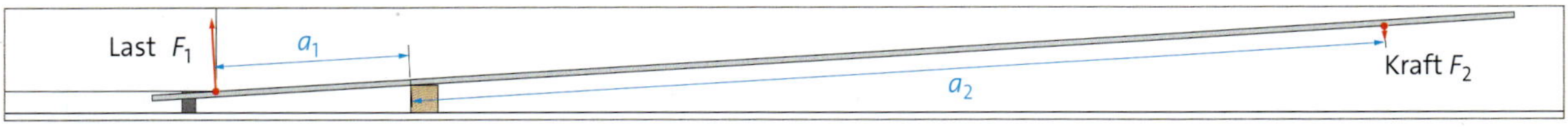

2 Zweiseitiger Hebel

Mit Hebeln kann man Kräfte verstärken. Dabei entspricht der Verstärkungsfaktor dem Verhältnis der beiden Hebelarme:

$$F_1 = \frac{a_2}{a_1} \cdot F_2$$

Aufgaben

1 Im Bild ▸ 3 siehst du eine Blechschere. Nimm an, dass man mit ihr das Blech in 2 cm Abstand vom Drehpunkt einschneidet.

a Berechne den Verstärkungsfaktor der Kraft, wenn du die Schere 6 cm, 10 cm oder 15 cm vom Drehpunkt entfernt anfasst.

b Es ist eine Kraft von 100 N erforderlich, um ein Stück Blech einzuschneiden. Wo musst du die Schere mit welcher Kraft zusammendrücken, damit das Einschneiden gelingt? Gib verschiedene Möglichkeiten an.

3 Blechschere

Aus der Technik: Die Kandare

Im Pferdesport ist es wichtig, dass die Anweisungen des Reiters bzw. der Reiterin vom Pferd gut umgesetzt werden. Wichtige Hilfsmittel bei der Kommunikation zwischen Pferd und Reiter stellen Zaumzeug und Zügel dar. Je nach Einsatzgebiet und Temperament des Pferdes gibt es unterschiedliche Ausführungen des Zaumzeugs. Erfahrene Reiterinnen und Reiter setzen oft eine Kandare ein. Vor allem beim Dressurreiten kommt sie zum Einsatz. ▸4

Im einfachsten Fall besteht die Kandare aus einer Gebissstange, um die auf beiden Seiten des Pferdemauls je zwei Hebelarme drehbar sind, die Unter- und Oberbaum genannt werden. Dabei ist der Unterbaum länger als der Oberbaum. ▸5

Am Unterbaum ist der Zügel angebracht. Am Oberbaum befindet sich eine Kinnkette und ein Lederriemen, das Genickstück. Zieht der Reiter oder die Reiterin nun am Zügel, so wird die Zugkraft durch Hebelwirkung verstärkt und auf das Genickstück sowie die Kinnkette übertragen.

1 Beschreibe, wie eine Kandare funktioniert, und erkläre, wie es zu einer Verstärkung der Zugkraft kommt. Schätze dabei den Verstärkungsfaktor der abgebildeten Kandare. ▸5

4 Zaumzeug

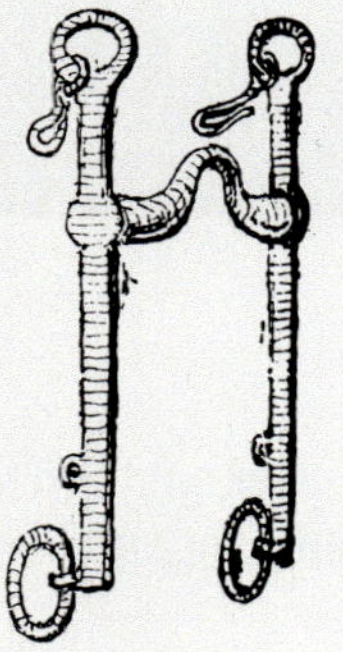

5 Kandare

Aus der Geschichte: Galileis Goldene Regel

„Was man an Kraft spart, muss man an Weg zusetzen." Dieses Prinzip, das der italienische Naturwissenschaftler Galileo Galilei (1564–1642) formuliert hat, bezeichnet man als Goldene Regel der Mechanik.

Die Goldene Regel der Mechanik lässt sich auf unterschiedliche Kraftwandler anwenden, z. B. auf Rampen: Mit ihrer Hilfe ist zwar weniger Kraft erforderlich, als man zum Anheben eines Gegenstands benötigt, dafür muss man aber einen längeren Weg nach oben in Kauf nehmen.

Auch für Hebel gilt die Goldene Regel: Am langen Hebelarm ist zwar wenig Kraft notwendig, dafür legt man aber beim Hebeln einen weiten Weg zurück. ▸6

Wenn die Kraft F in Richtung des Weges Δs wirkt, stellt das Produkt $F \cdot \Delta s$ die übertragene Energie dar. So gesehen ist die Astschere wie jeder Hebel ein Energiewandler. Die Energie, die wir mit der Hand aufbringen, ist genauso groß wie die Energie, die die Schneide am Holz umwandelt. Deswegen beschreibt die Goldene Regel nichts anderes als das Energieerhaltungsprinzip für einfache mechanische Geräte.

1 Betrachte die Abbildung der Astschere und erläutere Galileis Goldene Regel an diesem Beispiel.

2 Überprüfe die Goldene Regel an einem anderen Hebelwerkzeug deiner Wahl.

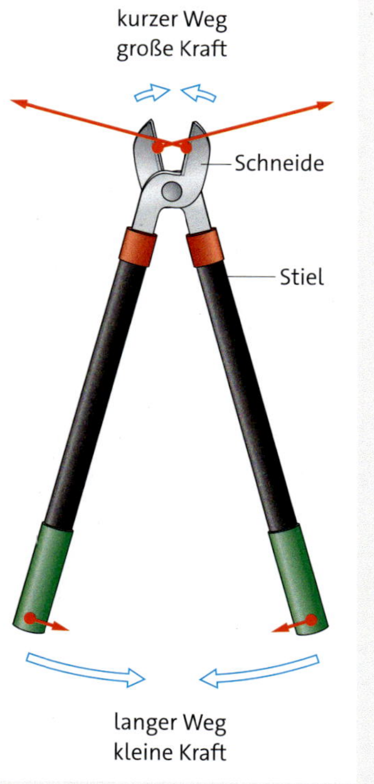

6 Goldene Regel

Trägheit und Bewegungswiderstände

1

Seit ihrem Start im August 1977 bewegt sich die Voyager-Sonde mit einer Geschwindigkeit von ca. 60 000 km/h von der Erde weg. Sie hat längst den Rand des Sonnensystems erreicht. Diese sagenhafte Entfernung hat die Sonde ohne Antrieb zurückgelegt! Wie ist das möglich?

Experiment

1 Kann sich ein Gegenstand von allein immer weiterbewegen?

Ihr braucht eine glatte Rinne aus zwei Teilen. ▸ 2

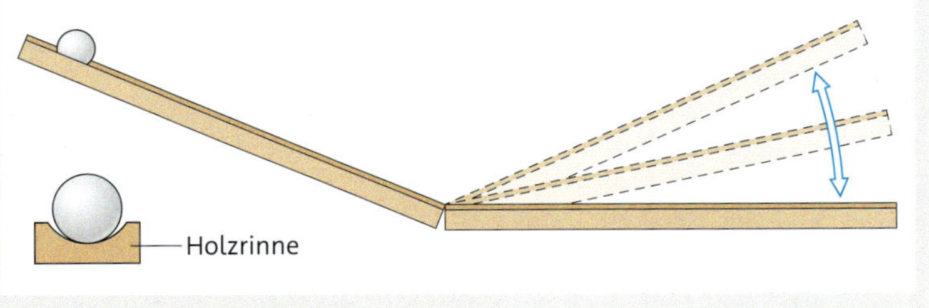

2 Bewegung der Kugel

a Lasst eine Stahlkugel hinunterrollen. Bestimmt, wie weit sie auf der anderen Seite weiter rollt.

b Senkt das Ende der ansteigenden Seite. Wie weit rollt die Kugel jetzt?

c Legt das tiefere Ende der Rinne flach auf den Boden. Stellt euch vor, die Kugel und Rinne wären völlig glatt und auch die Luft würde nicht bremsen. Stellt eine Vermutung auf, wie weit die Kugel jetzt rollen würde.

2 Was passiert mit der Last auf dem Wagen?

Gebt jeweils an, welche Bewegung sich ändert – die des Holzklotzes oder die des Wagens. ▸ 3

Erklärt eure Beobachtungen. *Tipp:* Um Geschwindigkeit oder Bewegungsrichtung eines Gegenstands zu ändern, benötigt man eine Kraft.

a Gebt dem beladenen Wagen einen Stoß, sodass er ruckartig anfährt.

b Lasst den Wagen auf ein Hindernis prallen. Wiederholt den Versuch mit einem Gummiband als „Sicherheitsgurt".

c Zieht den Wagen an einem Bindfaden mit gleichbleibender Geschwindigkeit geradeaus. Lasst ihn dann in eine enge Kurve fahren.

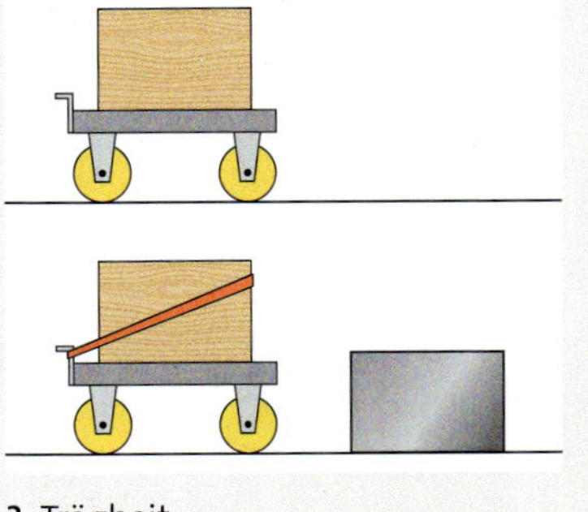

3 Trägheit

Experiment

3 Die eigensinnige Kugel

Legt eine Kugel auf ein Holzbrett mit einer kleinen Mulde. Zieht das Holzbrett auf verschiedene Arten weg (langsam und gleichmäßig, schnell und ruckartig, zunächst langsam und dann schneller werdend, in einer Kurvenfahrt). Verwendet unterschiedliche Kugeln (z. B. aus Holz, Eisen oder einen Tischtennisball).
Was macht die Kugel? Beschreibt ihre Bewegungen.

4 Anziehen zweier Wagen mit verschiedenen Massen

Befestigt zwei unterschiedlich schwere Wagen an zwei gleichen Federn, die durch eine Stange verbunden sind. Zieht ihr gleichmäßig, ändert sich auch die Geschwindigkeit der beiden Wagen in gleicher Weise. Vergleicht die Verlängerung der beiden Federn. ▸ 4

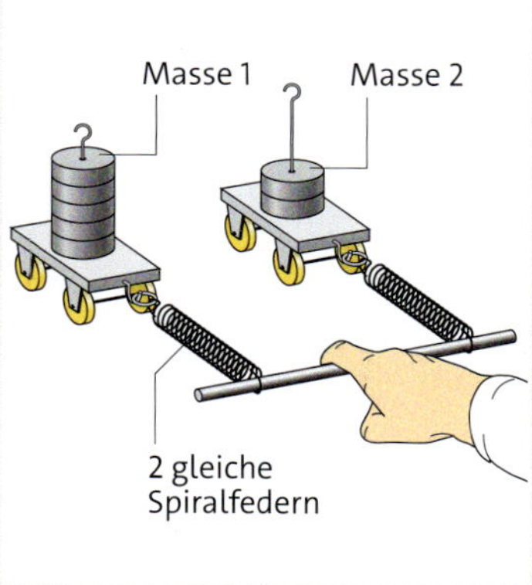

4 Wagen mit unterschiedlichen Massen

5 Kraft und Energieumwandlung am Hang

Ihr braucht: einen Güterwagen von einer großen Modelleisenbahn, ein langes Gleis (mehrere Meter) auf einem schmalen Brett. ▸ 5

a Neigt das Gleis etwas nach unten. Lasst den Wagen bergab fahren. Beschreibt seine Bewegung genau.
Erklärt sie einmal mit dem Begriff Kraft und einmal mit den Begriffen Energie und Energieumwandlung.

b Befestigt eine Styroporplatte mit schweren Stützklötzen auf dem Wagen. Neigt das Gleis so, dass der Wagen nach kurzem Anstupsen bergab fährt, ohne schneller zu werden.
Erklärt, warum der Wagen nicht schneller wird – einmal mit den Kräften auf den Wagen und einmal mit den Energieumwandlungen.

c Berechnet die Lageenergie, die bei der Fahrt des Wagens umgewandelt wird.

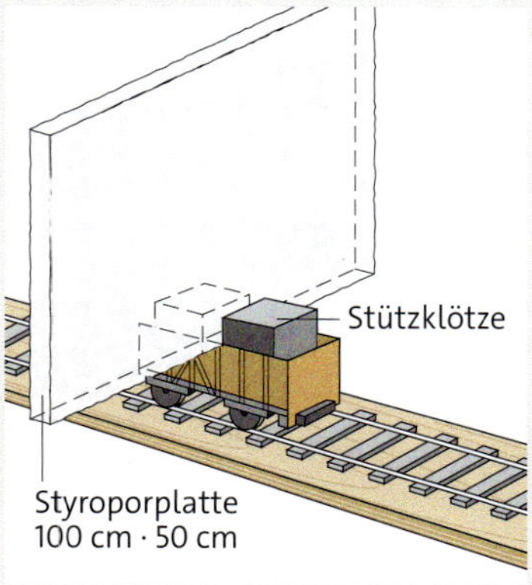

5 Energieumwandlungen

6 Energieumwandlung und Kraft bei verschiedenen Geschwindigkeiten

a Untersucht den Zusammenhang zwischen Antriebskraft und Geschwindigkeit. Plant dazu einen Versuch. Eine Versuchsidee zeigt die Zeichnung. ▸ 6

b Die Antriebskraft wirkt dauernd, doch der Wagen wird nicht schneller. Erklärt den Grund.

c Berechnet, wie viel Energie pro Meter Fahrt benötigt wird – für langsames und für schnelles Fahren.

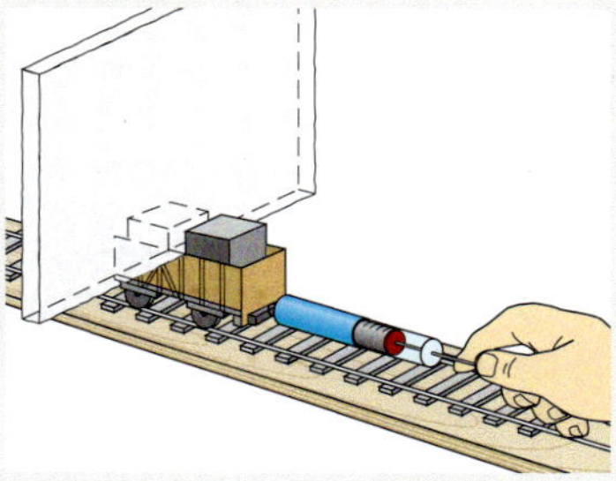

6 Kraft und Energie

7 Fließen im Gleichgewicht

Ihr braucht ein Glasgefäß mit einem Auslauf am unteren Ende. ▸ 7
Stellt es unter einen Wasserhahn. Dreht den Hahn so weit auf, dass das Wasser im Gefäß zunächst langsam steigt.

a Wie verändert sich die Wasserhöhe im Gefäß? Beobachtet, beschreibt und erklärt.

b Skizziert in einem Diagramm, wie sich die Wasserhöhe mit der Zeit verändert.
Tipp: waagerechte Achse – Zeit; senkrechte Achse – Wasserhöhe

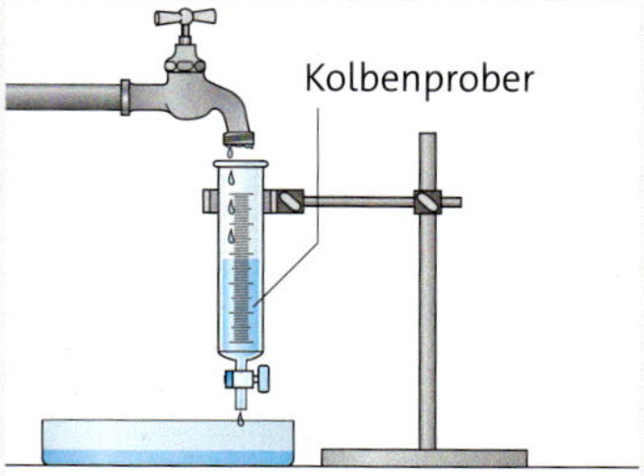

7 Fließgleichgewicht

Grundlagen Trägheit

Was haben die herunterfallende Kiste und der durch die Luft fliegende Stuntman gemeinsam? Werden hier Kräfte ausgeübt? Ändert sich ihre Bewegungsrichtung oder ihre Geschwindigkeit?
Das Motorrad wird durch den Crash plötzlich gebremst. Der Stuntman fliegt weiter. Auf ihn wird keine bremsende Kraft ausgeübt. ▸ 1
Das Auto fährt erst geradeaus und biegt dann plötzlich um die Kurve. Die Kiste fliegt weiter geradeaus. Sie macht die Richtungsänderung nicht mit, weil sie nicht vernünftig befestigt war. ▸ 2

1 Crashtest mit Motorrad

Jeder Gegenstand ist träge. Er bleibt in Ruhe oder bewegt sich mit unveränderter Geschwindigkeit weiter, solange keine Kraft auf ihn einwirkt.

Um die Bewegung zu ändern, ist eine Kraft notwendig.
Wie groß diese Kraft ist, hängt von der Masse des Körpers oder Gegenstands ab. Einen leichten Gummiball fängst du mühelos auf. Das Fangen eines Medizinballs mit großer Masse kann dich hingegen in die Knie zwingen. ▸ 3

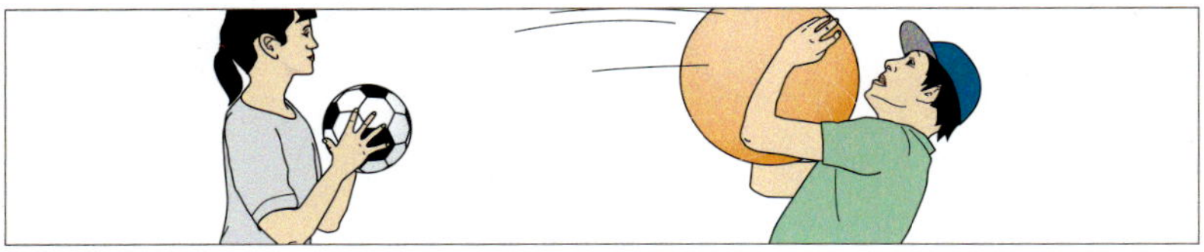

2 Masse und Trägheit

3 Trägheit und Richtungsänderung

Je größer die Masse eines Körpers oder Gegenstandes ist, desto träger ist dieser. Doppelte Masse bedeutet zugleich auch doppelte Trägheit.

Aufgaben

1 Du stehst im Bus und hältst dich nicht fest. Beschreibe genau, was in den genannten Situationen geschieht. Erkläre mit dem Begriff Trägheit.
a Der Bus fährt an.
b Der Bus bremst plötzlich.
c Der Bus biegt plötzlich nach rechts ab.

2 Erläutere unter Verwendung des Begriffs „Trägheit“, wie es zu dem im Bild dargestellten Unfall kommen konnte. ▸ 4
Durch welche Maßnahmen hätte der Schaden verhindert werden können?

3 Erkläre, warum es wichtig ist, Gepäck im Auto z. B. durch ein Netz zu sichern.

4 Der Airbus darf beim Start höchstens 560 Tonnen wiegen. Beim Landen darf er nicht mehr als 386 Tonnen wiegen. Vor einer Notlandung auf einem Flughafen muss der Pilot Treibstoff ablassen. Erläutere, warum er dies tun muss. Warum sollte diese Notfallsituation durch sorgfältige vorherige Planung des Flugs dennoch unbedingt vermieden werden?

4 Unfall

Aus der Geschichte: ARISTOTELES und GALILEI – zwei Ansichten zu Bewegungen

Wie kommen Bewegungen zustande? Vor über 2000 Jahren stellte sich der griechische Philosoph und Naturforscher ARISTOTELES diese Frage. ▸5
Er kam zu der Vorstellung, dass es zwei Arten von Bewegungen gibt:

- Natürliche Bewegungen: Diese haben ihren Antrieb in sich selbst. Ein Stein fällt nach unten, weil sein natürlicher Platz unten auf der Erde ist.
- Künstliche Bewegungen: Sie benötigen für ihre Aufrechterhaltung ständig einen Antrieb von außen. ARISTOTELES erklärte diese Bewegungsart am Beispiel eines Ochsenkarrens. Dessen Bewegung hört auf, wenn der Ochse nicht mehr zieht.

Jede Bewegung auf der Erde scheint die Vorstellung des ARISTOTELES zu bestätigen. Billardkugel, Fahrrad oder Auto: Bewegungen hören auf, wenn der Antrieb wegfällt. So wurde die Ansicht des ARISTOTELES bis ins 17. Jahrhundert von den Naturforschern geteilt. Bis ein italienischer Mathematiker und Naturforscher – GALILEO GALILEI – eine andere Sichtweise vorschlug. In einem Gedankenexperiment überlegte er, wie sich eine Kugel in einer sehr glatten abfallenden und dann aufsteigenden Rinne verhält. Wird die rechte Rinne gesenkt, so rollt die Kugel weiter. Verläuft sie ganz flach, so wird die Kugel in einer extrem glatten Rinne immer weiter rollen und nie stehen bleiben. Ohne jeden Antrieb! ▸7
Sie behält einfach die Bewegung von vorher bei.

Bewegte Körper behalten nach GALILEI ihre Bewegung bei, solange sie nicht – z. B. durch eine Reibungskraft – gebremst werden (Trägheitsprinzip). Einen Antrieb brauchen sie nur, um von der Ruhe in die Bewegung zu kommen. Auf der Erde gibt es keine Bewegung ohne Reibung. Deshalb hören dort alle Bewegungen „von selbst", d. h. unter Einfluss von Reibungskräften auf.

Obwohl ARISTOTELES' Vorstellung einfacher ist und von allen Bewegungsvorgängen im Alltag bestätigt wird, hat sich GALILEIS Vorstellung von der Trägheit durchgesetzt. Warum? Weil sie es ermöglicht, Bewegungen zu *berechnen*. Durch solche Berechnungen hat sich die Welt seitdem rasant verändert: Die Konstruktion von Autos, Flugzeugen und Satelliten wurde erst möglich durch GALILEIS Vorstellungen von Trägheit und den Bestrebungen, die Bewegungsvorgänge mathematisch zu erfassen.

1 „Ohne Kraft keine Bewegung" oder „Ohne Kraft keine Bewegungsänderung". Welche Aussage entspricht der Vorstellung von GALILEI, welche der von ARISTOTELES? Begründe deine Antwort.

2 Wie würde GALILEI erklären, dass der Ochsenkarren stehen bleibt, wenn der Ochse zu ziehen aufhört?

3 Warum hätte ARISTOTELES Mühe, den Kugelversuch von GALILEI zu erklären?

5 ARISTOTELES

6 GALILEO GALILEI

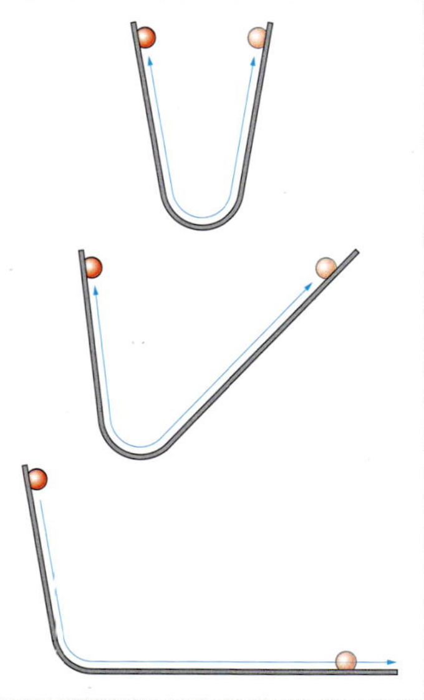

7 Gedankenexperiment von GALILEI

Grundlagen Kraft und Energie beim Fahren

Kräfte beim Radfahren Louis macht eine Radtour durch die Wiesen. Dabei fällt ihm auf, dass es ganz schön anstrengend ist, voranzukommen. Obwohl er ständig eine Antriebskraft auf das Rad ausübt, wird er nicht schneller. Das liegt an der Reibung durch Gras und Luft. Neben der nach vorn gerichteten Antriebskraft wirkt auch dauernd eine bremsende Reibungskraft nach hinten. ▸ 1

1 Kräfte beim Radfahren

Beim Anfahren ist die Reibungskraft noch gering. Louis wird schneller. Aber bei höherer Geschwindigkeit ist die Reibungskraft ebenso groß wie die Antriebskraft. Die beiden Kräfte heben sich gegenseitig auf (Kräftegleichgewicht). Louis fährt jetzt mit konstanter Geschwindigkeit, obwohl er dauernd fest treten muss.

Beim Fahren wirken immer zwei Kräfte: eine antreibende Kraft in Bewegungsrichtung und eine bremsende Kraft entgegen der Bewegungsrichtung.
Beim Beschleunigen ist die antreibende Kraft größer als die bremsende. Beim Fahren mit konstanter Geschwindigkeit sind die Beträge der beiden Kräfte gleich. Beim Bremsen wirkt meist nur die Bremskraft.

Energie beim Radfahren Die Vorgänge beim Fahren kann man auch durch energetische Betrachtungen gut verstehen: Mit seinen Muskeln und Füßen überträgt Louis Energie auf sich und das Rad. Seine Geschwindigkeit nimmt zunächst zu. Aber je schneller er wird, umso mehr Luft und Gras muss er pro Sekunde zur Seite schieben. Ein zunehmender Teil der Energie wird nicht mehr zum Beschleunigen verwendet, sondern an Luft und Gras abgegeben.
Schließlich wird so viel Energie an die Umwelt abgegeben, dass für weitere Beschleunigung keine Energie mehr übrig bleibt. Louis fährt jetzt mit konstanter Geschwindigkeit.
Genau so viel Energie wie Louis auf sich und sein Fahrrad überträgt, wird sofort an die Umgebung abgegeben. Man spricht von einem Fließgleichgewicht der Energie. ▸ 2

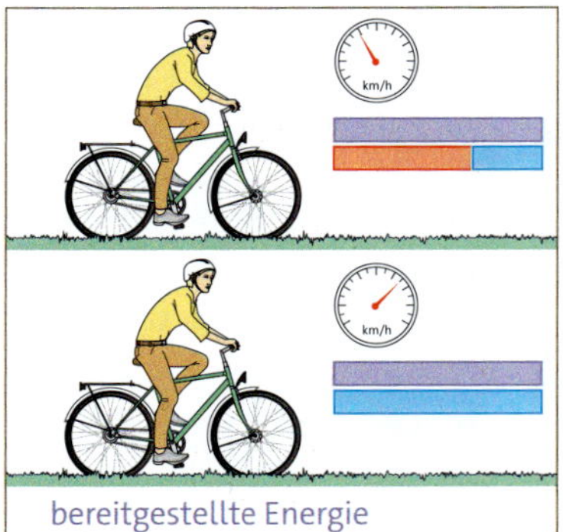

2 Energieumwandlung beim Radfahren

Aufgaben

1 Erkläre, warum Louis auf einer gut ausgebauten Straße schneller vorankommen würde?

2 Die Voyager-Sonde bewegt sich gleichmäßig ohne Antriebskraft. Begründe, warum Louisa für eine gleichmäßige Bewegung ständig Kraft aufwenden muss.

Grundlagen Bewegungswiderstände und Reibungsarten

Woher kommt eigentlich die Reibung, die der Bewegung entgegenwirkt? Die Reibung hat verschieden Ursachen.

Luftreibung Ein fahrendes Fahrrad benötigt Energie, um die Luft zur Seite zu schieben. Dadurch entsteht der Luftwiderstand. Um ihn zu überwinden, benötigen wir bei schneller Fahrt mehr Energie.

Die Energie zum Überwinden der Luftreibung wächst etwa mit dem Quadrat der Geschwindigkeit. Bei gleicher Strecke gilt: Doppelte Geschwindigkeit erfordert den vierfachen Energieaufwand.

3 Test im Windkanal

Reibung an Reifen Reifengummis verformen sich und verhaken sich mit Unebenheiten des Untergrunds, auf dem das Rad fährt. Durch den Kontakt des Reifens mit dem Boden verformt sich das Rad. Dadurch erwärmt sich der Reifen und thermische Energie wird an die Umgebung abgegeben. Sie steht nicht mehr für die Bewegung des Fahrrads zur Verfügung. Man spricht von einem Rollwiderstand.

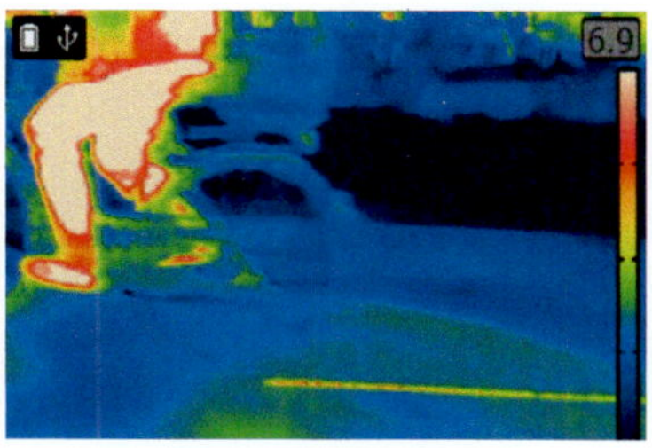

4 Wärmebild einer Bremsspur

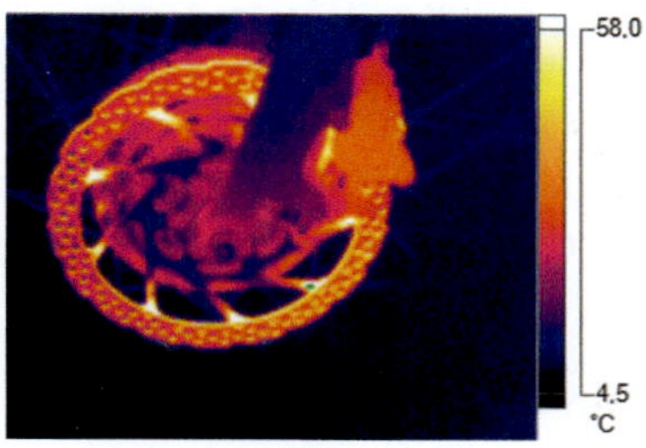

5 Wärmebild Scheibenbremse

Der Energieaufwand zum Überwinden des Rollwiderstands hängt nicht von der Geschwindigkeit ab. Er ist proportional zur Fahrstrecke und Kraft, mit der das Fahrzeug auf den Boden gepresst wird.

Reibung im Getriebe Beim Antrieb des Fahrrads werden Metallteile bewegt und gegeneinander verschoben. Kette und Zahnkranz greifen ineinander und lösen sich wieder. Achsen drehen sich in Kugellagern. Auch dabei wird Energie in Form von thermischer Energie an die Umgebung abgegeben.

Aufgaben

1 Erkläre, warum ein zu gering aufgepumpter Reifen Ursache dafür sein kann, dass du mehr Kraft benötigst, um mit deinem Fahrrad zu fahren.

2 Erkläre die Entstehung von Bewegungswiderständen. Nutze dafür einmal die auftretenden Kräfte und einmal die Energien. Begründe, welche Argumentation für dich einfacher ist.

3 Begründe, warum es wichtig ist, die Kette und andere bewegliche Teile des Fahrrads regelmäßig einzufetten.

4 Erläutere unter Verwendung des Trägheitsprinzips, weshalb Louisa ohne Reibung ihr Fahrrad nicht lenken könnte. Nenne Situationen aus dem Straßenverkehr, die für Louisa gefährlich werden könnten.

Bremsen und Sicherheit im Straßenverkehr

1

Und plötzlich stehen Tiere auf der Straße. Jetzt heißt es schnell reagieren und hoffen, dass das Auto noch vor einem möglichen Unfall zum Stehen kommt.

Experiment

1 Reaktionszeit messen

Ihr benötigt: ein langes Lineal (z. B. das für die Tafel) oder einen Besenstiel, auf dem ihr Abstände in cm markiert.
Eine Person hält das Lineal und lässt es plötzlich fallen. Greift so schnell wie möglich zu. Messt mehrfach und notiert die Werte. ▸ 2
Bildet anschließend den Mittelwert, indem ihr die Werte addiert und durch die Anzahl der Versuche teilt.
Bestimmt mithilfe der Tabelle die Reaktionszeit.
Nennt Bedingungen, die die Reaktionszeit beeinflussen.

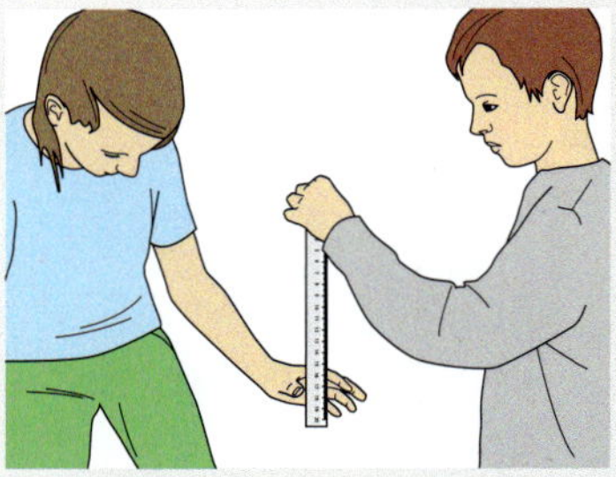

2 Bestimmen der Reaktionszeit

Fallstrecke in cm	10	15	20	25	30	35	40	45	50	55	60
Reaktionszeit in s	0,14	0,17	0,20	0,22	0,24	0,26	0,28	0,30	0,32	0,33	0,35

2 Bremsweg

Untersucht auf dem Schulhof oder Sportplatz, wovon der Bremsweg abhängt.

a Ein Radfahrer fährt auf gerader Strecke nach Tacho mit 5; 10; …; 30 km/h. Sobald das Vorderrad eine vorher festgelegte Markierung erreicht, bremst der Fahrer möglichst stark ab.
(*Achtung:* Vorder- und Hinterradbremse benutzen und Helm tragen!).
Messt den Bremsweg.

b Wiederholt die Messung mit verschiedenen Fahrrädern und auf verschiedenen Untergründen.

c Stellt in einem Diagramm den Zusammenhang von Geschwindigkeit und Bremsweg dar.

d Fasst zusammen, wovon der Bremsweg abhängt.

Experiment

3 Der Anschnallgurt

Ihr benötigt: Stativmaterial, eine schiefe Ebene (z. B. ein Brett), ein Spielzeugauto, in das ihr eine Spielzeugfigur setzen könnt, ein festes Hindernis (z. B. eine Wand), Gummibänder verschiedener Stärken.
Setzt die Spielzeugfigur ins Spielzeugauto und lasst dieses unter verschiedenen Winkeln von der schiefen Ebene gegen eine Wand fahren. Wiederholt den Versuch, indem ihr die Figur gar nicht oder mit verschieden starken Gummibändern „anschnallt". ▸ 4
Stellt Vermutungen darüber an, welche Funktion ein Anschnallgurt im Straßenverkehr übernimmt.

3

4 Crashtest im Modell

4 Der Helm

Hinweis: In diesem Versuch experimentiert ihr mit Lebensmitteln. Geht daher mit diesen nicht verschwenderisch um! ▸ 6
Ihr benötigt: zwei bis drei kleinere rohe Eier, Schaumstoff, Gummibänder.
Aus Erfahrung solltet ihr wissen, was passiert, wenn ihr ein rohes Ei aus ca. 1,5 m Höhe auf den harten Boden fallen lasst. Die Durchführung dieses Versuchs ist daher nicht unbedingt notwendig.

a Umwickelt das Ei mit Schaumstoff. Die Gummibänder können euch beim Fixieren des Schaumstoffs helfen.

b Lasst das mit Schaumstoff umwickelte Ei aus einer Höhe von ca. 1,5 m auf den harten Boden fallen (am besten in eine Schale) und vergleicht mit eurer Erfahrung des ungeschützen Eis.

c Inwiefern steht dieser Versuch modellhaft für die Verwendung eines Helms im Straßenverkehr?

5

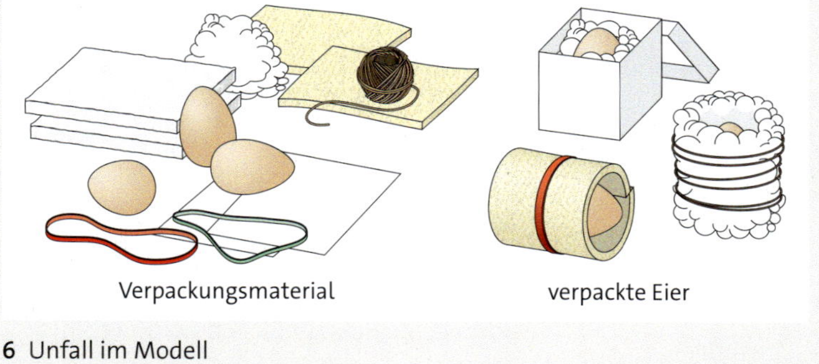

6 Unfall im Modell

Grundlagen Der Anhalteweg

Wie schnell du mit deinem Fahrrad zum Stehen kommst, hängt davon ab, wie schnell du auf die Gefahr reagierst (Reaktionszeit). Außerdem spielt es eine Rolle, mit welcher Geschwindigkeit du fährst und wie gut die Bremsen greifen. Aus Erfahrung weißt du, dass auch der Untergrund, auf dem du fährst, einen Einfluss darauf hat. All diese Faktoren bestimmen den Bremsweg. ▸ 1

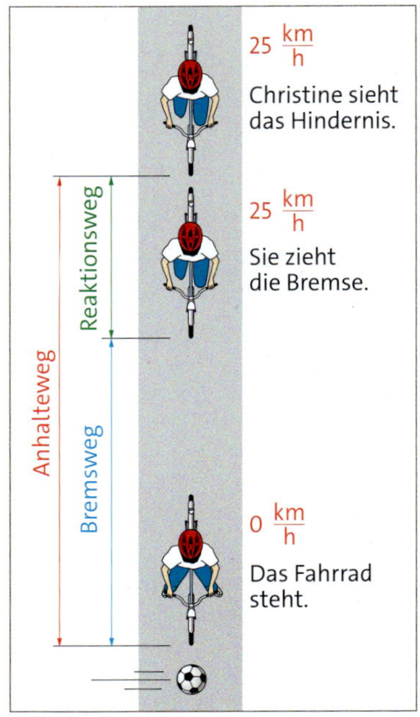

1 Anhalteweg

Der Anhalteweg s_A setzt sich aus dem Reaktionsweg s_R und dem Bremsweg s_B zusammen. Es gilt: $s_A = s_R + s_B$

Reaktionsweg Zwischen dem Wahrnehmen einer Gefahr und dem Betätigen vergeht eine gewisse Reaktionszeit t_R. Diese liegt je nach Fahrer ungefähr zwischen 0,5 s und 2 s. In dieser Zeit fährt das Fahrzeug mit unverminderter Geschwindigkeit v weiter. Dabei legt es den Reaktionsweg s_R zurück.
Der Reaktionsweg wächst proportional zur Geschwindigkeit. Es gilt:
doppelte Geschwindigkeit – doppelter Reaktionsweg,
dreifache Geschwindigkeit – dreifacher Reaktionsweg.
Dieser lässt sich wie folgt berechnen: $s_R = v \cdot t_R$

Bremsweg Der Bremsweg ist die Strecke, die das Fahrzeug zurücklegt, bis es nach dem Betätigen der Bremse zum Stillstand gekommen ist.
Auch der Bremsweg hängt von der Geschwindigkeit ab. Es gilt:
doppelte Geschwindigkeit – vierfacher Bremsweg,
dreifache Geschwindigkeit – neunfacher Bremsweg.
Warum? Das liegt an der Bewegungsenergie. Beim Bremsen wird die Bewegungsenergie in Form von thermischer Energie abgegeben. Du merkst dies daran, dass die Bremsen warm werden. Wie viel Bewegungsenergie ein Fahrzeug besitzt, hängt von seiner Masse und seiner Geschwindigkeit ab. Die Bewegungsenergie steigt quadratisch mit der Geschwindigkeit. Es gilt:
doppelte Geschwindigkeit – vierfache Energie.
Der Bremsweg hängt also davon ab, wie viel Bewegungsenergie durch Reibung in thermische Energie umgewandelt werden muss.

Bei doppelter Geschwindigkeit muss viermal so viel Bewegungsenergie in den Bremsen umgewandelt werden. Deshalb ist der Bremsweg viermal so lang.

Aufgaben

1 Erkläre, warum die im Text genannte Reaktionszeit mit 0,5 s bis 2 s deutlich über den Werten aus dem ▸ Experiment 1 liegen müsste.

2 Anhalte- und Bremswege

a Die Reaktionszeit von Herrn Meier liegt bei 1,2 s. Berechne den Anhalteweg für die Geschwindigkeiten 40 km/h, 80 km/h, 160 km/h.

b Bei 40 km/h beträgt der Bremsweg von Pkws etwa 16 m. Wie groß ist der Bremsweg bei 80 km/h und 160 km/h?

c Herr Meier fährt mit 80 km/h. Plötzlich springt 80 m vor ihm ein Kind auf die Fahrbahn. Kann er noch rechtzeitig zum Stehen kommen?

Aus dem Alltag: Abstand halten

Besonders bei schlechter Sicht kommt es immer wieder zu Auffahrunfällen. Der Grund ist ein zu geringer Sicherheitsabstand. Auf Autobahnen wird deshalb immer wieder der Abstand zwischen den Autos überprüft. Wenn er zu gering ist, sind hohe Bußgelder fällig. ► 2
Wie groß sollte der Abstand sein, um Auffahrunfälle zu vermeiden? Sieh dir die Zeichnung an. ► 3

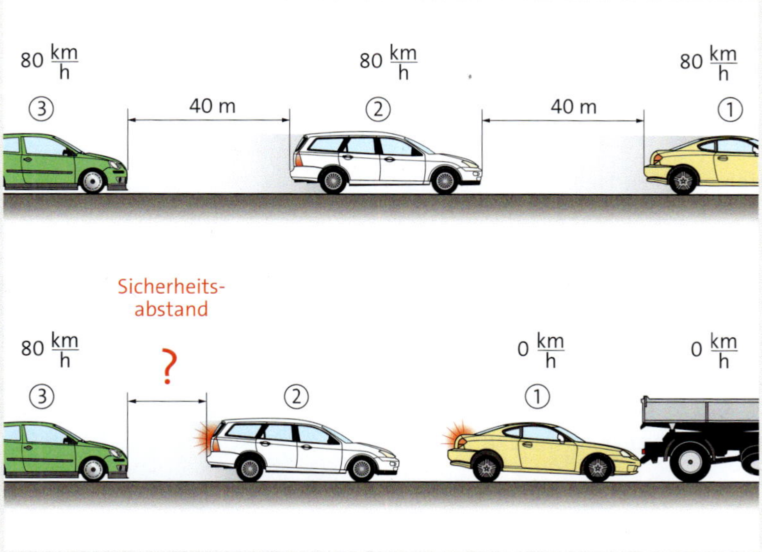

3 Bremsweg und Sicherheitsabstand

2 Messung des Sicherheitsabstands

Das Fahrzeug 1 bremst. Wenn das Fahrzeug 2 gleichzeitig bremsen würde, bliebe der Abstand zwischen ihnen etwa gleich. Der Fahrer von Fahrzeug 2 tritt aber erst auf die Bremse, nachdem er das Bremslicht von Fahrzeug 1 wahrnimmt. Es verstreicht eine Reaktionszeit. In dieser Zeit fährt Fahrzeug 2 mit unverminderter Geschwindigkeit weiter.
Bei einer Geschwindigkeit von 100 km/h und einer Reaktionszeit von 1 s legt das Fahrzeug 2 noch einen Reaktionsweg von rund 28 m zurück, bevor der Bremsweg beginnt. Hier hätte der Sicherheitsabstand mindestens 28 m betragen müssen. Tatsächlich ist dieser Abstand aber noch zu kurz: Oft ist nämlich die Reaktionszeit länger. Bei einem Auffahrunfall kommt hinzu, dass sich der Bremsweg des Vordermanns bei einem Aufprall verkürzt. Deshalb muss der Sicherheitsabstand wesentlich größer als der Reaktionsweg sein!
In der Fahrschule lernt man Faustformeln, durch die sich Sicherheitsabstände ermitteln lassen. Sie gelten aber nur für gute Fahrbedingungen.

Faustformel für den Sicherheitsabstand
Sicherheitsabstand (in m) = halber Tacho (in km/h)
Eine Geschwindigkeit von 80 km/h erfordert nach dieser Faustformel einen Sicherheitsabstand von 40 m.
Beachte: Der Anhalteweg ist viel länger!

1 Welchen Abstand sollten Autos auf der Autobahn ungefähr halten? Begründe deine Antwort.
2 Erkläre, warum der Anhalteweg länger ist als der empfohlene Sicherheitsabstand.

Grundlagen Sicherheit im Straßenverkehr

Dank immer besserer Sicherheitsmaßnahmen ist es in den letzten Jahren gelungen, das Verletzungsrisiko im Straßenverkehr zu verringern.
Zur Vermeidung des Unfallrisikos kannst du aber auch durch entsprechendes Verhalten viel beitragen:

- Fahre stets vorsichtig und nimm Rücksicht auf andere Verkehrsteilnehmer.
- Halte auch als Fahrradfahrer einen Sicherheitsabstand zu anderen Verkehrsteilnehmern, so dass dir immer genug Zeit bleibt, um auf Gefahren zu reagieren.
- Schaue während der Fahrt mit dem Fahrrad und später natürlich auch mit dem Auto nicht auf dein Smartphone. Sollte es dringend sein, dann halte an.
- Verwende beim Fahrrad- oder Rollerfahren einen Helm.
- Schnall dich im Auto immer an.

Damit Autos bei einem Unfall möglichst wenig beschädigt werden, baute man sie vor 100 Jahren noch aus dickem Blech. Das hat aber auch einen großen Nachteil. Die Bewegungsenergie des Autos wird bei einem Aufprall auf einem extrem kurzen Bremsweg umgewandelt. Dabei treten sehr große Kräfte auf, die für die Insassen gefährlich werden können.
Im Laufe der letzten Jahrzehnte wurden Maßnahmen entwickelt, um die Sicherheit im Straßenverkehr zu erhöhen.

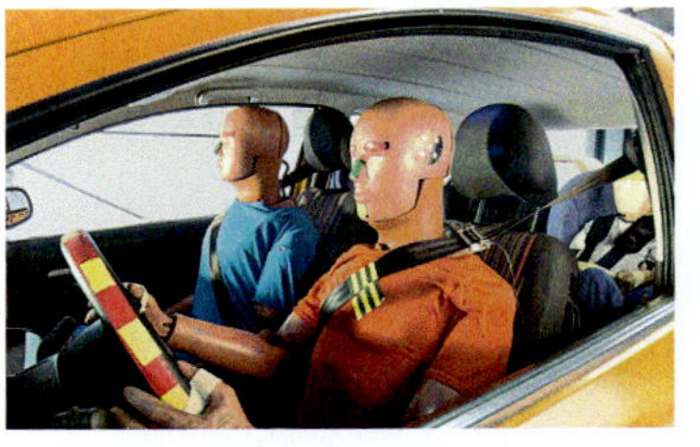

1 Sicherheitsgurte

Bei einem Crash kommen Fahrzeug und Insassen auf sehr kurzer Strecke zum Stehen. Ihre Bewegungsenergie wandelt sich dabei in thermische Energie um.

Auch hier gilt: Energie = Kraft mal Weg ($\Delta E = F \cdot \Delta s$ oder $F = \frac{\Delta E}{\Delta s}$).

Je kürzer der Bremsweg ist, umso größer ist die auf die Insassen wirkende Kraft.
Wenn einer der Insassen nicht angeschnallt ist, fliegt er aufgrund seiner Trägheit mit unverminderter Geschwindigkeit weiter, bis er mit Kopf oder Körper irgendwo aufprallt. Dann wird sein Körper auf wenigen Millimetern gestoppt.
Die auftretenden Kräfte sind schon bei einer Geschwindigkeit von 50 km/h so groß wie bei einem Fall aus 10 m Höhe.
Um die Gefahr beim Aufprall zu verringern, werden verschiedene Maßnahmen ergriffen.

Knautschzone Heute ist es nicht mehr das Ziel, dass die Autos so stabil wie möglich gebaut sind. Bei Pkws dient insbesondere der Motorraum als Knautschzone. Sie kann sich im Falle eines Auffahrunfalls verformen. Durch die Knautschzonen soll die Bewegungsenergie des Autos über eine größere Strecke umgewandelt werden.
Das hilft den Insassen aber nur, wenn sie angeschnallt sind. Dann wird ihr Bremsweg durch die Knautschzone und die Ausdehnung des Gurts beim Aufprall verlängert. Die auf den Körper wirkenden Kräfte werden verkleinert. ▸ 1, 2

2 Knautschzone

Airbag Außer mit Sicherheitsgurten sind Autos auch mit Airbags ausgerüstet. Auf der Fahrerseite stecken sie mitten im Lenkrad. Bei einem Auffahrunfall werden sie blitzschnell (0,03 s) aufgeblasen. Sie bremsen Kopf und Brust ab, verlängern beider Bremsweg, verringern die wirkenden Kräfte und somit auch die Verletzungsgefahr. Zudem wird die Kraft auf eine größere Fläche verteilt. ▸ 3

Nackenstütze Bei einem Heckaufprall wird die Person durch die Rückenlehne nach vorn geschleudert. Der Kopf bleibt infolge der Trägheit zurück. Ohne Nackenstütze wird die Halsmuskulatur überdehnt und die Nackenwirbel können verletzt werden. Schon bei mittleren Geschwindigkeiten kann das Genick brechen. Die Verletzungsgefahr wird durch eine richtig angebrachte Nackenstütze erheblich verringert. Sie sorgt dafür, dass der Kopf gemeinsam mit dem Körper beschleunigt wird.

Helm Das innere Schutzpolster des Helms wirkt bei einem Aufprall ähnlich wie eine Knautschzone. Der Bremsweg verlängert sich somit auf einige Zentimeter. Zudem verteilt die Helmschale die Kräfte auf eine größere Fläche. Somit steigt die Chance für Motorrad- und Fahrradfahrer erheblich, einen Unfall zu überleben. ▸ 4

Sicherheitsgurte, Knautschzonen, Helme und Airbags sorgen für einen verlängerten Bremsweg und somit für geringere Kräfte auf die am Unfall beteiligten Personen.

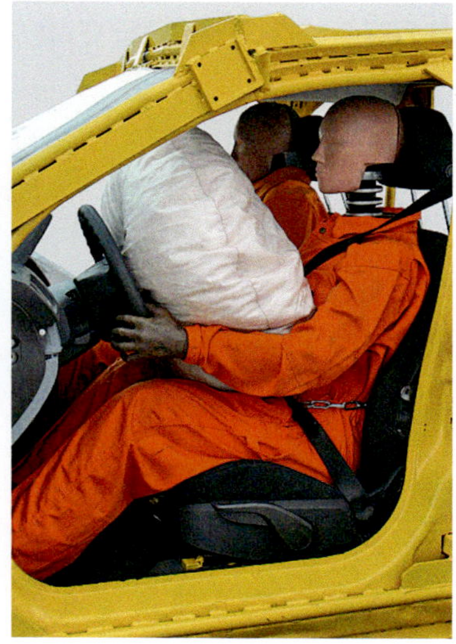

3 Airbag

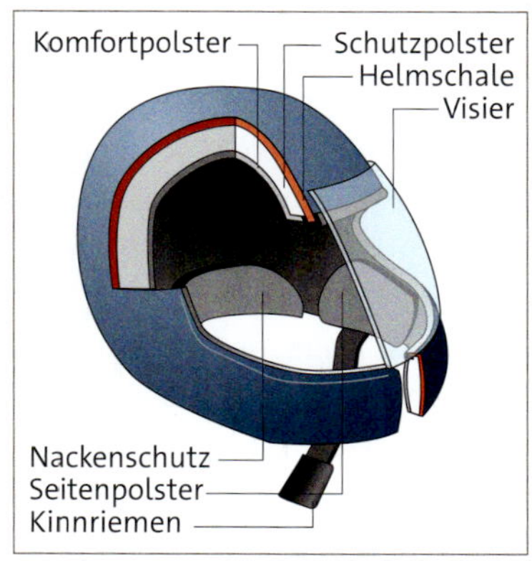

4 Knautschzone im Helm

5

Aufgaben

1 Sicherheitsgurt und Knautschzone

a Beschreibe, wie ein Sicherheitsgurt schützt.

b Begründe, warum die Knautschzone nur in Verbindung mit Sicherheitsgurt oder Airbag wirksam ist.

2 Ein Autofahrer (75 kg) besitzt bei 50 km/h eine Bewegungsenergie von 7200 kJ und bei 100 km/h eine Energie von 28 800 kJ.

a Mit welcher Kraft muss er sich bei einer Vollbremsung am Lenkrad abstützen, wenn er nicht angeschnallt ist? Berechne den Bremsweg mit der Faustformel:
Bremsweg (in m) = Geschwindigkeit (in km/h) : 10.

b Welche Kraft wirkt auf den Fahrer, wenn er nicht angegurtet ist und beim Aufprall gegen einen Baum auf einer Strecke von 4 cm abgebremst wird?

c Welche Kraft erfährt er mit Sicherheitsgurt beim Aufprall gegen einen Baum? (*Tipp:* Sicherheitsgurt und Knautschzone verlängern den Bremsweg auf 75 cm.)

Kraft und Bewegung

1

Johanna liebt es, wenn sie von ihrem Vater Gerd im Wagen angeschoben wird. Gerd scheint es überhaupt keine Mühe zu machen, Johanna zu schieben. Ob es Johanna auch gelingen wird, ihren Vater anzuschieben?

Experiment

1 Magnetschiffe

Ihr benötigt: zwei Holz- oder Styroporplatten, eine Schale mit Wasser, einen Magnetstab, einen genauso schweren Eisenstab.
Befestigt die beiden Stäbe mit etwas Klebestreifen auf den Platten. Legt diese in einiger Entfernung voneinander in die Wasserschale und haltet sie fest. ▸ 2

a Lasst zuerst den Eisenstab los. Was beobachtet ihr?

b Lasst in einem neuen Versuch zunächst den Magnetstab los. Vergleicht eure Beobachtung.

c Lasst in einem letzten Versuch beide Stäbe gleichzeitig los und vergleicht eure Beobachtungen mit den beiden vorangegangenen Durchführungen.

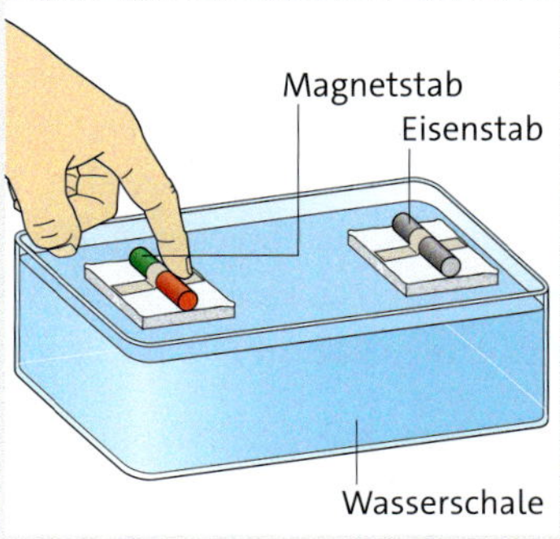

2 Magnetschiffe

2 Skateboards

Ihr benötigt: zwei Skateboards, ein Seil, zwei etwa gleich schwere Schülerinnen oder Schüler. ▸ 1, S. 202

a Zwei Schülerinnen sitzen gegenüber auf Skateboards. Die Mitte wird markiert. Die beiden Schülerinnen ziehen beide am Seil, dass sie möglichst schnell zusammenkommen. Wo treffen sie sich?

b Wiederholt den Versuch. Nun soll jeweils nur eine Schülerin ziehen. Was beobachtet ihr?

3 Auto und Fahrbahn

Ihr benötigt: Ein Auto mit Aufziehmotor, ein Stück möglichst raue, stabile leichte Pappe, zwei Stativstangen. ▸ 3
Zieht das Auto auf und setzt es anschließend auf die Pappe. Beobachtet genau und beschreibt, was geschieht!

3 Wechselwirkung Auto und Fahrbahn

4 Fliegender Luftballon

Ein Luftballon wird aufgeblasen und losgelassen. Beobachtet und beschreibt das Verhalten des Ballons.

Experiment

5 Modellversuch zum Raketenantrieb

Ihr benötigt: Einen Experimentierwagen oder ein Rollbrett, 4 schwere und 4 leichte Bälle ▸ 4

a Die vier schweren Bälle liegen auf dem Experimentierwagen. Eine Person setzt sich auf den Experimentierwagen. Dann wirft sie einen Ball nach dem anderen fest in eine Richtung. Was beobachtet ihr?

b Wiederholt den Versuch mit leichten Bällen. Was ändert sich?

4 Rückstoß im Modell

6 Bälle anpusten

Ihr benötigt: Mehrere verschiedene Kugeln unterschiedlicher Masse (z. B. Tischtennisball, Flummi, Eisenkugel, Tischfußball, Golfball), einen Strohhalm.

Versucht mithilfe des Strohhalms die verschiedenen Kugeln möglichst schnell wegzupusten. Was fällt euch auf? Macht einen Wettbewerb daraus.

7 Mattenwagen anschieben

Ihr benötigt: Einen Mattenwagen mit mehreren Matten

Beschleunigt den Mattenwagen unterschiedlich stark. Erläutert, wovon die Geschwindigkeitszunahme abhängt. Welche Einflussfaktoren kannst du verändern? Benenne die entsprechenden physikalischen Größen.

8 Zusammenhänge physikalischer Größen genauer untersuchen

Ihr braucht einen kleinen Wagen, mehrere Massenstücke und einen Kraftmesser. ▸ 5

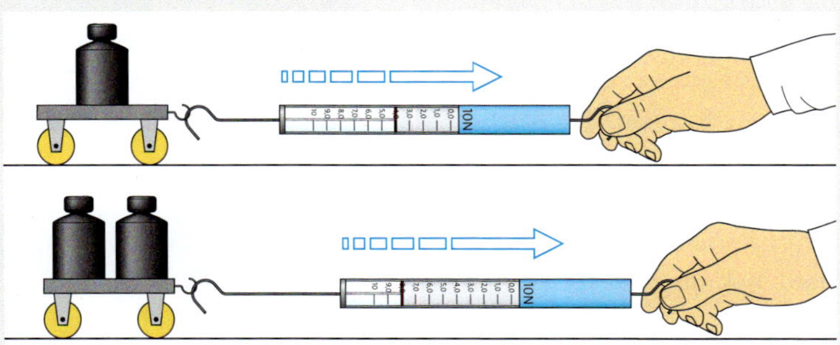

5 Kraft, Masse, Beschleunigung

a Stellt zunächst ein Massestück auf den Wagen. Befestigt den Kraftmesser am Wagen und lest die Kraft ab, die ihr benötigt, um den Wagen langsam zu beschleunigen.

b Führt den Versuch noch einmal durch. Dieses Mal soll die Geschwindigkeit aber schneller zunehmen. Wie verändert sich die Anzeige des Kraftmessers?

c Wiederholt die Versuche von a und b. Stellt dieses Mal aber weitere Massenstücke auf den Wagen und beobachtet den Kraftmesser.

d Formuliert basierend auf euren Beobachtungen Je-desto-Beziehungen über den Zusammenhang von Kraft, Masse und Beschleunigung.

Grundlagen Wechselwirkung

Maja zieht Sofia zu sich. Sie übt eine beschleunigende Kraft auf Sofia aus. Sofia bewegt sich nach links. Aber auch Maja bewegt sich! Das geht nicht von allein. Auch auf Maja wirkt eine Kraft, obwohl Sofia nicht zieht, sondern das Seil nur hält. ▸ 1

1 Wechselwirkungsgesetz

Kräfte gibt es nicht allein. Sie treten immer nur paarweise auf. Beide Kräfte sind gleich groß. Sie haben dabei unterschiedliche Angriffspunkte und entgegengesetzte Richtungen. Man spricht von Wechselwirkungskräften.

Bei Wechselwirkungskräften handelt es sich aber nicht um ein Kräftegleichgewicht. Beim Kräftegleichgewicht setzen die Kräfte am gleichen Körper an. Dies ist hier nicht der Fall.

Beim Starten eines Sprinters sollte der Startblock gut im Boden verankert sein. Denn Sprinter üben eine möglichst große Kraft auf den Startblock aus, um sich eine gute Ausgangsposition für das Rennen zu sichern. ▸ 2 Die Sprinter üben eine nach hinten ausgerichtete Kraft auf den Startblock aus. Wäre dieser nicht befestigt, würde er nach hinten wegfliegen und es könnte zu einem Sturz kommen. Der Startblock übt aber auch eine Kraft auf den Sprinter aus. Diese Kraft ist nach vorn gerichtet und genauso groß wie die Kraft, die vom Sprinter auf den Startblock ausgeübt wird.

2 Start beim Sprint

Auch beim Rudern spielt das Prinzip der Wechselwirkung eine entscheidende Rolle für die Fortbewegung. Hier treten die Ruder und das Wasser in Wechselwirkung. Die Ruder üben eine Kraft entgegen der Fahrtrichtung auf das Wasser aus. Das Wasser übt eine gleich große Kraft in Fahrrichtung auf die Ruder aus. ▸ 3

3 Wechselwirkung Ruder–Wasser

Aufgaben

1 Erläutere, wieso der Sprinter selbst steuern kann, wie schnell er vom Startblock wegkommt, obwohl doch der Startblock eine Kraft auf ihn ausübt.

2 Schaue dir Videos von Quallen an. Erkläre ihre Fortbewegung mit dem Wechselwirkungsprinzip.

3 Erkläre mithilfe des Wechselwirkungsprinzips, welche Kräfte beim Anfahren eines Autos wirken und wieso ein Auto auf eisglatter Straße nicht anfahren kann.

4 Untersuche die auftretenden Wechselwirkungen bei der Fahrt eines Kanus.

Grundlagen Masse, Kraft und Beschleunigung

Ein VW Käfer und ein Formel-1-Wagen haben ungefähr die gleiche Masse. Der Formel-1-Wagen kann aber wesentlich stärker beschleunigen. Grund dafür ist die größere Motorkraft. ▸ 4

4 Masse und Kraft

Ein voll beladener Lkw kann nur sehr langsam anfahren. Vorm Beladen ist er hingegen noch viel besser von einer roten Ampel weggekommen. Die Motorkraft hat sich nicht geändert. Sehr wohl aber die Masse.

Je größer die Kraft auf einen Gegenstand ist, desto schneller ändert sich seine Geschwindigkeit bei gleich bleibender Masse.
Je größer die Masse ist, desto langsamer ändert sich die Geschwindigkeit bei gleich bleibender Kraft.

Aus der Technik: Antrieb durch Wechselwirkung

Stell dir vor, du stehst auf deinen Rollerskates und hast einen Basketball in der Hand. Wenn du ihn nach vorn wirfst, wirst du nach hinten beschleunigt.
Hier treten zwei Kräfte auf. Du übst eine Kraft auf den Ball aus, indem du ihn nach vorn beschleunigst.
Der Ball übt wiederum eine Kraft auf dich aus, indem er dich nach hinten beschleunigt. Beide Kräfte sind gleich groß, aber entgegengesetzt.
Der Raketenantrieb funktioniert ähnlich. Die Rakete übt eine Kraft auf die Gase aus, die beim Verbrennen im Triebwerk entstehen. Dadurch werden die Gase nach unten beschleunigt. Die Gase üben aufgrund des Wechselwirkungsprinzips eine Kraft auf die Rakete aus, so dass diese nach oben beschleunigt wird. Die Rakete drückt sich sozusagen an den Verbrennungsgasen ab. ▸ 5

5 Rückstoß

1 Erläutere, wie eine Wasserrakete funktioniert. Erkläre, warum sie ohne Wasserfüllung nur wenige Zentimeter hochfliegt.

Aufgaben

1 Erkläre das Eingangsbeispiel ▸ 1, S. 200 aus physikalischer Sicht. Begründe, wieso es Johanna wesentlich schwerer fällt, ihren Vater Gerd anzuschieben.

2 Finde weitere Beispiele anhand derer der Zusammenhang von Masse, Kraft und Beschleunigung bei Bewegungen deutlich wird.

3 An der Ampel startet sogar ein Mofa schneller als ein Lkw, obwohl der Lkw einen viel stärkeren Motor hat. Erkläre.

4 Erläutere, warum bei vielen Wechselwirkungen die Wechselwirkungspartner unterschiedlich stark beschleunigt werden. Benenne mindestens drei Beispiele.

Aufgaben und Aufträge

Überall Kräfte

1 Hier sind fünf Situationen beschrieben, in denen Kräfte ausgeübt werden:
① Ein Torwart faustet einen Ball über das Tor.
② Ein Kugelstoßer stößt die Kugel.
③ Ein Auto fährt auf eine rote Ampel zu.
④ Ein Autofahrer gibt Gas.
⑤ Ein Magnet lenkt eine rollende Stahlkugel ab.
a Auf welche Körper wird jeweils eine Kraft ausgeübt?
b An welchen Wirkungen erkennst du, dass auf den Körper eine Kraft ausgeübt wird?

2 Du setzt ein Spielzeugauto mit der Hand in Bewegung. Es fährt zunächst, wird dann immer langsamer und bleibt schließlich stehen.
a Welche Kräfte spielen hier eine Rolle?
b Unter welchen Umständen würde der Wagen immer weiter fahren?

3 In den folgenden Beispielen befindet sich ein Gegenstand im Kräftegleichgewicht. Gib jeweils an, welche Kräfte auf den Gegenstand wirken und wer sie ausübt.
a Ein Koffer hängt an einer Kofferwaage.
b Ein Hund zerrt an der Leine.
c Ein Auto fährt mit konstanter Geschwindigkeit.

4 Welche der folgenden Gegenstände sind im Kräftegleichgewicht, welche nicht? Begründe deine Entscheidungen.
a Ein schweres Buch, das im Regal steht.
b Ein Motorrad, das mit konstanter Geschwindigkeit durch eine Kurve fährt.
c Ein Fahrrad, dessen Fahrer losfährt, nachdem die Ampel auf Grün geschaltet hat.
d Ein Auto, dessen Fahrer mit seinem Auto zum Überholen ansetzt.
e Ein Hubschrauber, der mit konstanter Geschwindigkeit eine Zeit lang geradeaus fliegt.

5 In der Umgangssprache taucht das Wort Kraft auf, ohne die hier beschriebene physikalische Bedeutung zu haben. Was ist gemeint, wenn man sagt, ein Waschmittel habe große Waschkraft?
Suche nach weiteren Beispielen.

Kräfte messen

6 Im Bild sind Kräfte maßstäblich dargestellt. ▸ 1

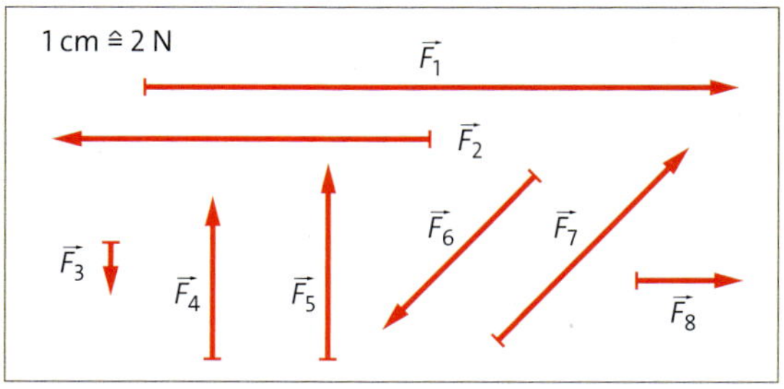

1

a Ermittle, welche Beträge diese Kräfte haben.
b Zeichne im gleichen Maßstab Kräfte mit folgenden Beträgen in dein Heft: 0,8 N; 1,5 N; 10 N; 10,8 N.

7 Eine Saturn-V-Rakete hatte eine Schubkraft von 35 MN. Ein Alligator kann mit einer Kraft von bis zu 10 kN zubeißen. Das stärkste Tier der Erde, eine ca. 0,1 mg schwere Milbe, kann eine Kraft von etwa 1 mN aufbringen. Findet weitere Kraftangaben und ordnet sie der Größe nach. Berechnet die Masse, die diese Kraft auf der Erde anheben könnte. ▸ 2–4

2 Saturn-V-Rakete

3 Milbe

4 Alligator

8 Zwischen zwei Körpern befindet sich eine zusammengedrückte Feder. Auf den einen Körper wird eine Kraft von 15 N ausgeübt. Fertige eine Zeichnung an, in welcher du die ausgeübten Kräfte im Maßstab 3 N ≙ 1 cm darstellst. ▸ 5

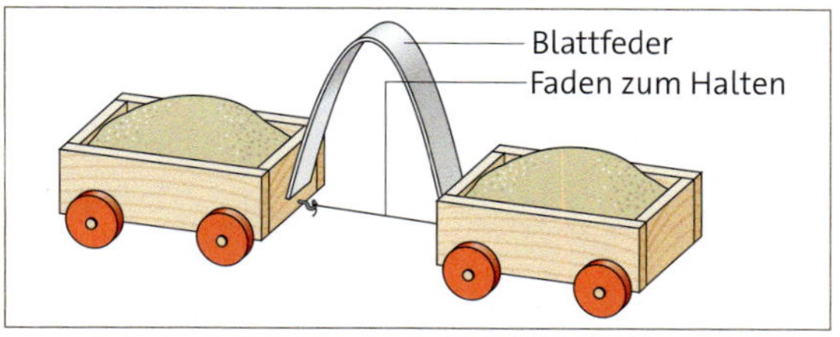

5

9 Drei gleich lange Kraftmesser haben ganz unterschiedliche Messbereiche: 0 N bis 1 N, 0 N bis 10 N und 0 N bis 100 N.

a Welcher Kraftmesser hat die härteste Feder?

b Wenn mit einer Kraft von 1 N an den Kraftmessern gezogen wird, verlängern sie sich um 1 mm, 1 cm, 10 cm. Welche Verlängerung gehört zu welchem Kraftmesser? Begründe deine Antwort.

10 Die Feder eines Personenkraftwagens hat eine Federkonstante von 24 N/mm.

a Die Feder soll um 1,2 cm auseinandergezogen werden. Wie groß muss die Kraft sein?

b Der Pkw wird beladen. Die Gewichtskraft auf die Ladung beträgt 3600 N und verteilt sich gleichmäßig auf vier Federn. Um welche Strecke wird jede Feder zusammengedrückt?

Mit vereinten Kräften

11 Beschreibe Beispiele aus dem Alltag, bei denen zwei Kräfte in gleicher oder entgegengesetzter Richtung auf einen Körper wirken.

Auf dem Mond ist alles leichter

12 Neutronensterne

a Neutronensterne besitzen eine unvorstellbare Dichte von etwa 1 000 000 000 kg pro mm^3. Berechne das Volumen eines Menschen (75 kg) und der gesamten Erde ($6 \cdot 10^{24}$ kg), wenn sie ausschließlich aus dem Material eines Neutronensterns bestünden.

b Auf einem Neutronenstern beträgt der Ortsfaktor 200 000 000 000 N/kg. Berechne die Kraft auf ein Sandkorn 0,000 000 2 kg.

13 Die Ausrüstung eines Astronauten hat eine Masse von 84 kg.

a Welche Gewichtskraft würde ein Kraftmesser auf der Erde bzw. auf dem Mond anzeigen, wenn man die Ausrüstung anhängen würde?

b Beschreibe ein Experiment, mit dem man zeigen könnte, dass die Masse irgendeines Gegenstands auf dem Mond genauso groß ist wie auf der Erde.

14 Am Äquator zeigt ein Federkraftmesser, an dem ein Beutel Sand hängt, 100 N an.
Muss man am Nordpol Sand herausnehmen oder hinzufügen, damit der Federkraftmesser ebenfalls 100 N anzeigt? Wie viel Sand wäre das?

15 Berechne die Gewichtskräfte auf einen Sperling (30 g), eine E-Lok (90 t) und einen Menschen (70 kg) in Mitteleuropa, am Äquator und am Nordpol wirken.

16 Schwierige Landung
Im Jahr 2014 landete die Weltraumsonde Philae auf dem Kometen Tschuri – eine Sensation in der Geschichte der Raumfahrt. ▸ 6

a Vergleiche die Gewichtskräfte auf Tschuri und auf der Erde.

b „Für Astronauten wäre das Gehen auf Tschuri sehr gefährlich. Ein kleiner Hüpfer würde sie auf eine ewige Reise in den Weltraum befördern." Erkläre diese Aussage.

Die Landung der Sonde auf Tschuri (Durchmesser: 4 km) war sehr holprig. Nach dem Aufsetzen blieb Philae nicht wie geplant stehen, sondern prallte wieder bis zu einer Höhe von 1 km ab. Erst beim dritten Bodenkontakt kam die Sonde zur Ruhe – 1 km vom geplanten Landeort entfernt. Die Sonde hatte beim Landen eine Masse von 100 kg. Auf sie wirkt aber nur eine Gewichtskraft von 0,01 N! Heute fliegt Philae mit Tschuri durch das Sonnensystem.

6

Kraft und Energie

17 Welcher der beiden abgebildeten Skilifte zieht dich mit mehr Kraft nach oben? Begründe deine Antwort. ▸ 1, 2

1

2

18 An steilen Straßen sieht man oft ein Hinweisschild mit einer Prozentangabe. 12 % Steigung bedeutet z. B., dass man 12 m an Höhe gewinnt, wenn man 100 m in waagerechter Richtung vorankommt. ▸ 3

3

Anja ist auf einer Straße mit 10 % Steigung unterwegs, während sich Britta auf einer Straße mit 10° Steigung befindet. Wer von beiden muss mit mehr Kraft nach oben gehen? Erstelle eine geeignete Zeichnung.

19 Um einen Schrank zu schieben, musst du eine Kraft von 400 N ausüben. Berechne, wie viel Energie du benötigst, um den Schrank 6 m weit zu schieben. Wie weit kannst du mit demselben Energieeinsatz einen anderen Schrank schieben, der nur eine Kraft von 300 N erfordert?

20 Lastwagen haben es schwer, wenn es steil bergauf geht. Ein beladener Tanklaster (25 t Gesamtmasse) hat eine Motorleistung von 300 kW.

a Berechne, wie viel Energie der Tanklaster aufbringen muss, um 10 m Höhenunterschied zu überwinden.

b In wie vielen Sekunden könnte der Motor dies im Idealfall schaffen? (*Tipp:* $P = \Delta E / \Delta t$)

c Gehe davon aus, dass der Tanklaster auf der abgebildeten Straße unterwegs ist. ▸ 4

4

Berechne dann seine maximale Geschwindigkeit, die sich aus Aufgabe b ergibt.

d Diskutiert über den Sinn einer Lkw-Spur auf stark ansteigenden Autobahnabschnitten.

Kräfte verstärken mit Hebeln

21 Farbdosen kann man öffnen, indem man den Deckel z. B. mit einem Schraubendreher hochhebelt. ▸ 5

5

Erstelle in deinem Heft eine geeignete Skizze, beschrifte darin den Drehpunkt sowie die Hebelarme und stelle die wirkenden Kräfte durch Pfeile dar.

22 Recherchiere und erkläre, was die Redewendung „am längeren Hebel sitzen" bedeutet.

Trägheit und Bewegungswiderstände

23 Baue auf einer glatten Unterfläche einen Turm aus 20 gleichen Münzen auf. Baue den Turm Münze für Münze wieder ab. Beginne mit der untersten Münze! (*Tipp:* Du brauchst ein Geodreieck.)

24 Ein mit Wasser gefüllter Teller wird zunächst ruckartig in Bewegung gesetzt, anschließend mit konstanter Geschwindigkeit über den Tisch gezogen und dann plötzlich zum Stehen gebracht. Erkläre, an welchen Stellen des Tisches du wohl anschließend ein Trockentuch verwenden musst.

25 Auf dem Boden im Zug liegt eine leere Flasche. Plötzlich fängt sie ganz von allein an zu rollen und zwar …
a in Fahrrichtung
b entgegen der Fahrrichtung
Erkläre diese Beobachtungen.

26 Erkläre mithilfe des Trägheitsprinzips, warum du beim Bremsen mit dem Fahrrad nicht nur die Vorderbremse benutzen solltest.

27 Kraft – Energie – Geschwindigkeit
a Skizziere in einem Geschwindigkeits-Zeit-Diagramm (v-t-Diagramm), wie die Geschwindigkeit eines Autos nach dem Start zunimmt. Gehe davon aus, dass der Fahrer immer konstant beschleunigt.
b Erkläre den Kurvenverlauf, indem du die auf das Fahrzeug wirkenden Kräfte und ihre Veränderung beschreibst.
c Erkläre den Kurvenverlauf, indem du beschreibst, wie die vom Motor gelieferte Energie genutzt wird.
d Zwei unterschiedliche Erklärungen für ein und denselben Vorgang. Bewerte aus deiner Sicht diese beiden Erklärungen hinsichtlich ihrer Verständlichkeit und Überzeugungskraft.

28 Erkläre, warum es Louis leichter fällt, sein Fahrrad von 10 km/h auf 15 km/h zu beschleunigen als wenn er es von 25 km/h auf 30 km/h beschleunigt. Stelle eine Vermutung darüber auf, warum Louis nicht auf 100 km/h beschleunigen kann, auch wenn er noch so stark in die Pedale tritt.

Bremsen und Sicherheit im Straßenverkehr

29 Wenn man bei starkem Regen mit dem Auto zu schnell fährt, kann es zu Aquaplaning kommen. Finde heraus, was man unter Aquaplaning versteht.
Bei Aquaplaning kann man ein Auto weder abbremsen noch lenken. Begründe.

Kraft und Bewegung

30 Benenne die Wechselwirkungspartner in den jeweiligen Bildern und beschreibe, woran die Kraftwirkung bei beiden Wechselpartnern deutlich wird. ▸ 6–11

6

7

8

9

10

11

31 Gib zu jeder Kraft in den Aufgaben a bis d den Wechselwirkungspartner an.
a Gewichtskraft auf einen Stein
b Reibungskraft auf einen durch die Luft geworfenen Ball
c Antriebskraft auf ein anfahrendes Auto
d Antriebskraft auf ein durch eine Schiffsschraube angetriebenes Schiff
e Antriebskraft auf ein Kanu, das mit Paddeln bewegt wird

32 Auf einen Körper ausgeübte Kräfte erkennt man an der Änderung der Geschwindigkeit. Gib jeweils an, ob in den folgenden Beispielen die Geschwindigkeit geändert wird.
a Eine Radfahrerin rollt mit gleichbleibender Geschwindigkeit eine Rampe hinab.
b Sie fährt eine Kurve, bleibt aber gleich schnell.
c Sie bremst das Fahrrad ab und kommt zum Stillstand.

33 Vergleiche Wechselwirkungskräfte und Gleichgewichtskräfte. Nenne Gemeinsamkeiten und Unterschiede.

Überblick

Wechselwirkung und Kraft Kräfte erkennt man an ihren Wirkungen. Erkennbare Wirkungen sind:
- Änderung der Geschwindigkeit
- Richtungsänderung der Bewegung
- Formänderung ▸ 1

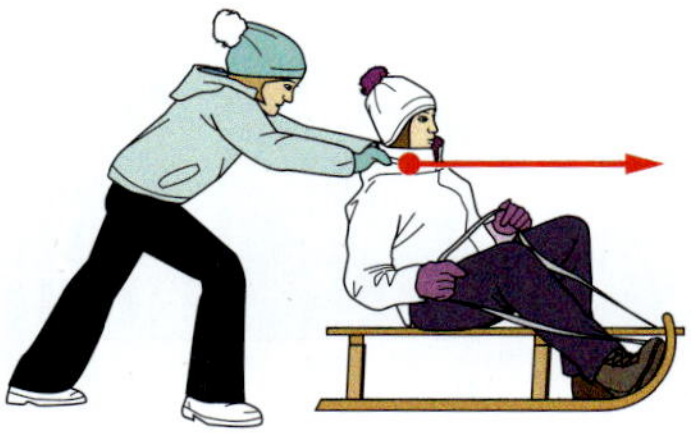

1

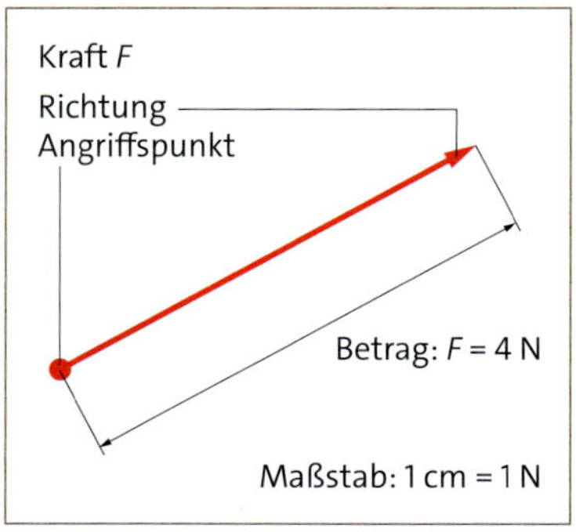

2

Darstellung von Kräften Kräfte werden durch Pfeile dargestellt. Die Pfeilspitze gibt die Kraftrichtung und die Pfeillänge den Betrag der Kraft an. Der Anfangspunkt des Pfeils gibt die Stelle des Körpers an, an welcher die Kraft angreift. ▸ 2

Kräftegleichgewicht Wenn auf einen Gegenstand gleichzeitig mehrere Kräfte ausgeübt werden und sich trotzdem weder die Richtung noch der Betrag der Geschwindigkeit ändern, so liegt das daran, dass der Gegenstand im Kräftegleichgewicht ist. Kräftegleichgewicht besteht z. B. dann, wenn zwei entgegengesetzt gerichtete, gleich große Kräfte auf einen einzigen Gegenstand ausgeübt werden. ▸ 3

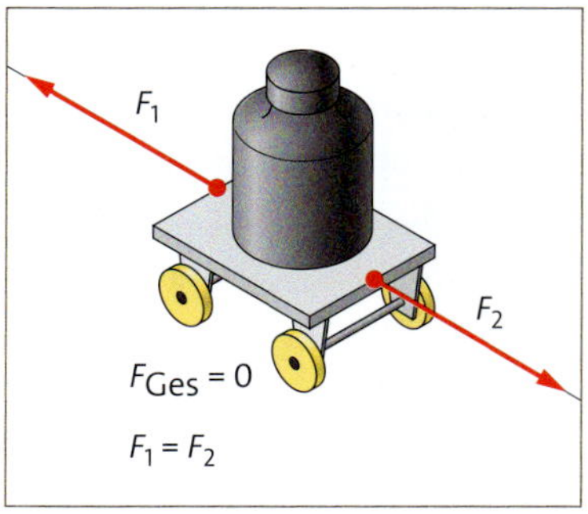

3

Kraftmessung Die Länge von Schraubenfedern ändert sich, wenn eine Kraft wirkt. Dabei ist die Längenänderung in etwa proportional zur Kraft. Wenn man Schraubenfedern mit einer Skala versieht, kann man damit Kräfte messen. Damit nicht alle Kraftmesser unterschiedliche Werte anzeigen, benötigt man eine für alle verbindliche Einheit. Diese Einheit ist 1 N (1 Newton). Die Gewichtskraft auf einen Liter Wasser ist so groß wie die Gewichtskraft auf ein Wägestück mit der Aufschrift 1 kg. In beiden Fällen beträgt die Gewichtskraft ungefähr 10 N.
1 N ist die Gewichtskraft auf 0,1 Liter Wasser. ▸ 4

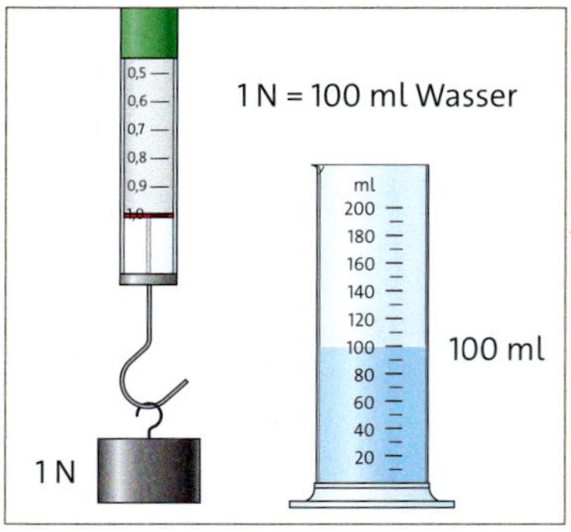

4

Masse, Gewichtskraft und Ortsfaktor Die Masse einer Tüte Zucker ist vom Ort unabhängig und beträgt etwa 1 kg.
Die Gewichtskraft F_G auf die Tüte Zucker ist vom Ort abhängig. Es gilt $F_G = m \cdot g$. Der Ortsfaktor g beträgt auf der Erde mit kleinen Abweichungen $g = 9{,}81$ N/kg. Er gibt an, mit welcher Kraft ein Gegenstand mit der Masse von 1 kg von einem Himmelskörper angezogen wird.

Kraft und Energie Um einen Gegenstand zu heben oder zu schieben, muss man eine Kraft auf ihn ausüben. Dabei wird Energie übertragen. Die Kraft gibt an, wie viel Joule pro Meter übertragen werden.

Messen mechanischer Energie Immer dann, wenn ein Körper längs einer Strecke Δs bewegt wird und auf ihn eine Kraft F in Bewegungsrichtung wirkt, wird auf ihn die Energie $\Delta E = F \cdot \Delta s$ übertragen.

Die Einheit der mechanischen Energie ist $1\,\text{N} \cdot 1\,\text{m} = 1\,\text{N} \cdot \text{m}$.

Es gilt: $1\,\text{N} \cdot \text{m} = 1\,\text{J} = 1\,\text{W} \cdot \text{s}$

Newtonsche Gesetze der Mechanik Der englische Naturphilosoph Isaac Newton (1642–1727) formulierte drei grundlegende Gesetze der Mechanik.

Trägheitsprinzip Jeder Gegenstand ist träge. Er bleibt in Ruhe oder bewegt sich mit unveränderter Geschwindigkeit und Richtung weiter, solange keine Kraft auf ihn ausgeübt wird.

Aktionsprinzip Zwischen Kraft, Masse und Beschleunigung besteht ein enger Zusammenhang. Es gilt:

Je größer die Kraft auf einen Gegenstand ist, desto größer ist die Beschleunigung bei gleich bleibender Masse.

Je größer die Masse ist, desto geringer ändert sich die Geschwindigkeit bei gleich bleibender Kraft. ▸ 5

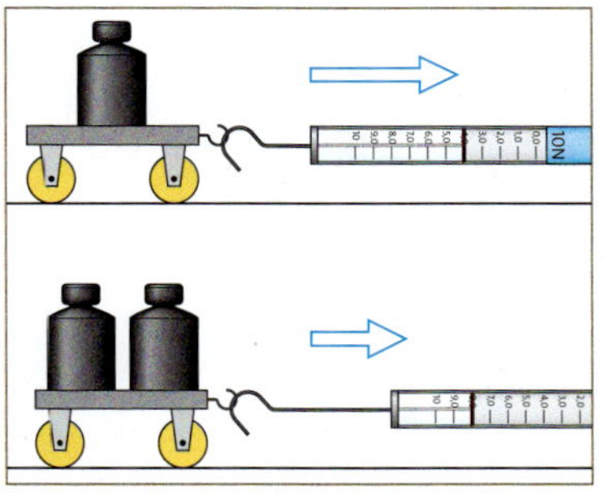

5

Wechselwirkungsprinzip Kräfte treten immer paarweise auf. Übt ein Gegenstand A auf einen anderen Gegenstand B eine Kraft aus, so ist die Kraft, die Gegenstand B auf Gegenstand A ausübt gleich groß, aber entgegengesetzt gerichtet.

Kräfte und Bewegungen im Alltag Im Alltag machen wir die Erfahrung, dass alle Bewegungen irgendwann aufhören. Dies widerspricht nicht dem Trägheitsprinzip, denn jede Bewegung ist mit Reibung verbunden. Reibung ist eine Kraft, die der Bewegung entgegenwirkt. Damit beispielsweise ein Fahrrad mit konstanter Geschwindigkeit fährt, benötigt es dementsprechende immer eine Antriebskraft. ▸ 6

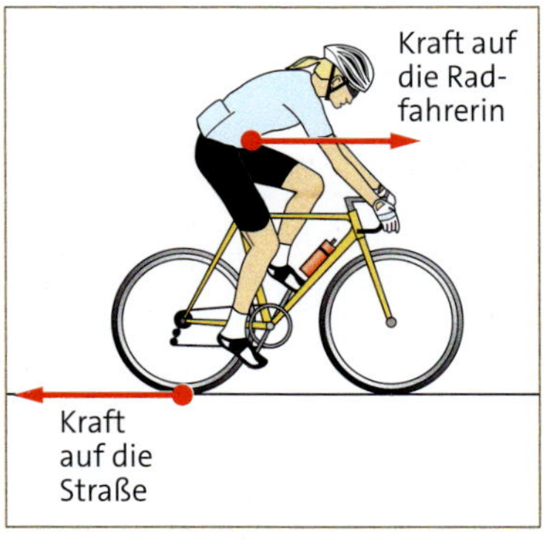

6

Wenn sich ein Körper bewegt und er im Kräftegleichgewicht ist, gibt er die zugeführte Energie gleich wieder vollständig ab.

Sicherheit im Straßenverkehr Um ein Fahrzeug zum Anhalten zu bringen, benötigt es einen Anhalteweg. Dieser setzt sich aus dem Reaktionsweg und dem Bremsweg zusammen.

Sicherheitsgurte, Knautschzonen, Helme und Airbags sorgen für einen verlängerten Bremsweg und somit für geringere Kräfte auf die am Unfall beteiligten Personen.

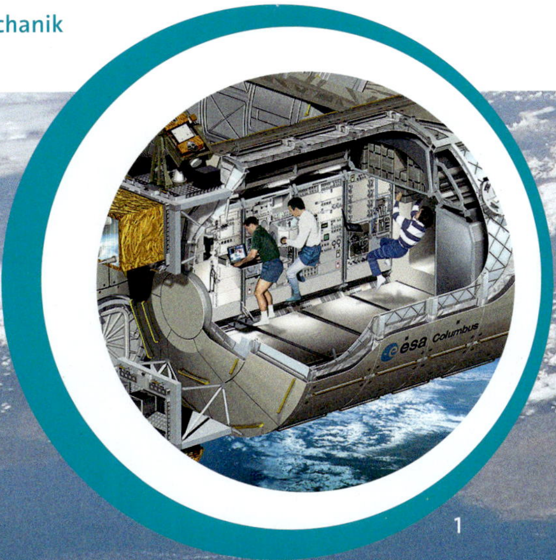

1

Internationale Raumstation ISS

2

3

Seit 2000 ist die Internationale Raumstation (ISS) ständig bewohnt. Sie umkreist die Erde in etwa 90 Minuten. Die ISS ist in den letzten Jahren ständig erweitert worden und ist heute etwa so groß wie ein Fußballfeld. ▸ 1

An Bord der ISS ist man schwerelos. Das liegt aber nicht daran, dass dort keine Gewichtskraft mehr auf die Astronauten wirkt. In 400 km Höhe ist die Gewichtskraft noch fast genauso groß wie an der Erdoberfläche. ▸ 2, 3

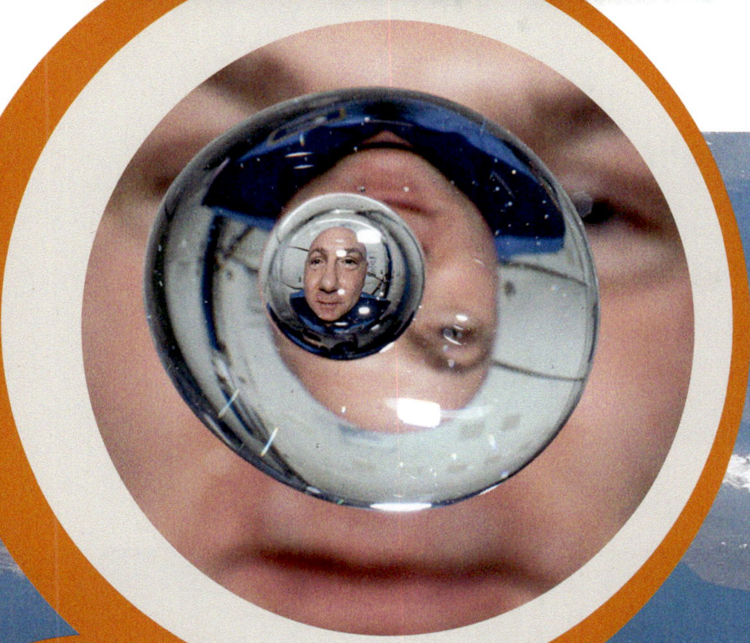

4

5

Wasser bildet Kugeln, Pflanzenwurzeln haben keine einheitliche Richtung, Kristalle wachsen perfekter, Papierflieger landen an der Decke …
Auf der ISS werden viele Experimente durchgeführt, die direkt mit der Schwerelosigkeit in Verbindung stehen. ▸ 4–6

Sir Isaac Newton hat vor fast 500 Jahren mit einem Gedankenexperiment „gezeigt“, dass auch die ISS um die Erde „fällt“. Er fragte sich, was mit einem Stein passiere, der mit immer größerer Geschwindigkeit waagerecht von einem Berg geworfen wird. ▸ 7
Damit beruht die Schwerelosigkeit auf der ISS wie beim Fallen in einem Fahrstuhl auf dem Fehlen einer Gegenkraft.

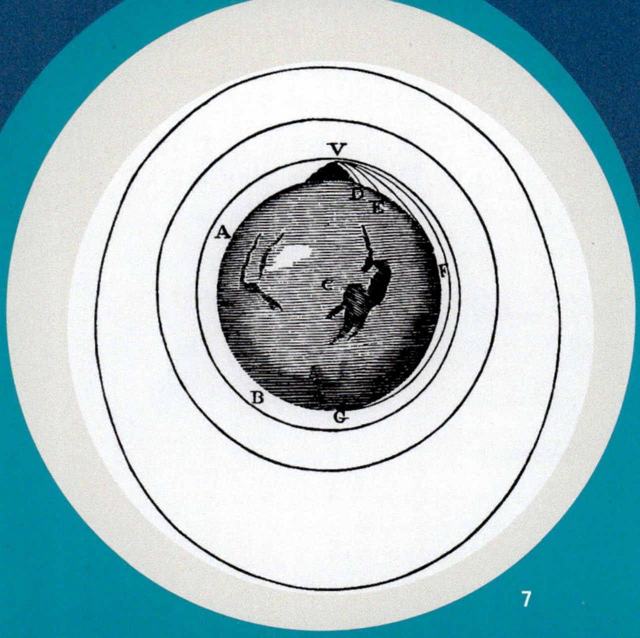

7

6

Schwerelosigkeit beim Fallen

Auch du bist schwerelos – zumindest für eine kurze Zeit –, wenn du fällst. Die Gewichtskraft ist vorhanden, aber es fehlt eine Gegenkraft.
In einem geschlossenen Fahrstuhl lässt sich nicht feststellen, ob der Fahrstuhl gerade fällt oder weit weg von allen Himmelskörpern im Weltraum schwebt.
Um die Schwerelosigkeit genauer zu erforschen, nutzt man neben der Raumstation auch Falltürme oder Parabelflüge. Solange der Parabelflieger sich mit der richtigen Geschwindigkeit auf der Wurfparabel befindet, herrscht im Inneren des Fliegers Schwerelosigkeit.

1

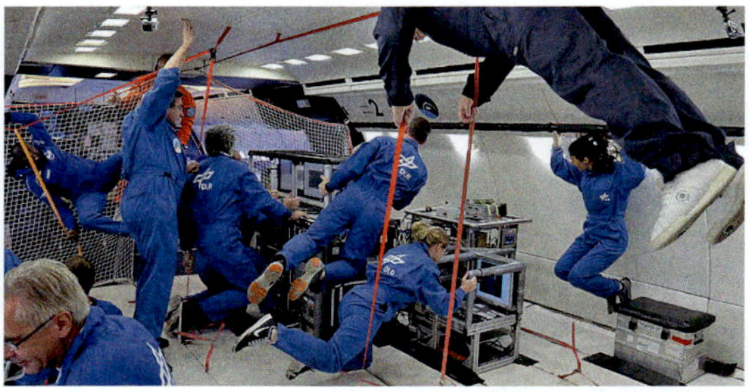

2

Aufträge

1 Beobachtungen im Fahrstuhl
Beobachte die Anzeige einer Personen- oder Küchenwaage in einem anfahrenden bzw. abbremsenden Fahrstuhl. ▸ 3

2 Wassertropfen im freien Fall
Beobachte einen Wassertropfen beim Fallen.

3 Beobachtungen auf dem Trampolin
Mit einer Kamera oder einem Smartphone kannst du dein eigenes Fallturmexperiment oder deinen eigenen kleinen Parabelflug untersuchen. Dafür eignet sich z. B. die Flugphase auf einem Trampolin.
Oder du packst die Kamera gut ein und lässt sie auf ein weiches Kissen fallen. Mithilfe des Bildes ▸ 4 kannst du auch einen Fallapparat bauen.

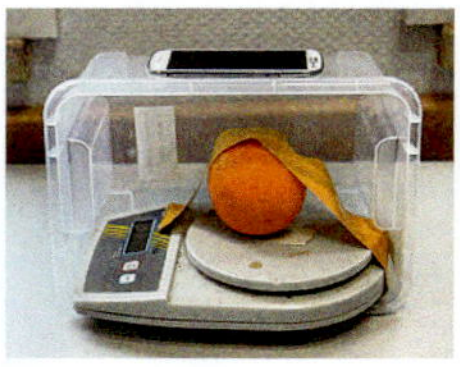

3

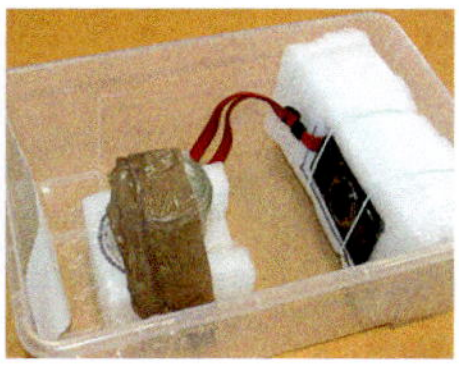

4

Filme nun z. B. die folgenden Vorgänge in der „Schwerelosigkeit":
brennende Kerze (*Vorsicht*), eine durch ein Massenstück gespannte Feder, eine Sanduhr, ein Fadenpendel, einen Schwebemagneten

4 Suppe im Parabelflug
Beim Suppeschöpfen beschreibt man mit der Kelle in etwa eine Parabelbahn und das, ohne dabei viel nachzudenken. Erstelle ein Video vom Suppeschöpfen und analysiere die Bahn der Suppenkelle. Dazu eignet sich ein Programm zur Videoanalyse oder du projizierst den Film an die Tafel und zeichnest die Bahn nach.

5 Beschleunigungsmessung
Lade eine App auf ein Smartphone, mit der du den Beschleunigungssensor auslesen kannst. Welchen Wert misst der Sensor wenn du das Smartphone etwas nach oben wirfst (*Achtung:* Sicheres Fangen und ein weicher Untergrund schützen vor Beschädigungen!)? Alternativ kannst du auch mit dem Smartphone Trampolin springen.

Testaufgaben zu „Mechanik“

1 Gleichförmige Bewegungen

a Ein Auto legt auf der Autobahn eine Strecke von 303 km in 3 Stunden zurück. Wie groß ist die Geschwindigkeit?

b In welcher Zeit legt ein Fahrradfahrer eine Strecke von 6 km zurück, wenn er mit einer Geschwindigkeit von 24 km/h unterwegs ist?

2 Stelle folgende Messdaten in einem Diagramm dar. Welche Bewegungsart wird in deinem Diagramm dargestellt?

t in s	0	5	10	15	20	25
s in m	0	4	8	12,5	16	20,6

3 Welche Bewegungsarten sind in den Diagrammen a–c dargestellt? Begründe deine Entscheidung. Ordne den Graphen a–c folgende Aussagen zu: $v = \text{konstant}$, $v \sim t$, $s \sim t$.

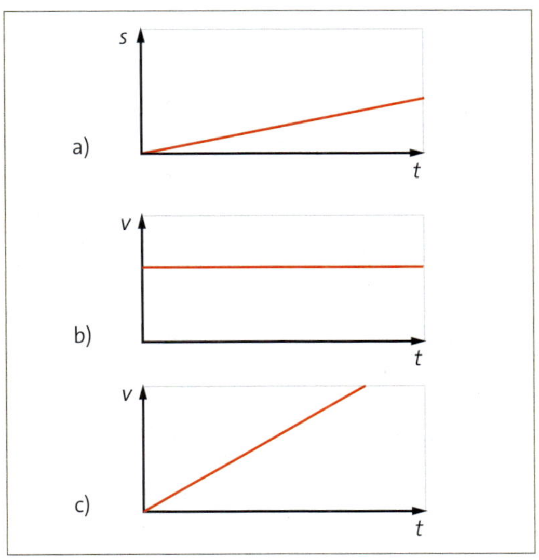

5

4 In welchen Fällen spielt eine physikalische Kraft eine Rolle? Begründe deine Antworten.

a Im Alter lässt die Sehkraft nach.

b Ein Autofahrer beschleunigt.

c Ein Schlitten fährt abwärts und kommt dann zum Stehen.

d Lanin hat starke Waschkraft.

e Ein Apfel fällt vom Baum.

5 Ein Auto fährt an. Die antreibende Kraft auf das Fahrzeug beträgt 2,5 kN, die Gewichtskraft des Fahrzeugs beträgt 10 kN. Die entgegengesetzt zur Bewegung gerichtete Reibungskraft beträgt 1 kN. Zeichne die Kräfte in einem geeigneten Maßstab.

6 Alexander soll eine schwere Kiste von einer Ecke des Lagers in eine andere Ecke schieben. Er sagt zu seinem Chef, der ihm den Auftrag erteilt hat: „Ich kann pro 1 m Strecke maximal 500 J Energie auf einen Körper übertragen. Um diese Kiste zu verschieben, müsste ich aber pro 1 m Strecke 600 J Energie übertragen.“ Formuliere die Aussage Alexanders so um, dass etwas über Kräfte ausgesagt wird.

7 Eine Raumsonde fliegt ohne Antrieb im Weltraum.

a Wie ist die Bewegung ohne Antrieb möglich?

b Ein Flugzeug muss dauernd angetrieben werden. Erkläre den Unterschied.

8 Beim Autofahren müssen die Insassen aus Sicherheitsgründen angeschnallt sein. Erkläre die Wirkung des Sicherheitsgurts im Fall eines Auffahrunfalls. Zeige dabei insbesondere den Unterschied der pro Strecke umgesetzten Energie mit und ohne Gurt.

Aufgabe	Fähigkeit	Hilfe auf Seite ...
1, 2, 3	Bewegungen beschreiben und klassifizieren.	148, 156
2	Bewegungsdiagramme erstellen.	157
4, 5, 6, 7	Änderungen von Bewegungen und Verformungen mithilfe von Kräften beschreiben.	168, 173, 183
8	Regeln für ein sicheres Verhalten im Straßenverkehr ableiten.	198, f.

▸ Die Lösungen findest du auf Seite 300.

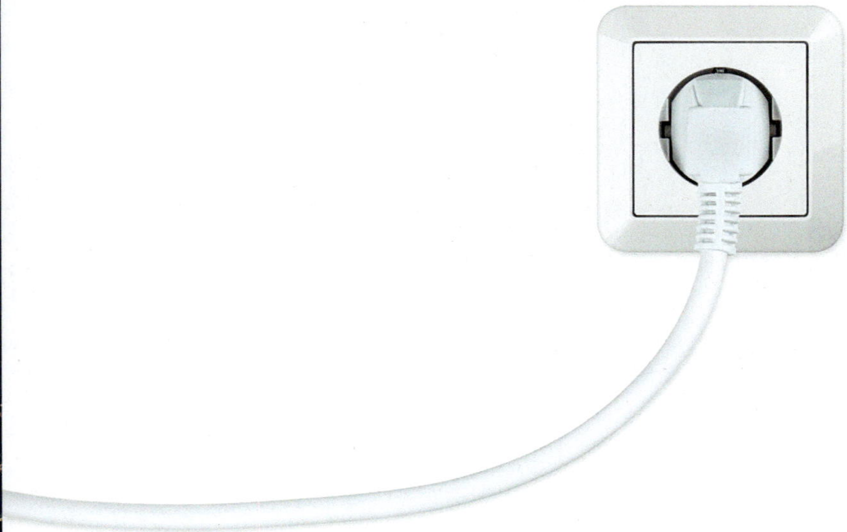

Grundgrößen der Elektrizitätslehre

Europa bei Nacht: Wo Licht ist, ist Leben. Großstädte und Verkehrswege erkennt man an ihrem Licht. Ohne Strom wären die Städte nicht zu erkennen. Ohne Strom können bereits wenige Stunden im stehenden Zug auf freier Strecke stressig werden, vor allem, wenn eine Heizung oder Klimaanlage nötig wäre. Nach wenigen Wintertagen ohne Strom wird es unangenehm, vielleicht sogar bedrohlich. Ohne Strom würde in Großstädten nach wenigen Tagen Chaos ausbrechen. Selbst auf einem Campingplatz, wo die Nähe zur Natur gesucht wird, möchte niemand auf eine Steckdose verzichten. Die Welt „hinter" und „vor" der Steckdose ist nicht nur etwas für Fachleute.

Thekla, Anna und Sammia schieben heute gemeinsam ihr Fahrrad auf dem Heimweg, denn bei Anna funktioniert das Licht nicht. Ob sie es am nächsten Tag allein reparieren kann?

Elektrizität im Alltag

Das Fahrradlicht wird eingeschaltet, doch beim Fahren leuchtet nichts. Wie ärgerlich! Vielleicht ist die Lampe defekt. Vielleicht ist aber auch ein Kabel durchtrennt, das den Dynamo mit den Lampen verbindet. Was auch immer es ist, die Physiker sagen dann, dass „der elektrische Stromkreis nicht geschlossen ist".
Geschlossene elektrische Stromkreise sind notwendig, damit elektrische Geräte funktionieren. Wenn du deinen MP3-Player anschaltest, schließt du physikalisch gesehen einen elektrischen Stromkreis. ▸ 2
Über riesige Stromkreise sind Städte und auch jedes einzelne Haus mit einem Kraftwerk verbunden. Man kann das an den großen Überlandleitungen erkennen. ▸ 3

2 MP3-Player

3 Überlandleitungen – Verbindung zum Kraftwerk

Aber warum redet man eigentlich vom Strom-„kreis"? Was strömt und wo sieht man einen Kreis? Antworten darauf wirst du in diesem Kapitel finden. Du wirst auch selbst elektrische Stromkreise bauen und untersuchen. Elektrischen Strom kann man nicht sehen, riechen oder hören. Naturforscher haben daher sehr lange gebraucht, um Vorstellungen zu entwickeln, die ihre Beobachtungen mithilfe von fließender Ladung stimmig erklären konnten. Dieses Wissen nutzen wir heute ganz selbstverständlich.
Eine der wichtigsten Wirkungen des elektrischen Stroms ist die magnetische Wirkung, denn mit ihr lassen sich Elektromotoren bauen. ▸ 4

4 Antrieb durch Elektromotoren

Elektrische Stromkreise

5

Claus Thale ist Elektrotechniker bei einem Unternehmen, das Windräder baut. Er montiert und überprüft die Schaltungen. „Im Grunde genommen geht es darum, elektrische Stromkreise aufzubauen und festzustellen, ob sie geschlossen sind", erklärt er. Was meint er wohl damit?

Experiment

1 Lampe an der Batterie

Bringe eine Lampe mit einer Flachbatterie zum Leuchten. Bei welcher Anordnung leuchtet die Lampe? ▸ 6

2 Leuchtet die Lampe ohne deine Hilfe?

Eine Glühlampe soll in Betrieb genommen werden, ohne dass du sie an die Batterie halten musst. Erfinde und teste eine Lampenhalterung. Du kannst zum Beispiel folgende Hilfsmittel verwenden: Draht, Knetgummi, Büroklammern, Wäscheklammern, Alufolie. ▸ 7

3 Lampe am Netzgerät

Man kann eine Lampe auch mit einem Netzgerät zum Leuchten bringen.

a Welche Möglichkeit gibt es, die Lampe auszuschalten? ▸ 8

b Prüfe, ob du die Lampe auch mit nur einem Kabel zum Leuchten bringen kannst.

4 Modellschaltungen für elektrische Geräte

Mit verschiedenen Schaltern (EIN-Taster, AUS-Taster, Umschalter) und kleinen elektrischen Bauteilen kannst du interessante elektrische Schaltungen zusammenbauen.

a Baue eine Modellschaltung für eine Brotmaschine. Sie funktioniert nur, solange man den Schalter gedrückt hält.

b Das Kühlschranklicht geht aus, wenn durch die schließende Tür ein Schalter gedrückt wird. Baue so eine Schaltung nach.

c Baue eine Schaltung mit einer roten und einer grünen Lampe, die anzeigt, ob man dich stören darf („grün") oder nicht („rot").
Tipp: Nimm einen Spezialschalter mit zwei Kontakten. Verbinde den Batteriepol mit dem mittleren Kontakt und schließe die Lampen über die Kontakte 1 und 2 an. Die Lampen kann man mit Folienstift rot und grün anmalen.

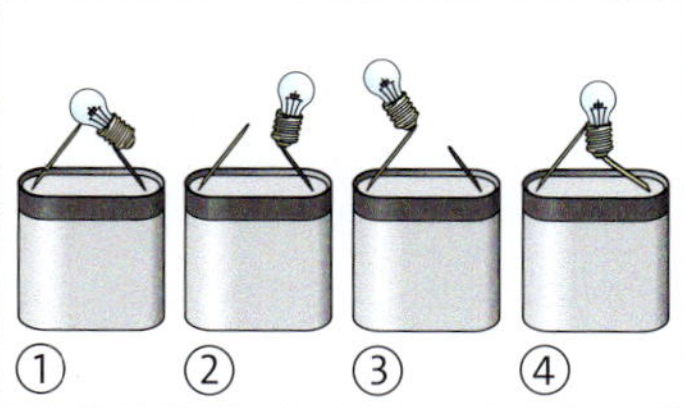

6 Wann leuchtet die Lampe?

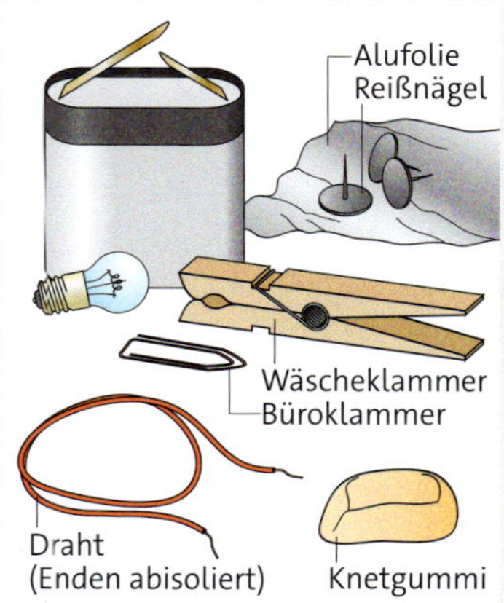

7 Hilfsmittel

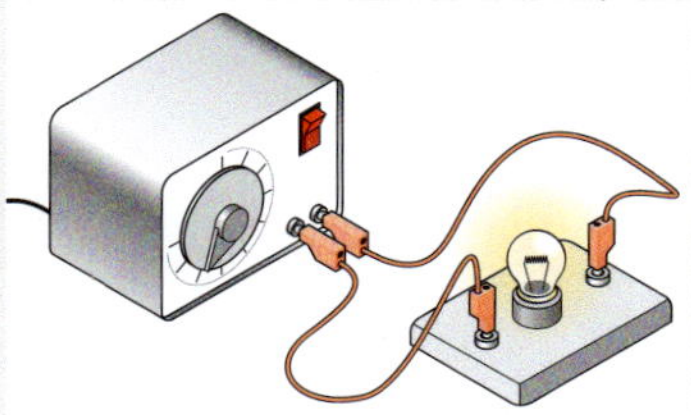

8 Netzgerät und Lampe

Experiment

5 Der Prüfstromkreis

Welche Materialien leiten den elektrischen Strom gut?

a Baue aus einer Batterie, einer Lampe (z. B. 3,8 V, 70 mA), Kabeln und zwei Krokodilklemmen eine Schaltung, in die du verschiedene Gegenstände einbauen kannst. ▸ 1
Bei welchen Materialien leuchtet die Lampe? Fertige eine Tabelle an.

b Prüfe, ob die Lampe leuchtet, wenn du zwei Nägel an den Klemmen ins Wasser tauchst. Welche Rückschlüsse sind möglich?

Gegenstand	Material	Lampe leuchtet?
Büroklammer	Eisen	?
Radierer	Gummi	?
?	?	?

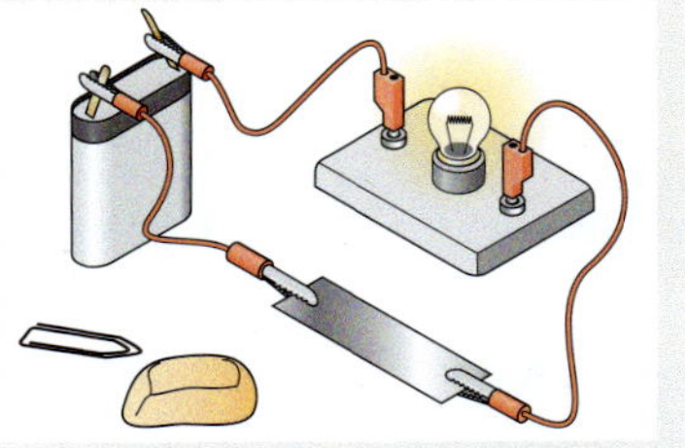

1 Nachweis mit der Lampe

6 Empfindliche Stromprüfung

Wenn man anstelle der Lampe ein empfindliches Messgerät verwendet, kann man Materialien herausfinden, die den elektrischen Strom schwach leiten. ▸ 2

a Prüfe Gegenstände und Flüssigkeiten mit dieser Schaltung, z. B. Holz, frisches Zeitungspapier, deine Hand, Leitungswasser oder Öl.

b Nimm destilliertes Wasser und gib nach und nach etwas Salz hinzu. Beobachte das Messgerät.

c Anstelle der Batterie und des Messgeräts lassen sich auch ein MP3-Player und ein Aktivlautsprecher (z. B. für Computer) als Prüfgerät verwenden. Man nimmt ein 3,5-Klinken-Verlängerungskabel, trennt dieses auf und benutzt die Signalleitungen als Prüfstrecke. Die Ummantelung fügt man wieder zusammen.

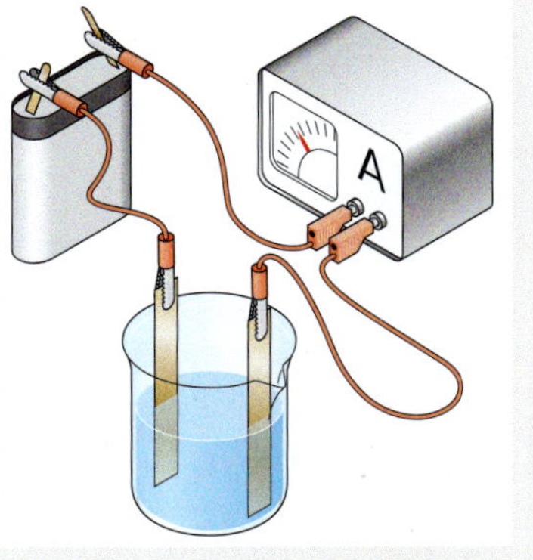

2 Nachweis mit dem Messgerät

7 Schalter zum Selbstbauen

Schalter gibt es viele. Manchmal sind sie gar nicht als solche zu erkennen. Beispielsweise ist jede Taste einer Computertastatur ein Schalter. Auf den Bildern siehst du selbst gebaute Schalter, mit denen sich folgende Probleme lösen lassen. ▸ 3

- Paul möchte möglichst frühzeitig wissen, wann jemand zu ihm ins Zimmer kommen will.
- Ayat möchte angezeigt bekommen, wann der Wasserstand in ihrem Aquarium so weit gesunken ist, dass sie Wasser nachfüllen muss.
- Marie mag Kerzenlicht, hat aber Angst, dass sie einschläft und die Kerze unbeobachtet ist.

a Ordne die Schalter den Problemen zu und beschreibe, wie sie funktionieren.

b Bildet Gruppen und erfindet selbst einen Schalter, mit dem sich ein Problem lösen lässt. Fertigt zuerst eine Skizze an, die zeigt, wie der Schalter funktioniert. Baut den Schalter und präsentiert ihn der Klasse.

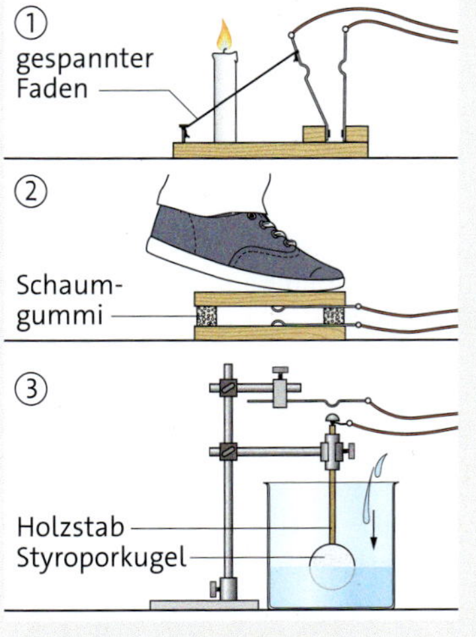

3 Verschiedene Schalter

Grundlagen Elektrische Stromkreise

Damit eine Glühlampe leuchtet, muss sie richtig an eine elektrische Energiequelle wie z. B. eine Batterie oder ein Netzgerät angeschlossen werden. Sowohl die Batterie als auch die Glühlampe haben zwei Anschlüsse. Das ist bei jeder elektrischen Energiequelle und jedem elektrischen Gerät der Fall. Bei elektrischen Geräten im Haushalt kannst du das gut an den beiden Metallstiften am Stecker erkennen.

Wenn ein elektrisches Gerät funktioniert, gibt es einen geschlossenen elektrischen Stromkreis.

Man kann den geschlossenen Stromkreis in einem Versuchsaufbau markieren. Durch die Batterie hindurch und durch die Kabel und die Glühlampe bis wieder zur Batterie. Du wirst später noch genauer lernen, was sich die Physiker unter dieser Markierung vorstellen, die ein bisschen wie ein Weg aussieht. ▸ 4

Zunächst reicht es zu wissen, dass auf diesem Weg etwas strömt. Dieses „etwas" wird Ladung genannt. Die Batterie treibt die Ladung immer in die gleiche Richtung an, so dass sie im Kreis strömt. Die Physiker sagen: „Es fließt ein elektrischer Strom." Wie ein Kreis hat der geschlossene Stromkreis keinen Anfang und kein Ende. Daher ist es auch egal, wo man beginnt, die Markierung zu zeichnen.

Sobald an einer Stelle der Stromkreis unterbrochen ist, hört die Strömung auf. Das nutzt man in einem Schalter aus. ▸ 5

Der Schalter ist ein Bauteil, das den Stromkreis absichtlich unterbricht.

Aber natürlich kann man den Stromkreis auch unterbrechen, indem man ein Kabel von der Batterie löst oder die Lampe aus der Fassung dreht. Schalter können den Stromkreis dauerhaft ein- und ausschalten.

Tastschalter („Taster") schließen den Stromkreis nur solange sie gedrückt werden, wie z. B. an einer Bohrmaschine. ▸ 6

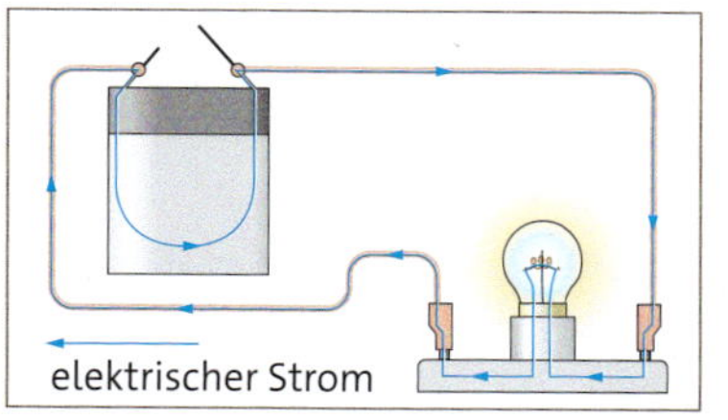

4 Markierter Stromkreis

5 Schalter

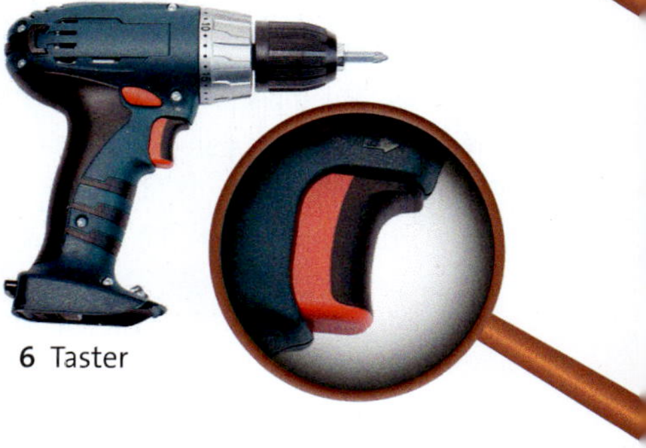

6 Taster

Aufgaben

1 Annika, Bertram und Claudia haben bei den Schaltungen den Weg des elektrischen Stroms markiert. Prüfe, ob sie alles richtig gemacht haben. ▸ 7

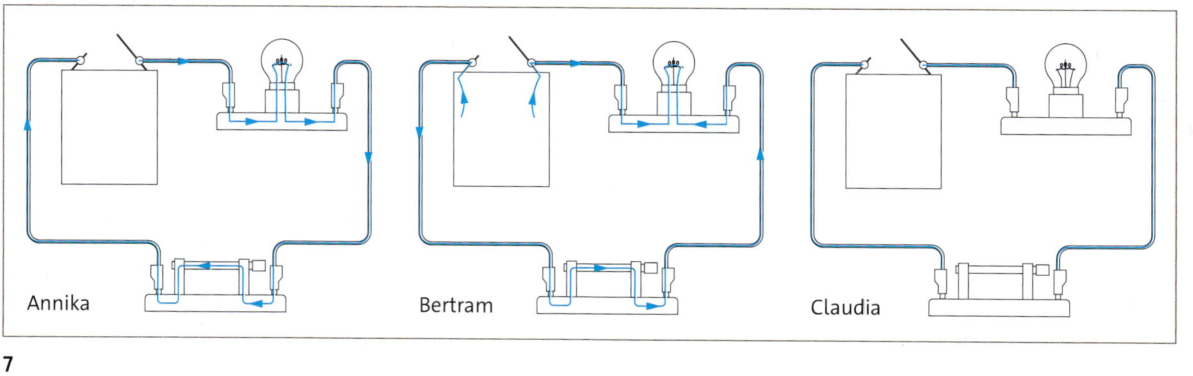

7

Aus der Technik: Sieht aus wie eine Glühlampe – ist aber keine

Glühlampen dürfen seit einigen Jahren nicht mehr verkauft werden, weil sie zu viel ungewünschte thermische Energie produzieren. Kleine Glühlampen zum Experimentieren sind aber weiterhin erlaubt. Dennoch wird inzwischen an Schulen immer häufiger auch mit LED-Lampen experimentiert. Man muss sehr genau hinsehen, um den Unterschied zu sehen.
Bei einer Glühlampe wird durch den elektrischen Strom der Glühdraht so heiß, dass er glüht und dadurch Licht abstrahlt. Bei der LED-Lampe (kurz: LED) wird durch den elektrischen Strom ein spezielles Material (Halbleiter) zum Leuchten angeregt. Es muss dafür aber nicht glühen, so dass eine LED nicht heiß wird. ▸1
Je nach Halbleitermaterial kann eine LED-Lampe direkt farbiges Licht abgeben. Wenn sie aus sind, kann man LEDs ihre Farbe oft gar nicht ansehen – es sei denn, die Abdeckung ist zusätzlich gefärbt. ▸2, 3
Während es bei einer Glühlampe egal ist, in welcher Richtung sie vom elektrischen Strom durchflossen wird, leuchtet die LED nur in einer bestimmten Stromrichtung.

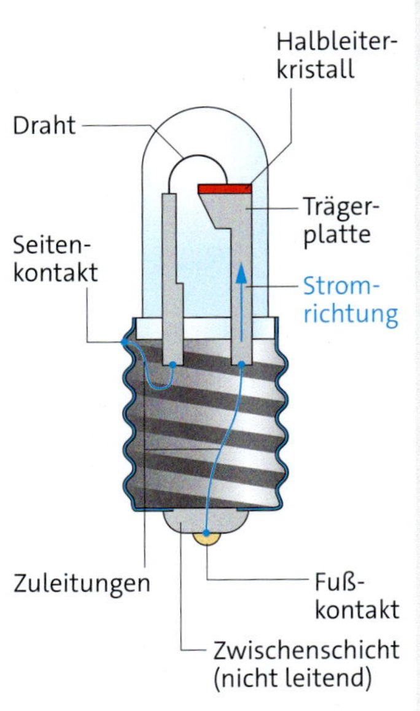

1 Aufbau einer LED-Lampe

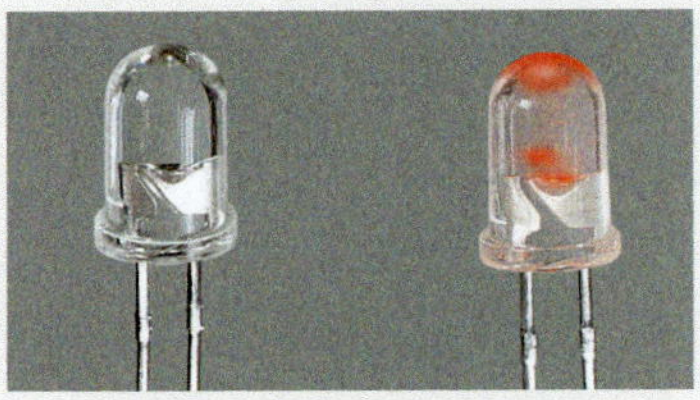
2 LED mit rotem Licht

3 LED mit eingefärbter Abdeckung

1 Trage anhand des Textes Unterschiede zwischen einer Glühlampe und einer LED-Lampe zusammen. Fertige dafür eine Tabelle an.

2 Beschreibe, wie du experimentell herausfinden kannst, ob es sich bei einem Lämpchen um eine Glühlampe oder eine LED-Lampe handelt.

3 Recherchiere, wie eine LED-Lampe aussieht, wenn sie nicht in einem Gewinde oder einem Gerät verbaut ist. Zeichne es auf.

4 Das Bild zeigt den Querschnitt durch eine Glühlampe in einer Fassung. ▸4

a Ordne den Zahlen die folgenden Bestandteile zu: Seitenkontakt, Fußkontakt, Glaskolben, Glühdraht, Haltedraht, Gewindesockel, Zwischenschicht, Zuleitungen.

b Begründe, warum man die Lampe an Seiten- und Fußkontakt anschließen muss.

c Begründe, warum das Zwischenschichtmaterial den elektrischen Strom nicht leiten darf.

d Begründe, warum man die Lämpchen nicht komplett aus der Fassung drehen muss, um sie auszuschalten.

e In einer Schaltung aus Batterie, Glühlampe und Fassung leuchtet die Lampe nicht. Gib mögliche Gründe dafür an. Verwende bei deiner Beschreibung den Begriff „unterbrochener Stromkreis“.

5 Recherchiere, wofür die Abkürzung LED steht. Aus einem der Wörter kann man ableiten, dass der elektrische Strom die LED nur in eine Richtung durchfließen kann. Erläutere.

6 Es gibt Lämpchen, die im Inneren zwei LED-Lampen enthalten. Sie sind allerdings genau entgegengesetzt an den Zuleitungen angeschlossen. Überlege, welchen Grund das haben könnte.

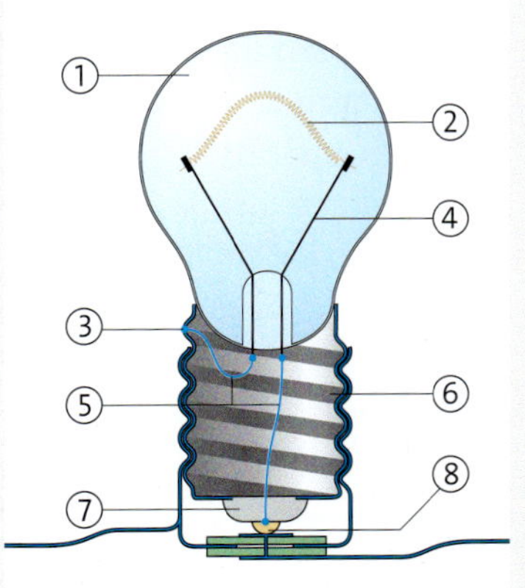

4 Glühlampe mit Fassung

Grundlagen Schaltsymbole und Schaltpläne

Elektrische Stromkreise werden übersichtlich in Schaltplänen dargestellt. Man verwendet dazu Schaltsymbole. ▸ 5, 6

Beim Zeichnen von Schaltplänen solltest du beachten:
- Schaltpläne enthalten nur gerade Verbindungslinien, die möglichst übersichtlich gelegt und mit Lineal gezeichnet werden.
- Besonders übersichtlich wird es, wenn du die Schaltsymbole nicht auf die Ecken des Schaltplans legst.

Vom Schaltplan zur Schaltung
Wenn du eine Schaltung nach einem Schaltplan aufbauen möchtest, gehe folgendermaßen vor:
- Stelle zuerst die Geräte so auf den Tisch wie in der Schaltskizze.
- Verbinde dann die Geräte Kabel für Kabel wie in der Schaltskizze angegeben.

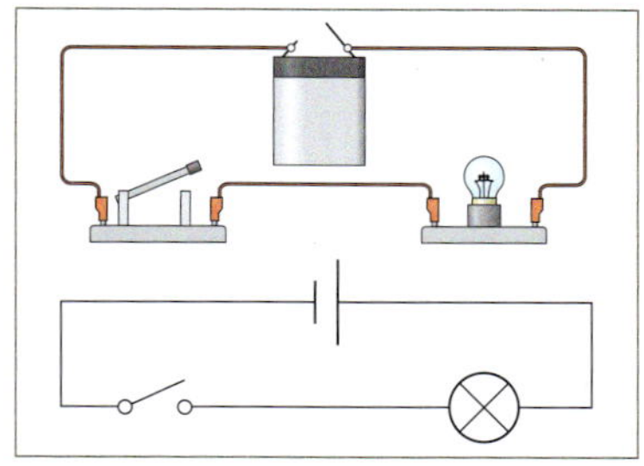

5

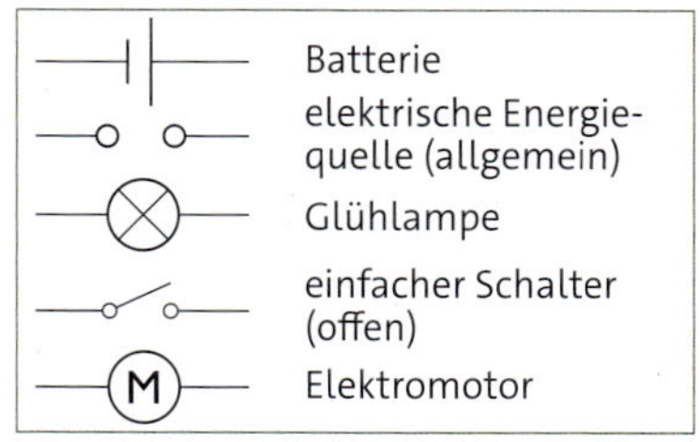

6

Aufgaben

1 Sie dir die Bilder ▸ 7 und 8 an.

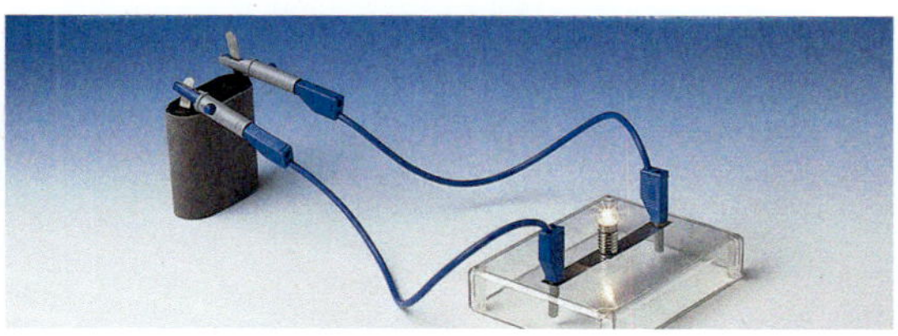

7

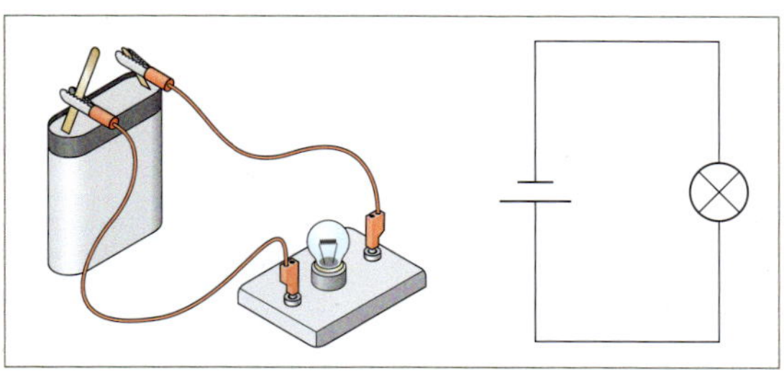

8

a Was haben die drei Darstellungen (Foto, Zeichnung, Schaltplan) gemeinsam und worin unterscheiden sie sich?
b Fertige eine Tabelle an, in der du Vor- und Nachteile der drei Darstellungsarten zusammenträgst.

2 Zeichne einen Schaltplan …
a von einem Stromkreis aus Netzgerät, Schalter und Lampe;
b von der Ampelschaltung für dein Zimmer;
c von der Ampelschaltung, die du zusätzlich mit einem Schalter ein- und ausschalten kannst.

3 Timo und Ella haben Schaltpläne gezeichnet. ▸ 9
Was meinst du?

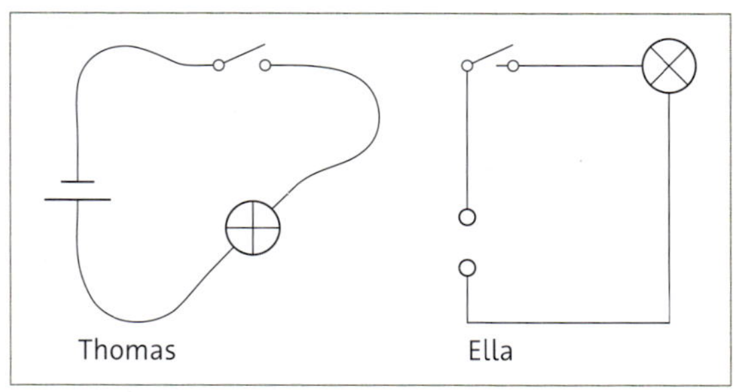

9

4 Funktioniert die Schaltung? ▸ 10
a Entscheide anhand der Schaltpläne, ob die Schaltung funktionieren kann.
b Baue die Schaltungen auf, die du für richtig hältst und probiere sie aus.

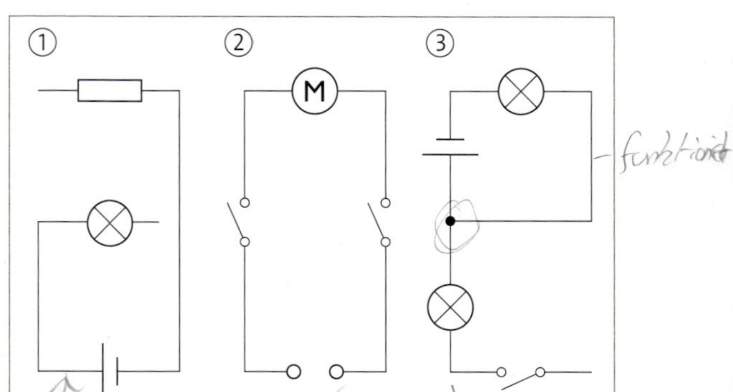

10

Grundlagen Gute Leiter, schlechte Leiter und Isolatoren

Klemmt man zwischen die Krokodilklemmen eines Prüfstromkreises einen Gegenstand aus Metall, leuchtet die Lampe. Genauso, als hätten wir ein Kabel verwendet. Wir können daraus schließen, dass Metalle gute Leiter für den elektrischen Strom sind. Bei einer Bleistiftmine aus Graphit (Kohlenstoff) leuchtet die Lampe etwas schwächer. Graphit leitet schlechter als Metall. ▸ 1

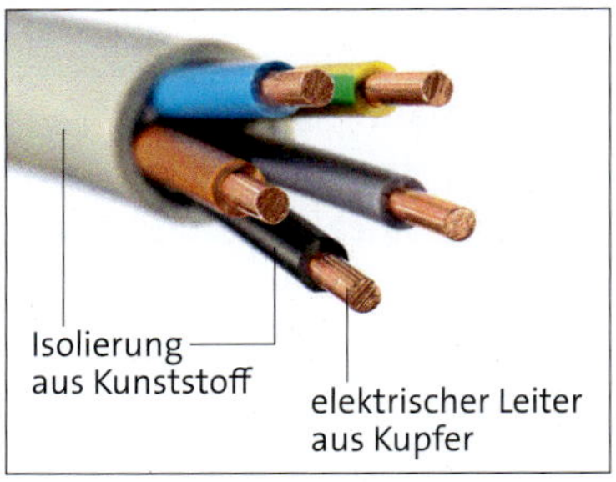

1 Kabel – Leiter und Isolator

Schließen wir den Prüfstromkreis mit zwei Fingern unserer Hand, leuchtet die Lampe nicht. Heißt das, dass der Mensch den elektrischen Strom nicht leitet? Doch, allerdings ist der Mensch ein deutlich schlechterer Leiter als Metall. Dass der Mensch den Strom leitet, kann man erkennen, wenn man ein empfindlicheres Nachweisgerät nimmt wie eine Leuchtdiode oder ein Messgerät für den elektrischen Strom. ▸ 2
Damit lassen sich weitere schlechte Leiter finden wie z. B. frisches Holz oder druckfrisches Zeitungspapier.
Stoffe, die den elektrischen Strom praktisch überhaupt nicht leiten, werden als Nichtleiter oder Isolatoren bezeichnet. Plastik, Glas oder Stein sind Isolatoren. Gute und schlechte Leiter sowie Isolatoren gibt es auch unter den Flüssigkeiten: Gute Leiter sind Salzwasser oder Essig, ein schlechter Leiter ist z. B. Leitungswasser. Öl ist ein Isolator.

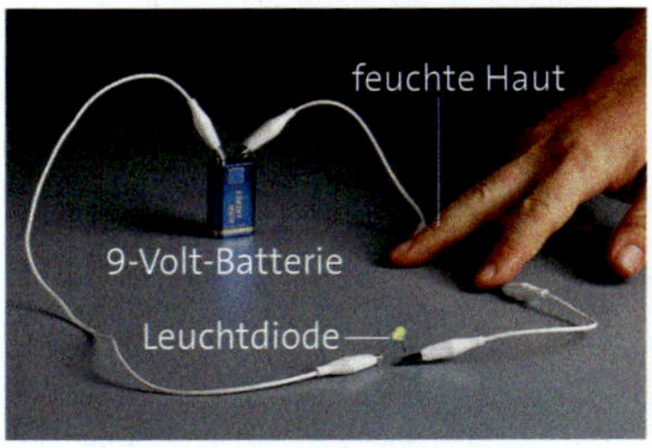

2 Stromleitung durch die Hand

Wir unterscheiden gute Leiter, schlechte Leiter und Isolatoren.

Gase und Gasgemische leiten unter normalen Umständen den Strom nicht, zählen also zu den Isolatoren. Allerdings kann man unter bestimmten Voraussetzungen Gase zur Stromleitung anregen. Das ist z. B. in einer Leuchtstoffröhre der Fall. ▸ 3

3 Gase, die den Strom leiten.

Aufgaben

1 Übernimm die Tabelle in dein Heft und sortiere folgende Stoffe ein: Gold, Aluminium, Leitungswasser, trockenes Holz, Papier, Salzwasser, feuchtes Holz, Plastik, Luft, Öl, Spiritus.
Ergänze die Tabelle mit weiteren Stoffen.

Gute Leiter	Schlechte Leiter	Isolator
?	?	?

2 Physiker sagen: „Die Grenzen zwischen guten, schlechten Leitern und Isolatoren sind fließend." Was meinen sie wohl damit? Erkläre mit einem Beispiel.

3 Trockenes Holz oder Pappe sind Isolatoren, feuchtes Holz oder druckfrisches Zeitungspapier dagegen Leiter. Findest du eine Erklärung?

4 Die Kabel von Freileitungen haben selbst keine Isolierung. Bei der Aufhängung an den Masten benutzt man Isolatoren aus Keramik. ▸ 4

4 Isolatoren

a Physiker sagen: Die beste Isolierung ist bei den Kabeln keine Isolierung. Beschreibe, was sie damit meinen.
b Erkläre, wozu man die Isolatoren bei der Aufhängung braucht.
c Die Keramikisolatoren haben eine etwas seltsame Form. Diese Form sorgt dafür, dass es bei Regen Stellen gibt, die nicht nass werden. Erkläre anhand einer Skizze, wofür das bedeutsam ist.

Aus der Geschichte: Ein Seekabel für ein einziges Telegramm

Um 1800 sah man den Nutzen der ersten elektrischen Stromkreise vor allem in einer schnelleren Nachrichtenübertragung. Die schnellste Nachrichtenübermittlung erfolge damals optisch, mithilfe von riesigen Signalarmen an „Wink-Maschinen". Sie waren in Sichtabständen von etwa 10 Kilometern aufgestellt und mit Beobachtungsposten besetzt.
Von Station zu Station konnten die Nachrichten Buchstabe für Buchstabe durchgewinkt werden. ► 5
Mit Stromkreisen bot sich die Chance der licht- und wetterunabhängigen Nachrichtenübermittlung. Dabei mussten lange Leitungen von den Sende- zu den Empfangsstationen verlegt werden. SAMUEL MORSE entwickelte für jeden Buchstaben eine Folge von langen und kurzen Stromimpulsen. Mit einem Tastschalter wurde an der Sendestation jeder Buchstabe der Nachricht eingegeben und an der Empfangsstation wurde mit einem Apparat jeder Stromstoß als Punkt oder Strich mit einem Stift auf ein abrollendes Stück Papier geschrieben. ► 6

Zunächst waren es ausschließlich Freileitungen aus Kupferdrähten, die die Stromkreise zur Nachrichtenübertragung über Land bildeten. Beschleunigt wurde die Entwicklung durch die Herstellung von Guttapercha, einer Art Naturkautschuk, das von nun an für viele Jahrzehnte die Schlüsselrolle als Isolator für die Herstellung von isolierten Kabeln spielte. Angetrieben wurden die Stromkreise zu dieser Zeit von den ersten Batterien.
Trotz des noch recht oberflächlichen Wissens und einer kaum entwickelten Technik für die Herstellung isolierter Kabel ließen sich einige Visionäre mit ungeheurem Wagemut auf ein Unterfangen ein, das einem noch heute eine Gänsehaut über den Rücken laufen lässt: Die Verlegung von Kabeln auf dem Meeresgrund quer durch die Ozeane. 1850 wurde der erste Versuch unternommen, einen mit Guttapercha isolierten Kupferdraht zwischen Frankreich und England zu verlegen. Der Versuch gelang, doch leider nur für wenige Stunden. Zumindest ein Telegramm konnte erfolgreich übermittelt werden. Man sagt, ein Fischer habe das Kabel erwischt und mit kräftigen Beilhieben zerhackt – in dem Glauben, eine riesige Seeschlange vor sich zu haben und töten zu müssen.

Im Jahr 1866 gelang es den unerschütterlichen Unternehmern nach vielen enttäuschenden Fehlschlägen und dem Verlust vieler wertvoller Kabel, eine dauerhaft stabile elektrische Verbindung zwischen London und New York herzustellen. Zur Verlegung des 5100 km langen Kabels wurde die „Great Eastern", das damals größte Schiff seiner Zeit, von einem Passagierdampfer für 4000 Fahrgäste zu einem Kabelverlegeschiff umgebaut. Damit gelang es, das Kabel unversehrt und in einem Stück zu verlegen, und das in einer Rekordzeit von nur 12 Tagen auf See. Zuvor soll allein das Laden des Kabels fünf Monate gedauert haben. Die Begeisterung war groß, als man ab 1866 ständig Botschaften zwischen Europa und den USA versenden konnte. ► 7, 8

5 Optischer Telegraph

6 Morseapparat

7 Die „Great Eastern"

8 Kabel an Bord der „Great Eastern"

1 Sammle Vor- und Nachteile der elektrischen Datenübertragung gegenüber den damaligen Übertragungstechniken.

2 Baut einen Telegrafen aus einer Batterie, einem Tastschalter, langen Kabeln und einer Lampe auf. Stellt einen Sichtschutz auf und besorgt euch ein Morsealphabet. Übermittelt euch Nachrichten mit dem Telegrafen.

Was fließt in elektrischen Stromkreisen und wie?

1

Katrin hat gerade ihren Lieblings-Fleecepulli angezogen – und dabei eine interessante Frisur bekommen.

Experiment

1 Versuche mit geladenen Folien
Nehmt zu zweit vier verschiedenfarbige DIN-A5-Folien oder beschriftet sie mit A, B, C und D. Legt jeweils zwei Folien übereinander auf einen Tisch.
Streicht mit dem trockenen Handballen mehrmals kräftig über die Folien. Nehmt sie hoch und zieht sie auseinander. Dabei sollte es knistern. Untersucht, was passiert, wenn ihr die verschiedenen Folien einander nähert. Fertig eine Tabelle an.

Folien	Was passiert?
A & B	
A & C	
A & D	
C & D	
B & D	
B & C	

2 Positiv oder negativ geladen?
Ermittelt, wie geriebene Gegenstände geladen sind. Benutzt dazu eine Glimmlampe. ▸ 2
Haltet die Lampe an einem Kontakt fest und führt den zweiten Kontakt an einen geladenen Gegenstand. Achtet dabei auf das Innere der Glimmlampe. ▸ 3, S. 227
- Leuchtet die Elektrode am Gegenstand, so ist er negativ geladen.
- Leuchtet die Elektrode an der Hand, so ist der Gegenstand positiv aufgeladen.

Notiert die Ergebnisse in einer Tabelle in eurem Heft.

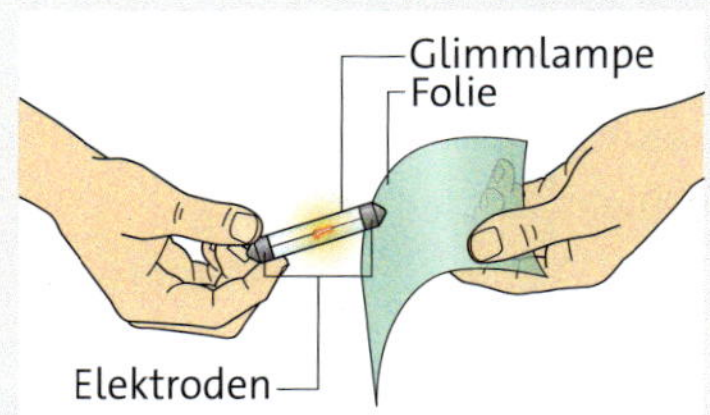

2

3 Ladungstransport (Lehrerexperiment)
In der Schaltung mit zwei Glimmlampen lädt das Netzgerät eine Isolierklemme positiv, die andere negativ auf. Zwischen den Isolierklemmen wird eine isolierte Metallkugel hin- und herbewegt. ▸ 3
Beschreibe deine Beobachtung.
Anschließend wird die Transportstrecke durch einen Draht verbunden.
(*Hinweis:* Die Spannung am Netzgerät muss dafür verringert werden. Änderungen im Aufbau dürfen nur im spannungslosen Zustand durchgeführt werden.)

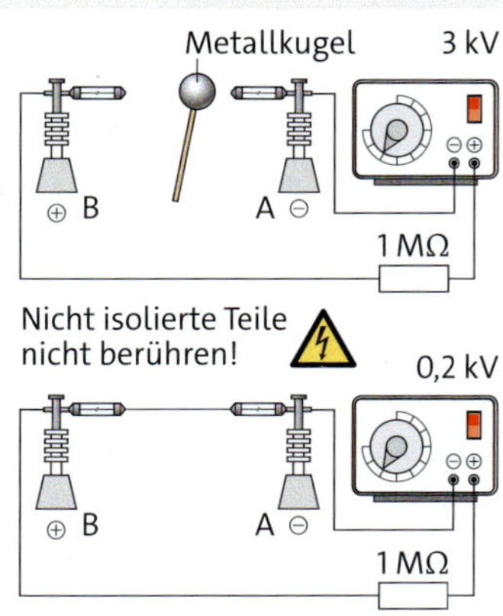

3

Grundlagen Elektrisch geladen

Wenn man zwei Folien aneinanderpresst und anschließend auseinanderzieht, ist ein Knistern zu hören. So ein Knistern kennst du sicher auch vom Anziehen eines engen Pullovers aus Kunstfasern. Die auseinandergezogenen Folien ziehen sich gegenseitig an. Sie sind „elektrisiert". Man stellt sich dabei vor, dass mit den Oberflächen der Folien durch das Anpressen und Auseinanderziehen etwas passiert. Sie befinden sich dann in einem besonderen Zustand – sie sind elektrisch geladen.

Man könnte zunächst auf die Idee kommen, dass beide Folien in genau gleicher Weise elektrisiert worden sind. Denn schließlich ziehen sich beide Folien an. Führt man aber den Versuch mit zwei weiteren Folien durch, kann man beobachten, dass eine Folie, die eben noch angezogen wurde, auch von einer anderen abgestoßen werden kann. Die anziehende und abstoßende Eigenschaft kann man gut erklären, wenn man annimmt, dass es zwei Arten von „elektrisch geladen" gibt. ▸ 4, 5

Übrigens

Schon im Altertum wusste man, dass Bernstein eine seltsame Eigenschaft besitzt: Reibt man ihn mit einem Tuch, zieht er Federn, Haare und andere leichte Körper an. Die Griechen nannten Bernstein *electron*.

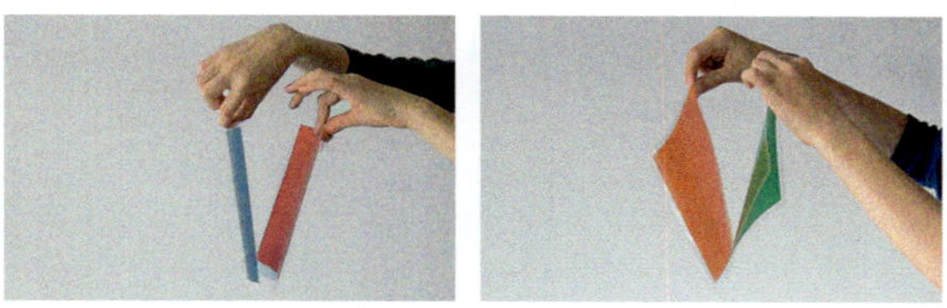

4 Beobachtung

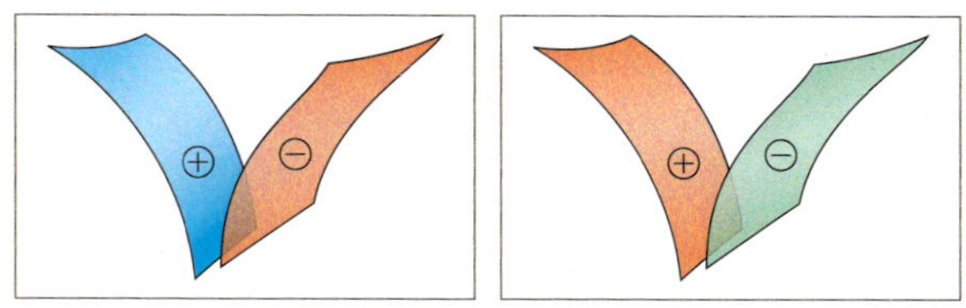

Erklärung

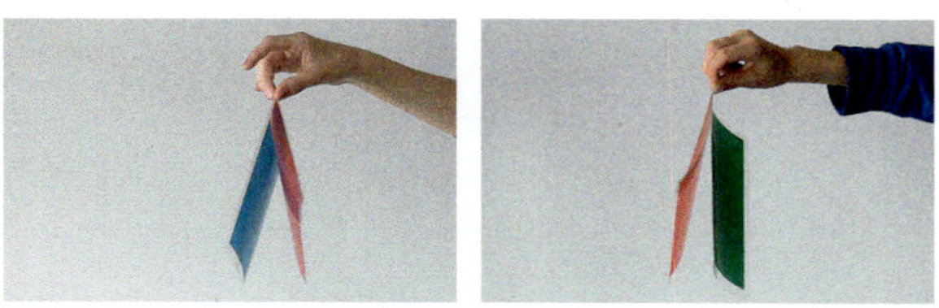

5 Beobachtung

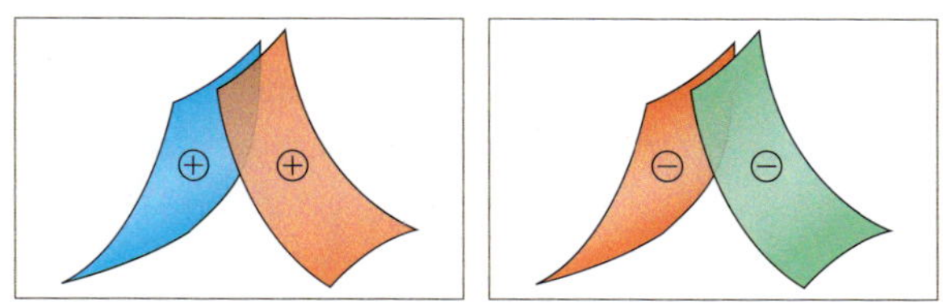

Erklärung

Gegenstände können elektrisch positiv (+) oder negativ (–) geladen sein. Zwei gleich geladene Gegenstände stoßen sich gegenseitig ab, zwei unterschiedlich geladene Gegenstände ziehen sich an.

Um aus ungeladenen Gegenständen geladene zu machen, muss man sie in engen Kontakt bringen. Dieses passiert nicht nur beim Aneinanderpressen, sondern auch beim Reiben. Daher laden sich zwei Gegenstände oft durch Reiben auf. Besonders gut lassen sich Plastik und Kunststoffe aufladen, Metalle dagegen nicht.

Aufgaben

1 Beschreibe, welche Beobachtung du beim obigen Folienversuch bei der Folienkombination grün/blau und rot/gelb erwartest.

2 Erkläre, warum ein Ladungszustand zur Erklärung der Folienversuche nicht ausreicht.

3 Lukas sagt: „Aus der Beobachtung kann man eigentlich nur schließen, dass die gelbe und blaue Folie einerseits und die rote und grüne Folie andererseits gleich geladen sind." Erkläre.

Grundlagen Atommodell und Ladung

Das Teilchenmodell der Materie kennen wir bereits: Alle Dinge sind aus kleinen Bausteinen aufgebaut, den Atomen. Um die Versuche mit den Folien genauer erklären zu können, wird dieses Modell erweitert. Diese Erweiterung mit ihren heute z.T. sehr präzisen Aussagen dachte sich natürlich niemand allein und auf einmal aus. Sie ist das Ergebnis zahlreicher Versuche aus dem Beginn des 20. Jahrhunderts, die die Physiker nach und nach zu folgenden Vorstellungen führte:

Ein Atom besteht aus einem Atomkern und einer Atomhülle.

Obwohl der Atomkern nur etwa 1/100 000-mal so groß ist wie das ganze Atom, sind in ihm über 99 % der Masse konzentriert. Der Rest entfällt auf die Atomhülle. Sie besteht aus den Elektronen, die in großen, sonst leeren Bereichen um den Kern herumschwirren. Die Ladung ist eine Eigenschaft der Atombestandteile. ▸ 1

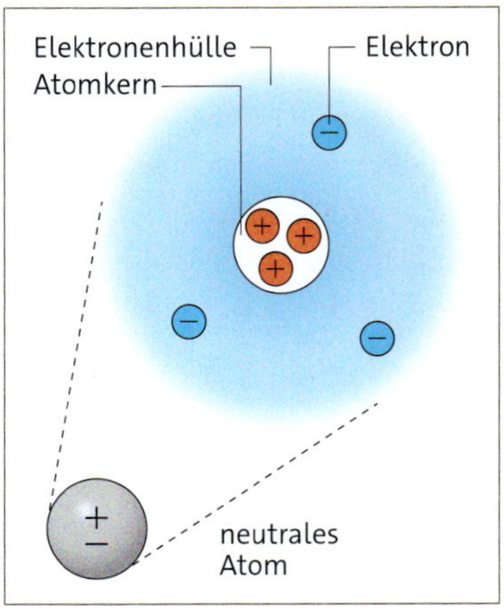

1 Atommodell

Die Elektronen in der Atomhülle haben negative Ladung. Sie ist für alle Elektronen stets gleich groß. Im Atomkern befinden sich Teilchen, die positive Ladung tragen. Die positive Ladung jedes dieser Teilchen ist genau so groß ist wie die negative Ladung der Elektronen.

Ein Atom ist dann ungeladen, d. h. elektrisch neutral, wenn es in der Atomhülle genauso viele negativ geladene Elektronen hat wie positiv geladene Teilchen im Kern.
Wenn sich zwei Gegenstände eng berühren, können Elektronen von einem auf den anderen Gegenstand übergehen. Werden die Gegenstände anschließend getrennt, sind sie elektrisch geladen. ▸ 2

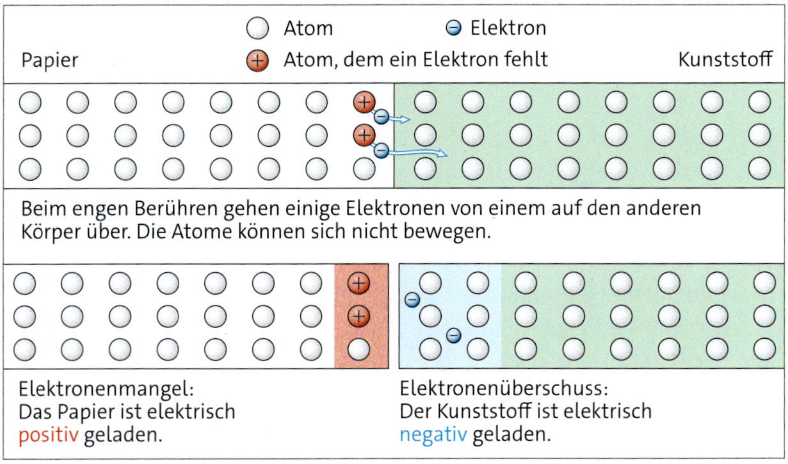

2 Ladungstrennung im Modell

- Ein Gegenstand hat Elektronen abgegeben, die positiven Teilchen sind in der Überzahl. Der Körper ist elektrisch positiv geladen. (Elektronenmangel)
- Der andere Gegenstand hat zusätzliche Elektronen aufgenommen. Es überwiegen die negativen Teilchen. Er ist elektrisch negativ geladen. (Elektronenüberschuss)

Aufgaben

1 Wie unterscheidet sich ein geriebener und dadurch negativ geladener Luftballon von einem neutralen? Erkläre mit der Modellvorstellung.

2 Beim Überziehen eines engen Pullovers reiben Haare und Pullover aneinander und können jeweils geladen werden. Erkläre mit einer Modellvorstellung, was dabei passiert und warum anschließend die Haare „zu Berge" stehen.

3 Stell dir den Kern eines Atoms als ein etwa 3 mm großes Pfefferkorn vor. Entscheide durch eine Rechnung, in welchem Gebäude (als Atom) man sich dieses Pfefferkorn vorstellen müsste: Einfamilienhaus, Turnhalle, Ulmer Münster, Stadion des VfB Stuttgart.

Grundlagen Ladungsausgleich

Versuche haben gezeigt, dass die negativ geladenen Elektronen beweglich sind und von einem Atom zum anderen übergehen können. Die Beweglichkeit der Elektronen spielt für elektrische Stromkreise eine große Rolle. Sie sind auch für die beobachtbaren Effekte mit einer Glimmlampe verantwortlich. ▸ 3

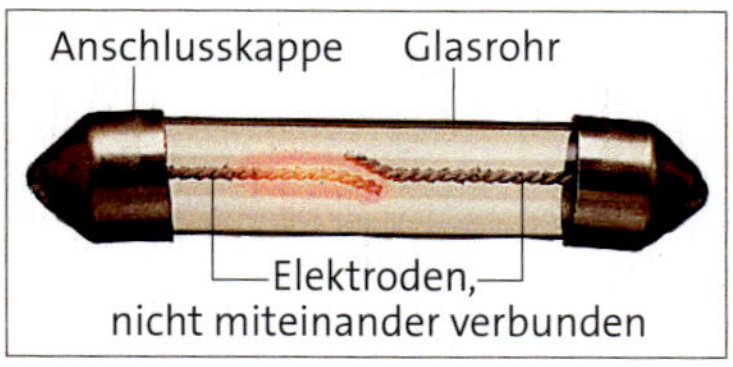

3 Glimmlampe

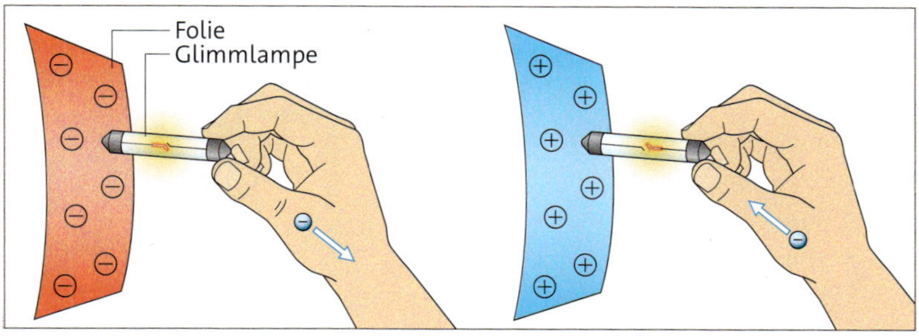

4 Ladung auf einer Folie

Fährt man mit einer Glimmlampe an einer geladenen Folie entlang, so blitzt diese mehrfach auf. Anschließend ist die Folie offenbar entladen, denn nichts deutet mehr auf einen Ladungszustand hin. Was ist passiert? War die Folie negativ geladen, so können wir daraus schließen, dass überschüssige Elektronen durch die Glimmlampe zur Hand abgeflossen sind. War sie positiv geladen, so flossen Elektronen aus der Hand über die Lampe in die Folie. In beiden Fällen hat durch den Elektronenfluss ein Ladungsausgleich auf der Folie stattgefunden. ▸ 4

Beim Ladungsausgleich fließen Elektronen von einem Gegenstand zum anderen. Dabei können Funken entstehen oder Glimmlampen aufleuchten. Fließende Ladung bezeichnet man als elektrischen Strom.

Die Glimmlampe ist ein gutes Nachweisgerät für kleine und vor allem kurzzeitige Elektronenströme, denn auch ein kurzes Blitzen ist gut wahrnehmbar.

Aufgaben

1 Beim Überziehen eines Pullovers ist ein Knistern zu hören. Erkläre.

2 Manchmal bekommen Autofahrer „einen gewischt“, wenn sie beim Aussteigen die Autotür, vor allem den Metallrahmen anfassen. Erkläre. (*Tipp:* Beim Fahren reibt sich der Fahrer durch seine Bewegungen am Sitzbezug.)

3 Auch ein ungeladener Körper besteht immer aus elektrisch geladenen Teilchen. Warum ist davon normalerweise nichts zu merken?

4 Dennis meint, er würde beim Reiben eines Luftballons die elektrisch geladenen Teilchen „erzeugen“. Bewerte diese Aussage.

5 Wenn man auf einem Platz mit Kunststoffgranulat Tennis gespielt hat, dann bleibt manchmal an den Tennisschuhen etwas Granulat hängen. Wie kann man das erklären?

6 Zum Entladen kann man einen Körper in Wasserdampf halten oder ihn durch eine Flamme ziehen. Was könnte dabei der Grund für die Entladung sein?

Aus der Technik: Lackieren ohne Pinsel

Bei vielen industriellen Fertigungen wie zum Beispiel der Automobilherstellung wird das elektrostatische Lackieren angewendet. Dabei lädt eine Lacksprühpistole die Lacktröpfchen elektrisch auf. Gleichzeitig wird der zu lackierende Gegenstand entgegengesetzt aufgeladen. Damit werden Lackteilchen, die normalerweise am Gegenstand vorbeifliegen würden, aufgrund ihrer Ladung angezogen. Sie setzen sich als feine Schicht auf dem Gegenstand ab, auch an schwer zugänglichen Stellen.

1 Lackiererei im Autowerk

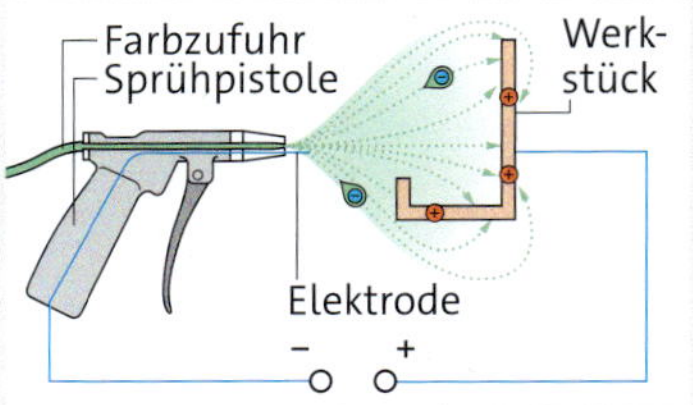

2

1 Trage Vorteile des elektrostatischen Lackierens gegenüber einem Lackauftrag mit Pinsel oder Luft (Sprühverfahren) zusammen.
2 Die Lackteilchen verlassen die Sprühpistole nicht in einem Strahl, sondern in einem breiten Nebel. Begründe anhand des Bilds, welchen Vorteil der Sprühnebel für das Lackieren hat. ▸ 2

Aus der Technik: Die Erde als Sicherheit

3 Für jeden Schlauch ein Kabel

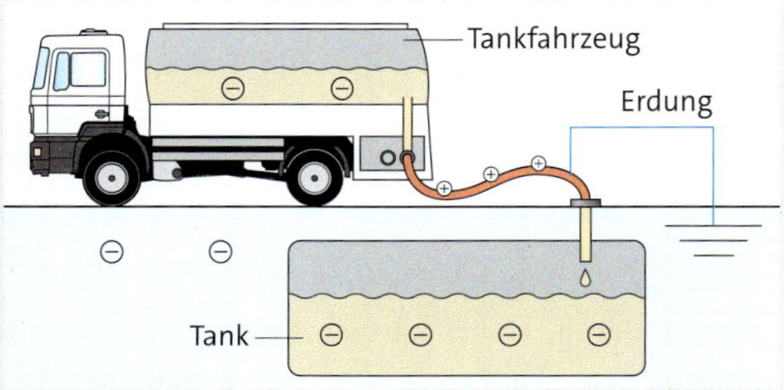

4 Ladungsausgleich

Manfred Neumann beliefert Tankstellen mit Kraftstoff. Heute müssen 2500 ℓ Diesel abgeliefert werden. Doch bevor die Pumpe den Tankwagen entleert, müssen auch dicke Elektrokabel angeschlossen werden. Was haben diese Kabel für eine Aufgabe und wo führen sie hin? ▸ 3
Strömt das Benzin durch den Gummischlauch und reibt dabei an ihm, können sich der Schlauch und das Benzin entgegengesetzt aufladen. Kommt es dann zu unkontrollierten Funkenentladungen, besteht die Gefahr, dass Benzindämpfe entzündet werden. Das soll natürlich verhindert werden.
Das Kabel führt zu einem großen Metallblech, das in die Erde eingelassen ist. Die Erde können wir uns aufgrund ihrer Feuchte als große leitende Kugel vorstellen. Strömt das aufgeladene Benzin in den Tank , sind Schlauch und Tankwagen einerseits und der Tank andererseits unterschiedlich geladen. Durch das Erdungskabel kann ein Ladungsausgleich herbeigeführt werden. ▸ 4

1 Erkläre anhand des schematischen Bildes mit eigenen Worten, wie das Erdungskabel die Gefahr einer Explosion durch Funkenentladung verhindert. ▸ 4
2 Für das Betanken eines Pkws gibt es zur Vermeidung von Aufladung verschiedene Vorrichtungen und Bestimmungen: Der Tankschlauch muss leitend sein, der Einfüllstutzen am Auto und das Tankventil müssen aus Metall sein, und die Reifen eines Autos sowie der Bodenbelag einer Tankstelle müssen eine gewisse Leitfähigkeit haben. Erläutere die Aufgabe, die jede dieser Vorrichtungen hat.

Grundlagen Elektrischer Strom und elektrische Leiter

Um zwei unterschiedlich geladene Gegenstände zu erhalten, kann man auch ein Netzgerät benutzen. Bei dem Versuch in Bild ▸5 lädt das Netzgerät die Isolierklemme A negativ und die Isolierklemme B positiv auf. Berührt man mit der isolierten Metallkugel die Isolierklemme A, so blitzt die Glimmlampe auf. Sie zeigt damit an, dass kurzzeitig Elektronen auf die Kugel geflossen sind. Durch Berührung der Isolierklemme B werden dort Elektronen wieder abgegeben. Insgesamt wurden so Elektronen über die Lücke von A nach B transportiert.

Verbindet man die Glimmlampen mit einem Draht, so leuchten die Glimmlampen dauernd. Durch die Kabel, die Lampen und den Draht fließen nun ständig Elektronen, es gibt einen geschlossenen Stromkreis. Das funktioniert aber nur, weil das Netzgerät die am Pluspol ankommenden Elektronen wieder zum Minuspol pumpt. Es treibt die Elektronen an.

In den Metalldrähten eines geschlossenen Stromkreises bewegen sich Elektronen (Elektronenstrom).

Metalle hatten wir bereits als gute Leiter für den elektrischen Strom kennengelernt. In Metallen ist ein Teil der Elektronen frei beweglich und nicht an ein bestimmtes Atom gebunden. Dennoch ist insgesamt ein Metallstück nach außen neutral, denn es gibt genauso viel positive wie negative Ladung.

Bei Isolatoren sind die Elektronen fest an die Atomkerne gebunden. Beim Reiben oder Anpressen können aber Elektronen z. B. aus einer Folienoberfläche herausgerissen werden. Diese zusätzlichen Elektronen oder Lücken sind dann nicht beweglich. Daher muss man mit einer Glimmlampe über eine Folie streichen, um die Elektronen einzusammeln. Je besser ein Körper leitet, umso beweglicher sind die Elektronen in ihm.

Drückt man Papier an eine Kunststofffolie, so kann man in der Regel nur an der Kunststofffolie eine Ladung nachweisen. Die geringe Elektronenbeweglichkeit auf Papier reicht bereits dafür aus, dass in kürzester Zeit Ladung aus der Erde über die Hand in das Papier fließt – durch Schuhe und den Fußboden hindurch. ▸6

Daran kann man erkennen: Für das Entladen braucht es keine guten Leiter. Die Erde wirkt als großes Ladungsreservoir. Wenn die Erde Ladung aufnimmt oder abgibt, merkt man ihr das nicht an. Insgesamt ist aber die Erde, mit allem, was auf ihr steht, neutral.

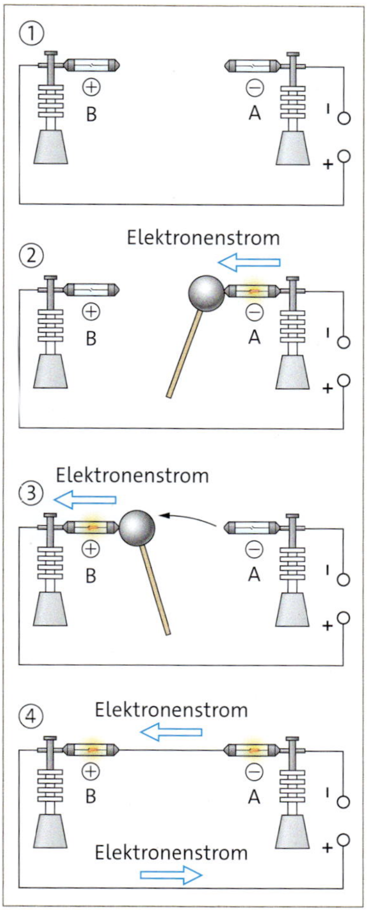

5 Elektronenstrom

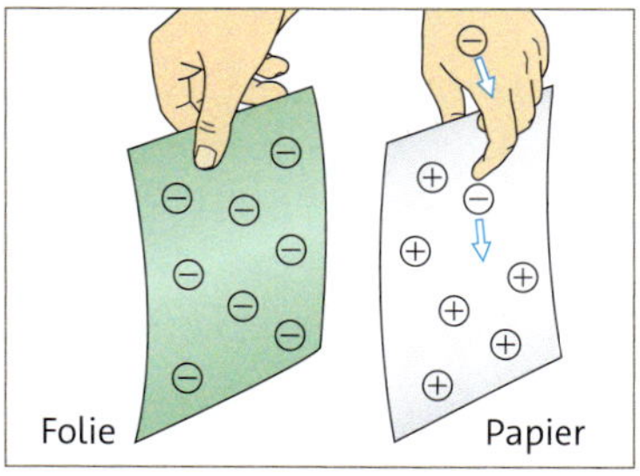

6 Folie und Papier

Aufgaben

1 Presst man eine Kunststofffolie an ein gleich großes Stück Aluminiumfolie und zieht die beiden Folien schnell auseinander, kann man ein Knistern hören. Mit einer Glimmlampe lässt sich dann nachweisen, dass die Kunststofffolie geladen ist, die Alufolie jedoch nicht. Erkläre.

2 Erkläre, warum es bei der Entladung einer Metallkugel nur ein einziges Aufleuchten der Glimmlampe gibt und kein mehrfaches wie bei einer Kunststofffolie.

Aus der Natur: Gewitter

1 Gewitterwolke

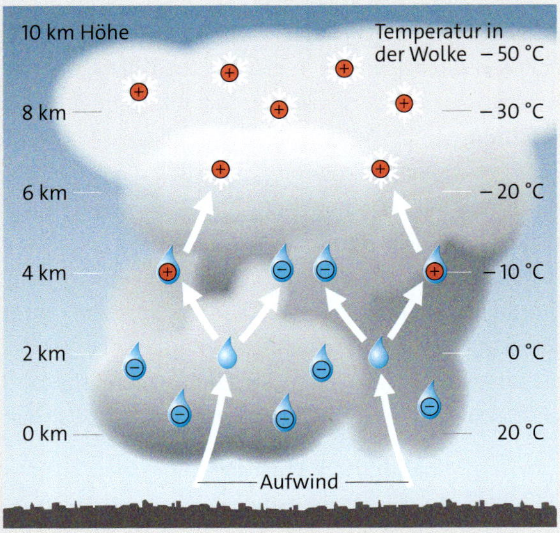

2 Ladungstrennung in der Gewitterwolke

Gewitterwolken Sie sind riesige Wolkentürme, die sich nach oben hin meist stark verbreitern. Die Wolkenunterseite liegt 1 bis 2 km über dem Erdboden. Die Wolke reicht bis in eine Höhe von 10 km. Die Temperatur beträgt im unteren Bereich ca. 20 °C, oben sind es oft weniger als –50 °C. ▸1

Ladungstrennung In der Gewitterwolke herrscht ein starker Aufwind. Er reißt Regentropfen und Eiskristalle so stark nach oben, dass sie zerteilt werden. Gleichzeitig fallen schwere Teile wie Hagelkörner nach unten und stoßen heftig mit den aufsteigenden Teilchen zusammen. Dabei wird Ladung getrennt. Im oberen kalten Bereich der Wolke bilden sich Eiskristalle. Sie sind bei ihrem Weg nach oben positiv geladen worden. Die Wassertropfen unten in der Wolke sind negativ geladen. So entstehen in der Gewitterwolke gewaltige Ladungsunterschiede. ▸2

Blitz und Donner Werden die Ladungsunterschiede zu groß, dann gleichen sie sich durch einen Blitz schlagartig aus. Blitze sind riesige elektrische Funken. Die meisten Blitze verlaufen innerhalb der Gewitterwolke oder zwischen zwei Wolken. Nur jeder fünfte Blitz trifft die Erde. Während des Blitzes fließt für kurze Zeit sehr viel Ladung. Auf ihrem Weg erhitzt sie die Luft bis auf 30 000 °C und lässt sie grell aufleuchten. Dabei dehnt sich die Luft explosionsartig aus – es donnert. ▸3

Der Blitz zwischen Wolke und Erde kann für uns gefährlich werden. Der plötzliche Ladungsausgleich erfolgt mit einem kräftigen Blitz in den Erdboden, in einen Baum oder in ein Haus.

1 Erkläre, wie in einer Gewitterwolke elektrische Ladung getrennt wird.

2 Kannst du „Blitze“ im Klassenraum erzeugen? Präsentiere der Klasse deinen Plan und erkläre ihn.

3 Blitz von der Wolke zur Erde

Grundlagen Ein Modell für den elektrischen Stromkreis

Wir schalten den Fernseher ein und das Bild erscheint. Von einem Stromkreis merkt man nichts. Den elektrischen Strom kann man nicht sehen, riechen oder anfassen. Wie kommt man dann überhaupt darauf, sich einen Kreislauf vorzustellen? Physiker überlegen, ob ihre Beobachtungen sie an etwas erinnern, das sie schon kennen. Dieses „etwas" kann zu einem Modell werden. Modelle helfen uns, das besser zu verstehen, was der unmittelbaren Anschauung verborgen bleibt.
Auch wenn es auf den ersten Blick überhaupt nicht so aussieht: Ein elektrischer Stromkreis lässt sich gut verstehen, wenn man an ein Fahrrad denkt, genauer gesagt an den Antrieb des Hinterrads durch die Pedale. ▸ 4, 5

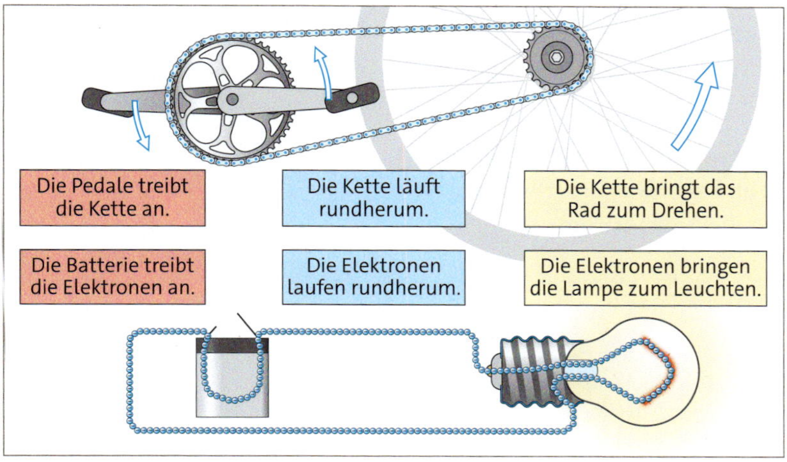

4 Kettenglieder und Elektronen

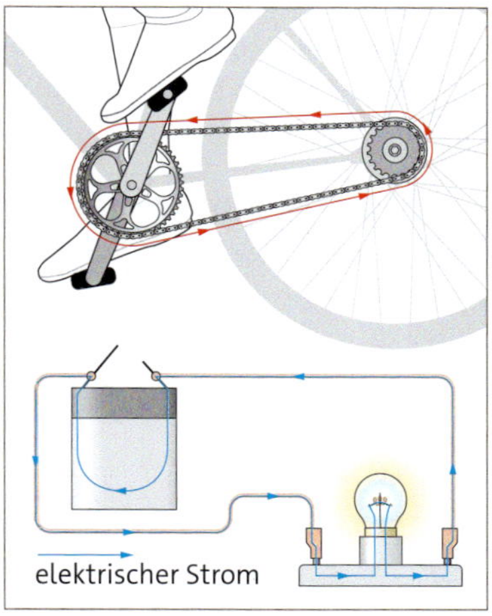

5 Modell Stromkreis

Das Fahrradmodell hilft dabei, unsere Beobachtungen zu erklären. Beispielsweise beobachtet man, dass beim Einschalten der Lampe keine Zeit vergeht, bis die Lampe leuchtet. Mit der Fahrradkette versteht man das: Die Elektronen sind ja in einem metallischen Leiter bereits enthalten und dort frei beweglich. Sie setzen sich wie die Kettenglieder der Fahrradkette an jeder Stelle gleichzeitig in Bewegung. ▸ 6
Natürlich hat auch jedes Modell Grenzen, weil es nur etwas darstellt, aber nicht identisch mit dem Dargestellten ist. Es erklärt nicht alles. Beispielsweise erklärt das Fahrradkettenmodell nicht, wie die Elektronen die Lampe zum Leuchten bringen.

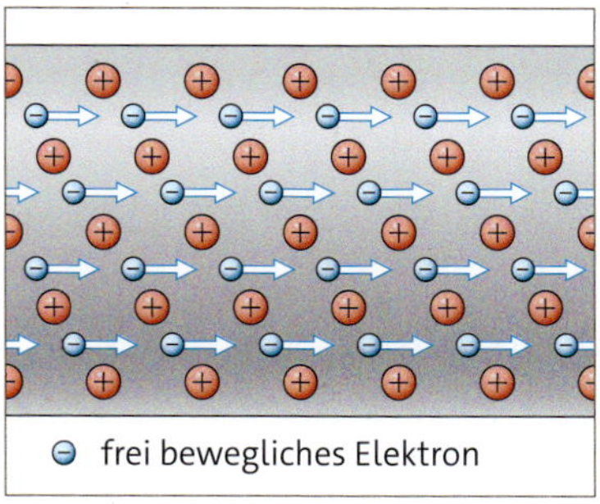

6 Elektrischer Strom im Metalldraht

Aufgaben

1 Sobald man bei einem elektrischen Stromkreis das Kabel an einer Stelle löst, erlischt die Lampe. Dabei ist es egal, an welcher Stelle man das tut. Erkläre das mit dem Fahrradkettenmodell.

2 Ein Modell ist dann besonders gut, wenn es richtige Vorhersagen machen kann. Es werden zwei Stromkreise betrachtet. Bei einem führen zwei 1 m lange Kabel zur Lampe, bei dem zweiten zwei 2 m lange Kabel. Die Batterie treibt die Elektronen identisch an, auch die Lampe ist in beiden Stromkreisen gleich. Übertrage die Situation auf das Fahrradkettenmodell und mach eine Vorhersage über das Leuchten der beiden Lampen.

Grundlagen Antrieb – Strom – Widerstand

Vielleicht hast du das auch schon erlebt: Die Fahrradkette springt am Hinterrad heraus, die Füße treten ins Leere. Und weil die Pedale die herausgesprungene Kette für kurze Zeit noch antreibt, bewegt sie sich sehr schnell. Man „tritt durch". ▸ 1
Gibt es so etwas im elektrischen Stromkreis auch? Wir übertragen die Situation vom Fahrrad auf den Stromkreis: Der Stromkreis muss geschlossen sein, denn die Kette bleibt beim Abspringen ebenfalls ganz. Die Pedale treibt die Kette an, aber das Hinterrad wird durch das Abspringen nicht mehr angetrieben. Diese Situation findet man beim Stromkreis, wenn man die Anschlüsse einer Batterie ohne Lampe verbinden würde. Man nennt das einen Kurzschluss. ▸ 2
Ein Kurzschluss macht deutlich, was elektrische Geräte mit dem Elektronenstrom machen: Sie bremsen ihn, genauso wie das Hinterrad die Fahrradkette bremst. Damit wird die Struktur von elektrischen Stromkreisen deutlich. ▸ 3

1 Kurzschluss im Modell

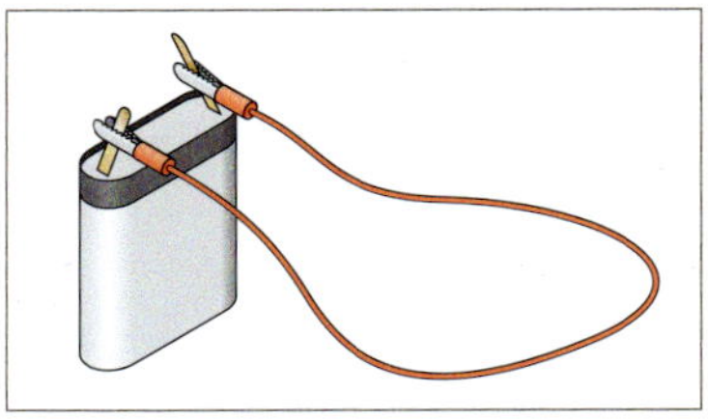

2 Kurzschluss

In einem Stromkreis ist die Energiequelle der Antrieb für den Elektronenstrom. Der Elektronenstrom fließt im Kreis. Das elektrische Gerät bildet einen Widerstand, es bremst den Elektronenstrom.

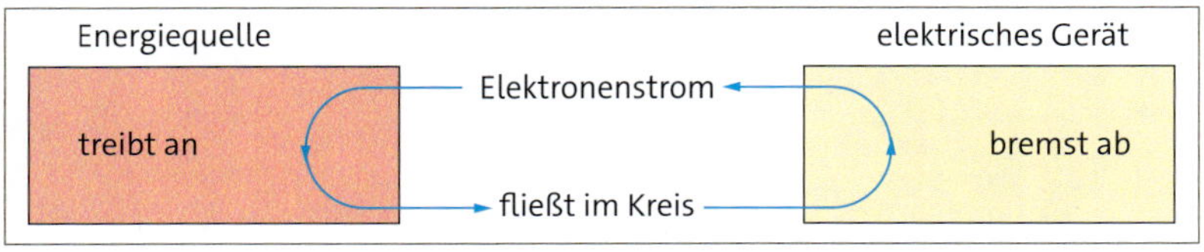

3

Treibt in einem Stromkreis die Energiequelle die Elektronen ohne Widerstand an, gibt es einen Kurzschluss. Dann fließt ein sehr hoher Strom durch die Leitungen und durch die Energiequelle, so dass sich eine Batterie stark erhitzen oder ein Netzgerät zerstört werden kann. Im Haushalt schlägt dann die Sicherung an.

Aufgaben

1 Übertrage die Tabelle in dein Heft und fülle sie aus.

Fahrradkette	Elektrischer Stromkreis
Die Kette ist am Hinterrad abgesprungen und treibt das Hinterrad nicht mehr an.	Die Elektronen fließen nicht durch _____ sondern direkt zur _____.
Die Kette wird nicht gehemmt.	
Die Kette bewegt sich sehr schnell.	

2 Wenn ein Kurzschluss vorliegt, funktioniert eine Schaltung entweder überhaupt nicht mehr oder nicht, wie sie soll. Daher muss man einen Kurzschluss schnell beheben. Prüfe die Schaltungen, ob sie einen Kurzschluss enthalten. ▸ 4

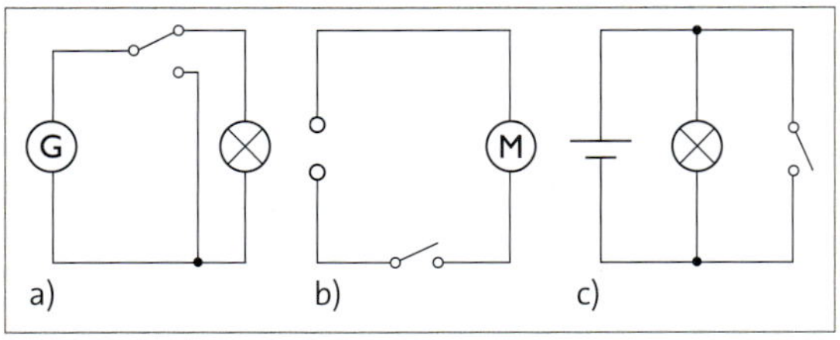

4

Aus der Geschichte: Vom elektrischen Konflikt zum Stromkreis

Im 18. Jahrhundert verstanden die meisten Wissenschaftler unter elektrischem Strom nicht das Fließen von Elektrizität im Kreis. Der dänische Forscher HANS CHRISTIAN OERSTED experimentierte mit den ersten Batterien, die damals Voltasäulen genannt wurden. Er hatte – wie viele Wissenschaftler zu dieser Zeit – folgende Vorstellung: In einem Draht, der mit einem Ende am Pluspol und dem anderen Ende am Minuspol einer Batterie angeschlossen ist, prallen „Pluselektrizität" und „Minuselektrizität" aufeinander wie zwei feindliche Heerscharen auf einem Schlachtfeld. Diesen Zusammenprall nennt OERSTED „elektrischen Konflikt". Dieser Konflikt hat verschiedene Folgen: Im Draht entsteht Wärme oder Glühlicht.
OERSTEDS Vorstellungen sind recht anschaulich, sie entsprechen aber nicht dem heutigen Stand der Physik. Der Franzose ANDRÉ MARIE AMPÈRE war es, der die Vorstellung von im Kreis herumlaufender Elektrizität weiterverfolgte.

1 Beschreibe Unterschiede zwischen dem Fahrradkettenmodell und der Vorstellung OERSTEDS vom elektrischen Strom.

2 Betrachte den Versuch, bei dem zwei Batterien an eine Lampe angeschlossen werden. ►5
Beschreibe, welche Vorhersage OERSTED und das Fahrradkettenmodell jeweils über das Leuchten der Lampe machen. Probiere den Versuch selbst aus.

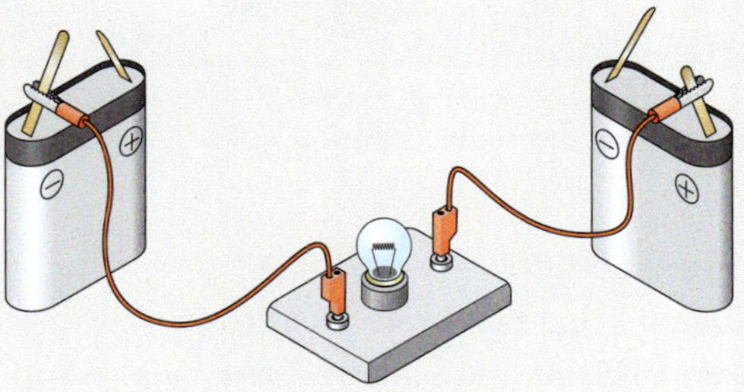

5

Aus der Technik: Kurzschluss erwünscht – Lichtbogenschweißen

Beim Schweißen werden zwei Metallteile durch Wärme verschmolzen und so fest miteinander verbunden. Beim Lichtbogenschweißverfahren sind die zu verschweißenden Teile (Werkstück) einerseits und eine Stabelektrode andererseits an die beiden Pole einer elektrischen Energiequelle angeschlossen.
Zu Beginn des Schweißvorgangs berührt man mit der Stabelektrode das Werkstück dort, wo die beiden Teile zusammengeschweißt werden sollen und erzeugt einen Kurzschluss. Dadurch fließt ein so hoher Strom, dass sich Werkstück und Stabelektrode am Berührungspunkt stark erhitzen. Dann wird die Elektrode vom Werkstück um einige Millimeter abgehoben. Es entsteht ein Lichtbogen, das ist ein ca. 3200 °C heißer Bereich, in dem sogar die Luft den elektrischen Strom leitet. Durch die Hitze verschmelzen die beiden Metallteile, außerdem schmilzt auch das Material der Elektrode und bildet eine Schweißnaht. Die elektrische Energiequelle für das Schweißen muss so gebaut sein, dass ihr die hohen Ströme nichts anhaben können.

1 Beschreibe, wann genau beim Lichtbogenschweißen ein Kurzschluss entsteht und warum dieser erwünscht ist.

2 Fertige eine Zeichnung vom Schweißen an. Sie soll die zwei zu verschweißenden Teile, die Stabelektrode, die Energiequelle und die Zuleitungen enthalten. Markiere farbig den Weg des elektrischen Stroms, so dass man den Kurzschluss erkennt.

3 Finde Metallgegenstände in deiner Umgebung, bei denen du eine Schweißnaht erkennen kannst.

6 Schweißnähte am Fahrrad

7 Lichtbogenschweißen

Schaltungen mit mehreren Geräten oder Schaltern

1

Stromkreise, die unser tägliches Leben bestimmen, sind natürlich viel komplizierter als einer aus Batterie und Lampe. Aber auch in den scheinbar unübersichtlichsten Verkabelungen lassen sich grundlegende Schaltungsprinzipien wiederfinden.

Experiment

1 Heckenschere
Damit keine Hand versehentlich in die Klingen der Heckenschere gerät, hat sie zwei Schalter. Diese müssen von beiden Händen gleichzeitig gedrückt werden, damit sie funktioniert.
Baue ein Modell der Heckenschere nach.

2 Wagen hält!
In Bussen kann man von verschiedenen Sitzplätzen aus den Stopp-Knopf drücken, so dass die Anzeige „Wagen hält" erscheint.
Baue ein Modell dieser Schaltung nach.

3 Früher – heute
Heute funktionieren Lichterketten anders als früher.
Baue aus einer Batterie und mehreren Lampen die Schaltungen für die beiden Lichterketten nach. ▸ 2, 3

4 Flurlicht
In vielen Räumen kann man das Licht von zwei verschiedenen Orten ein- und wieder ausschalten. Wenn man das Licht an einem Schalter eingeschaltet hat, kann man es sowohl an dem einen als auch an dem anderen wieder ausschalten.
Baue eine solche Flurlichtschaltung nach. Dazu benötigst du zwei besondere Schalter – Wechselschalter. Mache dich zuerst mit seiner Funktionsweise vertraut.

5 Haartrockner
Viele Haartrockner funktionieren folgendermaßen: Man kann den Ventilator einschalten und zusätzlich kann man eine Heizung auf verschiedenen Heizstufen zuschalten. Ist der Ventilator aus, kann die Heizung nicht allein eingeschaltet werden. Baue eine solche Schaltung nach (dass man Ventilator und Heizung verschieden stark einstellen kann, kannst du weglassen).

Meine Lichterkette hat 15 Lampen. Sie hat keinen Schalter. Es reicht, wenn man eine Lampe aus der Fassung dreht dann gehen alle Lampen aus. Von jeder Lampe führt nur ein einziges Kabel zur nächsten Lampe.

2

3

Bei unserer Lichterkette mit 150 Lampen lassen sich die LEDs gar nicht herausdrehen. Geht aber eine aus, so leuchten alle anderen weiter. Von jeder Lampe gehen mehrere Kabel zur nächsten Lampe.

Grundlagen Schaltungen mit zwei Schaltern

Viele Geräte arbeiten erst, wenn zwei Schalter geschlossen sind. Bei einer Mikrowelle sind das beispielsweise der Schalter an der Mikrowellentür und der Schalter am Gerät. Diese Schaltung nennt man UND-Schaltung. UND-Schaltungen sind häufig Sicherheitsschaltungen. Sie sollen helfen, Unfälle zu vermeiden. ▸ 4

Bei der UND-Schaltung ist der Stromkreis nur dann geschlossen, wenn Schalter 1 und Schalter 2 geschlossen sind.

Bei einer Klingelschaltung in einem Mehrfamilienhaus gibt es ebenfalls zwei Schalter: einen an der Haustür und einen an der Wohnungstür. Die Klingel läutet bereits, wenn einer der beiden Schalter gedrückt wird. Eine solche Schaltung heißt ODER-Schaltung. ▸ 5

Bei der ODER-Schaltung ist der Stromkreis dann geschlossen, wenn Schalter 1 oder Schalter 2 geschlossen ist.

Mit einer Wechselschaltungen kann man eine Lampe von zwei verschiedenen Stellen an- und ausschalten, wie z. B. bei einem Flurlicht. ▸ 6

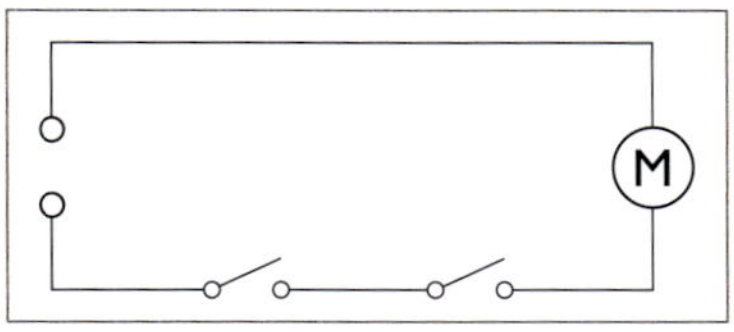

4 UND-Schaltung

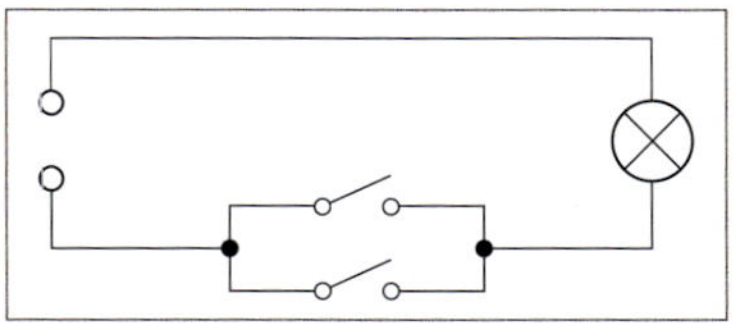

5 ODER-Schaltung

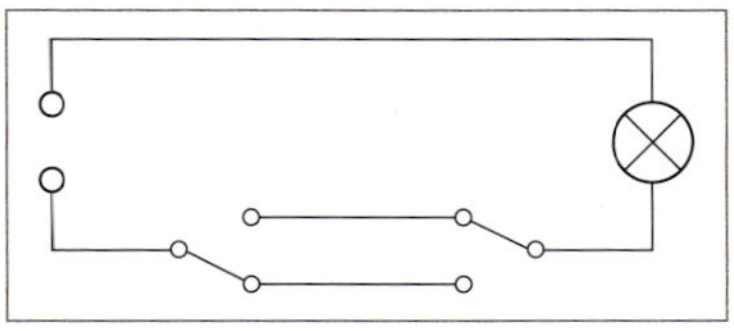

6 Wechselschaltung

Aufgaben

1 Gib an, um welche Schaltung es sich bei den folgenden Geräten handeln könnte. Begründe deine Entscheidung.
a Elektrischer Rasenmäher: ein Schalter für linke und ein Schalter für die rechte Hand
b Waschmaschine: ein Ein-/Aus-Schalter und ein Schalter an der Tür
c Fußgängerampel: ein Schalter an jeder Ampel

2 Finde weitere Beispiele für UND- bzw. ODER-Schaltungen in deiner Umgebung.

3 Überlege, um welche Schaltung es sich handeln könnte und vervollständige die Tabelle in deinem Heft.

Schalter 1	Schalter 2	Lampe
?	offen	?
offen	geschlossen	Leuchtet nicht
Geschlossen	?	?
Geschlossen	geschlossen	?

4 Tina, Farhard und Klara sollen als Hausaufgabe den Schaltplan einer UND-Schaltung mit Stromweg aufzeichnen.

a Sie vergleichen gemeinsam ihre Hausaufgabe. ▸ 7 Farhard sieht die Lösung von Tina und sagt: „Ich habe einen Fehler gemacht. Bei mir haben die Schalter gar keine Wirkung, weil der Strom vorher schon durch die Lampe geflossen ist. Und bei Klara wird nur Schalter 1 eine Wirkung haben." Was meinst du?

b Baue die Schaltungen auf und prüfe nach.

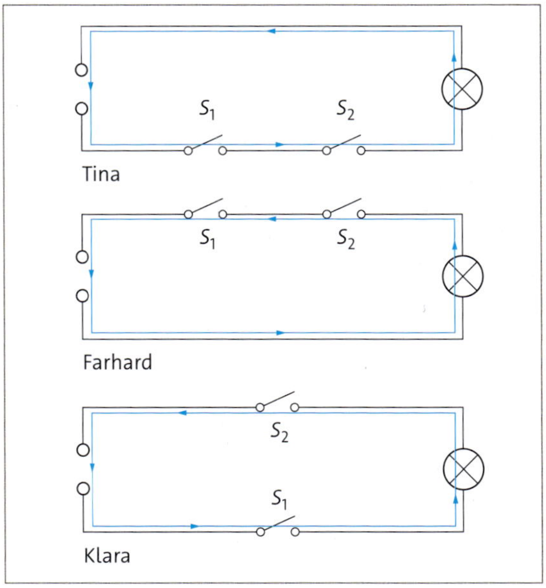

7

Grundlagen Wie können mehrere Geräte betrieben werden?

Zwei Lampen kann man auf unterschiedliche Art und Weise an eine elektrische Energiequelle anschließen.

Von einer Reihenschaltung spricht man, wenn es zwischen den elektrischen Geräten keinen Verzweigungspunkt gibt.

Wenn eine Lampe in einer Reihenschaltung ausfällt, erlöschen auch die anderen. Die Reihenschaltung wird auch Serienschaltung oder Hintereinanderschaltung genannt. ▸ 1

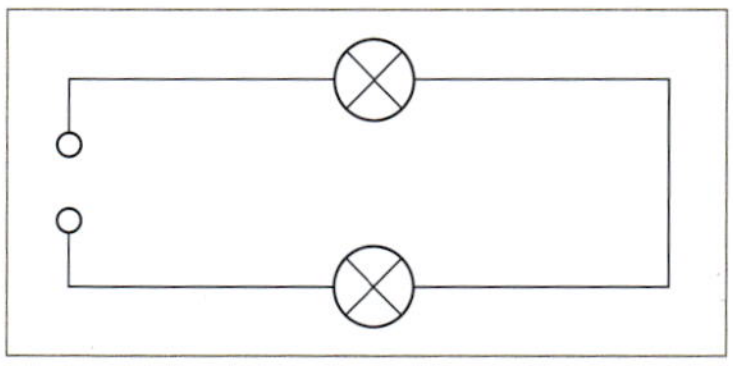

1 Reihenschaltung

Bei der Parallelschaltung kann man für jedes Gerät einen elektrischen Stromkreis mit der Energiequelle finden, in dem sich kein weiteres Gerät befindet.

Wenn ein Lampe in einer Parallelschaltung ausfällt, leuchtet die andere immer noch weiter. Die Parallelschaltung findet sich daher überall dort, wo Geräte unabhängig voneinander betrieben werden sollen, wie z. B. bei einem Mehrfachstecker oder in einem Haus. ▸ 2

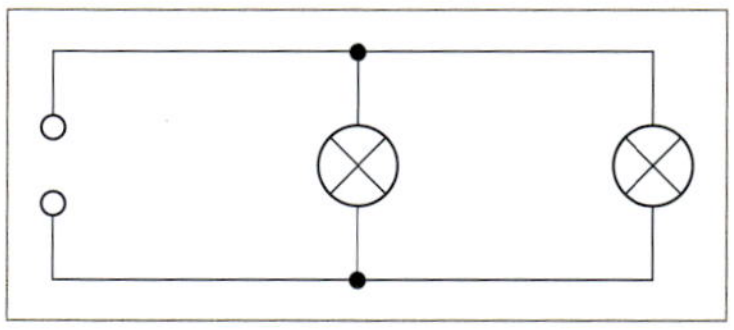

2 Parallelschaltung

Aufgaben

1 Bei der Fahrradbeleuchtung sind am Dynamo Vorder- und Rücklicht angeschlossen. Entscheide, ob es sich dabei um eine Reihen- oder Parallelschaltung handelt und begründe.

2 Bei einer Parallelschaltung sagt man: „Jedes Gerät hat seinen eigenen Stromkreis." Erkläre das mit einem geeigneten Schaltplan, in den du für jedes Gerät den Stromweg mit einer anderen Farbe einzeichnest.

3 Bei den abgebildeten Schaltungen sollen die Lampen gleichzeitig ein- oder ausgeschaltet werden. An welchen der markierten Stellen könnte man den Schalter jeweils einbauen? Begründe deine Antwort. ▸ 3

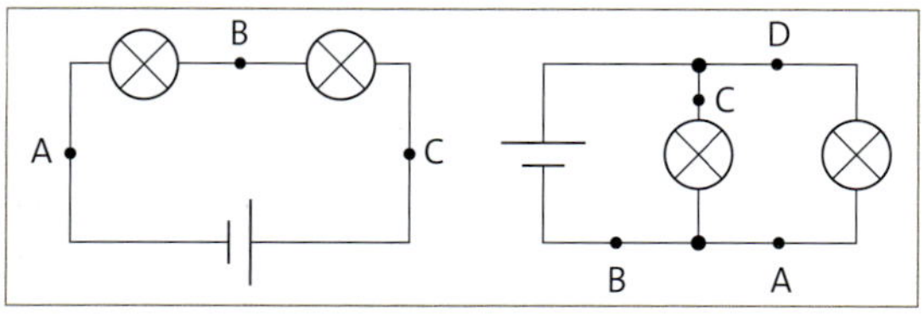

3

4 Um Schaltpläne übersichtlicher zu zeichnen, gilt die Regel: „Verzweigungspunkte dürfen auf Leiterabschnitten zwischen Bauteilen beliebig verschoben werden."

a Erläutere an dem untenstehenden Bild, was damit gemeint ist. ▸ 4

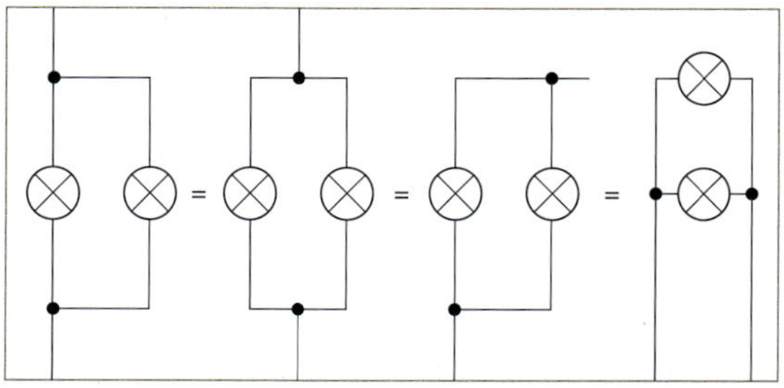

4

b Zeichne mit dieser Regel die Schaltpläne übersichtlicher. Dann wirst du erkennen, dass zwei Schaltungen identisch sind. Welche sind es? ▸ 5

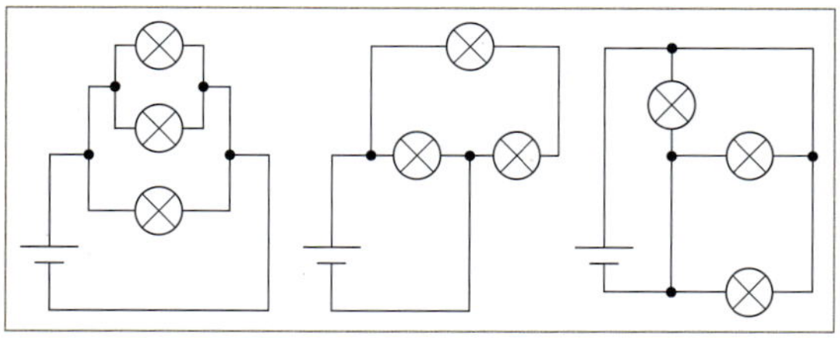

5

c Erkläre, warum beim Verschieben eines Verzweigungspunktes dieser kein Bauteil „überspringen" darf.

Aus der Technik: Impulsschaltung

Endlich eine größere Wohnung. Tessas Familie ist in eine große, frisch renovierte Altbauwohnung umgezogen. Nun haben sie und ihre Geschwister alle ihr eigenes Zimmer. Die Wohnung hat einen langen Flur und von vier verschiedenen Schaltern aus lässt sich das Flurlicht ein- und ausschalten. So etwas macht man mit einer Impulsschaltung. Bei einer Impulsschaltung kann eine Lampe im Prinzip von unendlich vielen Orten ein- und ausgeschaltet werden. An diesen Orten befinden sich Tastschalter, die beim Betätigen kurzzeitig einen Stromkreis schließen. In diesem Stromkreis befindet sich der Stromstoßschalter. Dieser ist der eigentliche Schalter der Lampe. Wie der Name es schon sagt, schaltet er bei jedem Stromstoß abwechselnd das Flurlicht ein und aus. Dabei ist es egal, von welchem Tastschalter diese Stromstöße ausgelöst werden. Die Tastschalter für sich genommen bilden eine ODER-Schaltung. Anstelle der Tastschalter könnten im Prinzip auch Bewegungsmelder den Stromstoßschalter aktivieren.

1 Beschreibe die Funktionsweise des Impulsschalters. ▸7
2 Zeichne die Schaltskizze ab und zeichne für einen geschlossenen Tastschalter mit zwei Farbstiften zwei geschlossene Stromkreise ein.
3 Begründe, warum man für das Flurlicht nicht auch einfach eine ODER-Schaltung mit vier normalen Schaltern nehmen könnte.

6 Lichtschalter im Flur

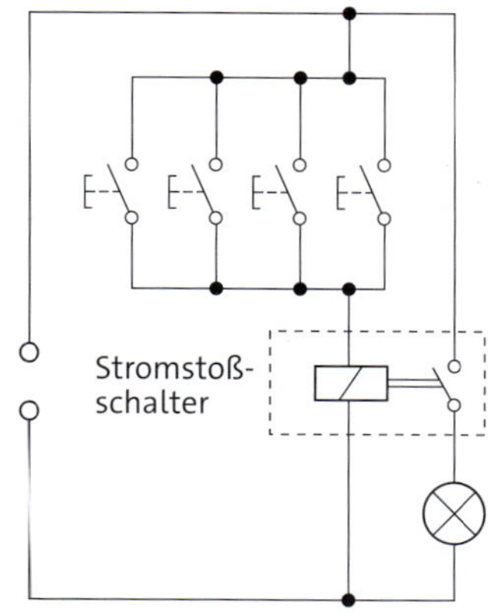

7 Schaltplan Impulsschalter

Aus der Technik: LED-Bänder

Weiß oder bunt strahlt es aus Deckenvorsprüngen, Wandnischen oder unter Treppenstufen hervor. Mit LED-Bändern lassen sich tolle Beleuchtungseffekte herstellen. Die Handhabung ist einfach: Man kann ihre Länge einfach durch Abschneiden anpassen. Wie funktioniert das? Wenn man genau hinsieht, kann man erkennen, dass man ein LED-Band nur an ganz bestimmten Stellen, oft nach jeweils drei LEDs abschneiden darf. ▸8 Der Grund liegt darin, dass die LEDs, wie in den Schaltskizzen gezeigt, eine Kombination aus Reihen- und Parallelschaltung bilden. Dabei sind drei LEDs in Reihe und mehrere dieser Reihenschaltung parallel geschaltet. ▸9

1 Die beiden (etwas vereinfachten) Schaltpläne zeigen denselben Ausschnitt eines LED-Bands.
a Beschreibe die Unterschiede bei den beiden Schaltplänen und nenne Vor- und Nachteile der beiden Darstellungen.
b Erkläre anhand der beiden Schaltpläne, an welcher Stelle man das LED-Band durchschneiden könnte. Beschreibe, was passieren würde, wenn man es an einer anderen Stelle durchschneiden würde.
2 Erkläre, was damit gemeint ist, dass Reihenschaltungen parallel geschaltet sind.

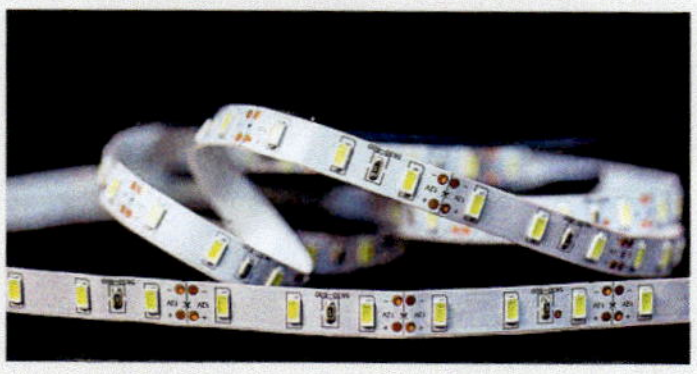
8 LED-Band

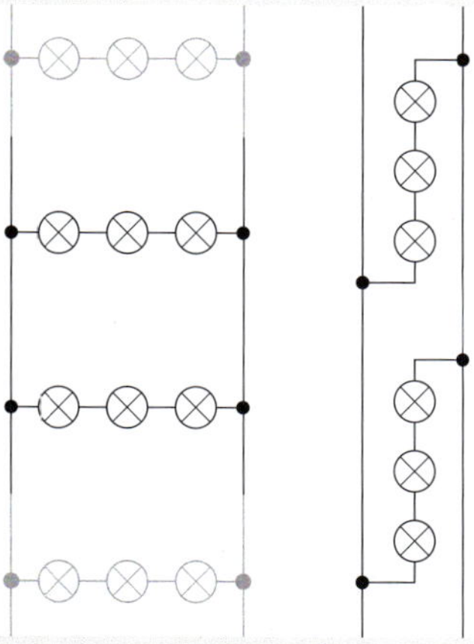
9 Schaltung LED-Band

Aufgaben und Aufträge

Elektrische Stromkreise

1 Elektrische Energiequellen und Geräte haben zwei Anschlüsse, so dass ein Stromkreis geschlossen werden kann. Beschreibe, wo sich bei den abgebildeten Geräten die beiden Anschlüsse befinden. ▸ 1

1

Was fließt in elektrischen Stromkreisen und wie?

2 Finde Alltagsbeispiele, bei denen Gegenstände durch Reiben oder Anpressen elektrisch geladen werden.

3 Auf einmal gehen im Haus die Lampen aus. „Die Sicherung ist herausgeflogen", stellt Mutter fest. „Oje, vermutlich ist das Kabel schuld an dem Kurzschluss." Betrachte das Bild und erkläre, was passiert sein könnte. ▸ 2

2 Kabel und Kurzschluss

4 Eine Batterie treibt die Elektronen immer in die gleiche Richtung an. Man spricht vom Gleichstrom. Die Elektronen kommen am Minuspol aus der Batterie heraus und fließen am Pluspol wieder hinein. Im Haushalt hat man dagegen Wechselstrom. Überlege, wie man sich Wechselstrom vorstellen könnte.

Schaltungen mit mehreren Geräten und Schaltern

5 Vier Schülerinnen und Schüler haben Schaltpläne von ODER-Schaltungen gezeichnet. Beurteile, ob sie es richtig gemacht haben. Zeichne die richtigen Schaltpläne ab und zeichne mit zwei verschiedenen Farben jeweils den Stromweg für den geschlossenen Schalter 1 und 2 ein. ▸ 3

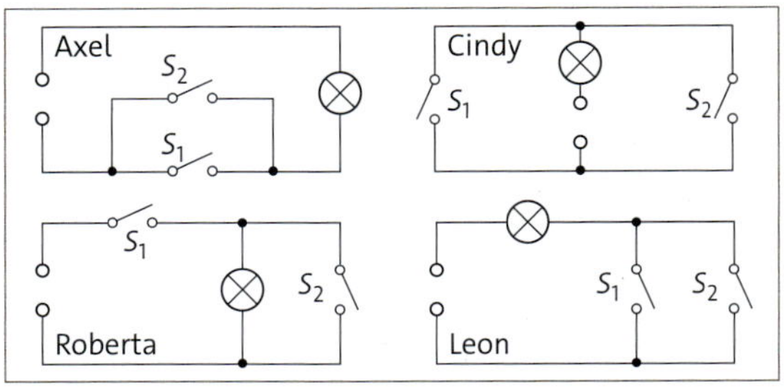

3

6 Theo und Mathilda haben absichtlich etwas kompliziert aussehende Schaltungen aufgebaut. ▸ 4, 5

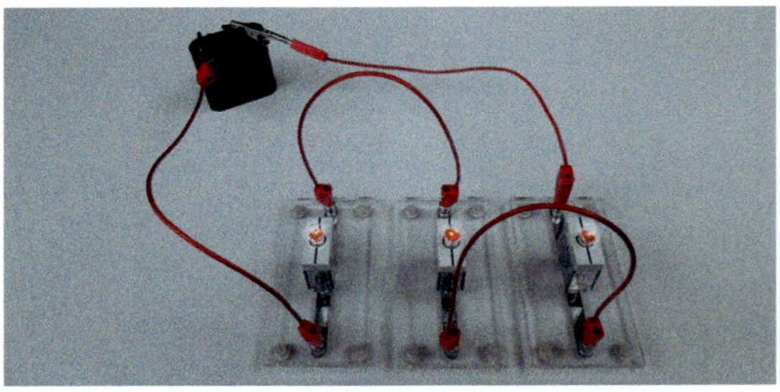

4

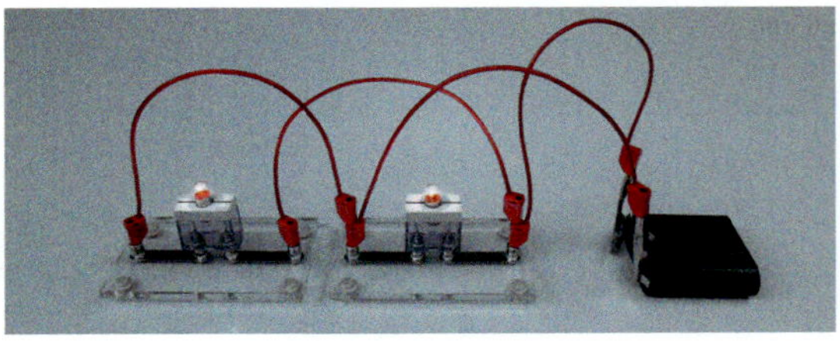

5

a Schaffst du es dennoch, jeweils eine übersichtliche Schaltskizze zu zeichnen? Denke daran: Damit eine Schaltskizze übersichtlich wird, dürfen die Bauteile und auch die Kabel anders angeordnet werden als auf dem Foto. Allerdings müssen die Bauteile in der Schaltskizze in genau der gleichen Weise miteinander verbunden werden wie die Bauteile auf dem Foto, damit die Schaltskizze wirklich ein Bild der echten Schaltung ist.

b Bei welcher Schaltung handelt es sich um eine Parallelschaltung, bei welcher um eine Reihenschaltung?

7 Der untenstehende Plan zeigt einen Ausschnitt aus dem Versorgungs-Schaltplan eines Hauses. ▸ 6

a Beschreibe, welche Schaltungen du erkennen kannst.

b Zeichne einen übersichtlichen Schaltplan mit Schaltsymbolen. (*Hinweis:* Den Schutzleiter brauchst du nicht beachten.)

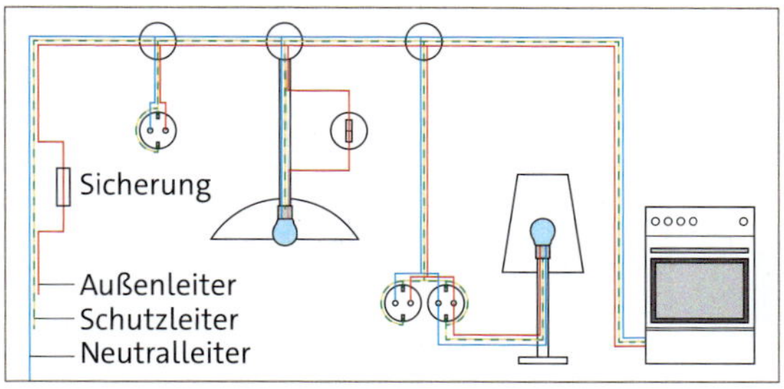

6

Überblick

Stromkreise Immer wenn ein elektrisches Gerät funktioniert, gibt es einen geschlossenen elektrischen Stromkreis. Man kann einen elektrischen Stromkreis mit Pedale, Kette und Hinterrad eines Fahrrads vergleichen. Wie die Kettenglieder beim Fahrrad bewegen sich die Elektronen im elektrischen Stromkreis rundherum. Sie werden von einer Energiequelle angetrieben und von einem elektrischen Gerät in ihrer Bewegung gebremst. Stromkreise werden in Schaltskizzen übersichtlich dargestellt. Jedes Bauteil wird darin durch ein bestimmtes Schaltsymbol veranschaulicht. ▸ 7

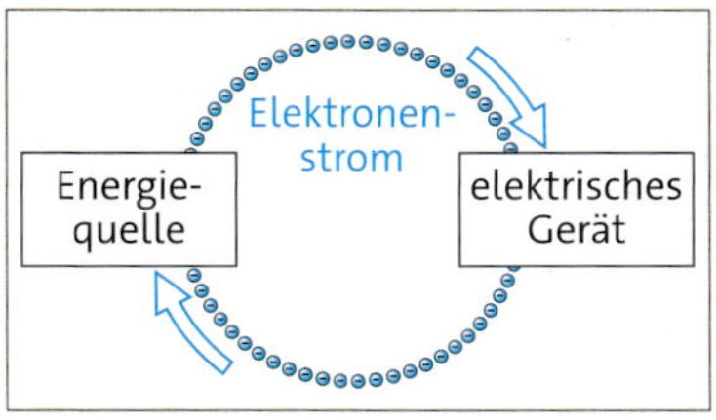

7

Atomvorstellung und Ladung Atome stellen wir uns aus einem Atomkern und einer Atomhülle vor. In der Atomhülle befinden sich Elektronen, die negativ geladen sind. Im elektrisch neutralen Atom befindet sich im Kern die gleiche Menge positiv geladener Teilchen. Elektronen sind beweglich und können von einem zum anderen Gegenstand übergehen.
Gegenstände können positiv oder negativ geladen sein. Positive Ladung ist auf einen Elektronenmangel, negative Ladung auf einen Elektronenüberschuss zurückzuführen. Gleichnamig geladene Körper stoßen sich ab, ungleichnamig geladene ziehen sich an. ▸ 8

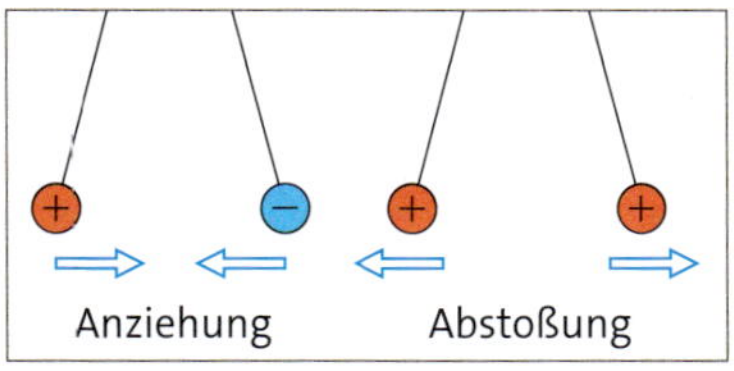

8

Leiter und Nichtleiter Je beweglicher die Elektronen in einem Stoff sind, desto besser leitet er den elektrischen Strom. Metalle sind gute Leiter. Isolatoren wie zum Beispiel Kunststoff oder Porzellan leiteten den Strom praktisch überhaupt nicht. ▸ 9

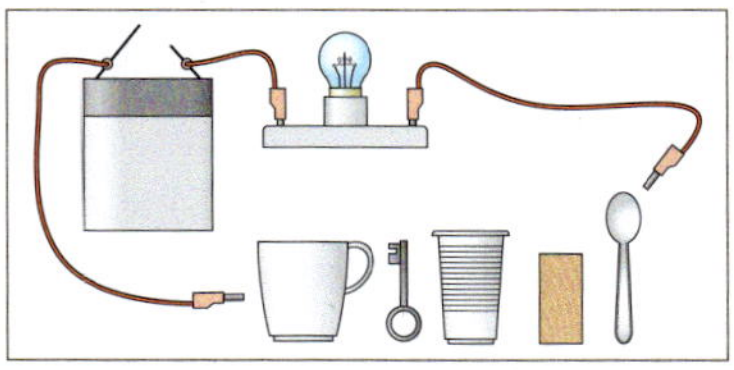

9

Schaltungen Wenn mehrere Geräte an eine Energiequelle angeschlossen sind und es zwischen ihnen keinen Verzweigungspunkt gibt, nennt man das eine Reihenschaltung. Lässt sich für jedes Gerät ein eigener Stromkreis finden, liegt eine Parallelschaltung vor. ▸ 10

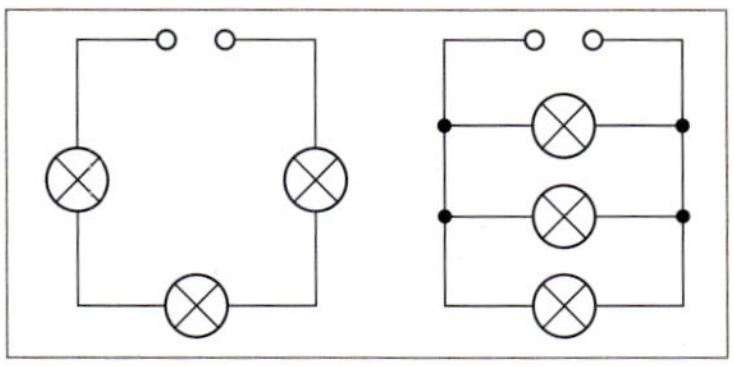

10

Etwa 10 × 10 cm groß und 2 cm dick – trotzdem hält er zwei Personen in der Luft. Magnete können unglaubliche Belastungen aushalten.

Magnete machen's

Magnete faszinieren einfach. Schon Kinder spielen unglaublich gern damit und entdecken die Eigenschaften der Magnete. Magnete sind uns praktische Helfer – sie halten Messer an der Wand oder Zettel an der Kühlschranktür. Sie verschließen die Schranktür oder die Smartphonehülle. ▸ 2, 3
Seit jeher wird Magneten eine magische Wirkung zugesprochen. Viele Menschen setzen auf die Magnetfeldtherapie, auch wenn ihre Wirksamkeit nicht wissenschaftlich belegt ist. ▸ 4

Zwar merken wir nichts davon, aber wir sind täglich von einem Magnetfeld umgeben – dem unserer Erde. Es richtet nicht nur Kompassnadeln aus, sondern bildet einen riesigen Schutzschirm vor gefährlichen Teilchen aus dem Weltraum.
Die Aufklärung des Magnetismus hat bis ins letzte Jahrhundert gedauert. Man benötigt Kenntnisse aus der modernen Physik, um den Magnetismus richtig zu verstehen. Klar ist: Er hat viel mit Elektrizität zu tun. Magnetismus ist eine Wirkung elektrischer Ströme. Das nutzt man bei Elektromagneten aus.
Elektromagnete sind wichtige Bauteile eines jeden Elektromotors. Mit ganz einfachen Mitteln kannst du selbst einen solchen Motor bauen – und am Ende dieses Kapitels auch verstehen, wie er funktioniert. ▸ 5

2 Mit Magneten spielen.

3 Magnetische Leiste

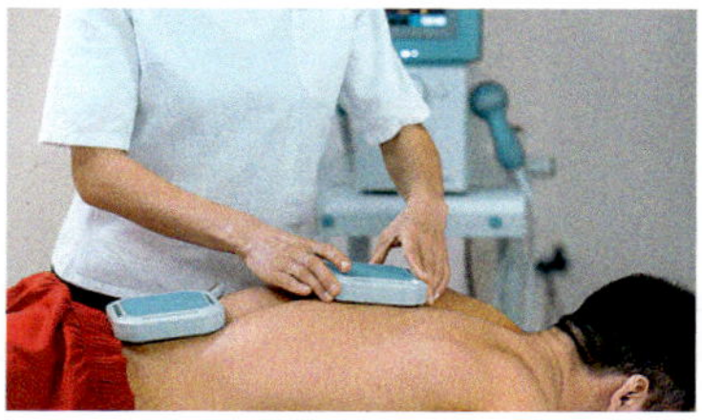

4 Magnetfeldtherapie

5 Elektromotor

Lernen an Stationen Magnete

Station 1 Wie verhalten sich verschiedene Magnete?

Material: verschiedene Magnetpaare
Durchführung: Nähere jeweils die beiden Magnete eines Paares auf unterschiedliche Weise. Beschreibe Gemeinsamkeiten, die du bei allen Magnetpaaren finden kannst.

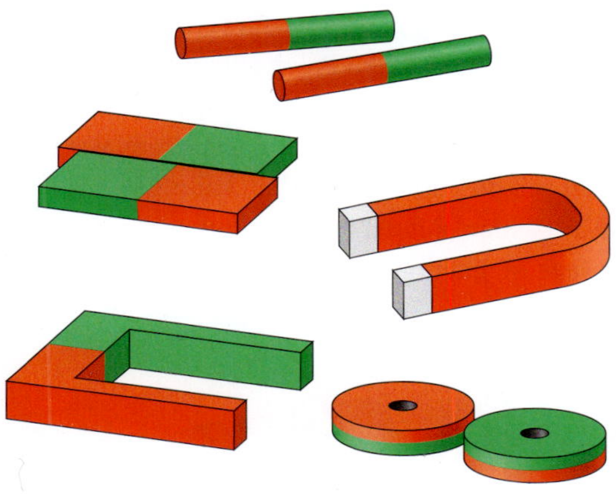

Station 2 Magnetisch oder nicht?

Material: Dauermagnet, verschiedene Gegenstände
Durchführung: Prüfe bei mindestens 10 Gegenständen aus deiner Umgebung, ob sie von einem Dauermagneten angezogen werden. Aus welchem Material bestehen die Gegenstände, die angezogen werden und aus welchem die, die nicht angezogen werden? Stelle deine Ergebnisse in einer Tabelle zusammen.

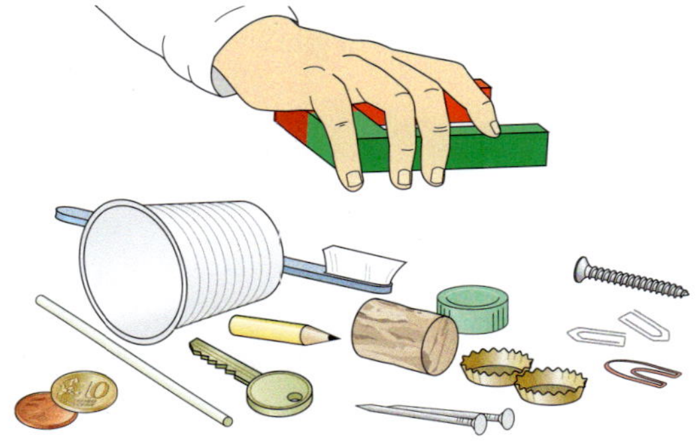

Station 3 Geht die magnetische Wirkung durch Dinge hindurch?

Material: Dauermagnet (an einem Stativ befestigt), Büroklammer, Nähgarn, Klebeband, Platten (ca. 10 × 10 cm) aus verschiedenen Materialien, z. B. Pappe, Glas, Alufolie, Kupfer, Eisen, Holz
Durchführung: Schiebe nacheinander die Platten aus verschiedenen Materialien zwischen Magnet und Büroklammer. Bei welchen Materialien kann der Magnet die Büroklammer immer hochhalten? Stelle deine Ergebnisse in einer Tabelle zusammen.

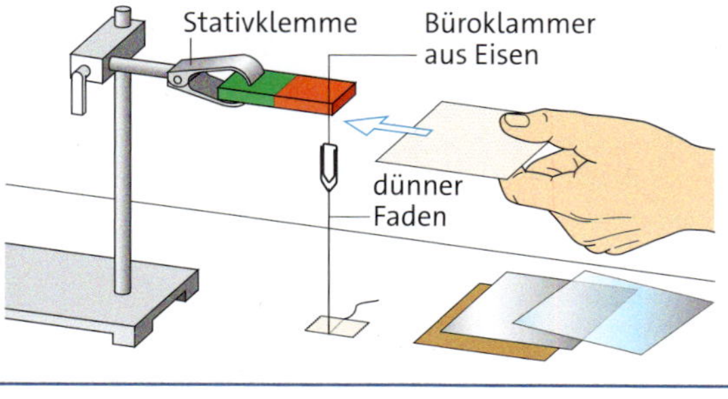

Station 4 Zieht ein Stück Eisen einen Magneten an?

Material: Dauermagnet, Eisenstück, 2 runde Bleistifte
Durchführung: Lege das Eisenstück auf die Rollen und nähere den Magneten. Tausche danach Magnet und Eisenstück. Stimmt die Aussage: „Nicht nur der Magnet zieht ein Stück Eisen an, sondern auch das Eisen zieht den Magneten an"? Notiere deine Beobachtungen und gib eine Antwort.

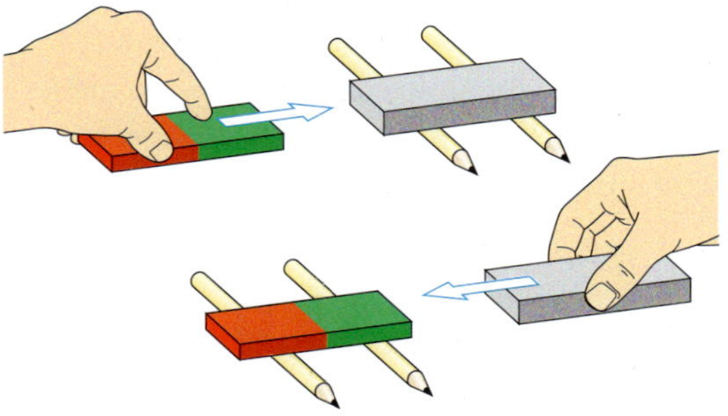

Lernen an Stationen Magnete

Station 5 Zieht ein Magnet überall gleich stark an?

Material: verschiedene Magnete, Eisennagel, Faden

Durchführung: Binde einen Nagel an einen Faden. Nähere dich mit dem Nagel unterschiedlichen Stellen der Magneten. Ist die anziehende Wirkung an allen Stellen gleich groß? Skizziere die Magnete und markiere die Stellen mit der größten anziehenden Wirkung. Beschreibe, ob es Gemeinsamkeiten bei den verschiedenen Magneten gibt.

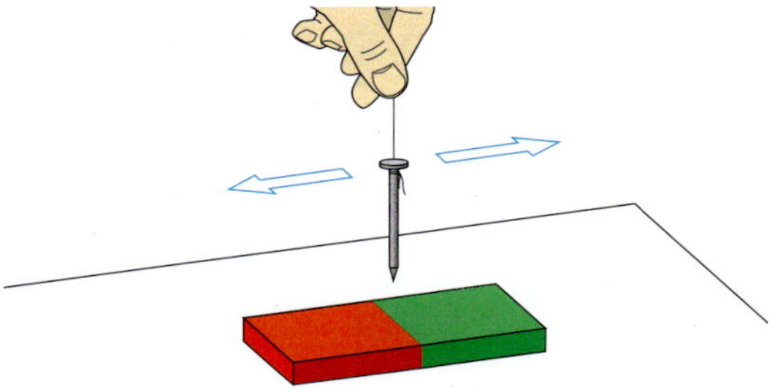

Station 6 Wird die magnetische Wirkung durch einen anderen Magneten verändert?

Material: 2 Dauermagnete, Stativ, 1-Cent-Münzen

Durchführung: Hänge so viele Münzen untereinander an eine Seite, wie der Magnet gerade noch halten kann. Nähere einen zweiten Magneten, mal mit der gleich gefärbten Seite und mal mit der anderen. Lege anschließend beide Magnete mit den gleichen Polen aufeinander und drücke sie fest zusammen, so dass sie zusammen einen größeren Magneten bilden. Prüfe, wie viel Münzen dieser Magnet halten kann. Was passiert mit der Magnetkraft, wenn der zweite Magnet hinzukommt? Notiere deine Beobachtung. Findest du eine Erklärung?

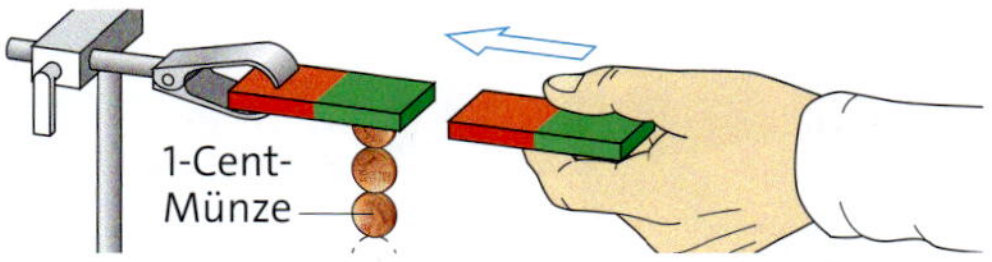

Station 7 Kann man Magnete selbst herstellen?

Material: langer Eisennagel, Stabmagnet, Büroklammern, Hammer

Durchführung: Prüfe zunächst, ob die Büroklammern von dem Eisennagel angezogen werden. Streiche dann mit einer Seite des Stabmagneten mehrmals in gleicher Richtung über den Nagel. Prüfe erneut, ob Büroklammern vom Nagel angezogen werden. Probiere verschiedene Stellen des Nagels aus. Schlage dann mit dem Hammer einige Male auf den Nagel. Teste nochmals, ob Büroklammern angezogen werden. Beschreibe, welche Eigenschaften des magnetisierten Nagels mit denen eines Stabmagneten übereinstimmen und welche nicht.

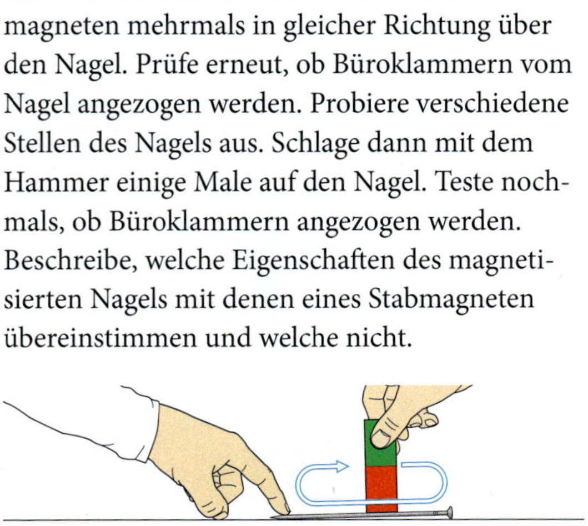

Station 8 Kann man die Wirkung eines Magneten in der Umgebung sichtbar machen?

Material: Magnet, Bücher, Pappe, Blatt Papier, Eisenpulver

Durchführung: Lege die Pappe und das Papier so auf Bücher, dass der Magnet genau darunter passt. Streue dann Eisenpulver auf das Papier und klopfe leicht gegen die Pappe. Beschreibe die Bilder, die durch das Eisenpulver auf dem Papier entstehen.

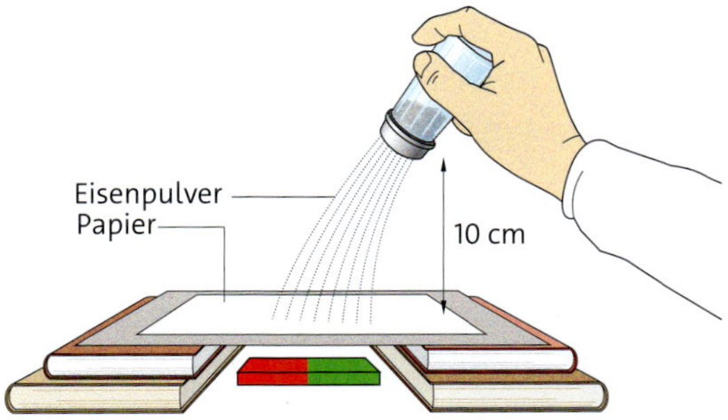

Grundlagen Eigenschaften von Magneten

Magnete können sehr unterschiedlich aussehen. Spielt man mit Magneten, so stellt man fest, dass sie einige Gegenstände anziehen oder an ihnen hängen bleiben. Viele Gegenstände reagieren aber auch nicht auf Magnete. ▸ 5

Magnete ziehen nur Gegenstände aus Eisen stark an oder werden von diesen angezogen.

Die Metalle Nickel und Kobalt werden zwar auch von Magneten angezogen, aber deutlich schwächer als Eisen. Die Metalle sind zudem viel seltener. Gegenstände, die ganz aus Nickel oder Kobalt bestehen, kommen in unserem Alltag praktisch nicht vor.
Diejenigen Stoffe, die von einem Magneten angezogen werden, können die magnetische Wirkung auch abschirmen, egal ob sie den Magneten berühren oder sich in einigem Abstand von ihm befinden. Alle anderen Materialien wie z. B. Holz, Papier, Glas oder Wasser, aber auch Metalle wie Kupfer oder Aluminium werden von der Wirkung eines Magneten durchdrungen.
Jeder Magnet besitzt unabhängig von seiner Form zwei Stellen, an denen er andere Gegenstände besonders stark anzieht. ▸ 6

Die beiden Stellen mit der größten magnetischen Wirkung heißen magnetische Pole.

Die magnetischen Pole sind nicht unbedingt Punkte, sondern können bei bestimmten Magneten große Flächen sein, wie z. B. bei Scheibenmagneten. Diese werden oft für magnetische Pinnwände benutzt. Die beiden Pole eines Magneten heißen magnetischer Nord- und magnetischer Südpol. ▸ 7

Nord- und Südpol von zwei Magneten ziehen sich an, die beiden Nordpole oder die beiden Südpole stoßen sich voneinander ab.

In der Schule sind Magnete oft rot und grün angemalt. Dann befinden sich der Nordpol am roten und der Südpol am grünen Ende des Magneten. Bringt man Nord- und Südpol von zwei Stabmagneten zusammen, so verringert sich dort ihre Wirkung auf andere Gegenstände. Man kann sich vorstellen, dass die beiden Magnetpole sich dort neutralisieren. Dagegen verstärkt sich die Wirkung, wenn man zwei Magnete so zusammenbringt, dass gleiche Pole aneinanderliegen.

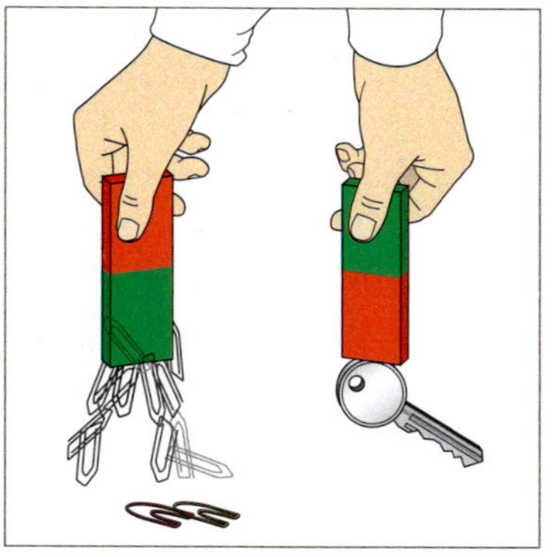

5 Anziehende Wirkung

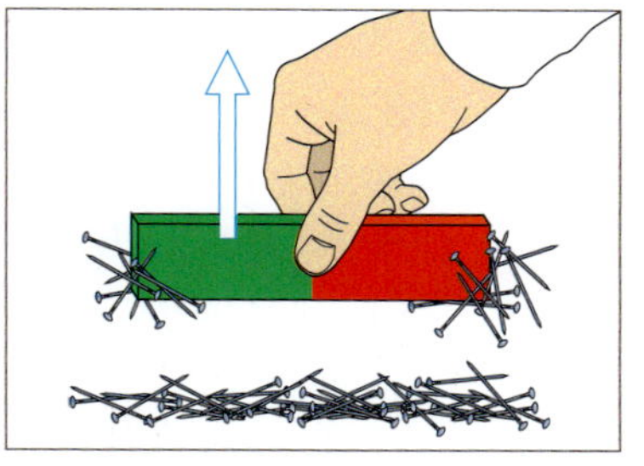

6 Pole eines Magneten

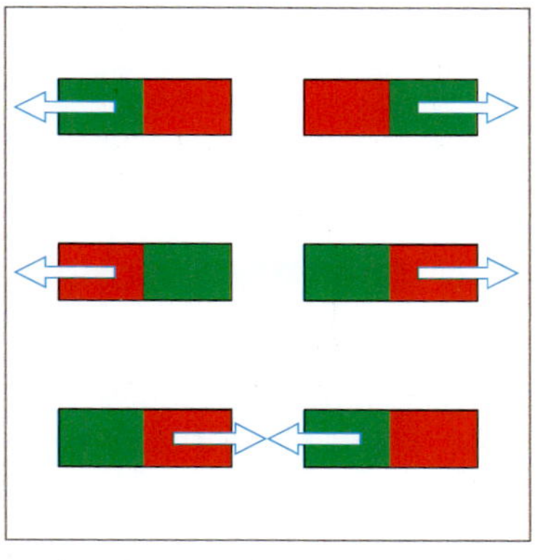

7 Abstoßung und Anziehung

Aufgaben

1 Nenne fünf Beispiele, wo im Haushalt Magnete benutzt werden. Beschreibe ihre Funktion.

2 Die Bilder rechts zeigen Experimente mit Magneten. Zeichne die Bilder ab und male die Magnete mit den richtigen Farben aus. ▸ 8

3 Viele denken, dass alle Materialien, die den elektrischen Strom leiten, auch vom Magneten angezogen werden. Was meinst du?

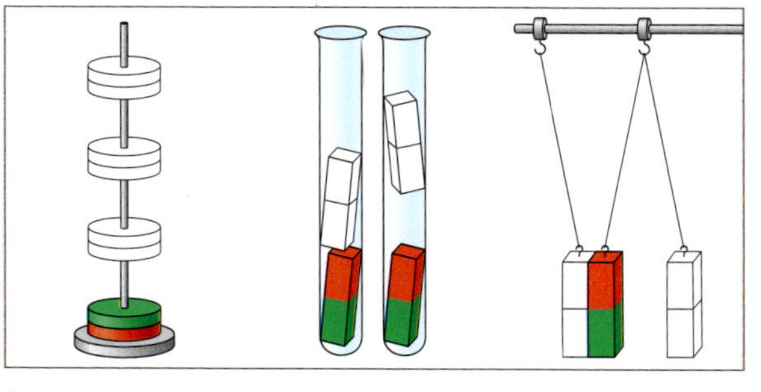

8

Grundlagen Orientierung mithilfe von Magneten

Alle Magnete, mit denen wir im Alltag zu tun haben, sind künstlich hergestellt worden. Wie konnte man dann aber den Magnetismus überhaupt entdecken?
Es gibt Steine, die von sich aus Magnete sind. Man geht davon aus, dass vor über 2000 Jahren einige dieser Steine in der Nähe der Stadt Magnesia in der heutigen Türkei gefunden wurden. Daher haben Magnete ihren Namen. Auch magnetische Steine haben zwei Pole. Hängt man sie drehbar auf, so richten sie sich mit ihren Polen genau in Nord-Süd-Richtung aus. ▸ 1
Aus diesem Grund hat man den Magnetpol, der in die Nordrichtung zeigt, Nordpol und den anderen Südpol genannt. Heute benutzt man kleine Magnetnadeln für einen Kompass. ▸ 2

1 Frei aufgehängter Magnetstein

Magnete, die sich drehen können, bilden einen Kompass. Damit kann man sich orientieren, da er die Nord-Süd-Richtung anzeigt.

2 Kompass mit Magnetnadel

Aber warum drehen sich Magnete immer in die Nord-Süd-Richtung? Inzwischen weiß man, dass sich die Erde wie ein riesiger Magnet verhält. Da der Nordpol einer Kompassnadel nach Norden zeigt, muss dort die Erde ihren magnetischen Südpol haben. Bei der Erde muss man also zwischen ihren geografischen Polen (geografischer Nordpol = Arktis; geografischer Südpol = Antarktis) und ihren magnetischen Polen unterscheiden.

Bei der Erde befindet sich in der Nähe des geografischen Nordpols der magnetische Südpol und am geografischen Südpol der magnetische Nordpol.

Aus der Geschichte: Die Entwicklung des Kompasses

Heute geht man davon aus, dass die Mittelmeerwelt um Christi Geburt die magnetische Wirkung von Steinen kannte, jedoch nicht die Funktion einer Magnetnadel für die Orientierung. Diese wurde vermutlich vor etwa 2000 Jahren in der chinesischen Kultur entdeckt. Hier wurde der Magnetkompass zunächst nicht für die Navigation, sondern als Orakel genutzt. Er wurde als „Südzeiger" aufgefasst. Quellen berichten von einer Art ausbalanciertem Löffel aus Magneteisenstein, den man für die richtige Anlage von Straßen und Häusern nutzte. ▸ 3
Sicher bezeugt ist der Gebrauch von Kompassen für die Navigation ab 1100 n. Chr. Die Chinesen nutzten vor allem den nassen Kompass. Das war eine Magnetnadel, die sich im Wasser schwimmend ausrichtet. Die ersten Dokumente, die eine Magnetnadel im europäischen Raum bezeugen, stammen von 1200 n. Chr. Hier fasste man den Kompass von Beginn an als Instrument der Seefahrer auf und verstand ihn als „Nordzeiger". Die erste schriftliche Erwähnung eines trockenen Kompasses mit einer auf einer Spitze drehbar gelagerten Magnetnadel findet sich im 13. Jh. Kurze Zeit später entstanden Kompasse mit einer Windrose.

3 Chinesischer Kompass

1 Beschreibe, wann die ältesten Kompasse zur Navigation verwendet wurden und wie diese aufgebaut waren.
2 Auch Flugzeuge und Schiffe verfügen nach wie vor über magnetische Kompasse. Beschreibe, was der Grund dafür sein könnte.

Grundlagen Herstellung von Magneten

Streicht man mit dem Pol eines Magneten über einen Eisennagel, so kann man beobachten, dass der Nagel hinterher Eisennadeln anzieht. Er ist selbst zum Magneten geworden. Mit einer Magnetnadel lassen sich Nord- und Südpol nachweisen. ▸ 4

Körper aus Eisen lassen sich mithilfe von Magneten magnetisieren. Werden Magnete stark erhitzt oder erschüttert, verlieren sie ihre magnetische Wirkung.

Die Physiker stellen sich vor, dass Eisen, Nickel und Kobalt aus winzgen magnetischen Bereichen mit je einem Nord- und einem Südpol, den so genannten Elementarmagneten, bestehen. ▸ 5

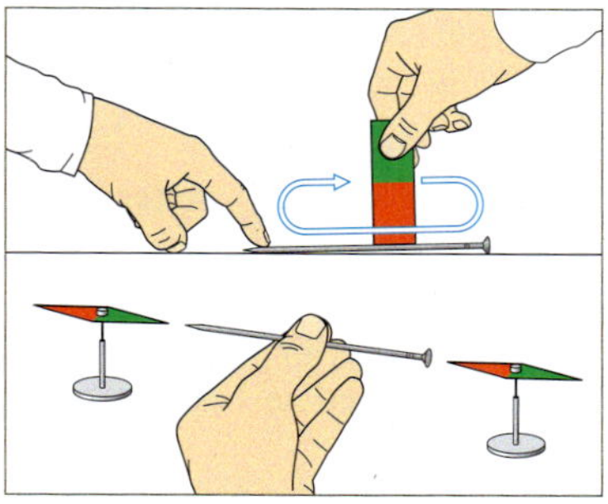

4 Magnetisierung und Nachweis der Magnetisierung

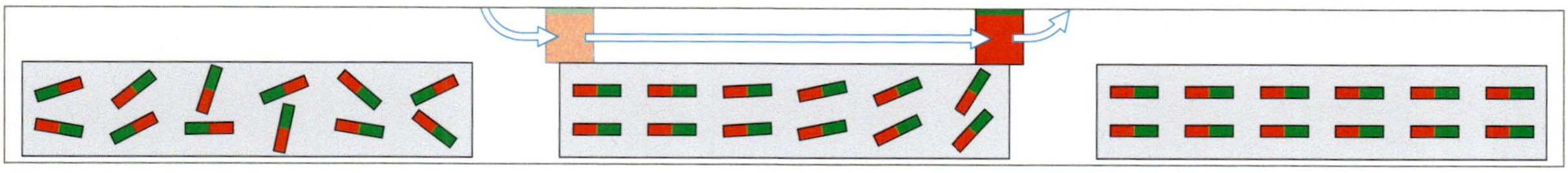

5 Magnetisierung im Modell

In einem unmagnetisierten Eisenstück sind alle Elementarmagnete verschieden ausgerichtet. Nach außen hin bemerkt man keine magnetische Wirkung. Streicht man mit einem Magneten über das Eisenstück, richten sich die Elementarmagnete in ihm aus. Das Eisen ist magnetisiert, alle Elementarmagnete wirken zusammen wie ein großer Magnet. Wenn der Magnet stark erhitzt oder erschüttert wird, verlieren die Magnete ihre einheitliche Ausrichtung, die Magnetwirkung verschwindet.

Ein Dauermagnet ist also auch einmal durch Magnetisierung aus einem Stück Eisen entstanden. Allerdings mischt man dem Eisen noch verschiedene Stoffe hinzu, damit die Magnetisierung möglichst lange erhalten bleibt.

Das Elementarmagnete-Modell hilft auch zu verstehen, warum es nicht gelingt, bei einem Magneten den Nordpol vom Südpol zu trennen, z. B. indem man den Magneten durchsägt. Dort, wo der Magnet durchtrennt wird, bilden sich aufgrund der Elementarmagnete ein neuer Nord- und ein neuer Südpol. Statt zwei getrennter Pole hat man zwei kleine Magnete erhalten. ▸ 6

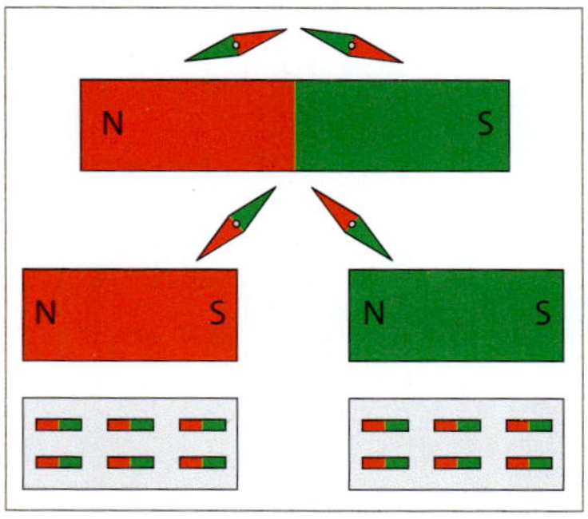

6 Teilung eines Magneten im Modell

Aufgaben

1 Erkläre den Versuch auf dem Bild mithilfe des Elementarmagnetemodells. ▸ 7
Wenn man den Magneten wegzieht, fällt nach kurzer Zeit der Nagel herunter. Erkläre auch das.

2 Magnete, die man nicht verwendet und im Schrank liegen lässt, verlieren ihre Wirkung nicht. Dagegen werden Magnete, die viel benutzt werden, mit der Zeit schwächer. Erkläre.

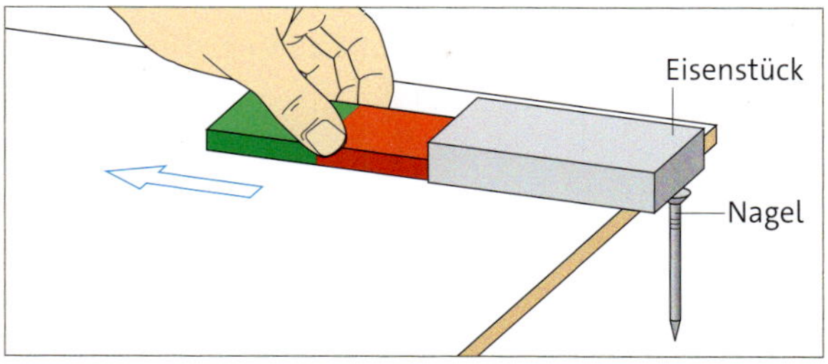

7

Grundlagen Das Magnetfeld

Eine Kompassnadel schlägt aus, auch wenn sie den Magneten nicht berührt. Die magnetische Wirkung tritt also auch in einiger Entfernung vom Magneten auf. Der Magnet hört nicht da auf, wo sein Metall zu Ende ist, es gibt noch etwas, das „weitergeht".

Von einem Magneten geht eine Wirkung aus, die in den Raum um den Magneten herum hinausragt. Diese Wirkung auf entfernte Magnete oder magnetisierbare Materialien nennt man Magnetfeld.

Jedes Magnetfeld hat eine bestimmte Struktur, das von der Form des Magneten abhängt. Um diese Struktur zu verdeutlichen, zeichnet man Feldlinien. ▸ 1, 2

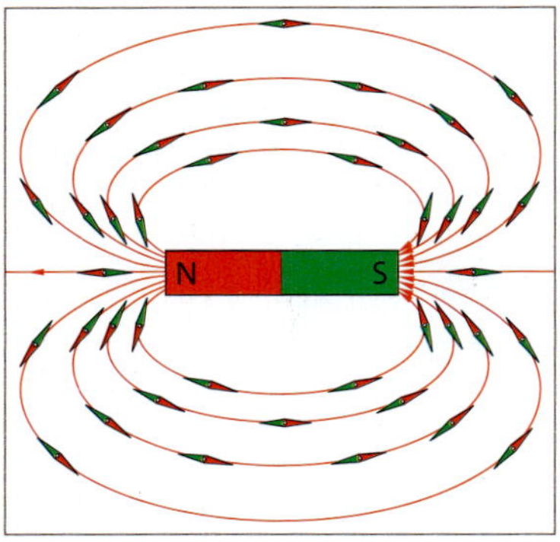

1 Magnetnadeln im magnetischen Feld

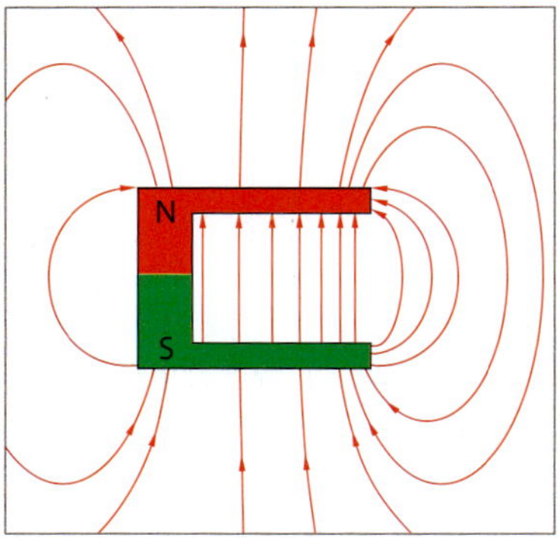

2 Feldlinienbild

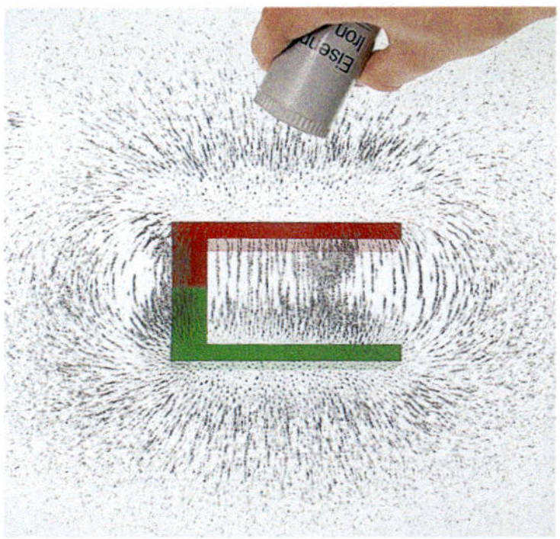
3 Eisenfeilspäne im Magnetfeld

Feldlinien sind gedachte Linien um einen Magneten herum, die anzeigen, wie sich Magnetnadeln im Magnetfeld ausrichten würden.

Die Richtung von Feldlinien ist durch Pfeile gekennzeichnet und zeigt an, in welche Richtung die Nordpole von Magnetnadeln zeigen würden. Die Feldlinien zeigen außerhalb von Magneten vom Nordpol zum Südpol. Je dichter die Feldlinien in einem Gebiet liegen, umso stärker ist dort das Magnetfeld. Das heißt, umso größer ist die dort auftretende magnetische Wirkung.

Eisenspäne, die man auf eine Glasscheibe oberhalb eines Magneten streut, werden vom Magnetfeld magnetisiert und richten sich wie Tausende kleine Magnetnadeln aus. Sie geben daher einen guten Eindruck von der Struktur des Magnetfelds. ▸ 3
Allerdings ist das Magnetfeld nicht flach. Es befindet sich überall um einen Magneten herum und kann durch Eisenspäne in Öl sichtbar gemacht werden. ▸ 4

4 Magnetfeld dreidimensional

Aufgaben

1 Beschreibe, woran man im Feldlinienbild erkennen kann, dass bei einem Stabmagnet an den Polen die magnetische Wirkung am größten ist.

2 Nenne die Informationen, die man einem Feldlinienbild entnehmen kann.

Aus der Natur: Das Erdmagnetfeld

Der Seefahrer und Entdecker CHRISTOPH KOLUMBUS war der Meinung, dass die Kompassnadel vom Polarstern angezogen wird. Der Polarstern befindet sich in der Verlängerung der Drehachse der Erde und liegt damit genau über dem geografischen Nordpol der Erde. Während der Überquerung des Atlantischen Ozeans stellten die Seefahrer fest, dass der Kompass immer mehr von der tatsächlichen Nordrichtung abwich. Dass man dem Kompass offenbar immer weniger trauen konnte, versetzte die Seefahrer in Angst und Schrecken.

Heute wissen wir, dass die Erde näherungsweise wie ein großer Magnet mit einem magnetischen Nordpol und magnetischen Südpol wirkt. Dabei befinden sich der magnetische Südpol im Norden der Erde und der magnetische Nordpol im Süden. Wie bei anderen Magneten kann man das Magnetfeld der Erde mit Feldlinien darstellen. ▸ 5
Die magnetischen Pole liegen dort, wo die Feldlinien senkrecht auf die Erdoberfläche stoßen. Das ist nicht etwa genau am geografischen Nord- oder Südpol der Fall – der magnetische Süddpol liegt beispielsweise in der kanadischen Arktis, etwa 800 km vom geografischen Nordpol entfernt. Da sich die Kompassnadel entlang der Magnetfeldlinien ausrichtet, weicht die Richtungsanzeige von der eigentlichen Nord-Südrichtung ab. Diese Abweichung nennt man Missweisung. ▸ 6

Bei großer Entfernung zu den Polen ist die Missweisung nur sehr gering, in deren Nähe wird sie jedoch immer bedeutsamer. Allerdings hat man festgestellt, dass das Erdmagnetfeld deutlich komplexer ist als das eines Stabmagneten. Die Feldlinien bilden keine direkten Verbindungen zwischen den Magnetpolen, sondern sind verbogen. Das Bild zeigt die horizontale Magnetfeldkomponente direkt auf der Erdoberfläche. ▸ 7
Obwohl beispielsweise von Stuttgart aus der Magnetpol (rot) westlich des Nordpols (blau) liegt, schlägt der Kompass im Jahr 2017 um 2,3° nach Osten aus, eben weil die Feldlinien in Stuttgart geringfügig nach Osten zeigen. Dieses Beispiel zeigt, dass es genau genommen falsch ist, zu denken, dass der Nordpol der Magnetnadel vom fernen magnetischen Südpol der Erde angezogen wird. Der Nadel ist es im Grunde egal, wo die Magnetpole liegen. Sie richtet sich nach dem Magnetfeld in der unmittelbaren Umgebung.

Das Magnetfeld als Schutzschild Das Magnetfeld ist für uns ein großer Schutz. Denn bei Explosionen auf der Sonne werden immer wieder riesige Mengen an geladenen Teilchen ins All geschleudert und treffen nach zwei bis fünf Tagen auch auf die Erde. Das nennt man Sonnenwind. Die Teilchen werden vom Magnetfeld „eingefangen" und bewegen sich in einer Art Pendelbewegung entlang der Feldlinien zwischen den Polen hin und her. In der Nähe der Pole dringen sie am tiefsten in die Erdatmosphäre ein. In 100 bis 200 km Höhe können sie dort Stickstoff- und Sauerstoffteilchen zum Leuchten anregen – das sehen wir als Polarlichter. ▸ 8

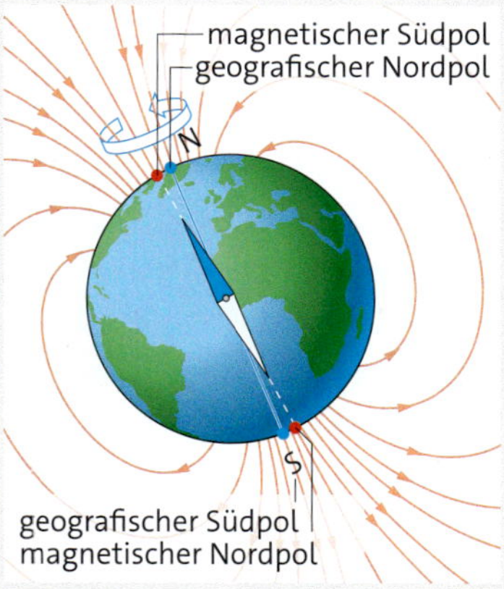

5 Magnetfeld der Erde

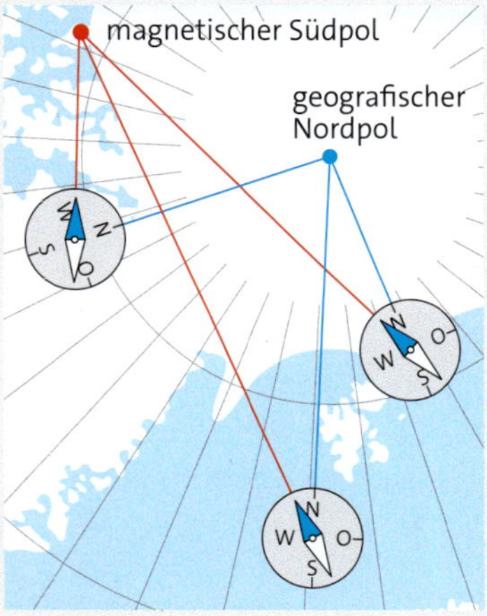

6 Missweisung

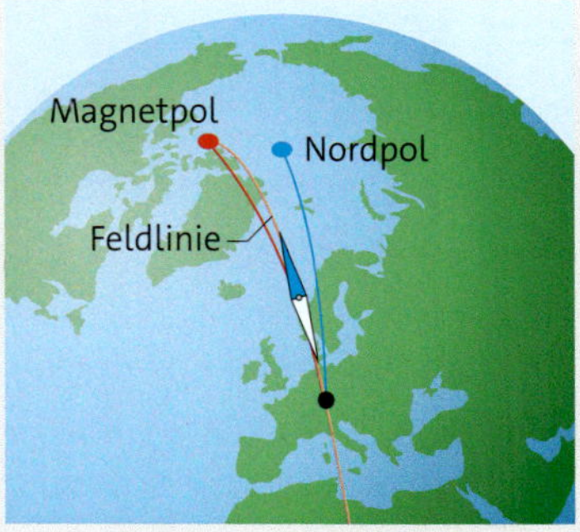

7 Komponenten des Magnetfelds

8 Polarlichter aus dem Weltraum beobachtet.

Orientierung für Tiere Jedes Jahr bewegen sich Milliarden von Zugvögeln zielsicher zu ihren Überwinterungsgebieten in südlichen Gefilden. Forscher sind sich einig, dass sich die Tiere dabei neben der Sonne und den Sternen unter anderem am Erdmagnetfeld orientieren. Die Liste der Tiere, bei denen man ebenfalls eine Reaktion auf das Erdmagnetfeld beobachtet, ist in den letzten Jahren immer länger geworden. Sie umfasst Schnecken, Krebse, Insekten, Fische, Amphibien, Reptilien und Säuger.
Inzwischen hat man herausgefunden, dass der Magnetkompass der Zugvögel anders arbeitet als unser Kompass: Die Vögel bestimmen den Neigungswinkel der Magnetfeldlinien relativ zur Erdoberfläche, die so genannte Inklination. An den Magnetpolen beträgt die Inklination 90° (Feldlinien treffen senkrecht auf die Erdoberfläche), am Äquator 0° (Feldlinien verlaufen parallel zur Erdoberfläche). Solch ein Inklinationskompass unterscheidet nicht zwischen magnetischem Nord- und Südpol, sondern zwischen „polwärts" (Feldlinien fallen stärker ab) und „äquatorwärts" (Feldlinien steigen immer schwächer an). ►1
Allerdings sind die Mechanismen der Magnetfeldwahrnehmung – von den Körperteilen, die auf Magnetfelder reagieren, bis zur Verarbeitung der Information im Gehirn – noch immer ein Rätsel.

1 Beschreibe und erkläre, wohin die Kompassnadel am geografischen Nordpol zeigen würde.
2 Erkläre, inwiefern das Beispiel Stuttgart zeigt, dass sich eine Kompassnadel nach dem umgebenden Magnetfeld richtet und nicht zwangsläufig auf einen Magnetpol zeigt.

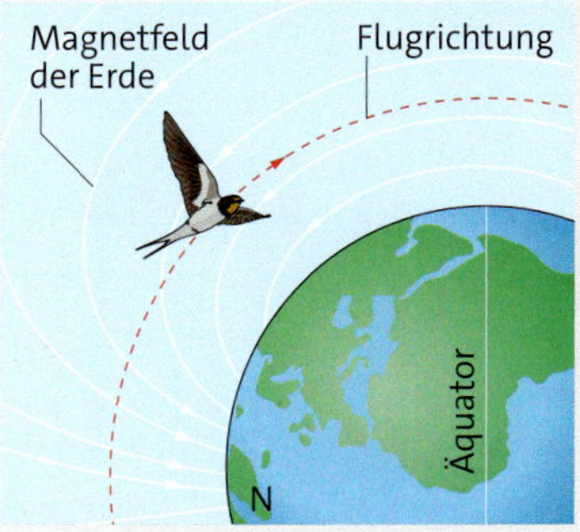

1 Orientierung der Zugvögel

3 Recherchiere, worauf bei Polarlichtern die Farben Rot und Grün zurückzuführen sind.
4 Recherchiere im Internet die Sonnenwind-Vorhersage und Wahrscheinlichkeit für Polarlichter in Deutschland.
5 Erkläre mit dem Bild, wie ein Zugvogel die Nord-Süd-Richtung findet. ►5
6 Entwickle ein Experiment, mit dem du den Inklinationswinkel bestimmen kannst.

Aus der Technik: Neodym-Magnete – kleine Kraftpakete

Neodym-Magnete sind die heute stärksten Dauermagnete. Sie bestehen aus einer Legierung von etwa 30 % Neodym, 70 % Eisen und einer geringen Menge Bor. Neodym gehört im Periodensystem zu den seltenen Erdmetallen. In Reinform kennt man es erst seit 1925. Neodym-Magnete sind in den 1980er Jahren entwickelt worden. Man findet sie nicht nur in den bekannten spielerischen Anwendungen oder als Haftmagnete, sondern auch in Kopfhörern, Motoren oder Generatoren der Windräder.

1 Schau dich bei dir zu Hause um, ob du Neodym-Magnete finden kannst. (z. B. magnetische Haken usw.)
2 Neodym gehört zu den seltenen Erden. Vergleiche durch eine Internetrecherche das Vorkommen an Neodym mit dem von Silber und beurteile den Begriff „seltene Erden".

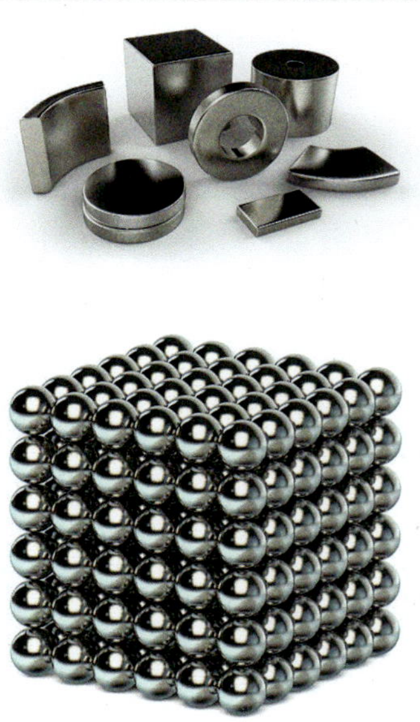
2 Neodym-Magnete

Elektromagnete und Elektromotoren

3

Viermal über Kopf, 100 km/h schnell und das alles zwei Minuten lang – im „Blue Fire" im Europapark Rust.
Doch die Wagen werden nicht etwa zu Beginn einen Berg hochgezogen. Der Coaster gehört zu den Achterbahnen mit Katapultstart. Wie der wohl funktioniert?

Experiment

1 Magnetische Wirkung von Strömen
Baue einen Stromkreis aus einem Handgenerator und einer sehr hellen Lampe auf (z. B. 6 V/30 W). Baue den Versuch so auf, dass du unter ein Zuleitungskabel einen Kompass schieben kannst. Richte das Brett mit dem Kompass so aus, dass die Nadel parallel zum Draht steht. Dreh dann an der Kurbel und beobachte. ▸ 4

2 Ein selbst gebauter Elektromagnet
Wickle ca. 80 cm dünnen Draht auf einer Eisenschraube zu einer Spule. Schließe die Spule an eine 4,5-V-Batterie an, am besten mit einem Schalter. Schließe den Stromkreis immer nur kurzzeitig. ▸ 5

a Untersuche, welche Materialien der Magnet anzieht.
b Prüfe, ob dein Magnet einen Nord- und einen Südpol hat.
c Vertausche die Anschlüsse an der Batterie und untersuche, ob es Veränderungen gibt.
d Prüfe, ob die Spule auch ohne die Eisenschraube ein Magnet ist.
e Wie könntest du den Elektromagneten stärker oder schwächer machen? Plane einen Versuch und führe ihn durch.
f Plane einen Versuch, mit dem du das magnetische Feld deines Elektromagneten sichtbar machen kannst. Führe ihn durch.

3 Ein einfacher Elektromotor
Baue einen einfachen Elektromotor, indem du einen Stabmagnet auf eine Spitze legst. Das ist der drehbare Teil (Rotor). Als feststehenden Teil (Stator) verwendest du eine Spule mit Eisenkern in einem Stromkreis mit Tastschalter. Stelle den drehbaren Magneten so auf, dass sich der Eisenkern der Spule und Magnet nicht berühren können. Positioniere zu Beginn den Magneten senkrecht zum Eisenkern. ▸ 6
Gelingt es dir, durch Ein- und Ausschalten des Stroms den Stabmagneten zum Drehen zu bringen?

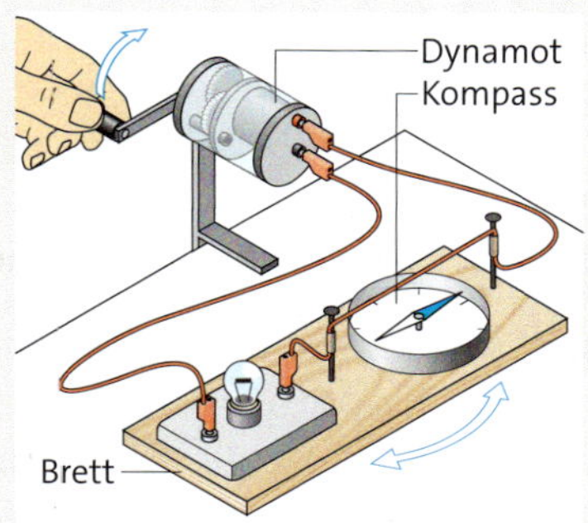

4 Stromkreis und Kompass

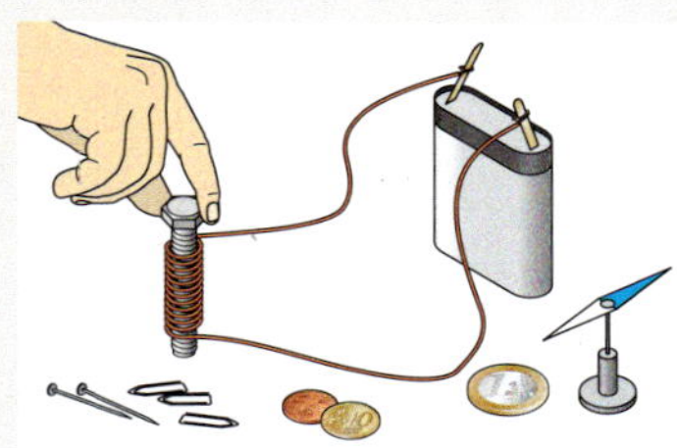

5 Einfacher Elektromagnet

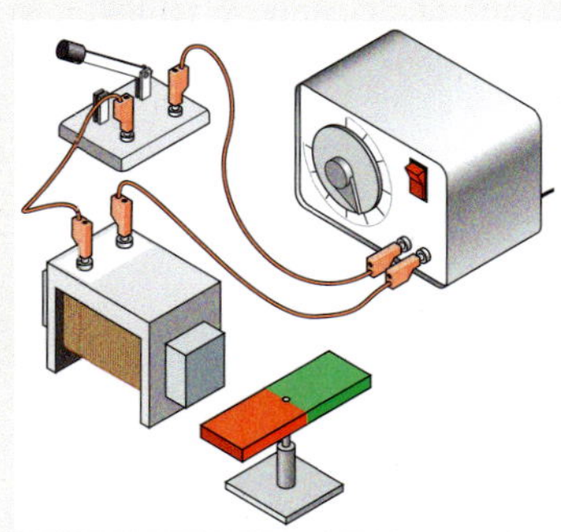

6 Einfacher Elektromotor

Grundlagen Magnetfelder von Strömen in Leiter und Spule

Wenn elektrischer Strom durch ein Kabel fließt, lassen sich in dessen Umgebung magnetische Wirkungen feststellen. Eine Kompassnadel wird beispielsweise aus ihrer Nord-Süd-Richtung abgelenkt.

Ein elektrischer Strom ist von einem Magnetfeld umgeben.

Das Magnetfeld um einen geraden Leiter wie z. B. einen Draht oder ein Kabel kann man durch kreisförmige Feldlinien veranschaulichen, deren Mittelpunkt im Leiter liegt. Mit der Linke-Hand-Regel merkt man sich die Richtung der Feldlinien um den Leiter: Zeigt der Daumen der linken Hand in Richtung des Elektronenstroms (also von – nach +), dann geben die zur Faust geschlossenen Finger die Richtung der Feldlinien an. ▸ 1

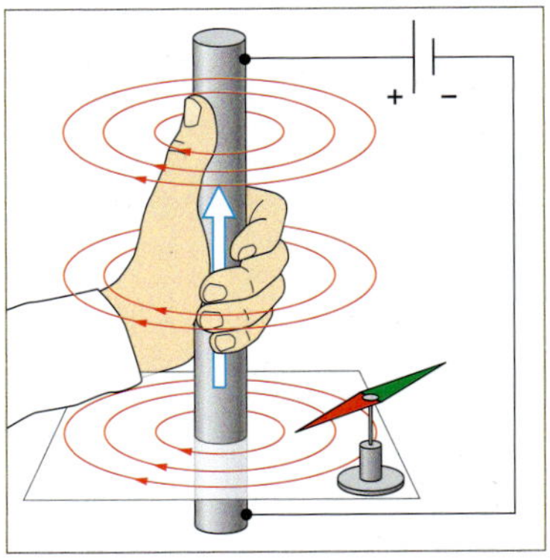

1 Magnetfeld eines geraden Leiters und Linke-Hand-Regel

Biegt man das Kabel zu einem Kreis, einer so genannten „Leiterschleife", so werden die Magnetfeldlinien entsprechend der Biegung des Kabels mitgeführt. Betrachtet man nun die von der Leiterschleife umschlossene Fläche, so treten alle kreisförmigen Feldlinien auf einer Seite aus der Fläche heraus und auf der anderen Seite wieder herein. Die Leiterschleife wirkt wie ein dünner Scheibenmagnet: Auf der Seite, wo die Magnetfeldlinien aus der Fläche heraustreten, kann man sich einen Nordpol vorstellen. Auf der Seite, wo sie wieder in die Fläche eintreten, ist dann der Südpol. ▸ 2

Eine Spule können wir uns aus einer Vielzahl von Leiterschleifen vorstellen. Wenn das Magnetfeld jeder Drahtwindung einem Scheibenmagneten entspricht, so liegen die Scheibenmagnete wie Geldstücke in einer Geldrolle hintereinander und bilden einen Stabmagneten.

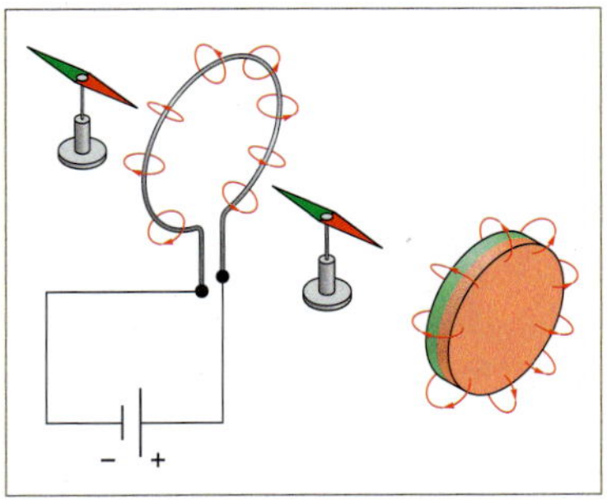

2 Magnetfeld einer Leiterschleife und Scheibenmagnet

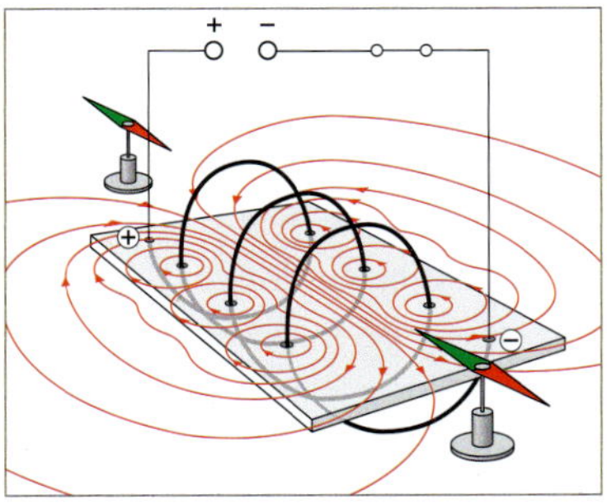

3 Magnetfeld einer Spule in einer Schnittebene

Das Magnetfeld einer Spule ist dem eines Stabmagneten ähnlich.

Spulen haben also an einer „Öffnung" ihren Nordpol und an der anderen ihren Südpol. ▸ 3

Aufgabe

1 Skizziere eine rechteckige Leiterschleife mit den Magnetfeldlinien in dein Heft. Bestimme mit der Linke-Hand-Regel die Richtung der Feldlinien und trage Pfeile ein. Gib an, auf welcher Seite die Leiterschleife ihren Nord- und ihren Südpol hat.

Grundlagen Elektromagnete

Bei einer Spule befindet sich das Magnetfeld nicht nur außerhalb, sondern auch innerhalb der Spulenwicklungen. Dieses innere Feld ist für den Bau von Elektromagneten besonders wichtig. Bringt man ein Stück Eisen in das Innere der Spule, so wird es magnetisiert. Die Elementarmagnete im Eisen richten sich aus. So werden Nord- und Südpol verstärkt. ▸ 4

Eisenkerne verstärken das Magnetfeld einer Spule erheblich. Elektromagnete sind stromdurchflossene Spulen mit Eisenkern.

Durch den Strom in der Spule kann die Stärke eines Elektromagneten verändert werden. Dadurch sind bei Elektromagneten viel stärkere Magnetfelder als bei Dauermagneten möglich.
Der elektrische Strom fließt bei einem Elektromagneten nur durch die Spulenwicklungen, der Eisenkern ist völlig isoliert.
Elektrische Ströme in geraden Leitern oder Spulen erzeugen stets Magnetfelder, deren Feldlinien in sich geschlossen sind. Es ist deshalb günstig, sich auch die Magnetfeldlinien bei Dauermagneten geschlossen vorzustellen. Während im Außenbereich die Magnetfeldlinien vom Nordpol zum Südpol verlaufen, zeigen sie im Inneren des Magneten vom Südpol zum Nordpol. ▸ 5

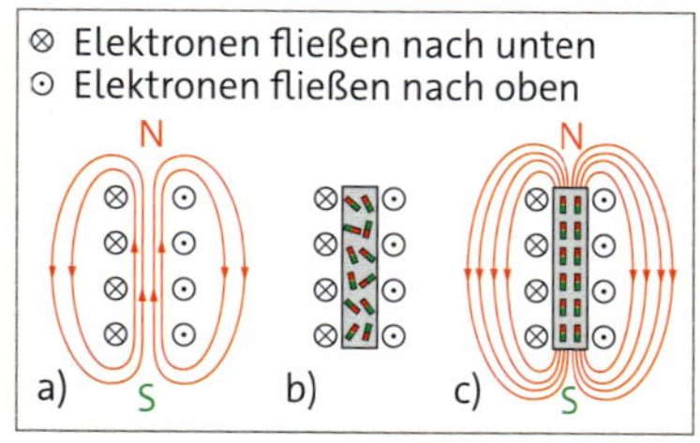

4a Spule ohne Eisenkern
4b Spule mit Eisenkern (ausgeschaltet)
4c Spule mit Eisenkern (eingeschaltet)

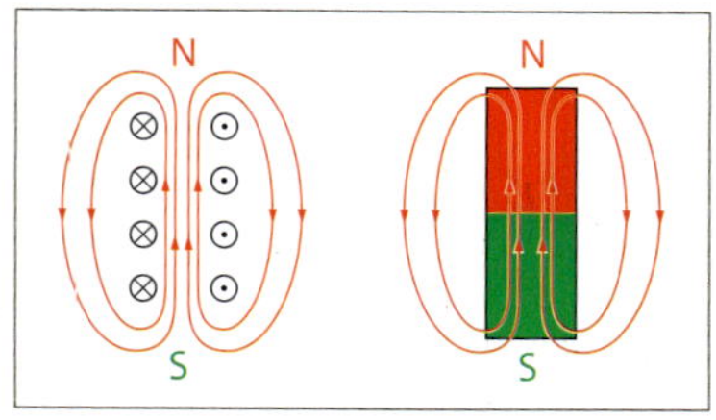

5 Geschlossene Magnetfeldlinien

Aus der Technik: Das Relais

Einige Geräte erfordern sehr hohe elektrische Ströme, damit sie funktionieren, z. B. Heizungen oder starke Motoren. Damit diese Ströme nicht durch den Schalter fließen, mit dem man die Geräte einschaltet, benutzt man oft ein Relais. Das Relais ist wie ein Fernschalter, den man mit einem kleinen Steuerstrom ein- und ausschalten kann. Um z. B. ein Auto zu starten, muss der Benzinmotor von einem Elektromotor, dem Anlasser, angedreht werden. Dafür ist ein sehr großer Strom notwendig. Dreht man den Schlüssel im Zündschloss oder betätigt den Startschalter im Auto, wird der Steuerstromkreis geschlossen. Darin befindet sich das Starterrelais. Das Relais enthält einen Elektromagneten, der schon bei relativ kleinem Strom den Anker anzieht und somit den Arbeitsstromkreis schließt. Im Arbeitsstromkreis befindet sich die Anlassanlage.

1 Erkläre anhand von Bild ▸ 6, wie das Schalten eines Relais funktioniert.
2 Beschreibe die Aufgabe des Starterrelais im Auto anhand von Bild ▸ 7.
3 Recherchiere, wo Relais noch verwendet werden. Beschreibe ein Anwendungsbeispiel genauer.

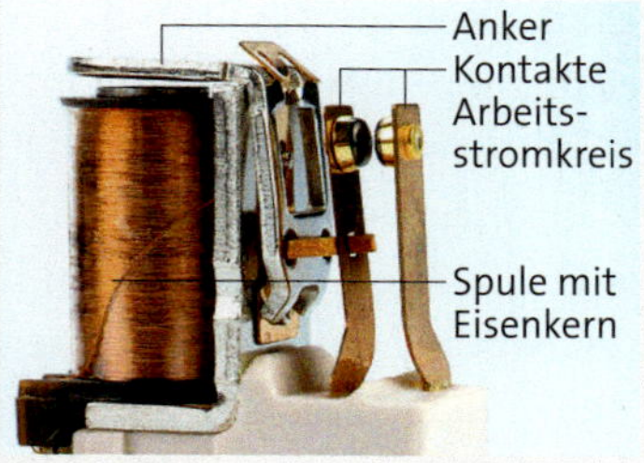

6

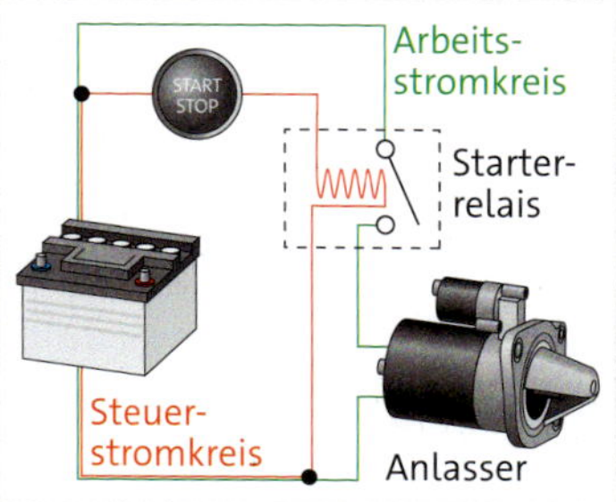

7

Aufgaben

1 Beschreibe Gemeinsamkeiten und Unterschiede von Elektro- und Dauermagneten.

2 Erkläre anhand der Bilder ▸ 4a–c, warum ein Eisenkern das Magnetfeld einer Spule verstärkt.

Grundlagen So funktioniert ein Elektromotor

Ein Elektromotor besteht im Prinzip aus zwei Magneten: Ein Magnet ist fest am Motorgehäuse angebaut (Stator) und ein Magnet ist beweglich (Rotor). Mindestens ein Magnet muss ein Elektromagnet sein. Zusätzlich wird noch ein Stromwender (Kommutator) benötigt.

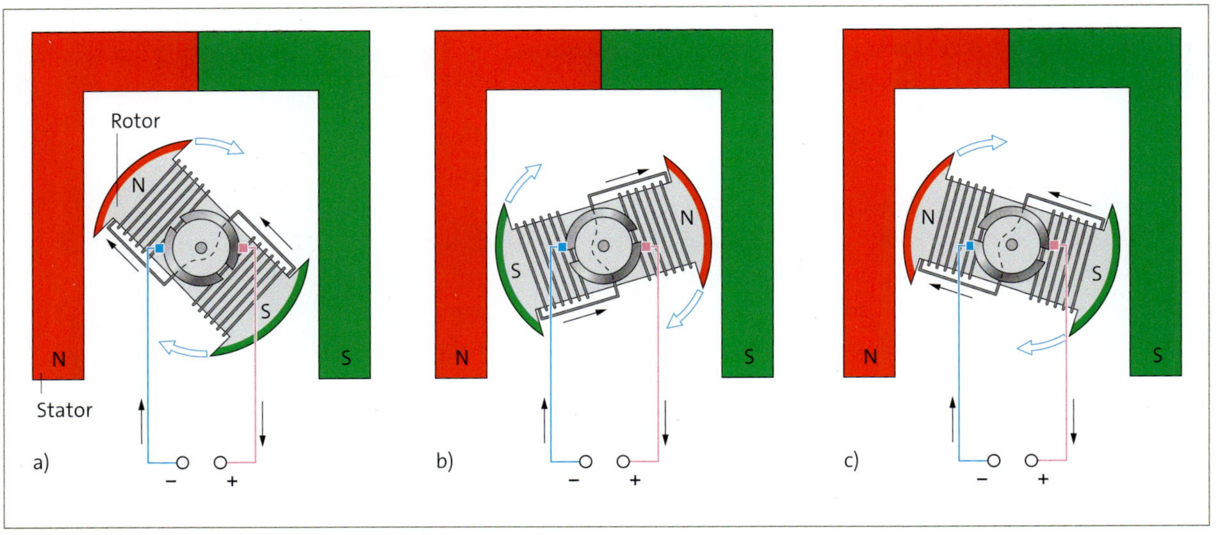

1 Funktionsweise Gleichstrommotor

Steht der Rotor wie in Bild ▸ 1a, so führen die abstoßenden Kräfte zwischen gleichnamigen Polen bzw. die anziehenden Kräfte zwischen ungleichnamigen Polen von Dauermagnet und Elektromagnet dazu, dass sich der Rotor im Uhrzeigersinn dreht.
Die Drehung im Uhrzeigersinn bleibt nur erhalten, wenn die Spule stets ihren Nordpol oberhalb und ihren Südpol unterhalb einer gedachten horizontalen Linie durch den Drehpunkt hat. Daher müssen sich die Magnetpole und somit auch die Stromrichtung beim Durchgang durch die horizontale Lage umkehren. ▸ 1b–c
Dafür sorgt der Stromwender. Er besteht aus zwei Halbringen aus Metall, die gegeneinander isoliert sind und sich mit der Spule mitbewegen. Die Halbringe bilden die Anschlusskontakte der Spule und sind über zwei Schleifbürsten mit den Polen der Energiequelle verbunden. Durch die Drehung kommt ein Halbring immer abwechselnd an der Plus- und Minusbürste vorbei, der andere Halbring an der entsprechend anderen.
Durch den Stromwender wird der Rotor immer wieder im genau richtigen Moment neu angetrieben.

Die Bewegung eines Elektromotors beruht auf der anziehenden und abstoßenden Wirkung von Magneten.

In der horizontalen Lage gibt es bei dem Experimentiermotor keine Kräfte, die den Rotor weiterdrehen. Durch den Schwung der Drehbewegung kommt der Rotor aber über diesen „toten Punkt“ hinweg. Beim Einschalten muss der Rotor allerdings angeworfen werden, wenn er gerade im toten Punkt steht.

Aufgaben

1 Im Text steht: „Die Drehung im Uhrzeigersinn bleibt nur erhalten, wenn die Spule stets ihren Nordpol oberhalb und ihren Südpol unterhalb einer gedachten horizontalen Linie durch den Drehpunkt hat.“ Erkläre.

2 Beschreibe und begründe, wie sich im Vergleich zu ▸ Bild 1 die Drehrichtung des Rotors verändert, wenn …
a der Magnet gedreht wird.
b die elektrischen Pole an den Bürsten vertauscht werden.

3 Küchenmaschine, Ventilator, ICE – überall Elektromotoren. Finde fünf weitere Beispiele.

4 Erkläre, wie der Stromwender dafür sorgt, dass sich der Motor dauerhaft dreht.

Aus der Technik: Der Linearmotor

Ist doch klar: Motoren erzeugen Kreisbewegungen. Treibt ein Motor ein Fließband oder eine Zahnradschiene an, so wird aus der Kreisbewegung eine „Geradeausbewegung". Allerdings kann eine solche Bewegung auch direkt erzeugt werden – mit einem Linearmotor. Ein interessantes Beispiel für einen Linearmotor ist der „launched coaster". Das ist eine Achterbahn, bei der die Wagen nicht zuerst einen Berg hochgezogen, sondern auf gerader Strecke beschleunigt werden.
Der „blue fire" im Europapark Rust bringt so die 10 Tonnen schweren Wagen auf 60 Metern innerhalb von 2,5 s auf 100 Stundenkilometer. Das schafft selbst der schnellste Porsche nicht. ▸ 2

2

Wie funktioniert das? Unter den Wagen befinden sich Permanentmagnete, die von einem wandernden Magnetfeld mitgezogen werden. Das wandernde Magnetfeld wird in den so genannten „Langstatoren" erzeugt. Die Langstatoren selbst bewegen sich natürlich nicht, sondern sind fest an den Schienen angebracht. In den Langstatoren befinden sich in einer Reihe hintereinander mehrere Elektromagnete, die einzeln angesteuert werden können. ▸ 3
Jeder Elektromagnet wechselt ständig seine magnetische Polung. Benachbarte Elektromagnete tun dieses zeitversetzt, so dass es so aussieht, als bewegen sich abwechselnd Nord- und Südpol am Langstator entlang. Genau in dem Abstand, in dem die Pole am Langstator entlangwandern, sind die Permanentmagnete mit passenden Polen am Fahrzeug angebracht. Sie folgen den wandernden Magnetpolen. ▸ 4

Ist das wandernde Magnetfeld zu schnell, kommen die Wagen nicht hinterher. Ist es zu langsam, bremst es die Wagen. Das Tempo des wandernden Magnetfelds muss immer genau auf das Tempo der Wagen abgestimmt werden, mit ihnen synchron sein. Daher spricht man auch vom synchronen Linearmotor. Natürlich wird der Linearmotor nicht nur in Vergnügungsparks genutzt. Er findet sich auch in vielen industriellen Fertigungsmaschinen, wo Objekte präzise hin- und herbewegt werden müssen. Seine Vorteile sind große Beschleunigungen, hohe Positionsgenauigkeit sowie eine weitgehende Verschleißfreiheit.

1 Erkläre die Funktionsweise des Linearmotors mit eigenen Worten.

2 Beschreibe, inwiefern man das Prinzip eines normalen, rundlaufenden Motors beim Linearmotor wiederfindet.

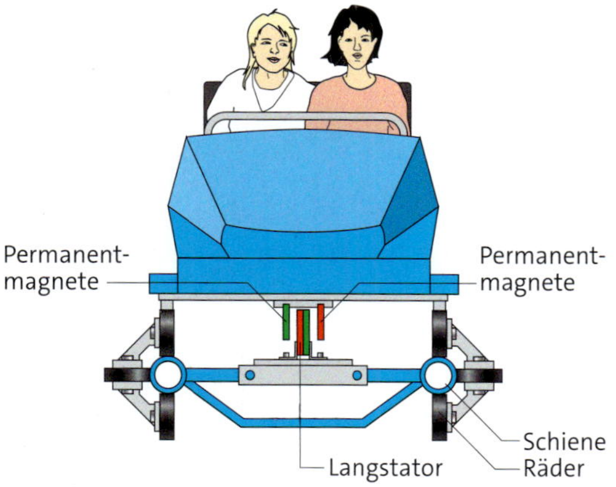

3

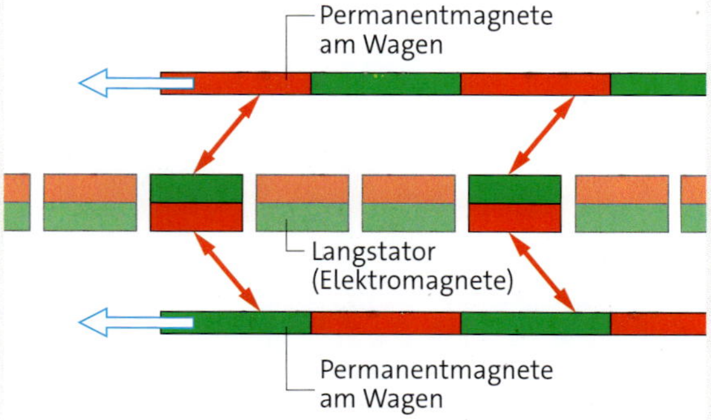

4

Aufgaben und Aufträge

Magnete

1 Stoffe, die ein Magnet anzieht, werden als ferromagnetische Materialien bezeichnet. Recherchiere, was der Begriff übersetzt bedeutet und stelle eine Vermutung an, warum sie so heißen.

2 Markus hat einen kleinen Zaubertrick aufgebaut. In der schwarzen Kiste hat er einen Magneten versteckt. Zu seinem Publikum sagt er: „Die Büroklammer wird von einem unsichtbaren Faden gehalten, den ich jetzt durchschneide.“ Er macht mit der Schere eine Schnittbewegung und tatsächlich fällt die Büroklammer herunter. Erkläre den Versuch. ▸ 1

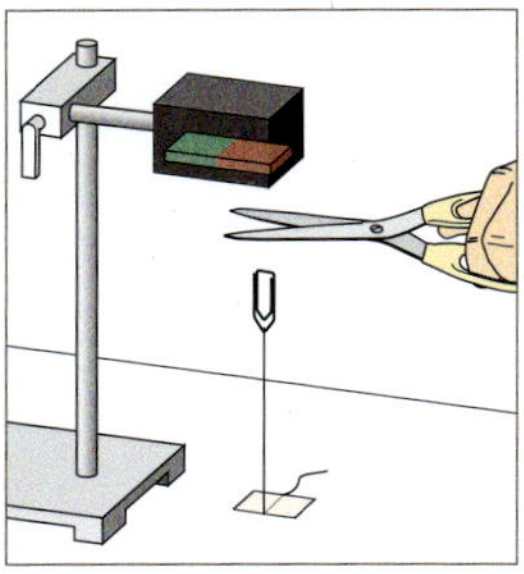
1

3 Von zwei gleich aussehenden Eisenstäben ist nur einer magnetisch. Beschreibe Möglichkeiten, wie du herausfinden kannst, welcher von beiden magnetisch ist.
a mit selbst gewählten Hilfsmitteln
b ohne jegliches Hilfsmittel

4 Magnetnadeln in einem Kompass sind nicht grün und rot angemalt. Auf dem Bild unten liegt der Kompass korrekt auf der Karte. Gib an und begründe, wo die Kompassnadel ihren Nordpol hat. ▸ 2

2

5 Begründe, warum das Gehäuse eines Kompasses nicht aus Eisen bestehen darf.

6 Wer von den Schülern hat recht? Ergänze die Erklärung mit eigenen Worten. ▸ 3

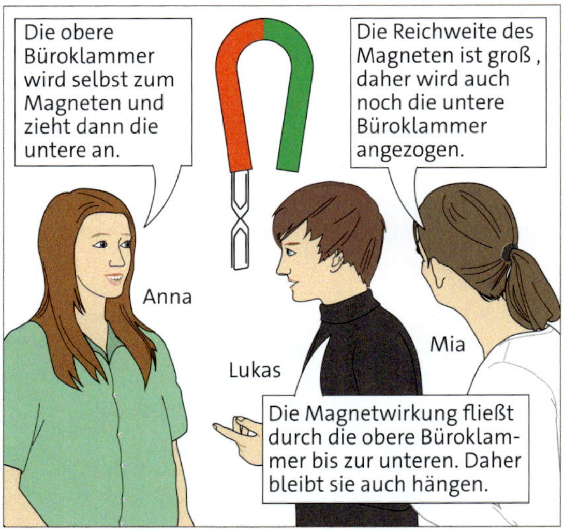

3

7 Bei Stabmagneten befinden sich die Pole an den Stirnflächen. Erkläre mit dem Modell der Elementarmagnete, warum dort die magnetische Wirkung am größten ist.

8 In dem Bild siehst du einen Magneten und eine Magnetnadel. Zeichne das Bild in dein Heft. ▸ 4
a Gib für die Magnetnadel Nord- und Südpol an.
b Zeichne an den Punkten ebenfalls eine Magnetnadel ein und markiere Nord- und Südpol.

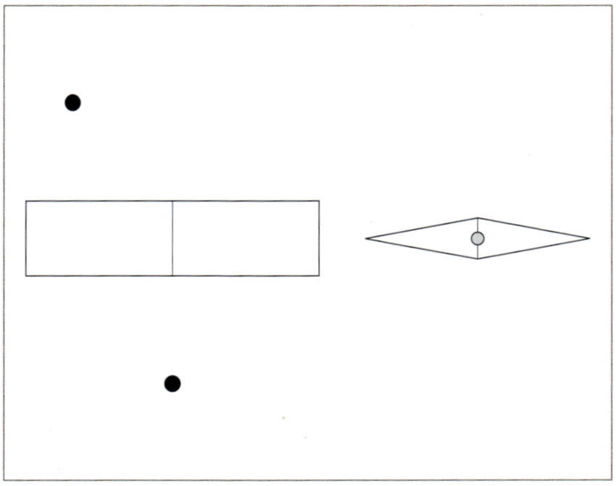
4

Elektromagnete und Elektromotoren

9 Das Magnetfeld einer Spule kann man mit Eisenspänen verdeutlichen. Dabei wird auch das Feld innerhalb der Spulenwicklungen gut erkennbar. Erläutere, wie die Eisenspäne das Magnetfeld sichtbar machen. ▸ 5

10 Häufig werden elektrische und magnetische Pole verwechselt. Erkläre den Unterschied.

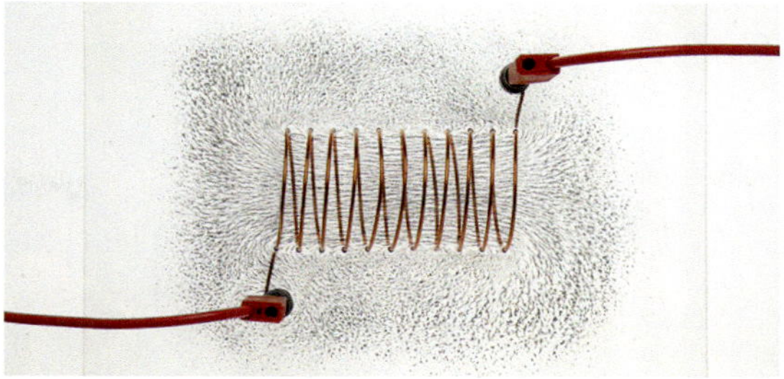
5

Überblick

Eigenschaften Magnete ziehen Gegenstände aus Eisen, Nickel und Kobalt an. Die Stellen eines Magneten, an denen die Wirkung besonders groß ist, nennt man Pole. Jeder Magnet hat zwei davon: Nord- und Südpol. Gleichnamige Pole stoßen sich ab und ungleichnamige ziehen sich an. ▸ 6

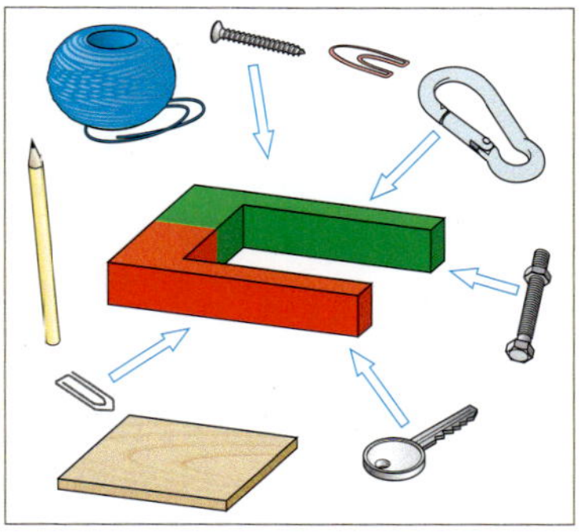
6

Magnetisierung Körper aus Eisen lassen sich mithilfe von Magneten magnetisieren. Sie werden selbst zu Magneten. Werden Magnete stark erschüttert oder erhitzt, verlieren sie ihre magnetische Wirkung.

Magnete im Modell Wir stellen uns vor, dass alle magnetischen Stoffe aus unzähligen winzigen Elementarmagneten bestehen. Diese sind bei einem Magneten alle in derselben Richtung ausgerichtet.

Magnetfeld Jeder Magnet hat um sich herum ein Magnetfeld, in dem man magnetische Wirkungen feststellt. Das Magnetfeld wird durch Feldlinien veranschaulicht. Die Feldlinien zeigen außerhalb eines Magneten vom Nord- zum Südpol. Wie stark ein Magnetfeld ist, kann man daran erkennen, wie dicht die Magnetfeldlinien liegen. ▸ 7

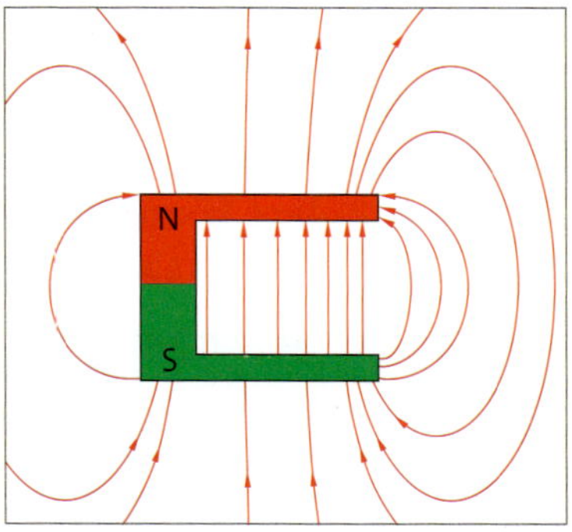

7

Elektromagnete Elektrische Ströme in einem geraden Leiter sind von einem Magnetfeld umgeben. Die Richtung der Magnetfeldlinien findet man mit der Linke-Hand-Regel.
Eine Spule, die an eine elektrische Energiequelle angeschlossen ist, ist ein Elektromagnet. Die magnetische Wirkung kann durch einen Eisenkern verstärkt werden. Ein Elektromagnet lässt sich durch Vertauschen der elektrischen Anschlüsse umpolen. Das Magnetfeld einer Spule ähnelt dem eines Stabmagneten. ▸ 8

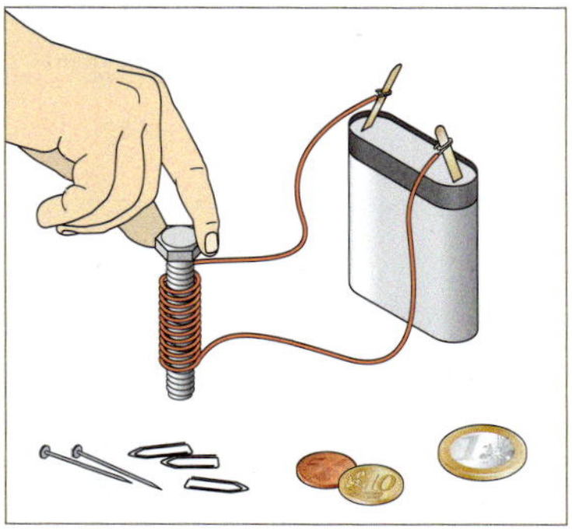
8

Elektromotor Elektromotoren besitzen zwei Magnete: einen (befestigten) Stator und einen (beweglichen) Rotor. Die Drehbewegung beruht auf der Abstoßung gleichnamiger bzw. der Anziehung ungleichnamiger Pole von Stator und Rotor. Der Stromwender (Kommutator) sorgt dafür, dass es im richten Moment zu einer Umpolung kommt. Dadurch wird eine dauerhafte Drehbewegung erzeugt.

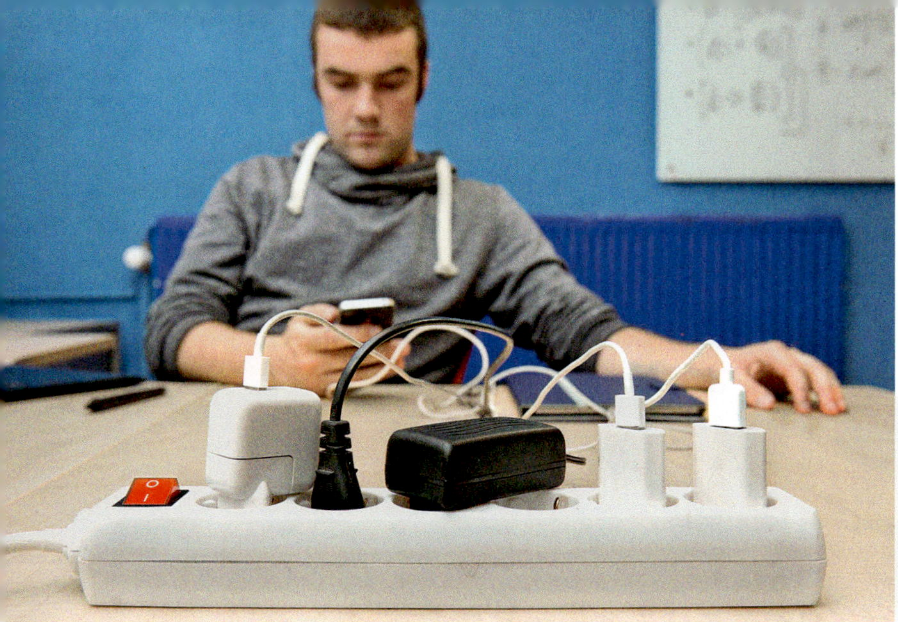

Keine Steckdose mehr frei? Angesichts der Unzahl technischer Geräte in unseren Haushalten dürfte dieses Problem wohl jeder kennen.

Watt, Volt & Co.

Das Handy und die elektrische Zahnbürste, der Föhn oder der Rasierer, und natürlich der Radiowecker und die Nachttischlampe. ▸ 2
Keine Frage, Elektrizität ist aus unserer Gesellschaft nicht mehr wegzudenken und doch wissen die meisten von uns nur sehr wenig darüber, wo die elektrische Energie herkommt, wie sie verteilt, genutzt und verbraucht wird.

Wie gewinnt man elektrische Energie? Was bezeichnet man als Spannung und Stromstärke? Wie wird elektrische Energie transportiert? Und warum braucht man dafür einen Stromkreis? ▸ 3, 4
Wo lässt sich diese Form von Energie speichern? Und woran kann ich erkennen, wie viel Energie etwa in einem Akku gespeichert ist?

2 Elektrische Energie für unterwegs

3 Anlagen zur Erzeugung elektrischer Energie

4 Anlagen zum Transport und zur Speicherung elektrischer Energie

Elektrische Energie nutzen

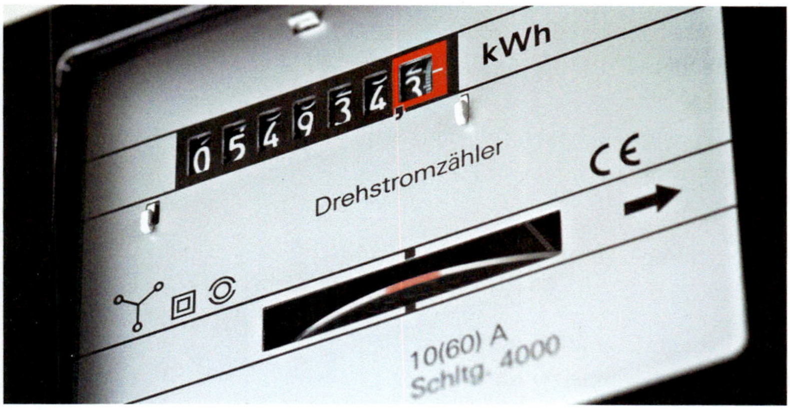

5

In vielen Haushalten hierzulande steht der Stromzähler niemals still. Aber was „zählt“ dieser Zähler eigentlich?

Experiment

1 Elektrische Energie „handgemacht“

a Verwende einen Tischgenerator (Dynamot) aus der Physiksammlung und versuche mit seiner Hilfe eine Lampe zum Leuchten zu bringen. Beobachte und beschreibe was passiert, wenn du schneller bzw. langsamer drehst. ▸ 6

b Erkläre deine Beobachtungen mithilfe des Energiebegriffs. Benenne darüber hinaus die hier ablaufenden Energieumwandlungsprozesse.

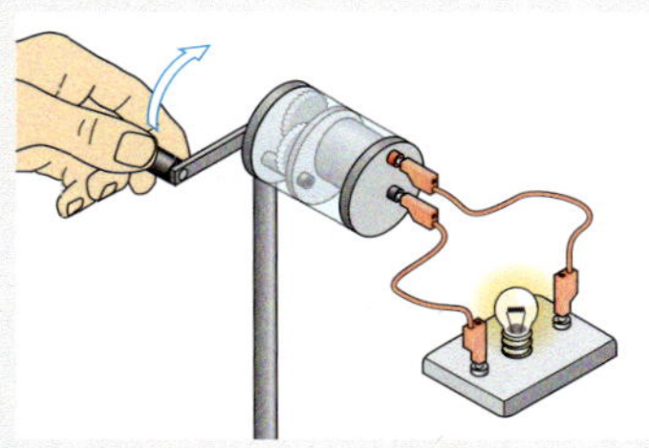

6 Dynamot

2 Geräte im Haushalt

Fast alle Geräte in unseren Haushalten haben ein Typenschild, auf dem sich eine Angabe zu ihrer Leistungsaufnahme findet. Notiere die Watt-Zahlen von mindestens fünf eurer Haushaltgeräte. Vergleiche die Angaben auf den Geräten: Welche Geräte haben eine hohe, welche eine niedrige Leistungsaufnahme? Lassen sich bestimmte Muster (z. B. „Alles was heizt…“) erkennen?

3 Leistung messen

a Untersuche mithilfe eines Leistungsmessers, wie viel elektrische Energie Fernseher, Stereoanlage, Schreibtischlampe, Föhn, Mixer und andere Haushaltsgeräte pro Sekunde umwandeln. ▸ 7

b Prüfe, welche Geräte auch dann Energie umwandeln, wenn man sie eigentlich nicht benutzt. Welches der von dir untersuchten Geräte hat im Standby-Modus die höchste Energieaufnahme?

c Vergleiche deine Ergebnisse – soweit vorhanden – mit den Angaben auf den Geräten. Stimmen die Werte überein?

7 Leistungsmesser

4 Belastung und Leistung

Untersuche mit einem Leistungsmesser, wie sich die Energieaufnahme eines Mixers verändert, wenn du in eine zunächst nur mit ca. 300 ml Wasser gefülltes Gefäß nach und nach immer mehr Mehl gibst. Was fällt dir auf?

Grundlagen Elektrische Anlagen wandeln Energie um

Was haben Spielekonsole, Staubsauger und Küchenmaschine gemeinsam? Sie alle benötigen elektrische Energie, um uns das Leben zu erleichtern. Sie unterhalten uns, befreien die Wohnung von Staub und Schmutz und kneten den Teig für den Geburtstagskuchen durch.
Alle diese Geräte sind am Stromnetz angeschlossen. Sie bilden mit den Leitungen in der Wand und dem Generator in einem Kraftwerk eine komplexe elektrische Anlage. ▸ 1

Elektrische Anlagen dienen dazu, elektrische Energie zu übertragen und zu nutzen. Sie bestehen aus drei Teilen.

- Eine elektrische *Energiequelle* – ein Gerät (Energiewandler), mit dem elektrische Energie aus anderen Energieformen gewonnen wird.
- Verschiedene *Übertragungsteile* – Leitungen, mit denen elektrische Energie möglichst verlustfrei übertragen wird.
- Einen oder mehrere *Nutzer der elektrischen Energie* – ein Energiewandler, der elektrische Energie in die jeweils gewünschte Energieform umwandelt.

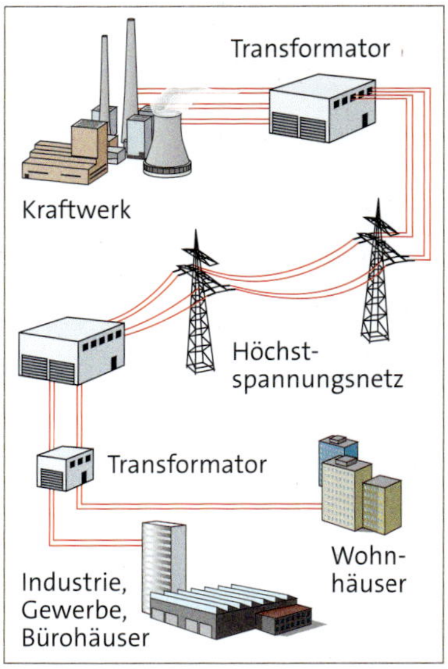

1

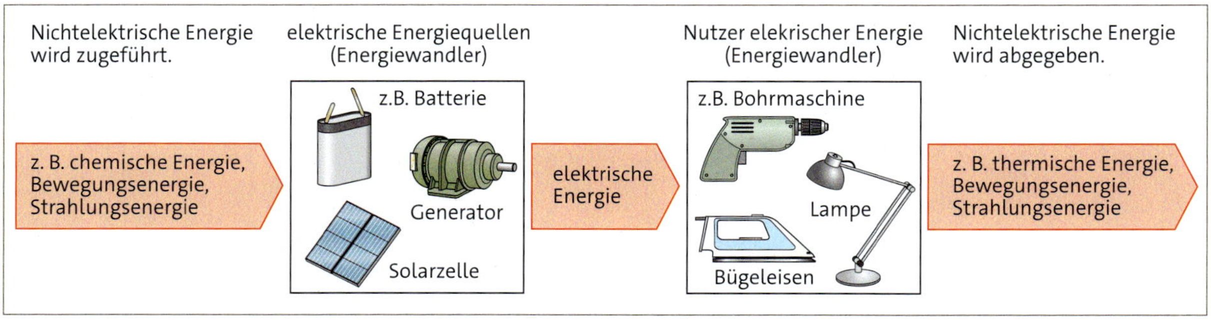

2 Energieumwandlungen in einer elektrischen Anlage

Aufgaben

1 Auch die Beleuchtung an einem Fahrrad stellt eine elektrische Anlage dar. Benenne welche Elemente hier die Energiequelle, die Übertragungsteile und der Nutzer der elektrischen Energie darstellen. Zeichne ein beschriftetes Energiediagramm.

2 „Wo kommt eigentlich der Strom her?", fragt der Physiklehrer einen seinen Schüler. Dieser entgegnet sehr zur Belustigung seiner Mitschüler: „Na, aus der Steckdose." Stimmt das? Oder hat ein Mitschüler recht, der einwirft: „Ne, das ist Quatsch! Die Steckdose gehört doch zum Übertragungsteil!" Diskutiere die Frage mit deinen Banknachbarn.

3 Übernimm die Tabelle in dein Heft. Ordne folgende Teile von elektrischen Anlagen der richtigen Spalte zu: Solarzelle, Kupferkabel, Stecker, Transformator, Elektromotor, Batterie, Steckdose, Lampe, Schalter, Display und Kraftwerk. Suche für jede Spalte zwei weitere Beispiele.

Energiequelle	Übertragungsteil	Nutzer
?	?	?

4 Seit der Saison 2013 wird in der Formel 1 das sogenannte ERS-System eingesetzt. Recherchiere welche Energieumwandlungsprozesse bei eingeschaltetem ERS ablaufen und erkläre, warum es den Fahrern hilft, Treibstoff zu sparen.

Grundlagen Energiestrom und Energiemenge

In elektrischen Anlagen strömt elektrische Energie von der Quelle zum Nutzer. In der Regel meinen wir eigentlichen diesen *Energiestrom*, wenn wir im Alltag von „Strom“ sprechen. ▸ 3

Der Energiestrom bezeichnet die Menge an elektrischer Energie, die von einer elektrischen Anlage pro Sekunde transportiert wird.

Wie die Leistung wird der Energiestrom mit P bezeichnet und in der Einheit Watt (W) gemessen. Da die gesamte Energie in das elektrische Gerät fließt und dort umgewandelt wird, hat der Energiestrom den gleichen Zahlenwert wie die Leistung.

Energie und Leistung Kennt man die Leistung eines elektrischen Geräts, so kann man leicht die Menge an Energie berechnen, die sie in einem bestimmten Zeitraum umsetzt.

$P = \frac{\Delta E}{\Delta t}$ bzw. (nach ΔE aufgelöst) $\Delta E = P \cdot \Delta t$

Die Menge an Energie, die von einem Gerät in andere Energieformen umgewandelt wird, ist das Produkt Leistung mal Zeit.

Ein Staubsauger mit 1000 W wandelt in nur 30 Minuten die beeindruckende Energiemenge von

$\Delta E = P \cdot \Delta t = 1000\,\text{W} \cdot 30\,\text{min} = 1000\,\text{W} \cdot 30 \cdot 60\,\text{s}$

$= 1\,800\,000\,\text{W} \cdot \text{s} = 1\,800\,000\,\text{J} = 1{,}8\,\text{MJ}$

aus elektrischer in Bewegungs- und thermische Energie um.

Da sich mit derart großen Zahlen nur schwer rechnen lässt, hat man sich auf ein anderes Maß für die Energieaufnahme elektrischer Anlagen geeinigt. Bei elektrischen Geräten wird die Energie oft in Kilowattstunden (kW · h) angegeben. Ein Gerät mit einer Leistung 1 kW benötigt in 1 h die Energiemenge 1 kW · h.

$1\,\text{kW} \cdot \text{h} = 1000\,\text{W} \cdot 1\,\text{h} = 1000\,\text{W} \cdot 3600\,\text{s} = 3\,600\,000\,\text{J} = 3{,}6\,\text{MJ}$

$1\,\text{kW} \cdot \text{h} = 3{,}6\,\text{MJ}$

$1\,\text{MJ} = 1/3{,}6\,\text{kW} \cdot \text{h}$

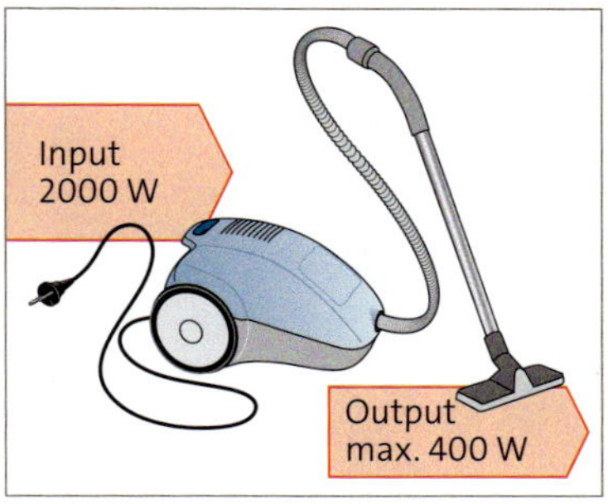

3 Energie und Leistung

Übrigens

1 kW · h reicht, um ...
- ein Mittagessen für vier Personen zu kochen
- eine Ladung Geschirr maschinell zu spülen
- 15 Hemden zu bügeln
- eine Ladung Wäsche bei 60 °C zu waschen
- ca. 40 Stunden mit einem 25-Watt-CD-Spieler Musik zu hören
- ca. 5 Stunden mit einem 40“-LCD-Fernseher Fernsehen zu schauen.

Ein durchschnittlicher 3-Personen-Haushalt in Deutschland benötigt ca. 4000 kW · h elektrische Energie pro Jahr.

Aufgaben

1 Eine Spielekonsole steht in der Kritik, weil sie selbst im Standbybetrieb eine Leistungsaufnahme von 15 W aufweist.

a Berechne, wie viele Stunden die Spielekonsole pro Tag (pro Jahr) im Standbybetrieb läuft, wenn sie täglich nur 2 Stunden genutzt wird.

b Berechne, wie viel Energie pro Tag (pro Jahr) durch den Standbybetrieb verschwendet wird.

c Alina zieht den Netzstecker immer wenn sie das Gerät nicht nutzt. Berechne, wie viel Geld sie im Jahr spart. (*Tipp:* Rechne mit einem Preis von 30 Cent pro kW · h.)

2 Der Discounter nebenan bietet einen Mixer zum Schnäppchenpreis an. Das Gerät wird im Prospekt mit einer Leistungsaufnahme von 1200 Watt beworben. Darunter steht der Satz „200 Watt mehr als vergleichbare Geräte.“
Ist das Gerät also sein Geld wert?
Begründe deine Antwort.

3 Eine Taschenlampe mit einer 2,5-W-Glühlampe leuchtet 45 Minuten.
Berechne die Energie, die insgesamt aus der Batterie in die Lampe strömt.

Energie sparen und effizienter nutzen

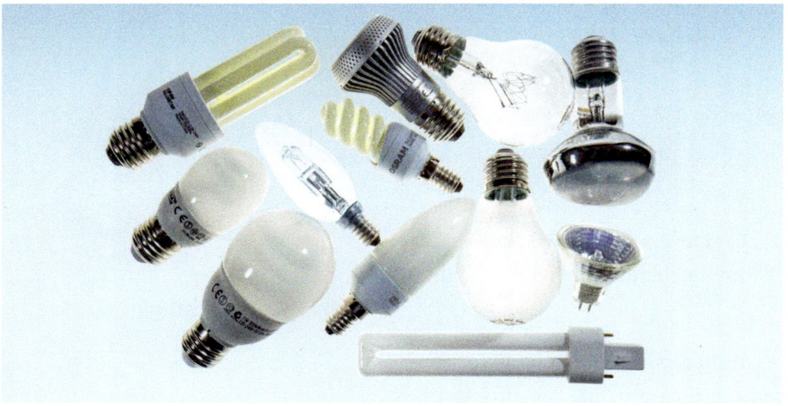

1

Energie und Geld sparen und auch noch etwas für die Umwelt tun? Das versprechen die Hersteller moderner Leuchtmittel. Doch was hat es mit diesen „Energiesparlampen“ auf sich?

Experiment

1 Energieausbeute bei Leuchtmitteln

a Vergleiche mithilfe eines Leistungsmessers unterschiedliche Leuchtmittel. Welche Leuchtmittel sind deiner Meinung nach die Günstigsten. Begründe deine Überlegungen mit Messergebnissen sowie den Angaben zur Lichtausbeute in Lumen (Lm) auf der Verpackung.

b Prüfe anschließend mithilfe der Fettfleckmethode, ob die Angaben zur Lichtausbeute stimmen. Positioniere dazu zwei Leuchtmittel mit gleicher Lumenzahl links und rechts von einem Blatt Löschpapier. Darauf befindet sich ein ca. 2-Cent-Stück großer Fettfleck (z. B. Bratöl). ▸ 2

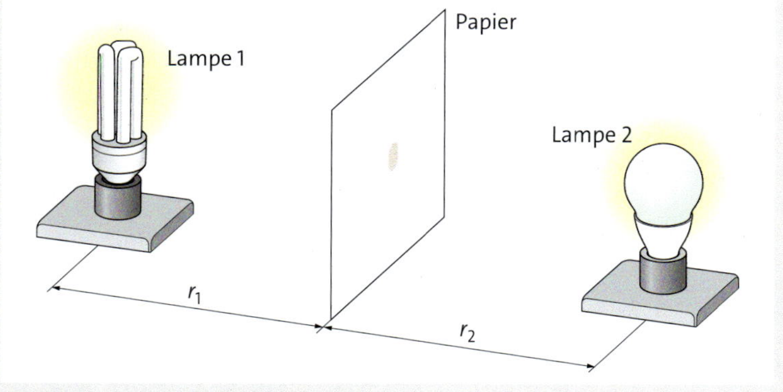

2 Fettfleckmethode

Verändere dann die Abstände r_1 und r_2 der Leuchtmittel. Der Fettfleck soll so ausgeleuchtet werden, dass er von beiden Seiten genauso hell bzw. dunkel ist wie der benachbarte trockene Teil des Löschblatts. Wenn die Lumenzahlen auf der Verpackung stimmen und beide Leuchtmittel wirklich gleich hell sind, sollten die Abstände r_1 und r_2 identisch sein. Stimmt das? Oder ist eines der Leuchtmittel in Wirklichkeit heller als das andere?

Experiment

2 Wasser erwärmen (1)

Es gibt viele Möglichkeiten, Wasser zu erwärmen, aber nicht alle sind unter energetischen Gesichtspunkten gleichwertig. Überlege zunächst, welche Möglichkeiten es gibt, Wasser zu erwärmen.
Plane dann ein Experiment, mit dem du bestimmen kannst, welche dieser Methoden die geringste Menge an Energie benötigt, um Wasser auf eine bestimmte Temperatur zu bringen.

3 Wasser erwärmen (2)

Heizplatte, Wasserkocher, Induktionskochfeld, Mikrowelle.
Das sind sicher die beliebtesten Methoden, um Wasser zum Kochen zu bringen.

a Miss für alle vier Geräte die Leistung und die Zeit, die das Gerät benötigt, um das Wasser zum Kochen zu bringen. Sammle deine Ergebnisse in einer Tabelle in deinem Heft.

Modell	Δt Zeit bis zum Kochen	Energiemenge $\Delta E = P \cdot \Delta t$
Wasserkocher	?	?
?	?	?

b Vergleiche: Welche Methode ist die schnellste? Welche benötigt die geringste Menge an Energie? Welche würdest du als die „effizienteste“ Methode bezeichnen? Begründe deine Antwort.
Tipp: Etwas ist effizient, wenn es für ein bestimmtes Ergebnis nur einen kleinen Aufwand benötigt oder aber bei einem feststehenden Aufwand das bessere Ergebnis liefert.

c Prüfe anschließend, wie man die Effizienz einer mobilen Herdplatte weiter steigern könnte. Verwende hierzu ein Energiemessgerät und bestimme den Einfluss der Topfform und -größe sowie der Verwendung eines Deckels auf den Energiebedarf der Herdplatte. Formuliere abschließend auf Basis deiner Ergebnisse einen Merksatz zum Energiesparen beim Wasserkochen.

3 Wärmequellen

Grundlagen Wirkungsgrad elektrischer Geräte

1600 Watt – Seit dem 1. September 2014 gilt in der EU diese Obergrenze für die Leistungsaufnahme von neuen Staubsaugermodellen. 2017 wurde die Leistungsobergrenze nochmals abgesenkt – auf 900 Watt.
Reichen 900 Watt denn überhaupt aus, um dem täglich anfallenden Staub Herr zu werden? Spätestens seit der Absenkung der Leistungsobergrenze durch die EU-Kommission arbeiten Staubsaugerhersteller weltweit daran, die zugeführte Energie besser auszunutzen.

Der Wirkungsgrad eines Geräts oder einer elektrischen Anlage gibt an, welcher Anteil der zugeführten Energie genutzt wird.

Er ist definiert als Quotient aus genutzter und zugeführter Energie:

$$\eta = \frac{\text{genutzte Energie}}{\text{zugeführte Energie}}.$$

Da stets nur ein Teil der aufgewendeten Energie auch tatsächlich wie gewünscht genutzt wird, liegt der Wert von η stets zwischen 0 und 1. Für eine Lampe heißt das, dass je nach Wirkungsgrad zwischen 0 % und 100 % der zugeführten Energie in Form von Licht nutzbar gemacht werden.

Der Wirkungsgrad η wird in Prozent (0–100 %) angegeben.

Je höher der Wirkungsgrad eines Geräts ist, desto effektiver wandelt es elektrische Energie in die gewünschte Energieform um.

Leuchtmittel	Wirkungsgrad
Halogenlampe	3 %
Energiesparlampe	12 %
Leuchtstofflampe	bis ca. 25 %
LED (weiß)	bis ca. 25 %

Tabelle 1

Aufgaben

1 Im Internet finden sich unter Überschriften wie „Energievergleich LED-Beleuchtung vs. Glüh- und Halogenlampe" Tabellen wie diese:

LED		Halogen
3–4 Watt	entspricht	20–30 Watt
7–8 Watt	entspricht	50–65 Watt
9–11 Watt	entspricht	70–85 Watt

Prüfe mithilfe der Werte in ▸ Tabelle 1, ob diese gängige, sogenannte „Konvertierungstabelle" korrekt sein kann. Versuche auf Basis der Wirkungsgrade in Tabelle 1 genauere Werte anzugeben.

2 Nachdem Thomas im Physikunterricht gelernt hat, dass der Wirkungsgrad von modernen LED-Lampen mit $\eta = 25\,\%$ wesentlich höher ist, als der von den immer noch weit verbreiteten Halogenlampen ($\eta = 3\,\%$), sagt er abends zu seinem Vater: „Papa, wir müssen diese alten Halogenlampen ersetzen. Da könnten wir 88 % der Energie sparen."
Der Vater wundert sich und fragt: „Das klingt aber nach viel. Wie kommst du darauf?" Thomas sagt: „Na ja, der Wirkungsgrad einer Halogenlampe ist 3 %. Der Wirkungsgrad einer LED-Lampe ist 25 %. 3 % von 25 % das sind 3/25, also 12 % und das heißt man spart 88 %." Der Vater schüttelt verdutzt und immer noch etwas ungläubig den Kopf: „Bist du sicher? Da müssen wir wohl echt mal in den Baumarkt fahren."

a Diskutiere mit deinem Banknachbarn, ob Thomas' Rechnung stimmt und man tatsächlich über 80 % der Energie sparen könnte. Begründet eure Antwort und bietet, wenn nötig, alternative Lösungen an.

b Um einen Raum mit einer Energiemenge von $E_{\text{out}} = 1{,}5\,\text{kW} \cdot \text{h}$ auszuleuchten, muss einer LED-Lampe eine Energiemenge von $E_{\text{in}} = \frac{E_{\text{out}}}{\eta} = 6\,\text{kW} \cdot \text{h}$ zugeführt werden.
Berechne, wie viel Energie eine Halogenlampe für die gleiche Aufgabe benötigen würde.

3 Zeige mithilfe des Zusammenhangs zwischen Energie, Leistung und Zeit $\Delta E = P \cdot \Delta t$, dass für den Wirkungsgrad η auch gilt:

$$\eta = \frac{\text{genutzte Leistung}}{\text{Gesamtleistung}}.$$

Aus der Technik: Energieeffizienzklassen

Neben dem Nutzen von erneuerbaren Energiequellen ist die effizientere Nutzung von Energie ein wichtiger Beitrag, um den Ausstoß von klimaschädlichen Gasen wie z. B. Kohlenstoffdioxid zu verringern.
Jede weitere Zunahme des Anteils von Kohlenstoffdioxid in der Atmosphäre führt zum Temperaturanstieg und zu Unwettern.
Um das zu vermeiden, greift man zunehmend auf erneuerbare Energiequellen wie Wind- und Sonnenenergieanlagen zu. Eine zweite ebenso wirksame Maßnahme ist die Einsparung von Energie durch den Einsatz effizienterer Geräte.
Energiesparen ist aber nicht nur unter Umweltgesichtspunkten wichtig. Auch ökonomisch gesehen ist es sinnvoll, den eigenen Umgang mit Energie in regelmäßigen Abständen zu überprüfen. Insbesondere auf längere Sicht kann die Verwendung von energieineffizienten Geräten nämlich ganz schön ins Geld gehen. So lassen sich nach Berechnungen der Verbraucherzentralen in einem Zeitraum von 15 Jahren fast 1800 Euro sparen, wenn man heute 10 noch vorhandene 46-W-Halogen-Glühlampen durch gleich helle 9,5-W-LED-Leuchtmittel ersetzt.
Noch größer kann die Ersparnis bei Elektrogroßgeräten ausfallen. Damit man da als Verbraucher nicht so schnell die Übersicht verliert, hat die EU Energielabel eingeführt. Anhand von Buchstaben und Farben soll man hier auf einen Blick erkennen, ob ein Gerät vergleichsweise effizient oder ineffizient arbeitet. ▸1

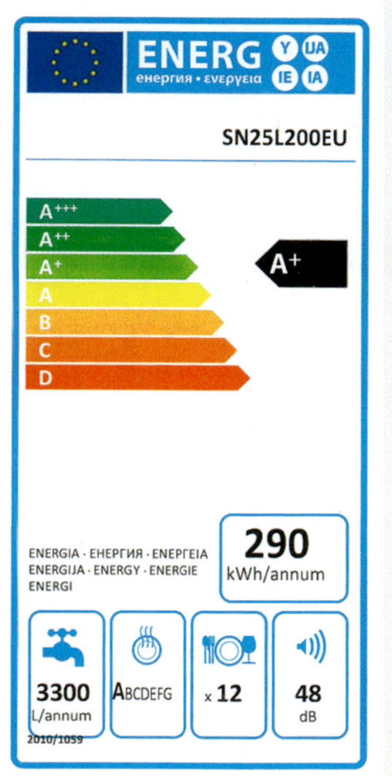

1 Energieeffizienzklasse

1 Recherchiere, für welche Geräte und auch Häuser es Energielabel gibt. Mache dazu Handyfotos von den Labels auf verschiedenen Geräten.

a Vergleicht die Angaben auf den unterschiedlichen Labels.

b Erläutere, welche Informationen man über die Energieaufnahme des Geräts den Labels entnehmen kann und was genau die Buchstaben A bis G bedeuten.

c Begründe, warum zwei unterschiedliche Geräte (z. B. Fernseher und Waschmaschine), die den gleichen Buchstaben haben, dennoch im alltäglichen Gebrauch einen ganz unterschiedlichen Energiebedarf haben können.

2 In Japan gibt es das so genannte „Top-Runner-Programm".
Recherchiere, was das Top-Runner-Programm ist und bewerte, ob es gegenüber den europäischen Energielabels einen stärkeren oder schwächeren Anreiz zum Energiesparen leistet.

3 Während selbst günstige neue Kühlschränke zumeist eine Energieaufnahme von weniger als 90 kW · h pro Jahr haben, liegt der Wert bei älteren Modellen bei bis zu 250 kW · h.
Lohnt es sich da nicht, einen neuen Kühlschrank zu kaufen?
Berechne, wie lange es dauern würde, bis man die 400 € für den neuen Kühlschrank über die Stromrechnung wieder eingespart hat.
Recherchiere hierzu den aktuellen Strompreis oder nimm einen Preis von 30 Cent pro kW · h an.

Energieübertragung in Stromkreisen

1

Ein Elektroauto wird an einer Ladestation aufgeladen.
Fließt hier die elektrische Energie genauso in das Fahrzeug wie das Benzin in den Tank?

Experiment

1 Gewichtheben – mechanisch und elektrisch

Baue zwei Anlagen auf, mit denen du ein Gewicht hochheben kannst. Benutze einmal Kurbel, Treibriemen und Rolle mit Seilwinde, im anderen Versuch einen Handgenerator, an den mit Kabeln ein Motor mit Seilwinde angeschlossen ist. ▸ 2

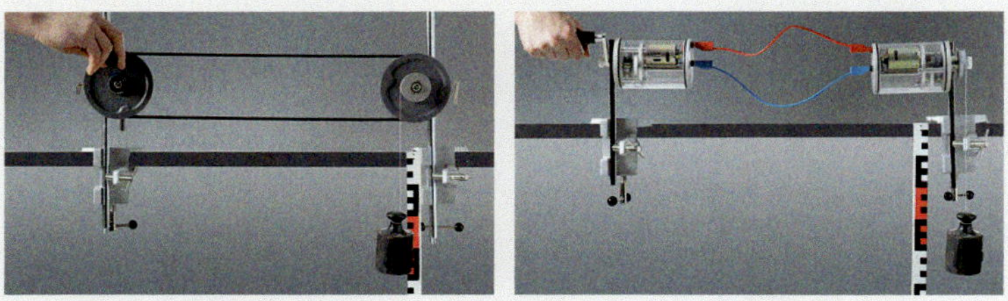

2 Ein Gewicht heben

a Benenne in beiden Fällen Energiequelle, Übertragungsteil und Energienutzer.

b Vergleiche die Art der Energieübertragung mittels Riemen und Stromkreis.

2 Übung mit dem Strommessgerät

a Du benötigst: Messgerät für den elektrischen Strom, Energiequelle (Netzgerät), Kabel, verschiedene Lampen, die alle für die gleiche Energiequelle vorgesehen sind (z. B. mit dem Aufdruck 6 V).
Baue einen Stromkreis auf, miss die elektrische Stromstärke für alle Lampen und beobachte ihre Helligkeit. Notiere die Ergebnisse.

b Alternativ: Aus einer USB-Verlängerung lässt sich leicht ein Adapter bauen, mit dem man USB-Gadgets mit einem Netzgerät ($U = 5\,V$) oder Handgenerator betreiben kann. Dazu den Stecker von der Verlängerung abschneiden, rote (+) und weiße Ader (–) freilegen und jeweils an einen Bananenstecker anlöten oder anklemmen. ▸ 3
Miss den elektrischen Strom von verschiedenen Geräten.

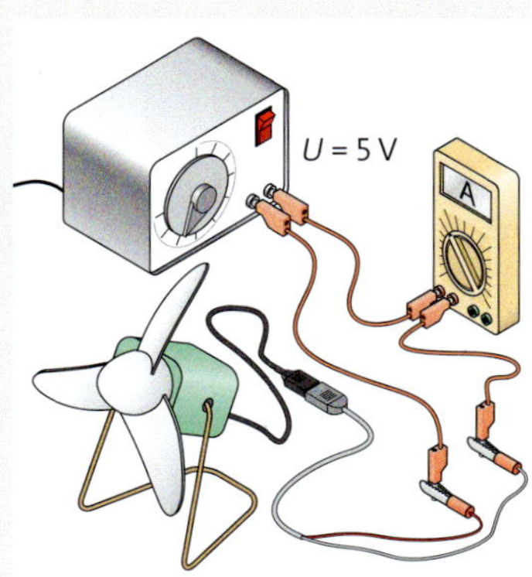

3

Experiment

3 Stromstärke im unverzweigten Stromkreis
Baue einen elektrischen Stromkreis aus Energiequelle (Batterie oder Netzgerät) und Lampe auf. Miss mit zwei Messgeräten gleichzeitig die elektrische Stromstärke vor und hinter der Lampe. ▸ 4
Achte darauf, dass an den Messgeräten der gleiche Messbereich eingestellt ist. Beschreibe deine Beobachtung.

4 Energiestrom bei der Parallelschaltung
Schließe an einen Handgenerator drei gleiche Glühlampen (z. B. 6 V/3 W) jeweils mit einem Schalter in einer Parallelschaltung so an, dass du die Lampen ein- und ausschalten kannst. ▸ 5
Schalte zunächst nur eine Lampe ein und kurble so, dass sie normal hell leuchtet. Schalte dann nacheinander die andern Lampen hinzu. Beschreibe, wie du dich beim Kurbeln anstrengen musst.

5 Elektrische Stromstärke bei der Parallelschaltung

a Baue die Schaltung zunächst ohne Strommessgerät auf. Verwende zwei gleiche Lämpchen (z. B. 6 V/0,6 W) und eine Lampe mit anderer Helligkeit, aber gleichem Anschlusswert (z. B. 6 V/0,3 W). Markiere die beiden gleichen Lampen farbig, damit du sie von der anderen unterscheiden kannst, auch wenn sie nicht leuchten. ▸ 6

b Die Schaltung ist eine Modellschaltung für einen Mehrfachstecker. Begründe.

c Zeichne die Schaltskizze und die Tabelle ab. Miss die elektrische Stromstärke nacheinander an den markierten Stellen. Trage die Messwerte in die Tabelle ein.

Messstelle	Elektrische Stromstärke
1	?
2	?
3	?
...	...

d Finde Zusammenhänge zwischen den Messwerten. Formuliere diese mit eigenen Worten.

e Wo könnte man noch die gleichen Messwerte finden wie an den Stellen 3, 4 und 7? Zeichne diese Stellen in die Schaltskizze ein.

f Markiere in der Schaltskizze die Leiterabschnitte, in denen der größte Elektronenstrom fließt.

g Tausche die mittlere und die rechte Lampe. Stelle Vermutungen über die Stromstärken auf, die sich jetzt an den verschiedenen Stellen ergeben. Überprüfe deine Vermutung.

h Baue den Versuch so auf, dass du den Strom an der Stelle 6 messen kannst. Entferne nacheinander die anderen Lampen und beobachte die Stromstärke. Stelle sie der Beobachtung gegenüber, die man machen kann, wenn man in der Realität Geräte an den Mehrfachstecker anschließt oder wieder von ihm trennt.

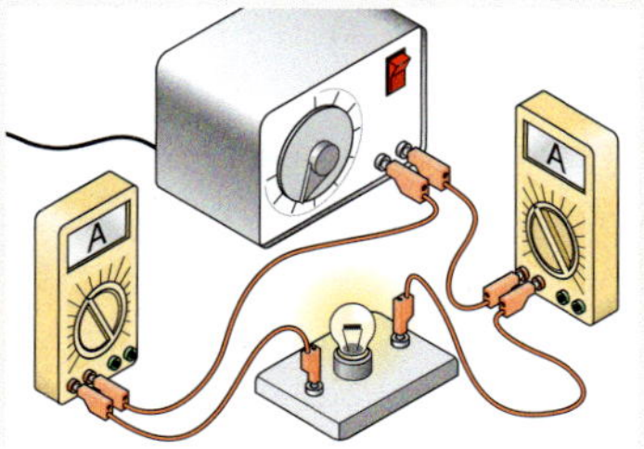

4 Stromstärke im einfachen Stromkreis

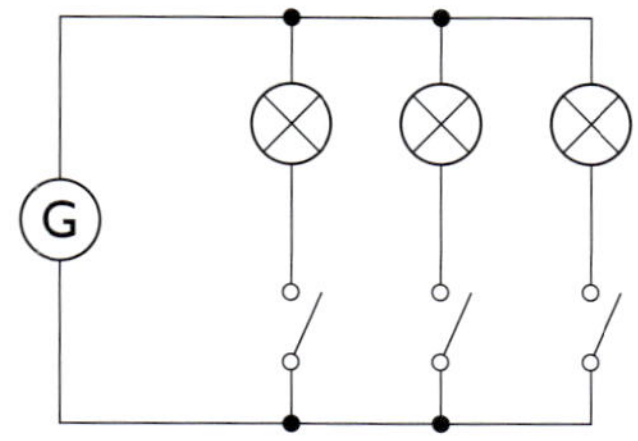

5 Energiestrom in der Parallelschaltung

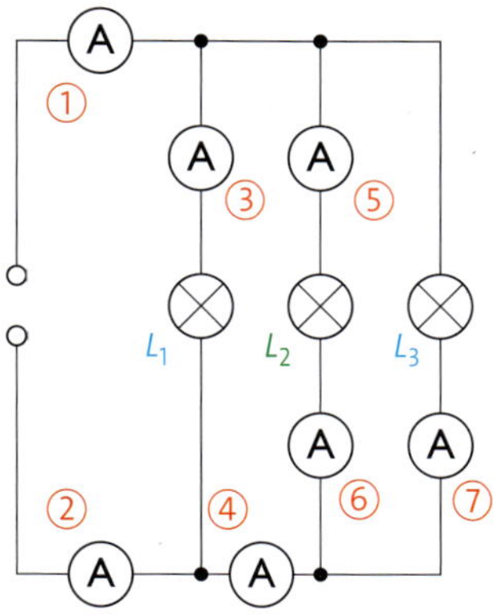

6 Stromstärke in der Parallelschaltung

Grundlagen Kreisläufe übertragen Energie

Elektrische Energie wird oft nicht dort bereitgestellt, wo sie gebraucht wird. Sie wird dann von einem Ort zum anderen transportiert: vom Kraftwerk zum Wohnhaus, von der Batterie zur Lampe oder vom MP3-Player zum Kopfhörer. Auch beim Fahrrad ist das so. Hier wird Bewegungsenergie an der Pedale zugeführt und kommt am hinteren Zahnrad an, wo sie das Rad in Bewegung setzt. Übertragen wird die Energie mithilfe der Fahrradkette. ▸ 1

Energie wird häufig mithilfe von Kreisläufen übertragen.

Dabei unterscheidet man zwei Ströme: den bereits bekannten Energiestrom und den Strom eines kreisenden Mittels. Beim Fahrrad ist das kreisende Mittel natürlich die Kette, beim elektrischen Stromkreis sind es die Elektronen.
Der Energiestrom kennt nur eine Richtung: Er fließt stets von der Energiequelle zum Energienutzer. Das ist manchmal schwierig zu erkennen. Aber aus der Tatsache, dass Energie an einer Stelle hineingesteckt und an anderer Stelle umgesetzt wird, kann man schließen, dass Energie „unterwegs" ist. Da die am Nutzer ankommende Energie meistens in eine andere Energieform umgewandelt wird, scheint sie zu verschwinden. Daher nennt man den Energienutzer auch „Verbraucher". Das kreisende Mittel allerdings wird niemals verbraucht. Es läuft immer im Kreis.
Geht es bei elektrischen Anlagen um den „Strom", muss man sehr genau sein: Ist der Energiestrom oder der Elektronenstrom gemeint? ▸ 2

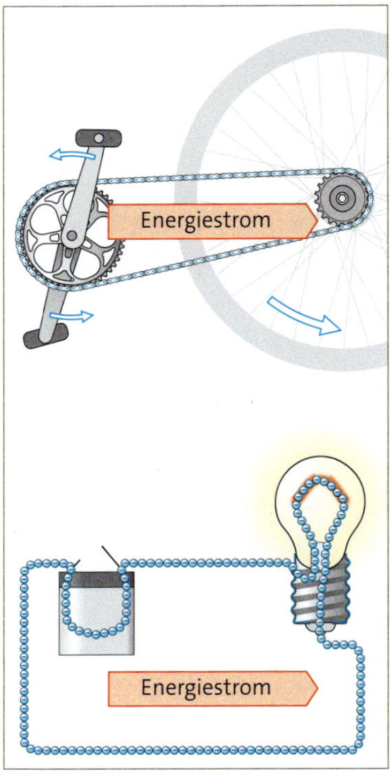

1 Energietransport

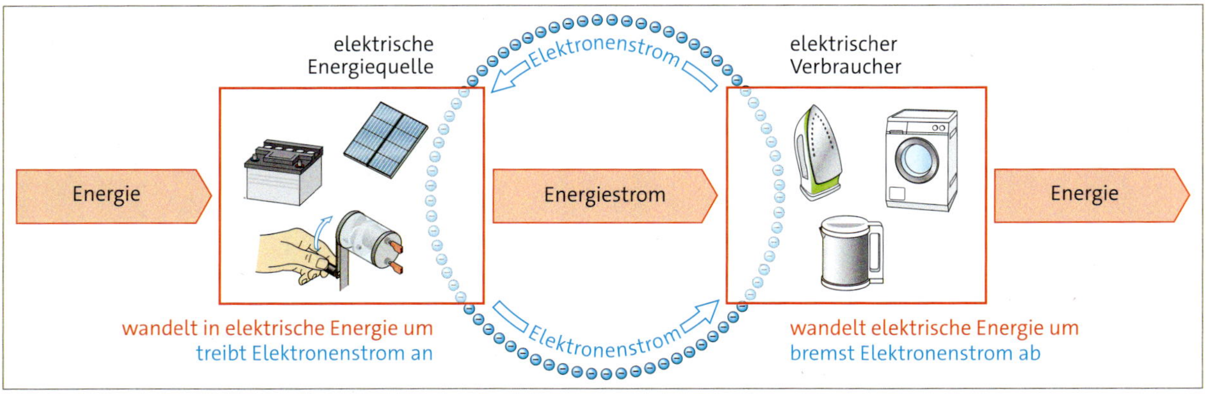

2 Energiestrom und Elektronenstrom

Aufgaben

1 Stelle Unterschiede zwischen dem Energiestrom und dem Elektronenstrom in einer Tabelle gegenüber.

2 Betrachte ▸ Versuch 1, S. 264

a Beschreibe, woran man erkennt, dass es in beiden Fällen einen Energiestrom gibt. In welche Richtung fließt er?

b Beschreibe Gemeinsamkeiten und Unterschiede der beiden Versuche.

3 Anne hat eine Glühlampe an eine Batterie angeschlossen. Sie vertauscht die Kabel an den Polen der Batterie und sagt: „Jetzt fließt der Energiestrom in die umgekehrte Richtung, von der Lampe zur Batterie." Was meinst du?

Aus der Geschichte: Energie am laufenden Band

Wenn wir zu Hause den Fernseher einschalten, ist nichts davon zu spüren, dass die Energie bereits einen langen Weg hinter sich hat: von einem kilometerweit entfernten Kraftwerk über Hochspannungsleitungen, Verteilerstationen, unterirdische Kabel bis letztendlich dorthin, wo wir sie nutzen. Vor 150 Jahren sah das ganz anders aus. Die industrielle Revolution hatte in Deutschland ab 1800 riesige Fabriken mit einer Fülle von großen und kleinen Maschinen hervorgebracht, die etwas drehten, rüttelten oder hin- und herbewegten. Aber eine elektrische Energieversorgung gab es noch nicht. Wie kam dann die Energie zu den Maschinen? Jede Fabrik besaß eine große Dampfmaschine, das heutige Symbol der Industrialisierung schlechthin. In einer Dampfmaschine wird durch Verbrennung von Kohle Wasser erhitzt und Dampf erzeugt, der ein Rad antreibt. Diese Bewegungsenergie wurde durch ein verzweigtes Netz von sich drehenden Stangen, Zahnrädern und Riemen jedem einzelnen Arbeitsplatz zugeführt. ▸ 3

Von den Nähmaschinen in Textilfabriken bis zu den Drehbänken der späteren Automobilfirmen – bis weit ins 20. Jahrhundert konnte kein Unternehmen auf die Transmissionstechnik durch Riemen verzichten. Erst mit der flächendeckenden Elektrifizierung war es möglich, jede einzelne Maschine mit einem Elektromotor auszustatten und die Bewegung direkt an der Maschine zu erzeugen.

1 Benenne anhand des Texts Energiequelle, Übertragungsteil und Verbraucher in einer Fabrik im 19. Jahrhundert.

2 Beschreibe Gemeinsamkeiten und Unterschiede bei der Energieübertragung in einer Fabrik des 19. Jahrhunderts und heute. Dabei soll auch der Begriff „kreisendes Mittel“ vorkommen.

3 Transmissionsriemen

Aus der Geschichte: Die Erfindung der Glühlampe

Bis etwa 1850 wurde die Elektrizität praktisch in der Telegrafie angewendet. Erst mit der Erfindung starker Generatoren wurde die Nutzung elektrischer Energie für andere Bereiche interessant.

Es war bereits bekannt, dass man mit elektrischem Strom Drähte zum Glühen bringen konnte. Das entscheidende Problem bestand darin, die Helligkeit dieser Drähte zu steigern, ohne dass diese innerhalb von Sekunden verglühten. Ein kleines Team um den Amerikaner THOMAS ALVA EDISON experimentierte unermüdlich mit zahllosen stromdurchflossenen Fasern, bis sie schließlich 1879 einen Bambusfaden von 1 mm Dicke und 12 cm Länge über mehrere Stunden zum Leuchten brachten. ▸ 5

Die Glühlampe war der eigentliche Motor zur Errichtung flächendeckender Stromnetze – denn die Energie für das Licht musste in die Häuser kommen.

4 THOMAS ALVA EDISON

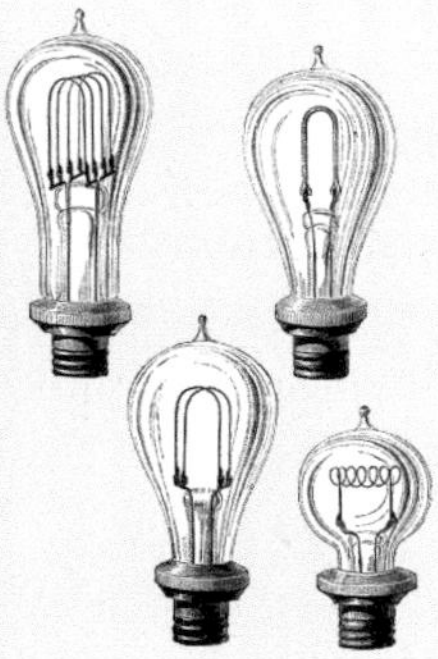

5 Erste Glühlampen

1 Glühlampen beruhen auf der Licht- und Wärmewirkung des elektrischen Stroms. Nenne fünf Geräte, in denen ebenfalls die Licht- oder Wärmewirkung des Stroms ausgenutzt wird.

2 Trage zusammen, welche Vorteile die elektrische Beleuchtung mit Glühlampen mit sich brachte.

Grundlagen Die elektrische Stromstärke

In elektrischen Stromkreisen wird Energie mithilfe des Elektronenstroms übertragen, der im Kreis herumläuft. Die elektrische Stromstärke ist ein Maß dafür, wie viele Elektronen pro Sekunde an einer Stelle des Stromkreises vorbeiströmen. Jedes Elektron trägt dieselbe Ladungsmenge.

Die elektrische Stromstärke *I* gibt an, welche Ladungsmenge insgesamt pro Sekunde an einer Stelle des Stromkreises vorbeifließt. Stromstärke ist Ladung pro Zeit.
Die elektrische Stromstärke wird in Ampere (A) gemessen.

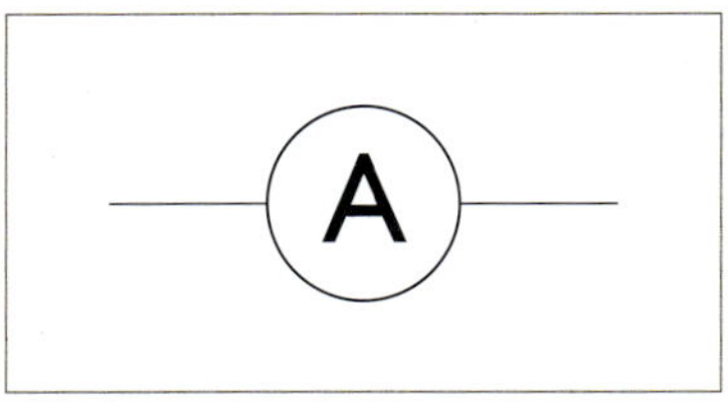

1 Schaltsymbol

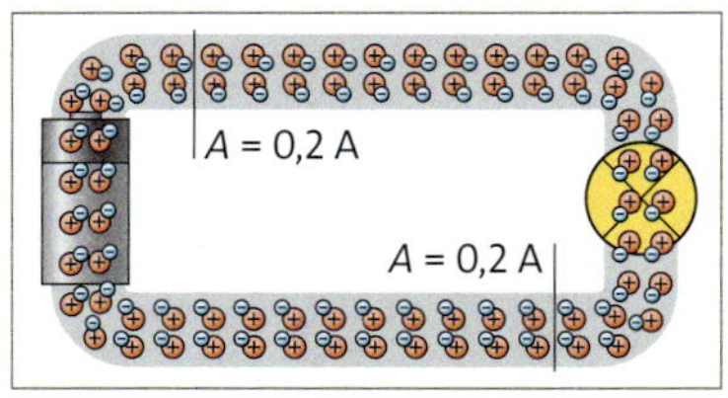

2 Unverzweigter Stromkreis

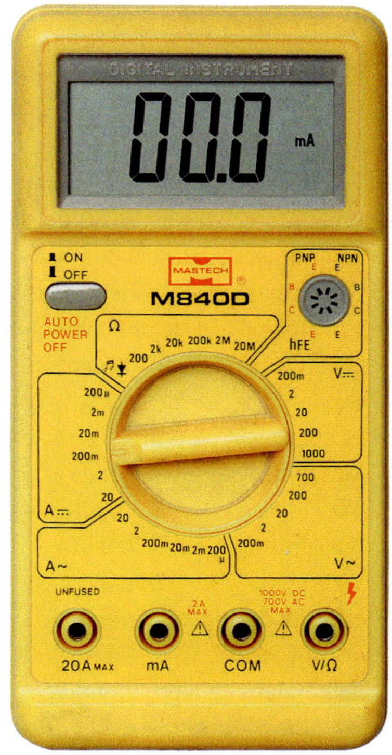

3 Messgerät

Da sich Elektronen aufgrund ihrer negativen Ladung gegenseitig abstoßen, können sich nirgendwo im Stromkreis Elektronen anstauen. Man kann sich die zirkulierenden Elektronen wie eine starre Elektronenkette vorstellen, ähnlich wie die Fahrradkette. Deshalb kommt in einem geschlossenen Stromkreis ohne Verzweigungen an jeder Stelle immer die gleiche Anzahl an Elektronen in einer bestimmten Zeit vorbei. ▸ 2

In einem unverzweigten Stromkreis ist die Stromstärke an jeder Stelle im Stromkreis gleich groß.

Wenn wir im Alltag vom Strom sprechen: „Die Kühltruhe hat einen zu hohen Stromverbrauch“, ist oft nicht die elektrische Stromstärke gemeint. Hier geht es um den Energiestrom bzw. die genutzte elektrische Energie.

Aufgaben

1 Kleine Stromstärken gibt man oft in Milliampere (mA) an. (1 A = 1000 mA)
Beispiel: $I = 0{,}02\,\text{A} = 20\,\text{mA}$.

a Schreibe ab und ergänze das richtige Zeichen „>“, „<“ oder „=“:
0,5 A … 400 mA; 0,025 A … 25 mA; 1200 mA … 0,8 A; 95 mA … 0,95 A

b Sortiere die folgenden Geräte aufsteigend nach ihren elektrischen Strömen. Gib die Werte jeweils in mA und A an.
Handy: 100 mA; Bügeleisen: 7,8 A, Flachbildfernseher: 0,25 A; LED-Lampe (15 W): 0,065 A; Funkwecker: 0,2 mA; Computer: 1200 mA; Elektroschweißgerät: bis zu 500 A; Fahrradscheinwerfer: 30 mA.

2 „Ströme“ gibt es auch im Alltag, z. B. einen Strom von Schülern, die morgens die Schule betreten. Als Stromstärke kann man angeben, wie viele Schüler pro Minute durch die Tür kommen, z. B. 15 Schüler pro Minute. Dieser Strom kann sich natürlich schnell ändern.

a Finde für die folgenden Stromstärken passende Situationen:
0,1 Liter pro Sekunde, 20 Autos pro Minute, 1200 Menschen pro Stunde, 1800 Joule pro Sekunde

b Beschreibe eine Gemeinsamkeiten der Stromstärkeangaben aus Aufgabe a) und finde eine weitere Stromstärke.

Methode Die elektrische Stromstärke messen

Messgeräte für den elektrischen Strom können häufig noch andere physikalische Größen messen (z. B. Spannung und elektrischen Widerstand). Daher spricht man von Multimetern. Es gibt sie in analoger Ausführung (mit Zeiger) oder digital (mit Ziffern).

1 Stromkreis aufbauen

Baue den Stromkreis ohne Messgerät auf. Teste, ob er richtig funktioniert. Prüfe, ob Gleich- oder Wechselstrom im Stromkreis fließt. Bei Energiequellen, die einen Plus- und Minuspol besitzen, handelt es sich um Gleichstrom. Wechselstrom ist häufig durch das Symbol „~“ gekennzeichnet.

2 Messgerät vorbereiten

Stelle dein Messgerät auf Strommessung ein, entweder für Gleichstrom (meistens gekennzeichnet durch A- oder DC) oder Wechselstrom (A~ oder AC). Wähle den größten Messbereich (die größte Amperezahl).

3 Messgerät anschließen

Alle Elektronen sollen durch das Messgerät fließen. Unterbrich daher den Stromkreis an der Stelle, wo die Stromstärke gemessen werden soll. Bei Gleichstrom müssen die Elektronen in den Anschluss „COM“ des Messgeräts hineinfließen. Dieser Anschluss muss deshalb mit derjenigen Seite des Stromkreises verbunden werden, der zum Minuspol der Energiequelle führt. Es kann sein, dass du dafür ein zusätzliches Kabel brauchst. Die andere Seite des Stromkreises wird mit dem Anschluss am Messgerät verbunden, der für die Strommessung vorgesehen ist (mit „A“ gekennzeichnet). Bei Wechselstrom ist es egal, welche Seite des Stromkreises mit dem „COM“- bzw. „A“-Anschluss verbunden ist.

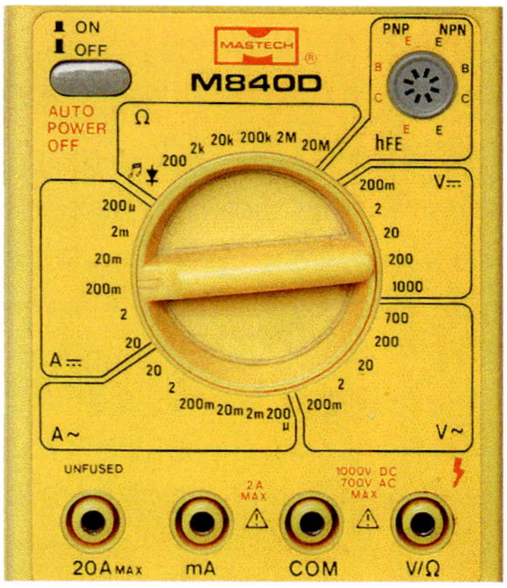

4 Anschlüsse am Messgerät

4 Messwert ablesen

Digitale Messgeräte zeigen den Messwert direkt an. Bei Messgeräten mit Zeigern gilt: Die Zahl des eingestellten Messbereichs bezieht sich auf den Vollausschlag des Zeigers.

5 Messbereich anpassen

Ist der Messwert kleiner als die Amperezahl des nächstfeineren Messbereichs? Dann schalte auf diesen Messbereich um.

Aufgaben

1 Physiker sagen: „Wenn man den elektrischen Strom messen möchte, der durch eine Lampe fließt, so muss man das Messgerät zur Lampe ‚in Reihe‘ schalten.“ Erkläre, was sie damit meinen. Begründe, warum das Messgerät „in Reihe“ geschaltet werden muss.

2 Beschreibe, was im Bild falsch ist, wenn man die Stromstärke im Stromkreis messen möchte. ▸ 5

Zeichne die Schaltskizze richtig.

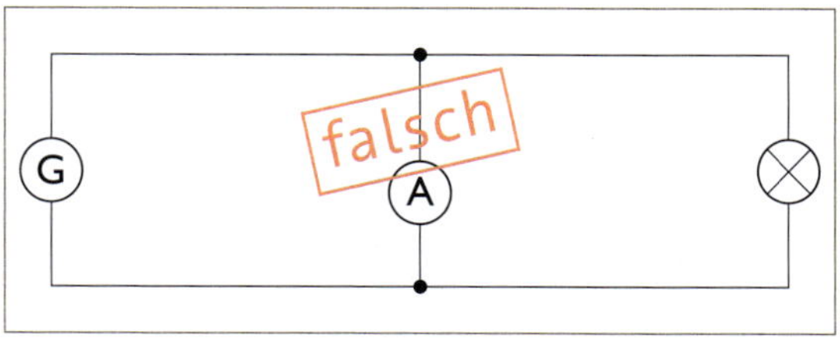

5

Aus der Technik: Powerbanks – neuer Saft für müde Geräte

Ob lange Zugfahrt, Radtour oder Bergwanderung – es gibt Situationen, da reicht die Laufzeit des Smartphones einfach nicht aus. Wenn dann keine Steckdose in der Nähe ist, kann ein „Reservekanister" fürs Handy zum Einsatz kommen – die Powerbank. ▸1

Die Powerbank ist auch ein Akku genauso wie im Handy selbst.

In einem Akku ist chemische Energie gespeichert. Schließt man ein Gerät an, reagieren die enthaltenen Chemikalien miteinander. Die chemische Energie wird in elektrische Energie umgewandelt und Elektronen werden angetrieben. Haben die Ausgangsstoffe vollständig miteinander reagiert, hört der Antrieb auf. Der Akku ist „leer". Bei einem Akku sind – im Gegensatz zu einer Batterie – die Chemikalien so gewählt, dass die chemische Reaktion beim Ladevorgang umgekehrt wird und dabei wieder die Ausgangsstoffe entstehen. Der Akku ist wieder „voll".

1

Was ist beim Kauf einer Powerbank wichtig? Klar, die „Kapazität" oder „Laufzeit". Diese wird bei einer Powerbank in der Einheit „mAh" (Milliamperestunden) angegeben. Diese Angabe besagt, welchen Elektronenstrom die Powerbank wie lange antreiben kann.

Beispiel 1: Eine Powerbank trägt die Aufschrift 2600 mAh. Das lässt sich umformen: 2600 mAh = 100 mA · 26 h. Das bedeutet, dass die Powerbank einen Elektronenstrom von 100 mA über eine Zeit von 26 Stunden antreiben kann. Denkbar wäre natürlich auch ein Strom von 1 A über eine Dauer von 2,6 Stunden.

Der Ausdruck „Stromstärke mal Zeit" ist ein Maß für die insgesamt von der Powerbank angetriebene und im Stromkreis geflossene Ladungsmenge. Sie wird mit Q bezeichnet. Es gilt also: $Q = I \cdot t$.

Beispiel 2: Läuft ein Gerät an einer Powerbank mit einer Stromstärke von 100 mA fünf Stunden (5 h) lang, so wurde insgesamt eine Ladungsmenge von $Q = 100\,\text{mA} \cdot 5\,\text{h} = 500\,\text{mAh}$ angetrieben.

Die durchschnittliche Stromstärke beim Handybetrieb liegt bei etwa 100 mA. Damit kannst du beim Kauf einer Powerbank abschätzen, wie lange der Reservekanister fürs Handy reicht.

2

1 Erkläre, was physikalisch gemeint ist, wenn man sagt: „Der Akku ist leer."

2 Eine Powerbank trägt die Aufschrift „5400 mAh". Begründe oder berechne, wie lange ein Handy damit etwa betrieben werden kann.

3 In der Anleitung einer Powerbank mit 2200 mAh steht, dass das Aufladen am USB-Eingang mit einem elektrischen Strom von 0,5 A ca. 5 h dauert. Prüfe dieses durch eine Rechnung.

4 Forme die Formel $Q = I \cdot t$ nach jeder Größe um. Formuliere für jeden Fall eine Aufgabe, die man mit der entsprechenden Formel lösen könnte.

5 Eine Powerbank mit 5400 mAh ist deutlich größer und schwerer als eine mit 2200 mAh. Martin sagt: „Das ist klar: In der großen sind ja auch mehr Elektronen drin." Was meinst du?

Grundlagen Der Elektronenstrom in verzweigten Stromkreisen

Wie kann denn eine Mehrfachsteckdose überlastet werden? Die Geräte funktionieren doch unabhängig voneinander. Wo kommt denn ihre Wirkung „zusammen"? ▸ 5
Bei einer Mehrfachsteckdose bilden die Geräte eine Parallelschaltung. In jedem Stromkreis fließt ein eigener Elektronenstrom. Durch einige Zuleitungen und durch die Energiequelle fließen alle Elektronenströme zusammen. In diesen Teilen ist die Gefahr einer Überlastung der Kabel am größten. ▸ 3

Bei der Parallelschaltung addieren sich die elektrischen Stromstärken:
$I_{ges} = I_1 + I_2 + I_3 + \ldots$

Die Elektronenströme in den einzelnen Zweigen sind unabhängig. Das heißt: Dreht man eine Lampe aus der Fassung, verändert sich der Strom in den anderen Zweigen nicht. Der gesamte Elektronenstrom wird natürlich kleiner.
Wird eine Parallelschaltung mit dem Handgenerator betrieben, so geht das Drehen an der Kurbel umso schwerer, je mehr Lampen parallel geschaltet werden. Man muss in jeder Sekunde mehr Elektronen antreiben. Dafür wird auch mehr mechanische Energie in elektrische Energie umgewandelt. Der insgesamt höhere Energiestrom ist daran erkennbar, dass mehr Lampen leuchten und es dadurch heller ist. ▸ 4

Brandursache: Überlastete Mehrfachsteckdose

Ravensburg/sz: Eine überlastete Mehrfachsteckdose war der Grund für den Brand eines Einfamilienhauses am Sonntag in Ravensburg. Ermittlungen hätten ergeben, dass ein Mehrfachstecker in der Küche des Hauses das Feuer ausgelöst habe, teilte die Polizei am Dienstag mit. Menschen wurden nicht verletzt, da sich die Bewohner ins Freie retten konnten.

Immer wieder komme es zu Wohnungsbränden infolge zu vieler leistungsstarker Geräte am Mehrfachstecker, erklärt Helmut Damke von der örtlichen Feuerwehr.

Quelle: Schwäbische Zeitung (schwäbische.de), 01.12.2015

5 Brandursache Mehrfachsteckdose

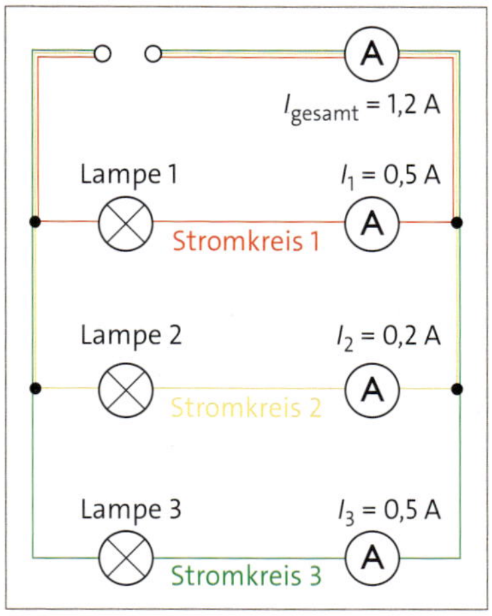

3

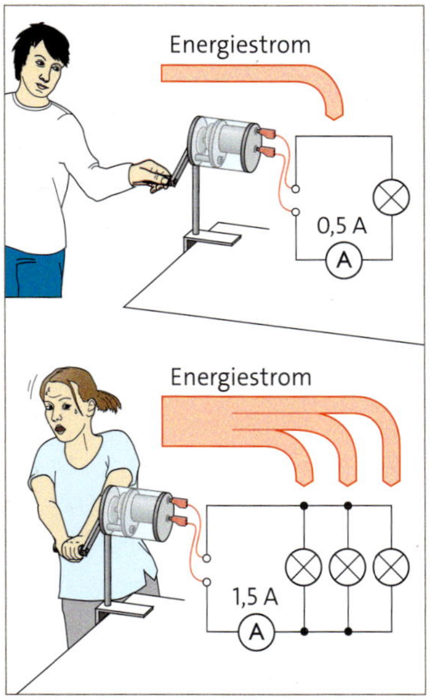

4

Aufgaben

1 Betrachte ▸ Bild 3. Welche Stromstärke würde man …
a an der Stelle messen, wo nur der „grüne" und „gelbe" Strom fließt?
b insgesamt messen, wenn man die rote Lampe herausdreht?
c insgesamt messen, wenn man die gelbe Lampe herausdreht?

Energiestrom und Elektronenstrom – die Spannung

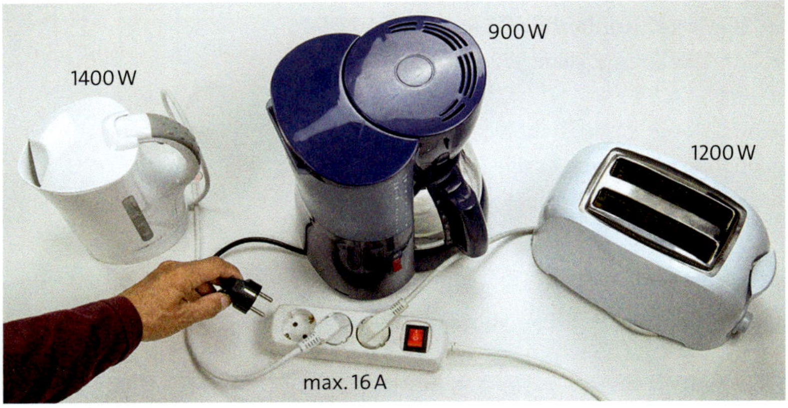

1

Durch die Kabel von Mehrfachsteckdosen oder in den Wandleitungen darf ein maximaler Elektronenstrom von 16 A fließen. Welche Geräte darf man dann auf einmal anschließen? Kann man die Wattangaben irgendwie „umrechnen"?

Experiment

1 Wie hängen Energiestrom und Elektronenstrom zusammen?

a Mit einem Energiemessgerät, das man in die Steckdose steckt, lassen sich der Energiestrom (Leistung) und der Elektronenstrom messen. Nehmt von verschiedenen elektrischen Geräten diese Werte auf und tragt sie in eine Tabelle ein. Betrachtet die Wertepaare und stellt eine Vermutung über den Zusammenhang auf.

b Zeichnet ein *P-I*-Diagramm (*Hinweis:* waagerechte Achse – Stromstärke *I*; senkrechte Achse – Leistung *P*). Beschreibt den Graphen.

Gerät	I in A	P in W
Wasserkocher	?	?
Herdplatte	?	?
Föhn	?	?
?	?	?

2 Energie- und Elektronenstrom bei Geräten für die Autobatterie

Elektrische Geräte für Auto oder Camping (z. B. Scheinwerferlampe, Campingwasserkocher, Ventilator, Kühlbox) werden an die Autobatterie als Energiequelle angeschlossen. Schließt diese Geräte an ein Netzgerät (12 V) an und messt die elektrische Stromstärke. Den Energiestrom kann man mit einem Leistungsmessgerät bestimmen oder vom Typenschild ablesen. Protokolliert wie in ▸ Versuch 1 in einer Tabelle und zeichnet ein *P-I*-Diagramm.

3 Energie- und Elektronenstrom bei zwei Lampen

Eine 25-W-Halogenlampe und ein 1,2-W-Glühlämpchen werden an entsprechende Netzgeräte angeschlossen. ▸ 2

a Beobachtet die Lampen und stellt begründete Vermutungen über die Stromstärken in beiden Stromkreisen auf.

b Die Stromstärke in beiden Stromkreisen wird gemessen. Diskutiert die Messergebnisse.

4 Spannung von verschiedenen Energiequellen messen

a Haben Batterien, Akkus und Netzgeräte die angegebene oder eingestellte Spannung? Messt nach.

b Messt die Spannung am Handgenerator bei normaler und hoher Kurbeldrehzahl.

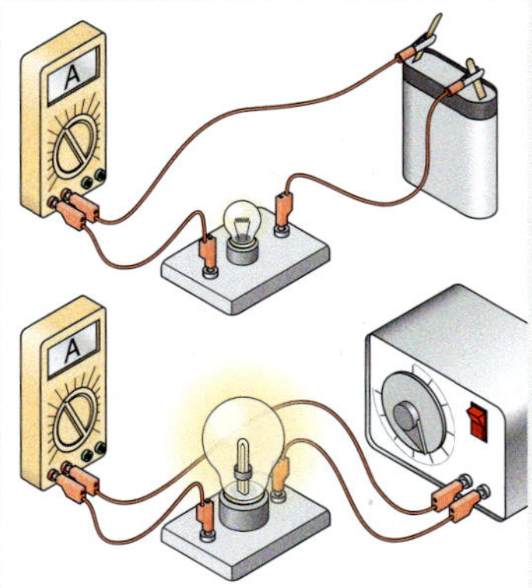

2 Zwei Lampen

Experiment

5 Die Spannung zwischen verschiedenen Stellen eines Stromkreises

a Baut die Schaltung auf. Schließt den Schalter. Messt die Spannung zwischen den gekennzeichneten Punkten. ▸ 3
Tragt die Messwerte in eurem Heft in eine Tabelle ein.

b Öffnet den Schalter und messt erneut. Vergleicht die Werte.

Messung zwischen	Spannung wenn Schalter	
	geschlossen	offen
A und B	?	?
B und C	?	?
C und D	?	?
E und F	?	?
G und H	?	?

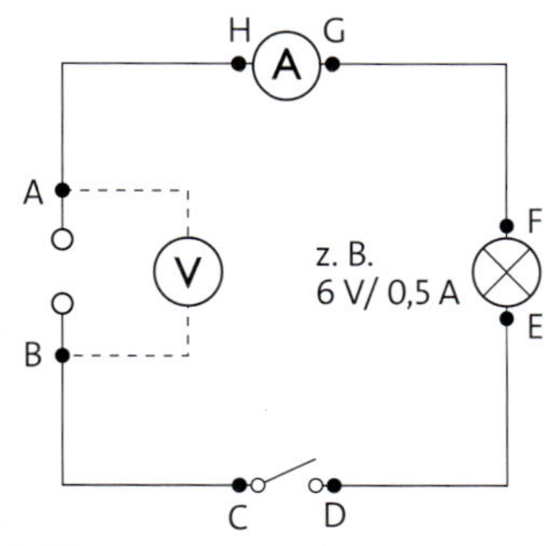

3 Spannungsmessung I

6 Spannungen bei einer Parallelschaltung

Schließe eine Glühlampe an das Netzgerät an. Miss die Spannung am Netzgerät und stelle sie auf 6 V ein.
Schließe eine weitere Lampe an und miss die Spannung am Netzgerät und an der Lampe. Verfahre dann genauso mit der dritten Lampe. ▸ 4
Formuliere eine Aussage zur Spannung bei der Parallelschaltung.

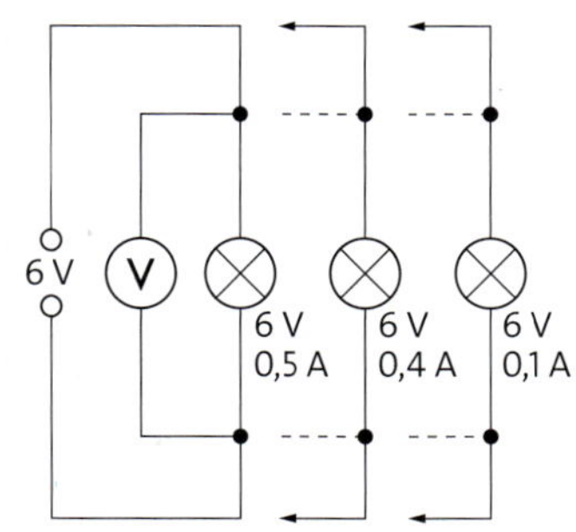

4 Spannungsmessung II

7 Zwei gleiche Lampen in Reihe: Energiestrom, Elektronenstrom, Spannung und Kurbelgefühl

a Baut die Schaltung auf. Stellt den Schalter so ein, dass sich eine Lampe im Stromkreis befindet. Kurbelt so schnell, dass die erforderliche Stromstärke erreicht wird. ▸ 5
(*Hinweis:* Bei Verwendung eines Netzgeräts müsst ihr die Spannung so lange erhöhen, bis die erforderliche Stromstärke erreicht wird.)

b Stellt den Schalter so um, dass zwei Lampen in Reihe betrieben werden. Dreht so an der Kurbel (oder stellt das Netzgerät so ein), dass jede Lampe so leuchtet wie vorher die einzelne. Beschreibt Energiestrom, Elektronenstrom und das Kurbeln im Vergleich zum Teilexperiment a.

c Messt für beiden Schalterstellungen die Spannung am Generator (Netzgerät) und an den Lampen. Vergleicht die Messwerte und versucht, Gesetzmäßigkeiten zu finden.

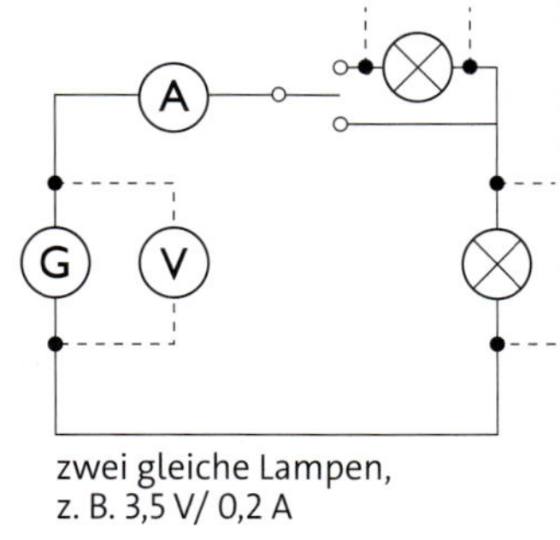

5 Spannungsmessung III

8 Spannung in einer Reihenschaltung messen

Baut eine Reihenschaltung aus drei Lampen mit gleichen Stromstärken auf. ▸ 6
Stellt die Spannung am Netzgerät so ein, dass die Stromstärke 0,3 A beträgt. Messt die Spannungen an der Energiequelle und an den Lampen.
Versucht, einen Zusammenhang zu finden.

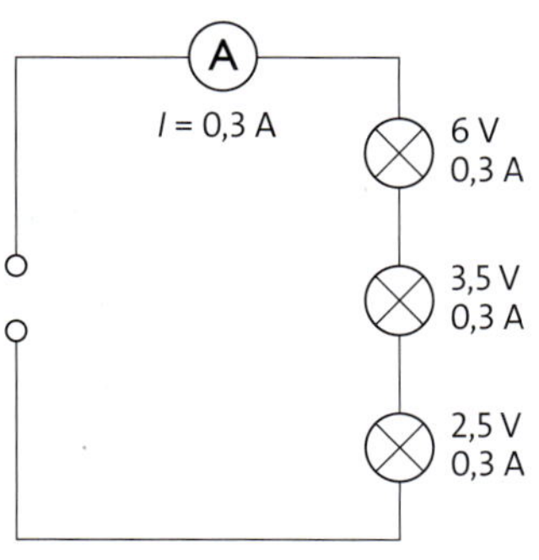

6 Reihenschaltung

Grundlagen Die Spannung

Beim Betrieb von Elektrogeräten an der Steckdose stellt man fest:
Doppelter Energiestrom → doppelte Stromstärke
Dreifacher Energiestrom → dreifache Stromstärke
Energiestrom und Elektronenstrom sind proportional zueinander: $P \sim I$.
Im *P*-*I*-Diagramm ergibt sich eine Gerade durch den Ursprung. ▸ 1

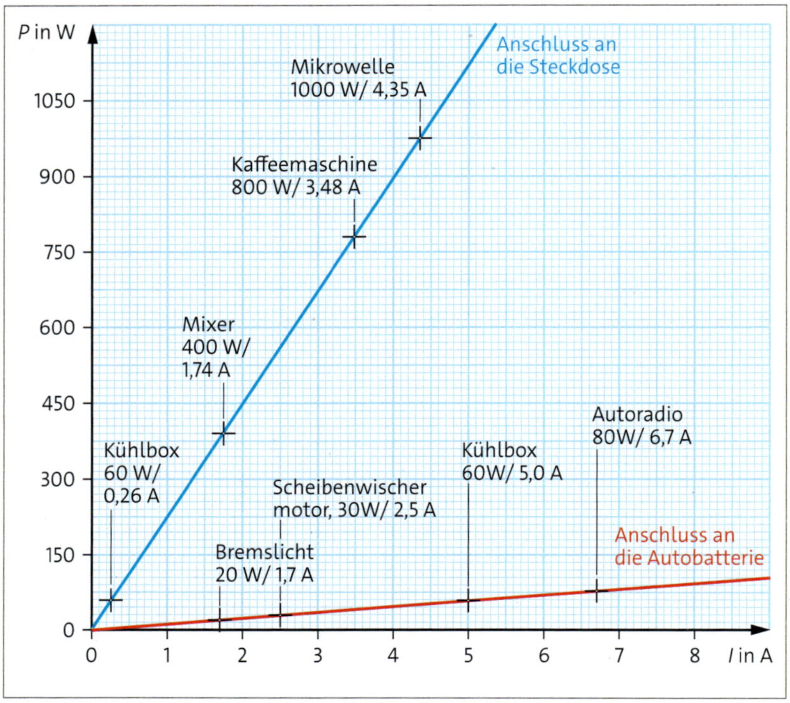

1 *P*-*I*-Diagramm

Bei proportionalen Größen haben Wertepaare immer den gleichen Quotienten. Dieser Quotient entspricht gerade der Steigung der Gerade.

So ergibt sich z. B. für eine Kaffeemaschine: $\frac{P}{I} = \frac{800\,\text{W}}{3{,}48\,\text{A}} = 230\,\frac{\text{W}}{\text{A}}$

Dieser Quotient ergibt sich auch für die anderen Geräte, die an der Steckdose angeschlossen sind. Sicher hast du den Zahlenwert „230" im Zusammenhang mit der Steckdose schon einmal gehört. Es ist die Spannung, mit der die Geräte an der Steckdose betrieben werden.

Die elektrische Spannung *U* ist festgelegt als Quotient von Energiestrom und Elektronenstrom:

Spannung $= \frac{\text{Energiestrom}}{\text{Elektronenstrom}}$ **bzw.** $U = \frac{P}{I}$.

Die Spannung gibt an, welcher Energiestrom bei einem Elektronenstrom von 1 A übertragen werden kann.

Die Einheit der Spannung ist das Volt (V). Es gilt: $1\,\text{V} = 1\,\frac{\text{W}}{\text{A}}$

Bei einer Spannung von 230 V wird mit jedem Ampere Elektronenstrom ein Energiestrom von 230 W übertragen.

Aufgaben

1 Eine Batterie für die Fernbedienung hat eine Spannung von 1,5 V. Beschreibe mithilfe des Elektronen- und Energiestroms, was das anschaulich bedeutet.

2 Berechne mithilfe des Diagramms die Spannung der Autobatterie. ▸ 1

3 Jede physikalische Größe wird mit einem Wort und einem Formelsymbol beschrieben. Außerdem gehört zu der Größe eine Einheit. Vervollständige die Tabelle in deinem Heft.

Physikalische Größe	Formelsymbol	Einheit
Energiestrom	?	?
?	*U*	?
?	?	Ampere (A)

Grundlagen Spannung als Maß für den Antrieb

In den beiden Stromkreisen links im ▸ Bild 3 fließt jeweils der gleiche Elektronenstrom. Dennoch leuchtet die untere Lampe viel heller. Wir können daraus schließen: Die hellere Lampe muss an eine Energiequelle mit höherer Spannung angeschlossen sein. Denn der gleiche Elektronenstrom sorgt hier für einen viel größeren Energiestrom: $P \sim U$, wenn $I = \text{konstant}$.
Wir können die beiden Schaltungen gut mit unserem Fahrrad und dem Kettenantrieb vergleichen. Wir stellen uns vor, wir fahren mit dem Fahrrad zunächst auf ebener Straße. Dann fahren wir bergauf. Wir achten aber darauf, dass wir unser Tempo beibehalten. Wenn wir nicht schalten, bleibt dabei auch der „Kettenstrom" gleich. Allerdings wird mehr Energie von den Pedalen auf das Hinterrad übertragen. Denn zusätzlich zur Vorwärtsbewegung muss Energie aufgebracht werden, um Fahrrad und Fahrer nach oben zu befördern. ▸ 2

2 Fahrradfahren bergauf

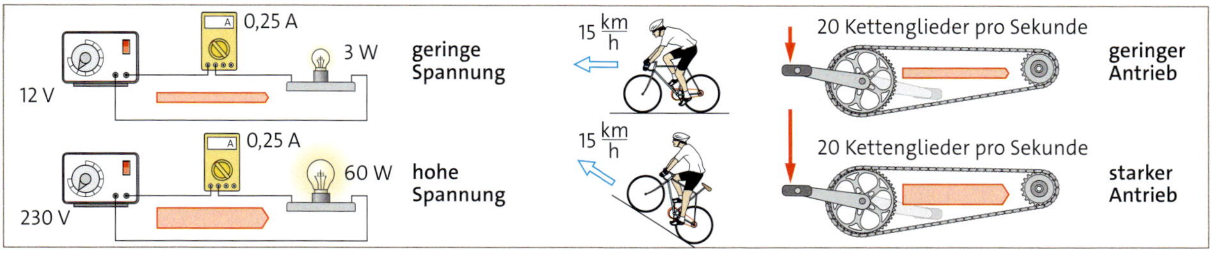

3 Vergleich Kettenantrieb und Spannung

Das Bergauffahren entspricht der helleren Lampe. Denn in beiden Fällen ist ein gleicher, im Kreis fließender Strom (Kettenstrom bzw. Elektronenstrom) mit einem höheren Energiestrom verbunden.
Beim Bergauffahren merken wir, dass wir stärker in die Pedale treten müssen. Für einen höheren Energiestrom muss bei gleichem Kettenstrom die Kette stärker angetrieben werden. Diesen Zusammenhang zwischen Antrieb und Energiestrom gibt es ebenfalls bei elektrischen Stromkreisen.

> **Soll bei gleichem Elektronenstrom ein höherer Energiestrom fließen, müssen die Elektronen stärker angetrieben werden.**
> **Die Spannung ist ein Maß dafür, wie stark der Elektronenstrom angetrieben wird.**

Eine Batterie mit 4,5 V treibt die Elektronen 3-mal so stark an wie eine 1,5-V-Batterie. Dadurch kann mit jedem Ampere Elektronenstrom der dreifache Energiestrom fließen.

Aufgaben

1 Schreibe die Sätze vollständig in dein Heft:
a Die … gibt an, wie viel Energie pro Sekunde von der Energiequelle zum … fließt.
b Die … gibt an, wie stark der Elektronenstrom angetrieben wird.
c Die … ist ein Maß dafür, wie viele Elektronen pro Sekunde an einer Stelle im … vorbeikommen.
d Die … gibt an, welcher Energiestrom pro 1 A Elektronenstrom übertragen wird.
e Die … ist bei einem unverzweigten Stromkreis an jeder Stelle gleich groß.

Grundlagen Spannung zwischen zwei Punkten

Spannung messen bedeutet, dass man feststellt, wie stark Elektronen von der Energiequelle angetrieben werden. ▸ 1

Die Spannung gibt an, wie stark die Elektronen zwischen zwei Punkten angetrieben werden. Die Anschlüsse des Messgeräts werden mit diesen beiden Punkten verbunden. Liegt zwischen beiden Punkten eine elektrische Energiequelle, dann gibt die Spannung an, wie stark diese die Elektronen antreibt.
Liegt zwischen beiden Punkten ein elektrisches Gerät, dann gibt die Spannung an, wie stark die Elektronen durch das Gerät getrieben werden, damit es funktioniert.

Um kein Missverständnis aufkommen zu lassen: Antrieb bedeutet keinesfalls, dass der Elektronenstrom hinter der Energiequelle größer ist als davor. Auch hier hilft ein Blick auf das Fahrrad.
Auch eine Fahrradkette kann stark oder schwach angetrieben werden – der Kettenstrom ist vor und hinter den Pedalen stets exakt gleich groß.
Eine Spannung gibt es auch an einem angeschlossenen Gerät. Man misst die Spannung dann zwischen den beiden Anschlüssen. ▸ 2
Misst man die Spannung zwischen zwei Kontaktstellen eines Kabels, so ist die Spannung „0". Man braucht praktisch keine Energie, um die Elektronen durch das Kabel zu treiben. ▸ 2

Um eine Idee davon zu bekommen, was der Antrieb bewirkt, schauen wir wieder auf das Fahrrad: Wir vergleichen noch einmal das Fahren auf gerader Strecke und bergan. Natürlich bemerken wir als Fahrer beim Berghochfahren, dass wir die Kette stärker antreiben. Aber ist dieser Antrieb auch von außen feststellbar? Ja. Treten wir in die Pedale, „zerren" wir oben an der Kette. Im Vergleich zum unteren Teil, steht der obere „unter Spannung". Mit Sensoren könnte man diese Spannung sogar messen. Treiben wir die Kette beim Berghochfahren stärker an, wird die Kette oben stärker gespannt. Ein Maß für den Antrieb ist der Unterschied zwischen Spannung oben und entspanntem Zustand unten. ▸ 3

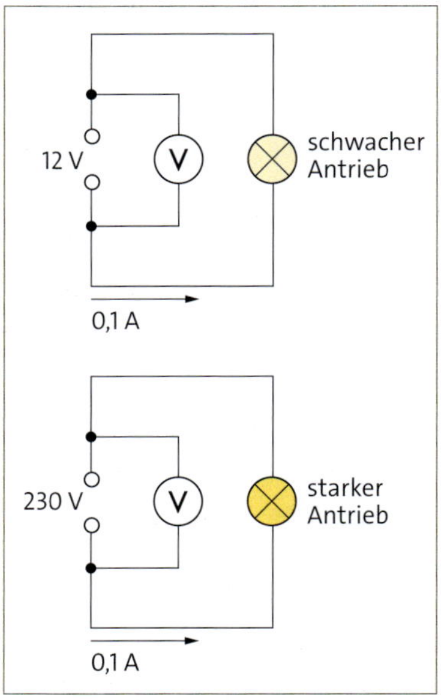

1 Spannung als Antrieb

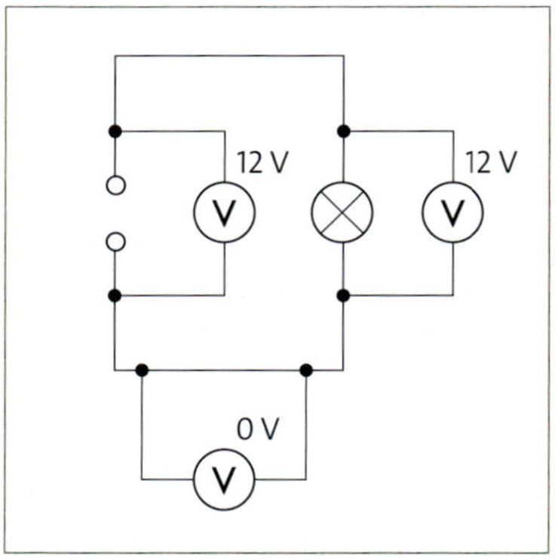

2 Spannungsmessung

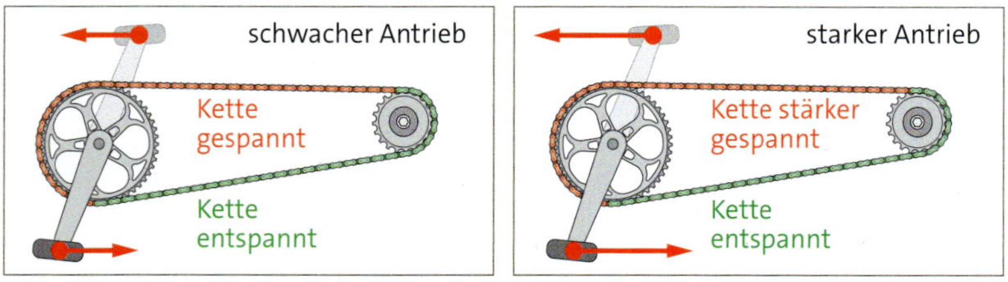

3 Schwacher und starker Antrieb im Kettenmodell

Aufgaben

1 Die Generatorkurbel wird schneller gedreht. Was geschieht mit den Elektronen im Stromkreis? Vergleiche mit dem Kettenantrieb beim Fahrrad. Trifft hier das Modell noch zu? Begründe. ▸ 4, 5

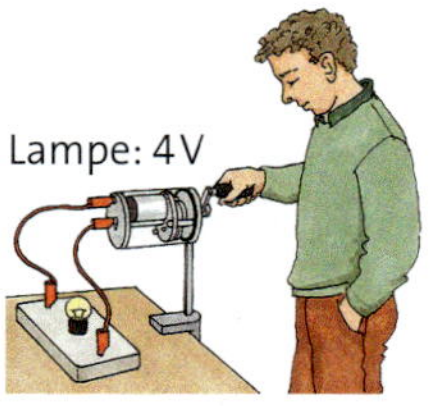

4 Langsames Drehen: 4 V Spannung

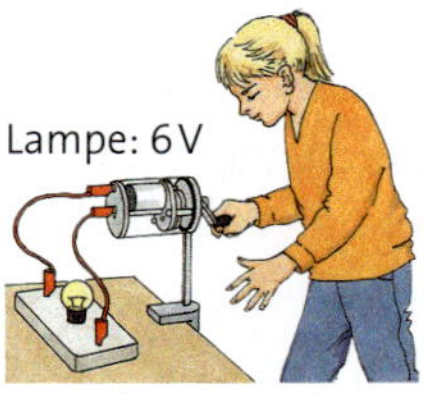

5 Schnelleres Drehen: 6 V Spannung

Methode Die elektrische Spannung messen

Oft sind es dieselben Messgeräte, die zur Spannungs- und Stromstärkemessung eingesetzt werden. Trotzdem muss man einige Unterschiede beachten. ▸ 6

1 Stromkreis aufbauen

Baue den Stromkreis ohne Messgerät auf. Prüfe, ob es sich um Gleich- oder Wechselspannung handelt. Bei Energiequellen, die einen Plus- und Minuspol besitzen, handelt es sich um Gleichspannung. Wechselspannung ist häufig durch das Symbol „~" gekennzeichnet.

2 Messgerät vorbereiten

Stelle dein Messgerät auf Spannungsmessung ein, entweder für Gleichspannung (meistens gekennzeichnet durch V- oder DC) oder Wechselspannung (V~ oder AC). Wenn du die Spannung an der Energiequelle weißt, die du einstellen möchtest, wähle den Messbereich entsprechend. ▸ 6

3 Messgerät anschließen

Schließe die Kabel des Messgeräts an den beiden Punkten im Stromkreis an, zwischen denen du die Spannung messen möchtest. Damit das Gerät den Antrieb zwischen den beiden Punkten messen kann, müssen nur ganz wenige Elektronen in das Messgerät gelangen. Wenn Messgeräte auf Spannungsmessung eingestellt sind, sind sie für Elektronen also nahezu undurchlässig. Sie blockieren den Stromfluss. Daher werden sie immer parallel geschaltet. Bei Gleichspannung wird der Punkt, der zum Minuspol der Energiequelle führt, an den „COM"-Anschluss des Messgeräts angeschlossen. Der andere wird mit dem Anschluss verbunden, der für die Spannungsmessung vorgesehen ist (mit „V" gekennzeichnet). Bei Wechselspannung ist es egal, welcher der beiden Punkte mit dem „COM"- bzw. „V"-Anschluss verbunden ist. ▸ 7, 8

4 Messwert ablesen

Digitale Messgeräte zeigen den Messwert direkt an. Bei Messgeräten mit Zeigern gilt: Die Zahl des eingestellten Messbereichs bezieht sich auf den Vollausschlag des Zeigers.

5 Messbereich anpassen

Ist der Messwert kleiner als die Voltzahl des nächstfeineren Messbereichs? Dann schalte auf diesen Messbereich um.

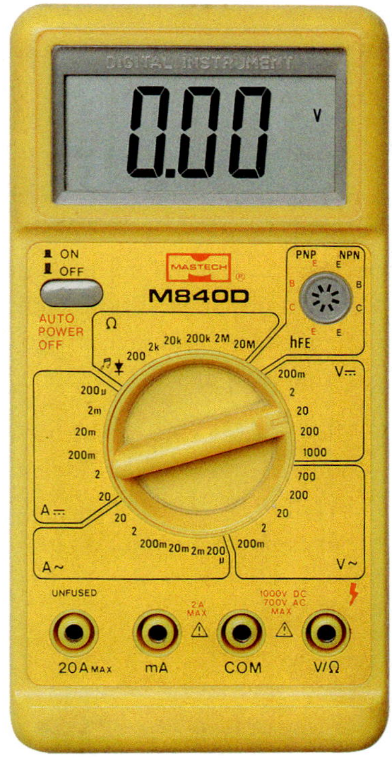

6 Messgerät

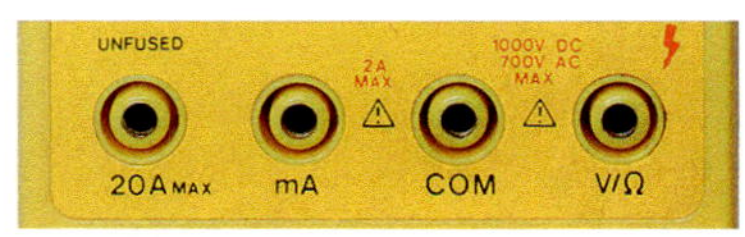

7 Anschlüsse

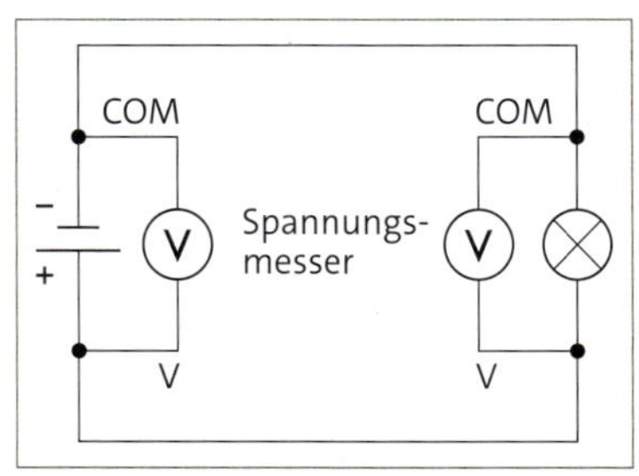

8 Messgerät im Stromkreis

Aufgaben

1 Beschreibe Gemeinsamkeiten und Unterschiede der Spannungsmessung im Vergleich zur Messung der elektrischen Stromstärke.

2 Stelle eine Vermutung an, was passiert, wenn man ein Spannungsmessgerät falsch wie in dem Bild anschließt. ▸ 9

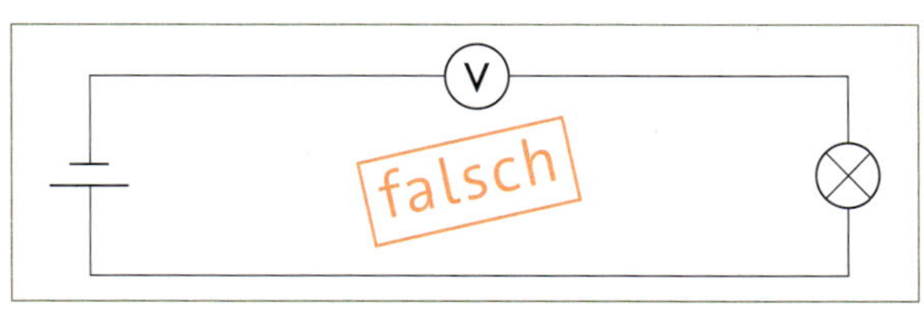

9

Grundlagen Energiestrom: Spannung mal Stromstärke

Drei verschiedene Lampen in drei verschiedenen Stromkreisen und doch hat jeder Stromkreis etwas mit einem anderen gemeinsam. ▸ 1

In den Stromkreisen a) und b) fließt der gleiche Elektronenstrom. Dennoch leuchtet die Lampe in b) heller. Hier überträgt der gleiche Elektronenstrom aufgrund der größeren Spannung einen größeren Energiestrom. Auch im Stromkreis c) leuchtet die Lampe heller als in a). Und das, obwohl hier die Spannungen mit jeweils 12 V gleich sind. Jedes Ampere Elektronenstrom überträgt also in beiden Stromkreisen 12 W Energiestrom. Allerdings ist im Stromkreis c) der Elektronenstrom etwa 20-mal größer als in a) und entsprechend stärker ist auch der Energiestrom.

Die Leistung eines Elektrogeräts ist umso größer, je höher die Spannung ist und je höher die elektrische Stromstärke ist.
Es gilt: $P = U \cdot I$.
Für die Einheit Watt (W) bedeutet das: $1\,W = 1\,V \cdot 1\,A = 1\,V \cdot A$.

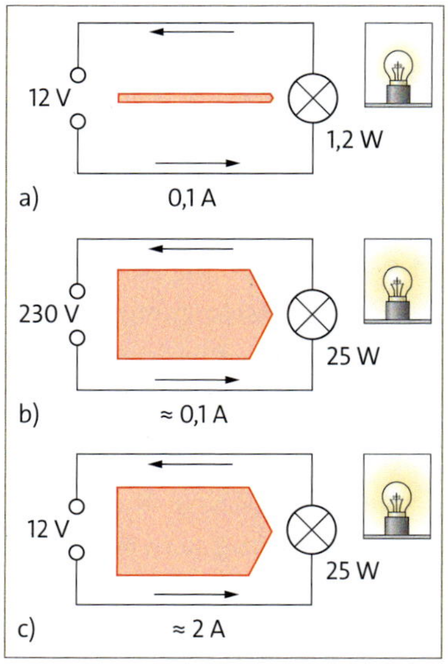

1 Stromkreise

Aus der Technik: Energiestrom XXL

Ein Großkraftwerk speist einen Strom von 1,2 GW in das Stromnetz. Damit können im Durchschnitt die drei größten Städte Baden Württembergs – Stuttgart, Karlsruhe und Mannheim – mit Energie versorgt werden. Diese Energie wird durch Hochspannung von bis zu 380 000 V transportiert. Dabei fließt insgesamt ein Strom von über 3000 A. Ein Hochspannungskabel ist für eine maximale Stromstärke von 600 A ausgelegt. Dabei erwärmt es sich bereits auf bis zu 70 °C. Bei noch höheren Strömen wären die Energieverluste durch Wärme einfach zu groß. Hochspannungsleitungen werden in der Regel nur etwa mit 20 % ihrer maximalen Strombelastbarkeit betrieben, damit bei Leitungsausfällen Reserven zur Verfügung stehen. Aus diesem Grund braucht man viele Leitungen, die von einem Kraftwerk abführen.

2

3

1 In dem Text kommt häufig das Wort „Strom" vor, auch in zusammengesetzten Wörtern. Entscheide jeweils begründet, ob der Energie- oder Elektronenstrom gemeint ist.
2 Erkläre anschaulich (z. B. mithilfe der Definition der Spannung), was die Angabe „380 000 Volt" bedeutet.
3 Prüfe durch eine Rechnung, ob die Angabe „3000 A" korrekt ist.
4 Berechne, wie viele Leitungen vom Kraftwerk abführen müssen, wenn durch jede Leitung nur 20 % des maximal zulässigen Elektronenstroms fließen.

Aufgaben

1 Bei einem Elektrogrill ist die Aufschrift mit der Leistung verloren gegangen. Ein Messgerät zeigt einen Elektronenstrom von 6,95 A an. Bestimme die Leistung des Elektrogrills.

Grundlagen Parallel- und Reihenschaltung

Parallelschaltung Bei einer Parallelschaltung hat jedes Gerät einen eigenen Stromkreis. Alle Elektronenströme werden von der Energiequelle gleich stark angetrieben. Trotzdem können die Elektronenströme in den verschiedenen Stromkreisen unterschiedlich groß sein. Die elektrischen Stromstärken in den einzelnen Stromkreisen addieren sich zur gesamten Stromstärke. So, wie sich die Elektronenströme auf die einzelnen Stromkreise aufteilen, teilt sich auch der Energiestrom auf. Das heißt: Ein doppelt so großer Elektronenstrom in einem Stromkreis entspricht auch einem doppelt so großem Energiestrom. ▸ 4

Für die Parallelschaltung gilt:
Die Spannung ist für jeden Stromkreis gleich. Es gilt:
$U_{Quelle} = U_1 = U_2 = U_3 = \ldots$
Die elektrischen Ströme addieren sich zum Gesamtstrom:
$I_{gesamt} = I_1 + I_2 + I_3 + \ldots$
Die Energieströme addieren sich zum Gesamtenergiestrom:
$P_{gesamt} = P_1 + P_2 + P_3 + \ldots$

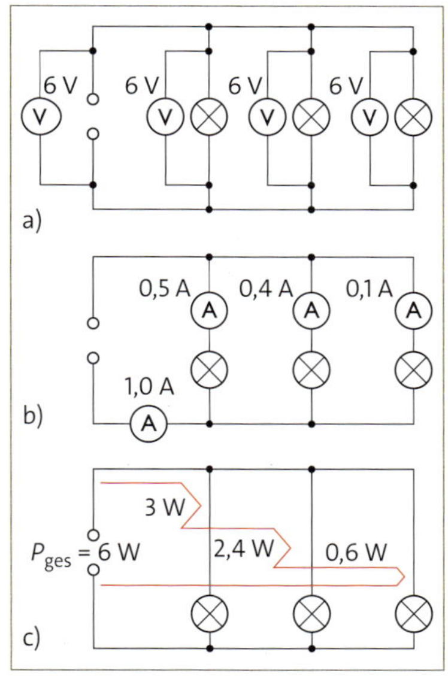

4 Parallelschaltung

Reihenschaltung In der Reihenschaltung sind alle Geräte hintereinander angeordnet. Daher ist der Elektronenstrom an jeder Stelle im Stromkreis gleich groß. Bei einem 6-V-Lämpchen ist ein Antrieb von 6 V notwendig, um den Elektronenstrom durch das Lämpchen zu treiben. Bei einem 3,5-V-Lämpchen sind es 3,5 V und bei einem 2,5-V-Lämpchen 2,5 V. Die Elektronen müssen nacheinander durch alle drei Lämpchen getrieben werden. Daher müssen sie insgesamt mit 6 V + 3,5 V + 2,5 V = 12 V angetrieben werden. Diese Spannung teilt sich gemäß dem jeweils notwendigen Antrieb auf die drei Lampen auf. ▸ 5
So wie sich die Spannung auf die drei Lampen aufteilt, teilt sich auch der Energiestrom auf. D. h., eine doppelt so große Spannung an einer Lampe entspricht auch einem doppelt so großen Energiestrom.

Für die Reihenschaltung gilt:
Die elektrische Stromstärke ist überall im Stromkreis gleich. Es gilt:
$I = I_1 = I_2 = I_3 = \ldots$
Die Spannungen an den Verbrauchern addieren sich zur Spannung der Energiequelle: $U_{Quelle} = U_1 + U_2 + U_3 + \ldots$
Die Energieströme addieren sich zum Gesamtenergiestrom:
$P_{gesamt} = P_1 + P_2 + P_3 + \ldots$

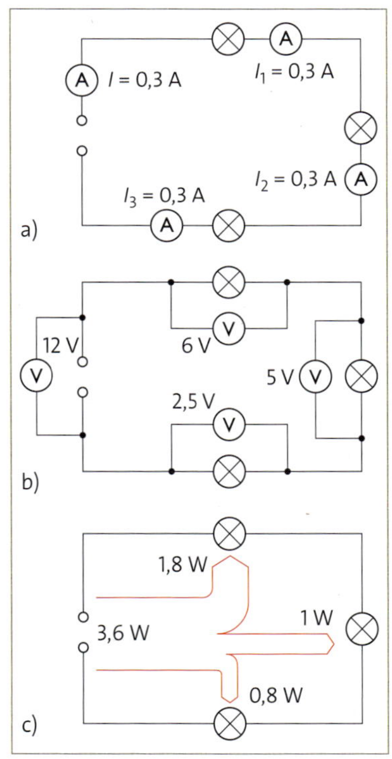

5 Reihenschaltung

Aufgaben

1 In alten Lichterketten sind die Lampen in Reihe geschaltet. Eine Lichterkette nimmt insgesamt eine Leistung von 60 W auf und hat 15 Lampen. Eine ist defekt. Der Händler bietet folgende Ersatzlampen an: 6 V/4 W; 12 V/3 W; 15 V/4 W; 15 V/6 W.

a Entscheide dich für eine Lampe. Begründe.
b Berechne, wie viele Lampen die Lichterketten haben, für die die anderen Ersatzlampen bestimmt sind.

Aus der Technik: Wenn eine Batterie nicht reicht

Ghettoblaster mit sattem Bass machen vor allem auf der Schulter Spaß – ohne Anschlusskabel. Dafür gibt es den Batteriebetrieb. Allerdings reicht eine Monozelle (1,5 V) als Energiequelle nicht aus. Viele Geräte benötigen eine Spannung von 6 V, 9 V oder sogar 12 V. Dazu werden Batterien in Reihe geschaltet. Der Minuspol einer Zelle ist mit dem Pluspol der nächsten verbunden. So werden die Elektronen nacheinander von jeder einzelnen Batterie angetrieben. Daher summieren sich die Spannungen der einzelnen Energiequellen zur Gesamtspannung. ▸1
Batterien oder Akkus mit gleicher Spannung können auch eine Parallelschaltung bilden. Dann wird zwar der Antrieb nicht größer, aber es können gleichzeitig mehr Elektronen angetrieben werden. Akkus in Krankenhäuser oder Rechenzentren springen bei Stromausfall sofort ein und überbrücken die Zeit, bis ein Notstromgenerator läuft. Weil in dieser Zeit hohe Elektronenströme fließen müssen, sind hier Akkus auch parallel geschaltet. ▸2

1 Eine Taschenlampe wird mit einer Spannung von 7,5 V betrieben. Fertige eine Schaltskizze mit der richtigen Anzahl von Batterien an.

2 Man kann auch ganze Reihenschaltungen von Batterien parallel schalten. Erkläre, was damit bewirkt wird.

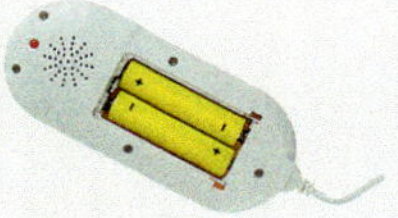

1 Reihenschaltung

2 Industrielle Akkus

Aus der Technik: Wir leben über unsere Verhältnisse

Was für ein Experiment: Eine vierköpfige Familie zieht für 24 Stunden in ein Haus ein und verbringt dort einen ganz normalen Samstag: aufräumen, kochen, Wäsche waschen, Computer spielen, fernsehen.
Was sie nicht wissen: Die elektrische Energie dafür liefern bis zu 80 Radfahrer, die in einer benachbarten Halle in die Pedale treten und über versteckte Kameras die Familie beobachten können. Ein lautes Stöhnen geht durch die Reihen, als der Wasserkocher mit dem schon einmal erhitzten und bereits wieder erkalteten Wasser ein zweites Mal eingeschaltet wird.
Die Familie macht einen Spaziergang, doch einige Radfahrer müssen trotzdem strampeln – für die vielen Geräte, die im Standby laufen. Bei der Zubereitung des Abendessens kommen alle 80 Radfahrer ins Schwitzen. Der Backofen läuft, der Herd und die Mikrowelle auch und nebenher die Waschmaschine und der Trockner.
In Deutschland muss für jeden von uns ständig ein Energiestrom von 900 Watt ins Stromnetz eingespeist werden – tagsüber deutlich mehr als nachts. Ein Radfahrer schafft einen Energiestrom von etwa 100 Watt. Neun Radfahrer müssten Tag und Nacht arbeiten, um die elektrische Energie für einen Menschen zu erzeugen. Unser Verbrauch ist ein Vielfaches dessen, was wir durch körperliche Arbeit erzeugen könnten. Wir leben gewissermaßen über unsere Verhältnisse.

3

4

1 Ein Großkraftwerk für eine Millionenstadt liefert einen Energiestrom von 1,2 GW. Berechne, wie viele Radfahrer dafür in die Pedale treten müssten.

2 Inga sagt: „Wenn für jede Person ein Energiestrom von 900 Watt notwendig ist, macht das bei vier Personen 3600 Watt. Dann werden doch gar keine 70 Radfahrer benötigt.“ Was meinst du?

3 Familie Freundlich besteht aus drei Personen und hat eine Solaranlage auf dem Dach, die bei gutem Wetter einen Energiestrom von 5 kW liefert. Lebt sie „über ihre Verhältnisse“?

Schutzmaßnahmen im Stromnetz

5

Stromschlag in der Badewanne!
In Moskau (Russland) ist ein 14-jähriges Mädchen durch einen Stromschlag, ausgelöst von ihrem Smartphone, gestorben. Demnach ließ das Mädchen ihr Handy ins Wasser fallen, während sie ein Bad nahm. Das Handy war zu dem Zeitpunkt durch ein Ladekabel mit dem Stromnetz verbunden.

Experiment

1 Schmelzsicherung

a Oft befinden sich Sicherungen im Stromkreis. Baue eine Parallelschaltung von zwei Glühlampen (z. B. 4 V/4 W) auf und spanne in die Zuleitung ein Stück Konstantandraht (20 cm lang und 0,2 mm dick) oder einen Lamettafaden. Schließe nacheinander weitere Lampen in Parallelschaltung an. Beschreibe und erkläre deine Beobachtung.

b (Lehrerversuch) Erzeugt mit einem Schraubenzieher einen Kurzschluss. Beschreibe und erkläre deine Beobachtung.

2 Fließt elektrische Ladung durch die Erde? (Lehrerversuch)

a Ein Pol einer 9-V-Batterie wird über einen empfindlichen Strommesser und den menschlichen Körper mit einer Wasserleitung verbunden. Sie stellt eine leitende Verbindung zum Erdreich her. Fließt ein Elektronenstrom „zur Erde ab"? ▸ 6

b Der vom Strommesser kommende Draht wird direkt an die Wasserleitung gehalten.

c Nun wird der zweite Pol der Batterie über eine in den Erdboden gesteckte Metallstange geerdet. Fließt ein Elektronenstrom über den Menschen in die Erde? Gibt es einen geschlossenen Stromkreis?

d Fließt ein Strom, wenn anstelle der Wasserleitung nur der Erdboden mit der Hand berührt wird?

e Gibt es Unterschiede bei verschiedenen Untergründen (Gummimatte, Steinfußboden, Holzdielen, feuchte Erde)? Untersucht es.

3 Erdung auch im Stromnetz? (Lehrerversuch)

Mit einem Polprüfer kann in einer Steckdose der Außenleiter vom Neutralleiter unterschieden werden. Der Polprüfer leuchtet auf, wenn er mit dem Außenleiter verbunden ist. Der Stromkreis wird über den Menschen, die leitende Erde und den Neutralleiter geschlossen. ▸ 7

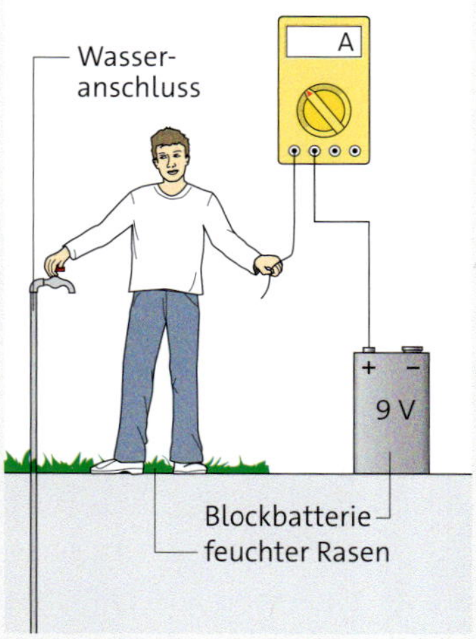

6 Erdung

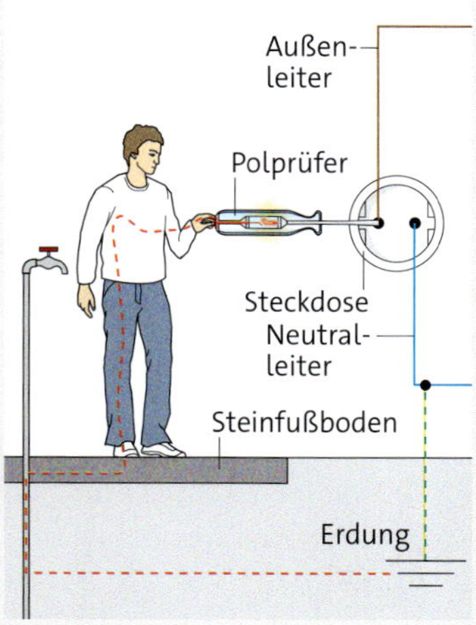

7 Polprüfer

Grundlagen Sicherungen

Werden viele Geräte parallel geschaltet, fließt in der gemeinsamen Zuleitung ein hoher Elektronenstrom. Dieser kann die Leitung erwärmen und sogar einen Brand verursachen. Ein hoher Elektronenstrom tritt auch bei einem Kurzschluss auf. Um sich vor dieser Gefahr zu schützen, baut man Sicherungen in den Stromkreis ein.

Eine Sicherung unterbricht den Stromkreis selbstständig bei Kurzschluss oder Überlastung.

Schmelzsicherungen bestehen aus einem dünnen Draht, der bei einem zu hohen Strom durchglüht und damit den Stromkreis unterbricht. Sie gibt es in vielen Bauformen. Im Haushalt kommen sie praktisch nicht mehr vor, dafür aber in vielen Elektrogeräten und im Auto. Damit die Schmelzsicherung selbst keinen Schaden anrichten kann, befindet sich der Schmelzdraht in einem sicheren Gehäuse. Eine durchgebrannte Schmelzsicherung muss ausgetauscht werden. ▸ 1

In Häusern werden heute Sicherungsautomaten eingebaut. Sie müssen nicht ausgetauscht werden. Nach der Behebung der Schadensursache kann man sie wieder einschalten. ▸ 2

1 Schmelzsicherungen

2 Sicherungsautomat

Aus der Technik: Sichere Energieversorgung im Haus

In jedem Raum eines Hauses können viele Elektrogeräte gleichzeitig angeschlossen und betrieben werden. ▸ 3

Ein sehr großer Elektronenstrom in der gemeinsamen Zuleitung würde die Drähte stark erwärmen und in Brand setzen. In Haushalten werden meist Kupferdrähte mit einer Querschnittsfläche von 1,5 mm² verlegt. Bei dieser Dicke darf die Stromstärke höchstens 16 A betragen. Daher unterbrechen die Sicherungen den Stromkreis dann, wenn die Stromstärke diesen Wert übersteigt. In der Küche gibt es viele Geräte, die einen sehr hohen Energiestrom benötigen. Ein Geschirrspüler braucht zum Aufheizen des Wassers und für die Wasserpumpe 3000 W. Dabei fließt ein Elektronenstrom von etwa 13 A. Deshalb kommt kein Haushalt mit einer einzigen Sicherung aus. In der Regel hat jeder Raum seine eigene Sicherung. Für die Küche gibt es oft bis zu fünf Sicherungen.

1 Gib an, wie viele Sicherungen es in dem Bild für das Wohnzimmer und wie viele für die Küche gibt. Begründe. ▸ 3

2 Ein Elektroherd mit Backofen benötigt einen Energiestrom von bis zu 6 kW. Berechne, wie viele Sicherungen er mindestens benötigt.

3 Häufig sind Flure gemeinsam mit einem Schlafzimmer durch eine Sicherung geschützt. Begründe, warum eine Sicherung genügt.

4 Berechne den Durchmesser eines Kupferdrahts mit der Querschnittsfläche von 1,5 mm². (*Hinweis:* $A_{\text{Kreis}} = \pi \cdot r^2$)

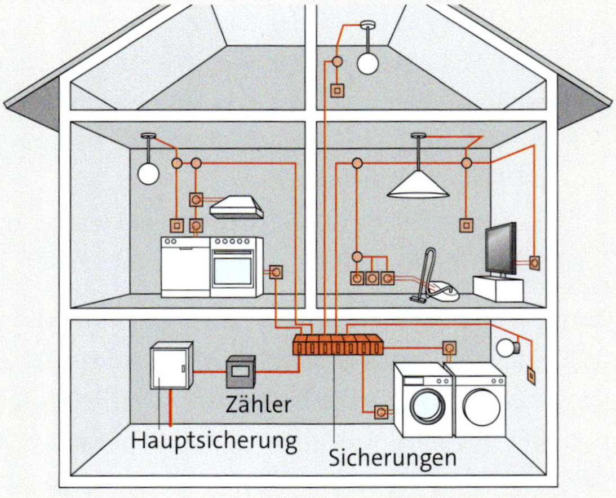

3 Elektrische Hausinstallation

Grundlagen Der Schutzleiter und seine Aufgabe

Die Erdung und ihre Gefahren Im Haushaltsstromnetz ist einer der beiden Leiter, die vom Elektrizitätswerk zur Steckdose führen, geerdet. Er hat eine leitende Verbindung zum Erdreich. Der geerdete Leiter heißt Neutralleiter, der nicht geerdete Außenleiter. Schon bei Berührung des Außenleiters wird ein Stromkreis über den Menschen geschlossen! Das kann lebensgefährlich sein.
Viele Elektrogeräte besitzen ein Metallgehäuse. Kommt der Außenleiter mit dem Gehäuse in Kontakt, kann Lebensgefahr drohen. Wenn eine Person das Metallgehäuse berührt, schließt sie mit ihrem Körper einen Stromkreis. Der Außenleiter ist dann über den menschlichen Körper und die Erde mit dem Neutralleiter verbunden. Es fließt ein elektrischer Strom durch die Person. Verkrampfungen und Verletzungen sind die Folge. Steht die Person auf gut leitendem Untergrund oder berührt die Wasserleitung, kann der Strom sogar tödlich sein. ▸ 4

Der Schutzleiter Um diese tödliche Gefahr zu vermeiden, sind die Metallgehäuse vieler elektrischer Geräte an einen Schutzleiter angeschlossen. ▸ 6 Dieser dritte Leiter in der Anschlussleitung ist beim Hausanschluss im Keller mit dem Neutralleiter verbunden und geerdet. Hat der Außenleiter Kontakt mit dem Gerätegehäuse, so steht er über den Schutzleiter direkt mit dem Neutralleiter in Verbindung.
Es kommt zu einem Kurzschluss. Die Sicherung unterbricht den Stromkreis und die Gefahr ist beseitigt. ▸ 5

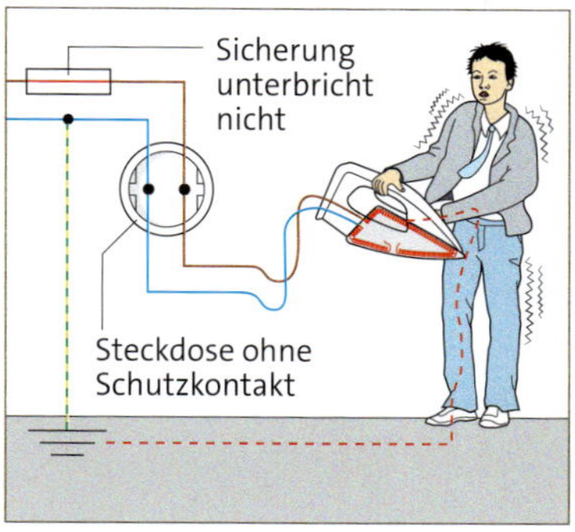

4 Gerät ohne Schutzleiter

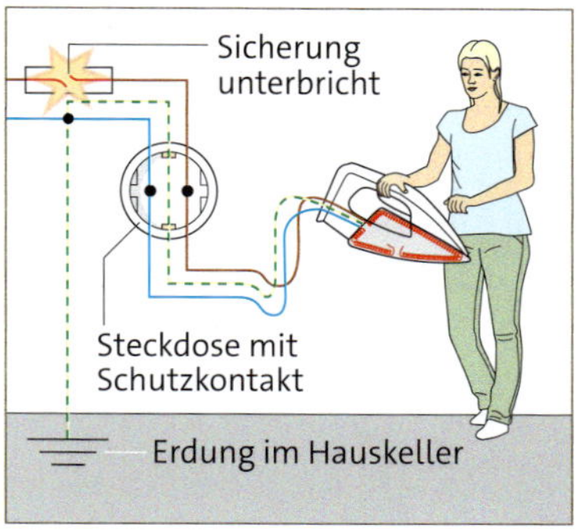

5 Gerät mit Schutzleiter

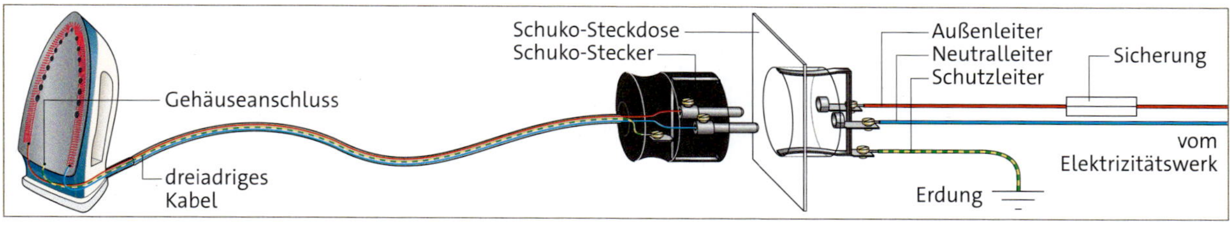

6 Anschluss eines Elektrogeräts

Aufgaben

1 Skizziere die ▸ Bilder 4 und 5 in dein Heft und zeichne jeweils für den Isolationsfehler den Weg des elektrischen Stroms ein.

2 Spielende Kleinkinder sollten keinen Zugriff auf Steckdosen haben.

a Begründe, warum ein Schutzleiter keinen Schutz bietet, wenn ein Kleinkind eine Stricknadel in die Steckdose steckt.

b Die kleine Thea hat unglaubliches Glück gehabt, denn obwohl sie die Stricknadel in die Steckdose gesteckt hat, ist nichts passiert. Papa sagt: „Sie muss wohl den Neutralleiter erwischt haben." Erkläre, was er meint.

c Beschreibe Maßnahmen, mit denen man Steckdosen sichern kann?

3 Viele Elektrogeräte besitzen ein Gehäuse aus Kunststoff (z. B. Mixer). Diese können mit einem Eurostecker ausgestattet sein, der keinen Schutzleiter hat. Begründe, warum der Schutzleiter hier nicht notwendig ist. ▸ 7

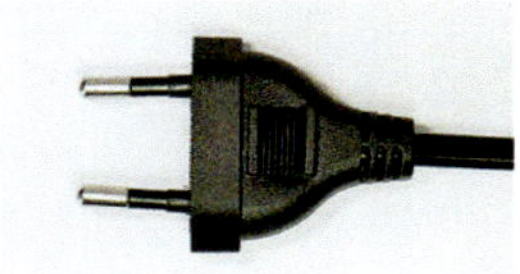

7 Eurostecker

Aus der Technik: Wie elektrische Ströme auf den Menschen wirken

Der menschliche Körper leitet den elektrischen Strom – allerdings schlechter als ein Metalldraht. Wenn zwischen Händen und Füßen eine Spannung herrscht, fließt ein Elektronenstrom durch den Körper. Dadurch können Muskeln verkrampfen. Die Funktion des Herzmuskels kann gestört werden. Bei großen Stromstärken kommt es zu schweren, oft tödlichen Verbrennungen.
Ob ein elektrischer Strom tödlich ist, hängt von der Stromstärke, der Einwirkungsdauer sowie vom Weg, den der Strom im Körper nimmt, ab. ▸1
Wenn sich das Herz oder der Kopf im Stromkreis befindet, sind die Auswirkungen besonders schlimm.
Wie groß die Stromstärke bei einem Elektrounfall ist, hängt nicht nur von der Spannung ab. Genauso wichtig sind auch die Widerstände im Unfallstromkreis:

- Der Körperwiderstand des Menschen liegt zwischen 650 Ω (Hand–Hand) und 1300 Ω (Hand–Fuß).
- Vor allem von den Übergangswiderständen hängt es ab, ob ein Unfall mit Netzspannung tödlich verläuft. Wichtig sind die Widerstände der Schuhe und des Bodenbelags am Unfallort. Steinfußböden haben geringere Widerstände als mit Teppichen bedeckte Fußböden oder Holzböden. Auch die Größe der Berührungsfläche und die Beschaffenheit der Haut sind wichtig. Trockene Haut hat einen höheren Widerstand als feuchte Haut.

1 Die größten Verletzungen bei Stromunfällen entstehen gar nicht durch den Strom selbst, sondern durch das Erschrecken. Beschreibe zwei mögliche Situationen.

2 Lies aus dem Diagramm ab:

a Welcher maximale Strom ist auch bei langer Einwirkung noch völlig ungefährlich?

b Welches ist die kleinste Stromstärke, die bei sehr langer Einwirkdauer ein Kammerflimmern auslösen kann?

c Bei welcher Stromstärke verkrampfen nach einer halben Sekunde die Muskeln, bei welcher setzt das Herzflimmern ein?

3 Nach welcher Zeit sind bei einem Strom von 20 mA die Muskeln so verkrampft, dass man das defekte Gerät nicht mehr loslassen kann?

4 Recherchiere, wie man eine Herzdruckmassage durchführt.

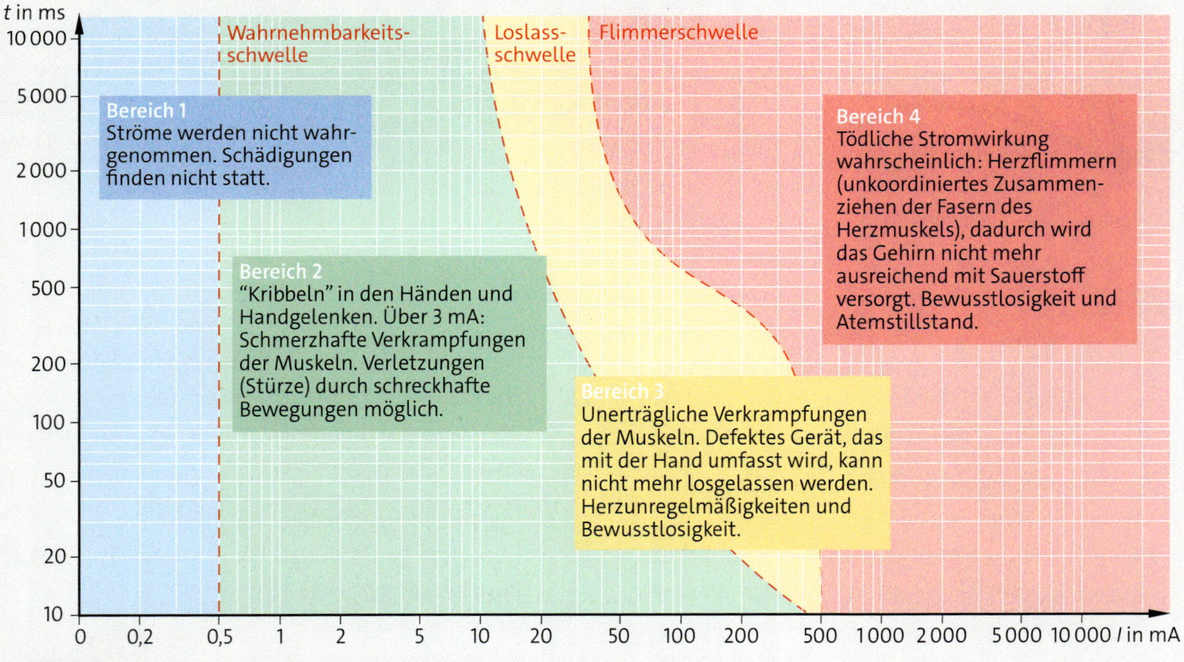

1 Gefährdung des Menschen durch den elektrischen Strom (Erwachsene, Stromweg: eine Hand – beide Füße)

Aus der Technik: Fehlerstromschutzschalter

Der Fehlerstromschutzschalter (FI-Schalter) prüft, ob die Elektronenströme in beiden Zuleitungsdrähten eines Stromkreises gleich sind. ▸ 2 Wenn ein Mensch Teil des Stromkreises wird, fließt ein Teil des Elektronenstroms durch den Körper und die Erde. Der „Fehlerstromkreis" wird zwar über einen Erdungsanschluss geschlossen. Der Fehlerstrom fließt aber am Schutzschalter vorbei. Im „Betriebsstromkreis" fehlt also ein Teil des Elektronenstroms. Schutzschalter trennen den Stromkreis bei einem Fehlerstrom so schnell vom Netz, dass der Mensch keinen Schaden erleidet. ▸ 3

1 Erkläre deinem Tischnachbarn, welche Funktion ein Fehlerstromschutzschalter hat und wodurch er ausgelöst wird.
2 Ein Fehlerstromschutzschalter hat die Daten „Fehlerstrom 30 mA, Abschaltzeit 30 ms" Beurteile anhand von ▸ Bild 1, S. 284 seine Schutzwirkung.
3 Lies den Text auf ▸ S. 281. Bäder müssen heute mit Fehlerstromschutzschaltern abgesichert werden. In einigen Altbauten fehlen sie dennoch. Erkläre die Gefahr, die von Geräten ausgeht, die in das Badewasser fallen. Zeichne dafür das Bild ab und markiere den Weg des elektrischen Stroms. ▸ 4

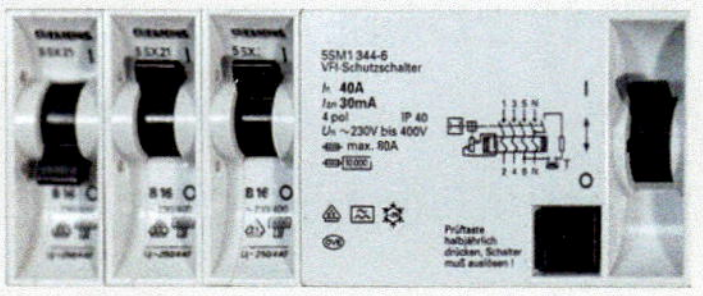
2 FI-Schalter

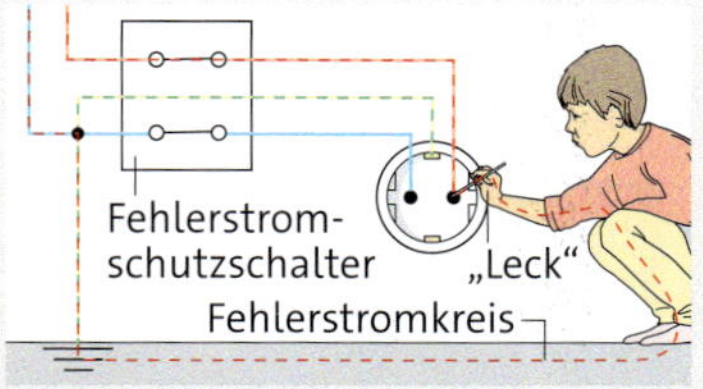

3 Fehlerstromschutzschalter

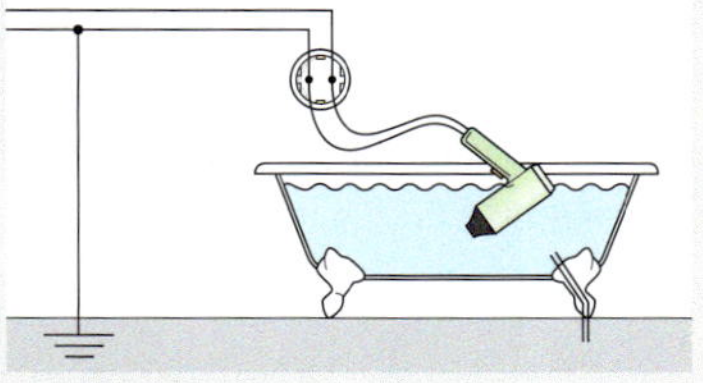
4 Elektrounfall

Aus dem Alltag: Keine Chance dem Elektrounfall

1 Schreibe für jeden Hinweis eine kurze Begründung. Fertige ggf. eine Skizze an, in der du einen Gefahrenstromkreis markierst.
2 Gib an und begründe, welche Hinweise auch in der Schule von Bedeutung sind.

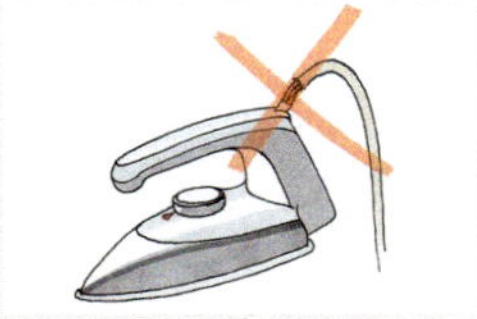
5 Kein Elektrogerät anschließen, dessen Gehäuse oder Leitung beschädigt ist! Elektrogeräte nur vom Fachmann reparieren lassen!

6 Beim Wechseln von Glühlampen Stecker ziehen oder Sicherung abschalten! Wenn Kleinkinder in einer Wohnung sind: Steckdosen durch Einsatz sichern!

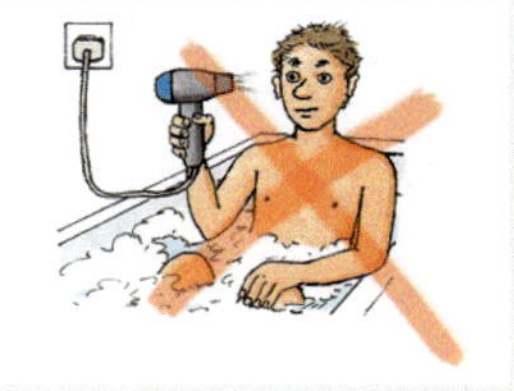
7 Von der Badewanne aus keine Haartrockner oder Radios benutzen!

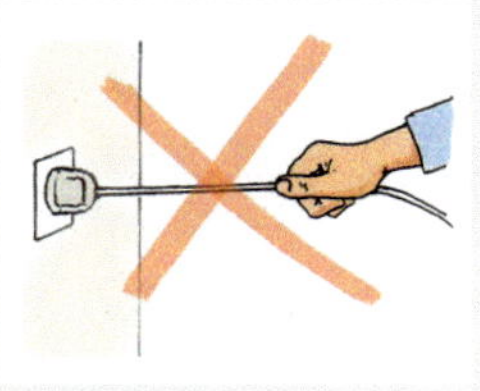
8 Stecker anfassen und nicht an der Leitung aus der Steckdose ziehen! Leitungen nicht durch Türritzen hindurchquetschen oder unter Teppiche legen!

9 Mit Elektrogeräten nicht barfuß auf einem Steinfußboden oder im Garten hantieren!

10 In der Nähe von Hochspannungsmasten oder Oberleitungen keine Drachen steigen lassen! Abstand von der Oberleitung und von herabhängenden Freileitungen halten! Nicht auf Eisenbahnwagen klettern oder Masten besteigen!

Aufgaben und Aufträge

Elektrische Energie nutzen

1 Energie wird immer nur von einer Energieform in andere umgewandelt.

a Die Bilder zeigen drei elektrische Energiequellen. Was bedeutet dabei das Wort „Quelle"? ▸ 1–3

1 Dynamo

2 Solarzelle

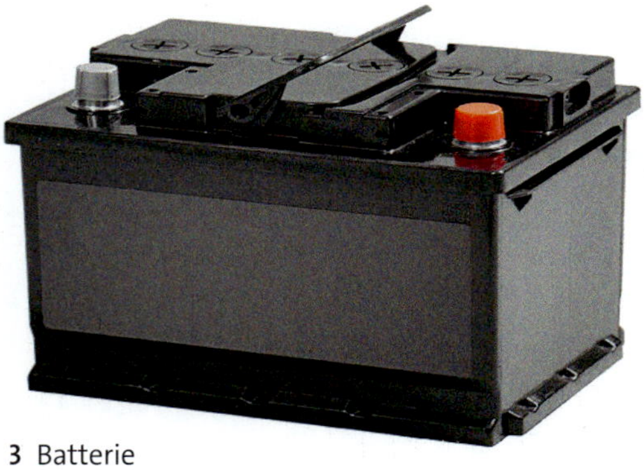

3 Batterie

b Auch eine Glühlampe oder ein Heizgerät nennt man manchmal „Quelle". Wofür sind sie Quellen?

c Warum kann man Elektrogeräte auch als „Verbraucher" bezeichnen?

2 Energiequellen sind Energiewandler. Welche Energieformen werden im Dynamo, in der Solarzelle und in der Batterie umgewandelt? ▸ 1–3

3 Wie groß ist die Energiestromstärke, wenn du alle Geräte in deinem Zimmer einschaltest? Welche Kosten entstehen, wenn alle Geräte eine Stunde lang eingeschaltet sind? Gehe davon aus, dass 1 kW · h ungefähr 30 Cent kostet.

4 Die Leistung eines elektrischen Heizlüfters beträgt 2000 W. Berechne die Kosten, wenn der Lüfter 8 Stunden lang in Betrieb ist.

Energie sparen und effizienter nutzen

5 Herr Meyer schläft abends oft vor dem laufenden Fernseher ein. Seine Frau ärgert sich über diese Energieverschwendung. „Nicht der Rede wert", meint Herr Meyer. „Nimm an, ich schlafe drei Stunden vor dem Fernseher. Der Fernseher hat 80 Watt. Für die Kilowattstunde bezahlen wir 30 Cent. Das macht …" „Eine Energieverschwendung ist es trotzdem", erwidert seine Frau.

a Führe die Rechnung von Herrn Meyer zu Ende.

b Welcher von beiden Ansichten würdest du dich anschließen? Begründe deine Entscheidung.

6 Mit dem Auto oder mit dem Zug?
Ein mit 400 Personen fast voll besetzter ICE legt die ca. 135 km lange Strecke von Karlsruhe nach Freiburg in 59 Minuten zurück. Dabei benötigt er pro Person und pro Kilometer eine mittlere Energie von 0,024 kW · h.

a Berechne die Energieaufnahme des Zuges auf seiner Fahrt von Karlsruhe nach Freiburg. Vergleiche dein Ergebnis mit der Energieaufnahme eines Pkws (Energieaufnahme pro 100 km ca. 64 kW · h). Wie viel Prozent mehr oder weniger an Energie benötigt der Pkw?

b Berechne, mit wie viel Personen der Pkw besetzt sein müsste, um pro Person auf eine ähnliche Energiebilanz zu kommen wie der ICE.

Energieübertragung in Stromkreisen

7 Im Internet gibt es Simulationen, bei denen man Stromkreise zusammenbauen und den Elektronenstrom symbolisch sichtbar machen kann. (*Tipp:* Suche in einer Suchmaschine z. B. nach „circuit construction kit phet".)

Baue eine Parallelschaltung aus mehreren Lampen zusammen und lass dir den Elektronenstrom anzeigen. Beschreibe den Elektronenstrom in den einzelnen Zweigen und an den Abzweigstellen.

8 Zeige, dass ein Rollladen eine Anlage zu Energieübertragung mit zwei verschiedenen Strömen ist. ▸ 4

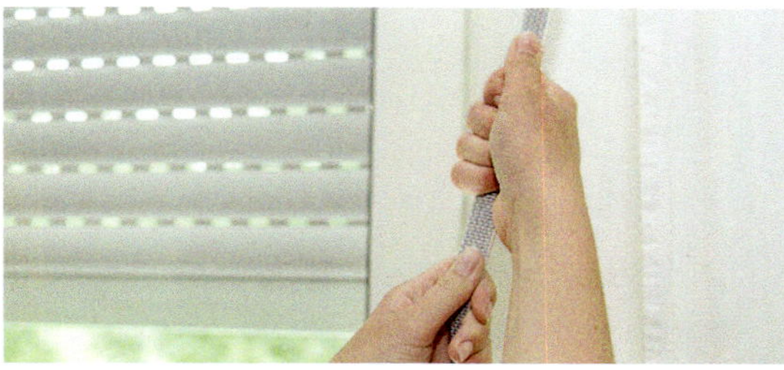

4 Rollladen

9 Der Akku eines Elektroautos wird an einer Ladestation aufgeladen (▸ Bild 1, S. 264). Benenne Energiequelle, Verbraucher und zirkulierendes Mittel. Vergleiche den Lade- mit dem gewöhnlichen Tankvorgang.

10 Beschreibe, wie bei einer Kettensäge Energie mithilfe eines Kreislaufs transportiert wird. ▸ 5

5 Kettensäge

11 Eine Glühlampe kann mit Gleich- oder Wechselstrom betrieben werden. Erläutere, auf welchen Strom sich die Begriffe Gleich- und Wechselstrom beziehen.

12 Entscheide, ob es sich bei den folgenden Beispielen um einen Elektronenstrom oder Energiestrom handelt. Begründe:

a Timo misst einen Strom von 2,5 A.

b Die Stromkosten steigen wieder.

c Bewegungsmelder helfen, Strom zu sparen.

d Der Stromkreis ist geschlossen.

e Die Batterie liefert Gleichstrom.

13 Viele denken, dass Drähte insgesamt negativ geladen sind, wenn elektrischer Strom hindurch fließt. Was meinst du? Begründe deine Aussage.

14 Anhand des Bildes lässt sich nicht entscheiden, ob die „Autostromstärke", also die pro Zeit an einer Stelle vorbeikommenden Autos, in die eine Richtung größer ist als in die andere Richtung. Begründe. ▸ 6

6 Autostromstärke

15 Von zwei Quellen soll die mit dem größeren Wasserstrom an die Wasserversorgung angeschlossen werden. Als Messergebnisse liegen vor: Quelle 1: 636 Liter in 12 s; Quelle 2: 720 Liter in 15 s. Begründe durch eine Rechnung, für welche Quelle man sich entscheiden wird.

16 Gib bei den untenstehenden Messgeräten an, welche Stromstärke gemessen wird. Der eingestellte Messbereich ist fett gedruckt. Gib außerdem begründet an, ob ein feinerer Messbereich gewählt werden könnte. ▸ 7

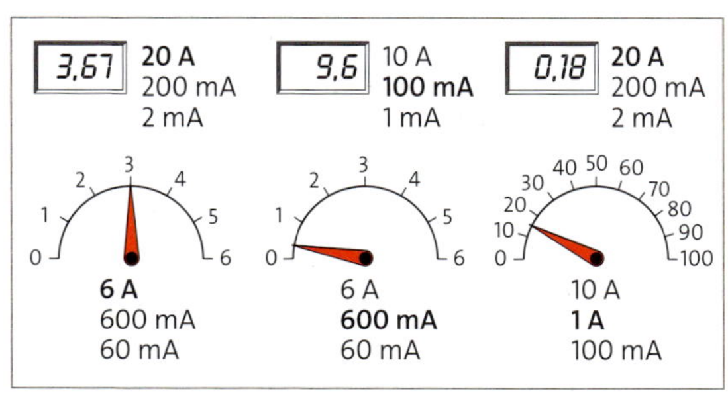

7 Messwerte

17 Die Energiequelle bestimmt, ob in einem Stromkreis Gleich- oder Wechselstrom fließt.

a Recherchiere, um welchen Strom es sich bei den folgenden Energiequellen handelt: Mignon-Batterie, Fahrraddynamo, Solarzelle, Autobatterie, Steckdose (Kraftwerk).

b Recherchiere, was die Abkürzungen „AC" und „DC" bedeuten.

18 Das Bild zeigt eine Mehrfachsteckdose. ▸ 1

a Zeichne die Mehrfachsteckdose in dein Heft und

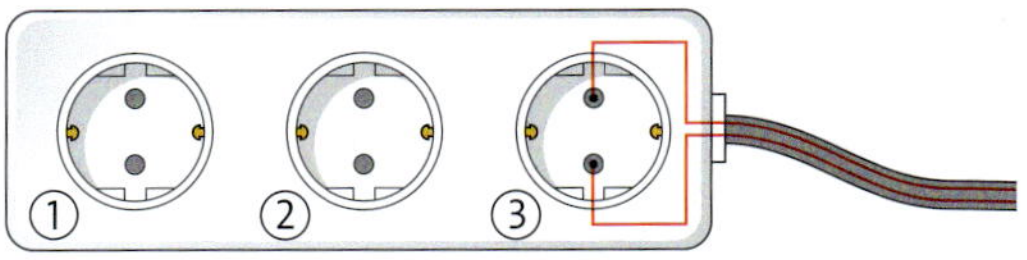

1 Mehrfachsteckdose

ergänze die fehlenden elektrischen Leiter.

b Markiere die Leiterabschnitte, die bei Belegung aller Steckdosen am stärksten belastet werden.

c Die Gefährdung ist für die markierten Leiterabschnitte innerhalb des Gehäuses am größten. Begründe.

19 Auf vielen Mehrfachsteckern ist das nebenstehende Warnschild angebracht. Beschreibe, was es bedeutet und begründe die Warnung physikalisch. ▸ 2

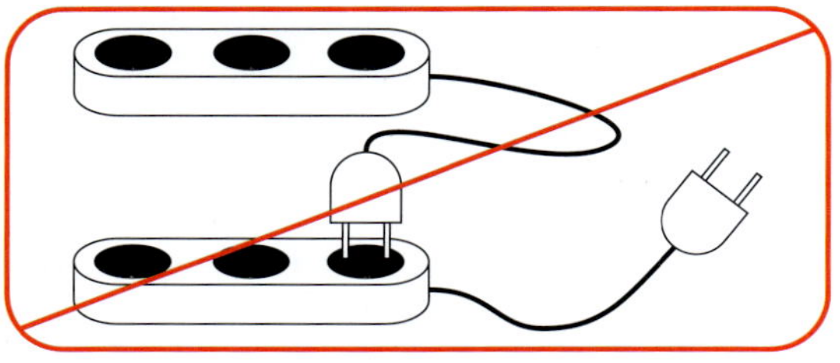

2 Warnhinweis

20 Elektrische Stromstärken in Parallelschaltungen ▸ 3

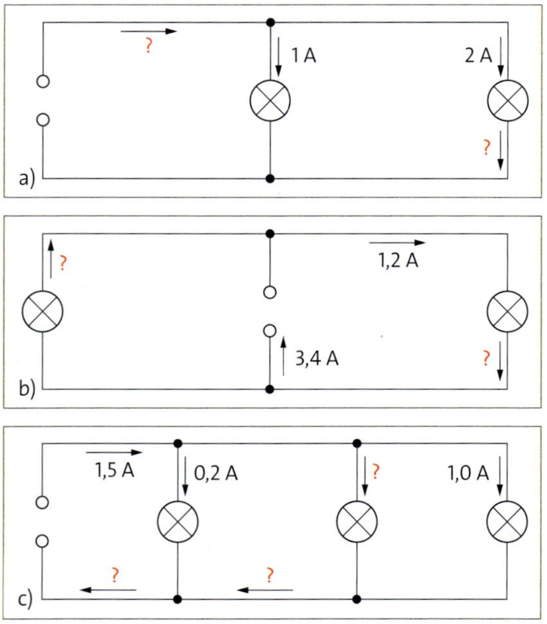

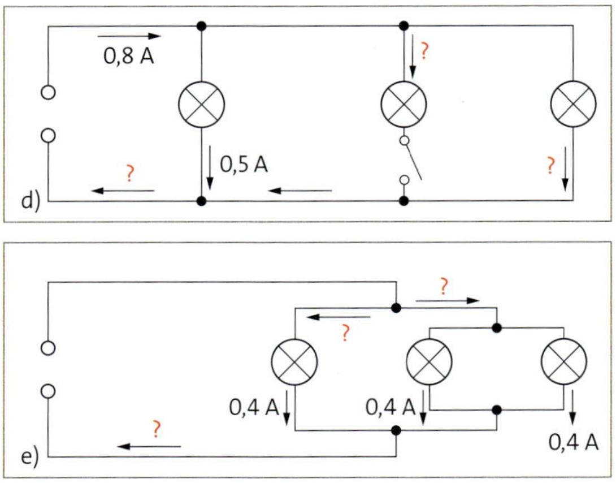

3 Parallelschaltungen

a Zeichne die Schaltskizzen ab und ergänze die fehlenden Stromstärkeangaben.

b Wie würden sich die Stromstärkeangaben in ▸ Bild 3c verändern, wenn die rechte Lampe aus der Fassung gedreht wird?

c Entwirf selbst Schaltskizzen mit fehlenden Stromstärkeangaben, tausche sie mit dem Sitznachbarn aus und löse die, die du erhalten hast.

21 Die Addition der Elektronenströme bei einer Parallelschaltung wird auch manchmal in der „Knotenregel" formuliert. Sie lautet: „In einem Abzweigungsknoten ist die Summe aller Elektronenströme, die in den Knoten hineinfließen, so groß wie die Summer alle Elektronenströme, die aus dem Knoten herausfließen."

a Suche dir in ▸ Bild 4 einen der vier Abzweigungsknoten heraus und erkläre daran die Knotenregel.

b Ergänze mithilfe der Knotenregel die fehlenden Elektronenströme. Mache durch einen Pfeil deutlich, ob der Elektronenstrom in den Knoten hinein- oder herausfließt.

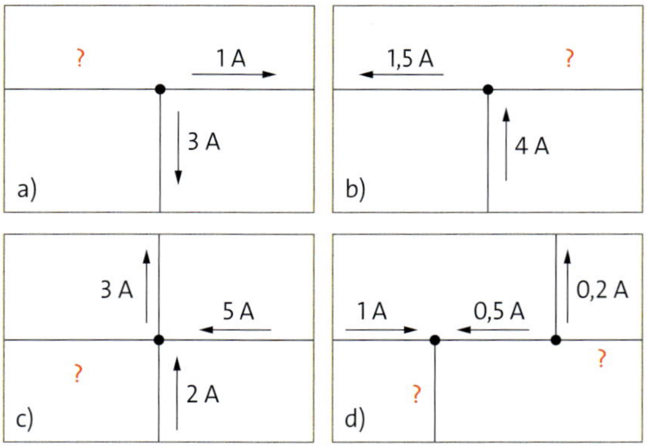

4 Knotenregel

22 Physiker sagen: „Die Addition der Elektronenströme bei der Parallelschaltung ergibt sich aus der Tatsache, dass Elektronen nicht aus dem Nichts entstehen und auch nicht verschwinden können." Erkläre.

Energiestrom und Elektronenstrom – die Spannung

23 Reihenschaltung von Batterien

a Nimm drei Mignonzellen (Typ AA, 1,5 V) und miss zunächst die Spannung jeder einzelnen Mignonzelle. Notiere die Werte.

b Schalte zwei Mignonzellen auf drei Arten in Reihe. ▸ 5

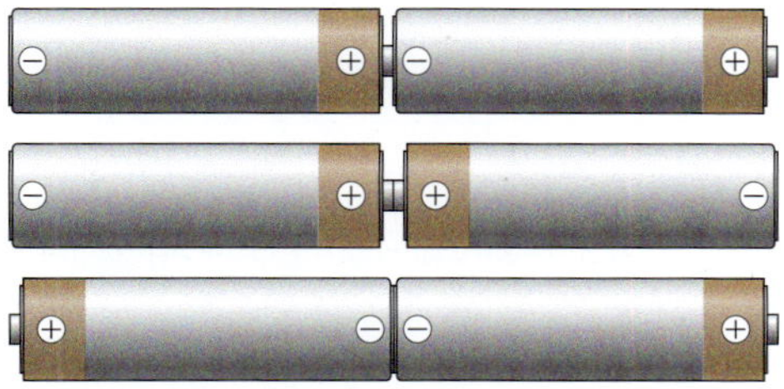

5 Batterien

Miss die Spannung an den äußeren Polen der kombinierten Batterien. Versuche, die Messergebnisse zu deuten.

c Erzeuge mit drei Mignonzellen eine Spannung von 4,5 V. Beschreibe, wie die Batterien geschaltet werden. Erkläre möglichst anschaulich, wie diese Spannung erzeugt wird.

d Nimm eine Flachbatterie vorsichtig auseinander (Handschuhe verwenden). Erkläre, wie die Spannung von 4,5 V erzeugt wird. Stelle eine Vermutung auf, wie es zur Spannung von 9 V einer Blockbatterie kommt.

24 Durch das Kabel von Mehrfachsteckdosen oder in den Wandleitungen darf ein Elektronenstrom von maximal 16 A fließen.

a Zeige, dass sich aus der Formel $U = P/I$ durch eine Umformung $I = P/U$ ergibt. Berechne damit die Elektronenströme von Wasserkocher, Kaffeemaschine und Toaster (▸ Bild 1 S. 272) und prüfe, ob der Toaster auch angeschlossen werden darf.

b Stelle die Formel $U = P/I$ nach P um und berechne, welcher Energiestrom von einem maximal zulässigen Elektronenstrom von 16 A übertragen werden kann.

25 Denke dir noch eine weitere Fahrradsituation aus, bei der der Kettenstrom im Vergleich zur Fahrt auf ebener Straße gleich bleibt, aber ein größerer Energiestrom zum Hinterrad fließt und man die Kette daher stärker antreiben muss. (*Tipp:* Untergrund; schnelleres Vorankommen bei gleichem Kettenstrom)

26 Es gilt: 1 kV = 1000 V, 1 V = 1000 mV. Schreibe die Tabelle in dein Heft und ergänze.

mV	V	kV
?	2,3	?
860	?	?
?	?	0,045
?	10 320	?

27 Eine Kühlbox kann sowohl am Haushaltsnetz als auch an der Autobatterie betrieben werden. Sie hat eine Leistung von 60 W. Gib ohne Rechnung an, wie sich die Elektronenströme jeweils in den Zuleitungen zueinander verhalten.

28 Stell dir vor, der Energiestrom eines Kraftwerks (1,2 GW) soll mit unserer Haushaltsspannung von 230 V abgeführt werden. Beschreibe, was das für den Elektronenstrom bedeuten würde. Begründe dann mithilfe des Texts, warum man für den Transport des XXL-Energiestroms Hochspannung benutzt.

29 Bestimme die fehlenden Größen in den Schaltungen. ▸ 6

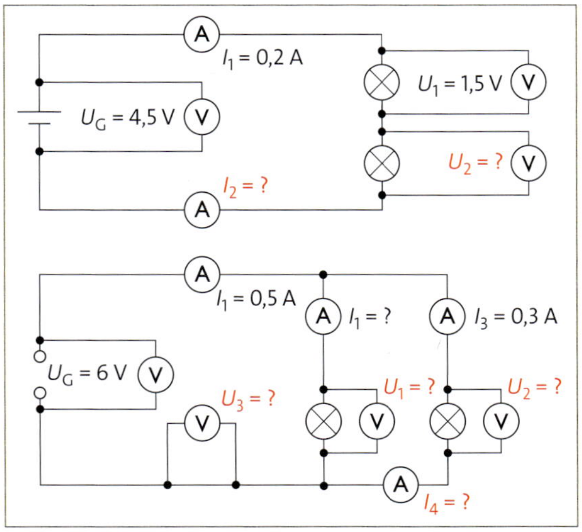

6 Spannungsmessung

30 Die Lampen in den beiden Schaltungen sind alle baugleich. Gib die fehlenden Größen an. ▸ 1

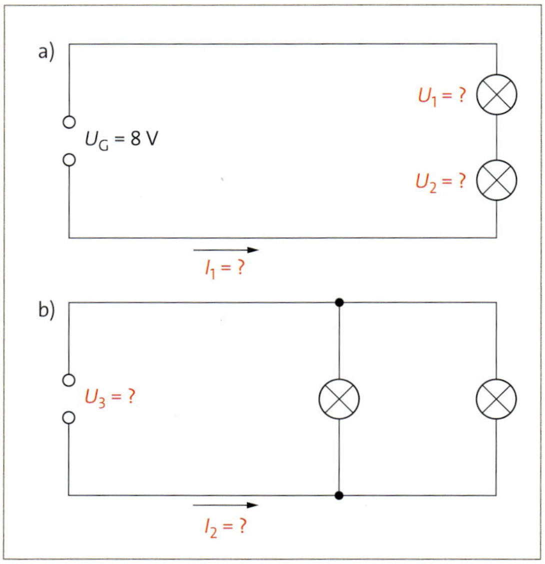

1

31 Berechne die fehlenden Größen in den Schaltungen. ▸ 2

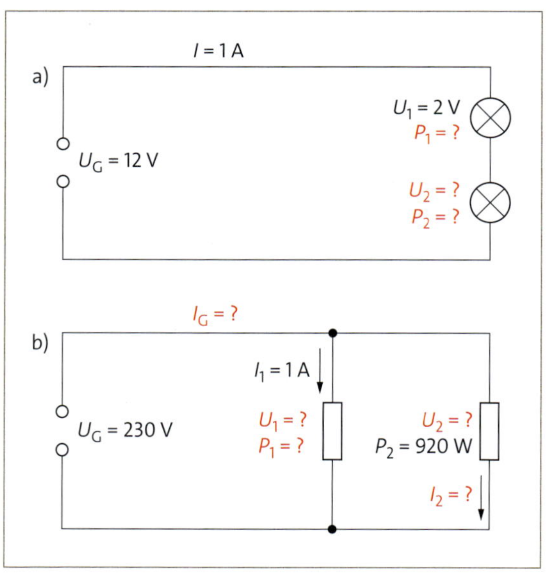

2

32 Begründe: Die Spannung zwischen zwei Punkten in einem Stromkreis kann nicht größer sein als an der Energiequelle. Begründe damit, warum man bei der Spannungsmessung an einer Reihenschaltung nicht immer wieder neu den größten Messbereich wählen muss, wenn man die Spannung der Energiequelle kennt.

33 Gib bei den untenstehenden Messgeräten an, welche Spannung gemessen wird. Der eingestellte Messbereich ist fett gedruckt. ▸ 3

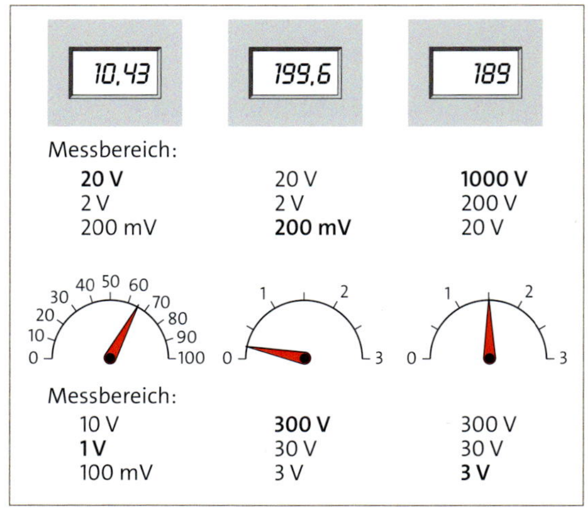

3

Begründe, ob der Messbereich feiner eingestellt werden kann.

34 Gib begründet an, welches der Messgeräte 1 bis 4 als Spannungsmessgerät und welches als Messgerät für die elektrische Stromstärke eingesetzt wird. ▸ 4

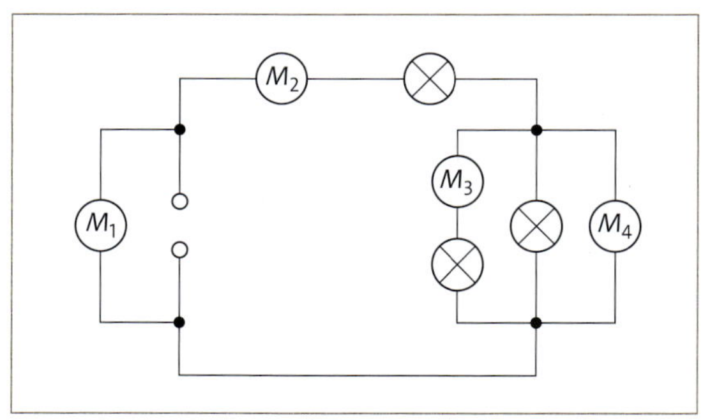

4

35 Ein Lämpchen trägt die Aufschrift 3 W; 0,5 A. Berechne, mit welcher Spannung sie betrieben wird.

36 Eine Glühlampe (25 W/230 V) leuchtet etwa so hell wie das Bremslicht eines Autos (21 W/12 V). Berechne die Stromstärken durch beide Lampen.

37 Um den Elektronenstrom durch einen Heizdraht zu verdoppeln, muss die Spannung am Draht verdoppelt werden. Wie ändern sich dabei Energiestrom und Leistung? Begründe deine Antwort.

38 Diskutiert die Aussagen der Schülerinnen und Schüler. Wenn ihr der gleichen Meinung seid wie eine oder mehrere Personen, veranschaulicht deren Aussage am Fahrradmodell. ▸ 5

5

39 Paul sagt: „Sowohl bei der Reihen- als auch bei der Parallelschaltung addieren sich die Energieströme zu den einzelnen Verbrauchern zum gesamten Energiestrom. Das kann man auch mit der Energieerhaltung begründen.“ Erkläre, was er damit meinen könnte.

40 Ähnlich wie bei Fremdsprachen verwendet man physikalische Fachbegriffe in bestimmten Redewendungen. Ströme fließen, eine Spannung liegt zwischen zwei Punkten an oder herrscht dort. Bei Verbrauchern sagt man auch, dass die Spannung „am Verbraucher abfällt“. Formuliere Sätze, in denen die folgenden Begriffe vorkommen. Es gibt mehrere Möglichkeiten.

a Spannung; 5 V; Netzgerät; anliegen
b Stromstärke; messen; 2,5 A
c Energiestrom; Lampe; Batterie
d Parallelschaltung; anliegen; Spannung
e Toaster; Energiestrom; 1200 W
f Lichterkette; Lampe; 3 V; abfallen
g unverzweigter Stromkreis; Elektronenstrom

Schutzmaßnahmen im Stromnetz

41 Erkläre, wie eine Schmelzsicherung aufgebaut ist und wie ihr Schutz funktioniert.

42 Das Bild zeigt, wie ein Sicherungsautomat von innen aufgebaut ist. Er enthält einen Elektromagneten, der den Sperrhaken S nach unten ziehen kann. Erkläre anhand der Bilder die Funktionsweise des Sicherungsautomaten. ▸ 6

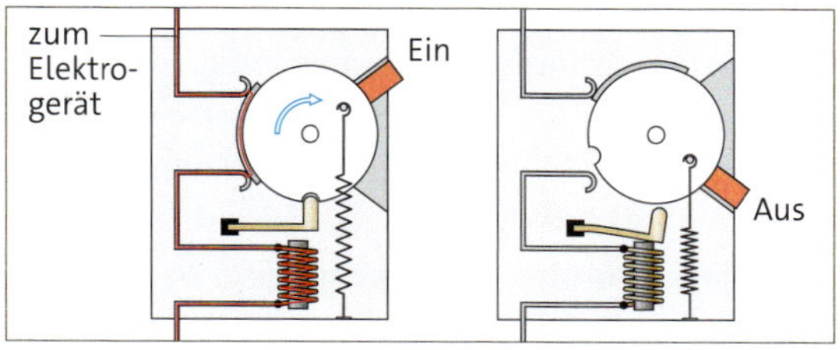

6

43 Eine Waschmaschine (2,8 kW) sollte man nicht an einen Stromkreis mit einer 10-A-Sicherung anschließen. Begründe mit einer Rechnung.

44 Ein Wärmebild kann kleine Temperaturunterschiede sichtbar machen. In diesem Versuch wird ein Mehrfachstecker mit einer Wärmebildkamera fotografiert. An den Mehrfachstecker sind verschiedene Geräte angeschlossen sind. Formuliere möglichst viele Aussagen, die du dem Wärmebild entnehmen kannst. ▸ 7

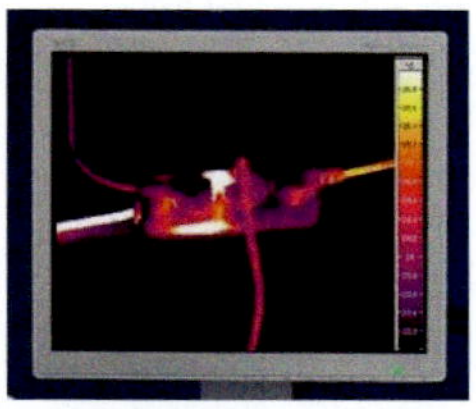

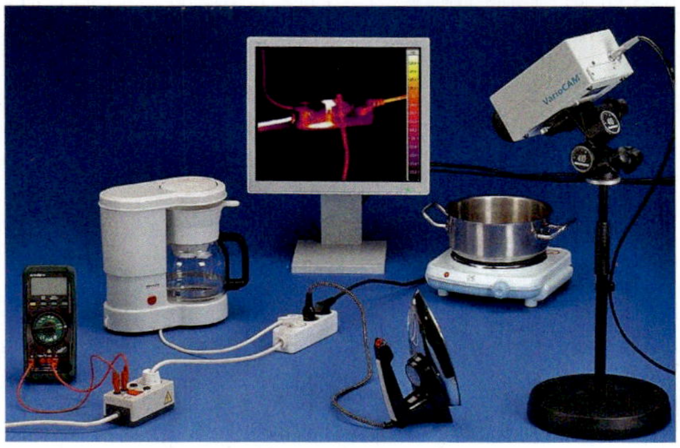

7

45 Das Auswechseln einer Glühlampe kann gefährlich sein, wenn der Schalter versehentlich geschlossen und die Sicherung nicht abgeschaltet ist. Erkläre die Gefahr, indem du das Bild abzeichnest und den Weg des elektrischen Stroms einzeichnest. ▸ 8

8

Überblick

Elektrische Anlagen Sie dienen dazu, elektrische Energie zu übertragen und zu nutzen. Sie bestehen aus einer elektrischen Energiequelle, einem Übertragungsteil und einem Energienutzer.

Energiestrom und Energiemenge Der Energiestrom P gibt an, welche Energiemenge in jeder Sekunde von einer elektrischen Anlage übertragen wird oder in ein elektrisches Gerät hineinfließt. In einen Föhn mit $P = 1000\,\text{W}$ fließt in jeder Sekunde eine Energie von 1000 J. Der Energiestrom hat das gleiche Formelsymbol und die gleiche Einheit wie die Leistung.
Die insgesamt in einer bestimmten Zeit in ein Gerät geflossene Energiemenge ergibt sich aus Energiestrom mal Zeit: $\Delta E = P \cdot \Delta t$.
1 kW · h ist die Energiemenge, die in ein Gerät mit der Leistung 1 kW in einer Stunde hineingeflossen ist.

Wirkungsgrad Bei der Umwandlung von elektrischer Energie im Energienutzer gibt es auch immer einen Energieanteil, der nicht in die gewünschte Energie umgewandelt wird und daher ungenutzt bleibt. Meist entsteht thermische Energie als nicht genutzte Energie.
Der Wirkungsgrad gibt an, welcher Anteil der zugeführten Energie von einem Gerät genutzt wird. Er ergibt sich zu $\eta = \frac{\text{genutzte Energie}}{\text{zugeführte Energie}}$. Der Wirkungsgrad wird in Prozent angegeben.

Energiestrom und Elektronenstrom Elektrische Energie wird durch Stromkreise übertragen. Die Energie fließt von der Energiequelle zum Verbraucher, die Elektronen dagegen bewegen sich im Stromkreis rundherum. Sie werden von der Energiequelle angetrieben und vom Verbraucher gebremst. Bei der elektrischen Energieübertragung muss man also stets zwischen dem Energiestrom und dem Elektronenstrom unterscheiden.
Die elektrische Stromstärke I ist ein Maß für den Elektronenstrom. Sie gibt an, welche Ladungsmenge in einer Sekunde an einer Stelle im Stromkreis vorbeifließt. Gemessen wird die elektrische Stromstärke in Ampere. ▸ 1

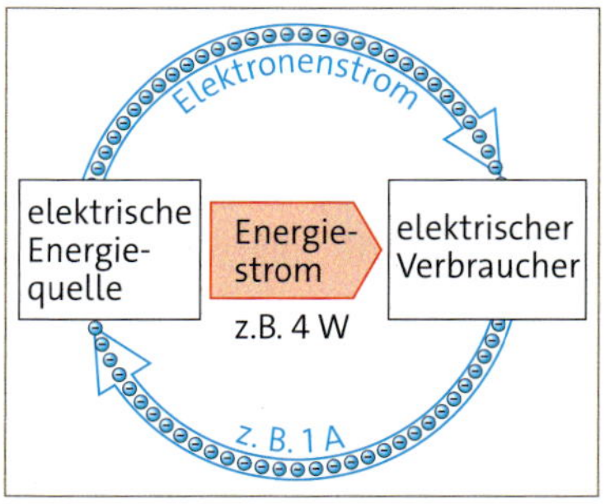

1

Elektronenstrom in Stromkreisen Im unverzweigten Stromkreis ist die elektrische Stromstärke überall gleich groß.
Bei einer Parallelschaltung addieren sich die elektrischen Stromstärken der einzelnen Zweige: $I_{ges} = I_1 + I_2 + I_3 + \ldots$ ▸ 2

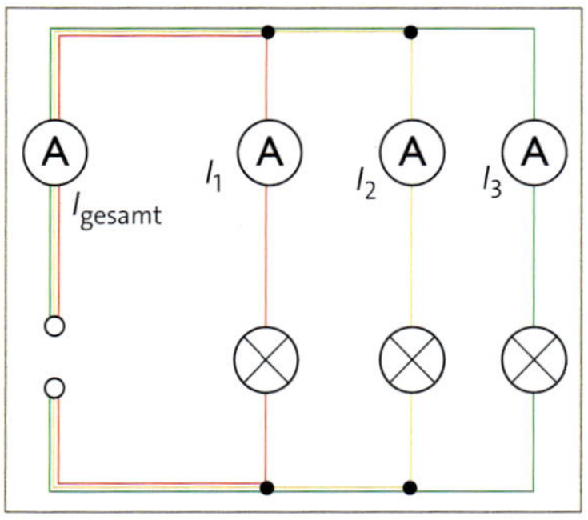

2

Elektrische Spannung Die elektrische Spannung U ist festgelegt als Quotient von Energiestrom und Elektronenstrom.
Es gilt: $\text{Spannung} = \frac{\text{Energiestrom}}{\text{Elektronenstrom}}$ bzw. $U = \frac{P}{I}$.
Die Spannung gibt an, welcher Energiestrom bei einem Elektronenstrom von 1 A übertragen werden kann.

Die Einheit der Spannung ist das Volt (V). Es gilt: $1\,\text{V} = 1\,\frac{\text{W}}{\text{A}}$

Die Spannung ist ein Maß dafür, wie stark der Elektronenstrom angetrieben wird.

Leistung Die Leistung eines Elektrogeräts ist umso größer, je höher die Spannung ist und je höher die elektrische Stromstärke ist.
Es gilt: $P = U \cdot I$.
Für die Einheit Watt (W) bedeutet das: $1\,\text{W} = 1\,\text{V} \cdot 1\,\text{A} = 1\,\text{V} \cdot \text{A}$.

Spannung, Stromstärke, Energiestrom
Für die Parallelschaltung gilt:
Die Spannung ist für jeden Stromkreis gleich. Es gilt:
$U_{\text{Quelle}} = U_1 = U_2 = U_3 = \ldots$

Die elektrischen Ströme addieren sich zum Gesamtstrom:
$I_{\text{gesamt}} = I_1 + I_2 + I_3 + \ldots$

Die Energieströme addieren sich zum Gesamtenergiestrom:
$P_{\text{gesamt}} = P_1 + P_2 + P_3 + \ldots$

Für die Reihenschaltung gilt:
Die elektrische Stromstärke ist überall im Stromkreis gleich:
$I = I_1 = I_2 = I_3 = \ldots$

Die Spannungen an den Verbrauchern addieren sich zur Spannung der Energiequelle: $U_{\text{Quelle}} = U_1 + U_2 + U_3 + \ldots$

Die Energieströme addieren sich zum Gesamtenergiestrom:
$P_{\text{gesamt}} = P_1 + P_2 + P_3 + \ldots$

Gefahren beim Umgang mit Elektrizität Elektrische Spannungen unterhalb von 25 V sind in der Regel für den Menschen ungefährlich. Bei der Netzspannung von 230 V besteht dagegen Lebensgefahr. Du darfst deshalb auf keinen Fall mit der Steckdose als elektrischer Energiequelle experimentieren!
Im Stromnetz ist der Neutralleiter geerdet, der Außenleiter ist nicht geerdet. Da der menschliche Körper ein Leiter ist, kommt es zu einem Elektrounfall, wenn eine Person einen Außenleiter berührt. Die Person ist dann Teil eines geschlossenen Stromkreises. Dieser Stromkreis verläuft über den Außenleiter, den Menschen, die „Erde" und z. B. über die Erdung am Hausanschluss hin zum Neutralleiter.
Durch den gelbgrünen Schutzleiter werden Metallgehäuse von Elektrogeräten geerdet. So erhalten sie eine leitende Verbindung zum Neutralleiter. Wenn das Metallgehäuse Kontakt mit dem Außenleiter bekommt, entsteht über den Schutzleiter ein geschlossener Stromkreis. In diesem befinden sich gut leitende Teile, die elektrische Stromstärke ist groß. Sofort unterbricht die Sicherung den Stromkreis. ▸ 3
Ob ein Elektrounfall tödlich verläuft, hängt ab von der elektrischen Stromstärke, dem Stromweg im Körper sowie von der Einwirkungsdauer des elektrischen Stroms.

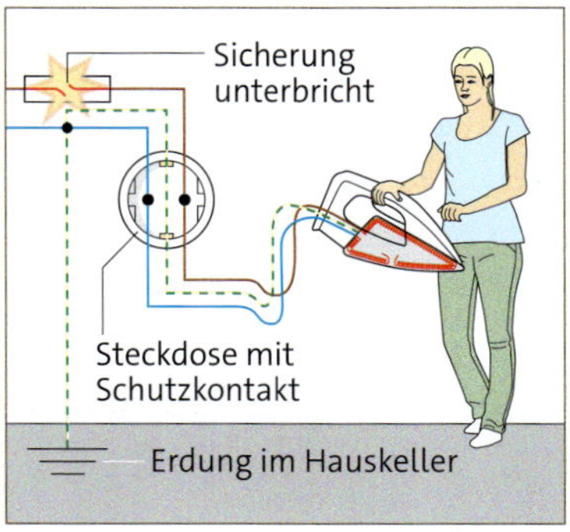

3

1 Zitteraal

Vom Zitteraal zum Defibrillator

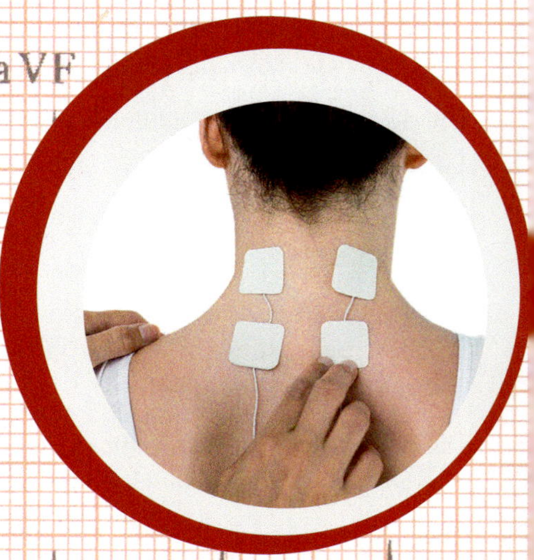

4 Gleichstromtherapie

2 Zitterrochen

3 Elektrotherapie

Bei den Zitterfischen entsteht die Spannung im elektrischen Organ. Dabei handelt es sich um umgewandelte Hautdrüsen oder Muskeln. ▸ 1

Bereits in der Antike nutzten griechische und römische Ärzte elektrische Fische als schmerzstillendes Mittel.

Der römische Arzt Scribonius Largo wollte mit den vom Zitterrochen erteilten elektrischen Schlägen Geisteskranke heilen. ▸ 2

Im 18. Jahrhundert wurden Versuche unternommen, mithilfe einer Elektrisiermaschine Medikamente in den Körper des Patienten einzubringen. ▸ 3

Amerikanische Zahnärzte nutzen im 19. Jahrhundert Gleichstrom zur lokalen Betäubung.

1908 wandte man zum ersten Mal in der Medizin die bei elektrischen Strömen entstehende Wärme an.

Gleichstromtherapie Fließt ständig ein Gleichstrom, zeigen sich hellrote Verfärbungen an den Hautstellen, die sich unter den Elektroden befinden.
Diese verbesserte Durchblutung verstärkt alle Stoffwechselvorgänge, verbessert die Ernährung, die Funktion und Regeneration des behandelten Gewebes. Der Gleichstrom wirkt entzündungshemmend, schmerzdämpfend und fördert die Aufnahme von Nährstoffen.
Fließt der Gleichstrom nicht ständig, sondern wird immer wieder kurz unterbrochen, werden Stromimpulse erzeugt. Mit diesen Impulsen können Nerven und Muskeln gereizt werden. ▸ 4
Mit kleinen und batteriebetriebenen Apparaten können Stromimpulse zur Schmerzdämpfung eingesetzt werden. Der schwache Stromreiz bewirkt eine Blockade der Schmerzweiterleitung zum Gehirn.

Herzschrittmacher Ein Herzschrittmacher wird erforderlich, wenn das Herz zu langsam schlägt. Er besteht aus einem „Mini-Computer", einer Batterie und Elektroden und wird direkt unter der Haut implantiert.
Durch eine Vene werden die Elektroden in das Herz eingeführt und an der Innenwand des Herzens befestigt. ▸ 5
Die Elektroden übertragen die Stromimpulse zum Herzen und die Signale über eigene Herzaktivitäten zum Schrittmacher. Der Schrittmacher tritt nur in Aktion, wenn das Herz zu langsam schlägt.

Defibrillator Der Defibrillator soll bei lebensbedrohlichen Herzrhythmusstörungen durch starke Stromstöße die normale Herzaktivität wieder herstellen. Durch einen starken elektrischen Schock wird das Steuerungssystem des Herzens gestört. Danach soll sich der normale Herzrhythmus spontan wieder einstellen.
Bei manuellen Defibrillatoren werden die Kontakte mit dem Brustkorb des Patienten in Kontakt gebracht. Der Strom fließt zwischen ihnen direkt über das Herz. ▸ 6
Vollautomatische Defibrillatoren werden wie ein Herzschrittmacher unter die Haut operiert.

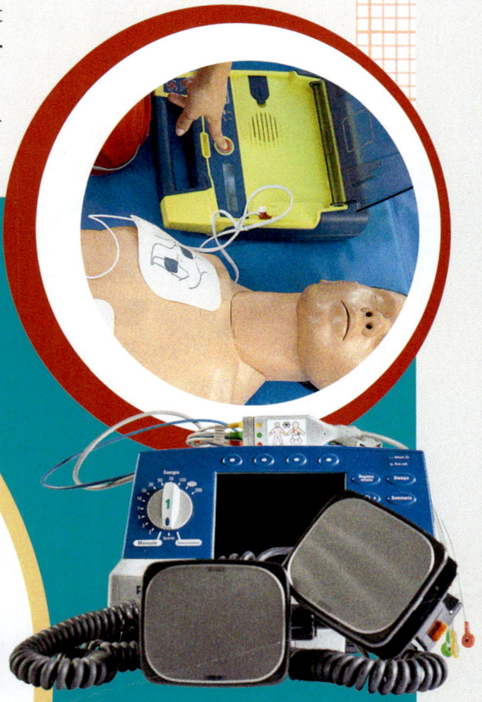

6 Defibrillatoren

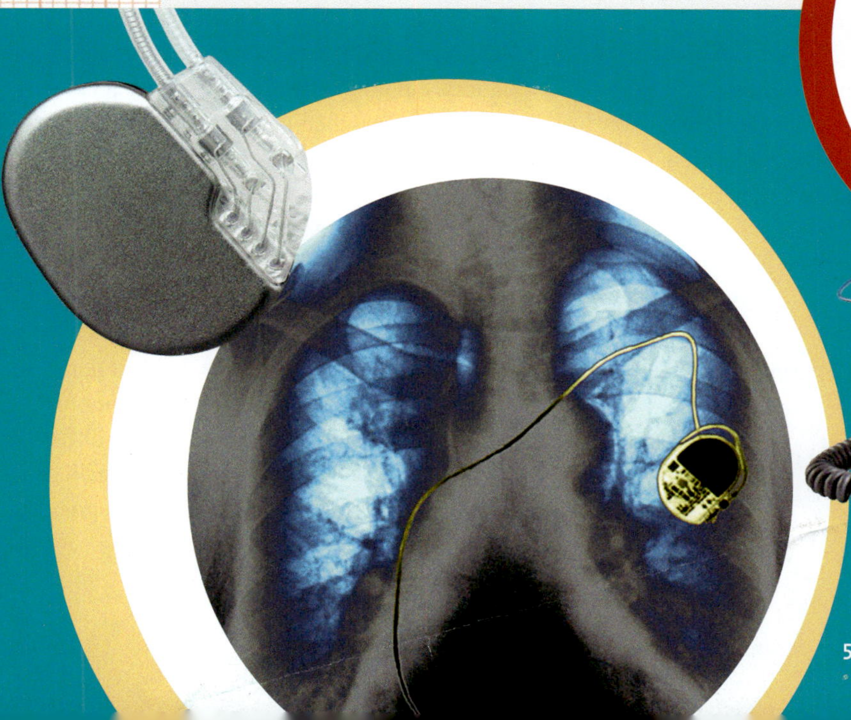

5 Herzschrittmacher

Der einfachste Motor der Welt

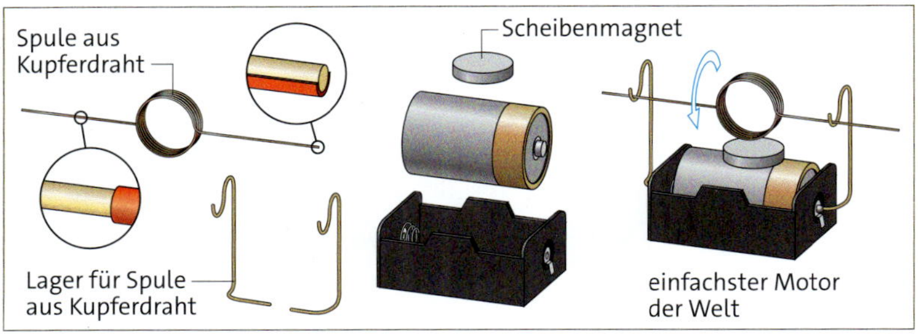

1

Auftrag

1 Baue aus Kupferdraht, einem Scheibenmagneten und einer Batterie einen einfachen Elektromotor. Teste ihn.

Hinweis: Beim „einfachsten Motor der Welt" gibt es einen Trick. Der Motor hat keinen Stromwender, sondern nur einen Stromunterbrecher.

Du brauchst: 80 cm Kupferlackdraht (0,8 mm Durchmesser), Scheibenmagneten (etwa 15 mm Durchmesser), Monozelle, Batteriehalterung mit Lötösen, 2 Kupferdrähte (etwa 1,5 mm Durchmesser und je 10 cm lang – Abfall vom Elektriker).

So wird der Rotor gebaut

Wickle den Kupferlackdraht um einen Besenstiel zu einer Spule. Die Drahtenden (etwa 5 cm) bleiben gerade und bilden die Rotorwelle. Drücke die Spulenwicklungen mit den Fingern eng aneinander und lass sie von einem Helfer in der Nähe der Drahtenden mit einem dünnen Faden verknoten. Schmiere etwas Alleskleber zwischen die Spulenwicklungen.

Lege eines der Drahtenden auf die Kante eines Brettchens. Schabe mit einem Messer an dieser Achse die isolierende Lackierung des Drahts rundherum ab. Und nun kommt der Trick: Schabe an der anderen Achse die Isolierung nur auf der Oberseite ab.
Beim Probelauf zwischen den Fingerspitzen darf der Rotor nicht „eiern". Biege die Achsen eventuell nach.

So wird der Stator gebaut

Entferne bei dem dicken Kupferdraht an den Enden jeweils etwa 2 cm der Isolierung. Der Draht selbst ist „blank", also nicht isoliert wie der Lackdraht des Rotors. Biege bei jedem Draht ein Ende zu einer S-förmigen Lagerung für die Rotorachsen. Löte das andere Ende an die Kontakte der Batteriehalterung. Knicke die Drähte so, dass die Achsen des eingelegten Rotors genau waagerecht liegen. Setze die Batterie ein und hefte obendrauf den Scheibenmagneten. Zwischen der rotierenden Spule und dem Magneten soll nur ein ganz kleiner Abstand sein. Nach leichtem Anstoßen muss der Motor laufen.

Aufgaben

1 Versuche zu erklären, wie der einfachste Motor der Welt funktioniert.

2 Viele Haushaltsgeräte werden durch Elektromotoren betrieben.

a Wo liegt der wichtigste Unterschied zu dem von dir selbst gebauten einfachsten Elektromotor?

b Wenn du ein defektes Gerät zerlegst und seinen Motor betrachtest, wirst du feststellen: Solche Geräte besitzen keinen Dauermagneten, sondern …

Testaufgaben zu „Grundgrößen der Elektrizitätslehre"

1 Ein Versuchsaufbau besteht aus einem Netzgerät, einem Motor und zwei Schaltern. Zeichne eine Schaltskizze.

2 Nenne jeweils mindestens zwei Materialien, die …

a den elektrischen Strom leiten.

b den elektrischen Strom nicht leiten.

c magnetisch sind.

d gute Leiter, aber nicht magnetisch sind.

3 Beschreibe, welche Informationen du den Feldlinien der Spule entnehmen kannst. Gib an, wo die Energiequelle ihren Plus- und ihren Minuspol hat. ▸ 2

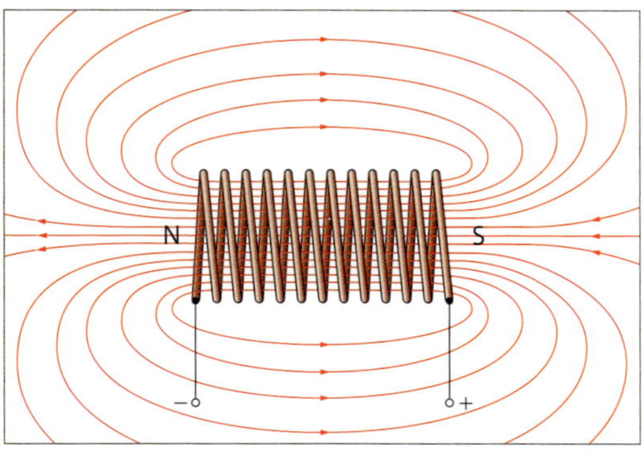

2

4 Die Taschenlampe ist ein Gerät, bei dem elektrische Energie übertragen wird. Schreibe einen kurzen erklärenden Text zur Energieübertragung, in dem folgende Begriffe vorkommen: Energiequelle, Verbraucher, Energiestrom, Elektronenstrom, Stromkreis, Antrieb, Widerstand.

5 Solarmodule haben Wirkungsgrade von etwa 15 %.

a Erkläre, was der Wirkungsgrad allgemein und bei einem Solarmodul zum Ausdruck bringt.

b Berechne die eingestrahlte Lichtenergie, wenn die Solaranlage eine elektrische Energie von 9,6 kW · h geliefert hat.

c Berechne die durchschnittliche elektrische Leistung der Solaranlage, wenn die elektrische Energie an einem Tag mit 8 Sonnenstunden erbracht wurde. Nenne elektrische Geräte, die man damit betreiben oder auch nicht betreiben könnte.

6 Für zwei Lampen liegen folgende Daten vor: Lampe 1: 3,6 W/0,8 A, Lampe 2: 70 W/0,3 A. Nenne für jede Lampe eine mögliche Energiequelle. Begründe mit einer Rechnung.

7 Das Bild zeigt eine Schaltung mit Lämpchen. ▸ 3

a Berechne die fehlenden Größen. Berechne außerdem den gesamten Energiestrom, den die Energiequelle aufbringen muss.

b Es wird eine weitere Lampe parallel geschaltet, durch die der Elektronenstrom $I_4 = 1$ A fließt. Gib begründet an, wie sich alle anderen Größen dadurch verändern.

c Ein Spannungsmessgerät misst die Spannung, wie in der Zeichnung angegeben. Gib begründet an, welchen Messwert du erwartest.

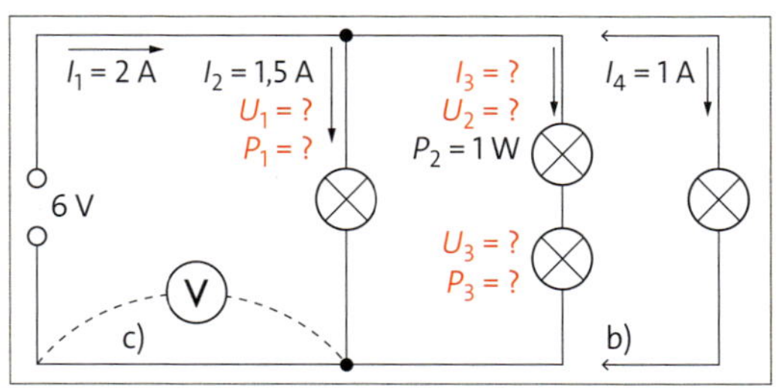

3

Aufgabe	Fähigkeit	Hilfe auf Seite …
1, 2	Bauteile eines elektrischen Stromkreises benennen.	221
3, 5, 6, 7	Grundlegende Größen der Elektrizitätslehre und deren Zusammenhänge beschreiben.	222, 246, 258 f., 261
4, 5, 6, 7	Energietransport in Stromkreisen und die Zusammenhänge von Spannung, Stromstärke und Leistung beschreiben.	259, 268, 276, 279

▸ Die Lösungen findest du auf Seite 301.

Anhang

Lösungen der Testaufgaben

Hören und Sehen (Seite 95)

1 **a** Beim schnellen Schwingen (Vibrieren) ihrer Flügel entstehen Schallwellen. Die Hummel schwingt ihre Flügel (ca. 6-mal) langsamer als die Mücke. Ihr Brummton ist deshalb viel tiefer.
b Schmetterlingsflügel bewegen sich so langsam (ca. 10 bis 60-mal pro Sekunde), dass das menschliche Ohr ihren Flügelschlag meist nicht als Ton wahrnehmen kann.
c Die Frequenz in Hertz (Hz) gibt die Anzahl der Schwingungen in einer Sekunde an. Mückenmännchen schlagen somit etwa 600-mal in einer Sekunde mit ihren Flügeln, Mückenweibchen nur 550-mal. Der Unterschied im Summton trägt zur gegenseitigen Erkennung bei den Mücken bei.

2 Mia hat recht. Die Sterne verteilen ihr Licht in alle Richtungen. Nur der winzige Teil des Lichts, der genau in unser Auge gelangt, erzeugt den Seheindruck. Der Rest durchquert den Himmel, ist für uns aber nicht sichtbar.

3 **a**

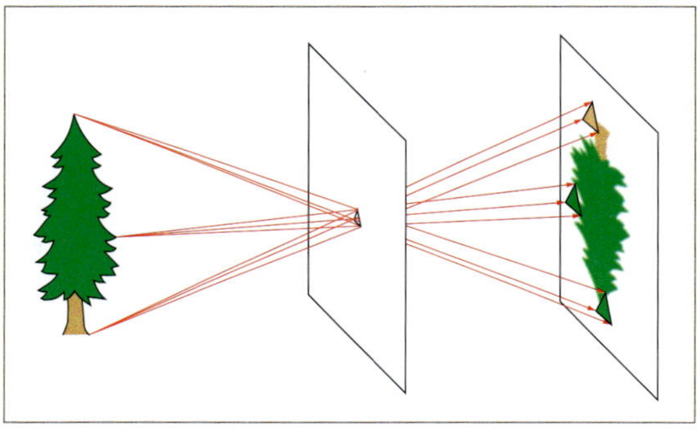

Um das Bild zu vergrößern, verschiebt am den Schirm so, dass der Abstand Blende-Schirm größer wird (Bildweite vergrößern) oder man nähert die Lochkamera dem Gegenstand (Gegenstandsweite verkleinern).
b Um schärfere Bilder zu erzeugen, muss man das Loch verkleinern. Das Bild wird dann schärfer, aber auch dunkler.

4 **a**

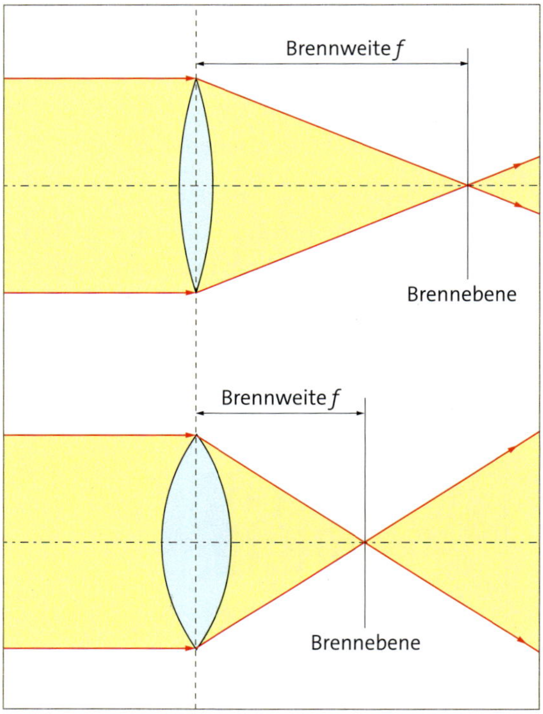

b Ist eine kugelförmige Vase mit Wasser gefüllt, so wirkt sie als Sammellinse. Durch die Brechung kann das Sonnenlicht in einem kleinen Fleck gebündelt werden. Befindet sich ein brennbarer Stoff im Brennpunkt, kann er entzündet werden.

5 **a** Licht wird gebrochen, wenn es schräg von einem durchsichtigen Stoff in einen anderen fällt, z. B. von Luft in Wasser oder von Glas in Luft. Ein Teil des Lichts wird immer auch reflektiert. Das gesamte Licht wird reflektiert (Totalreflexion), wenn es sehr schräg von Glas oder Wasser an die Grenzfläche zur Luft stößt. Dabei muss der Einfallswinkel größer sein als der Grenzwinkel der beiden Stoffe.

b

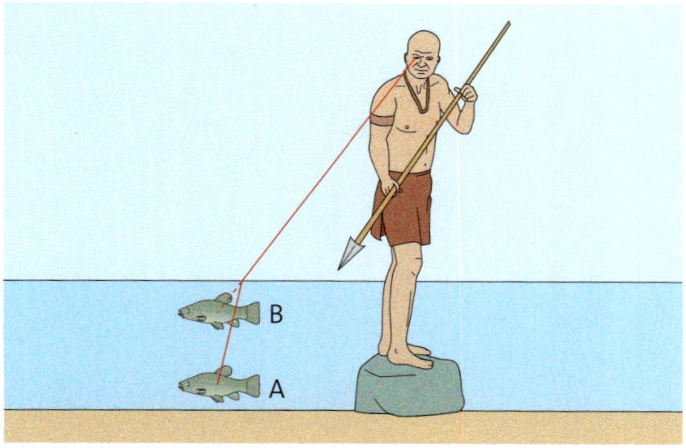

c

d

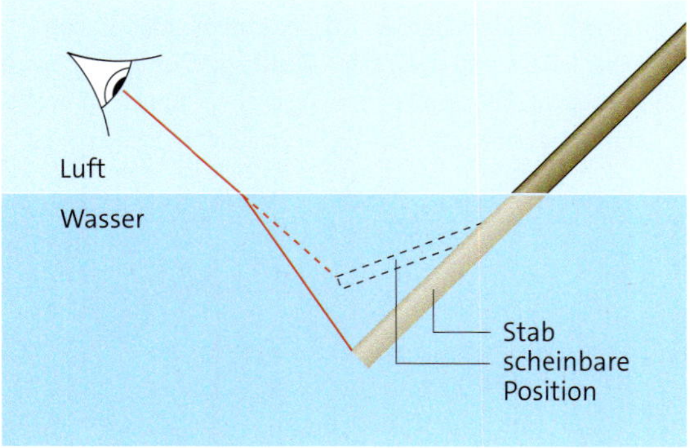

e Bild 8a: Es gibt drei Varianten.
- ein horizontal liegender Spiegel (Begründung: Reflexionsgesetz)
- ein Prisma (Begründung: zweimalige Brechung)
- zwei horizontal liegende Spiegel (Begründung: Reflexionsgesetz)

Bild 8b: Es gibt drei Varianten.
- Sammellinse, deren Brennpunkt im Kasten liegt. Strahlen laufen hinter dem Brennpunkt auseinander. (Begründung: Parallele Lichtbündel werden so gebrochen, dass sie sich in der Brennebene schneiden.)
- zwei Spiegel, je einer den oberen und den unteren Strahl (Begründung: Reflexionsgesetz)
- drei gebogene Lichtleiter

Energie (Seite 143)

1 Ein Stein wird hoch gehoben. Seine *Lageenergie* nimmt zu.
Du rollst mit dem Fahrrad bergab und wirst schneller. Deine *Bewegungsenergie* nimmt zu.
Mit dem Wasserkocher wird Wasser erhitzt. Die *thermische Energie* des Wassers nimmt zu.
Vor großen Boxen spürst du die *Schallenergie* im Bauch.
Die *Strahlungsenergie* aus der Infrarotlampe erwärmt die Haut.
Mit Hochspannungsleitungen wird die *elektrische Energie* von den Kohlekraftwerken im Land verteilt.
Mit der *Spannenergie* des gespannten Gummibands kannst du Papierschnipsel schießen.
In Nahrungsmitteln und Brennstoffen ist *chemische Energie* gespeichert.

2 Beispiele für Energietransport: elektrische Leitungen, Pipelines, Fahrradkette …
Beispiele für Energiespeicherung: Heißwasserboiler, Öltank, Akku …

3 **a** Beim Anheben wird die Lageenergie erhöht.
Nach dem Loslassen sinkt die Lageenergie. Die Bewegungsenergie nimmt zu. Im tiefsten Punkt hat die Lageenergie ihren kleinsten Wert, die Bewegungsenergie ihren größten.

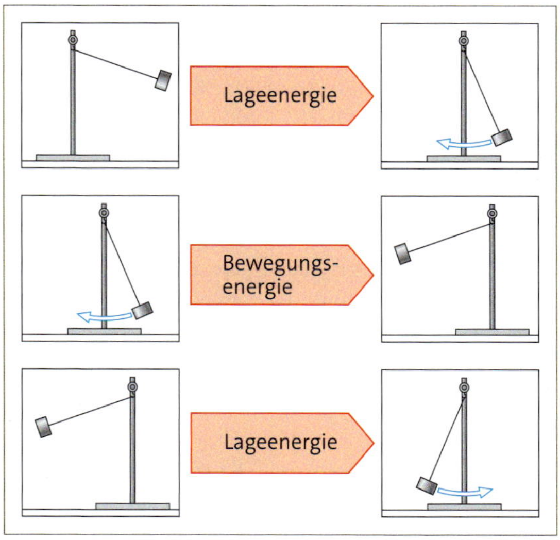

b Energieerhaltung: Ohne Reibung würde die Schaukel ihre ursprüngliche Höhe genau wieder erreichen. Energie wird nur umgewandelt. Sie verschwindet nicht und wird nicht neu erzeugt.
Energieentwertung: Die Schaukel muss dauernd Luft zu Seite schieben. Dabei dient ein Teil ihrer Energie dazu, die Luft zu erwärmen. Dieser Teil kann nicht mehr zum Steigen der Schaukel verwendet werden. Er ist „entwertet".

4 Elektromotor: elektrische Energie in mechanische Energie
Elektrokocher: elektrische Energie in thermische Energie
Akku beim Laden: elektrische Energie in chemische Energie
Solarzelle: Strahlungsenergie in elektrische Energie
Schwarze Gartenfolie: Strahlungsenergie in thermische Energie
Lichtmühle: Strahlungsenergie in Bewegungsenergie

5 **a** Elektrische Energie lässt sich gut in andere Energieformen umwandeln. Sie lässt sich einfach durch Kabel transportieren.
Nachteil ist ihre Gefährlichkeit und ihr z. B. gegenüber der Energie in Treibstoffen hoher Preis. Zur Speicherung muss sie in andere Energieformen umgewandelt werden.
b Elektrische Energie gewinnt man mit Generatoren (z. B. in Wärmekraftwerken und Windenergieanlagen) oder mit Solarzellen.

6 **a** Nach Anschalten wird elektrische Energie in thermische Energie umgewandelt. Die Lageenergie des Wägestücks nimmt etwas ab. Nach dem Ausschalten wird der größte Teil der thermischen Energie des Drahts an die Umgebung abgegeben.
b Während der Draht sich nach Ausschalten zusammenzieht, kühlt er ab. Die thermische Energie des Drahts wird zum Teil in Lageenergie des Wägestücks umgewandelt.

7 $600\,m^3$ Wasser haben die Masse $600\,t = 600\,000\,kg$.
Wenn 1 kg 1 m tief fällt, wird eine Energie von 10 J frei.
Bei 120 m sind es 1200 J, bei 600 000 kg werden
$1200 \cdot 600\,000\,J = 720\,000\,000\,J = 720\,MJ = 0{,}72\,GJ$ frei.
Bei 18 Rohren: $0{,}72\,GJ \cdot 18 = 12{,}96\,GJ$. (Zum Vergleich: Ein Kernkraftwerk liefert etwa 1,3 GJ pro Sekunde.)

8 **a** Die zugeführte thermische Energie ist proportional zur Masse und zur Temperaturdifferenz. Der Proportionalitätsfaktor ist die spezifische Wärmekapazität:
$\Delta E = c_{Wasser} \cdot m \cdot \Delta T$

Die Leistung P gibt an, wie viel Energie pro Sekunde umgewandelt wird: $P = \frac{\Delta E}{\Delta t}$.

b Mit den Gleichungen aus Teil a ergibt sich:

$$\Delta E = \frac{4{,}2\,kJ \cdot 200\,kg \cdot 30\,°C}{kg \cdot °C} = 25\,200\,kJ$$

$$\Delta t = \frac{\Delta E}{P} = 1200\,s = 20\,min$$

c $\Delta E = g \cdot m \cdot \Delta h$

$$\Delta h = \frac{\Delta E}{g \cdot m} = \frac{25\,200\,000\,J}{\frac{10\,J}{kg \cdot m} \cdot 200\,kg} = 12{,}6\,km$$

Mechanik (Seite 213)

1 **a** $v = \frac{\Delta s}{\Delta t} = \frac{303\,km}{3\,h} = 101\,\frac{km}{h}$

b $\Delta t = \frac{\Delta s}{v} = \frac{6\,km \cdot h}{24\,km} = 0{,}25\,h = 15\,min$

2

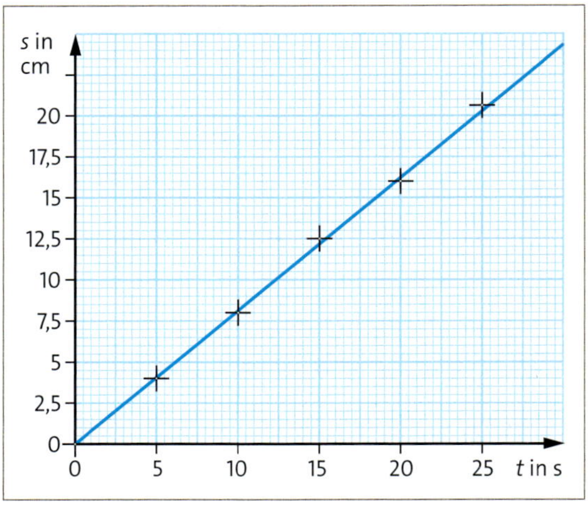

Die Messwerte im Diagramm ergeben eine Gerade. Es liegt eine geradlinig, gleichförmige Bewegung vor. Es gilt $s \sim t$.

3 **a** v ist konstant, geradlinig gleichförmige Bewegung
b $v \sim t$, gleichmäßig beschleunigte Bewegung
c $s \sim t$, geradlinig gleichförmige Bewegung

4 Von einer Kraft im physikalischen Sinne kann man in den Beispielen b, c und e sprechen. In allen drei Fällen wechselwirken mindestens zwei Körper miteinander. In den Beispielen a und d wird der Kraftbegriff umgangssprachlich gebraucht. Hier sind keine Wechselwirkungen zu beobachten, sondern Kraft wird als Eigenschaft eines Körpers beschrieben.

5

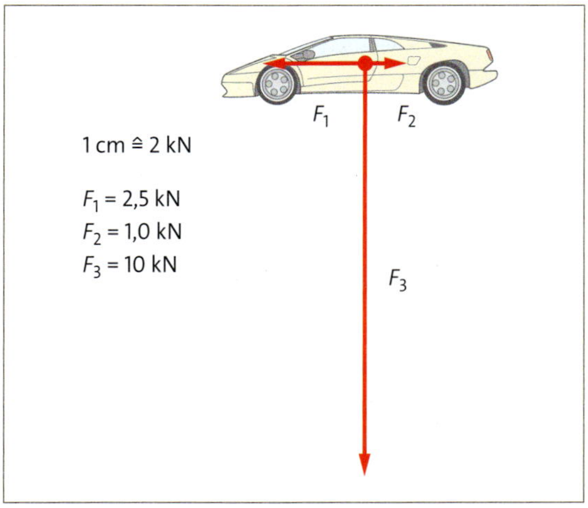

6 Alexander behauptet, maximal eine Kraft von 500 N ausüben zu können. Die Reibungskraft ist aber so groß, dass eine Kraft von 600 N nötig wäre.

7 **a** Die Raumsonde erhält beim Start Energie. Da sie sich praktisch im luftleeren Raum bewegt, wird keine Energie benötigt um Teilchen zur Seite zu schieben. Es wird keine Bewegungsenergie in thermische Energie umgewandelt.
b Ein Flugzeug verliert durch die Wechselwirkung mit der Luft ständig an Bewegungsenergie. Diese wird ständig in thermische Energie umgewandelt. Damit das Flugzeug sich aber mit konstanter Geschwindigkeit bewegen kann, muss dieser unerwünschte „Energieverlust" durch den ständigen Antrieb ausgeglichen werden.

8 Bei einem Crash kommen Fahrzeug und Insassen auf sehr kurzer Strecke zum Stehen. Ihre Bewegungsenergie wandelt sich dabei in thermische Energie um. Auch hier gilt:

Energie = Kraft mal Weg ($\Delta E = F \cdot \Delta s$ oder $F = \frac{\Delta E}{\Delta s}$).

Je kürzer der Bremsweg ist, umso größer ist die auf die Insassen wirkende Kraft.

Grundgrößen der Elektrizitätslehre (Seite 297)

1

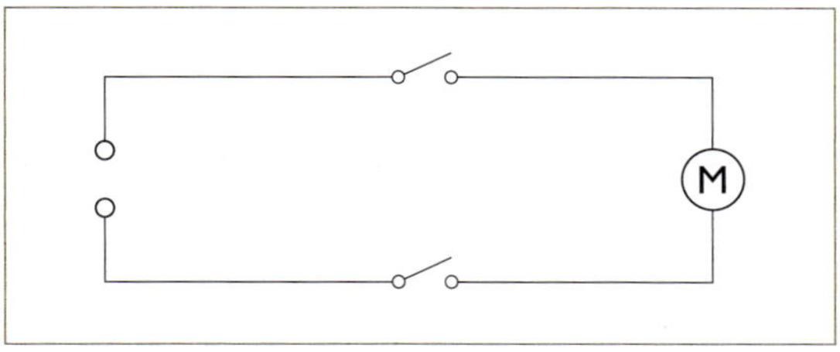

2 **a** alle Metalle, Salzwasser, Graphit
b Porzellan, Gummi, Kunststoff
c Eisen, Kobalt, Nickel,
d Aluminium, Kupfer, Gold, Silber

3 An der oberen Stirnseite hat die Spule ihren Nordpol, da dort die Feldlinien aus der Spule herauszeigen und an der unteren hineinzeigen. Das Feld im Innern der Spule und an den Stirnseiten ist besonders stark, da dort die Feldlinien am dichtesten liegen. Nach außen nimmt die Stärke des Magnetfelds ab. Mit der Linke-Hand-Regel findet man die Flussrichtung der Elektronen und damit die Polarität der Energiequelle (Elektronen fließen von „–„ nach „+") heraus.

4 Bei der Taschenlampe fließt der Energiestrom von der Batterie zur Lampe. Die Batterie ist die Energiequelle und die Lampe ist der Verbraucher. Hier wird die elektrische Energie in Licht- und Wärmeenergie umgewandelt.
Die Energie wird von der Batterie zur Lampe mithilfe eines Stromkreises übertragen, in dem Elektronen fließen.
Die Batterie ist der Antrieb für den Elektronenstrom.
Die Lampe bremst ihn, sie bildet einen Widerstand.

5 **a** Der Wirkungsgrad gibt bei einem Energiewandler an, welcher Anteil der zugeführten Energie genutzt wird, d. h., in die gewünschte Energieform umgewandelt wird. Die 15 % bei einem Solarmodul besagen, dass von der gesamten eingestrahlten Lichtenergie 15 % letztendlich in elektrische Energie umgewandelt werden. Der Rest bleibt ungenutzt.
b $E_{\text{Licht}} = \frac{E_{\text{elektrisch}}}{\eta} = \frac{9{,}6\,\text{kW} \cdot \text{h}}{0{,}15} = 64\,\text{kW} \cdot \text{h}.$
Es wird eine Lichtenergie von 64 kW · h eingestrahlt.
c $P = \frac{E}{t} = \frac{9{,}6\,\text{kW} \cdot \text{h}}{8\,\text{h}} = 1{,}2\,\text{kW} = 1200\,\text{W}$
Mit der durchschnittlichen Leistung von 1200 W könnte man staubsaugen, mehrere Fernseher betreiben, aber keinen Backofen.

6 Zur Ermittlung der Energiequelle wird die Spannung berechnet.

Lampe 1: $U = \frac{P}{t} = \frac{3{,}6\,\text{W}}{0{,}8\,\text{A}} = 4{,}5\,\text{V};$

Lampe 2: $U = \frac{70\,\text{W}}{0{,}3\,\text{A}} = 233\,\text{V}$

Lampe 1 ist an eine Batterie und Lampe 2 am Haushaltsnetz angeschlossen.

7 **a** $U_1 = 6\,\text{V}$ (Parallelschaltung); $P_1 = U_1 \cdot I_2 = 9\,\text{W}$
$I_3 = I_1 - I_2 = 0{,}5\,\text{A}$ (Ströme addieren sich in einer Parallelschaltung)
$U_2 = \frac{P_2}{I_3} = 2\,\text{V}$
$U_3 = 6\,\text{V} - \text{U2} = 4\,\text{V}$ (Spannungen addieren sich bei einer Reihenschaltung)
$P_3 = U_3 \cdot I_3 = 2\,\text{W}$
$P_{\text{gesamt}} = 9\,\text{W} + 1\,\text{W} + 2\,\text{W} = 12\,\text{W}$ (oder $P_{\text{gesamt}} = U_{\text{Quelle}} \cdot I_1$)
b In den anderen Zweigen verändert sich nichts, da bei einer Parallelschaltung die Zweige unabhängig sind. Somit verändert sich nur $I_1 = 2\,\text{A} + 1\,\text{A} = 3\,\text{A}$.
Der gesamte Energiestrom wird dadurch natürlich auch größer:
$P_{\text{gesamt}} = 6\,\text{V} \cdot 3\,\text{A} = 18\,\text{W}.$
c Das Spannungsmessgerät zeigt „0" an, da zwischen den Anschlüssen keine Energiequelle oder Verbraucher liegt und somit die Elektronen nicht angetrieben werden müssen, um durch das Kabel zu gelangen.

Diagramme mit dem Computer zeichnen

t in s	*s* in m
0,00	0,00
0,42	2,50
0,92	5,00
1,63	7,50
1,98	10,00
2,46	12,50
3,06	15,00
3,53	17,50
3,98	20,00
4,44	22,50
4,95	25,00

Karim ist für den Physikunterricht Fahrrad gefahren. Seine Bewegung ist mit einem Computer genau aufgezeichnet worden. Nun soll der Computer auch das Diagramm zeichnen und die Geschwindigkeit berechnen. Karim braucht ein Tabellenkalkulationsprogramm.
Ein weitverbreitetes Tabellenkalkulationsprogramm heißt „Excel". Du lernst es in den folgenden Schritten kennen. Die grundsätzlichen Überlegungen gelten aber auch für ähnliche Programme. Die Befehle können dort allerdings anders heißen und an anderer Stelle im Menü stehen.

① Erste Schritte
Starte das Programm. Es öffnet sich ein Tabellenblatt. Speichere die Datei unter einem sinnvollen Namen. Du siehst eine Tabelle mit vielen einzelnen Zellen. Sie sind in Zeilen und Spalten angeordnet. Spalten sind mit Buchstaben bezeichnet, Zeilen mit Zahlen. *Beispiel:* Die Zelle „B4" befindet sich in Spalte B, Zeile 4. ▸ 1
In jede Zelle kannst du Texte, Zahlen oder Formeln eintragen. Wähle die gewünschte Zelle dazu durch Anklicken aus. Du kannst auch mehrere Zeilen und Spalten zugleich auswählen: Klicke in die linke obere Zelle des gewünschten Bereichs. Es erscheint ein „+"-Zeichen in der Zelle. Ziehe die Maus mit gedrückter Taste z. B. nach rechts und unten."

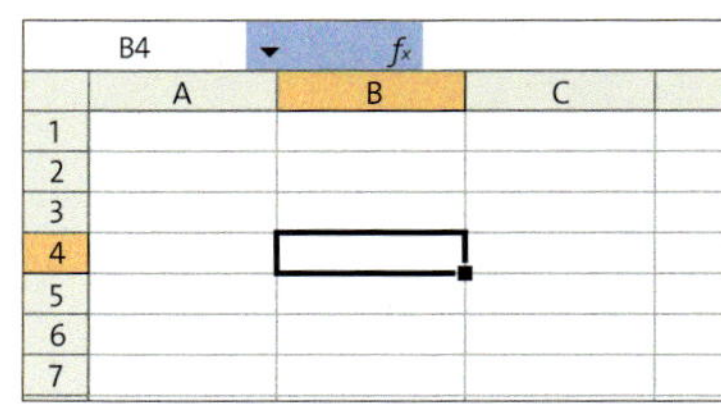

1

② Messwerte eintragen
Zuerst kommt der „Tabellenkopf": Trage die gemessenen physikalischen Größen und ihre Einheiten ein. Trage die Messwerte in die Zellen darunter ein. ▸ 2

	A	B	C
1	Messung 1 Fahrrad		Tabellenkopf
2	t in s	s in m	
3	0	0	
4	0,42	2,5	
5	0,92	5	
6	1,63	7,5	
7	1,98	10	
8	2,46	12,5	
9	3,06	15	
10	3,58	17,5	
11	3,98	20	
12	4,44	22,5	
13	4,95	25	

2

③ Das Diagramm zeichnen
Wähle die Messwerte in der Tabelle aus. Damit sie als Punkte in einem Diagramm erscheinen, musst du mehrere Schritte im Menü gehen. Wir wählen den Diagrammtyp „Punkt (X,Y)": Einfügen → Diagramm → Punkt (X,Y) → Weiter. ▸ 3
In den nächsten Schritten kannst du dein Diagramm benennen, die Achsen beschriften und ein Gitternetz einfügen. Zuletzt entscheidest du, ob das Diagramm in der Tabelle angezeigt werden soll. ▸ 4

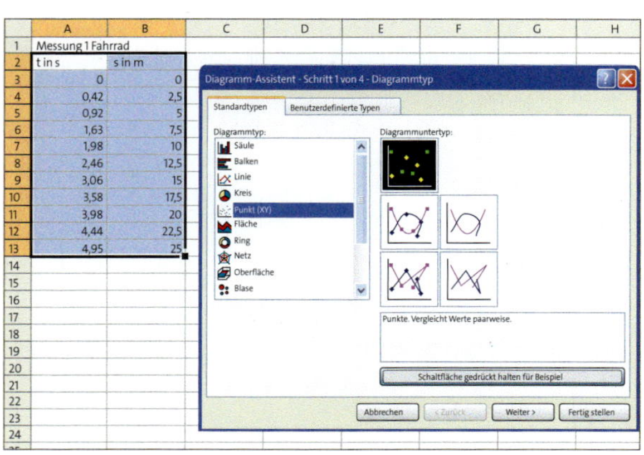

3

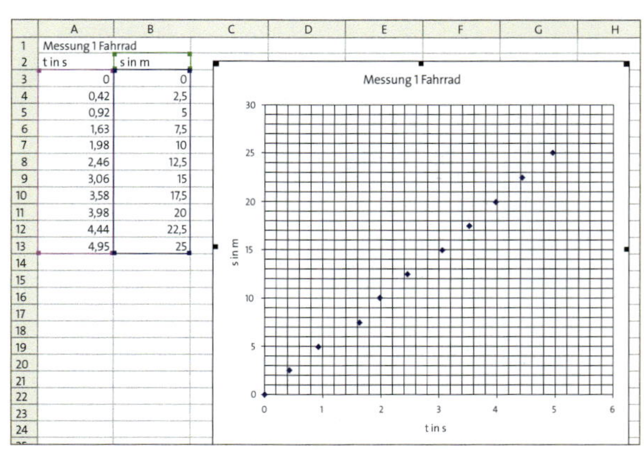

4

Messkurve zeichnen

Bei konstanter Geschwindigkeit sollten alle Punkte im Diagramm auf einer Geraden liegen. Natürlich tun sie das nicht – jede Messung ist mit Fehlern versehen. Per Hand zeichnet man in solchen Fällen eine Ausgleichsgerade, die den „wahren“ Zusammenhang zwischen Weg und Zeit beschreibt. Sie soll so zwischen den Punkten liegen, dass die Abstände nach oben und unten sich insgesamt ausgleichen. Das Programm zeichnet dir eine Ausgleichsgerade auf diese Weise:

a) Klicke im Diagramm mit der rechten Maustaste auf einen der Messpunkte. Es öffnet sich ein Menü. Wähle „Trendlinie hinzufügen“ aus. ▸ 5

b) Wähle im Fenster „Trendlinie“ den Typ „Linear“. Setze bei den Optionen einen Haken in das Kästchen „Gleichung im Diagramm darstellen“.

c) Die Ausgleichsgerade soll im Punkt (0|0) starten. Setze bei den Optionen einen Haken in das Kästchen „Schnittpunkt“ und setze in das Feld daneben den Wert 0 ein.

d) Wenn du auf „OK“ drückst, erscheint die Ausgleichsgerade. ▸ 6
Zusätzlich wird ihre Funktionsgleichung angezeigt (hier: oben rechts). Die Steigung gibt die Geschwindigkeit des Radfahrers an.
Hinweis: Auch im entsprechenden Programm von OpenOffice kannst du eine Ausgleichsgerade zeichnen lassen. Wähle dazu das Diagramm mit einem Doppelklick aus und führe dann folgende Schritte aus: Einfügen → Trendlinien → linear → OK.

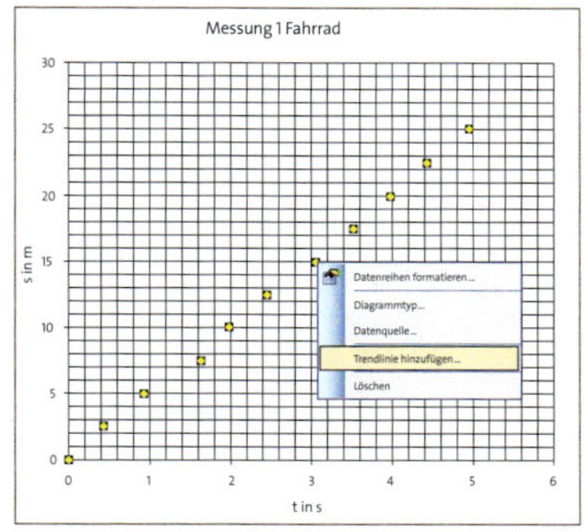

5

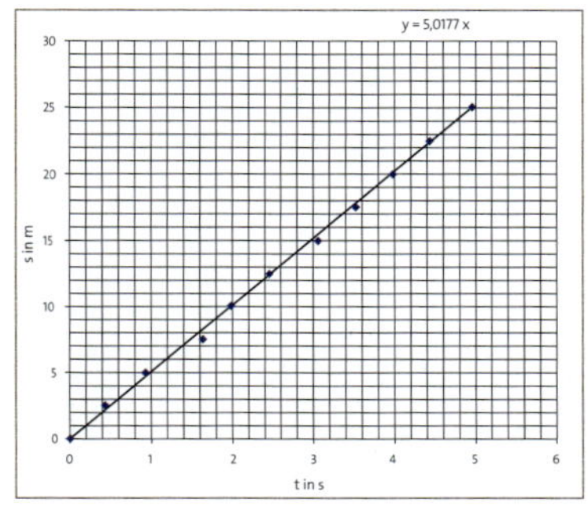

6

Berechnungen ausführen

Wie weit kommt das Fahrrad in 1, 2, 3 … Sekunden? Für die Berechnung nehmen wir die Gleichung $s = v \cdot t$. Als Geschwindigkeit setzen wir $v = 5{,}0177\,\frac{\text{m}}{\text{s}}$ ein. Du könntest jetzt den Weg für jede Sekunde einzeln berechnen. Mit dem Programm geht es einfacher:

a) Ergänze zunächst den Tabellenkopf (Zeile 2). ▸ 7

b) Trage in die Zelle E3 die Zahl 1 für die Zeit $t = 1$ s ein. „Greife“ die rechte untere Ecke der Zelle und ziehe sie mit gedrückter Maustaste nach unten. Wähle die Option „Datenreihe ausfüllen“. Das Programm füllt dann die Zellen automatisch aus und zählt dabei mit jeder weiteren Zeile um 1 hoch.

c) Schreibe in die Zelle F3 die Rechenvorschrift: =D$3*E3. ▸ 8
- Das „=“ sagt dem Programm, dass es um eine Berechnung geht. Das „*“ zeigt an, dass es sich um eine Multiplikation handelt.
- „D$3“ zeigt dem Programm, wo es die erste Zahl zum Malnehmen findet: in Zeile D, Spalte 3. Das $-Zeichen vor der 3 sorgt dafür, dass das Programm beim Übertragen der Rechenvorschrift die Zahl 3 festhält und nicht automatisch hochzählt wie in Teil b.
- „E3“ zeigt dem Programm, wo es die zweite Zahl zum Malnehmen findet: in Zeile E, Spalte 3.

d) Nun „greifst“ du die rechte untere Ecke der Zelle F3 und ziehst die Maus mit gedrückter Taste nach unten. In jeder Zelle erscheint dann der berechnete Weg. ▸ 9 Dabei wird in der Rechenvorschrift aus E3 automatisch E4, E5 … Zwischen E und 3 steht nämlich kein $-Zeichen.

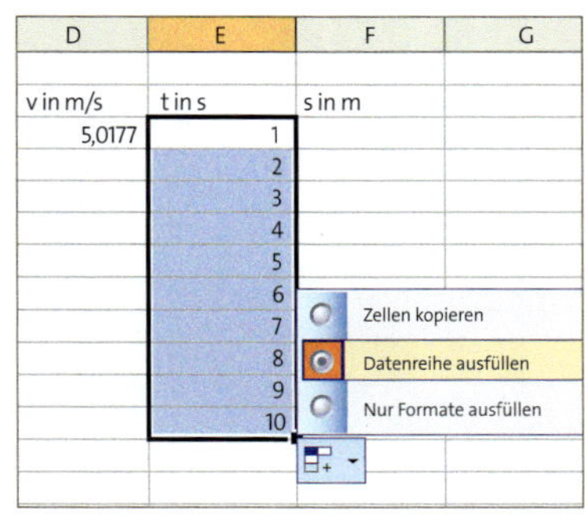

7

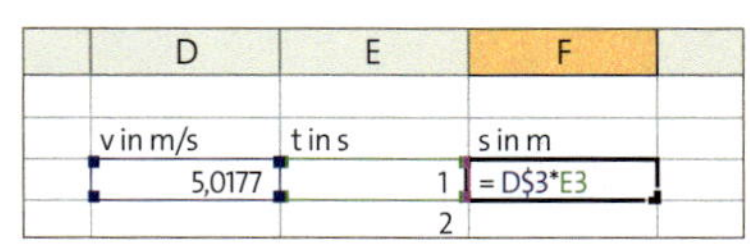

8

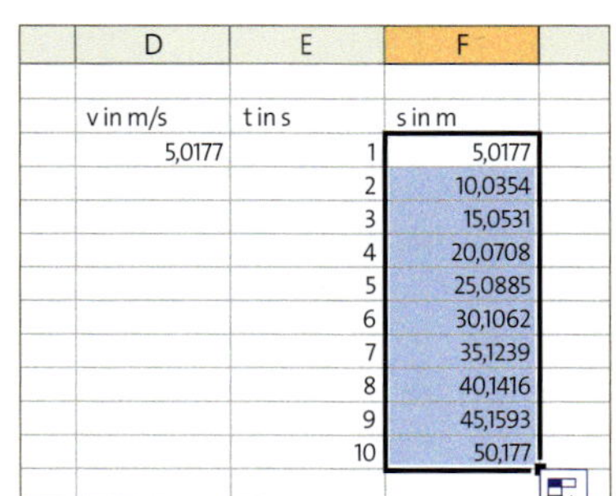

9

Periodensystem der Elemente

Metall (blau)
Halbmetall (grün)
Nichtmetall (gelb)

schwarz = Feststoff
weiß = Flüssigkeit
rot = Gas
hellblau = künstliches Element
* = radioaktives Element

[1] = Gruppennummerierung IUPAC (1989): Gruppennummern 1 bis 18
[2] = vorläufiges IUPAC-Symbol

Periode	1[1] I. Hauptgruppe	2 II. Hauptgruppe	3 III. Nebengruppe	4 IV. Nebengruppe	5 V. Nebengruppe	6 VI. Nebengruppe	7 VII. Nebengruppe	8 VIII. Nebengruppe	9 VIII. Nebengruppe
1	1 1,008 H Wasserstoff								
2	3 6,94 Li Lithium	4 9,01 Be Beryllium							
3	11 22,99 Na Natrium	12 24,31 Mg Magnesium							
4	19 39,10 K Kalium	20 40,08 Ca Calcium	21 44,96 Sc Scandium	22 47,88 Ti Titan	23 50,94 V Vanadium	24 51,996 Cr Chrom	25 54,94 Mn Mangan	26 55,85 Fe Eisen	27 58,93 Co Cobalt
5	37 85,47 Rb Rubidium	38 87,62 Sr Strontium	39 88,91 Y Yttrium	40 91,22 Zr Zirconium	41 92,91 Nb Niob	42 95,94 Mo Molybdän	43 [98] Tc* Technetium	44 101,07 Ru Ruthenium	45 102,91 Rh Rhodium
6	55 132,91 Cs Caesium	56 137,33 Ba Barium	57 138,91 La ● Lanthan	72 178,49 Hf Hafnium	73 180,95 Ta Tantal	74 183,84 W Wolfram	75 186,21 Re Rhenium	76 190,23 Os Osmium	77 192,22 Ir Iridium
7	87 [223] Fr* Francium	88 226,03 Ra* Radium	89 227,03 Ac* ●● Actinium	104 [261] Rf* Rutherfordium	105 [262] Db* Dubnium	106 [266] Sg* Seaborgium	107 [264] Bh* Bohrium	108 [277] Hs* Hassium	109 [268] Mt* Meitnerium

Ordnungszahl — 7 — 14,007 — Atommasse in u
Name — Stickstoff — N — Symbol

Die Atommassen in eckigen Klammern beziehen sich auf das längstlebige gegenwärtig bekannte Isotop des betreffenden Elements.

● Elemente der Lanthanreihe (Lanthanoide)

Periode					
6	58 140,12 Ce Cer	59 140,91 Pr Praseodym	60 144,24 Nd Neodym	61 [145] Pm* Promethium	62 150,36 Sm Samarium

●● Elemente der Actiniumreihe (Actinoide)

Periode					
7	90 232,04 Th* Thorium	91 231,04 Pa* Protactinium	92 238,03 U* Uran	93 [237] Np* Neptunium	94 [244] Pu* Plutonium

								18 VIII. Hauptgruppe
			13 III. Hauptgruppe	14 IV. Hauptgruppe	15 V. Hauptgruppe	16 VI. Hauptgruppe	17 VII. Hauptgruppe	2 4,003 He Helium
			5 10,81 B Bor	6 12,01 C Kohlenstoff	7 14,007 N Stickstoff	8 15,999 O Sauerstoff	9 18,998 F Fluor	10 20,18 Ne Neon
10 VIII. Nebengruppe	11 I. Nebengruppe	12 II. Nebengruppe	13 26,98 Al Aluminium	14 28,09 Si Silicium	15 30,97 P Phosphor	16 32,07 S Schwefel	17 35,45 Cl Chlor	18 39,95 Ar Argon
28 58,69 Ni Nickel	29 63,55 Cu Kupfer	30 65,39 Zn Zink	31 69,72 Ga Gallium	32 72,61 Ge Germanium	33 74,92 As Arsen	34 78,96 Se Selen	35 79,90 Br Brom	36 83,80 Kr Krypton
46 106,42 Pd Palladium	47 107,87 Ag Silber	48 112,41 Cd Cadmium	49 114,82 In Indium	50 118,71 Sn Zinn	51 121,76 Sb Antimon	52 127,60 Te Tellur	53 126,90 I Iod	54 131,29 Xe Xenon
78 195,08 Pt Platin	79 196,97 Au Gold	80 200,59 Hg Quecksilber	81 204,38 Tl Thallium	82 207,2 Pb Blei	83 208,98 Bi Bismut	84 [209] Po* Polonium	85 [210] At* Astat	86 [222] Rn* Radon
110 [271] Ds* Darmstadtium	111 [272] Rg* Roentgenium	112 [272] Cn* Copernicium	113 [284] Uut^{2}* Ununtrium	114 [289] Fl* Flerovium	115 [288] Uup^{2}* Ununpentium	116 [293] Lv* Livermorium	117 Uus^{2}* Ununseptium	118 [294] Uuo^{2}* Ununoctium

63 151,97 Eu Europium	64 157,25 Gd Gadolinium	65 158,93 Tb Terbium	66 162,50 Dy Dysprosium	67 164,93 Ho Holmium	68 167,26 Er Erbium	69 168,93 Tm Thulium	70 173,04 Yb Ytterbium	71 174,97 Lu Lutetium
95 [243] Am* Americium	96 [247] Cm* Curium	97 [247] Bk* Berkelium	98 [251] Cf* Californium	99 [252] Es* Einsteinium	100 [257] Fm* Fermium	101 [258] Md* Mendelevium	102 [259] No* Nobelium	103 [262] Lr* Lawrencium

Register

Bildnachweis

Titelbild: Corbis/Ty Milford/Masterfile/Corbis
action press: 110/1, Niehaus, Clemens: 151/8, Gulotta,Francesco 175/7, BRAUN,MATTHIAS V: 190/4, Sipa Press: 199/2, ESA: 205/6, REVIERFOTO: 254/2, THÜRINGEN PRESS: 99/6b
ADAC: 168/8
akg-images: 223/8, PHOTO CNES: 38/5, Science Photo Library: 114/1, 211/7
Blend Images/Erik Isakson LLC: 145/2
ClipDealer/chroma: 46/4, Rob Stark: 185/5c, www.lifeonwhite.eu: 9/2
Colourbox: 195/3, 199/5, 207/9
Corbis: 69/6, 155/7, Ian Cumming/Design Pics: 151/7, Image Source/Ocean/Corbis: 122/2, Andrey Nekrasov/imagebroker: 27/7, Bruce Robison: 27/9, Gilbert Lundt; Jean-Yves Ruszniewski/TempSport/Corbis: 161/5
Cornelsen Verlag Berlin: 11/6, 11/7, 11/9, 14/4, 15/7, 18/2, 27/5, 31/6, 31/8, 34/4, 34/5, 42/3, 51/4a, 51/4b, 61/6b, 61/7b,64/3, 64/2a, 64/2b, 66/2, 70/3, 71/7, 71/6c, 77/8, 86/3, 105/7, 115/4, 116/1a, 116/1b, 171/4, 172/4, 221/7, 222/2, 227/3, 263/1, Bildart Hohen Neuendorf, V. Döring: 14/2, 14/5a, 14/5b, 15/9, 15/10, 21/8, 23/8, 28/5, 35/8, 35/9, /10, 36/4, 43/6, 47/7a, 47/7b, 52/1a, 52/1b, 56/2, 62/3, 67/7, 68/1, 68/2, 69/5, 70/4, 71/5, 73/9, 78/4, 83/6, 111/4, 171/5, 177/7a, 177/7b, 202/1, 206/5, 220/2, 246/3, 268/3, 269/4, 277/6, 277/7, Burzin, Stefan, Meldorf: 12/2, 17/7, 140/1, 167/8, 168/9, 170/1, 177/8, 200/3, 212/3, 212/4, Cornelsen Experimenta: 159/4, Fabian, Michael J.: 255/5, Gaa, Markus: 11/8, 167/7, Kirstein, Jürgen: 291/7, Libuda, Christo, Berlin: 14/3, 29/8, 66/3, 66/5, 71/6a, 71/6b, 80/4a, 80/4b, 124/2, 136/2, Mahler, Heinz: 30/2,86/1, 87/8a, 87/8b, 264/2a, 264/2b, Lichtenberger, Jochim, Fahren: 8/1, 22/2,22/4, 25/5, 25/6, 25/7, 25/8, 25/9, 25/10, 26/4, 29/7, 33/4, 34/1, 34/2, 35/6, 37/5, 38/2, 43/5, 51/3, 53/3, 61/10, 61/11, 63/8a, 63/8b, 64/1, 66/4, 71/8, 72/1, 72/2, 75/4, 75/5, 80/1, 81/6, 88/2, 88/3, 92/1, 92/2, 92/3, 92/4, 93/6, 93/7, 93/8, 94/2, 111/3, 135/5, 135/6, 161/6, 190/3, 193/4, 272/1, 92/93/Hintergrund
Culture-images/United Archives: 129/2
ddp (+ AP): 176/4, 186/3, 197/2, 207/6, 222/3, 223/7, 228/1, 238/1b, ddp (+ AP)/360° CREATIVE: 267/3
Demus & Eich Maschinendiagnose GbR: 171/8
dieKLEINERT.de: 280/3
doc-stock GmbH: 122/4
DLR: 211/6, 212/2, DLR/NASA: 176/3
Doerr, Jochen: 94/1
epd-bild/Caro/Meyerbroeker: 105/5
Europa-Park, Rust/Hans-Joerg Haas: 144/1
ESA: 44/3, 140/4, 141/6, 166/4, 210/1, 212/1, ESA Stephane CORVAJA: 166/1, ESA Picasa: 166/3, CNES-ARIANESPACE/Optique Vidéo du CSG: 166/5
F1 online: 46/1a, 74/2, 80/3, 131/2a, 131/2b, 167/6, 169/13, 172/3, 223/5, F1online/Imagebroker: 147/4
Fotolia: Olivier Tuffé: 12/1, Patrik Skovran – SENTELLO Fotografie: 12/3, Oleksandr Delyk: 12/4, nvelichko: 12/6, Klaus Eppele: 13/8, rare: 13/7b, www.danmirica.ro: 15/6, ufotopixl10: 19/3b, robinlaudemann: 22/1, Erwin Wodicka – wodicka@aon.at: 23/6, calaratjada: 27/8, Petair: 28/1, 28/2, Christian Müller: 28/3, Gordon Bussiek: 28/4, Sergey Novikov (SerrNovik) ripicts.com: 32/2, Claudio Divizia: 36/1, style67: 39/7, Rafael Ben-Ari/Chameleons Eye: 44/2, Zsolnai Gergely: 46/5, Focus Pocus LTD: 46/6, Vic: 59/6, Fiedels: 62/1, Joana Lopes: 64/4, Patrik Skovran – SENTELLO Fotografie: 64/5, Flixelpix: 64/7, DjiggiBodgi.com: 67/6, Androm: 76/2, Klaus The.: 76/3, panzer25: 80/2, JPAaron: 80/3, Marina Lohrbach: 80/5, Vic: 85/4b, mickyso: 90/3, Werner Hilpert: 98/1, Neissl: 98/3, Jorg Puetzler: 98/5, PictureP.: 99/10, Andrea Arnold: 99/6a, Cpro: 106/3, Smileus: 107/4, Bjoern Wylezich: 107/5, Klaus Eppele: 112/1, electriceye: 120/2, DOC RABE Media: 122/1, Daniel Nimmervoll: 134/3, Franz Pfluegl: 138/1b, Marco2811: 142/2, Andrey Popov: 142/3, K.-U. Häßler: 142/7, kerdazz: 148/1, Regormark: 149/2b, News5 (N5): 150/3, stockWERK: 150/6, Tatjana Balzer: 152/2, anekoho: 168/2, Robert Kneschke: 168/3, josef muellek: 168/4, zest_marina: 168/5, W. McKelvie 2006: 169/14, absolutimages: 172/2, farbkombinat: 173/8, heinteh: 177/7c, shutswis: 177/7d, Fotolia/cosma: 177/7e, Africa Studio: 177/7f, Senohrabek: 182/3, Joachim Wiegers: 184/1, aleksandrzamuruev.com: 184/2, zhu difeng: 185/4, UMA: 185/5d,M S: 185/5f, Bernd Leitner: 185/6a, nickolae: 191/6, industrieblick: 194/1, animaflora: 195/5, Stefan Schurr: 202/2, van Smuk: 202/3, Dimitrius: 203/4b, Olga Wasiljewa: 204/4, markus_marb: 206/3, Volker Schlichting: 206/4a, reeel: 206/4b, style67: 207/11, stockphoto-graf: 215/2, mikolajn: 216/3, industrieblick: 217/5, Tatiana: 219/5, demarco: 222/1, serkucher: 230/3, www.ingo-bartussek.de: 233/7, Narongsak Yaisumlee: 237/8, reinhard sester: 238/1d, goldpix: 238/1f, 1827photography: 240/3, MICROGEN@GMAIL.COM:: 98/4, 240/4, Guy Pracros: 251/6, soonthorn: 256/3a, Thomas Madel: 257/5, Bastian Weltjen: 257/7, Petr Malyshev: 261/3a, Drobot Dean: 270/1, ADAM-RADOSAVLJEVIC: 256/2, 270/2, hykoe: 278/2, Edyta Heckters: 280/1, hanack: 281/5, blende11.photo: 282/7, Sanguis: 282/1b,marcus_hofmann: 282/2, 285/2, dima_pics: 286/1, Smileus: 286/2, Picture-Factory: 46/1b, 287/4, Osterland: 287/5, www.CreativeNature.nl: 287/6, Microgen: 295/6a
GlowImages/Cultura: 10/1, GlowImages/: 56/1a, 130/1, 83/8 GlowImages/imagebroker.com: 17/4, 19/4, 19/5, 83/3, 207/10, 275/2
Heepmann, Bernd: 63/7
Image Source/ Cultura: 206/1, Image Source/Jeremy Woodhouse / Radius Images: 206/2
Indoor Skydiving Bottrop; T. Seifinger: 169/15

Imago: 85/4a, 138/2, 146/1, 150/2, 187/4, 193/3, 228/3, 233/6, 253/2, Imago/Photoshot/Evolve: 78/2, JOKERimago stock&people: 238/1c, View Stock imago stock&people: 244/3, ZUMA Press: 132/3
Interfoto/Science & Society: 114/2, Sammlung Rauch: 134/4, J. Bedmar / PHOTOAISA: 223/6
Kahnt, Michael, Münster: 216/1, 224/1a, 224/1b, 224/1c, 225/4a, 225/4b, 225/5a, 225/5b, 234/2, 238/4, 238/5
Laif/Kristoffer Finn: 146/2, Laif/Paul Langrock/Zenit: 256/4a
Mauritius/Science Source/BordenN: 295/5b, age: 30/1b, Ikon Images: 31/7, Mark Goble/Alamy: 32/3, PRISMA ARCHIVO/Alamy: 50/1, Pixellover RM 1 / Alamy: 56/1b, Westend61: 58/3, Justine Evans / Alamy: 70/1, Image Quest Marine/Alamy Stock Photo: 83/4, Bernd Ritschel/dinner & nightlife: 83/7, Ian Goodrick / Alamy: 86/2b, imageBROKER/Christian Vorhofer: 107/6, Gabbro/Alamy: 107/7, Hideo Kurihara/Alamy: 109/3, imagebroker.com: 24/4, 150/1, David Wall/Alamy: 155/8, Science Source: 161/4, Stephen Barnes/Construction/ Alamy Stock Photo: 168/7, André Pöhlmann: 169/10, Science Source: 176/5, David Wall/Alamy Stock Photo: 181/5, Marcel Derweduwen/Alamy Stock Photo: 182/1, Julian Nieman/Alamy Stock Photo: 182/2, imagebroker.com: 198/1, United Archives: 46/2, 50/2, 204/2, Phototake/ Dae Sasitorn: 204/3, Kuttig – People / Alamy Stock Photo: 207/7, Dave Pattison/Alamy Stock Photo: 222/4, Phototake/ Michael Rosenfeld: 234/1, sciencephotos / Alamy Stock Photo: 244/1, Phil Degginger/Alamy Stock Photo: 246/4, imagebroker.com: 256/4b, Universal Images Group North America LLC/Alamy Stock Photo: 267/4, age/Juanma Aparicio: 280/2, X3A Collection/Alamy Stock Photo: 294/3, Zoonar GmbH/Alamy Stock Photo:: 249/3, 294/4, Phototake /Scott Camazine: 294/295/Hintergrund
Mediacolors/Eigstler: 61/7a
Moodboard Plus: 83/5, Corbis: 99/6c, psi: 168/1
NASA: 21/7, 43/4, 43/7, 140/2, 166/2, 177/6, 210/2, 210/3, 211/4, 211/5, 210/211/Hintergrund, 214/1, 247/8, Lightroom Photos/NASA: 188/1, NASA/C. Henze: 141/7, NASA/JPL-Caltech: 140/3
Nawrath; Dennis, Wiefelstede: 200/1a, 200/1b
Panthermedia/Luis Louro: 169/12, Ute Esch: 199/3, Valery Vvoennyy: 13/9
Physikalisch-Technische Bundesanstalt: 179/3
picture-alliance/Ulrich Baumga: 77/5, picture-alliance/dpa: 98/2, 109/4, 132/2, 141/5, 171/7, 232/1, 256/4c, picture-alliance/ZB: 76/4, 96/1, picture-alliance/dpa/dpaweb: 118/3, fStop: 190/1, Heritage Imag: 267/5, richterfoto.de: 125/3, Photoshot: 27/6
Project Photos, Augsburg: 61/6a, 86/2a, 123/6
Reuters/mecom: 22/3, 140/141/Hintergrund
Rutscher, Christian, Schwedeneck: 180/2a, 180/2b
SCIENCE PHOTO LIBRARY/Agentur Focus: 113/4
Shutterstock/Lighthunter: 3/1,MPanchenko: 4/1, bikeriderlondon: 5/2,Tushchakorn: 10/2, Efired: 10/3, Alenavlad: 10/4, ra2studio: 11/5, Bombaert Patrick: 11/10,Ljupco Smokovski: 12/5, Africa Studio: 13/7a, Ekarin Apirakthanakorn: 16/1, jordache: 19/3a, Thanawat Naksawas: 22/5, Scott Milless: 24/3, Vladimir Gjorgiev: 29/6, AstroStar: 37/6, 37/7, Rachel Sanderoff: 38/3, Konstantin Sutyagin: 39/6, alessen: 44/1, Pavel L Photo and Video: 66/1, Kzenon: 83/9, Anton Havelaar: 90/1, Ninell: 90/2, Antonio Guillem: 90/4, Kirill Dorofeev: 90/9, Kirsanov Valeriy Vladimirovich: 90/10, Dario Sabljak: 90/11, Pavel Reband: 90/12, INTERPIXELS: 91/13, 91/14, powersky1: 91/15, Reinhold Leitner: 91/16, STUDIO GRAND OUEST: 91/17, PhotonCatcher: 91/18, Syda Productions: 91/19, ENRIQUE ALAEZ PEREZ: 91/20, Marcos Mesa Sam Wordley: 97/2, TonyV3112: 99/8, Ljupco Smokovski: 99/9, Enrico Lapponi: 100/1, Kopytin Georgy: 100/2, Fatima Jantasri: 101/3, Denis Kuvaev: 101/5, Filip Fuxa: 115/3, Mar.K: 117/3a, Mar.K: 117/3b, Vladimir Gjorgiev: 122/3, muzsy: 122/5, Neveshkin Nikolay: 129/1, Galina Barskaya: 131/3, Maxisport: 134/1, tobkatrina: 138/1a, Ljupco Smokovski: 142/4, Efired: 142/5, Africa Studio: 142/6, kreatorex: 142/8, Georgejmclittle: 152/1, Radu Razvan: 154/1a, mimagephotography: 154/1b, Nneirda: 159/3, BlueSkyImage: 168/6, hans.slegers: 169/11, anaken2012: 172/1, Rawpixel.com: 173/13, Piotr Sikora: 175/5, goa novi: 180/1, Ventura: 184/3, Slavoljub Pantelic: 185/5a, byggarn.se: 185/5b, rtbilder: 185/5e, Coprid: 185/6b, Morphart Creation: 187/5, MidoSemsem: 191/5, John A Davis: 203/5, urbanbuzz: 203/4a, Quang nguyen vinh: 207/8, Andrey Shtanko: 216/2, sutsaiy: 216/4,_LeS_: 219/6, Krasowit: 220/3, kazoka: 230/1,Poznyakov: 234/3, NA image: 237/6, Bacho: 6/1, 238/2, Oleksandr Kostiuchenko: 238/1a, indigolotos: 238/1e, Michael Chamberlin: 240/2, NinaM: 240/5, Skymax: 244/2, Peter Sobolev: 248/2a, AlexLMX: 248/2b, Corepics VOF: 256/1, Bildagentur Zoonar GmbH: 256/3b, Teeraphat: 256/3c, You can more: 261/3b, Coprid: 261/3c, indigolotos: 261/3d, Joel_420: 264/1, wk1003mike: 271/5, SARIN KUNTHONG: 278/3, Olga Popova: 282/1a, BalancePhoto: 286/3, Vittorio Bruno: 294/2, Swapan Photography: 295/5a, Dario Lo Presti: 295/6b
Süddeutsche-Zeitung-DIZ/Süddeutsche Zeitung Photo/ Rue des Archives/RDA: 30/1a, National Media Museum/ SSPL: 46/3
Topic Media/Heinz-Dieter Falkenstein, FALKENSTEINFOTO: 16/3, David B. Fleetham: 17/6, Norbert Eisele-Hein: 174/1, www.jochentack.com: 260/1
Turnverein 1898 e.V. Unterharmersbach: 146/3
Vario-Images/Cultura RF: 118/2, Fogstock, LLC: 30/3, euroluftbild.de: 109/5
VISUM/Werner Rudhart: 149/2a
Webcraft AG, Uster (Schweiz)/supermagnete.de: 240/1a, 240/1b
westrad.de/Matthias Greiling: 193/5
Wieland, Karl-Heinz: 14/1
Wildlife/NWU: 294/1
Your photo today. A1 pix – superbild/grafikfoto.de/M. Staudt: 19/6, A1 pix – superbild/: 127/1, 137/3